国家出版基金项目
NATIONAL PUBLICATION FOUNDATION

"十二五"国家重点出版规划项目
雷达与探测前沿技术丛书

MIMO 雷达

MIMO Radar

何子述　李军　刘红明　何茜　等著

国防工业出版社
·北京·

内容简介

本书是“雷达与探测前沿技术丛书”的一个分册，系统地介绍了共址 MIMO 雷达和分置天线 MIMO 雷达原理及相关的信号处理理论。全书共分 10 章，内容包括共址 MIMO 雷达原理，角度测量，正交波形设计理论和方法，MIMO 雷达模糊函数及其特性分析，MIMO 雷达体制下的 STAP 处理，MIMO 雷达中的长时间积累与补偿，分置天线 MIMO 雷达中的目标检测与参数估计，MIMO 雷达在防空制导、组网探测、天波超视距雷达、电子系统一体化等方面的应用。

本书可作为雷达系统设计师、电子对抗系统设计师、雷达信号处理工程技术人员的参考资料，也可作为高等学校信息与通信工程、电子科学与技术等学科教师和研究生的教学参考书。

图书在版编目(CIP)数据

MIMO 雷达/何子述等著. —北京：国防工业出版社，2017.12
(雷达与探测前沿技术丛书)
ISBN 978-7-118-11451-5

Ⅰ. ①M… Ⅱ. ①何… Ⅲ. ①多变量系统-雷达-研究 Ⅳ. ①TN95

中国版本图书馆 CIP 数据核字(2018)第 007683 号

※

国防工業出版社出版发行
(北京市海淀区紫竹院南路 23 号　邮政编码 100048)
天津嘉恒印务有限公司印刷
新华书店经售

*

开本 710×1000　1/16　**印张** 28¾　**字数** 536 千字
2017 年 12 月第 1 版第 1 次印刷　**印数** 1—3000 册　**定价** 148.00 元

国防书店：(010)88540777　　发行邮购：(010)88540776
发行传真：(010)88540755　　发行业务：(010)88540717

“雷达与探测前沿技术丛书”
编审委员会

主　　任	左群声				
常务副主任	王小谟				
副 主 任	吴曼青	陆　军	包养浩	赵伯桥	许西安
顾　　问	贲　德	郝　跃	何　友	黄培康	毛二可
（按姓氏拼音排序）	王　越	吴一戎	张光义	张履谦	
委　　员	安　红	曹　晨	陈新亮	代大海	丁建江
（按姓氏拼音排序）	高梅国	高昭昭	葛建军	何子述	洪　一
	胡卫东	江　涛	焦李成	金　林	李　明
	李清亮	李相如	廖桂生	林幼权	刘　华
	刘宏伟	刘泉华	柳晓明	龙　腾	龙伟军
	鲁耀兵	马　林	马林潘	马鹏阁	皮亦鸣
	史　林	孙　俊	万　群	王　伟	王京涛
	王盛利	王文钦	王晓光	卫　军	位寅生
	吴洪江	吴晓芳	邢海鹰	徐忠新	许　稼
	许荣庆	许小剑	杨建宇	尹志盈	郁　涛
	张晓玲	张玉石	张召悦	张中升	赵正平
	郑　恒	周成义	周树道	周智敏	朱秀芹

编辑委员会

主　　编	王小谟	左群声			
副 主 编	刘　劲	王京涛	王晓光		
委　　员	崔　云	冯　晨	牛旭东	田秀岩	熊思华
（按姓氏拼音排序）	张冬晔				

总　序

雷达在第二次世界大战中初露头角。战后,美国麻省理工学院辐射实验室集合各方面的专家,总结战争期间的经验,于1950年前后出版了一套雷达丛书,共28个分册,对雷达技术做了全面总结,几乎成为当时雷达设计者的必备读物。我国的雷达研制也从那时开始,经过几十年的发展,到21世纪初,我国雷达技术在很多方面已进入国际先进行列。为总结这一时期的经验,中国电子科技集团公司曾经组织老一代专家撰著了"雷达技术丛书",全面总结他们的工作经验,给雷达领域的工程技术人员留下了宝贵的知识财富。

电子技术的迅猛发展,促使雷达在内涵、技术和形态上快速更新,应用不断扩展。为了探索雷达领域前沿技术,我们又组织编写了本套"雷达与探测前沿技术丛书"。与以往雷达相关丛书显著不同的是,本套丛书并不完全是作者成熟的经验总结,大部分是专家根据国内外技术发展,对雷达前沿技术的探索性研究。内容主要依托雷达与探测一线专业技术人员的最新研究成果、发明专利、学术论文等,对现代雷达与探测技术的国内外进展、相关理论、工程应用等进行了广泛深入研究和总结,展示近十年来我国在雷达前沿技术方面的研制成果。本套丛书的出版力求能促进从事雷达与探测相关领域研究的科研人员及相关产品的使用人员更好地进行学术探索和创新实践。

本套丛书保持了每一个分册的相对独立性和完整性,重点是对前沿技术的介绍,读者可选择感兴趣的分册阅读。丛书共41个分册,内容包括频率扩展、协同探测、新技术体制、合成孔径雷达、新雷达应用、目标与环境、数字技术、微电子技术八个方面。

(一) 雷达频率迅速扩展是近年来表现出的明显趋势,新频段的开发、带宽的剧增使雷达的应用更加广泛。本套丛书遴选的频率扩展内容的著作共4个分册:

(1)《毫米波辐射无源探测技术》分册中没有讨论传统的毫米波雷达技术,而是着重介绍毫米波热辐射效应的无源成像技术。该书特别采用了平方千米阵的技术概念,这一概念在用干涉式阵列基线的测量结果来获得等效大口径阵列效果的孔径综合技术方面具有重要的意义。

(2)《太赫兹雷达》分册是一本较全面介绍太赫兹雷达的著作,主要包括太赫兹雷达系统的基本组成和技术特点、太赫兹雷达目标检测以及微动目标检测技术,同时也讨论了太赫兹雷达成像处理。

(3)《机载远程红外预警雷达系统》分册考虑到红外成像和告警是红外探测的传统应用,但是能否作为全空域远距离的搜索监视雷达,尚有诸多争议。该书主要讨论用监视雷达的概念如何解决红外极窄波束、全空域、远距离和数据率的矛盾,并介绍组成红外监视雷达的工程问题。

(4)《多脉冲激光雷达》分册从实际工程应用角度出发,较详细地阐述了多脉冲激光测距及单光子测距两种体制下的系统组成、工作原理、测距方程、激光目标信号模型、回波信号处理技术及目标探测算法等关键技术,通过对两种远程激光目标探测体制的探讨,力争让读者对基于脉冲测距的激光雷达探测有直观的认识和理解。

(二) 传输带宽的急剧提高,赋予雷达协同探测新的使命。协同探测会导致雷达形态和应用发生巨大的变化,是当前雷达研究的热点。本套丛书遴选出协同探测内容的著作共10个分册:

(1)《雷达组网技术》分册从雷达组网使用的效能出发,重点讨论点迹融合、资源管控、预案设计、闭环控制、参数调整、建模仿真、试验评估等雷达组网新技术的工程化,是把多传感器统一为系统的开始。

(2)《多传感器分布式信号检测理论与方法》分册主要介绍检测级、位置级(点迹和航迹)、属性级、态势评估与威胁估计五个层次中的检测级融合技术,是雷达组网的基础。该书主要给出各类分布式信号检测的最优化理论和算法,介绍考虑到网络和通信质量时的联合分布式信号检测准则和方法,并研究多输入多输出雷达目标检测的若干优化问题。

(3)《分布孔径雷达》分册所描述的雷达实现了多个单元孔径的射频相参合成,获得等效于大孔径天线雷达的探测性能。该书在概述分布孔径雷达基本原理的基础上,分别从系统设计、波形设计与处理、合成参数估计与控制、稀疏孔径布阵与测角、时频相同步等方面做了较为系统和全面的论述。

(4)《MIMO雷达》分册所介绍的雷达相对于相控阵雷达,可以同时获得波形分集和空域分集,有更加灵活的信号形式,单元间距不受 $\lambda/2$ 的限制,间距拉开后,可组成各类分布式雷达。该书比较系统地描述多输入多输出(MIMO)雷达。详细分析了波形设计、积累补偿、目标检测、参数估计等关键技术。

(5)《MIMO雷达参数估计技术》分册更加侧重讨论各类MIMO雷达的算法。从MIMO雷达的基本知识出发,介绍均匀线阵,非圆信号,快速估计,相干目标,分布式目标,基于高阶累计量的、基于张量的、基于阵列误差的、特殊阵列结构的MIMO雷达目标参数估计的算法。

(6)《机载分布式相参射频探测系统》分册介绍的是MIMO技术的一种工程应用。该书针对分布式孔径采用正交信号接收相参的体制,分析和描述系统处理架构及性能、运动目标回波信号建模技术,并更加深入地分析和描述实现分布式相参雷达杂波抑制、能量积累、布阵等关键技术的解决方法。

(7)《机会阵雷达》分册介绍的是分布式雷达体制在移动平台上的典型应用。机会阵雷达强调根据平台的外形,天线单元共形随遇而布。该书详尽地描述系统设计、天线波束形成方法和算法、传输同步与单元定位等关键技术,分析了美国海军提出的用于弹道导弹防御和反隐身的机会阵雷达的工程应用问题。

(8)《无源探测定位技术》分册探讨的技术是基于现代雷达对抗的需求应运而生,并在实战应用需求越来越大的背景下快速拓展。随着知识层面上认知能力的提升以及技术层面上带宽和传输能力的增加,无源侦察已从单一的测向技术逐步转向多维定位。该书通过充分利用时间、空间、频移、相移等多维度信息,寻求无源定位的解,对雷达向无源发展有着重要的参考价值。

(9)《多波束凝视雷达》分册介绍的是通过多波束技术提高雷达发射信号能量利用效率以及在空、时、频域中减小处理损失,提高雷达探测性能;同时,运用相位中心凝视方法改进杂波中目标检测概率。分册还涉及短基线雷达如何利用多阵面提高发射信号能量利用效率的方法;针对长基线,阐述了多站雷达发射信号可形成凝视探测网格,提高雷达发射信号能量的使用效率;而合成孔径雷达(SAR)系统应用多波束凝视可降低发射功率,缓解宽幅成像与高分辨之间的矛盾。

(10)《外辐射源雷达》分册重点讨论以电视和广播信号为辐射源的无源雷达。详细描述调频广播模拟电视和各种数字电视的信号,减弱直达波的对消和滤波的技术;同时介绍了利用GPS(全球定位系统)卫星信号和GSM/CDMA(两种手机制式)移动电话作为辐射源的探测方法。各种外辐射源雷达,要得到定位参数和形成所需的空域,必须多站协同。

(三) 以新技术为牵引,产生出新的雷达系统概念,这对雷达的发展具有里程碑的意义。本套丛书遴选了涉及新技术体制雷达内容的6个分册:

(1)《宽带雷达》分册介绍的雷达打破了经典雷达5MHz带宽的极限,同时雷达分辨力的提高带来了高识别率和低杂波的优点。该书详尽地讨论宽带信号的设计、产生和检测方法。特别是对极窄脉冲检测进行有益的探索,为雷达的进一步发展提供了良好的开端。

(2)《数字阵列雷达》分册介绍的雷达是用数字处理的方法来控制空间波束,并能形成同时多波束,比用移相器灵活多变,已得到了广泛应用。该书全面系统地描述数字阵列雷达的系统和各分系统的组成。对总体设计、波束校准和补偿、收/发模块、信号处理等关键技术都进行了详细描述,是一本工程性较强的著作。

(3)《雷达数字波束形成技术》分册更加深入地描述数字阵列雷达中的波束形成技术,给出数字波束形成的理论基础、方法和实现技术。对灵巧干扰抑制、非均匀杂波抑制、波束保形等进行了深入的讨论,是一本理论性较强的专著。

(4)《电磁矢量传感器阵列信号处理》分册讨论在同一空间位置具有三个磁场和三个电场分量的电磁矢量传感器,比传统只用一个分量的标量阵列处理能获得更多的信息,六分量可完备地表征电磁波的极化特性。该书从几何代数、张量等数学基础到阵列分析、综合、参数估计、波束形成、布阵和校正等问题进行详细讨论,为进一步应用奠定了基础。

(5)《认知雷达导论》分册介绍的雷达可根据环境、目标和任务的感知,选择最优化的参数和处理方法。它使得雷达数据处理及反馈从粗犷到精细,彰显了新体制雷达的智能化。

(6)《量子雷达》分册的作者团队搜集了大量的国外资料,经探索和研究,介绍从基本理论到传输、散射、检测、发射、接收的完整内容。量子雷达探测具有极高的灵敏度,更高的信息维度,在反隐身和抗干扰方面优势明显。经典和非经典的量子雷达,很可能走在各种量子技术应用的前列。

(四) 合成孔径雷达(SAR)技术发展较快,已有大量的著作。本套丛书遴选了有一定特点和前景的5个分册:

(1)《数字阵列合成孔径雷达》分册系统阐述数字阵列技术在SAR中的应用,由于数字阵列天线具有灵活性并能在空间产生同时多波束,雷达采集的同一组回波数据,可处理出不同模式的成像结果,比常规SAR具备更多的新能力。该书着重研究基于数字阵列SAR的高分辨力宽测绘带SAR成像、极化层析 SAR 三维成像和前视 SAR 成像技术三种新能力。

(2)《双基合成孔径雷达》分册介绍的雷达配置灵活,具有隐蔽性好、抗干扰能力强、能够实现前视成像等优点,是 SAR 技术的热点之一。该书较为系统地描述了双基 SAR 理论方法、回波模型、成像算法、运动补偿、同步技术、试验验证等诸多方面,形成了实现技术和试验验证的研究成果。

(3)《三维合成孔径雷达》分册描述曲线合成孔径雷达、层析合成孔径雷达和线阵合成孔径雷达等三维成像技术。重点讨论各种三维成像处理算法,包括距离多普勒、变尺度、后向投影成像、线阵成像、自聚焦成像等算法。最后介绍三维 MIMO-SAR 系统。

(4)《雷达图像解译技术》分册介绍的技术是指从大量的 SAR 图像中提取与挖掘有用的目标信息,实现图像的自动解译。该书描述高分辨 SAR 和极化 SAR 的成像机理及相应的相干斑抑制、噪声抑制、地物分割与分类等技术,并介绍舰船、飞机等目标的 SAR 图像检测方法。

(5)《极化合成孔径雷达图像解译技术》分册对极化合成孔径雷达图像统计建模和参数估计方法及其在目标检测中的应用进行了深入研究。该书研究内容为统计建模和参数估计及其国防科技应用三大部分。

(五) 雷达的应用也在扩展和变化,不同的领域对雷达有不同的要求,本套丛书在雷达前沿应用方面遴选了 6 个分册:

(1)《天基预警雷达》分册介绍的雷达不同于星载 SAR,它主要观测陆海空天中的各种运动目标,获取这些目标的位置信息和运动趋势,是难度更大、更为复杂的天基雷达。该书介绍天基预警雷达的星星、星空、MIMO、卫星编队等双/多基地体制。重点描述了轨道覆盖、杂波与目标特性、系统设计、天线设计、接收处理、信号处理技术。

(2)《战略预警雷达信号处理新技术》分册系统地阐述相关信号处理技术的理论和算法,并有仿真和试验数据验证。主要包括反导和飞机目标的分类识别、低截获波形、高速高机动和低速慢机动小目标检测、检测识别一体化、机动目标成像、反投影成像、分布式和多波段雷达的联合检测等新技术。

(3)《空间目标监视和测量雷达技术》分册论述雷达探测空间轨道目标的特色技术。首先涉及空间编目批量目标监视探测技术,包括空间目标监视相控阵雷达技术及空间目标监视伪码连续波雷达信号处理技术。其次涉及空间目标精密测量、增程信号处理和成像技术,包括空间目标雷达精密测量技术、中高轨目标雷达探测技术、空间目标雷达成像技术等。

（4）《平流层预警探测飞艇》分册讲述在海拔约20km的平流层，由于相对风速低、风向稳定，从而适合大型飞艇的长期驻空，定点飞行，并进行空中预警探测，可对半径500km区域内的地面目标进行长时间凝视观察。该书主要介绍预警飞艇的空间环境、总体设计、空气动力、飞行载荷、载荷强度、动力推进、能源与配电以及飞艇雷达等技术，特别介绍了几种飞艇结构载荷一体化的形式。

（5）《现代气象雷达》分册分析了非均匀大气对电磁波的折射、散射、吸收和衰减等气象雷达的基础，重点介绍了常规天气雷达、多普勒天气雷达、双偏振全相参多普勒天气雷达、高空气象探测雷达、风廓线雷达等现代气象雷达，同时还介绍了气象雷达新技术、相控阵天气雷达、双/多基地天气雷达、声波雷达、中频探测雷达、毫米波测云雷达、激光测风雷达。

（6）《空管监视技术》分册阐述了一次雷达、二次雷达、应答机编码分配、S模式、多雷达监视的原理。重点讨论广播式自动相关监视（ADS-B）数据链技术、飞机通信寻址报告系统（ACARS）、多点定位技术（MLAT）、先进场面监视设备（A-SMGCS）、空管多源协同监视技术、低空空域监视技术、空管技术。介绍空管监视技术的发展趋势和民航大国的前瞻性规划。

（六） 目标和环境特性，是雷达设计的基础。该方向的研究对雷达匹配目标和环境的智能设计有重要的参考价值。本套丛书对此专题遴选了4个分册：

（1）《雷达目标散射特性测量与处理新技术》分册全面介绍有关雷达散射截面积（RCS）测量的各个方面，包括RCS的基本概念、测试场地与雷达、低散射目标支架、目标RCS定标、背景提取与抵消、高分辨力RCS诊断成像与图像理解、极化测量与校准、RCS数据的处理等技术，对其他微波测量也具有参考价值。

（2）《雷达地海杂波测量与建模》分册首先介绍国内外地海面环境的分类和特征，给出地海杂波的基本理论，然后介绍测量、定标和建库的方法。该书用较大的篇幅，重点阐述地海杂波特性与建模。杂波是雷达的重要环境，随着地形、地貌、海况、风力等条件而不同。雷达的杂波抑制，正根据实时的变化，从粗犷走向精细的匹配，该书是现代雷达设计师的重要参考文献。

（3）《雷达目标识别理论》分册是一本理论性较强的专著。以特征、规律及知识的识别认知为指引，奠定该书的知识体系。首先介绍雷达目标识别的物理与数学基础，较为详细地阐述雷达目标特征提取与分类识别、知识辅助的雷达目标识别、基于压缩感知的目标识别等技术。

(4)《雷达目标识别原理与实验技术》分册是一本工程性较强的专著。该书主要针对目标特征提取与分类识别的模式，从工程上阐述了目标识别的方法。重点讨论特征提取技术、空中目标识别技术、地面目标识别技术、舰船目标识别及弹道导弹识别技术。

(七) 数字技术的发展，使雷达的设计和评估更加方便，该技术涉及雷达系统设计和使用等。本套丛书遴选了3个分册：

(1)《雷达系统建模与仿真》分册所介绍的是现代雷达设计不可缺少的工具和方法。随着雷达的复杂度增加，用数字仿真的方法来检验设计的效果，可收到事半功倍的效果。该书首先介绍最基本的随机数的产生、统计实验、抽样技术等与雷达仿真有关的基本概念和方法，然后给出雷达目标与杂波模型、雷达系统仿真模型和仿真对系统的性能评价。

(2)《雷达标校技术》分册所介绍的内容是实现雷达精度指标的基础。该书重点介绍常规标校、微光电视角度标校、球载BD/GPS(BD为北斗导航简称)标校、射电星角度标校、基于民航机的雷达精度标校、卫星标校、三角交会标校、雷达自动化标校等技术。

(3)《雷达电子战系统建模与仿真》分册以工程实践为取材背景，介绍雷达电子战系统建模的主要方法、仿真模型设计、仿真系统设计和典型仿真应用实例。该书从雷达电子战系统数学建模和仿真系统设计的实用性出发，着重论述雷达电子战系统基于信号/数据流处理的细粒度建模仿真的核心思想和技术实现途径。

(八) 微电子的发展使得现代雷达的接收、发射和处理都发生了巨大的变化。本套丛书遴选出涉及微电子技术与雷达关联最紧密的3个分册：

(1)《雷达信号处理芯片技术》分册主要讲述一款自主架构的数字信号处理(DSP)器件，详细介绍该款雷达信号处理器的架构、存储器、寄存器、指令系统、I/O资源以及相应的开发工具、硬件设计，给雷达设计师使用该处理器提供有益的参考。

(2)《雷达收发组件芯片技术》分册以雷达收发组件用芯片套片的形式，系统介绍发射芯片、接收芯片、幅相控制芯片、波速控制驱动器芯片、电源管理芯片的设计和测试技术及与之相关的平台技术、实验技术和应用技术。

(3)《宽禁带半导体高频及微波功率器件与电路》分册的背景是，宽禁带材料可使微波毫米波功率器件的功率密度比Si和GaAs等同类产品高10倍，可产生开关频率更高、关断电压更高的新一代电力电子器件，将对雷达产生更新换代的影响。分册首先介绍第三代半导体的应用和基本知识，然后详细介绍两大类各种器件的原理、类别特征、进展和应用：SiC 器件有功率二极管、MOSFET、JFET、BJT、IBJT、GTO 等；GaN 器件有 HEMT、MMIC、E 模 HEMT、N 极化 HEMT、功率开关器件与微功率变换等。最后展望固态太赫兹、金刚石等新兴材料器件。

本套丛书是国内众多相关研究领域的大专院校、科研院所专家集体智慧的结晶。具体参与单位包括中国电子科技集团公司、中国航天科工集团公司、中国电子科学研究院、南京电子技术研究所、华东电子工程研究所、北京无线电测量研究所、电子科技大学、西安电子科技大学、国防科技大学、北京理工大学、北京航空航天大学、哈尔滨工业大学、西北工业大学等近 30 家。在此对参与编写及审校工作的各单位专家和领导的大力支持表示衷心感谢。

2017 年 9 月

前言

近年来,随着隐身飞机等新型飞行器的出现和电子对抗手段的进一步提高,雷达正面临着前所未有的挑战,寻求新的雷达体制和信号处理手段,以提升雷达的探测性能和自身的电子对抗能力(包括射频隐身性),是雷达工程技术人员努力追寻的目标。20世纪初提出的MIMO雷达概念,可在一定的应用场景下,部分解决雷达所面临的上述问题,使雷达的目标探测能力和电子对抗能力得到改善。

需指出的是,MIMO雷达同其他新生事物一样,也不是十全十美的,同传统相控阵雷达相比,在不同的应用场景下,各有其优点,因此作者认为,可将相控阵雷达模式、MIMO雷达模式(这里指共址MIMO雷达)作为同一数字阵列硬件平台的不同工作模式,在不同的应用场景下,择其长处而用之,而不是用MIMO雷达完全取代相控阵雷达,反之一样。

本书的主要内容来自电子科技大学相控阵与自适应科研团队10年来在MIMO雷达方向的研究工作,同时学习和参考国内外同行学者专家的研究成果。在内容取舍和安排上有这样一些考虑:由于属于前沿技术丛书,对一些背景和基础部分介绍得较简略,注重突出MIMO雷达相关的新理论、新方法;在进行理论推导和分析的同时,适当考虑工程应用方面的特点,以便于工程技术人员参考。基于这些考虑,全书共分10章,主要内容和章节为:

第1章~第3章介绍MIMO概念和MIMO雷达类别、共址MIMO雷达的主要阵列形式、空域方向图、角度测量以及输出信噪比等。

第4章介绍MIMO雷达的正交波形设计理论和各种优化算法,包括相位编码信号、频率编码信号以及基于Walsh函数的正交信号等的优化设计。

第5章讨论MIMO雷达各种波形的模糊函数,分析各信号的空时旁瓣的特点,给出不同战术应用场景下不同波形的选择建议。

第6章系统地介绍MIMO雷达在空载下视应用时的杂波抑制理论和方法,特别是STAP处理时的降维、降秩技术。

第7章针对MIMO雷达探测弱小目标时的长时间积累问题,介绍高速目标探测时面临的运动补偿理论和方法。

第8章和第9章是在前面共址MIMO雷达理论介绍的基础上,介绍分置天线MIMO雷达的原理,以及相关的目标检测与参数估计理论和算法。

第10章介绍MIMO雷达的几种典型应用。

本书由何子述写作第1章、第2章及8.1~8.3节，李军写作第6章和第7章，刘红明写作第3章~第5章，何茜写作8.4~8.6节和第9章，第10章由几位作者共同完成，全书由何子述与李军统稿完善。参加写作和稿件完善工作的还有张伟、张晓军、程子扬、孙颖、骆成、段翔、张圣鹋、李锐洋、汪霜玲、李茂、赵翔、孙国皓、胡建宾等，在此对他们的辛勤付出深表感谢！

本书的完成依托于团队承担的科研项目，在此向提供项目支持的国家自然科学基金委，原中国人民解放军总装备部预研局、电子局及雷达探测技术项目管理办公室表示感谢！向长期给予作者帮助的国内高校和科研院所的同行专家表示感谢！

限于作者水平，书中定有不当和错误之处，恳请读者批评指正。

作 者

2017年3月

目　录

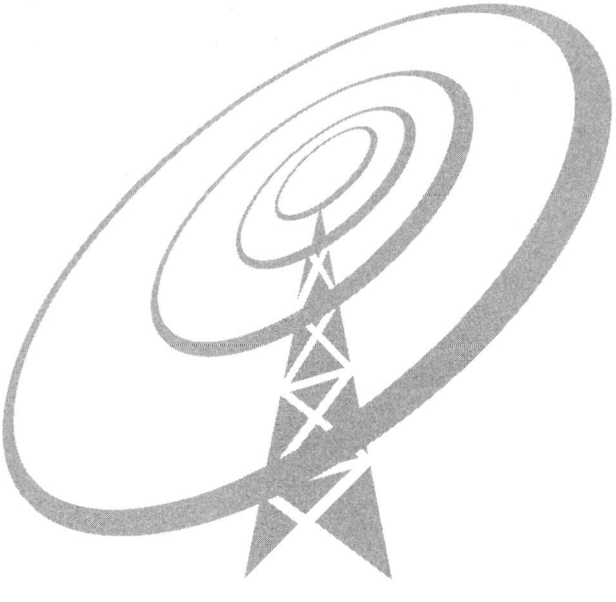

第1章 绪论

1.1 雷达面临的主要挑战

雷达自第二次世界大战投入军事应用以来,一直是世界各国国土防空的主要军事装备,在可以预见的未来,雷达仍将是远距离目标探测的主要手段,是国家战略预警和战术对抗不可或缺的主要装备,目前尚未发现有其他探测手段可以取代其作用。

道高一尺,魔高一丈。随着技术的发展,雷达主要面临着两个方面的挑战:一是目标探测越来越困难;二是自身的生存环境越来越恶劣。

1.1.1 雷达目标探测面临的挑战

(1) 隐身目标。通过非常规气动外形设计、宽频段轻质耐热吸波材料涂敷等技术能够将飞机对雷达信号的反射面积降低为原来的千分之一。目前飞机隐身主要借助外形设计,其对飞机隐身的贡献达到 80% 。更先进的隐身技术的成熟和使用,如放射性同位素等离子屏障技术等,会进一步改善飞机的隐身性能。最先进的隐身飞机,其雷达反射面甚至和一个麻雀相当,给雷达系统目标探测和跟踪带来了巨大的挑战。

(2) 低空突防。无论对地面雷达还是机载雷达来说,对低空慢速或低空弱小目标的检测一直就是个巨大的难题。一般来说,航空兵器在空中距离地面或水面 1000m 的高度飞行称为低空飞行,距离地面或水面 100m 以下时称为超低空飞行。

采用低空、超低空突防方式进攻,是航空兵作战的基本模式,也是一种常用的新突防手段。自雷达出现以来,利用雷达的低空盲区和低空地物的遮蔽效果,是达成空袭突然性的重要手段。

军事技术的发展催生了很多新一代高性能的低空飞行设备,如利用地形匹配制导的巡航导弹、武装直升机、地效飞行器等。低空超低空、高速突防和攻击是近期国际与局部战争中惯用的技术。

(3) 饱和攻击。制空权的争夺是现代战争最重要的焦点，无人机、巡航导弹、战术地地导弹等新型空袭装备的出现和大量使用，彻底改变了空袭作战的基本模式，饱和攻击往往成为战争开始阶段最常用的策略，对防御雷达体系造成空前的压力。

无人机本身的技术特点决定了它不需要载人，使飞机的生产成本大大降低，且进攻时没有人员伤亡的压力，可大量同时使用，构成饱和及超饱和的攻击态势，超过雷达正常工作的目标容限。

1.1.2 雷达生存环境

(1) 电磁环境。雷达靠检测目标的微弱电磁回波信号完成对目标的探测和跟踪，所以雷达的工作性能对电磁环境非常敏感。而现代雷达工作的电磁环境越来越复杂，严重影响到雷达的正常工作，现代雷达系统如何在复杂电磁环境下，仍能表现出正常的工作性能，是雷达设计者面临的一项挑战。

电磁环境的恶化因素来自诸多方面。首先是民用电子设备种类越来越多，如广播、电视、手机、网络等，导航、气象、警戒等各种不同类型的雷达应用也非常普及，以及各种自然或人为的消极干扰使雷达工作的电磁背景越来越复杂。更重要的是，战时敌方施放的电子干扰手段越来越先进，包括阻塞式压制干扰、距离或速度欺骗干扰、箔条等无源干扰、灵巧噪声式干扰等，使雷达几乎不可能工作在一个“干净”的电磁环境里。

(2) 反辐射导弹。反辐射导弹是利用对方雷达的电磁信号进行引导，从而摧毁对方雷达及其载体的导弹系统，它是电子对抗中对雷达进行硬杀伤的有效武器。发射前，要对雷达进行侦察，测定其有效参数和位置；发射后，被动导引头不断测定雷达的探测信号并形成控制指令传给执行机构，使导弹自动飞向目标雷达；如果雷达采用关机对抗措施，一些反辐射导弹还会转入记忆状态，继续飞向预定位置。

(3) 辐射源定位。主动雷达是靠发射电磁波，接收目标的回波信号实现对目标的探测的，随着基于无源定位等一些先进电子侦察设备的广泛应用，雷达发射的电磁波本身就暴露了自己的存在，特别是暴露了雷达平台所在的位置，使自己处在被对方锁定定位的危险之中。

因此，反辐射导弹和辐射源定位直接威胁雷达的生存，对雷达自身的射频隐身能力提出了很高要求，要求雷达在能探测到对方目标的同时，自己发射的信号尽量不被对方侦收与识别，这包括雷达抗侦察、抗识别、抗定位等方面的能力，所以射频隐身设计成为雷达系统设计的关键环节。

综上所述，随着隐身飞机、无人机、高速飞行器等新型飞行器的出现，以及电子对抗手段技术的进步,雷达正面临着前所未有的挑战,寻求新的雷达体制和信号处理手段,以提升雷达的探测性能和自身的电子对抗能力(包括射频隐身性),是目前雷达发展迫切需要解决的问题。

1.2　MIMO 概念和 MIMO 通信

如图 1.1 所示,在一个信息传输系统中,如果发射端有 M 个发射天线,将传输的信号 $s(t)$ 经过某种准则,分解成 M 个信息子流 $s_1(t),s_2(t),\cdots,s_M(t)$,信号经空间传播后,被 N 个接收天线接收,接收信号为 $x_1(t),x_2(t),\cdots,x_N(t)$,设在一个处理时隙内,传输信道可建模为一个线性时不变系统,则第 n 天线的接收信号可表示为(忽略噪声)

$$x_n(t) = \sum_{m=1}^{M} s_m(t) * h_{mn}(t) \tag{1.1}$$

式中:$*$ 为卷积符号;h_{mn} 为从第 m 个天线发射到第 n 个接收天线的传输信道系统,然后分别取 $n=1,2,\cdots,N$,可得

$$\begin{aligned}
x_1(t) &= s_1(t) * h_{11}(t) + s_2(t) * h_{12}(t) + \cdots + s_M(t) * h_{1M}(t) \\
x_2(t) &= s_1(t) * h_{21}(t) + s_2(t) * h_{22}(t) + \cdots + s_M(t) * h_{2M}(t) \\
&\vdots \\
x_N(t) &= s_1(t) * h_{N1}(t) + s_2(t) * h_{N2}(t) + \cdots + s_M(t) * h_{NM}(t)
\end{aligned}$$

将其写成向量和矩阵形式,有

$$\begin{bmatrix} x_1(t) \\ x_2(t) \\ \vdots \\ x_N(t) \end{bmatrix} = \begin{bmatrix} h_{11}(t) & h_{12}(t) & \cdots & h_{1M}(t) \\ h_{21}(t) & h_{22}(t) & \cdots & h_{2M}(t) \\ \cdots & & \cdots & \\ h_{N1}(t) & h_{N2}(t) & \cdots & h_{NM}(t) \end{bmatrix} * \begin{bmatrix} s_1(t) \\ s_2(t) \\ \vdots \\ s_M(t) \end{bmatrix} \tag{1.2}$$

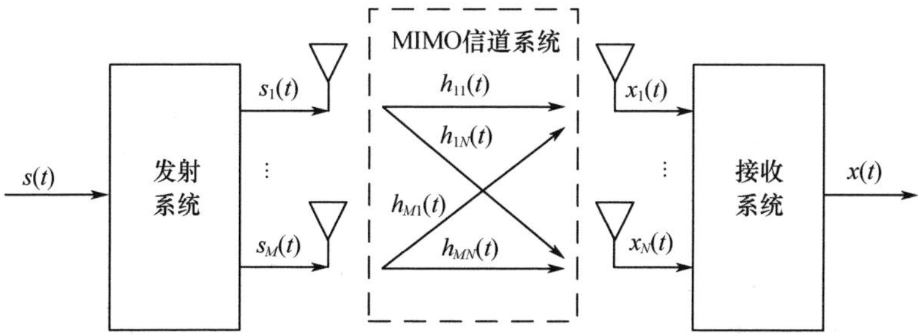

图 1.1　信息传输 MIMO 系统

如果将传输信道看成一个系统，则该系统有 M 个输入，有 N 个输出，这样的系统称为 MIMO(Multiple Input Multiple Output)系统。

需指出的是，M 个发射信号对 MIMO 系统来讲是输入，而 N 个接收信号对 MIMO 系统来讲是输出。

MIMO 无线通信系统原理如图 1.2 所示，待传输的信息比特 $s(k)$ 通过空时编码，按照某种准则，被分解成 M 个信息子流 $s_1(k), s_2(k), \cdots, s_M(k)$，多数分解准则要求信息子流间是相互正交的，每一子流通过对应的天线发射出去，经过空间传播信道，在接收端被 N 个接收天线接收，通过空时译码处理，恢复出发射端的信息比特 $s(k)$。

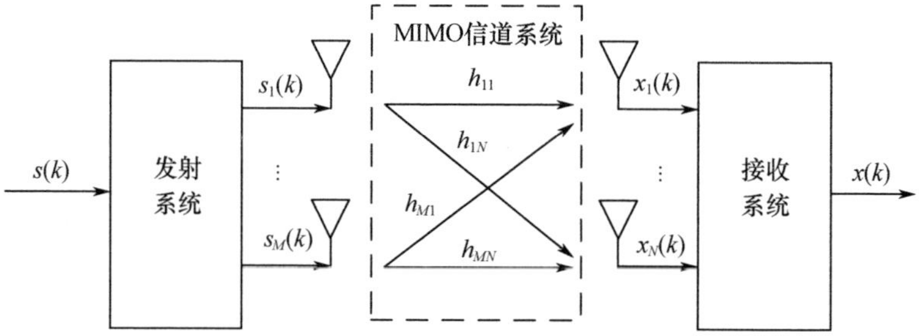

图 1.2　MIMO 无线通信系统

对平坦衰落信道，接收信号可建模为[1,2]

$$\begin{bmatrix} x_1(k) \\ x_2(k) \\ \vdots \\ x_N(k) \end{bmatrix} = \begin{bmatrix} h_{11} & h_{12} & \cdots & h_{1M} \\ h_{21} & h_{22} & \cdots & h_{2M} \\ \cdots & & \cdots & \\ h_{N1} & h_{N2} & \cdots & h_{NM} \end{bmatrix} \begin{bmatrix} s_1(k) \\ s_2(k) \\ \vdots \\ s_M(k) \end{bmatrix} + \begin{bmatrix} n_1(k) \\ n_2(k) \\ \vdots \\ n_N(k) \end{bmatrix} \tag{1.3}$$

式中：$n_i(k)$ 为每个接收天线的噪声，可将式(1.3)表示为

$$\boldsymbol{y}(k) = \boldsymbol{H}\boldsymbol{x}(k) + \boldsymbol{n}(k) \tag{1.4}$$

分析表明，MIMO 通信系统的信道容量为

$$C = \log_2\left[\det\left(\boldsymbol{I}_p + \frac{\rho}{M}\boldsymbol{Q}\right)\right] \tag{1.5}$$

式中：ρ 为接收信噪比；$p = \min[M, N]$；$\boldsymbol{I}_p$ 为 p 阶单位矩阵；矩阵 $\boldsymbol{Q}$ 的定义为

$$\boldsymbol{Q} = \begin{cases} \boldsymbol{H}^{\mathrm{H}}\boldsymbol{H}, & N < M \\ \boldsymbol{H}\boldsymbol{H}^{\mathrm{H}}, & N \geqslant M \end{cases} \tag{1.6}$$

如果 $M = N$，且信道相互正交，即矩阵 $\boldsymbol{Q}$ 为对角矩阵 $\boldsymbol{Q} = M\boldsymbol{I}_M$，则信道容量可表示为

$$C = M\log_2(1+\rho) \tag{1.7}$$

式(1.7)表明,在约束发射功率的前提下,对正交信道,MIMO 通信系统的信道容量与天线数 M 呈线性关系,增加天线数,可提高数据传输速率,这是目前 4G 通信的理论基础。

实际应用中,对城市多径环境,为保证信道的正交性,要求天线间距在若干个波长以上为好。

受 MIMO 通信系统信道容量随天线数线性增加的启示,如果在雷达系统中引入多天线发射与多天线接收的 MIMO 思想,对雷达系统的探测性能是否有所改善和提高呢? 这样就出现了 MIMO 雷达。

1.3 共址 MIMO 雷达

比较系统地将 MIMO 系统和 MIMO 信号处理的思想引入雷达目标探测,源于 21 世纪初的 2003 年和 2004 年前后。根据发射天线位置与目标参数之间的关系,可大致分为两个类别,一类是共址 MIMO 雷达[3-5],另一类是分置天线 MIMO 雷达[6,7],这里先介绍第一类。

如图 1.3 所示,共址 MIMO 雷达的阵列结构十分类似于普通相控阵雷达[3],这里以一维均匀线阵为例进行介绍,设阵元间距为 d(通常设为半波长),目标位于 θ 方向。

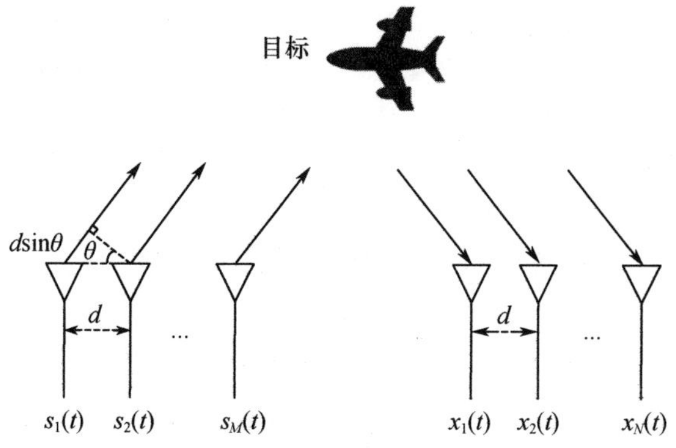

图 1.3　共址 MIMO 雷达示意图

与普通相控阵雷达不同,这里每个天线阵元发射不同的信号波形,分别为 $s_1(t), s_2(t), \cdots, s_M(t)$。以第 1 个阵元为参考,第 m 个阵元的发射信号到达目标处,照射到目标的信号为

$$p_m(t) = \eta_1 s_m(t-\tau_m) \tag{1.8}$$

式中:η_1 为发射传输损耗,设对各信号相同;τ_m 为相对第一个阵元的延时,即

$$\tau_m = (m-1)d\sin\theta/c \tag{1.9}$$

通常认为信号是窄带的,则有近似

$$p_m(t) = \eta_1 s_m(t-\tau_m) = \eta_1 s_m(t)\mathrm{e}^{-\mathrm{j}\phi_m} \tag{1.10}$$

$$\phi_m = 2\pi d(m-1)\sin\theta/\lambda \tag{1.11}$$

考虑全部 M 个发射信号,则照射到目标的全部合成信号为

$$p(t) = \sum_{m=1}^{M} p_m(t) = \eta_1 \sum_{m=1}^{M} s_m(t)\mathrm{e}^{-\mathrm{j}\phi_m} \tag{1.12}$$

信号 $p(t)$ 经目标反射形成回波,被第 n 个阵元接收的回波为

$$x_n(t) = \eta_2 p(t)\mathrm{e}^{-\mathrm{j}\phi_n} = \eta \mathrm{e}^{-\mathrm{j}\phi_n}\sum_{m=1}^{M} s_m(t)\mathrm{e}^{-\mathrm{j}\phi_m} \tag{1.13}$$

式中:η_2 包括目标散射 RCS、回波传输损耗;$\eta = \eta_1\eta_2$;$\phi_n = 2\pi d(n-1)\sin\theta/\lambda$。对式(1.13)接收的全部回波信号进行处理,完成目标检测和参数估计。

可以看出,共址 MIMO 雷达的特点是,阵元位置间隔远远小于目标距离,这就使得,对每个发射信号,所有目标参数相同(除阵元位置不同引入的信号相位差外),这些参数包括目标方向角度、目标距离、目标的多普勒频率和雷达散射截面积(RCS)等[8]。

1.4 分置 MIMO 雷达

分置 MIMO 雷达(有时也称分置天线 MIMO 雷达)原理如图 1.4 所示,同共址 MIMO 雷达一样,也是每个天线(或每个雷达节点)发射不同的信号,所不同的是,分置天线 MIMO 雷达各阵元间隔较大,使得各阵元对同一个目标可能呈现不同的观测参数。

如图 1.4 所示,根据阵元间隔 d 相对目标距离 R 间的相对大小,各阵元接收目标回波的 RCS 大致可分为下面三种情况。

(1) 第一种情况,满足 $d \ll R$,即可认为各天线是从同一方向照射与接收目标回波信号,且各天线信号是相参发射与接收的,此时可认为各天线接收的目标回波 RCS 是同一个复数(幅度相位均相同),通过对信号传播延时的补偿,可实现各信号的相参积累处理,该情况类似于共址 MIMO 雷达。

(2) 第二种情况与第一种情况类似,也满足 $d \ll R$,但各天线发射与接收信号是非相参的,这使得各天线接收的目标回波 RCS 是一个幅度相同、相位随机的复数(通常认为相位在 $0 \sim 2\pi$ 上均匀分布),此时不能进行相参积累处理。

(3) 第三种情况,不满足 $d \ll R$,即可认为各天线是从不同方向照射与接

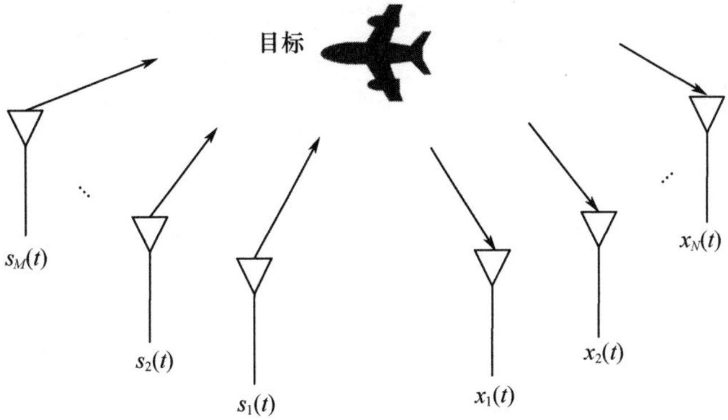

图 1.4　分置天线 MIMO 雷达

收目标回波信号，此时不论各天线信号是否相参发射与接收的，各天线接收的目标回波 RCS 可认为是幅度和相位均不同的复数（幅度和相位均是随机数），此时也不能进行相参积累处理。

这里以具有一般性的第三种情况简单介绍信号的发射与接收（前两种情况可看成其特例）。如图 1.4 所示，图中阵元 1 发射信号 $s_1(t)$，经目标散射后，各阵元（包括阵元 1）将收到目标对 $s_1(t)$ 的散射信号，第 m 个天线阵元收到的 $s_1(t)$ 的散射信号为

$$x_m(t) = \eta_{1m} s_1(t) \mathrm{e}^{-\mathrm{j}\phi_{1m}} \tag{1.14}$$

考虑全部 M 个发射信号，则第 m 阵元收到的合成信号为

$$x_m(t) = \sum_{k=1}^{M} \eta_{km} s_k(t) \mathrm{e}^{-\mathrm{j}\phi_{km}} \tag{1.15}$$

式中：散射系数 η_{km} 为第 k 个天线发射的信号，经空间传播损耗、目标散射、最后被第 m 个天线接收的信号的复幅度；ϕ_{km} 为空间传播延时引起的相位差。对全部 M 个接收信号 $x_m(t)$ 进行信号处理，可实现对目标的检测和参数估计。

通过上述讨论可知，分置天线 MIMO 雷达的特点是，当各阵元位置间隔较大时，对同一个空中目标，各阵元接收到的目标回波信号将体现不同的目标参数，即不同的目标方向角度，不同的目标距离，不同的目标多普勒频率，以及不同的目标散射系数（RCS）等[8]。

下面简要给出目标散射系数相关性的定量讨论。

1.5　目标散射系数的相关性

由于收发阵元采取大间距配置，分布式 MIMO 雷达目标表现为空间散射多

样性。空间的相关性反映了对于不同收发阵元的散射系数的关系[9]。

考虑远场目标和分布式 MIMO 雷达系统空间配置如图 1.5 所示,忽略目标和雷达阵元的高度。

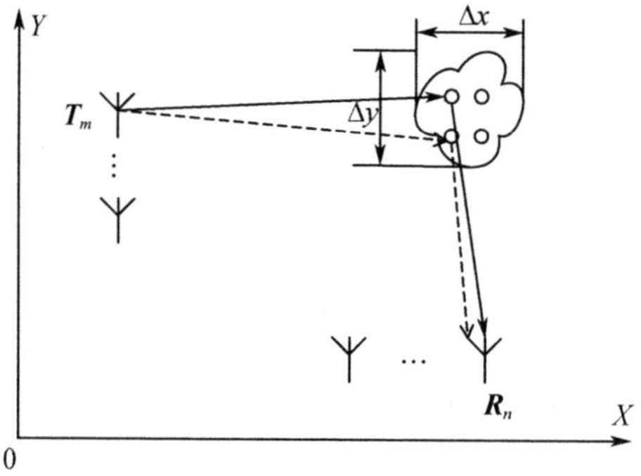

图 1.5　分布式 MIMO 雷达系统空间配置示意图

假定分布式 MIMO 雷达有 M 个发射天线、N 个接收天线,发射天线 $m(m=1,2,\cdots,M)$ 和接收天线 $n(n=1,2,\cdots,N)$,在二维笛卡儿坐标系的位置分别为 $\boldsymbol{T}_m=[x_{tm}\quad y_{tm}]^{\mathrm{T}}$ 和 $\boldsymbol{R}_n=[x_{rn}\quad y_{rn}]^{\mathrm{T}}$。为了便于分析,假设复杂扩展目标由无限多个小散射体构成(实际中目标是由有限个、大量的散射体构成),从发射天线 m 到接收天线 n 路径所对应的散射系数 η_{mn}。无数个散射体均匀分布在矩形 $\left[x_0-\dfrac{\Delta x}{2},x_0+\dfrac{\Delta x}{2}\right]\times\left[y_0-\dfrac{\Delta y}{2},y_0+\dfrac{\Delta y}{2}\right]$ 内,其中 (x_0,y_0) 是矩形的中心位置。

为了考察任意两个分集路径之间的相关性,定义分集路径散射系数 η_{mn}、$\eta_{m'n'}$ 之间的相关系数为

$$\rho(n,m,n',m')=\frac{E\{\eta_{mn}\eta_{m'n'}^{*}\}}{\sqrt{E\{\eta_{mn}\eta_{mn}^{*}\}E\{\eta_{m'n'}\eta_{m'n'}^{*}\}}} \tag{1.16}$$

假定 η_{mn} 的方差 $\sigma_{\eta}^{2}=1$,即 η_{mn} 近似服从 $\eta_{mn}\sim\mathrm{CN}(0,1)$,则式(1.16)可以简化为

$$\rho(n,m,n',m')=E\{\eta_{mn}\eta_{m'n'}^{*}\} \tag{1.17}$$

文献[9]给出了

$$E\{\eta_{mn}\eta_{m'n'}^{*}\}=\mathrm{sinc}(\psi_x)\,\mathrm{sinc}(\psi_y) \tag{1.18}$$

式中:$\mathrm{sinc}(x)\triangleq\dfrac{\sin(\pi x)}{\pi x}$ 表示归一化的辛克函数,且

$$\begin{cases}\psi_x=\dfrac{\Delta x}{\lambda}\left[\dfrac{(x_{\mathrm{t}m}-x_0)}{d_{\mathrm{t}m}}-\dfrac{(x_{\mathrm{t}m'}-x_0)}{d_{\mathrm{t}m'}}+\dfrac{(x_{\mathrm{r}n}-x_0)}{d_{\mathrm{r}n}}\;\dfrac{(x_{\mathrm{r}n'}-x_0)}{d_{\mathrm{r}n'}}\right]\\[2ex]\psi_y=\dfrac{\Delta y}{\lambda}\left[\dfrac{(y_{\mathrm{t}m}-y_0)}{d_{\mathrm{t}m}}-\dfrac{(y_{\mathrm{t}m'}-y_0)}{d_{\mathrm{t}m'}}+\dfrac{(y_{\mathrm{r}n}-y_0)}{d_{\mathrm{r}n}}\;\dfrac{(y_{\mathrm{r}n'}-y_0)}{d_{\mathrm{r}n'}}\right]\end{cases} \tag{1.19}$$

式中：发射天线 m 到目标的距离 $d_{tm} \triangleq \sqrt{(x_{tm}-x_0)^2+(y_{tm}-y_0)^2}$；目标到接收天线 n 的距离 $d_{rn} \triangleq \sqrt{(x_{rn}-x_0)^2+(y_{rn}-y_0)^2}$；$\lambda$ 为载波波长。

由式(1.17)和式(1.19)可知散射系数相关性与 MIMO 雷达天线配置、目标位置、目标尺寸及载波频率均有关。由于 $\rho(n,m,n',m')$ 为二维辛克函数，因此可以根据辛克函数的特点分析散射系数的相关性，下面分三种情况讨论其相关性。

(1) 当 ψ_x 与 ψ_y 均近似为零时，$\rho(n,m,n',m') \approx 1$，$\forall m,m',n,n'$，此时散射系数完全相关，即 $E\{\eta_{mn}\eta_{m'n'}^*\} \approx 1$，分布式 MIMO 雷达退化为集中式 MIMO 雷达。

(2) 当 $|\psi_x| \geqslant 1$ 或 $|\psi_y| \geqslant 1$ 时，$\rho(n,m,n',m') \approx 0$，即散射系数不相关或独立。分布式 MIMO 雷达即为理想的统计 MIMO 雷达。

(3) 当 $0<|\psi_x|<1$ 或 $0<|\psi_y|<1$ 时，$0<|\rho(n,m,n',m')|<1$，即散射系数部分相关。

例如，当载波频率 $f_0=10\text{GHz}$，目标尺寸 $\Delta x=\Delta y=1\text{m}$，目标距发射机和接收机的距离大致相同为 $d_t=d_r=10\text{km}$，两发射机和两接收机之间间距 $|x_{tm}-x_{tm'}|=|y_{tm}-y_{tm'}|=1\text{km}$，$|x_{rn}-x_{rn'}|=|y_{rn}-y_{rn'}|=1\text{km}$，此时，$\psi_x=\psi_y=6.67$，$\rho(n,m,n',m')=0.0017$，此时散射系数不相关；若载波频率 $f_0=100\text{MHz}$，$\psi_x=\psi_y=0.067$，$\rho(n,m,n',m')=0.9854$，此时可以近似认为散射系数完全相关；若载波频率 $f_0=1\text{GHz}$，$\psi_x=\psi_y=0.67$，$\rho(n,m,n',m')=0.1706$，此时散射系数部分相关。

参考文献

[1] Naguib A E, Scshadri N, Cakderbank A R. Increasing data rate over wireless channels[J]. IEEE Signal Processing Magazine, 2000(5):77-92.

[2] Foschini G J, Gans M J, On Limits of wireless communications in a fading environment when using multiple antennas[J]. Wireless Personal Communications. 1998(6):311-335.

[3] Rabideau D J, Parker P. Ubiquitous MIMO multifunction digital array radar[J]. 2003 Conference Record of the Thirty-Seventh Asilomar Conference on Signals, Systems and Computers, 2003(1):1057-1064.

[4] Li J, Stoica P. MIMO radar-Diversity means superiority[C]. 14th Annual Conference Adaptive Sensor Array Processing, MIT Lincoln Laboratory, Lexington, MA, 2006(7).

[5] Bliss D W, Forsythe K W. Multiple-input multiple-output (MIMO) radar and imaging: Degrees of freedom and resolution[C]. 37thAsilomar Conference Signals, Systems, Computers, Pracfic Grove, CA, 2003(11):54-59.

[6] Fishler E, Haimovich A, Blum R, et al. MIMO radar: an idea whose time has come[J]. in

Proc. IEEE Radar Conference, Philadelphia, Pennsylvania, USA,2004(4):71 -78.

[7] Fishler E,Haimovich A, Blum R S, et al. Performance of MIMO radar systems: Advantages of angular diversity[C]. 38th Asilomar Conference Signals, Systems, Computers, Pacific Grove, CA, 2004:305 -309.

[8] 何子述，韩春林，刘波. MIMO 雷达概念及其技术特点分析[J]. 电子学报，2005，33(12A)：2441 -2445.

[9] Fishler E, Haimovich A,Blum R S. Spatial diversity in radars-models and detection performance[J]. IEEE Transactions on signal processing, 2006, 54(3): 823 -838.

第 2 章 共址 MIMO 雷达原理

如 1.3 节所述，共址 MIMO 雷达各个阵元间距一般较小，且远远小于雷达阵列与目标的距离，这使得除因波程差引起的相位差异外（对窄带雷达），各阵元接收的目标回波信号相同。本章将从相控阵雷达的基本原理入手，分别讨论正交波形 MIMO 雷达、子阵级正交波形 MIMO 雷达、稀疏阵列 MIMO 雷达、信号部分相关性 MIMO 雷达等。

2.1 相控阵雷达原理

“相控阵”是“相位控制阵列”（Phased Array）的简称，相控阵雷达[1]则是由多个天线（有时称为天线阵元）按照一定的规律排列，且各个天线的馈电相位由计算机灵活控制的阵列雷达。相控阵雷达的天线可达成千上万个，通过移相器改变各天线收发信号的馈电相位，从而使得雷达的波束在空间进行扫描。

本节将对阵列天线、相控阵雷达一般结构和数字阵列雷达进行介绍。

2.1.1 阵列天线模型

1. 均匀线阵接收信号模型

假设有 K 个窄带信号，分别从 $\theta_1,\theta_2,\cdots,\theta_K$ 方向入射到间隔为 d 的均匀线阵，如图 2.1 所示，图中给出了第 k 个信号的入射示意图。

阵列接收的离散时间基带信号向量可以表示为

$$\boldsymbol{x}(n)=\boldsymbol{A}\boldsymbol{s}(n)+\boldsymbol{v}(n) \tag{2.1}$$

其展开形式为

$$\begin{bmatrix} x_0(n) \\ x_1(n) \\ \vdots \\ x_{M-1}(n) \end{bmatrix} = \begin{bmatrix} 1 & 1 & \cdots & 1 \\ \mathrm{e}^{-\mathrm{j}\phi_1} & \mathrm{e}^{-\mathrm{j}\phi_2} & \cdots & \mathrm{e}^{-\mathrm{j}\phi_K} \\ \vdots & \vdots & \ddots & \vdots \\ \mathrm{e}^{-\mathrm{j}(M-1)\phi_1} & \mathrm{e}^{-\mathrm{j}(M-1)\phi_2} & \cdots & \mathrm{e}^{-\mathrm{j}(M-1)\phi_K} \end{bmatrix} \begin{bmatrix} s_1(n) \\ s_2(n) \\ \vdots \\ s_K(n) \end{bmatrix} + \begin{bmatrix} v_0(n) \\ v_1(n) \\ \vdots \\ v_{M-1}(n) \end{bmatrix} \tag{2.2}$$

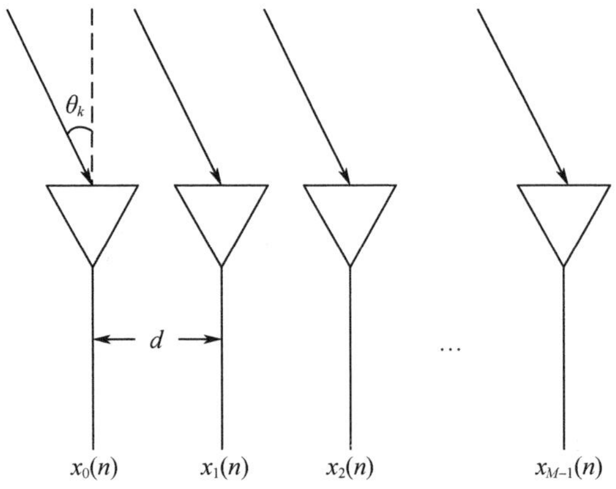

图 2.1　均匀线阵结构

其中,第 k 个信号源的方向向量为

$$\boldsymbol{a}(\theta_k)=[1\quad \mathrm{e}^{-\mathrm{j}\phi_k}\quad \cdots\quad \mathrm{e}^{-\mathrm{j}(M-1)\phi_k}]^{\mathrm{T}},\phi_k=2\pi d\sin\theta_k/\lambda,k=1,2,\cdots,K \tag{2.3}$$

分别定义信号向量 $\boldsymbol{s}(n)$ 和信号方向矩阵 $\boldsymbol{A}$ 为

$$\boldsymbol{s}(n)=[s_1(n)\quad s_2(n)\quad \cdots\quad s_K(n)]^{\mathrm{T}}\in\mathbb{C}^{K\times 1} \tag{2.4}$$

和

$$\begin{aligned}\boldsymbol{A}&=[\boldsymbol{a}(\theta_1)\quad \boldsymbol{a}(\theta_2)\quad \cdots\quad \boldsymbol{a}(\theta_K)]\\&=\begin{bmatrix}1 & 1 & \cdots & 1\\ \mathrm{e}^{-\mathrm{j}\phi_1} & \mathrm{e}^{-\mathrm{j}\phi_2} & \cdots & \mathrm{e}^{-\mathrm{j}\phi_K}\\ \vdots & \vdots & \ddots & \vdots\\ \mathrm{e}^{-\mathrm{j}(M-1)\phi_1} & \mathrm{e}^{-\mathrm{j}(M-1)\phi_2} & \cdots & \mathrm{e}^{-\mathrm{j}(M-1)\phi_K}\end{bmatrix}\in\mathbb{C}^{M\times K}\end{aligned} \tag{2.5}$$

$\boldsymbol{v}(n)\in\mathbb{C}^{M\times 1}$ 为噪声向量,通常假设各阵元的噪声为零均值,方差为 σ^2 的高斯白噪声,不同阵元的接收噪声相互独立,且信号与噪声也相互独立,即 $\forall n$ 和 l,有

$$\begin{cases}E\{\boldsymbol{v}(n)\}=0\\ E\{\boldsymbol{v}(n)\boldsymbol{v}^{\mathrm{H}}(l)\}=\sigma^2\boldsymbol{I}\delta(n-l)\\ E\{\boldsymbol{s}(n)\boldsymbol{v}^{\mathrm{H}}(l)\}=0\end{cases} \tag{2.6}$$

2. 均匀矩形阵接收信号模型

设参考阵元位于坐标原点,位于 $x-y$ 平面的 $M\times N$ 阵元均匀矩形阵如图 2.2 所示,设 d_x 和 d_y 分别表示平行于 x 轴方向和 y 轴方向上的阵元间距。

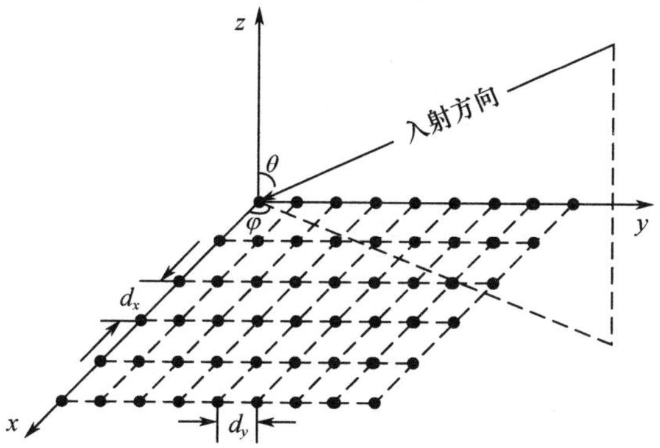

图 2.2　均匀矩形阵结构

对 K 个入射信号,其接收信号可表示为

$$\boldsymbol{x}(n)=\boldsymbol{A}\boldsymbol{s}(n)+\boldsymbol{v}(n)\in\mathbb{C}^{(MN)\times 1} \tag{2.7}$$

式中:$\boldsymbol{A}\in\mathbb{C}^{(MN)\times K}$为矩形阵中的方向矩阵。展开式可表示为

$$\begin{bmatrix} x_{0\times 0}(n) \\ x_{0\times 1}(n) \\ \vdots \\ x_{(M-1)\times(N-1)}(n) \end{bmatrix}=\begin{bmatrix} \mathrm{e}^{-\mathrm{j}\phi_{0\times 0,1}} & \mathrm{e}^{-\mathrm{j}\phi_{0\times 0,2}} & \cdots & \mathrm{e}^{-\mathrm{j}\phi_{0\times 0,K}} \\ \mathrm{e}^{-\mathrm{j}\phi_{0\times 1,1}} & \mathrm{e}^{-\mathrm{j}\phi_{0\times 1,2}} & \cdots & \mathrm{e}^{-\mathrm{j}\phi_{0\times 1,K}} \\ \vdots & \vdots & \ddots & \vdots \\ \mathrm{e}^{-\mathrm{j}\phi_{(M-1)\times(N-1),1}} & \mathrm{e}^{-\mathrm{j}\phi_{(M-1)\times(N-1),2}} & \cdots & \mathrm{e}^{-\mathrm{j}\phi_{(M-1)\times(N-1),K}} \end{bmatrix}\begin{bmatrix} s_1(n) \\ s_2(n) \\ \vdots \\ s_K(n) \end{bmatrix}$$

$$+\begin{bmatrix} v_{0\times 0}(n) \\ v_{0\times 1}(n) \\ \vdots \\ v_{(M-1)\times(N-1)}(n) \end{bmatrix} \tag{2.8}$$

式中:$\phi_{m\times n,k}=m\phi_x(\theta_k,\varphi_k)+n\phi_y(\theta_k,\phi_k)$是阵元$(m,n)$接收第 k 个入射信号的相移,$m=0,1,\cdots,M-1$,$n=0,1,\cdots,N-1$,$k=1,2,\cdots,K$,且 $\phi_x(\theta_k,\phi_k)$和$\phi_y(\theta_k,\phi_k)$分别是平行于 x 轴和 y 轴的空间相位,为

$$\phi_x(\theta_k,\varphi_k)=\frac{2\pi}{\lambda}d_x\sin\theta_k\cos\varphi_k,\quad \phi_y(\theta_k,\phi_k)=\frac{2\pi}{\lambda}d_y\sin\theta_k\sin\varphi_k \tag{2.9}$$

3. 共形阵接收信号模型

假设共形阵有 M 个阵元,如图 2.3 所示,图中的“×”表示阵元位置。阵元 m 的坐标为(x_m,y_m,z_m),以坐标原点为参考点。θ 和 φ 分别为入射信号的俯仰

角和方位角。若 K 个信号入射到该阵列,则阵列接收信号可以表示为

$$\boldsymbol{x}(n)=\boldsymbol{A}\boldsymbol{s}(n)+\boldsymbol{v}(n) \tag{2.10}$$

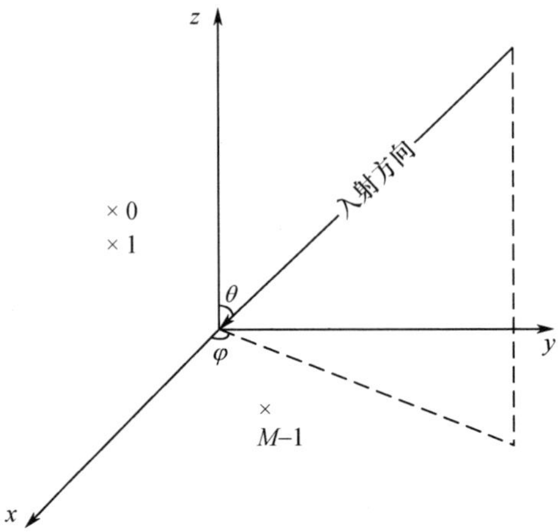

图 2.3 共形阵示意图

与式(2.7)类似,其展开式为

$$\begin{bmatrix} x_0(n) \\ x_1(n) \\ \vdots \\ x_{M-1}(n) \end{bmatrix}=\begin{bmatrix} e^{-j\phi_{0,1}} & e^{-j\phi_{0,2}} & \cdots & e^{-j\phi_{0,K}} \\ e^{-j\phi_{1,1}} & e^{-j\phi_{1,2}} & \cdots & e^{-j\phi_{1,K}} \\ \vdots & \vdots & \ddots & \vdots \\ e^{-j\phi_{(M-1),1}} & e^{-j\phi_{(M-1),2}} & \cdots & e^{-j\phi_{(M-1),K}} \end{bmatrix}\begin{bmatrix} s_1(n) \\ s_2(n) \\ \vdots \\ s_K(n) \end{bmatrix}+\begin{bmatrix} v_0(n) \\ v_1(n) \\ \vdots \\ v_{M-1}(n) \end{bmatrix} \tag{2.11}$$

式中:$\phi_{k,m}=-\dfrac{2\pi}{\lambda}(x_m\sin\theta\cos\varphi+y_m\sin\theta\sin\varphi+z_m\cos\theta)$,$m=0,1,\cdots,M-1$,$k=1,2,\cdots,K$。

对比前面两种阵列,容易看出,均匀线阵和均匀矩形阵是共形阵的特殊情况。

2.1.2 相控阵雷达的一般结构

传统有源相控阵雷达原理框图如图 2.4 所示,其特点在于各 TR 组件发射信号完全相同。工作原理和过程如下。

发射信号由图 2.4 左侧的发射信号传输单元产生,由“基于直接数字式频率合成器(DDS)的发射波形产生”模块产生中频的发射信号波形 $x_1(t)$(比如中频频率 $f_1=200\text{MHz}$),经上变频得到射频频率(如 S 波段,$f_2=3\text{GHz}$)的信号 $x_2(t)$,经功放,得到信号 $x_3(t)$,信号 $x_3(t)$ 经功率分配器,被分配到各 TR 组件(对大型相控阵雷达,可能会先分配到各子阵,然后再分配到各 TR 组件),作为

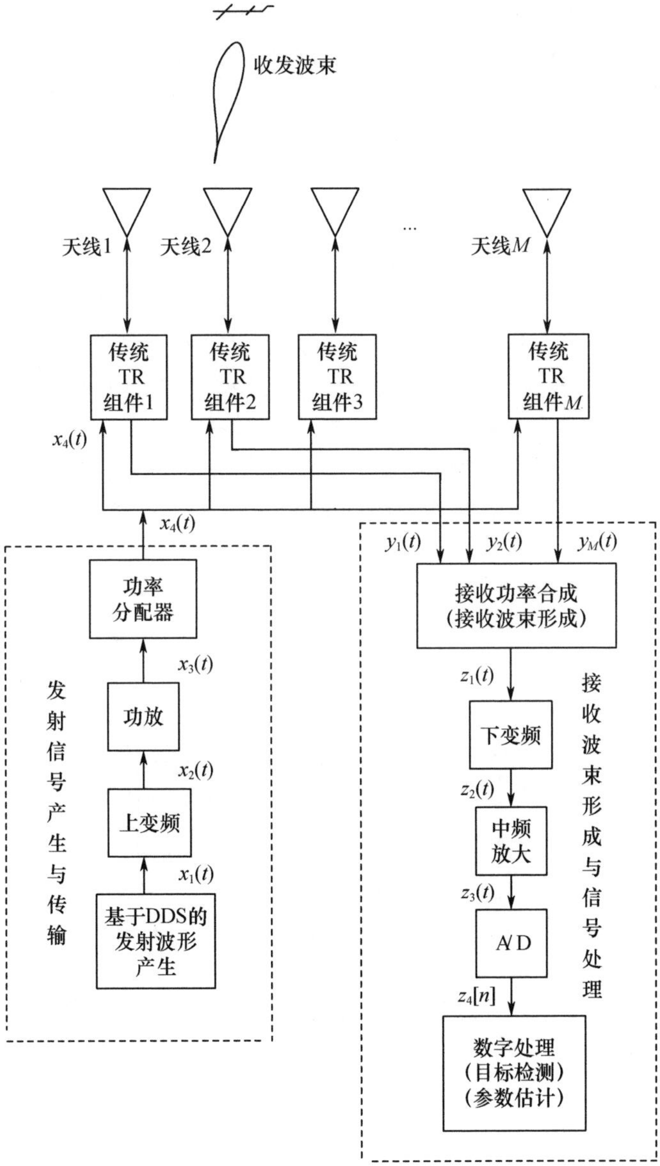

图 2.4 传统有源相控阵雷达

各 TR 组件的发射信号输入。发射信号在 TR 组件内经移相、放大、滤波等环节，最后经天线发射出去。

发射信号在空间经目标反射后，形成回波，经各天线接收，在 TR 组件内经低噪声放大（LNA）、移相、滤波等环节后，得到回波射频信号（频率与发射时相同，比如 S 波段，$f_2=3\text{GHz}$），如图 2.4 中的 $y_1(t)$，$y_2(t)$，…，$y_M(t)$ 等；这些回波信号在“接收功率合成模块”内实现射频功率合成(接收波束形成),得到相控阵雷达的接收射频信号 $z_1(t)$;经下变频、中放,得到接收中频信号 $z_3(t)$(比如接收中频频率可选为 $f_3 = 100\text{MHz}$);再经模数(AD)变换、数字下变频后,得到雷达接收的数字复基带信号(I 通道和 Q 通道)$z_4[n]$。

最后用数字信号处理的方法完成目标检测和参数估计。

2.1.3 数字阵列雷达

如图2.5所示,数字阵雷达[2-5]发射时,由主控计算机,将各数字TR组件需发射的波形参数,通过光纤或其他数据传输线,传输(分发)给各个数字TR组件,各数字TR组件各自产生自己的发射信号,经上变频、功放后,从收发天线发射出去。其特点在于各TR组件发射波形可以不同。

数字阵雷达接收时,回波信号经收发天线接收进入数字TR组件,在组件内完成LNA、下变频、AD变换等,得到接收的数字信号,如图2.5中的信号 $y_1[n]$,$y_2[n]$,…,$y_M[n]$。

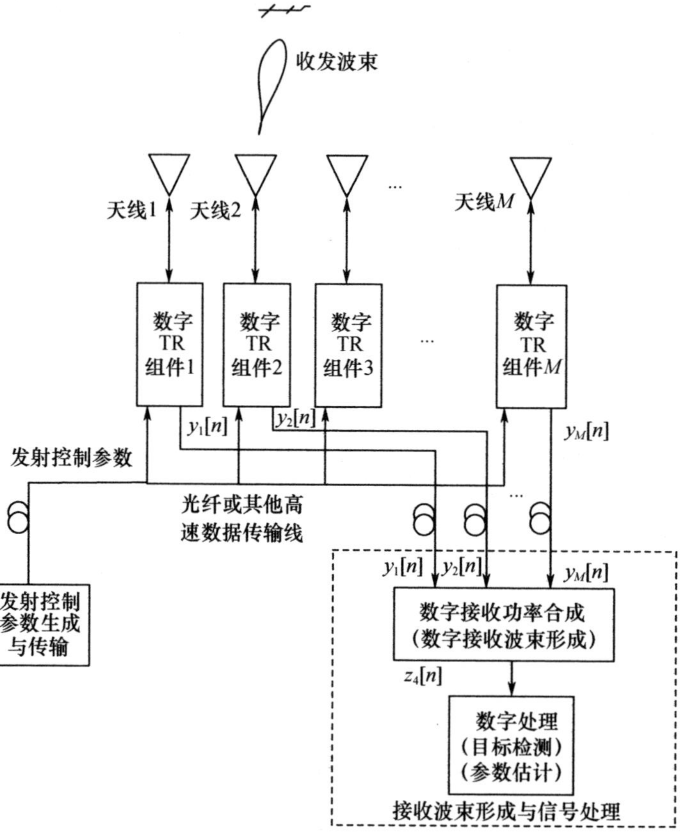

图2.5 数字阵雷达原理图

各数字 TR 组件的接收数字信号经光纤(或其他高速数据线)传输到“数字接收功率合成”模块,实现数字功率合成(也称数字波束形成),得到数字阵雷达的接收数字信号 $z_4[n]$,最后进行目标检测和参数估计。

需说明的是,图 2.5 中右下角的虚线框的“接收波束形成与信号处理”,可用普通高速数字计算机完成。

不同于普通相控阵雷达所有阵元发射相同信号,数字阵雷达通过参数设置,可使各阵元独立产生不同的发射信号,这就为 MIMO 雷达实现提供了硬件支撑。

另外,数字阵雷达的发射波形可用软件灵活设置,雷达的波束形成与信号处理等可利用通用计算机,根据不同的战术场景和应用需求,通过改变算法软件,实现不同的雷达功能,这便是“软件化雷达”。

2.2　共址正交波形 MIMO 雷达

2.2.1　MIMO 雷达收发信号模型

为描述方便,下面以一维均匀线阵为例,介绍正交波形 MIMO 雷达的信号模型。如图 2.6 所示,发射时将雷达阵列分成 M 个子阵(或阵元),通过对数字收发单元(数字 TR 组件)的控制,使每个子阵发射的波形 $s_1(t),s_2(t),\cdots,s_M(t)$ 相互正交,即有

$$\int_{T_p} s_k(t)s_i^*(t)\,\mathrm{d}t = \begin{cases} c_0, & k = i \\ 0, & k \neq i \end{cases} \tag{2.12}$$

式中:T_p 为脉冲宽度;c_0 为常数,是信号能量。

各子阵信号由于相互正交,在空间将不能同相位叠加合成高增益的窄波束,而是形成如图 2.6 所示的低增益宽波束;在接收时,全部阵元形成同时数字多波束,覆盖发射的宽波束空域,以充分利用发射的能量。

本节为描述方便,假设 MIMO 雷达子阵数即为阵元数 M,即每个阵元发射一个信号,并设每个阵元全向发射和接收,发射的正交波形分别为 $s_1(t),s_2(t),\cdots,s_M(t)$。

M 个发射信号经空间传播,到达位于斜距 R(对应第 r 个距离单元)、方向 θ 的目标的合成信号为

$$p(t) = \xi_1\sum_{k=1}^{M} s_k(t-\tau_k-\tau_r/2) \tag{2.13}$$

式中:ξ_1 为传播衰减因子,假设对各信号相同。$\tau_r=2R/c$ 为雷达各阵元到目标的共有双程传播时延。τ_k 为第 $k(k=1,2,\cdots,M)$ 个阵元发射的信号相对于参考

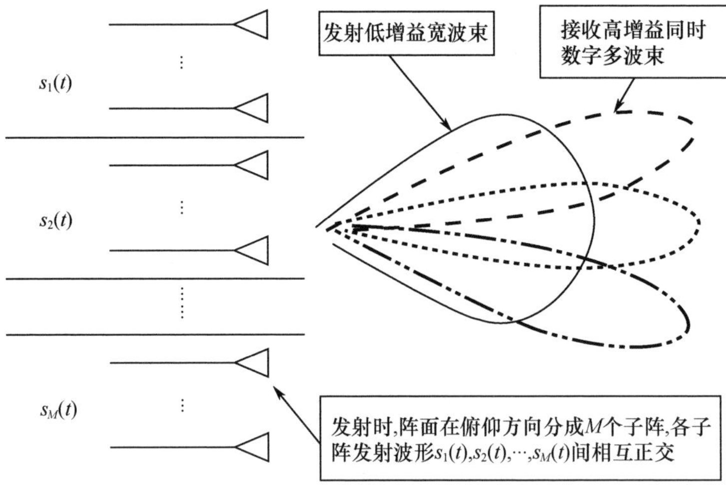

图 2.6　MIMO 雷达原理示意图

阵元达到目标的时延差,可表示为

$$\tau_k=\frac{(k-1)d\sin\theta}{c} \tag{2.14}$$

考虑窄带假设,时延差可用相位差 $\phi=2\pi d\sin\theta/\lambda$ 近似表示,有

$$p(t)=\xi_1\sum_{k=1}^{M}s_k(t-\tau_r/2)\mathrm{e}^{-\mathrm{j}(k-1)\phi}=\xi_1\boldsymbol{a}^{\mathrm{T}}(\theta)\boldsymbol{s}(t-\tau_r/2) \tag{2.15}$$

式中:$\boldsymbol{a}(\theta)=[1\quad \mathrm{e}^{-\mathrm{j}\phi}\quad\cdots\quad \mathrm{e}^{-\mathrm{j}(M-1)\phi}]^{\mathrm{T}}$ 为发射方向向量,$\boldsymbol{s}(t)=[s_1(t)\quad s_2(t)\quad\cdots\quad s_M(t)]^{\mathrm{T}}$ 为发射信号向量;$[\cdot]^{\mathrm{T}}$ 为转置运算。

信号 $p(t)$ 经一定 RCS 的目标反射,第 m 个阵元接收到的回波信号为

$$x_m(t)=\xi_2p(t-\tau_m-\tau_r/2)=\xi_2p(t-\tau_r/2)\mathrm{e}^{-\mathrm{j}\phi(m-1)} \tag{2.16}$$

式中:τ_m 为目标到达第 m 个接收阵元相对于参考阵元的时延差;ξ_2 可看作目标散射系数和回波传播损耗的总和。

考虑接收噪声 $v_m(t)$,第 m 个阵元接收信号为

$$x_m(t)=\xi_2\xi_1\mathrm{e}^{-\mathrm{j}\phi(m-1)}\sum_{k=1}^{M}s_k(t-\tau_r)\mathrm{e}^{-\mathrm{j}(k-1)\phi}+v_m(t) \tag{2.17}$$

取 $m=1,2,\cdots,M$,则阵列接收的回波信号向量为

$$\boldsymbol{x}(t)=\xi_2\boldsymbol{a}(\theta)\cdot p(t-\tau_r/2)+\boldsymbol{v}(t) \tag{2.18}$$

式中:$\boldsymbol{v}(t)$ 是接收噪声向量,各向量为

$$\begin{cases}\boldsymbol{x}(t)=[x_1(t)\quad x_2(t)\quad\cdots\quad x_M(t)]^{\mathrm{T}}\\ \boldsymbol{v}(t)=[v_1(t)\quad v_2(t)\quad\cdots\quad v_M(t)]^{\mathrm{T}}\end{cases} \tag{2.19}$$

代入 $p(t)$，令 $\xi=\xi_1\xi_2$，有

$$\boldsymbol{x}(t)=\xi\boldsymbol{a}(\theta)\boldsymbol{a}^{\mathrm{T}}(\theta)\boldsymbol{s}(t-\tau_r)+\boldsymbol{v}(t) \tag{2.20}$$

或

$$\boldsymbol{x}(t)=\xi\boldsymbol{a}(\theta)\left[\sum_{k=1}^{M}s_k(t-\tau_r)\mathrm{e}^{-\mathrm{j}(k-1)\phi}\right]+\boldsymbol{v}(t) \tag{2.21}$$

当各阵元发射信号相同，即 $s_1(t)=s_2(t)=\cdots=s_M(t)$ 时，即为普通相控阵雷达，接收信号模型为

$$\boldsymbol{x}(t)=\xi\boldsymbol{a}(\theta)\left[s(t-\tau_r)\sum_{k=1}^{M}\mathrm{e}^{-\mathrm{j}(k-1)\phi}\right]+\boldsymbol{v}(t) \tag{2.22}$$

因此，正交波形 MIMO 雷达和相控阵雷达，可以看成同一数字阵雷达硬件平台不同的工作模式，当各阵元发射正交波形时，为 MIMO 雷达模式，当各阵元发射相同信号时，为相控阵雷达模式。

2.2.2 匹配滤波与等效发射波束形成

1. 先接收波束形成再等效发射波束形成

MIMO 雷达接收信号模型式(2.21)，为

$$\boldsymbol{x}(t)=\xi\boldsymbol{a}(\theta)\left[\sum_{k=1}^{M}s_k(t-\tau_r)\mathrm{e}^{-\mathrm{j}(k-1)\phi}\right]+\boldsymbol{v}(t)$$

在 θ_{b} 方向形成接收波束 $y_{\mathrm{b}}(t)$ 为

$$\begin{aligned}y_{\mathrm{b}}(t)&=\boldsymbol{a}^{\mathrm{H}}(\theta_{\mathrm{b}})\boldsymbol{x}(t)\\&=\xi\boldsymbol{a}^{\mathrm{H}}(\theta_{\mathrm{b}})\boldsymbol{a}(\theta)\left[\sum_{k=1}^{M}s_k(t-\tau_r)\mathrm{e}^{-\mathrm{j}(k-1)\phi}\right]+\boldsymbol{a}^{\mathrm{H}}(\theta_{\mathrm{b}})\boldsymbol{v}(t)\end{aligned} \tag{2.23}$$

式中：$\boldsymbol{a}(\theta_{\mathrm{b}})=[1\quad \mathrm{e}^{-\mathrm{j}\phi_{\mathrm{b}}}\quad\cdots\quad\mathrm{e}^{-\mathrm{j}(M-1)\phi_{\mathrm{b}}}]^{\mathrm{T}}$ 为波束指向向量；$\phi_{\mathrm{b}}=2\pi d\sin\theta_{\mathrm{b}}/\lambda$。

$$\begin{aligned}y_{\mathrm{b}}(t)&=\xi\left\{\frac{\sin\left[\frac{M}{2}(\phi-\phi_{\mathrm{b}})\right]}{\sin\left[\frac{1}{2}(\phi-\phi_{\mathrm{b}})\right]}\mathrm{e}^{\mathrm{j}\frac{M-1}{2}(\phi-\phi_{\mathrm{b}})}\right\}\left[\sum_{k=1}^{M}s_k(t-\tau_r)\mathrm{e}^{-\mathrm{j}(k-1)\phi}\right]\\&\quad+\sum_{k=1}^{M}v_k(t)\mathrm{e}^{\mathrm{j}(k-1)\phi_{\mathrm{b}}}\end{aligned} \tag{2.24}$$

式中大括号内的项，为接收波束形成的方向图。

$y_{\mathrm{b}}(t)$ 与第 m 个正交信号 $s_m(t)$ 匹配滤波，可得匹配输出为

$$\begin{aligned}y_{\mathrm{b}m}&=\int_{t_r}^{t_r+T_{\mathrm{p}}}y_{\mathrm{b}}(t)s_m^*(t-\tau_r)\mathrm{d}t\\&=\xi c_0\left\{\frac{\sin\left[\frac{M}{2}(\phi-\phi_{\mathrm{b}})\right]}{\sin\left[\frac{1}{2}(\phi-\phi_{\mathrm{b}})\right]}\mathrm{e}^{\mathrm{j}\frac{M-1}{2}(\phi-\phi_{\mathrm{b}})}\right\}\mathrm{e}^{-\mathrm{j}(m-1)\phi}+\sum_{k=1}^{M}v_{km}\mathrm{e}^{\mathrm{j}(k-1)\phi_{\mathrm{b}}}\end{aligned} \tag{2.25}$$

式中，c_0 如式(2.12)定义。噪声匹配输出为

$$v_{km} = \int_{t_r}^{t_r+T_p} v_k(t) s_m^*(t-\tau_r)\,\mathrm{d}t \tag{2.26}$$

在式(2.25)中，令 $m=1,2,\cdots,M$，可得匹配滤波输出 $y_{b1}, y_{b2}, \cdots, y_{bM}$，为

$$y_{b1} = \xi c_0 \left\{ \frac{\sin\left[\frac{M}{2}(\phi-\phi_b)\right]}{\sin\left[\frac{1}{2}(\phi-\phi_b)\right]} e^{j\frac{M-1}{2}(\phi-\phi_b)} \right\} + \sum_{k=1}^{M} v_{k1} e^{j(k-1)\phi_b}$$

$$y_{b2} = \xi c_0 \left\{ \frac{\sin\left[\frac{M}{2}(\phi-\phi_b)\right]}{\sin\left[\frac{1}{2}(\phi-\phi_b)\right]} e^{j\frac{M-1}{2}(\phi-\phi_b)} \right\} e^{-j\phi} + \sum_{k=1}^{M} v_{k2} e^{j(k-1)\phi_b}$$

$$\vdots$$

$$y_{bM} = \xi c_0 \left\{ \frac{\sin\left[\frac{M}{2}(\phi-\phi_b)\right]}{\sin\left[\frac{1}{2}(\phi-\phi_b)\right]} e^{j\frac{M-1}{2}(\phi-\phi_b)} \right\} e^{-j(M-1)\phi} + \sum_{k=1}^{M} v_{kM} e^{j(k-1)\phi_b}$$

写成向量形式，有

$$\boldsymbol{y}_b = \xi c_0 \left\{ \frac{\sin\left[\frac{M}{2}(\phi-\phi_b)\right]}{\sin\left[\frac{1}{2}(\phi-\phi_b)\right]} e^{j\frac{M-1}{2}(\phi-\phi_b)} \right\} \boldsymbol{a}(\theta) + \boldsymbol{v}_b \tag{2.27}$$

式中：导向向量 $\boldsymbol{a}(\theta)$ 为 MIMO 雷达的发射信号在 θ 方向的导向向量，在 θ_b 方向进行波束形成，得输出为

$$y = \boldsymbol{a}^H(\theta_b)\boldsymbol{y}_b = \xi c_0 \left\{ \frac{\sin\left[\frac{M}{2}(\phi-\phi_b)\right]}{\sin\left[\frac{1}{2}(\phi-\phi_b)\right]} e^{j\frac{M-1}{2}(\phi-\phi_b)} \right\} \boldsymbol{a}^H(\theta_b)\boldsymbol{a}(\theta) + \boldsymbol{a}^H(\theta_b)\boldsymbol{v}_b \tag{2.28}$$

或

$$y = \xi c_0 \left\{ \frac{\sin\left[\frac{M}{2}(\phi-\phi_b)\right]}{\sin\left[\frac{1}{2}(\phi-\phi_b)\right]} e^{j\frac{M-1}{2}(\phi-\phi_b)} \right\} \left\{ \frac{\sin\left[\frac{M}{2}(\phi-\phi_b)\right]}{\sin\left[\frac{1}{2}(\phi-\phi_b)\right]} e^{j\frac{M-1}{2}(\phi-\phi_b)} \right\} + \sum_{m=1}^{M}\sum_{k=1}^{M} v_{km} e^{j(k-1)\phi_b} e^{j(m-1)\phi_b} \tag{2.29}$$

上式中的第一个大括号项，是接收波束形成的方向图，第二个大括号项是在接收

信号端实现的发射波束形成的方向图，称为等效发射波束形成。

在上述计算中，取波束指向角 θ_b 分别为 $\theta_1,\theta_2,\cdots,\theta_B$，则可得到 B 个同时多波束，上述计算过程的框图如图 2.7 所示。

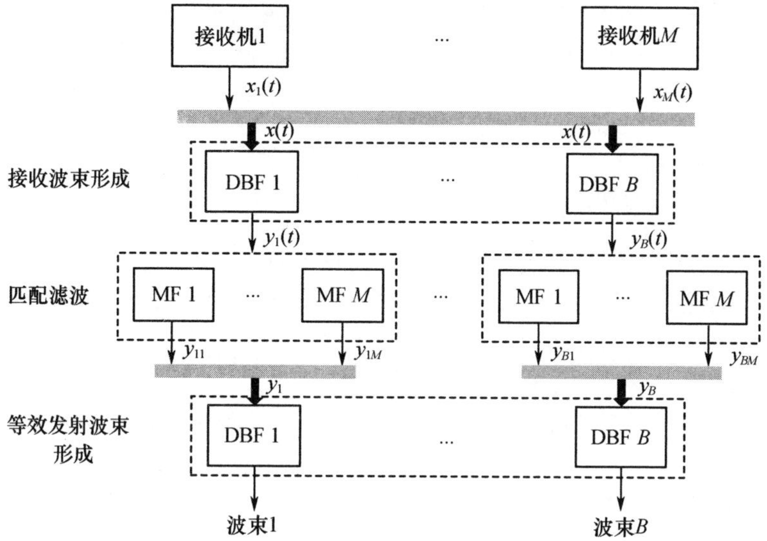

图 2.7　先接收波束再等效发射波束的形成

2. 先等效发射波束形成再接收波束形成

MIMO 雷达第 m 个阵元的接收信号如式(2.17)，为

$$x_m(t) = \xi e^{-j\phi(m-1)} \sum_{k=1}^{M} s_k(t-\tau_r) e^{-j(k-1)\phi} + v_m(t)$$

$x_m(t)$ 与正交信号 $s_k(t)$ 匹配滤波，得匹配输出为

$$x_{mk} = \int_{t_r}^{t_r+T_p} x_m(t) s_k^*(t-\tau_r)\,dt = \xi c_0 e^{-j(m-1)\phi} e^{-j(k-1)\phi} + v_{mk} \tag{2.30}$$

式中：噪声匹配输出为

$$v_{mk} = \int_{t_r}^{t_r+T_p} v_m(t) s_k^*(t-\tau_r)\,dt \tag{2.31}$$

对式(2.30)，分别取 $k=1,2,\cdots,M$，得 M 个匹配输出为

$$x_{m1} = \xi c_0 e^{-j(m-1)\phi} + v_{m1}$$

$$x_{m2} = \xi c_0 e^{-j(m-1)\phi} e^{-j\phi} + v_{m2}$$

$$\cdots$$

$$x_{mM} = \xi c_0 e^{-j(m-1)\phi} e^{-j(M-1)\phi} + v_{mM}$$

写成向量形式，有

$$\boldsymbol{x}_m = \xi c_0 \mathrm{e}^{-\mathrm{j}(m-1)\phi} \boldsymbol{a}(\theta) \mathrm{e}^{-\mathrm{j}\phi} + \boldsymbol{v}_m \tag{2.32}$$

式中：导向向量 $\boldsymbol{a}(\theta)$ 为 MIMO 雷达的发射信号在 θ 方向的导向向量，在 θ_{b} 方向进行波束形成，得第 m 阵元接收信号的等效发射波束形成输出为

$$z_m = \boldsymbol{a}^{\mathrm{H}}(\theta_{\mathrm{b}}) \boldsymbol{x}_m = \xi c_0 \mathrm{e}^{-\mathrm{j}(m-1)\phi} \boldsymbol{a}^{\mathrm{H}}(\theta_{\mathrm{b}}) \boldsymbol{a}(\theta) \mathrm{e}^{-\mathrm{j}\phi} + \boldsymbol{a}^{\mathrm{H}}(\theta_{\mathrm{b}}) \boldsymbol{v}_m$$

或

$$z_m = \xi c_0 \left\{ \frac{\sin\left[\frac{M}{2}(\phi - \phi_{\mathrm{b}})\right]}{\sin\left[\frac{1}{2}(\phi - \phi_{\mathrm{b}})\right]} \mathrm{e}^{\mathrm{j}\frac{M-1}{2}(\phi - \phi_{\mathrm{b}})} \right\} \mathrm{e}^{-\mathrm{j}(m-1)\phi} + \sum_{k=1}^{M} v_{mk} \mathrm{e}^{\mathrm{j}(k-1)\phi_{\mathrm{b}}} \tag{2.33}$$

式中大括号内的项即为等效发射波束形成的方向图，分别令 $m=1,2,\cdots,M$，得 M 个阵元的输出向量 $\boldsymbol{z} = [z_1 \quad z_2 \quad \cdots \quad z_M]^{\mathrm{T}}$，在 θ_{b} 方向进行接收波束形成，有

$$y = \boldsymbol{a}^{\mathrm{H}}(\theta_{\mathrm{b}}) \boldsymbol{z} = \xi c_0 \left\{ \frac{\sin\left[\frac{M}{2}(\phi - \phi_{\mathrm{b}})\right]}{\sin\left[\frac{1}{2}(\phi - \phi_{\mathrm{b}})\right]} \mathrm{e}^{\mathrm{j}\frac{M-1}{2}(\phi - \phi_{\mathrm{b}})} \right\} \left\{ \frac{\sin\left[\frac{M}{2}(\phi - \phi_{\mathrm{b}})\right]}{\sin\left[\frac{1}{2}(\phi - \phi_{\mathrm{b}})\right]} \mathrm{e}^{\mathrm{j}\frac{M-1}{2}(\phi - \phi_{\mathrm{b}})} \right\}$$

$$+ \sum_{m=1}^{M} \sum_{k=1}^{M} v_{mk} \mathrm{e}^{\mathrm{j}(k-1)\phi_{\mathrm{b}}} \mathrm{e}^{\mathrm{j}(m-1)\phi_{\mathrm{b}}} \tag{2.34}$$

式中两个大括号内的项，分别为等效发射波束形成和接收波束形成的方向图。计算流程图如图 2.8 所示。

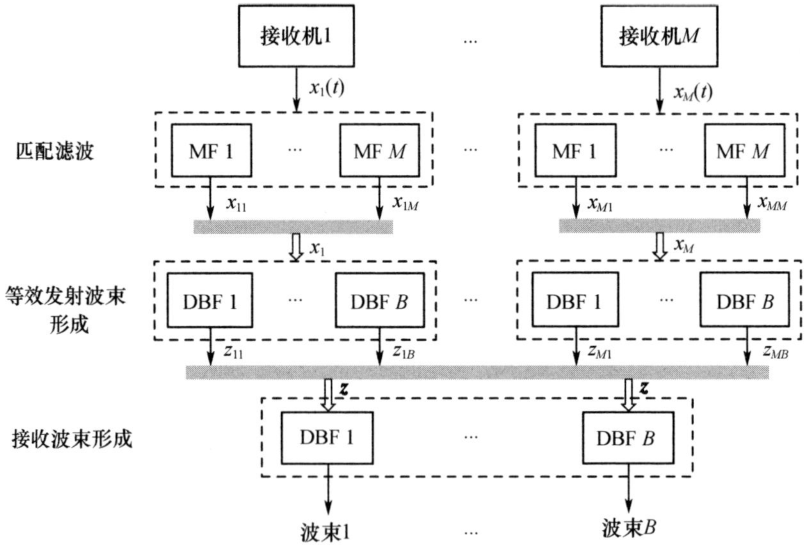

图 2.8　先等效发射波束形成再接收波束形成

比较式(2.29)和式(2.34)可看出，先进行接收波束形成，再匹配滤波、等效发射波束形成，与先匹配滤波、等效发射波束形成，再接收波束形成，两种计算步

骤结果相同。

2.2.3　接收信噪比分析

MIMO 雷达经匹配滤波、收发波束形成后的输出如式(2.29)或式(2.34)所示,为

$$y = \xi c_0 \left\{ \frac{\sin\left[\frac{M}{2}(\phi - \phi_b)\right]}{\sin\left[\frac{1}{2}(\phi - \phi_b)\right]} e^{j\frac{M-1}{2}(\phi-\phi_b)} \right\} \left\{ \frac{\sin\left[\frac{M}{2}(\phi - \phi_b)\right]}{\sin\left[\frac{1}{2}(\phi - \phi_b)\right]} e^{j\frac{M-1}{2}(\phi-\phi_b)} \right\} + \sum_{m=1}^{M}\sum_{k=1}^{M} v_{mk} e^{j(k-1)\phi_b} e^{j(m-1)\phi_b}$$

式中的第一项为目标回波输出,第二项为噪声输出。当目标正好位于波束指向 θ_b 时,此时回波信号输出最大,幅度为 $\xi c_0 M^2$,信号功率为

$$P_{\text{mimo}} = (|\xi| c_0 M^2)^2 \tag{2.35}$$

下面讨论第二项噪声的特性。令

$$\begin{aligned} w_{\text{mimo}} &= \sum_{m=1}^{M}\sum_{k=1}^{M} v_{mk} e^{j(k-1)\phi_b} e^{j(m-1)\phi_b} \\ &= \sum_{m=1}^{M}\sum_{k=1}^{M} \left[\int_{t_r}^{t_r+T_p} v_m(t) s_k^*(t-\tau_r)\,dt\right] e^{j(k-1)\phi_b} e^{j(m-1)\phi_b} \end{aligned} \tag{2.36}$$

不失一般性,设接收机噪声 $v_m(t)$ 是均值为零、方差为 σ^2 的高斯白噪声,则输出噪声 w_{mimo} 也是零均值,因为

$$E[w_{\text{mimo}}] = \sum_{m=1}^{M}\sum_{k=1}^{M} \left[\int_{\tau_r}^{\tau_r+T_p} E[v_m(t)] s_k^*(t-\tau_r)\,dt\right] e^{j(k-1)\phi_b} e^{j(m-1)\phi_b} = 0 \tag{2.37}$$

下面讨论 v_{mk} 间的相关性,因为

$$\begin{aligned} E[v_{mk} v_{pq}^*] &= E\left\{\int_{\tau_r}^{\tau_r+T_p} v_m(t) s_k^*(t-\tau_r)\,dt \int_{t_r}^{t_r+T_p} v_p^*(r) s_q(r-\tau_r)\,dr\right\} \\ &= \left\{\int_{\tau_r}^{\tau_r+T_p}\int_{t_r}^{t_r+T_p} E[v_m(t) v_p^*(r)] s_k^*(t-\tau_r) s_q(r-\tau_r)\,dt\,dr\right\} \end{aligned}$$

由于不同接收通道间噪声是统计独立的,同一通道噪声在时间上是白噪声,有

$$E[v_m(t) v_p^*(r)] = \sigma^2 \delta(m-p)\delta(t-r)$$

所以,有

$$E[v_{mk} v_{pq}^*] = \begin{cases} \sigma^2 \int_{\tau_r}^{\tau_r+T_p}\int_{\tau_r}^{\tau_r+T_p} s_k^*(t-\tau_r) s_q(r-\tau_r) \delta(t-r)\,dt\,dr, & m = p \\ 0, & m \neq p \end{cases}$$

或

$$E[v_{mk}v_{pq}^{*}]=\begin{cases}\sigma^{2}\int_{\tau_r}^{\tau_r+T_{\mathrm{p}}}s_q(r-\tau_r)\left[\int_{\tau_r}^{\tau_r+T_{\mathrm{p}}}s_k^{*}(t-\tau_r)\delta(t-r)\mathrm{d}t\right]\mathrm{d}r, & m=p\\ 0, & m\neq p\end{cases}$$

有

$$\begin{aligned}E[v_{mk}v_{pq}^{*}]&=\begin{cases}\sigma^{2}\int_{\tau_r}^{\tau_r+T_{\mathrm{p}}}s_q(r-\tau_r)s_k^{*}(r-\tau_r)\mathrm{d}r, & m=p\\ 0, & m\neq p\end{cases}\\ &=\begin{cases}\sigma^{2}c_0, & m=p,k=q\\ 0, & \text{其他}\end{cases}\end{aligned}\tag{2.38}$$

或

$$E[v_{mk}v_{pq}^{*}]=\sigma^{2}c_0\delta(m-p)\delta(k-q)\tag{2.39}$$

所以，噪声 w_{mimo}的方差为

$$\begin{aligned}\sigma_{\mathrm{mimo}}^{2}&=E[\,|w_{\mathrm{mimo}}|^{2}\,]\\ &=E\left\{\left[\sum_{m=1}^{M}\sum_{k=1}^{M}v_{mk}\mathrm{e}^{\mathrm{j}(k-1)\phi_{\mathrm{b}}}\mathrm{e}^{\mathrm{j}(m-1)\phi_{\mathrm{b}}}\right]\left[\sum_{p=1}^{M}\sum_{q=1}^{M}v_{pq}\mathrm{e}^{\mathrm{j}(q-1)\phi_{\mathrm{b}}}\mathrm{e}^{\mathrm{j}(p-1)\phi_{\mathrm{b}}}\right]^{*}\right\}\\ &=\sum_{p=1}^{M}\sum_{q=1}^{M}\sum_{m=1}^{M}\sum_{k=1}^{M}E[v_{mk}v_{pq}^{*}]\mathrm{e}^{\mathrm{j}(k-1)\phi_{\mathrm{b}}}\mathrm{e}^{\mathrm{j}(m-1)\phi_{\mathrm{b}}}\mathrm{e}^{-\mathrm{j}(q-1)\phi_{\mathrm{b}}}\mathrm{e}^{-\mathrm{j}(p-1)\phi_{\mathrm{b}}}\end{aligned}$$

代入式(2.39)，有

$$\begin{aligned}\sigma_{\mathrm{mimo}}^{2}&=\sum_{p=1}^{M}\sum_{q=1}^{M}\sum_{m=1}^{M}\sum_{k=1}^{M}\sigma^{2}c_0\delta(m-p)\delta(k-q)\mathrm{e}^{\mathrm{j}(k-1)\phi_{\mathrm{b}}}\mathrm{e}^{\mathrm{j}(m-1)\phi_{\mathrm{b}}}\mathrm{e}^{-\mathrm{j}(q-1)\phi_{\mathrm{b}}}\mathrm{e}^{-\mathrm{j}(p-1)\phi_{\mathrm{b}}}\\ &=\sum_{p=1}^{M}\sum_{q=1}^{M}\sigma^{2}c_0\\ &=\sigma^{2}c_0M^{2}\end{aligned}\tag{2.40}$$

得 MIMO 雷达的输出信噪比为

$$\mathrm{SNR}_{\mathrm{mimo}}=\frac{P_{\mathrm{mimo}}}{\sigma_{\mathrm{mimo}}^{2}}=\frac{(\,|\xi|c_0M^{2})^{2}}{\sigma^{2}c_0M^{2}}=|\xi|^{2}M^{2}(c_0/\sigma^{2})\tag{2.41}$$

下面讨论具有相同阵列形式的相控阵雷达的接收信号的信噪比，以比较 MIMO 雷达与相控阵雷达的目标探测性能。

对 M 个阵元的均匀线阵相控阵雷达，为描述方便，设波束指向为 θ_{b}，每阵元发射信号为 $s(t)$，则位于远场 θ 方向、斜距为 R(对应第 r 个距离单元)的目标，所在空间的合成信号为

$$\begin{aligned} p_1(t) &= s(t-\tau_r/2)\sum_{k=1}^{M}\mathrm{e}^{-\mathrm{j}(k-1)(\phi-\phi_\mathrm{b})} \\ &= s(t-\tau_r/2)\left\{\frac{\sin\left[\frac{M}{2}(\phi-\phi_\mathrm{b})\right]}{\sin\left[\frac{1}{2}(\phi-\phi_\mathrm{b})\right]}\mathrm{e}^{\mathrm{j}\frac{M-1}{2}(\phi-\phi_\mathrm{b})}\right\} \end{aligned} \tag{2.42}$$

式中：$\tau_r=2R/c$；$\phi_\mathrm{b}=2\pi d\sin\theta_\mathrm{b}/\lambda$；$\phi=2\pi d\sin\theta/\lambda$。式(2.42)其实就是相控阵雷达的发射方向表达式。

信号经目标散射，第 m 个阵元接收信号为

$$x_m(t)=\xi p_1(t-\tau_r/2)\mathrm{e}^{-\mathrm{j}(m-1)\phi}+v_m(t) \tag{2.43}$$

式中：$v_m(t)$为均值为零、方差为 σ^2 的高斯白噪声。将目标散射、传播损耗等设为 ξ，写成向量形式为

$$\boldsymbol{x}_1(t)=[x_1(t)\quad x_2(t)\quad\cdots\quad x_M(t)]^\mathrm{T}=\xi\boldsymbol{a}(\theta)p_1(t-\tau_r/2)+v(t) \tag{2.44}$$

式中：$\boldsymbol{a}(\theta)=[1\quad \mathrm{e}^{-\mathrm{j}\phi}\quad\cdots\quad \mathrm{e}^{-\mathrm{j}(M-1)\phi}]^\mathrm{T}$。

在 θ_b 方向进行接收波束形成，阵列输出信号为

$$\begin{aligned} y_1(t) &= \boldsymbol{a}^\mathrm{H}(\theta_\mathrm{b})\boldsymbol{x}_1(t) = \xi\boldsymbol{a}^\mathrm{H}(\theta_\mathrm{b})\boldsymbol{a}(\theta)p_1(t-\tau_r/2)+\boldsymbol{a}^\mathrm{H}(\theta_\mathrm{b})\boldsymbol{v}(t) \\ &= \xi\left\{\frac{\sin\left[\frac{M}{2}(\phi-\phi_\mathrm{b})\right]}{\sin\left[\frac{1}{2}(\phi-\phi_\mathrm{b})\right]}\mathrm{e}^{\mathrm{j}\frac{M-1}{2}(\phi-\phi_\mathrm{b})}\right\}p_1(t-\tau_r/2)+\sum_{m=1}^{M}v_m(t)\mathrm{e}^{-\mathrm{j}(m-1)\phi_\mathrm{b}} \end{aligned} \tag{2.45}$$

式中大括号内的项，是接收波束形成的方向，代入 $p_1(t)$，并对 $y_1(t)$进行匹配滤波，输出信号幅度为

$$y_1=\int_{t_r}^{t_r+T_\mathrm{p}}y_1(t)s^*(t-\tau_r)\mathrm{d}t=\xi c_0\left\{\frac{\sin\left[\frac{M}{2}(\phi)\right]}{\sin\left[\frac{1}{2}(\phi)\right]}\mathrm{e}^{\mathrm{j}\frac{M-1}{2}(\phi)}\right\}^2+\sum_{m=1}^{M}v_{ms}\mathrm{e}^{-\mathrm{j}(m-1)\phi_\mathrm{b}} \tag{2.46}$$

式中：τ_r 为第 r 个距离单元对应的时间延迟，c_0 如式(2.12)定义，为发射波形的能量，v_{ms}为噪声与信号相关输出为

$$v_{ms}=\int_{t_r}^{t_r+T_\mathrm{p}}v_m(t)s^*(t-\tau_r)\mathrm{d}t \tag{2.47}$$

从式(2.46)可看出，当目标正好位于 θ_b 方向时，信号输出幅度为 ξc_0M^2，输出信号功率为

$$P_{\mathrm{ph}} = [\,|\xi| c_0 M^2\,]^2 \tag{2.48}$$

容易证明式(2.46)中的噪声 w_{ph} 的均值为零,即

$$E[w_{\mathrm{ph}}] = \sum_{m=1}^{M} E[v_{ms}] \mathrm{e}^{-\mathrm{j}(m-1)\phi_{\mathrm{b}}} = 0$$

且容易证明 v_{ms} 与 v_{ps} 间是独立的,即

$$\begin{aligned}
E[v_{ms} v_{ps}^*] &= E\left\{ \int_{\tau_r}^{\tau_r+T_{\mathrm{p}}} v_m(t) s^*(t-\tau_r)\,\mathrm{d}t \int_{\tau_r}^{\tau_r+T_{\mathrm{p}}} v_p^*(r) s^*(r-\tau_r)\,\mathrm{d}r \right\} \\
&= \int_{\tau_r}^{\tau_r+T_{\mathrm{p}}} \int_{\tau_r}^{\tau_r+T_{\mathrm{p}}} E[v_m(t) v_p^*(r)] s^*(t-\tau_r) s^*(r-\tau_r)\,\mathrm{d}t\mathrm{d}r \\
&= \begin{cases} \displaystyle\int_{\tau_r}^{\tau_r+T_{\mathrm{p}}} s^*(t-\tau_r) \int_{\tau_r}^{\tau_r+T_{\mathrm{p}}} \sigma^2 \delta(t-r) s(r-\tau_r)\,\mathrm{d}r\mathrm{d}t, & m = p \\ 0, & m \neq p \end{cases} \\
&= \begin{cases} \sigma^2 c_0, & m = p \\ 0, & m \neq p \end{cases}
\end{aligned} \tag{2.49}$$

所以,式(2.46)中的噪声 w_{ph} 的方差为

$$\begin{aligned}
\sigma_{\mathrm{ph}}^2 = E[\,|w_{\mathrm{ph}}|^2\,] &= E\left\{ \left[\sum_{m=1}^{M} v_{ms} \mathrm{e}^{\mathrm{j}(m-1)\phi_{\mathrm{b}}} \right] \left[\sum_{p=1}^{M} v_{ps}^* \mathrm{e}^{-\mathrm{j}(p-1)\phi_{\mathrm{b}}} \right] \right\} \\
&= \sum_{m=1}^{M} \sum_{p=1}^{M} E\,|v_{ms} v_{ps}^*|\,\mathrm{e}^{\mathrm{j}(m-1)\phi_{\mathrm{b}}} \mathrm{e}^{-\mathrm{j}(p-1)\phi_{\mathrm{b}}}
\end{aligned}$$

考虑式(2.49)的结论,有

$$\sigma_{\mathrm{ph}}^2 = E[\,|w_{\mathrm{ph}}|^2\,] = \sigma^2 c_0 M \tag{2.50}$$

得相控阵雷达的输出信噪比为

$$\mathrm{SNR}_{\mathrm{ph}} = \frac{P_{\mathrm{ph}}}{\sigma_{\mathrm{ph}}^2} = \frac{(\,|\xi| c_0 M^2)^2}{\sigma^2 c_0 M} = |\xi|^2 M^3 (c_0/\sigma^2) \tag{2.51}$$

最后,比较式(2.41)和式(2.51)得

$$\frac{\mathrm{SNR}_{\mathrm{mimo}}}{\mathrm{SNR}_{\mathrm{ph}}} = \frac{|\xi|^2 M^2 (c_0/\sigma^2)}{|\xi|^2 M^3 (c_0/\sigma^2)} = \frac{1}{M} \tag{2.52}$$

可以看出,MIMO 雷达输出信号的信噪比仅为相控阵雷达的 $1/M$,需进行 M 倍的脉冲积累,才能得到相同的检测信噪比。

2.2.4 MIMO 雷达主要性能讨论

(1) MIMO 雷达的搜索性能。

如图 2.6 所示,由于 MIMO 雷达发射阵列口径是相控阵雷达的 $1/M$,所以相控阵雷达的波束宽度是 MIMO 雷达波束宽度的 $1/M$,相控阵雷达需用 M 个波束,用空间扫描的方式完成对 MIMO 雷达发射空域的扫描,设每个波位驻留时间

为 T_{cp}(一个 CPI 时间),总共需时间为 MT_{cp}。

MIMO 雷达工作时,在发射的宽波束范围内,可形成 M 个接收多波束,对该空域进行同时探测,但根据前面信噪比的分析,要达到同样的检测信噪比,积累脉冲数同相控阵雷达相比,需增加 M 倍,总共需时间也是 MT_{cp}。

通俗地讲,相控阵雷达是用 M 个高增益窄波束在空间进行扫描实现对目标的搜索,而 MIMO 雷达是用低增益宽发射对空域进行同时探测,二者所用时间相同,就这个意义上讲,MIMO 雷达和相控阵雷达的搜索性能是相同的。

但由于 MIMO 雷达是 M 个接收波束同时探测,需 M 个通道的信号处理硬件资源,系统成本和复杂度增加。

(2) MIMO 雷达的目标跟踪与抗饱和攻击性能。

由于普通相控阵雷达是用窄波束进行发射和接收的,同一时刻仅能对一个目标进行跟踪探测,当需对多个目标进行跟踪时,只能采用时分波束驻留的方式实现多目标跟踪,由于时间资源是有限的,因此相控阵多目标跟踪数是有限的。

如图 2.6 所示,由于 MIMO 雷达是宽波束发射,同时多波束接收,可对照射空域内进行长时间连续探测,照射空域内的全部目标均能同时探测跟踪,只要雷达的信号处理和数据处理能力足够强,理论上可同时跟踪无穷多个目标,不受时间资源的约束,因此 MIMO 雷达抗饱和攻击的能力强。

(3) 测角精度改善。由于 MIMO 雷达既有接收波束形成,也有等效发射波束形成,因此可测量目标的接收角度,也可测量目标的发射角度,两次测量相互独立,且精度相同,融合处理后,可使测角精度较普通相控阵雷达改善$\sqrt{2}$倍。

(4) 多普勒分辨性能。为达到同样的检测信噪比,MIMO 雷达脉冲积累数需要是相控阵雷达脉冲积累数的 M 倍,即需要对目标回波的积累时间(观测时间)增加 M 倍,这使得目标的多普勒分辨能力(速度分辨能力)提高 M 倍,这有利于从固定杂波中分离出慢速目标,提高雷达的 MTD 性能。

(5) 主瓣信号抗截获性能。由于 MIMO 雷达发射阵列被分成了 M 个子阵,同满阵发射的相控阵雷达相比,每个子阵的发射波束主瓣增益仅为满阵的 $1/M$,波束宽度是满阵的 M 倍;对同样灵敏度的侦察接收机,MIMO 雷达主瓣信号被截获的距离将是相控阵满阵发射的 $1/\sqrt{M}$(由于信号传播衰减是按距离平方倒数关系)。比如满阵发射的相控阵雷达主瓣信号被截获距离是400km,将阵列分成 $M=4$ 子阵,则 4 子阵 MIMO 雷达主瓣信号被截获的距离为 200km。

但是,由于 MIMO 雷达发射主瓣宽度增加 M 倍,较之相控阵雷达的窄波束,侦察接收机能从更宽的空域范围侦收到 MIMO 雷达信号。因此在实际应用中,MIMO 雷达的抗信号截获性能需根据具体应用场景具体分析。

(6) 信号抗分选识别性能。

在电子对抗过程中,对雷达信号的分选识别是进行干扰对抗的前提,以便将有限的干扰功率资源和时间资源用于干扰最具威胁的雷达。由于 MIMO 雷达同时发射多个正交波形,信号在空间呈现的是多个正交信号的"混合物",这将给侦察接收机完成信号分选识别带来困难,并且还可对此进行专门设计,增加信号分选识别的难度。

2.3 子阵级正交波形 MIMO 雷达

由于 MIMO 雷达同时发射多个相互正交的信号,在接收端经过匹配滤波处理后,得到的信号个数为发射信号个数乘以接收天线个数,此时的总信号个数往往较大,后续处理的计算量和复杂度也随之升高。同时,根据 MIMO 雷达的工作机制,所有的发射信号两两正交,如果信号数太多,使得波形设计的难度增加。对 MIMO 雷达阵列进行子阵划分,采用每个子阵发射一个正交信号,可以有效降低正交波形的设计难度和信号处理的计算量和复杂度。

实际工程实践中,可大致分为两种情况。一种情况是硬件平台是全数字阵系统,即阵列的每个阵元具有独立的数字 TR 组件,可独立发射信号,此时可实现任意规模的子阵发射 MIMO 雷达;而接收时每个阵元独立接收,且均具有 AD 采集与数字接收模块,可实现任意的同时接收多波束。2.3.1 节将讨论该类子阵级 MIMO 雷达。

另一种情况是,子阵级的数字阵雷达,即雷达的硬件平台在子阵内是传统的基于移相器的阵列,而在子阵级进行数字化,这样可减少发射数字波形产生以及接收数字化的通道数,降低成本,特别是对于大型阵列雷达,可极大地降低工程造价。这类子阵级 MIMO 雷达是,每个子阵发射一个正交波形,接收时按子阵进行数字化接收。2.3.2 节将讨论该类 MIMO 雷达。

2.3.1 全数字化子阵级 MIMO 雷达

如图 2.9(a)所示,对于每个阵元可独立产生发射波形与独立数字化接收的数字阵系统,将 M 个发射阵元分成 K 个子阵,每子阵 L 个阵元,即 $M=KL$;设阵元间距为 d,则子阵间距为 Ld。

第 k 个子阵内各阵元产生的发射信号相同,均为 $s_k(t)$,子阵内每个阵元能进行数字移相控制,设波束指向为 θ_b 方向,且令 $\phi_b=2\pi d\sin\theta_b/\lambda$,位于 θ 方向、斜距为 R(对应第 r 个距离环)的远场目标,L 个阵元发射的信号 $s_k(t)$ 在目标处的合成信号为(忽略发射传播损耗)

$$p_k(t)=\left[s_k(t-\tau_r/2)\sum_{l=1}^{L}\mathrm{e}^{-\mathrm{j}(l-1)(\phi-\phi_b)}\right]\mathrm{e}^{-\mathrm{j}(k-1)\phi_L}$$

$$= s_k(t-\tau_r/2)\left\{\frac{\sin\left[\frac{L}{2}(\phi-\phi_b)\right]}{\sin\left[\frac{1}{2}(\phi-\phi_b)\right]}e^{j\frac{L-1}{2}(\phi-\phi_b)}\right\}e^{-j(k-1)\phi_L} \tag{2.53}$$

式中：$\tau_r=2R/c$ 为雷达各阵元到目标的共有的双程传播时延。令 $\phi=(2\pi d\sin\theta)/\lambda$，则子阵间空间相位差为

$$\phi_L = L(2\pi d\sin\theta)/\lambda = L\phi \tag{2.54}$$

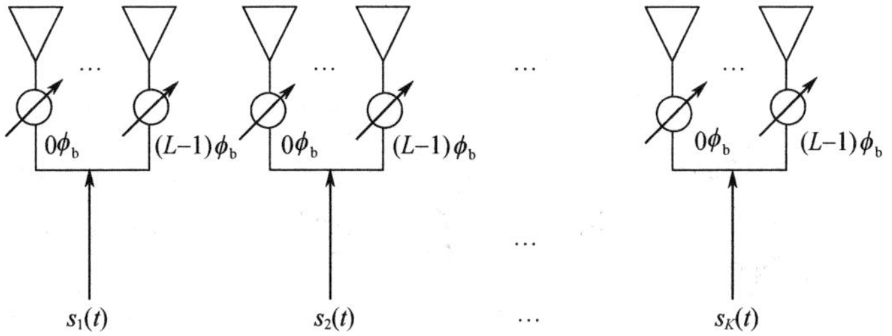

(a) MIMO雷达分子阵发射正交信号

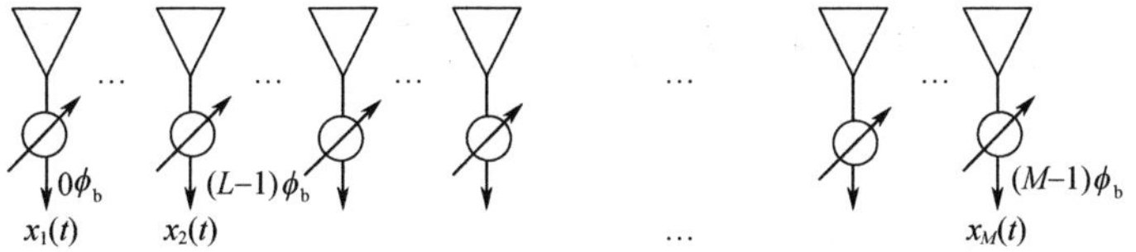

(b) 每个阵元独立数字化接收

图 2.9 子阵级发射阵元级接收 MIMO 雷达示意图

K 个子阵发射的 K 个信号在目标处的合成信号为

$$p_T(t)=\sum_{k=1}^{K}p_k(t)=\left\{\frac{\sin\left[\frac{L}{2}(\phi-\phi_b)\right]}{\sin\left[\frac{1}{2}(\phi-\phi_b)\right]}e^{j\frac{L-1}{2}(\phi-\phi_b)}\right\}\sum_{k=1}^{K}\left[s_k(t-\tau_r/2)e^{-j(k-1)\phi_L}\right] \tag{2.55}$$

式中第一项为子阵内方向图。

接收阵列每点阵元独立接收，各自数字化，如图 2.9(b) 所示，第 m 个接收阵元接收信号为

$$\begin{aligned} x_m(t) &= e^{-j(m-1)\phi}p_T(t-\tau_r/2)+v_m(t)\\ &= e^{-j(m-1)\phi}\left\{\frac{\sin\left[\frac{L}{2}(\phi-\phi_b)\right]}{\sin\left[\frac{1}{2}(\phi-\phi_b)\right]}e^{j\frac{L-1}{2}(\phi-\phi_b)}\right\}\sum_{k=1}^{K}\left[s_k(t-\tau_r)e^{-j(k-1)\phi_L}\right]+v_m(t) \end{aligned} \tag{2.56}$$

$x_m(t)$与各正交信号$s_k(t)$匹配滤波，且设目标散射、传播损耗与前面讨论时相同，仍为ξ，类似式(2.30)，得

$$x_{mk}=\xi c_0\left\{\frac{\sin\left[\frac{L}{2}(\phi-\phi_{\mathrm{b}})\right]}{\sin\left[\frac{1}{2}(\phi-\phi_{\mathrm{b}})\right]}\mathrm{e}^{\mathrm{j}\frac{L-1}{2}(\phi-\phi_{\mathrm{b}})}\right\}\mathrm{e}^{-\mathrm{j}(m-1)\phi}\mathrm{e}^{-\mathrm{j}(k-1)\phi_L}+v_{mk},\quad k=1,2,\cdots,K \tag{2.57}$$

式中

$$c_0=\int_{-\infty}^{\infty}|s_k(t)|^2\mathrm{d}t,v_{mk}=\int_{-\infty}^{\infty}v_m(t)s_k^*(t-\tau_r)\mathrm{d}t \tag{2.58}$$

对式(2.57)，分别取$k=1,2,\cdots,K$，得K个输出，在θ_{b}附近的θ'_{b}方向进行等效发射波束形成(当$\theta'_{\mathrm{b}}=\theta_{\mathrm{b}}$时，子阵内波束指向与子阵间波束指向相同)，得第$m$个接收阵元的输出为

$$y_m=\xi c_0\mathrm{e}^{-\mathrm{j}(m-1)\phi}\left\{\frac{\sin\left[\frac{L}{2}(\phi-\phi_{\mathrm{b}})\right]}{\sin\left[\frac{1}{2}(\phi-\phi_{\mathrm{b}})\right]}\mathrm{e}^{\mathrm{j}\frac{L-1}{2}(\phi-\phi_{\mathrm{b}})}\right\}\sum_{k=1}^{K}\mathrm{e}^{-\mathrm{j}(k-1)(\phi_L-\phi'_{L\mathrm{b}})}+\sum_{k=1}^{K}\mathrm{e}^{\mathrm{j}(k-1)\phi'_{L\mathrm{b}}}v_{mk} \tag{2.59}$$

式中：$\phi'_{L\mathrm{b}}=L(2\pi d\sin\theta'_{\mathrm{b}})/\lambda$。

对M个阵元的输出，在θ'_{b}方向进行接收波束形成，令$\phi'_{\mathrm{b}}=(2\pi d\sin\theta'_{\mathrm{b}})/\lambda$，得阵列最后输出为

$$\begin{aligned}y&=\sum_{m=1}^{M}y_m\mathrm{e}^{\mathrm{j}(m-1)\phi'_{\mathrm{b}}}\\&=\xi c_0\left\{\frac{\sin\left[\frac{L}{2}(\phi-\phi_{\mathrm{b}})\right]}{\sin\left[\frac{1}{2}(\phi-\phi_{\mathrm{b}})\right]}\mathrm{e}^{\mathrm{j}\frac{L-1}{2}(\phi-\phi_{\mathrm{b}})}\right\}\sum_{k=1}^{K}\mathrm{e}^{-\mathrm{j}(k-1)(\phi_L-\phi'_{L\mathrm{b}})}\sum_{m=1}^{M}\mathrm{e}^{-\mathrm{j}(m-1)(\phi-\phi'_{\mathrm{b}})}\\&\quad+\sum_{m=1}^{M}\mathrm{e}^{\mathrm{j}(m-1)\phi'_{\mathrm{b}}}\sum_{k=1}^{K}\mathrm{e}^{\mathrm{j}(k-1)\phi'_{L\mathrm{b}}}v_{mk}\end{aligned} \tag{2.60}$$

$$\begin{aligned}y=\xi c_0&\left\{\frac{\sin\left[\frac{L}{2}(\phi-\phi_{\mathrm{b}})\right]}{\sin\left[\frac{1}{2}(\phi-\phi_{\mathrm{b}})\right]}\mathrm{e}^{\mathrm{j}\frac{L-1}{2}(\phi-\phi_{\mathrm{b}})}\right\}\left\{\frac{\sin\left[\frac{K}{2}(\phi_L-\phi'_{L\mathrm{b}})\right]}{\sin\left[\frac{1}{2}(\phi_L-\phi'_{L\mathrm{b}})\right]}\mathrm{e}^{\mathrm{j}\frac{K-1}{2}(\phi_L-\phi'_{L\mathrm{b}})}\right\}\\&\left\{\frac{\sin\left[\frac{M}{2}(\phi-\phi'_{\mathrm{b}})\right]}{\sin\left[\frac{1}{2}(\phi-\phi'_{\mathrm{b}})\right]}\mathrm{e}^{\mathrm{j}\frac{M-1}{2}(\phi-\phi'_{\mathrm{b}})}\right\}+\sum_{m=1}^{M}\mathrm{e}^{\mathrm{j}(m-1)\phi'_{\mathrm{b}}}\sum_{k=1}^{K}\mathrm{e}^{\mathrm{j}(k-1)\phi'_{L\mathrm{b}}}v_{mk}\end{aligned} \tag{2.61}$$

在式(2.61)中,第一项为发射子阵内方向图,波束指向为 θ_b,该项在空间已合成,波束指向不能在信号处理中改变;第二项为等效发射子阵间方向图(阵因子方向图),波束指向 θ'_b,可在信号处理中任意设置;第三项为接收阵列方向图,波束指向 θ'_b,也可在信号处理中任意设置。

从式(2.61)可看出,当 $\theta'_b=\theta_b$ 时,即子阵内波束指向、子阵间波束指向、接收波束指向均为 θ_b 方向,且目标正好位于波束指向 θ_b 方向时,输出信号的功率为(并考虑 $M=KL$)

$$P_{MK}=K^2L^2M^2|\xi|^2c_0^2=M^4|\xi|^2c_0^2 \tag{2.62}$$

类似式(2.40)的推导,式(2.61)中噪声方差为

$$\sigma_{MK}^2=MK\sigma^2c_0 \tag{2.63}$$

得子阵级 MIMO 雷达的信噪比为

$$\mathrm{SNR}_{MK}=\frac{P_{MK}}{\sigma_{MK}^2}=\frac{(|\xi|c_0M^2)^2}{\sigma^2c_0MK}=|\xi|^2M^2L(c_0/\sigma^2) \tag{2.64}$$

最后,比较式(2.64)和式(2.51),得子阵级 MIMO 雷达与相控阵雷达间信噪比关系为

$$\frac{\mathrm{SNR}_{MK}}{\mathrm{SNR}_{\mathrm{ph}}}=\frac{|\xi|^2M^2L(c_0/\sigma^2)}{|\xi|^2M^3(c_0/\sigma^2)}=\frac{1}{K} \tag{2.65}$$

所以,分为 K 个子阵的 MIMO 雷达输出信号的信噪比,为相控阵雷达的 $1/K$,需进行 K 倍的脉冲积累,才能得到相同的检测信噪比。式(2.52)是 $K=M$ 时的情况。

对式(2.61)的方向图取模,可得收发联合的方向图为

$$\begin{aligned}|Y(\phi)|&=|Y_1(\phi)||Y_2(\phi)||Y_3(\phi)|\\&=\left|\frac{\sin\left[\frac{L}{2}(\phi-\phi_b)\right]}{\sin\left[\frac{1}{2}(\phi-\phi_b)\right]}\right|\left|\frac{\sin\left[\frac{K}{2}(\phi_L-\phi'_{Lb})\right]}{\sin\left[\frac{1}{2}(\phi_L-\phi'_{Lb})\right]}\right|\left|\frac{\sin\left[\frac{M}{2}(\phi-\phi'_b)\right]}{\sin\left[\frac{1}{2}(\phi-\phi'_b)\right]}\right|\end{aligned} \tag{2.66}$$

式中:$Y_1(\phi)$ 为发射子阵内方向图,波束指向为 θ_b;$Y_2(\phi)$ 为发射子阵间方向图(阵因子方向图),波束指向为 θ'_b;$Y_3(\phi)$ 为指向 θ'_b 的接收阵列方向图。θ'_b 可在 $Y_1(\phi)$ 的主瓣内同时取多个值,实现同时接收多波束。

对阵元数 $M=16$,子阵数(正交波形数)$K=4$,子阵内阵元数 $L=4$,方向图如图 2.10 所示。发射子阵内方向图为 $Y_1(\phi)$,如图 2.10(a)所示,波束指向为 $\theta_b=10°$;发射子阵间方向图 $Y_2(\phi)$ 如图 2.10(b)所示,取波束指向也为 $\theta'_b=10°$;一

个波束指向为 $\theta_b=10°$ 的等效发射方向图为 $Y_1(\phi)Y_2(\phi)$，如图 2.10(c)所示。

为充分利用发射的能量，在 $Y_1(\phi)$ 的主瓣内，采用同时多波束接收，以覆盖发射的宽波束，令接收阵列方向图 $Y_3(\phi)$ 中的 θ_b' 同时取多个值，如图 2.10(d)所示，5 个波束同时接收。在每个接收波束的指向 θ_b' 方向，需形成对应的等效同时发射多波束 $Y_1(\phi)Y_2(\phi)$，如图 2.10(e)所示。

从图 2.10(e)可看出，由于等效发射波束为 $Y_1(\phi)Y_2(\phi)$，当 $\theta_b\neq\theta_b'$ 时，等效发射波束的增益将有所降低。

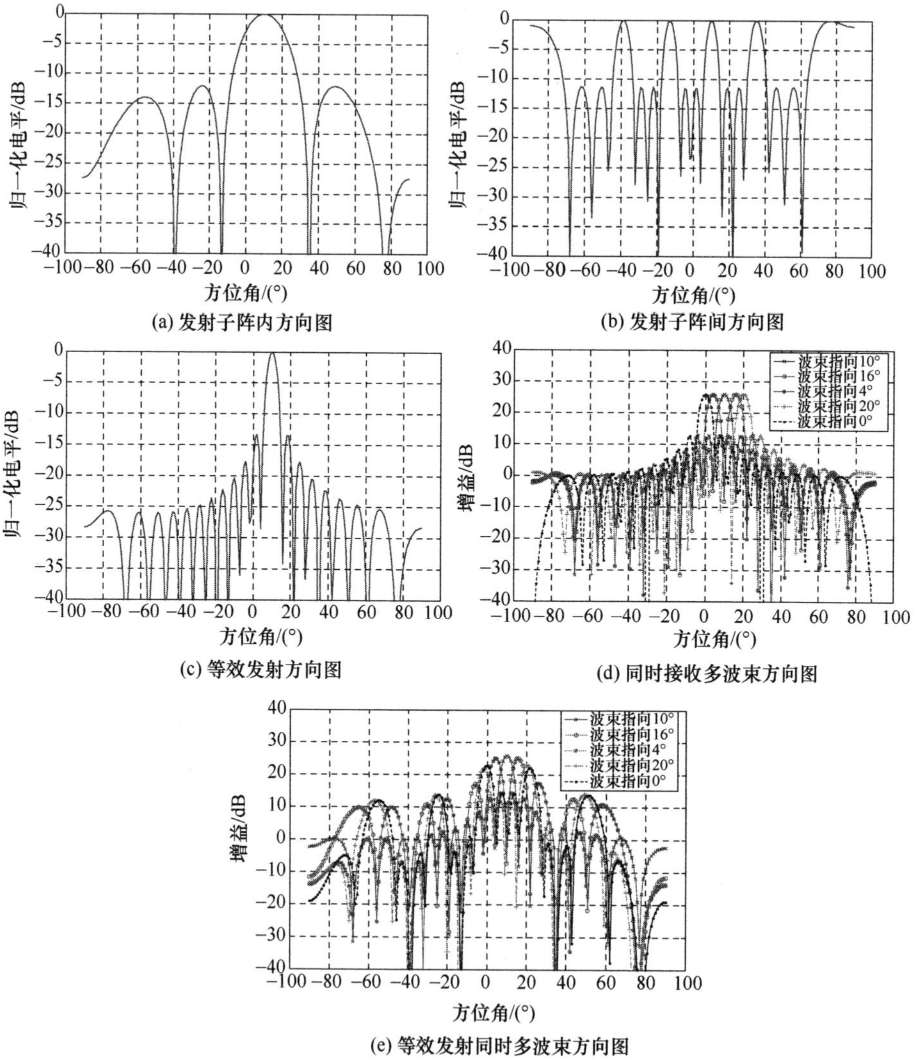

(a) 发射子阵内方向图　(b) 发射子阵间方向图　(c) 等效发射方向图　(d) 同时接收多波束方向图　(e) 等效发射同时多波束方向图

图 2.10　子阵级 16 阵元均匀线阵方向图

由主瓣宽度公式,设阵元间距 d 为半波长,有主瓣宽度

$$\Delta\theta_{0.5}=\frac{50.8^\circ\lambda}{Ld\cos\theta_0}=\frac{101.6^\circ}{L} \tag{2.67}$$

如图 2.10(a)所示,对于发射子阵阵元数 $L=4$,发射子阵主瓣的 3dB 宽度约为 25.4°,或为 ±12.7°;子阵阵元数 $L=3$ 时,主瓣的 3dB 宽度约为 33.9°,或为 ±17°。

因此,对基于子阵发射的 MIMO 雷达,不能一次实现大范围宽角度空域目标探测,需进行几次空域的扫描,比如,对于子阵阵元数 $L=4$ 的情况,每个驻留的发射波束宽度约为 25.4°,16 阵元的接收波束宽度约为 6.4°,一个发射驻留需形成 4 个以上的同时接收波束方能覆盖发射波束宽度。

另外,由图 2.10(a)可看出,在一个发射波束宽度内,探测能力有一定差异,在波束指向 θ_b 方向,波束增益最大,而在波束边缘 3dB 处,发射的功率减半。

2.3.2　基于子阵级数字化的 MIMO 雷达

如图 2.11 所示的均匀线阵相控阵雷达,阵面由 K 个子阵构成,每个子阵有 L 个阵元,每个阵元具有一个传统的模拟移相器,总阵元数 $M=KL$。

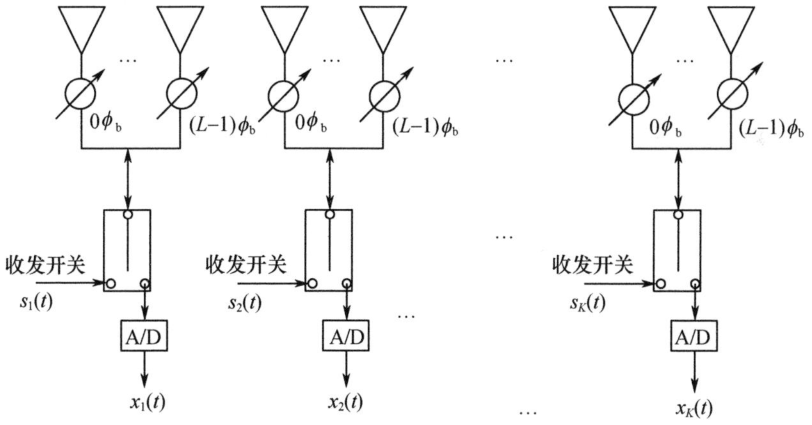

图 2.11　子阵级数字化 MIMO 雷达结构图

MIMO 雷达发射时,收发开关打向发射端,第 k 个子阵发射信号为 $s_k(t)$,通过每个阵元的波束指向移相器,使各子阵波束指向为 θ_b 方向,且令 $\phi_b=2\pi d\sin\theta_b/\lambda$,位于 θ 方向、斜距为 R(对应第 r 个距离环)的远场目标,L 个阵元发射的信号 $s_k(t)$ 在目标处的合成信号为(忽略发射传播损耗)

$$p_k(t)=\left[s_k(t-\tau_r/2)\sum_{l=1}^{L}\mathrm{e}^{-\mathrm{j}(l-1)(\phi-\phi_b)}\right]\mathrm{e}^{-\mathrm{j}(k-1)\phi_L}$$

$$= s_k(t-\tau_r/2)\left\{\frac{\sin\left[\frac{L}{2}(\phi-\phi_b)\right]}{\sin\left[\frac{1}{2}(\phi-\phi_b)\right]}e^{j\frac{L-1}{2}(\phi-\phi_b)}\right\}e^{-j(k-1)\phi_L} \tag{2.68}$$

同 2.3.1 小节类似，K 个子阵发射的 K 个信号在目标处的合成信号为

$$p_T(t) = \sum_{k=1}^{K} p_k(t) = \left\{\frac{\sin\left[\frac{L}{2}(\phi-\phi_b)\right]}{\sin\left[\frac{1}{2}(\phi-\phi_b)\right]}e^{j\frac{L-1}{2}(\phi-\phi_b)}\right\}\sum_{k=1}^{K}\left[s_k(t-\tau_r/2)e^{-j(k-1)\phi_L}\right] \tag{2.69}$$

由于这里是子阵接收，信号在子阵级射频合成子阵输出，所以第 n 个子阵接收信号为

$$x_n(t) = e^{-j(n-1)\phi_L}\sum_{l=1}^{L}\left[e^{-j(l-1)(\phi-\phi_b)}\right]p_T(t-\tau_r/2) + \sum_{l=1}^{L}\left[e^{j(l-1)\phi_b}\right]v_{nl}(t) \tag{2.70}$$

式中：$(n-1)\phi_L$ 为第 n 个子阵相对于参考子阵的信号传播相位差，第一个求和项是子阵内的射频波束形成；$v_{nl}(t)$ 为第 n 个子阵内的第 l 个阵元的接收噪声。代入 $p_T(t)$，有

$$x_n(t) = e^{-j(n-1)\phi_L}\left\{\frac{\sin\left[\frac{L}{2}(\phi-\phi_b)\right]}{\sin\left[\frac{1}{2}(\phi-\phi_b)\right]}e^{j\frac{L-1}{2}(\phi-\phi_b)}\right\}^2\sum_{k=1}^{K}\left[s_k(t-\tau_r)e^{-j(k-1)\phi_L}\right]$$
$$+ \sum_{l=1}^{L}\left[e^{j(l-1)\phi_b}\right]v_{nl}(t) \tag{2.71}$$

与前小节讨论类似，$x_n(t)$ 与各正交信号 $s_k(t)$ 匹配滤波，得

$$x_{nk} = \xi c_0 e^{-j(n-1)\phi_L}\left\{\frac{\sin\left[\frac{L}{2}(\phi-\phi_b)\right]}{\sin\left[\frac{1}{2}(\phi-\phi_b)\right]}e^{j\frac{L-1}{2}(\phi-\phi_b)}\right\}^2 e^{-j(k-1)\phi_L}$$
$$+ \sum_{l=1}^{L}\left[e^{-j(l-1)(\phi-\phi_b)}\right]v_{nlk}, \quad k = 1,2,\cdots,K \tag{2.72}$$

式中

$$v_{nlk} = \int_{-\infty}^{\infty} v_{nl}(t)s_k^*(t-\tau_r)\,dt$$

对式(2.72)，分别取 $k=1,2,\cdots,K$，得 K 个输出，在 θ_b 附近的 θ_b' 方向进行等

效发射波束形成(当 $\theta'_b=\theta_b$ 时,子阵内波束指向与子阵间波束指向相同),得第 n 个子阵的接收输出为

$$\begin{aligned} y_n &= \sum_{k=1}^{K} x_{nk}\mathrm{e}^{\mathrm{j}(k-1)\phi'_{Lb}} \\ &= \xi c_0 \mathrm{e}^{-\mathrm{j}(n-1)\phi_L}\left\{\frac{\sin\left[\frac{L}{2}(\phi-\phi_b)\right]}{\sin\left[\frac{1}{2}(\phi-\phi_b)\right]}\mathrm{e}^{\mathrm{j}\frac{L-1}{2}(\phi-\phi_b)}\right\}^2 \sum_{k=1}^{K}\mathrm{e}^{-\mathrm{j}(k-1)(\phi_L-\phi'_{Lb})} \\ &\quad + \sum_{k=1}^{K}\mathrm{e}^{\mathrm{j}(k-1)\phi'_{Lb}}\sum_{l=1}^{L}\mathrm{e}^{\mathrm{j}(L-1)\phi'_b}v_{nlk} \end{aligned} \tag{2.73}$$

式中:$\phi'_b=(2\pi d\sin\theta'_b)/\lambda$;$\phi'_{Lb}=L(2\pi d\sin\theta'_b)/\lambda$。

对 K 个子阵的输出,在 θ'_b 方向进行接收波束形成,得阵列最后输出为

$$\begin{aligned} y &= \sum_{n=1}^{K} y_n\mathrm{e}^{\mathrm{j}(n-1)\phi'_{Lb}} \\ &= \xi c_0\left\{\frac{\sin\left[\frac{L}{2}(\phi-\phi_b)\right]}{\sin\left[\frac{1}{2}(\phi-\phi_b)\right]}\mathrm{e}^{\mathrm{j}\frac{L-1}{2}(\phi-\phi_b)}\right\}^2 \sum_{k=1}^{K}\mathrm{e}^{-\mathrm{j}(k-1)(\phi_L-\phi'_{Lb})}\sum_{n=1}^{K}\mathrm{e}^{-\mathrm{j}(n-1)(\phi_L-\phi'_{Lb})} \\ &\quad + \sum_{n=1}^{K}\mathrm{e}^{\mathrm{j}(n-1)\phi'_{Lb}}\sum_{k=1}^{K}\mathrm{e}^{\mathrm{j}(k-1)\phi'_{Lb}}\sum_{l=1}^{L}\mathrm{e}^{\mathrm{j}(L-1)\phi'_b}v_{nlk} \end{aligned} \tag{2.74}$$

$$\begin{aligned} y &= \xi c_0\left\{\frac{\sin\left[\frac{L}{2}(\phi-\phi_b)\right]}{\sin\left[\frac{1}{2}(\phi-\phi_b)\right]}\mathrm{e}^{\mathrm{j}\frac{L-1}{2}(\phi-\phi_b)}\right\}^2\left\{\frac{\sin\left[\frac{K}{2}(\phi_L-\phi'_{Lb})\right]}{\sin\left[\frac{1}{2}(\phi_L-\phi'_{Lb})\right]}\mathrm{e}^{\mathrm{j}\frac{K-1}{2}(\phi_L-\phi'_{Lb})}\right\}^2 \\ &\quad + \sum_{n=1}^{K}\mathrm{e}^{\mathrm{j}(n-1)\phi'_{Lb}}\sum_{k=1}^{K}\mathrm{e}^{\mathrm{j}(k-1)\phi'_{Lb}}\sum_{l=1}^{L}\mathrm{e}^{\mathrm{j}(L-1)\phi'_b}v_{nlk} \end{aligned} \tag{2.75}$$

或表示为

$$y=\xi c_0[Y_1(\phi)Y_2(\phi)]^2+w \tag{2.76}$$

式中:$Y_1(\phi)$为子阵内的发射或接收方向图,波束指向由模拟移相器在射频实现,波束形成也是在射频实现;$Y_2(\phi)$为子阵间合成方向图,在数字基带实现,且等效发射波束形成方向图和接收波束形成方向图都是 $Y_1(\phi)Y_2(\phi)$。

从式(2.75)可看出,当 $\theta'_b=\theta_b$ 时,即子阵内波束指向、子阵间波束指向、接收波束指向均为 θ_b 方向,且目标正好位于波束指向 θ_b 方向时,输出信号的功率为(并考虑 $M=KL$)

$$P_{KL}=(K^2L^2)^2|\xi|^2c_0^2=M^4|\xi|^2c_0^2 \tag{2.77}$$

类似式(2.40)的推导,式(2.75)中噪声方差为

$$\sigma_{KL}^2 = K^2 L\sigma^2 c_0 = MK\sigma^2 c_0 \tag{2.78}$$

得子阵级 MIMO 雷达的信噪比为

$$\mathrm{SNR}_{KL} = \frac{P_{KL}}{\sigma_{KL}^2} = \frac{(|\xi| c_0 M^2)^2}{\sigma^2 c_0 MK} = |\xi|^2 M^2 L(c_0/\sigma^2) \tag{2.79}$$

最后,比较式(2.79)和式(2.51),得子阵级数字化的子阵 MIMO 雷达与相控阵雷达间信噪比关系为

$$\frac{\mathrm{SNR}_{KL}}{\mathrm{SNR}_{\mathrm{ph}}} = \frac{|\xi|^2 M^2 L(c_0/\sigma^2)}{|\xi|^2 M^3 (c_0/\sigma^2)} = \frac{1}{K} \tag{2.80}$$

比较式(2.80)和式(2.65)可以看出,基于子阵级数字化的子阵 MIMO 雷达输出信号的信噪比,与全数字化的子阵 MIMO 雷达相同,都为相控阵雷达的 $1/K$,需进行 K 倍的脉冲积累,才能得到相同的检测信噪比。

两种子阵级 MIMO 雷达的区别在哪里呢? 在接收波束形成! 全数字化子阵级 MIMO 雷达的同时接收多波束当波束指向 $\theta_b' \neq \theta_b$,波束的形状与 $\theta_b' = \theta_b$ 时相同,如图 2.10(d)所示;而对于子阵级数字化的 MIMO 雷达,$\theta_b' \neq \theta_b$ 时的接收波束与 $\theta_b' = \theta_b$ 时的接收波束不同,是受指向为 θ_b 的子阵方向图调制的,与子阵等效发射同时多波束方向图相同,如图 2.10(e)所示。

当同时接收多波束中的 θ_b'偏离 θ_b 较大时,接收方向图会产生栅瓣,如图 2.12 所示,当 $\theta_b' = 2°$以及 $\theta_b' = 22°$时,在子阵波束指向方向 $\theta_b = 10°$的另一侧,产生了电平较高的栅瓣。

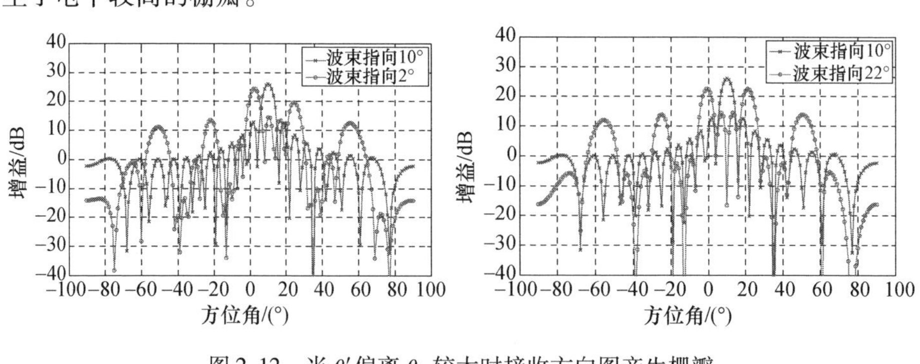

图 2.12 当 θ_b'偏离 θ_b 较大时接收方向图产生栅瓣

2.4 稀疏阵列 MIMO 雷达与虚拟阵列孔径

MIMO 雷达阵列常用的布阵方式主要有两种,一种是紧凑布阵的方式,即发射阵列和接收阵列均以半波长布阵;还有一种称之为稀疏布阵的方式,即接收阵

列以半波长均匀布阵而发射阵列的阵元间距为接收阵列孔径,或者发射阵列以半波长均匀布阵而接收阵列的阵元间距为发射阵列孔径,这两种稀疏布阵方式均可以获得最大均匀线形虚拟阵列,有效提高雷达阵列的孔径和空间分辨率[6-8]。

2.4.1 稀疏发射阵 MIMO 雷达

如图 2.13 所示,设发射阵为 M 个阵元的稀疏阵列,发射阵元间距 $d_T = Nd_R$。接收阵为 N 个阵元的普通紧凑阵列,为简单计,设阵元间距为 $d_R = \lambda/2$。

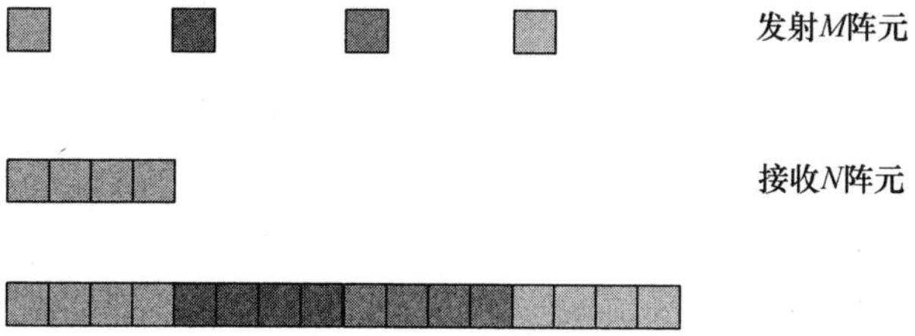

图 2.13　发射稀疏、接收紧凑阵列结构(见彩图)

发射阵发射 M 个正交信号 $s_k(t)$,在空间 θ 方向、斜距 R(对应第 r 个距离单元)处目标的合成信号为

$$p_1(t) = \sum_{k=1}^{M} s_k(t-\tau_r/2)\mathrm{e}^{-\mathrm{j}(k-1)N\phi} \tag{2.81}$$

式中:$\phi = (2\pi d_R/\lambda)\sin\theta$;$\tau_r = 2R/c$ 为雷达各阵元到目标的共有双程传播时延。如果 θ 方向有目标反射,接收阵列第 n 个阵元接收的回波信号为

$$x_n(t) = \mathrm{e}^{-\mathrm{j}(n-1)\phi} p_1(t-\tau_r/2) + v_n(t) \tag{2.82}$$

首先对 N 个接收信号 $x_n(t)$,在 θ_b 方向进行接收波束形成(且令 $\phi_b = 2\pi d\sin\theta_b/\lambda$)

$$y(t) = \sum_{n=1}^{N} x_n(t)\mathrm{e}^{\mathrm{j}(n-1)\phi_b} = p_1(t-\tau_r/2)\sum_{n=1}^{N}\mathrm{e}^{-\mathrm{j}(n-1)(\phi-\phi_b)} + \sum_{n=1}^{N} v_n(t)\mathrm{e}^{\mathrm{j}(n-1)\phi_b} \tag{2.83}$$

所以

$$y(t) = \left[\sum_{k=1}^{M} s_k(t-\tau_r)\mathrm{e}^{-\mathrm{j}(k-1)N\phi}\right]\left\{\frac{\sin\left[\frac{N}{2}(\phi-\phi_b)\right]}{\sin\left[\frac{1}{2}(\phi-\phi_b)\right]}\mathrm{e}^{-\mathrm{j}\frac{N-1}{2}(\phi-\phi_b)}\right\} + \sum_{n=1}^{N} v_n(t)\mathrm{e}^{-\mathrm{j}(n-1)\phi_b} \tag{2.84}$$

对接收信号 $y(t)$，将其与每个发射正交信号 $s_k(t)$ 匹配滤波，同样设目标散射、传播损耗为 ξ，得 M 个匹配输出为

$$y_k = \xi c_0 \mathrm{e}^{\mathrm{j}(k-1)N\phi}\left\{\frac{\sin\left[\frac{N}{2}(\phi-\phi_{\mathrm{b}})\right]}{\sin\left[\frac{1}{2}(\phi-\phi_{\mathrm{b}})\right]}\mathrm{e}^{-\mathrm{j}\frac{N-1}{2}(\phi-\phi_{\mathrm{b}})}\right\}+\sum_{n=1}^{N} v_{nk}\mathrm{e}^{\mathrm{j}(n-1)\phi_{\mathrm{b}}},\quad k=1,2,\cdots,M \tag{2.85}$$

v_{nk} 为噪声匹配输出，为

$$v_{nk} = \int_{-\infty}^{\infty} v_n(t)s_k^*(t-\tau_r)\mathrm{d}t$$

分别取 $k=1,2,\cdots,M$，得 M 个输出，$y_1,y_2,\cdots,y_M$，在 θ_{b} 方向进行等效发射波束形成，即

$$\begin{aligned} y &= \sum_{k=1}^{M} y_k \mathrm{e}^{\mathrm{j}(k-1)N\phi_{\mathrm{b}}} \\ &= \xi c_0\left\{\frac{\sin\left[\frac{N}{2}(\phi-\phi_{\mathrm{b}})\right]}{\sin\left[\frac{1}{2}(\phi-\phi_{\mathrm{b}})\right]}\mathrm{e}^{-\mathrm{j}\frac{N-1}{2}(\phi-\phi_{\mathrm{b}})}\right\}\left\{\frac{\sin\left[\frac{MN}{2}(\phi-\phi_{\mathrm{b}})\right]}{\sin\left[\frac{N}{2}(\phi-\phi_{\mathrm{b}})\right]}\mathrm{e}^{-\mathrm{j}\frac{M-1}{2}[N(\phi-\phi_{\mathrm{b}})]}\right\} \\ &\quad + \sum_{k=1}^{M}\mathrm{e}^{\mathrm{j}(k-1)N\phi_{\mathrm{b}}}\sum_{n=1}^{N} v_{nk}\mathrm{e}^{\mathrm{j}(n-1)\phi_{\mathrm{b}}} \end{aligned} \tag{2.86}$$

从式(2.86)可以看出，当目标正好位于波束指向 θ_{b} 方向时，输出信号的功率为(并考虑 $M=KL$)

$$P_{MN} = M^2N^2|\xi|^2c_0^2 \tag{2.87}$$

类似式(2.40)的推导，式(2.86)中噪声方差为

$$\sigma_{MN}^2 = MN\sigma^2c_0 \tag{2.88}$$

得稀疏发射 MIMO 雷达的信噪比为

$$\mathrm{SNR}_{MN} = \frac{P_{MN}}{\sigma_{MN}^2} = MN|\xi|^2(c_0/\sigma^2) \tag{2.89}$$

同具有 N 个阵元的相控阵雷达相比，比较式(2.89)和式(2.51)，得稀疏发射 MIMO 雷达与相控阵雷达间信噪比关系为

$$\frac{\mathrm{SNR}_{MN}}{\mathrm{SNR}_{\mathrm{ph}}} = \frac{|\xi|^2MN(c_0/\sigma^2)}{|\xi|^2N^3(c_0/\sigma^2)} = \frac{M}{N^2} \tag{2.90}$$

稀疏发射 MIMO 雷达需进行 M/N^2 倍的脉冲积累，才能得到 N 个阵元相控阵雷达相同的检测信噪比。

式(2.86)中的第一项方向图是 N 个阵元的接收波束,如图 2.14(a)所示(取 $M=N=4$);第二项方向图是 M 个阵元的等效发射波束,如图 2.14(b)所示;收发联合波束形成的方向图如图 2.14(c)所示。

从图 2.14(c)可以看出,稀疏发射紧凑接收 MIMO 雷达的收发联合波束形成的方向图,同具有 MN 个阵元的满阵方向图相同,比如 $M=4$ 个发射阵元,$N=4$ 个接收阵元,最后得到的收发联合方向图相当于阵元数 $MN=16$ 的满阵方向图,可极大地改善雷达的角度分辨性能。

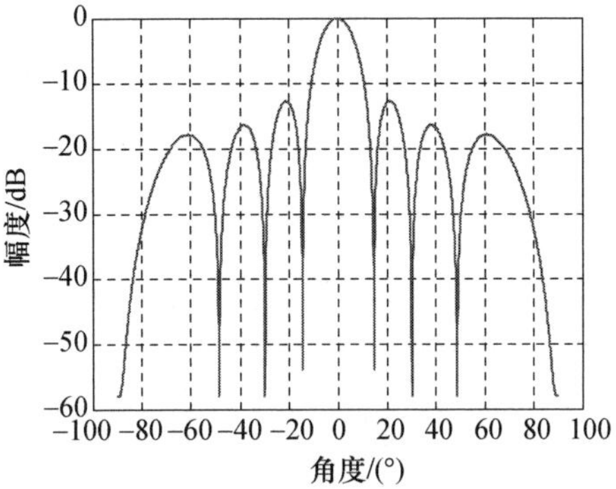

(a) 接收方向图

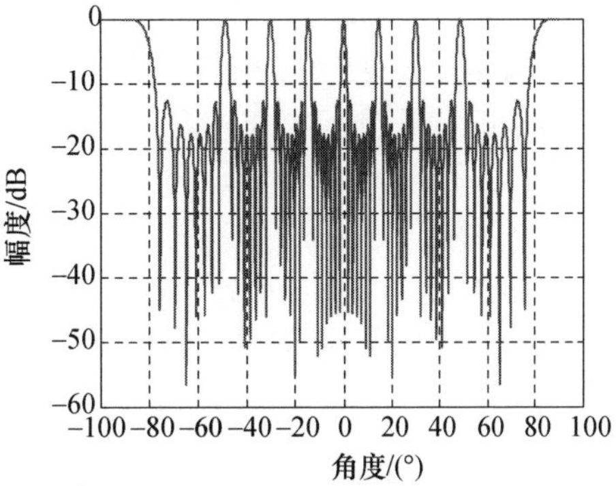

(b) 等效发射方向图

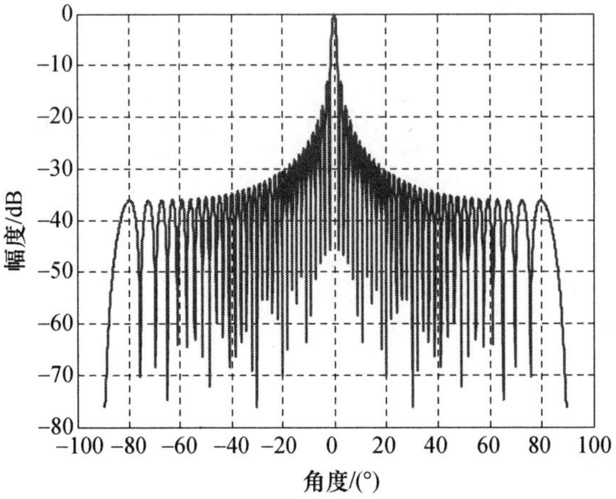

(c) 收发联合方向图

图 2.14　发射稀疏、接收紧凑 MIMO 雷达方向图

2.4.2　稀疏接收阵 MIMO 雷达

稀疏接收阵 MIMO 雷达如图 2.15 所示,设发射为 M 个阵元的紧凑阵列,设阵元间距为 $d_T=\lambda/2$,接收为 N 个阵元的稀疏阵列,接收阵元间距 $d_R=Md_T$。

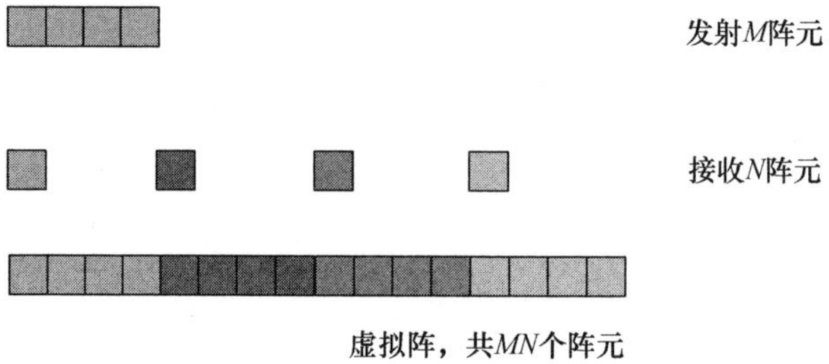

图 2.15　发射紧凑、接收稀疏阵列结构

发射阵列每阵元发射的正交信号为 $s_k(t)$，在空间 θ 方向、斜距 R（对应第 r 个距离单元）处目标的合成信号为

$$p_1(t) = \sum_{k=1}^{M} s_k(t - \tau_r/2)\mathrm{e}^{-\mathrm{j}(k-1)\phi}$$

式中：$\phi = (2\pi d_T/\lambda)\sin\theta$；$\tau_r = 2R/c$ 为雷达各阵元到目标的共有双程传播时延。如果 θ 方向有目标反射，接收阵列第 n 个阵元接收的回波信号为

$$x_n(t) = \mathrm{e}^{-\mathrm{j}(n-1)M\phi}p_1(t - \tau_r/2) + v_n(t) \tag{2.91}$$

首先对 N 个接收信号 $x_n(t)$，在 θ_b 方向进行接收波束形成（$\phi_\mathrm{b} = (2\pi d_\mathrm{T}/\lambda)\sin\theta_\mathrm{b}$），有

$$\begin{aligned} y(t) &= \sum_{n=1}^{N} x_n(t)\mathrm{e}^{\mathrm{j}(n-1)M\phi_\mathrm{b}} \\ &= p_1(t - \tau_r/2)\sum_{n=1}^{N}\mathrm{e}^{-\mathrm{j}(n-1)M(\phi-\phi_\mathrm{b})} + \sum_{n=1}^{N} v_n(t)\mathrm{e}^{\mathrm{j}(n-1)M\phi_\mathrm{b}} \end{aligned}$$

所以

$$\begin{aligned} y(t) = {} & \left[\sum_{k=1}^{M} s_k(t - \tau_r)\mathrm{e}^{-\mathrm{j}(k-1)\phi}\right]\left\{\frac{\sin\left[\dfrac{N}{2}(M(\phi - \phi_\mathrm{b}))\right]}{\sin\left[\dfrac{1}{2}(M(\phi - \phi_\mathrm{b}))\right]}\mathrm{e}^{-\mathrm{j}\frac{N-1}{2}[M(\phi-\phi_\mathrm{b})]}\right\} \\ & + \sum_{n=1}^{N} v_n(t)\mathrm{e}^{\mathrm{j}(n-1)M\phi_\mathrm{b}} \end{aligned} \tag{2.92}$$

接收信号 $y(t)$ 与每个发射正交信号 $s_k(t)$ 匹配滤波，且设目标散射、传播损耗为 ξ，得 M 个匹配输出为

$$y_k = \xi c_0\left\{\frac{\sin\left[\dfrac{N}{2}(M(\phi - \phi_\mathrm{b}))\right]}{\sin\left[\dfrac{1}{2}(M(\phi - \phi_\mathrm{b}))\right]}\mathrm{e}^{-\mathrm{j}\frac{N-1}{2}[M(\phi-\phi_\mathrm{b})]}\right\}\mathrm{e}^{-\mathrm{j}(k-1)\phi} + \sum_{n=1}^{N} v_{nk}\mathrm{e}^{\mathrm{j}(n-1)M\phi_\mathrm{b}} \tag{2.93}$$

分别取 $k=1,2,\cdots,M$，得 M 个输出 $y_1,y_2,\cdots,y_M$，在 θ_b 方向进行等效发射波束形成

$$\begin{aligned} y &= \sum_{k=1}^{M} y_k e^{j(k-1)\phi_b} \\ &= \xi c_0 \left\{ \frac{\sin\left[\frac{N}{2}(M(\phi-\phi_b))\right]}{\sin\left[\frac{1}{2}(M(\phi-\phi_b))\right]} e^{-j\frac{N-1}{2}(M(\phi-\phi_b))} \right\} \left\{ \frac{\sin\left[\frac{M}{2}(\phi-\phi_b)\right]}{\sin\left[\frac{1}{2}(\phi-\phi_b)\right]} e^{-j\frac{M-1}{2}(\phi-\phi_b)} \right\} \\ &\quad + \sum_{k=1}^{M} e^{j(k-1)\phi_b} \sum_{n=1}^{N} v_{nk} e^{j(n-1)M\phi_b} \end{aligned} \tag{2.94}$$

式中：第一项为接收方向图，如图 2.16(a)所示，将有栅瓣出现；第二项为等效发射方向图，如图 2.16(b)所示。合成的收发联合方向图将没有栅瓣，如图 2.16(c)所示。

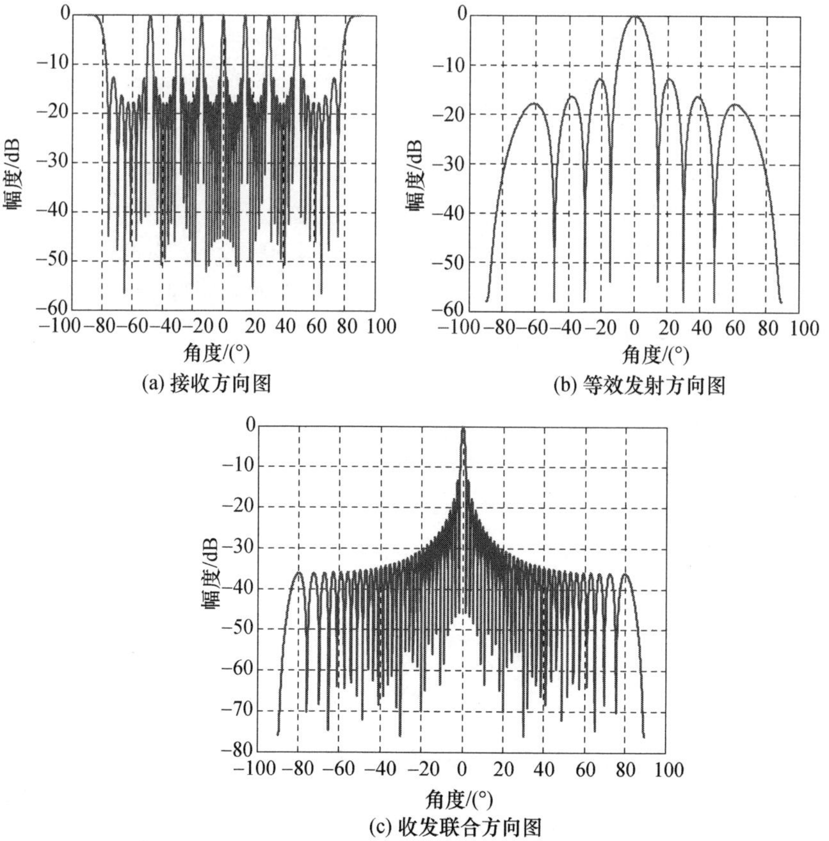

图 2.16　发射紧凑、接收稀疏阵列方向图

同2.4.1节的推导类似,可得稀疏接收MIMO雷达的信噪比为

$$\mathrm{SNR}_{MN}=\frac{P_{MN}}{\sigma_{MN}^{2}}=MN|\xi|^{2}(c_0/\sigma^{2}) \tag{2.95}$$

同具有 M 个阵元的相控阵雷达相比,得稀疏接收MIMO雷达与相控阵雷达间信噪比关系为

$$\frac{\mathrm{SNR}_{MN}}{\mathrm{SNR}_{\mathrm{ph}}}=\frac{|\xi|^{2}MN(c_0/\sigma^{2})}{|\xi|^{2}M^{3}(c_0/\sigma^{2})}=\frac{N}{M^{2}} \tag{2.96}$$

对比上述两类稀疏阵列MIMO雷达可以看出,两类稀疏阵列MIMO雷达收发合成的虚拟阵列孔径都是 MN 个阵元,收发联合方向图如图2.16(c)所示。

但是,稀疏接收阵MIMO雷达的接收方向图具有栅瓣,其等效发射方向图为宽波束、无栅瓣,而稀疏发射阵MIMO雷达的方向图特点刚好相反。

2.4.3 非均匀稀疏阵MIMO雷达及布阵优化算法

前面讨论了具有规则阵列形式的稀疏布阵MIMO雷达,其达到的虚拟阵列孔径为 MN 个阵元孔径,在实际应用中,还可以采用非均匀稀疏布阵的方式进一步扩大MIMO雷达的虚拟阵列孔径,同时降低阵列方向图的副瓣电平。

不规则非均匀稀疏阵MIMO雷达布阵设计一般采用优化手段来实现,例如应用较为普遍的遗传算法和模拟退火算法等,通过改变阵元在发射阵、接收阵中的位置,以期望的收发联合方向图为目标函数,进行优化。正交波形MIMO雷达与相控阵雷达相比,由于发射相互正交信号,可在接收端实现等效发射波束形成,增加了优化时的自由度,使其可以实现更灵活的方向图。

在稀疏阵列优化中,根据优化阵列的阵元间距是否为半波长整数倍的限制可分为两种,即稀疏阵和稀布阵,稀疏阵要求优化后的阵列阵元间距为半波长的整数倍(阵元位于以半波长为间隔的栅格上),而稀布阵则没有这一约束条件,阵元间隔可为任意值。本节研究的MIMO雷达稀疏阵,其发射阵列和接收阵列都在半波长的整数倍间距上布置,相邻阵元间距最小为半波长。

1. 非均匀稀疏布阵MIMO雷达阵列及方向图

设发射阵列和接收阵列相对于远场探测目标距离而言,是在同一位置,可以认为发射阵列和接收阵列具有相同的方位角 θ。假设有 M 个发射阵元,N 个接收阵元,阵元布置在半波长 $\lambda/2$ 的整数倍栅格点上,发射阵元位置和接收阵元位置分别用 $\boldsymbol{d}_{\mathrm{T}}$ 和 $\boldsymbol{d}_{\mathrm{R}}$ 表示,其中 $d_{\mathrm{T},n_{\mathrm{t}}}$ 和 $d_{\mathrm{R},n_{\mathrm{r}}}$ 分别表示第 n_{t} 个发射阵元和第 n_{r} 个接收阵元的位置,$n_{\mathrm{t}}=0,1,\cdots,M-1$,$n_{\mathrm{r}}=0,1,\cdots,N-1$。不失一般性,这里假设 $d_{\mathrm{T},0}=d_{\mathrm{R},0}=0$,并且都沿着相同方向分布。图2.17给出了线阵稀疏MIMO雷达发射阵列示意图。

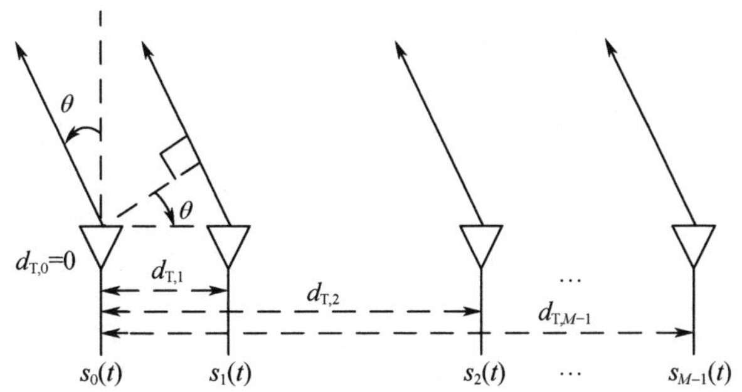

图 2.17　MIMO 雷达稀疏发射阵列

MIMO 雷达的收发联合波束形成,为传统的接收波束形成与等效发射波束形成的乘积,所以方向图可表示为

$$p(u)=\left|\sum_{n_t=0}^{M-1} w_{T,n_t}^{*}e^{jd_{T,n_t}\cdot u(2\pi/\lambda)}\right|\cdot\left|\sum_{n_r=0}^{N-1} w_{R,n_r}^{*}e^{jd_{R,n_r}\cdot u(2\pi/\lambda)}\right| \tag{2.97}$$

式中:d_{T,n_t}和 d_{R,n_r}分别为第 n_t 个发射阵元和第 n_r 个接收阵元的位置;w_{T,n_t}和 w_{R,n_r}则分别为对应的加权值(如果各阵元加权值相同,加权值可取 1)。为了表示方便,上式中引入了变量 u,其定义为

$$u=\sin\theta-\sin\theta_b \tag{2.98}$$

式中:θ 为扫描角;θ_b 为观察方向。将方向图以 dB 形式表示并进行归一化,即 $20\cdot\lg[p(u)/(Q_T\cdot Q_R)]$,$Q_T$ 为等效发射波束形成中的权值 w_{T,n_t}之和,Q_R 为接收方向图的权值 w_{R,n_r}之和。

2. 收发稀疏布阵联合优化

假设发射和接收的阵元仅布置在 $\lambda/2$ 整数倍的栅格上,等效虚拟收发波束的旁瓣峰值可以作为模拟退火算法的能量函数,为

$$\begin{aligned}f(\boldsymbol{d}_T,\boldsymbol{d}_R)&=\min_{\{\boldsymbol{d}_T,\boldsymbol{d}_R\}}\max_{u_{start}\leqslant u\leqslant u_{end}}\{(p_T(u)/Q_T)^2\cdot(p_R(u)/Q_R)^2\}\\&=\min_{\{\boldsymbol{d}_T,\boldsymbol{d}_R\}}\max_{u_{start}\leqslant u\leqslant u_{end}}\{(p(u)/(Q_TQ_R))^2\}\end{aligned} \tag{2.99}$$

式中,$p(u)$由位置 $\boldsymbol{d}_T$ 和 $\boldsymbol{d}_R$ 决定,由于假设了发射和接收阵元位置都位于半波长的整数倍上,所以可设置 u_{end}为 1,u_{start}的取值可以将主瓣区别于旁瓣。T^{start}的初始值应设置较高使得系统具有充分的活跃性,尽量避免局域最优点。

基于模拟退火算法 MIMO 雷达收发阵列优化流程如图 2.18 所示。

在图 2.18 中,rand(a,b)函数表示从(a,b)中随机选取一个值,也就是当前阵元可取前一阵元和后一阵元之间任意的半波长整数倍栅格点位置。迭代流程如下:迭代过程开始,对 T 赋予一个新的值,对于第 j 次迭代,也就是 $T^j=T^{start}/\ln(j+1)$,随着迭代次数的增加,T 的值逐渐减小,也就是系统的活跃性逐渐降低;将发射阵列中的某个阵元位置进行随机赋值,只要满足位于前一个阵元和后

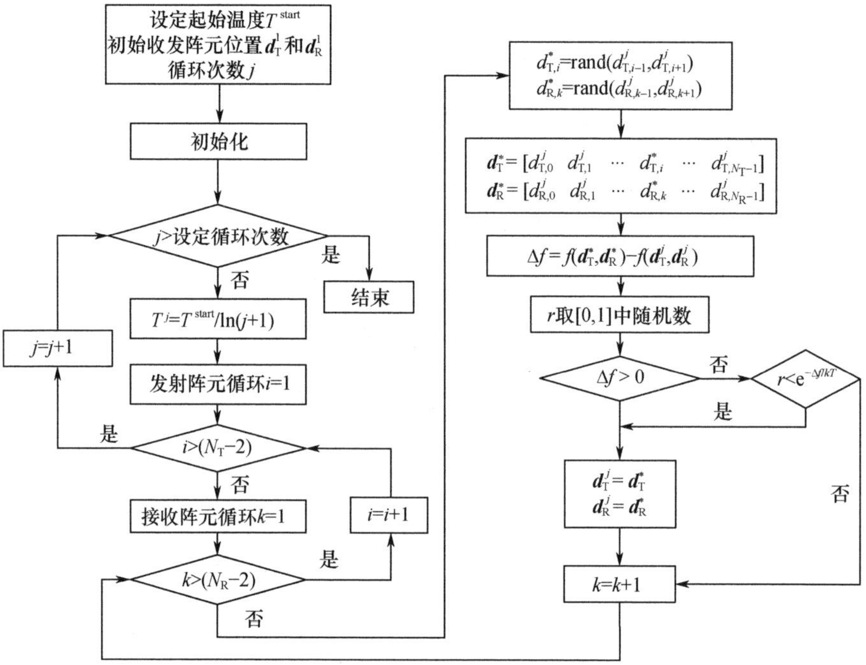

图 2.18　基于模拟退火算法 MIMO 收发阵列联合优化流程图

一个阵元之间则可。同理,将接收阵列中的某个阵元位置也按这种规则赋值,对于新的发射阵列位置 $\boldsymbol{d}_T$ 和接收阵列位置 $\boldsymbol{d}_R$,根据式(2.99)计算能量函数,并计算阵元位置改变后的能量函数和改变之前的能量函数之差;如果阵元位置改变后的$f(\boldsymbol{d}_T,\boldsymbol{d}_R)$更小或者随机产生的位于[0,1]之间均匀分布的随机数 r 小于 $\exp\{-\Delta f/kT\}$,则新的状态将被接受,开始下一次迭代。在这一步中,也就是说当阵元位置改变使得产生的$f(\boldsymbol{d}_T,\boldsymbol{d}_R)$更大时,系统也按一定概率接受这种阵元状态,这就在一定程度上降低了系统迭代进入局部最优值的概率。

3. 仿真结果

仿真条件设置如下,设发射阵元数 M 为 16 个,布置在 $0\sim32\lambda$ 范围,同时为半波长整数倍的栅格上,接收阵元 $N=8$,布置在 $0\sim16\lambda$ 范围,同时为半波长整数倍的栅格上,布阵的最大范围根据实际允许的情况可进行调整。u_{min} 设置为 0.04,该值对应于期望的主瓣宽度,其设置依赖于所采用的阵元个数以及对应的布阵范围,$u_{max}=1$。T^{start}设置为 1000000,系统总的迭代次数为 500 次。

仿真表明,最优布阵可以将旁瓣峰值控制在 −20dB 以下,同时 3dB 主瓣宽度为 $u_{-3dB}=0.01183$。优化的发射阵元位置为[0,6,9,11,15,16,17,24,26,30,33,36,39,42, 45,64]$\times\lambda/2$;接收阵元位置为[0,8,12,16,20,21,28,32]$\times\lambda/2$,如图 2.19 所示。

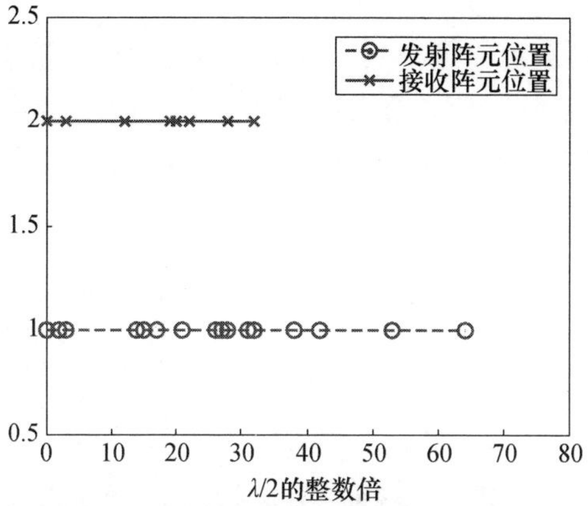

图 2.19 优化后发射和接收阵元位置

经过模拟退火优化后得到的虚拟收发方向图如图 2.20 所示。

图 2.20(a)为等效发射方向图,对应于 $p_T(u)$,图 2.20(b)为接收方向图,对应于 $p_R(u)$,而最终的等效联合收发方向图如图 2.20(c)所示。从图 2.20(c)可

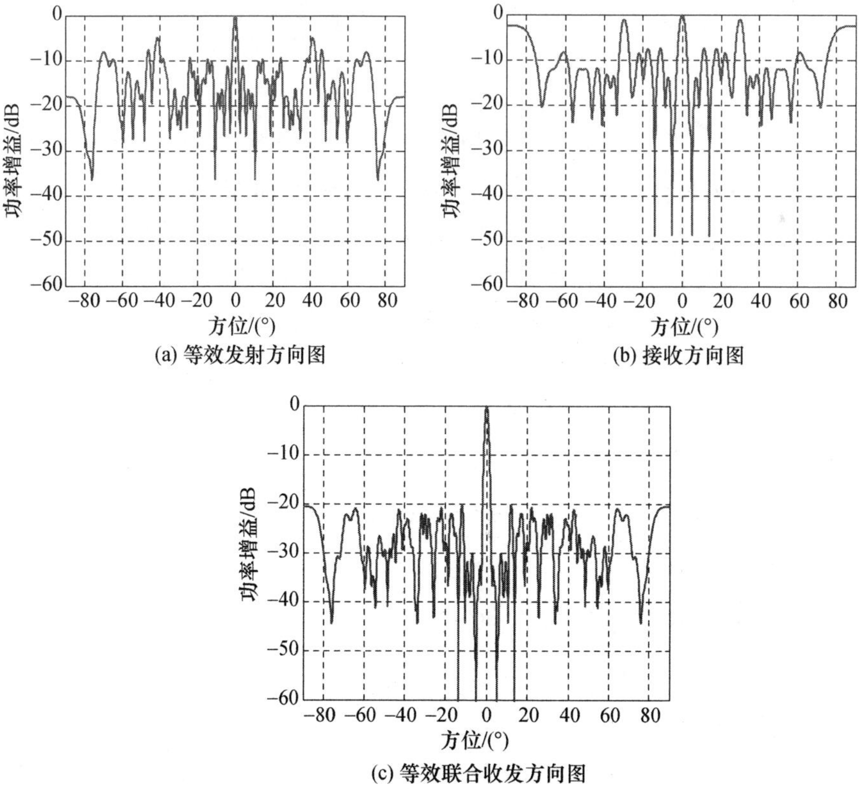

(a) 等效发射方向图

(b) 接收方向图

(c) 等效联合收发方向图

图 2.20 模拟退火优化后得到的虚拟收发方向图

以看出,主瓣较窄,而且旁瓣水平均为 -20dB 以下。

经过优化后的阵列可实现对其他方向的扫描,如设定波束指向方位 -45°、-30°、10°和25°扫描时,对应的方向图如图2.21所示。从图2.21可以看出,扫描其他角度时,MIMO雷达发射和接收稀疏布阵都具有较窄的主瓣和良好的旁瓣特性。

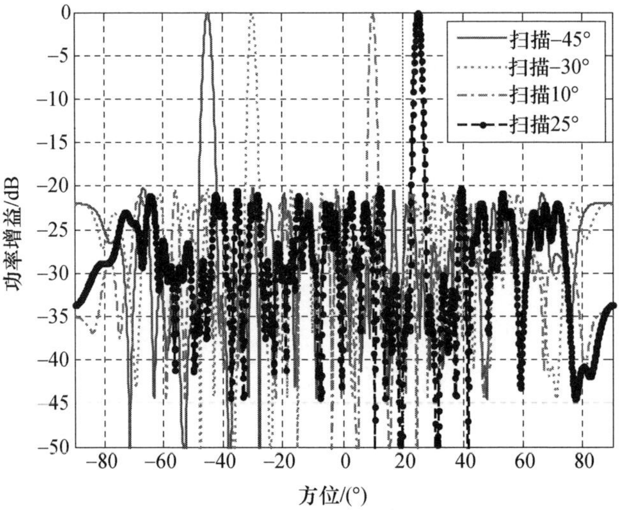

图2.21　MIMO稀疏阵扫描不同角度

本节采用模拟退火算法对MIMO雷达的发射阵列和接收阵列同时进行优化,可以在阵元数给定以及所能够布阵最大空间给定的情况下,联合优化得到较窄的主瓣以及较好的旁瓣水平。另外,根据实际应用需要,可通过调整仿真参数在主瓣和旁瓣水平之间取舍,较窄的主瓣对于测角、低速目标的探测均有益。

另外,模拟退火的稀疏布阵方法为MIMO阵列设计提供了一种灵活的手段,比如在机载应用中,一些位置无法布置阵元,则只需在优化中将这些位置设为不可用即可。

2.5　信号部分相关性MIMO雷达方向图

2.5.1　信号相关性与发射方向图

设MIMO雷达发射天线阵元(或子阵)数为 M,即雷达可发射 M 个信号,用离散时间信号向量表示为

$$\boldsymbol{s}_{\mathrm{T}}(n)=[s_1(n)\quad s_2(n)\quad \cdots\quad s_M(n)]^{\mathrm{T}} \tag{2.100}$$

设发射信号波形长度为 L,即发射信号可用复序列表示为

$$\boldsymbol{s}_i = [s_i(1) \quad s_i(2) \quad \cdots \quad s_i(L)]^{\mathrm{T}} \tag{2.101}$$

信号功率约束为 $r_{ii} = \| s_i \|^2 = c_0$，$M$ 个发射信号构成信号矩阵 $\boldsymbol{S}_{\mathrm{T}}$ 为

$$\boldsymbol{S}_{\mathrm{T}} = [\boldsymbol{s}_1 \quad \boldsymbol{s}_2 \quad \cdots \quad \boldsymbol{s}_M]^{\mathrm{T}} = \begin{bmatrix} s_1(1) & \cdots & s_1(L) \\ \vdots & \ddots & \vdots \\ s_M(1) & \cdots & s_M(L) \end{bmatrix} \tag{2.102}$$

在波束指向 θ 方向，令 $\phi = 2\pi d\sin\theta/\lambda$，定义 $\boldsymbol{a}(\phi)$ 为阵列方向向量

$$\boldsymbol{a}(\phi) = [1 \quad \mathrm{e}^{-\mathrm{j}\phi} \quad \mathrm{e}^{-\mathrm{j}2\phi} \quad \cdots \quad \mathrm{e}^{-\mathrm{j}(M-1)\phi}]^{\mathrm{T}} \tag{2.103}$$

雷达天线的发射方向图（即信号能量在空间的分布）为（这里以 ϕ 为变量）

$$\boldsymbol{P}(\phi) = \boldsymbol{a}^{\mathrm{H}}(\phi)\boldsymbol{R}\boldsymbol{a}(\phi) \tag{2.104}$$

$\boldsymbol{R}$ 为发射信号相关矩阵，可表示为

$$\boldsymbol{R} = E\{\boldsymbol{s}_{\mathrm{T}}(n)\boldsymbol{s}_{\mathrm{T}}^{\mathrm{H}}(n)\} = \begin{bmatrix} r_{11} & r_{12} & \cdots & r_{1M} \\ r_{21} & r_{22} & \cdots & r_{2M} \\ \vdots & \vdots & \ddots & \vdots \\ r_{M1} & r_{M2} & \cdots & r_{MM} \end{bmatrix} \tag{2.105}$$

由它完全决定了天线的发射方向图 $\boldsymbol{P}(\phi)$。

可以看出，当 M 个信号相互正交时，矩阵 $\boldsymbol{R}$ 为对角矩阵，此时阵列发射方向图为

$$\boldsymbol{P}(\phi) = \boldsymbol{a}^{\mathrm{H}}(\phi)\boldsymbol{R}\boldsymbol{a}(\phi) = c_0 M \tag{2.106}$$

式中：$\| \boldsymbol{s}_m \|^2 = c_0$，方向图 $\boldsymbol{P}(\phi)$ 为常数，即阵列全向发射，为正交波形 MIMO 雷达。

当 M 个信号相同时，矩阵 $\boldsymbol{R}$ 中元素全为 c_0，此时阵列发射方向图为

$$\boldsymbol{P}(\phi) = \boldsymbol{a}^{\mathrm{H}}(\phi)\boldsymbol{R}\boldsymbol{a}(\phi) = c_0 \left| \sin\left(\frac{M\phi}{2}\right) / \sin\left(\frac{\phi}{2}\right) \right|^2 \tag{2.107}$$

为典型的相控阵雷达方向图，为普通相控阵工作模式。

当 M 个发射信号既不完全正交，也不完全相同，而是具有部分相关性，则雷达的发射方向图 $\boldsymbol{P}(\phi) = \boldsymbol{a}^{\mathrm{H}}(\phi)\boldsymbol{R}\boldsymbol{a}(\phi)$ 将随 $\boldsymbol{R}$ 的变化而改变，因此通过设计 M 个发射信号间的相关性，可改变发射方向图的形状。

2.5.2　基于期望方向图的相关矩阵优化求解

该方法的基本思想是，在最小二乘意义下，选择 $\boldsymbol{R}$，使得在特定空域内，发射方向图 $\boldsymbol{a}^{\mathrm{H}}(\theta)\boldsymbol{R}\boldsymbol{a}(\theta)$ 与期望的方向图 $Q(\theta)$ 匹配（即使 $\boldsymbol{a}^{\mathrm{H}}(\theta)\boldsymbol{R}\boldsymbol{a}(\theta)$ 逼近 $Q(\theta)$），

同时极小化互相关方向图($\theta \neq \bar{\theta}$)[9]。

$$\min_{\alpha,R}\left\{\frac{1}{L}\sum_{l=1}^{L}w_l[\alpha Q(\mu_l)-\boldsymbol{a}^{\mathrm{H}}(\mu_l)\boldsymbol{R}\boldsymbol{a}(\mu_l)]^2+\frac{2w_c}{\tilde{K}^2-\tilde{K}}\sum_{k=1}^{\tilde{K}-1}\sum_{p=k+1}^{\tilde{K}}|\boldsymbol{a}^{\mathrm{H}}(\hat{\theta}_k)\boldsymbol{R}\boldsymbol{a}(\hat{\theta}_p)|^2\right\}$$

$$\text{s. t.}\quad R_{mm}=\frac{c}{M},m=1,2,\cdots,M,\quad \boldsymbol{R}\geqslant 0$$

(2.108)

式中:$\{\mu_l\}_{l=1}^{L}$为感兴趣的特定空域内的网格点位置;$w_l \geqslant 0$ 是第 l 个网格点的权值;$w_c \geqslant 0$ 是互相关项的权值。可以根据设计要求选择适当的加权系数 w_l 和 w_c。这里引入了参数 α,是因为通常波束方向图 $Q(\theta)$ 是归一化方向图,这里是逼近期望方向图的形状,而不是逼近方向图函数 $Q(\theta)$ 本身。

在式(2.108)中,令

$$\begin{cases}\boldsymbol{a}^{\mathrm{H}}(\mu_l)\boldsymbol{R}\boldsymbol{a}(\mu_l)\triangleq -\boldsymbol{g}_l^{\mathrm{T}}\boldsymbol{r}\\ \boldsymbol{a}^{\mathrm{H}}(\hat{\theta}_k)\boldsymbol{R}\boldsymbol{a}(\hat{\theta}_p)\triangleq \boldsymbol{d}_{k,p}^{\mathrm{H}}\boldsymbol{r}\end{cases} \tag{2.109}$$

因此有

$$\frac{1}{L}\sum_{l=1}^{L}w_l[aQ(\mu_l)+\boldsymbol{g}_i^{\mathrm{T}}\boldsymbol{r}]^2+\frac{2w_c}{\tilde{K}^2-\tilde{K}}\sum_{k=1}^{\tilde{K}-1}\sum_{p=k+1}^{\tilde{K}}|\boldsymbol{d}_{k,p}^{\mathrm{H}}\boldsymbol{r}|^2\triangleq \boldsymbol{\rho}^{\mathrm{T}}\boldsymbol{\Gamma}\boldsymbol{\rho} \tag{2.110}$$

式中

$$\begin{cases}\boldsymbol{\rho}=\begin{bmatrix}a\\ \boldsymbol{r}\end{bmatrix}\\ \boldsymbol{\Gamma}=\frac{1}{L}\sum_{l=1}^{L}w_l\begin{bmatrix}Q(\mu_l)\\ \boldsymbol{g}_l\end{bmatrix}[Q(\mu_l)\quad \boldsymbol{g}_l^{\mathrm{T}}]+\mathrm{Re}\left\{\frac{2w_c}{\tilde{K}^2-\tilde{K}}\sum_{k=1}^{\tilde{K}-1}\sum_{p=k+1}^{\tilde{K}}\begin{bmatrix}0\\ \boldsymbol{d}_{k,p}\boldsymbol{r}\end{bmatrix}[0\quad \boldsymbol{d}_{k,p}^{\mathrm{H}}\boldsymbol{r}]\right\}\end{cases}$$

(2.111)

于是,设计准则可以表示为

$$\begin{aligned}&\min_{\delta,\sigma}\quad \delta\\ &\text{s. t.}\quad \|\boldsymbol{\sigma}\|\leqslant\delta\\ &\qquad R_{mm}(\boldsymbol{\sigma})=\frac{c}{M},m=1,2,\cdots,M\\ &\qquad \boldsymbol{R}(\boldsymbol{\sigma})\geqslant 0\end{aligned} \tag{2.112}$$

式中:$\boldsymbol{\sigma}=\boldsymbol{\Gamma}^{1/2}\boldsymbol{\rho}$。由于该设计方法可以表示为一种 SQP(半正定二次规划)的形式,所以在多项式时间内求解[10]。

2.5.3 相关矩阵的傅里叶级数表示

在 2.5.2 节中，讨论了基于搜索寻优的相关矩阵求解方法，本小节研究基于傅里叶级数展开的相关矩阵求解。

设 MIMO 雷达的期望方向图为 $Q(\phi)$，而 M 个发射信号的 MIMO 雷达的方向图为 $P(\phi)=\boldsymbol{a}^{\mathrm{H}}(\phi)\boldsymbol{R}\boldsymbol{a}(\phi)$，设各发射信号能力相同，为 $\|\boldsymbol{s}_m\|^2=c_0$，对相关矩阵按 $\|\boldsymbol{s}_m\|^2=c_0$ 归一化，得归一化相关矩阵为

$$\boldsymbol{\Omega}=\boldsymbol{R}/c_0=\begin{bmatrix}1 & \rho_{12} & \cdots & \rho_{1M}\\ \rho_{21} & 1 & \cdots & \rho_{2M}\\ \vdots & \vdots & \ddots & \vdots\\ \rho_{M1} & \rho_{M2} & \cdots & 1\end{bmatrix}$$

定义对于归一化相关矩阵的方向图为

$$\widetilde{P}(\phi)=\boldsymbol{a}^{\mathrm{H}}(\phi)\boldsymbol{\Omega}\boldsymbol{a}(\phi) \tag{2.113}$$

将 $\boldsymbol{a}(\phi)=[1\quad \mathrm{e}^{-\mathrm{j}\phi}\quad \mathrm{e}^{-\mathrm{j}2\phi}\quad \cdots\quad \mathrm{e}^{-\mathrm{j}(M-1)\phi}]^{\mathrm{T}}$ 代入式(2.113)，并考虑相关矩阵的共轭对称性，即

$$\rho_{ij}=\rho_{ji}^{*}$$

式(2.113)可表示为

$$\begin{aligned}\widetilde{P}(\phi) &= \boldsymbol{a}^{\mathrm{H}}(\phi)\boldsymbol{\Omega}\boldsymbol{a}(\phi)\\ &= \mathrm{Re}\left(\sum_{n=1}^{M}1\right)+\left[2\mathrm{Re}\left(\sum_{n=1}^{M-1}\rho_{n,n+1}\right)\right]\cos\phi+\left[2\mathrm{Re}\left(\sum_{n=1}^{M-2}\rho_{n,n+2}\right)\right]\cos2\phi\\ &\quad+\cdots+\left[2\mathrm{Re}\left(\sum_{n=1}^{1}\rho_{n,M}\right)\right]\cos(M-1)\phi\\ &\quad+\mathrm{Im}\left(\sum_{n=1}^{M}1\right)+\left[2\mathrm{Im}\left(\sum_{n=1}^{M-1}\rho_{n,n+1}\right)\right]\sin\phi+\left[2\mathrm{Im}\left(\sum_{n=1}^{M-2}\rho_{n,n+2}\right)\right]\sin2\phi\\ &\quad+\cdots+\left[2\mathrm{Im}\left(\sum_{n=1}^{1}\rho_{n,M}\right)\right]\sin(M-1)\phi\end{aligned} \tag{2.114}$$

式中：Re(·)和 Im(·)分别是取实部和取虚部运算。

如果将期望方向图 $Q(\phi)$ 在$[-\pi,\pi]$内展开为傅里叶级数的形式，并取前 M 近似，有

$$\begin{aligned}Q(\phi)\approx{}& a_0+2a_1\cos\phi+2a_2\cos2\phi+\cdots+2a_{M-1}\cos(M-1)\phi\\ &+b_0+2b_1\sin\phi+2b_2\sin2\phi+\cdots+2b_{M-1}\sin(M-1)\phi\end{aligned} \tag{2.115}$$

且有

$$\begin{cases} a_n = \dfrac{1}{2\pi}\displaystyle\int_{-\pi}^{\pi} Q(\phi)\cos n\phi \mathrm{d}\phi, \quad n = 0,1,\cdots,M-1 \\ b_n = \dfrac{1}{2\pi}\displaystyle\int_{-\pi}^{\pi} Q(\phi)\sin n\phi \mathrm{d}\phi, \quad n = 0,1,\cdots,M-1 \end{cases} \tag{2.116}$$

对比式(2.114)和式(2.115)可以看出,两式具有完全相同的形式,如果要使设计的 MIMO 雷达的方向图与期望方向图匹配,则式(2.114)和式(2.115)对应项的傅里叶系数应近似相等,有

$$\begin{cases} 2\mathrm{Re}\left(\displaystyle\sum_{n=1}^{M-1}\rho_{n,n+1}\right) \approx a_1, \cdots, 2\mathrm{Re}\left(\displaystyle\sum_{n=1}^{1}\rho_{n,M}\right) \approx a_{M-1} \\ 2\mathrm{Im}\left(\displaystyle\sum_{n=1}^{M-1}\rho_{n,n+1}\right) \approx b_1, \cdots, 2\mathrm{Im}\left(\displaystyle\sum_{n=1}^{1}\rho_{n,M}\right) \approx b_{M-1} \end{cases} \tag{2.117}$$

且有

$$a_0 = \frac{1}{2\pi}\int_{-\pi}^{\pi} Q(\phi)\mathrm{d}\phi = M, b_0 = 0 \tag{2.118}$$

理论上,根据期望方向图 $Q(\phi)$,进行傅里叶级数展开,得到傅里叶系数 a_n,b_n,则可由式(2.117)求解相关矩阵 $\boldsymbol{\Omega}$。

下面看一个特殊情况,如果期望方向图 $Q(\phi)$ 偶对称,且为某发射信号的发射方向图,此时,信号波形是实的,且相关矩阵是对称矩阵,这时式(2.114)和式(2.115)可表示为

$$\begin{aligned} \widetilde{P}(\phi) &= \boldsymbol{a}^{\mathrm{H}}(\phi)\boldsymbol{\Omega}\boldsymbol{a}(\phi) \\ &= \sum_{n=1}^{M} 1 + 2\sum_{n=1}^{M-1}\rho_{n,n+1}\cos\phi + 2\sum_{n=1}^{M-2}\rho_{n,n+2}\cos 2\phi + \cdots + 2\sum_{n=1}^{1}\rho_{n,M}\cos(M-1)\phi \end{aligned} \tag{2.119}$$

$$Q(\phi) = a_0 + 2a_1\cos\phi + 2a_2\cos 2\phi + \cdots + 2a_{M-1}\cos(M-1)\phi \tag{2.120}$$

对比上两式系数有

$$\left[\sum_{n=1}^{M} 1\right] = M = a_0$$

$$\sum_{n=1}^{M-1}\rho_{n,n+1} = a_1$$

$$\sum_{n=1}^{M-2}\rho_{n,n+2} = a_2$$

$$\cdots$$

$$\sum_{n=1}^{2}\rho_{n,n+M-2} = a_{M-2}$$

$$\sum_{n=1}^{1}\rho_{n,M} = a_{M-1}$$

展开可得下面方程组

$$\begin{cases}\rho_{1,M} = a_{M-1} \\ \rho_{1,M-1} + \rho_{2,M} = a_{M-2} \\ \rho_{1,M-2} + \rho_{2,M-1} + \rho_{3,M} = a_{M-3} \\ \qquad\vdots \\ \rho_{1,3} + \rho_{2,4} + \cdots + \rho_{M-2,M} = a_2 \\ \rho_{1,2} + \rho_{2,3} + \cdots + \rho_{M-1,M} = a_1\end{cases} \tag{2.121}$$

一种简单的求解方法是,直接平均即可,如对最后一行 $\rho_{1,2} + \rho_{2,3} + \cdots + \rho_{M-1,M} = a_1$,可解得

$$\rho_{1,2} = \rho_{2,3} = \cdots = \rho_{M-1,M} = a_1/(M-1) \tag{2.122}$$

但在极少数情况下,这样得到的 $\boldsymbol{\Omega}$ 可能不满足非负定约束,此时需要另外求解式(2.121)。

2.5.4　由相关矩阵求解发射波形

根据2.5.2节和2.5.3小节介绍的方法,可根据期望的方向图求得发射信号的相关矩阵,本小节讨论如何根据相关矩阵求解发射信号波形的方法。

设发射信号 $\boldsymbol{S} \in \boldsymbol{C}^{M\times N}$,其中 M 为阵元个数,L 为发射信号波形长度。则发射信号 $\boldsymbol{S}$ 的相关矩阵可表示为

$$\boldsymbol{R} = \frac{1}{L}\boldsymbol{S}\boldsymbol{S}^{\mathrm{H}} \tag{2.123}$$

如果发射信号可以是任意信号,则上式存在解

$$\boldsymbol{S} = \sqrt{L}\boldsymbol{R}^{\frac{1}{2}}\boldsymbol{U} \tag{2.124}$$

式中:$\boldsymbol{U} \in \boldsymbol{C}^{M\times N}$ 为任意的半酉矩阵满足

$$\boldsymbol{U}\boldsymbol{U}^{\mathrm{H}} = \boldsymbol{I} \tag{2.125}$$

然而,在现实中发射信号 $\boldsymbol{S}$ 存在诸多的限制,如恒模约束等,此时,为求解信号 $\boldsymbol{S}$,可构造如下优化问题[11]

$$\min_{S\in\boldsymbol{A};U} \| \boldsymbol{S} - \sqrt{L}\boldsymbol{R}^{\frac{1}{2}}\boldsymbol{U} \|^2 \tag{2.126}$$

式中：$\boldsymbol{A}$ 为满足相关约束的发射信号集合。

由于式(2.126) 是一个非凸优化问题，用现有的优化方法很难求解，文献[12,13] 给出了循环最小化来求解这类问题，该算法在概念上和计算上比较简单，而且也具有良好的局部收敛性，其步骤如下：

步骤 1　对 $\boldsymbol{U}$ 赋予一个初值。初值可以是任意的，也可以是一些特殊的矩阵。

步骤 2　求解优化问题式(2.126)，得到发射信号 $\boldsymbol{S} \in \boldsymbol{A}$。

步骤 3　对固定的发射信号 $\boldsymbol{S} \in \boldsymbol{A}$，求解上式优化问题，确定 $\boldsymbol{U}$(满足式(2.125))。

根据给定算法终止标准，对步骤 2 和步骤 3 循环求解，直至满足标准。

该方法的一个重要优点在于步骤 3 存在一个闭合解，由矩阵分析相关理论，有

$$\| S - \sqrt{L}R^{1/2}U \|^2 = \text{const} - 2\text{Re}\left\{ \text{tr}\left[\sqrt{L}\boldsymbol{U}\boldsymbol{S}^{\text{H}}\boldsymbol{R}^{\frac{1}{2}} \right] \right\} \tag{2.127}$$

对 $\sqrt{L}\boldsymbol{S}^{\text{H}}\boldsymbol{R}^{\frac{1}{2}}$ 进行奇异值分解，令

$$\sqrt{L}\boldsymbol{S}^{\text{H}}\boldsymbol{R}^{\frac{1}{2}} = \tilde{\boldsymbol{S}}_1\boldsymbol{\Omega}\tilde{\boldsymbol{S}}_2 \tag{2.128}$$

式中：$\tilde{\boldsymbol{S}}_1 \in \boldsymbol{C}^{N\times M}$；$\boldsymbol{\Omega} \in \boldsymbol{C}^{M\times M}$；$\tilde{\boldsymbol{S}}_2 \in \boldsymbol{C}^{M\times M}$。将式(2.128) 代入式(2.127) 有

$$\begin{aligned}
\| S - \sqrt{L}R^{1/2}U \|^2 &= \text{const} - 2\text{Re}\left\{ \text{tr}\left[\sqrt{L}\boldsymbol{U}\boldsymbol{S}^{\text{H}}\boldsymbol{R}^{\frac{1}{2}} \right] \right\} \\
&= \text{const} - 2\text{Re}\left\{ \text{tr}\left[\sqrt{L}\boldsymbol{U}\,\tilde{\boldsymbol{S}}_1\boldsymbol{\Omega}\tilde{\boldsymbol{S}}_2 \right] \right\} \\
&= \text{const} - 2\text{Re}\left\{ \text{tr}\left[\sqrt{L}\boldsymbol{U}\,\tilde{\boldsymbol{S}}_1\,\tilde{\boldsymbol{S}}_2\boldsymbol{\Omega} \right] \right\} \\
&= \text{const} - 2\sum_{m=1}^{M}\text{Re}\left\{ \left[\sqrt{L}\boldsymbol{U}\,\tilde{\boldsymbol{S}}_1\,\tilde{\boldsymbol{S}}_2 \right]_{n,n}\boldsymbol{\Omega}_{n,n} \right\}
\end{aligned} \tag{2.129}$$

注意到 $\tilde{\boldsymbol{S}}_1^{\text{H}}\,\tilde{\boldsymbol{S}}_1 = \boldsymbol{I}$，$\tilde{\boldsymbol{S}}_2\,\tilde{\boldsymbol{S}}_2^{\text{H}} = \boldsymbol{I}$，从而

$$\begin{aligned}
\| S - \sqrt{L}R^{1/2}U \|^2 &= \text{const} - 2\sum_{m=1}^{M}\text{Re}\left\{ \left[\sqrt{L}\boldsymbol{U}\,\tilde{\boldsymbol{S}}_1\,\tilde{\boldsymbol{S}}_2 \right]_{n,n}\boldsymbol{\Omega}_{n,n} \right\} \\
&\geqslant \text{const} - 2\sum_{m=1}^{M}\boldsymbol{\Omega}_{n,n}
\end{aligned} \tag{2.130}$$

当

$$\boldsymbol{U} = \tilde{\boldsymbol{S}}_2^{\text{H}}\,\tilde{\boldsymbol{S}}_1^{\text{H}} \tag{2.131}$$

时等号成立。且满足 $\boldsymbol{U}\boldsymbol{U}^{\text{H}} = \boldsymbol{I}$。因而式(2.131)就是步骤 3 的闭合解。

步骤 2 的解依赖于发射信号约束集合 $\boldsymbol{A}$，通常发射信号 $\boldsymbol{S}$ 有恒模要求，即

$$\|\boldsymbol{s}_m\| = c, \quad m=1,2,\cdots,M \tag{2.132}$$

式中：s_m 为第 m 个信号，即 $\boldsymbol{S}$ 的第 m 行。

在恒模条件下，步骤 2 也有闭合解。事实上，只需解决如下问题即可，即

$$\min_{\varphi} |c\mathrm{e}^{\mathrm{j}\varphi} - z|^2 \tag{2.133}$$

式中：$c>0$，z 为给定的数，由于

$$|c\mathrm{e}^{\mathrm{j}\varphi} - z|^2 = \text{const} - 2c\,|z\cos[\varphi - \arg(z)]| \tag{2.134}$$

故优化问题式(2.133)的最优解为

$$\varphi = \arg(z) \tag{2.135}$$

从而，在恒模约束下，步骤 2 和步骤 3 两个步骤的循环算法有解决方案，可以很容易地计算。

2.5.5　由方向图直接求解发射波形

前面讨论了如何根据期望的方向图确定信号的相关矩阵，然后再求发射信号的方法，本节将讨论如何根据期望方向图，直接求解发射信号波形[14]。

设 MIMO 雷达发射天线发射 M 个模 1 信号，期望天线方向图为 $Q(\phi)$，如何确定信号相关矩阵 $\boldsymbol{\Omega}$ 及发射信号 $\boldsymbol{S}$，使得发射方向图 $\widetilde{P}(\phi)$ 能很好匹配 $Q(\phi)$，其中

$$\widetilde{P}(\phi) = \boldsymbol{a}^{\mathrm{H}}(\phi)\boldsymbol{\Omega}\boldsymbol{a}(\phi) \tag{2.136}$$

$$E(\boldsymbol{S}\boldsymbol{S}^{\mathrm{H}}) = \boldsymbol{\Omega} \tag{2.137}$$

设有一个已知的正交信号集，具有 M 个模 1 正交信号

$$\boldsymbol{S}^0 = [\boldsymbol{s}_1^0 \quad \boldsymbol{s}_2^0 \quad \cdots \quad \boldsymbol{s}_M^0]^{\mathrm{T}} \tag{2.138}$$

设发射信号 $\boldsymbol{S}$ 为上述正交信号的线性组合

$$\boldsymbol{S} = \begin{bmatrix} \boldsymbol{s}_1 \\ \boldsymbol{s}_2 \\ \vdots \\ \boldsymbol{s}_M \end{bmatrix} = \boldsymbol{P}\boldsymbol{S}^0 = \boldsymbol{P}\begin{bmatrix} \boldsymbol{s}_1^0 \\ \boldsymbol{s}_2^0 \\ \vdots \\ \boldsymbol{s}_M^0 \end{bmatrix} = \begin{bmatrix} p_{11}s_1^0 + p_{12}s_2^0 + \cdots + p_{1M}s_M^0 \\ p_{21}s_1^0 + p_{22}s_2^0 + \cdots + p_{2M}s_M^0 \\ \vdots \\ p_{M1}s_1^0 + p_{M2}s_2^0 + \cdots + p_{MM}s_M^0 \end{bmatrix} \tag{2.139}$$

且设 $\boldsymbol{P} = [\boldsymbol{p}_1 \quad \boldsymbol{p}_2 \quad \cdots \quad \boldsymbol{p}_M]^{\mathrm{T}}$，则相关矩阵为

$$\boldsymbol{\Omega} = E(\boldsymbol{S}\boldsymbol{S}^{\mathrm{H}}) = \boldsymbol{P}\boldsymbol{I}\boldsymbol{P}^{\mathrm{H}} = \boldsymbol{P}\boldsymbol{P}^{\mathrm{H}} \tag{2.140}$$

且相关系数为

$$\rho_{m,n}=\boldsymbol{p}_m\boldsymbol{p}_n^{\mathrm{H}} \tag{2.141}$$

由于单位行向量 $\boldsymbol{p}_m(1\leqslant m\leqslant M)$ 是信号 $\boldsymbol{s}_m$ 在基底信号 $\boldsymbol{S}^0$ 下的系数矢量（坐标向量），因此 $\boldsymbol{p}_m(1\leqslant m\leqslant M)$ 为单位信号波形矢量，$\boldsymbol{P}$ 为信号波形矩阵[14]。

根据2.5.3节的讨论，式（2.141）有

$$\begin{aligned}\widetilde{P}(\phi) &= \boldsymbol{a}^{\mathrm{H}}(\phi)\boldsymbol{\Omega a}(\phi)\\ &= \mathrm{Re}\Big(\sum_{n=1}^{M}\boldsymbol{p}_n\boldsymbol{p}_n^{\mathrm{H}}\Big)+\Big[2\mathrm{Re}\Big(\sum_{n=1}^{M-1}\boldsymbol{p}_n\boldsymbol{p}_{n+1}^{\mathrm{H}}\Big)\Big]\cos\phi+\Big[2\mathrm{Re}\Big(\sum_{n=1}^{M-2}\boldsymbol{p}_n\boldsymbol{p}_{n+2}^{\mathrm{H}}\Big)\Big]\cos2\phi\\ &\quad+\cdots+\Big[2\mathrm{Re}\Big(\sum_{n=1}^{1}\boldsymbol{p}_n\boldsymbol{p}_M^{\mathrm{H}}\Big)\Big]\cos(M-1)\phi\\ &\quad+\mathrm{Im}\Big(\sum_{n=1}^{M}\boldsymbol{p}_n\boldsymbol{p}_n^{\mathrm{H}}\Big)+\Big[2\mathrm{Im}\Big(\sum_{n=1}^{M-1}\boldsymbol{p}_n\boldsymbol{p}_{n+1}^{\mathrm{H}}\Big)\Big]\sin\phi+\Big[2\mathrm{Im}\Big(\sum_{n=1}^{M-2}\boldsymbol{p}_n\boldsymbol{p}_{n+2}^{\mathrm{H}}\Big)\Big]\sin2\phi\\ &\quad+\cdots+\Big[2\mathrm{Im}\Big(\sum_{n=1}^{1}\boldsymbol{p}_n\boldsymbol{p}_M^{\mathrm{H}}\Big)\Big]\sin(M-1)\phi\end{aligned} \tag{2.142}$$

$$\begin{aligned}Q(\phi)\approx\, & a_0+2a_1\cos\phi+2a_2\cos2\phi+\cdots+2a_{M-1}\cos(M-1)\phi\\ &+b_0+2b_1\sin\phi+2b_2\sin2\phi+\cdots+2b_{M-1}\sin(M-1)\phi\end{aligned} \tag{2.143}$$

为使求得的方向图$\widetilde{P}(\phi)$逼近期望方向图 $Q(\phi)$，定义如下代价函数[14]

$$\begin{aligned}f(\boldsymbol{p}_1,\boldsymbol{p}_2,\cdots,\boldsymbol{p}_M) &= \Big[\mathrm{Re}\Big(\sum_{n=1}^{M-1}\boldsymbol{p}_n\boldsymbol{p}_{n+1}^{\mathrm{H}}\Big)-a_1\Big]^2\\ &\quad+\Big[\mathrm{Re}\Big(\sum_{n=1}^{M-2}\boldsymbol{p}_n\boldsymbol{p}_{n+2}^{\mathrm{H}}\Big)-a_2\Big]^2+\cdots+\Big[\mathrm{Re}\Big(\sum_{n=1}^{1}\boldsymbol{p}_n\boldsymbol{p}_{n+M-1}^{\mathrm{H}}\Big)-a_{M-1}\Big]^2\\ &\quad+\Big[\mathrm{Im}\Big(\sum_{n=1}^{M-1}\boldsymbol{p}_n\boldsymbol{p}_{n+1}^{\mathrm{H}}\Big)-b_1\Big]^2+\Big[\mathrm{Im}\Big(\sum_{n=1}^{M-2}\boldsymbol{p}_n\boldsymbol{p}_{n+2}^{\mathrm{H}}\Big)-b_2\Big]^2+\cdots\\ &\quad+\Big[\mathrm{Im}\Big(\sum_{n=1}^{1}\boldsymbol{p}_n\boldsymbol{p}_{n+M-1}^{\mathrm{H}}\Big)-b_{M-1}\Big]^2+\sum_{n=1}^{M}(\boldsymbol{p}_n\boldsymbol{p}_n^{\mathrm{H}}-1)^2\end{aligned} \tag{2.144}$$

注意到 $\boldsymbol{p}_m\boldsymbol{p}_n^{\mathrm{H}}$ 为单位波形向量间的内积，而与矢量 $\boldsymbol{p}_m,\boldsymbol{p}_n$ 在空间中的坐标无关，因而适当旋转和调整坐标轴，可将解转化为如下形式：

$$\begin{aligned}&\boldsymbol{p}_1=[1\quad 0\quad 0\quad \cdots\quad 0]\\ &\boldsymbol{p}_2=[p_{2,1}\quad p_{2,2}\quad 0\quad 0\quad \cdots\quad 0]\\ &\qquad\vdots\\ &\boldsymbol{p}_{M-1}=[p_{M-1,1}\quad p_{M-1,2}\quad p_{M-1,3}\quad \cdots\quad p_{M-1,M-1}\quad 0]\\ &\boldsymbol{p}_M=[p_{M,1}\quad p_{M,2}\quad \cdots\quad p_{M,M}]\end{aligned} \tag{2.145}$$

求解波形矩阵 $\boldsymbol{P}$,为下面的约束优化问题

$$
\begin{cases}
\min f(\boldsymbol{p}_1,\boldsymbol{p}_2,\cdots,\boldsymbol{p}_M) \\
\text{subject to} \\
\boldsymbol{p}_1 = [1\quad 0\quad 0\quad \cdots\quad 0] \\
\boldsymbol{p}_2 = [p_{2,1}\quad p_{2,2}\quad 0\quad 0\quad \cdots\quad 0] \\
\qquad\vdots \\
\boldsymbol{p}_{M-1} = [p_{M-1,1}\quad p_{M-1,2}\quad p_{M-1,3}\quad \cdots\quad p_{M-1,M-1}\quad 0] \\
\boldsymbol{p}_M = [p_{M,1}\quad p_{M,2}\quad \cdots\quad p_{M,M}]
\end{cases}
\tag{2.146}
$$

下面给出波形矩阵 $\boldsymbol{P}$ 的求解步骤。

步骤 1　对期望方向图 $Q(\phi)$ 进行标准化处理,使得 $Q(\phi)$ 的面积满足式(2.118),即

$$
\int_{-\pi}^{\pi} Q(\phi)\,\mathrm{d}\phi = 2\pi M
$$

步骤 2　对 $Q(\phi)$ 进行傅里叶分解,取 M 阶近似的傅里叶系数为

$$
a_0,a_1,a_2,\cdots,a_{M-1};b_0,b_1,b_2,\cdots,b_{M-1}
$$

步骤 3　给定初值条件 $\boldsymbol{P}$

$$
\begin{cases}
\boldsymbol{p}_1 = [1\quad 0\quad 0\quad \cdots\quad 0] \\
\boldsymbol{p}_2 = \dfrac{(1+\mathrm{j})\cdot[0.1\quad 0.1\quad 0\quad \cdots\quad 0]}{\|(1+\mathrm{j})\cdot[0.1\quad 0.1\quad 0\quad \cdots\quad 0]\|} \\
\qquad\vdots \\
\boldsymbol{p}_M = \dfrac{(1+\mathrm{j})\cdot[0.1\quad 0.1\quad \cdots\quad 0.1]}{\|(1+\mathrm{j})\cdot[0.1\quad 0.1\quad \cdots\quad 0.1]\|}
\end{cases},\quad
\boldsymbol{P} = \begin{bmatrix} \boldsymbol{p}_1 \\ \boldsymbol{p}_2 \\ \vdots \\ \boldsymbol{p}_M \end{bmatrix}
\tag{2.147}
$$

步骤 4　若 $f(\boldsymbol{P}) = f(\boldsymbol{p}_1,\boldsymbol{p}_2,\cdots,\boldsymbol{p}_M) < \delta$,算法终止,其中 δ 为误差范围。否则

步骤 5　求出 $\boldsymbol{P}$ 的梯度方向 $d = \nabla\boldsymbol{P}$,并求解

$$
\min_{\alpha} f(\boldsymbol{P} - \alpha d)
\tag{2.148}
$$

的最优值 α。

步骤 6　令 $\boldsymbol{P} = \boldsymbol{P} - \alpha^{*} d$,转步骤 4。

注:在实际计算中,有时针对给定的 δ,$f(\boldsymbol{P}) = f(\boldsymbol{p}_1,\boldsymbol{p}_2,\cdots,\boldsymbol{p}_M) < \delta$ 可能无解,此时步骤 4 可用迭代次数代替 $f(\boldsymbol{p}_1,\boldsymbol{p}_2,\cdots,\boldsymbol{p}_M) < \delta$。

采用基于傅里叶级数展开的 MIMO 雷达方向图综合方法,通过期望方向图的傅里叶系数求解信号波形矩阵 $\boldsymbol{P}$,从而直接确定发射信号 $\boldsymbol{S}$ 及其相关矩阵。当信号波形矩阵 $\boldsymbol{P}$ 为一特殊结构时,可直接运用优化方法求信号波形矩阵 $\boldsymbol{P}$。

该算法对期望方向图为对称和非对称图形均有很好的近似效果。

仿真实例1：一个标准化的对称矩形脉冲期望方向图 $Q(\phi)$ 的数学表达式，$M=10$。

$$Q(\phi)=\begin{cases}2M, & -\dfrac{\pi}{2}\leqslant\phi<\dfrac{\pi}{2}\\ 0, & \text{其他}\end{cases} \tag{2.149}$$

采用前述的计算流程，信号波形矩阵 $\boldsymbol{P}$ 产生的方向图与期望方向图的对比如图2.22所示，其中DP表示期望方向图，PP表示由信号波形矩阵 $\boldsymbol{P}$ 产生的方向图，FP表示期望方向图的傅里叶近似（前10项）。

$$\min f(\boldsymbol{p}_1,\boldsymbol{p}_2,\cdots,\boldsymbol{p}_M)\approx 0.4254$$

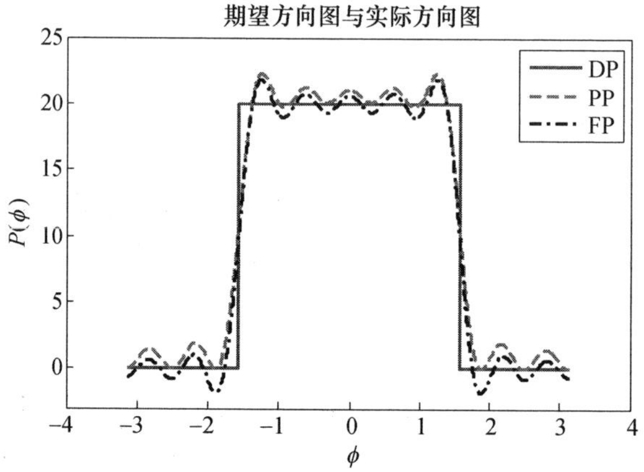

图2.22 信号波形矩阵 $\boldsymbol{P}$ 产生的方向图与期望方向图的对比（$M=10$）

仿真实例2：一个标准化的非对称矩形脉冲期望方向图 $Q(\phi)$ 的数学表达式如下（取 $M=80$）

$$Q(\phi)=\begin{cases}\dfrac{12M}{5}, & -\dfrac{5\pi}{6}\leqslant\phi<-\dfrac{\pi}{2}\\ \dfrac{18M}{5}, & 0\leqslant\phi<\dfrac{\pi}{3}\\ 0, & \text{其他}\end{cases} \tag{2.150}$$

仿真结果如图2.23所示，其中DP表示期望方向图，PP表示由信号波形矩阵 P 产生的方向图，FP表示期望方向图的傅里叶近似（取前80项）。

$$\min f(\boldsymbol{p}_1,\boldsymbol{p}_2,\cdots,\boldsymbol{p}_M)\approx 3.267$$

仿真实例3：在雷达的实际工程应用中，经常被探测目标RCS的变化范围可达数十分贝，为使雷达对不同RCS的目标具有相同的检测概率，要求雷达对RCS小的目标辐射功率强。下式为在3个方向辐射增益相差达30多分贝的期望方向图 $Q(\phi)$ 的数学表达式，$M=40$，三个脉冲峰值点的纵坐标值分别为

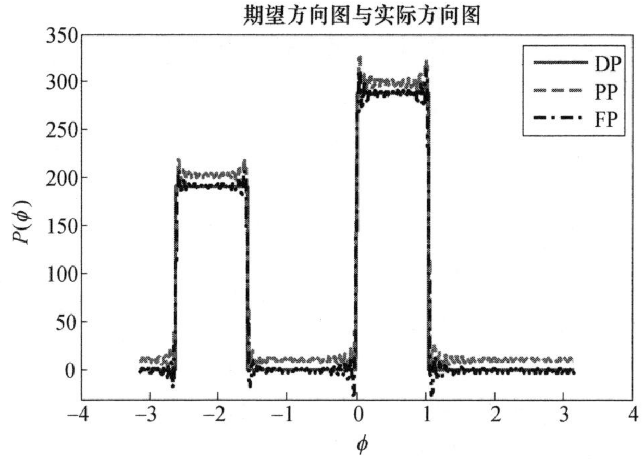

图 2.23　信号波形矩阵 $\boldsymbol{P}$ 产生的方向图与期望方向图的对比($M=80$)

46.3768,463.7681,9.2754(33.326dB,53.326dB,19.3466dB),有

$$
Q(\phi)=\begin{cases}\dfrac{120M}{207}[1-\cos(24\phi)], & -\dfrac{11\pi}{12}\leqslant\phi<-\dfrac{5\pi}{6}\\ \dfrac{1200M}{207}[1-\cos(6\phi)], & -\dfrac{\pi}{3}\leqslant\phi<0\\ \dfrac{24M}{207}[\cos(12\phi)+1], & \dfrac{3\pi}{4}\leqslant\phi<\dfrac{11\pi}{12}\\ 0, & \text{其他}\end{cases}\tag{2.151}
$$

仿真结果如图 2.24 所示(dB 坐标),同样 DP 表示期望方向图,PP 表示由信号波形矩阵 $\boldsymbol{P}$ 产生的方向图,FP 表示期望方向图的傅里叶近似(取前 60 项)。

$$
\min f(\boldsymbol{p}_1,\boldsymbol{p}_2,\cdots,\boldsymbol{p}_M)\approx 2.8716
$$

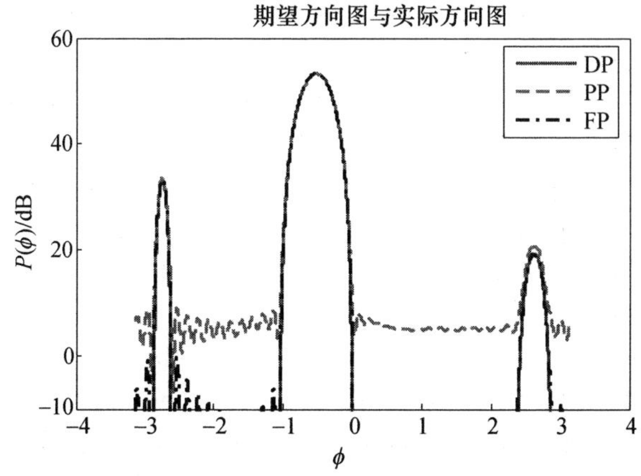

图 2.24　信号波形矩阵 $\boldsymbol{P}$ 产生的方向图与期望方向图的对比($M=60$)

2.6 本章小结

本章首先介绍了相控阵雷达的基本原理,然后从正交波形、稀疏阵列、信号部分相关性和认知雷达几个方面对共址 MIMO 雷达进行了分析和讨论。

正交波形是 MIMO 雷达工作的基础,本章分析了 MIMO 雷达的收发信号模型,讨论了匹配滤波与接收波束形成的先后顺序并详细分析了相控阵雷达和 MIMO 雷达的接收信噪比,同时对子阵级发射/接收的 MIMO 雷达进行了讨论;稀疏布阵可以增大雷达阵列的虚拟口径,本章对稀疏发射/接收 MIMO 雷达进行了分析和讨论,并研究了非均匀稀疏阵列的优化布阵算法;本章对信号部分相关性 MIMO 雷达的原理进行了介绍,给出了用方向图拟合信号相关矩阵和直接确定发射波形的方法;最后,本章介绍了基于认知的 MIMO 雷达的概念,并给出了认知波形设计的基本原理及其在 MIMO 雷达中的应用。

参考文献

[1] 张光义. 相控阵雷达原理[M]. 北京:国防工业出版社,2009.

[2] 吴曼青. 数字阵列雷达的发展与构想[J]. 雷达科学与技术,2008,6(6): 401 - 405.

[3] Weiß M. Digital Antennas [J]. Multistatic Surveillance and Reconnaissance: Sensor, Signals and Data Fusion, 2009(5):1 - 29.

[4] Skolnik M. Systems Aspects of Digital Beam Forming Ubiquitous Radar[R]. NRL Report: NRLPMRP5007 - 02 - 8625, 2002.

[5] Skolnik M. Opportunities in Radar-2002[J]. Electronics and Communications Engineering Journal, 2002, 14(6): 263 - 272.

[6] Rabideau D J. Multiple-input and multiple-output radar aperture optimization[J]. IET Radar, Sonar Navig. , 2011,2(5):155 - 162.

[7] Kantor J, Davis S K. Airborne GMTI Using MIMO Techniques[C]. 2010 IEEE Radar Conference, IEEE National Radar Conference Proceedings, 2010: 1344 - 1349.

[8] Hassanien A, Vorobyov S A. Phased-MIMO Radar: A Tradeoff Between Phased-Array and MIMO Radars[J]. IEEE Trans. on Signal Processing, 2010,6(58):3137 - 3151.

[9] Li J, Stoica P. MIMO radar with collocated antennas[J]. IEEE Signal Processing Magazine, 2007. 5(24):106 - 114.

[10] Stoica P, Li J, Xie Y. On probing signal design for MIMO radar[J]. IEEE Trans. Signal Process. ,2007,8(55):4151 - 4161.

[11] Stoica P, Li J, Zhu X. Waveform synthesis for diversity-based transmit beampattern design[J]. IEEE Trans. Signal Process. ,2008,6(56):2593 - 2598.

[12] Tropp J A, Dhillon I S, Heath R W, et al. CDMA signature sequences with low peak-to-aver-

age-power ratio via alternating projection[J]. in Proc. 37th Asilomar Conf. Signals, Systems, Computers, Pacific Grove, CA,2003:475 - 479.

[13] Tropp J A, Dhillon I S, Heath R W, et al. Designing structured tight frames via an alternating projection method[J]. IEEE Trans. Inf. Theory,2005,1(51):188 - 209.

[14] Zhang X J, He Z S, Rayman-Bacchus L, et al. MIMO radar transmit beampattern matching design[J]. IEEE Trans. Signal Process.,2015,8(63):2049 - 2056.

第3章 MIMO雷达的角度测量

角度测量是雷达系统的基本任务，承担制导或精密跟踪任务的雷达系统，要求以较高的精度实现对目标的角度测量及跟踪。现有雷达系统大多使用比幅或比相单脉冲技术，其技术思路很容易拓展应用于多通道的固态接收阵列，文献[1,2]更将比幅单脉冲推广到单基地 MIMO 雷达中。而自 1986 年 Schmidt 提出经典 MUSIC 算法以来[3]，超分辨到达角（DOA）估计技术得到迅猛发展，并已日趋成熟。以一维或二维接收阵列为基础，其估计性能和在多目标、多干扰等复杂环境下的适应性明显优于单脉冲技术，未来必将取代传统单脉冲测角技术，成为主流的高精度角度测量方式。

本章重点讨论 MIMO 雷达的角度测量问题。首先简单介绍单脉冲技术和比较经典的超分辨角度估计技术；再以此为基础分别讨论单基地 MIMO 雷达和双/多基地 MIMO 雷达的角度测量技术；最后讨论角度测量所依赖的阵列误差估计与校正问题。

3.1 传统雷达的角度测量技术

本节介绍传统雷达中比较常见的角度测量技术。这里所说的传统雷达，是相对于我们所研究的 MIMO 雷达而言的，既包括使用机械天线的精密跟踪雷达，也包括使用电扫描技术的相控阵雷达。甚至还包括基于固态有源器件的数字阵列雷达，如果使用多个独立的信号产生设备，则这种新型的雷达系统完全可以发射多个独立乃至正交的信号。也就是说，对比传统雷达与 MIMO 雷达时，唯一区别只在于是否发射独立的波形。

经过近百年的发展，雷达角度测量技术的种类已经非常多，这里重点介绍目前最常用的单脉冲测角技术和两种比较经典的超分辨角度估计技术。

3.1.1 单脉冲测角的基本原理

单脉冲技术最初也被称为同时多波束转换技术，之所以使用单脉冲这个名称,指的是能够在单独一个脉冲(现在普遍延伸至一个较短的 CPI 周期)上得到完整的角误差信号。单脉冲技术是一种非常实用的角度测量技术,不仅在机械式天线中使用,在相控阵雷达中的运用也非常普遍。目前已经推广至固态接收阵列中,其中最常用的有振幅和差单脉冲技术和比相单脉冲技术。

1. 比幅单脉冲测角

如图 3.1 所示,假定平面上有两个形状相同且彼此部分重叠的接收波束,两个波束交叠于 θ_s 方向(OA 轴),该轴也被称为等信号轴,指向 θ_l(OB 轴)的称为左波束,指向 θ_l(OC 轴)的称为右波束。这两个波束可以由卡赛格伦机械天线中的魔 T 波导形成,也可以通过相控阵天线后端的微波馈电网络实现。

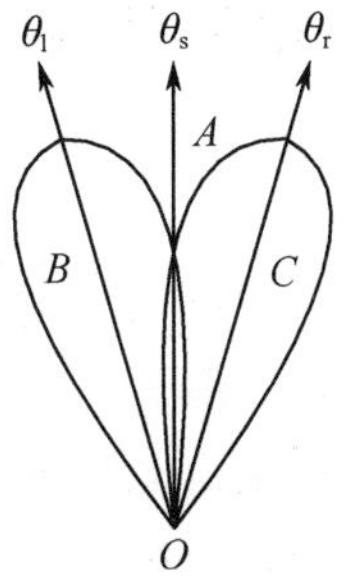

图 3.1　比幅单脉冲测角中的相邻接收波束

目标位于等信号轴方向时,两个波束收到的信号强度相当;目标偏向 OB 方向时,左波束的回波要强一些;反之当目标偏向 OC 方向时,则右波束的回波要强一些。比较左、右波束中目标回波信号强弱的相对变化,就可以判定目标偏离和波束指向 θ_s 的程度。

设左、右波束在半功率点位置交叠,如图 3.2 所示,其方向图函数分别为 $F(\theta_l)$ 和 $F(\theta_r)$,目标方向记为 θ_{tgt}。可以由下式构造误差电压,即

$$u=\frac{|F(\theta_l)|-|F(\theta_r)|}{|F(\theta_l)|+|F(\theta_r)|} \tag{3.1}$$

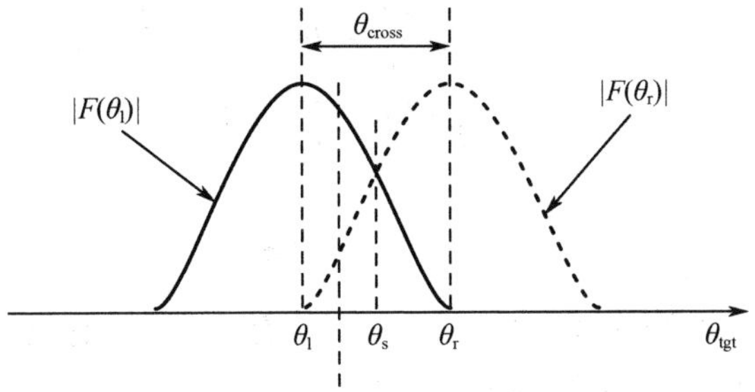

图 3.2　交于半功率点的相邻两波束

式(3.1)用两个波束的幅度和对误差信号进行归一化处理,可有效避免目标回波起伏对角度测量结果的影响。归一化误差电压 u 只随目标偏离和波束指向(等信号轴方向)的角度值 $\Delta\theta$ 而变化,因此可由 u 判定 $\Delta\theta$ 的大小及方向,进而得到目标方向。这种比幅单脉冲角度测量技术也被称为振幅和差单脉冲测角。

具体运用时,一般在等信号轴附近用直线逼近角偏差 – 误差电压的关系,由

实测数据拟合得到直线的斜率 k_{ang}，通过公式 $\Delta\theta = u/k_{ang}$ 由误差电压直接求取目标的角偏差。也可以存储角偏差－误差电压的关系曲线，采用插值或拟合方法求取目标的角偏差。这两种方法，前者实现简单，后者精度更高。

事实上，若条件允许，也可以指向预测位置的和波束 $F(\theta_s)$ 实现幅度归一化功能，同样可得误差电压

$$u = \frac{|F(\theta_l)| - |F(\theta_r)|}{|F(\theta_s)|} \tag{3.2}$$

仿真结果表明这一处理能获得更好的测角精度，后文所指比幅单脉冲技术均指这一种方法。

采用振幅和差单脉冲测角方法，必须保证左右波束的方向图完全对称（图3.2），以确保在等信号轴附近，误差电压随角度偏差的变化速度是一致的。

2. 比相单脉冲测角

比相单脉冲测角技术包括直接比相和与比相差两种比较常用的形式。无论哪种形式，均需保证接收端存在两个形状基本一致的子天线，如图3.3所示。

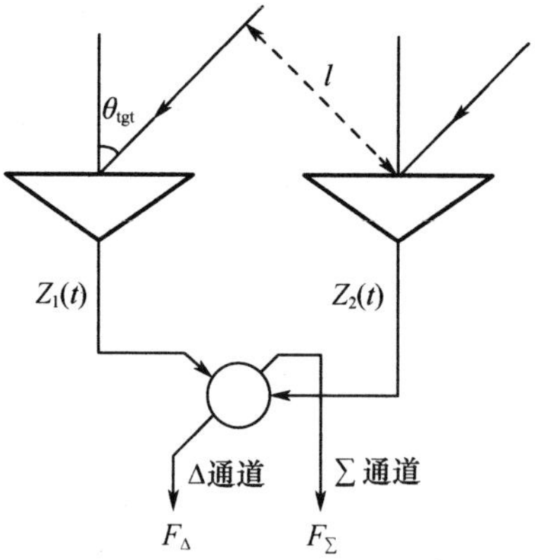

图3.3 相位比较单脉冲测角示意图

两子阵之间的间隔为 d_0。假设在 θ_{tgt} 方向有一远场目标，到达天线阵列的目标回波近似为平面波，子天线阵1接收到的信号为 $Z_1(t)$，子天线阵2接收到的信号为 $Z_2(t)$。偏离天线阵法线方向时，目标至两个天线子阵的距离是不同的，使得两个子阵接收的回波信号之间存在一个相位差 $\Delta\psi$。经过简单的推导容易得到

$$\Delta\psi = 2\pi d_0 \sin(\theta_{tgt})/\lambda = \arg\left(\frac{Z_1(t)}{Z_2(t)}\right) \tag{3.3}$$

式中：arg(·)为取相位函数。无相位模糊的情况下，可以由两路回波的相位差反推目标相对于天线法线的角度偏差为

$$\theta_{\text{tgt}} = \arcsin\left(\frac{\Delta\psi\lambda}{2\pi d_0}\right) \tag{3.4}$$

按式(3.4)求取目标偏离天线法线的角度,称为直接比相单脉冲方法。出现相位模糊情况时,则需要根据必要的先验知识,进行相位解模糊处理。

采用相位和差单脉冲测角时,使用一个和差比较器来获得和信号 F_Σ 与差信号 F_Δ,如图 3.3 所示。可以看出 F_Σ 与 F_Δ 之间有 $\pi/2$ 的相移,需要将 F_Δ 移相 $\pi/2$ 才能准确提取角误差信号。求 F_Δ 与 F_Σ 的比值(即对 F_Δ 进行归一化处理),并对其取实部,可得误差电压,即

$$u = \mathrm{Re}\left(\frac{-\mathrm{j}\cdot F_\Delta}{F_\Sigma}\right) = \mathrm{Im}\left(\frac{F_\Delta}{F_\Sigma}\right) = \mathrm{Im}\left(\frac{F_\Delta \cdot F_\Sigma^*}{|F_\Sigma|^2}\right) \tag{3.5}$$

与振幅和差方法类似,可以通过误差电压 u 反推目标角度 θ_{tgt}。

3.1.2　单脉冲技术在阵列中的拓展运用

均匀线性接收阵列如图 3.4 所示,假设其包含 M 个无方向的接收阵元,则时刻采样得到的 M 维观测数据矢量可以表示为

$$\boldsymbol{X}(l) = \sum_{i=1}^{K} \boldsymbol{a}(\theta_i)s_i(l) + \boldsymbol{v}(l) \tag{3.6}$$

式中:s_i 为对应的入射信号序列;$\boldsymbol{a}(\theta_i) = [1 \quad \mathrm{e}^{-\mathrm{j}\varphi_i} \quad \cdots \quad \mathrm{e}^{-\mathrm{j}(M-1)\varphi_i}]^{\mathrm{T}} \in C^{M\times 1}$ 为第 i 个入射信号对应的导向矢量,$\varphi_i = 2\pi d\sin\theta_i/\lambda$ 是与第 i 个入射信号对应的空间相位差;K 为目标或入射信源总数。

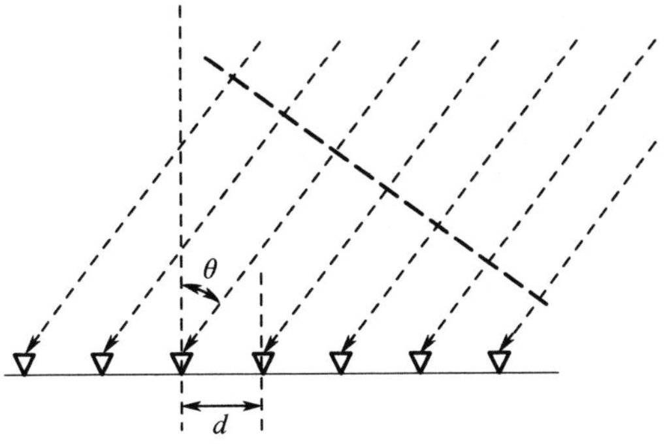

图 3.4　均匀线性接收阵列配置结构示意图

式(3.6)也可以简写为

$$\boldsymbol{X} = \boldsymbol{AS} + \boldsymbol{v} \tag{3.7}$$

式中:$\boldsymbol{A} = [a(\theta_1) \quad \cdots \quad a(\theta_i) \quad \cdots \quad a(\theta_K)]$ 为 $M\times K$ 维阵列流型矩阵;$\boldsymbol{v}$ 为 $M\times L$ 维噪声矢量。若根据先验信息知道某一目标位于 θ_s 方向和第 l_s 采样时刻

对应的位置，则可用下式

$$F(\theta_s)=\boldsymbol{a}^{\mathrm{H}}(\theta_s)\boldsymbol{X}(l_s) \tag{3.8}$$

将所有阵元的目标回波信号进行矢量合成，并形成指向 θ_s 的方向图。这里 $\boldsymbol{a}(\theta_s)=[1 \quad e^{-j\phi_s} \quad \cdots \quad e^{-j(M-1)\varphi_s}]^{\mathrm{T}}\in C^{M\times 1}$ 为与角度 θ_s 对应的导向矢量。

$F(\theta_s)$ 显然是和波束的输出，为避免其他方向的杂波或干扰信号影响该波束的输出，一般使用基于幅度加权的波束形成技术，典型的空域加窗函数有海明窗、切比雪夫窗等。

为使用比幅单脉冲测角技术，可用式(3.8)同样的方法，分别得到左右波束的输出 $F(\theta_l)$、$F(\theta_r)$，代入式(3.2)就可以得到误差电压，并进一步解算得到目标偏离于预测方向的角度。

值得注意的是，用式(3.8)进行波束形成时，如果用角度作为横坐标绘制其方向图，则波束指向发生改变的时候，方向图形状会发生展宽和畸变现象。设定阵列为一维的均匀线阵，阵元数 10，阵元间距半波长，波束指向矢量为 $\boldsymbol{\theta}=(-60° \quad -30° \quad 0° \quad 30° \quad 60°)$，图 3.5 为该情况下的角度空间多波束方向图。可以看出，在角度坐标系里，当波束指向偏离阵列法线方向时，方向图会出现畸变和展宽，且随着波束指向偏离阵列法线方向的值增加，展宽的现象越来越严重。如在这一角度坐标下使用和差波束测角，则和波束指向偏离阵列法线方向后左、右波束方向图的形状不同，二者的交叠方向不是等信号轴方向，会产生零点系统偏差。

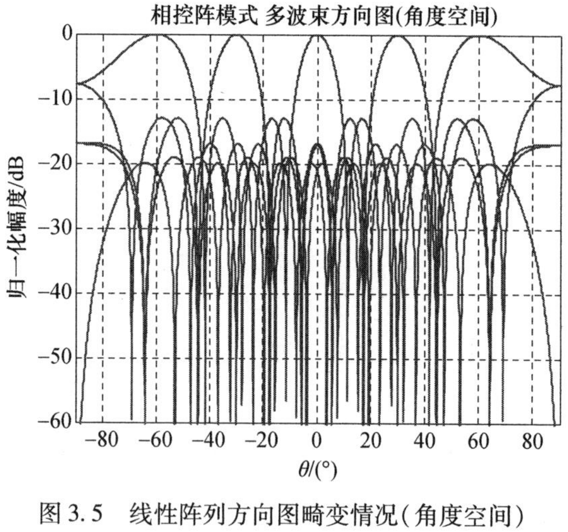

图 3.5　线性阵列方向图畸变情况(角度空间)

为避免波束指向偏离阵列法线方向导致的展宽和畸变现象，需要在正弦空间中完成角度测量处理。即在前述方向图函数中，用方向角正弦值 $\bar{\theta}=\sin\theta$ 代替相应的角度 θ，这里 $\theta\in[-90°,90°]$，而 $\bar{\theta}\in[-1,1]$。通过上述非线性的变换过程，可将天线方向图从角度空间坐标系，转换到正弦坐标系，天线方向图形状将不随波束指向的不同而发生变化。

与图 3.5 对应，设定正弦空间指向矢量为 $\sin\theta = (-\sqrt{3}/2 \quad -1/2 \quad 0 \quad 1/2 \quad \sqrt{3}/2)$，图 3.6 为使用正弦坐标系时的多波束方向图。容易看出，任意位置上天线方向图均和法线方向一样是轴对称的，均为法线方向上轴对称天线方向图的平移。上述特点确保了左右方向图之间的对称性，也使误差电压 S 曲线关于原点对称，不会出现零点偏差，从而很好地保证了比幅单脉冲角度测量的精度。这充分说明了转换坐标系的必要性。

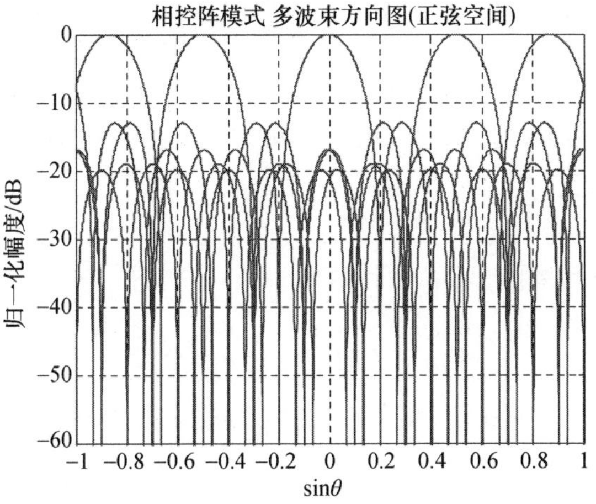

图 3.6　线性阵列多波束接收方向图（正弦空间）

再讨论比相单脉冲技术在线性阵列中的运用问题。为此需将线阵划分成相等的两个子阵，分别求取两个子阵的和信号，即

$$\begin{cases} F_1(\theta_s) = \boldsymbol{a}_h^H(\theta_s)\boldsymbol{X}_1(l_s) \\ F_2(\theta_s) = \boldsymbol{a}_h^H(\theta_s)\boldsymbol{X}_2(l_s) \end{cases} \tag{3.9}$$

式中：$\boldsymbol{a}_h(\theta_s) = [1 \quad e^{-j\varphi_s} \quad \cdots \quad e^{-j(M_1-1)\varphi_s}]^T \in C^{M_1\times 1}$是由 $\boldsymbol{a}(\theta_s)$ 中前 N 个元素组成的导向矢量，有 $N = M/2$；$\boldsymbol{X}_1(l_s)$ 和 $\boldsymbol{X}_1(l_s)$ 分别是 $\boldsymbol{X}(l_s)$ 前后半个部分的元素构成的数据矢量。

参考式(3.3)得到两子阵之间的相位差，即

$$\Delta\psi = \arg\left[\frac{F_1(\theta_s)}{F_2(\theta_s)}\right] = \frac{2\pi}{\lambda}(Nd)\sin\theta \tag{3.10}$$

同样可由两路回波的相位差反推目标相对于法线的角度偏差，即

$$\theta_{tgt} = \arcsin\left(\frac{\Delta\psi\lambda}{\pi Md}\right) \tag{3.11}$$

3.1.3 接收阵列中的超分辨角度测量技术

基于和差波束的单脉冲测角是精密跟踪雷达系统中最常用的角度测量技术。和差波束宽度受到瑞利限的制约,遇到有干扰或同一波束范围存在多个目标的情况,单脉冲测角方法很难得到理想的效果。

早期的信号处理研究主要是针对时域信号开展的,包括频谱分析和自适应滤波等技术均建立在一维时域信号基础上。注意到在一定条件下空域采样和时域采样存在的等效性,20 世纪 60 年代起人们逐渐把时域信号的处理成果扩展移植到阵列处理上来。如基于 FFT 的波束形成、自适应旁瓣对消等,都是这一拓展带来的丰硕成果。同样,一系列具有超分辨能力的谱估计算法被有效地应用到目标角度测量上来,在多目标多干扰情况下的性能远非常规单脉冲技术可比。其中线性预测和多重信号分类(MUSIC)法就是最早被引进到空域处理的两大类谱估计算法。根据后文需要,这里先以一维线阵为基础,简单介绍线性预测和子空间这两类算法的基本思路。

1. 基于线性预测的 DOA 估计原理

均匀线阵(ULA)中的前向预测如图 3.7 所示,它用前 $M-1$ 个阵元的数据预测第 M 阵元的输出,调整权值矢量 $\boldsymbol{w}_{\mathrm{FLP}}$ 使预测均方误差最小[4]。这里假设各接收阵元具有理想的一致性,噪声相互独立,各入射信号间彼此不相关。

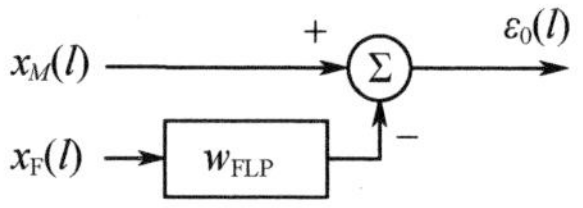

图 3.7 ULA 中的前向预测模型

图中前 $M-1$ 阵元 L 个快拍数据 $\boldsymbol{x}_{\mathrm{F}}^{(0)},\boldsymbol{x}_{\mathrm{F}}^{(1)},\cdots,\boldsymbol{x}_{\mathrm{F}}^{(L-1)}$ 排列成 $(M-1)\times L$ 维数据矩阵 $\boldsymbol{X}_{\mathrm{F}}$,对应第 M 个阵元的采样数据 $x_M^{(0)},x_M^{(1)},\cdots,x_M^{(L-1)}$ 排列成 L 维数据矢量 $\boldsymbol{X}_M$。求解 Yule - Walker 方程[4],即

$$\boldsymbol{r}_{\mathrm{F}}=\boldsymbol{R}_{\mathrm{F}}(\boldsymbol{w}_{\mathrm{FLP}})^{*} \tag{3.12}$$

可得

$$\boldsymbol{w}_{\mathrm{FLP}}=(\boldsymbol{R}_{\mathrm{F}}^{-1}\boldsymbol{r}_{\mathrm{F}})^{*} \tag{3.13}$$

式中:$\boldsymbol{R}_{\mathrm{F}}=\boldsymbol{X}_{\mathrm{F}}\boldsymbol{X}_{\mathrm{F}}^{\mathrm{H}}/L$ 和 $\boldsymbol{r}_{\mathrm{F}}=\boldsymbol{X}_{\mathrm{F}}\boldsymbol{X}_{M}^{\mathrm{H}}/L$ 分别为数据的自相关矩阵和互相关矢量估计。记权值矢量,即

$$\boldsymbol{W}=(-\boldsymbol{w}_{\mathrm{FLP},1})^{\mathrm{T}} \tag{3.14}$$

可用下式计算基于线性预测的空间谱[4]，即

$$P_{\mathrm{FLP}}(\theta)=\frac{1}{|\boldsymbol{a}^{\mathrm{H}}(\theta)\boldsymbol{W}|^{2}} \tag{3.15}$$

式中：$\boldsymbol{a}(\theta)=[1\quad \mathrm{e}^{-\mathrm{j}2\pi d\sin\theta/\lambda}\quad \cdots\quad \mathrm{e}^{-\mathrm{j}2\pi(M-1)d\sin\theta/\lambda}]^{\mathrm{T}}$ 为 M 维导向矢量。

2. 子空间法 DOA 估计原理

由式(3.7)可获取数据协方差矩阵估计为

$$\boldsymbol{R}=E(\boldsymbol{X}^{\mathrm{H}}\boldsymbol{X}/L)=\boldsymbol{A}\boldsymbol{R}_{\mathrm{s}}\boldsymbol{A}^{\mathrm{H}}+\sigma_n^2\boldsymbol{I}_{M\times M} \tag{3.16}$$

式中：$\boldsymbol{R}_{\mathrm{s}}=\boldsymbol{S}\boldsymbol{S}^{\mathrm{H}}$。对协方差矩阵进行特征分解可得

$$\boldsymbol{R}=\sum_{i=1}^{M}\lambda_i\boldsymbol{e}_i\boldsymbol{e}_i^{\mathrm{H}}=\boldsymbol{U}_{\mathrm{s}}\boldsymbol{\Lambda}_{\mathrm{s}}\boldsymbol{U}_{\mathrm{s}}^{\mathrm{H}}+\sigma_n^2\boldsymbol{U}_N\boldsymbol{U}_N^{\mathrm{H}} \tag{3.17}$$

理想情况下，式(3.17)中的特征值满足关系

$$\lambda_1\geqslant\lambda_2\geqslant\cdots\geqslant\lambda_K>\lambda_{K+1}=\cdots=\lambda_M=\sigma_n^2 \tag{3.18}$$

$\boldsymbol{U}_{\mathrm{s}}=[e_1\quad e_2\quad \cdots\quad e_K]$，为其中最大的 K 个特征值对应的特征矢量组成的矩阵，$\boldsymbol{U}_N=[e_{K+1}\quad e_{K+2}\quad \cdots\quad e_M]$是由其余特征矢量构成的矩阵。已经证明[3]

$$\mathrm{span}(\boldsymbol{U}_{\mathrm{s}})=\mathrm{span}(\boldsymbol{A}) \tag{3.19}$$

span($\boldsymbol{A}$)和 span($\boldsymbol{U}_{\mathrm{s}}$)都为信号子空间，其余 $M-K$ 个小的特征矢量构成的子空间 span($\boldsymbol{U}_{\mathrm{s}}$)称为噪声子空间。利用信号子空间与噪声子空间的正交特性，可以由下式计算发射阵列的 MUSIC 伪谱，即

$$P(\theta)=(\boldsymbol{a}^{\mathrm{H}}(\theta)\boldsymbol{U}_n\boldsymbol{U}_n^{\mathrm{H}}\boldsymbol{a}(\theta))^{-1}=(\boldsymbol{a}^{\mathrm{H}}(\theta)(\boldsymbol{I}_{M\times M}-\boldsymbol{U}_{\mathrm{s}}\boldsymbol{U}_{\mathrm{s}}^{\mathrm{H}})\boldsymbol{a}(\theta))^{-1} \tag{3.20}$$

搜索 $P(\theta)$的峰值就可以获得目标角度的估计值，后续章节还将陆续介绍几种适用于工程实际的超分辨算法，包括一种不需要特征分解的超分辨算法、一种强目标背景下的超分辨算法和一种结合跟踪过程和超分辨算法的角误差提取算法。

3.2　单基地 MIMO 雷达中角度测量

集中式 MIMO 雷达中，发射阵列被划分为 M 个通道（子阵），分别发射彼此正交的信号，信号能量覆盖较大的角度范围。接收端有 N 个接收机，可采用 DBF 技术形成多个高增益的数字接收波束，将发射宽波束的空域范围完全覆盖。每个接收机有 M 个匹配滤波器，每路匹配滤波器匹配于一个发射波形，以便恢复出由单个发射信号形成的回波，共有 $M\cdot N$ 个匹配滤波器的输出，将其中相位相同的输出进行合并，将获得 $M+N-1$ 个独立的输出。因为各发射和接收单元的位置是已知的，对这 $M+N-1$ 个信号移相相加（类似于常规的发射、接收波束形成）就可以在一个或多个方向上形成收发联合波束，相关问题已经在第 2 章进行了比较充分的讨论。以此为基础，比幅或比相单脉冲技术能够比较容易

地运用于单基地 MIMO 雷达中。

本节以此为基础讨论单基地 MIMO 雷达中的角度测量技术，并以最常见的二维面阵为基础讨论各种测角技术的运用。

3.2.1 单基地 MIMO 雷达信号模型

基于一维线性阵列的单基地 MIMO 雷达信号模型，第 2 章中已经进行了深入的讨论，这里重点介绍一下基于二维面阵的单基地 MIMO 雷达信号模型，所使用的空间坐标系如图 3.8 所示。

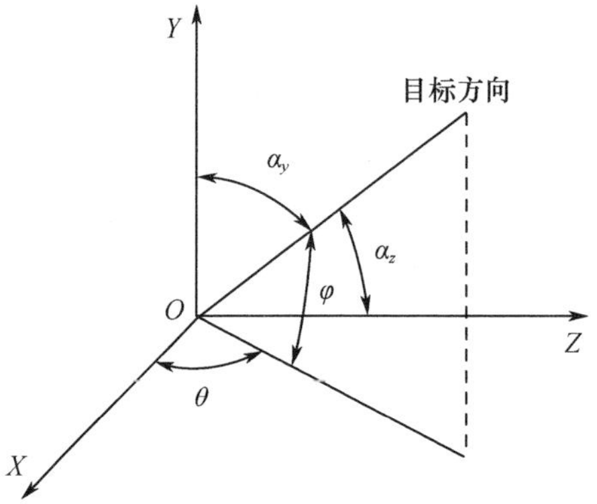

图 3.8 空间坐标系示意图

1. 面阵中的子阵结构

在单元总数受限的情况下，为避免波束栅瓣的出现，并使天线的空间波束具有比较理想的圆锥（或扁圆锥）形状，相控阵天线单元一般按等边三角形的方式排列，所有单元组合成一个接近于圆的二维队列。子阵内单元的排列方式如图 3.9 所示。

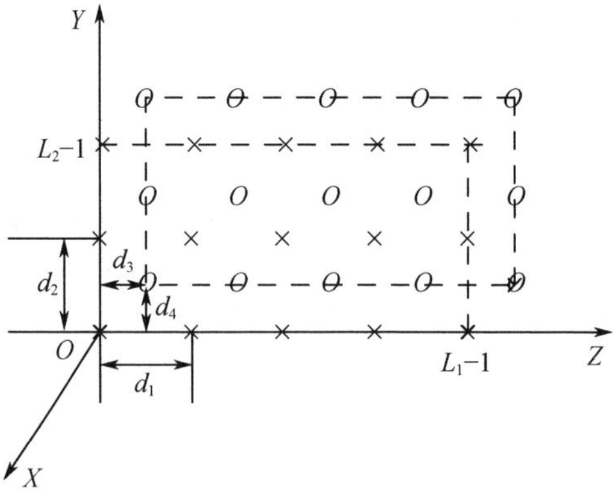

图 3.9 天线子阵内部阵元排列图

子阵显然可以看成是两个相同但错位的矩形阵列的组合，每个矩形阵包含 L_1L_2 个天线阵元。最邻近的三个单元往往排列成三角形的形状，因此一般有

$$d_1=\sqrt{3}d_2/2;\ d_3=\sqrt{3}d_2/4;\ d_4=d_2/2 \tag{3.21}$$

这两个子阵的波束指向必然是完全一致的，记为 $(\theta_{sub},\varphi_{sub})$，其中一个矩阵的方向图可以表示为

$$\begin{aligned}F_{sub_0}=&\left\{\sum_{l_1=0}^{L_1-1}\exp[-j\cdot l_1\cdot 2\pi d_1(\sin\theta\cos\varphi-\sin\theta_{sub}\cos\varphi_{sub})/\lambda]\right\}\\&\cdot\left\{\sum_{l_2=0}^{L_2-1}\exp[-j\cdot l_2\cdot 2\pi d_2(\sin\varphi-\sin\varphi_{sub})/\lambda]\right\}\end{aligned} \tag{3.22}$$

基本天线子阵的方向图为 F_{sub}，则显然有

$$\begin{aligned}F_{sub}=\langle 1+\exp\{-j[2\pi d_4(\sin\varphi-\sin\varphi_{sub})/\lambda\\+2\pi d_3(\sin\theta\cos\varphi-\sin\theta_{sub}\cos\varphi_{sub})/\lambda]\}\rangle\cdot F_{sub_0}\end{aligned} \tag{3.23}$$

分贝表示的基本子阵方向图如图 3.10 所示。当波束指向角对准目标，即 $(\theta_{sub},\varphi_{sub})=(\theta,\varphi)$ 时，显然有 $F_{sub}=2L_1L_2$。

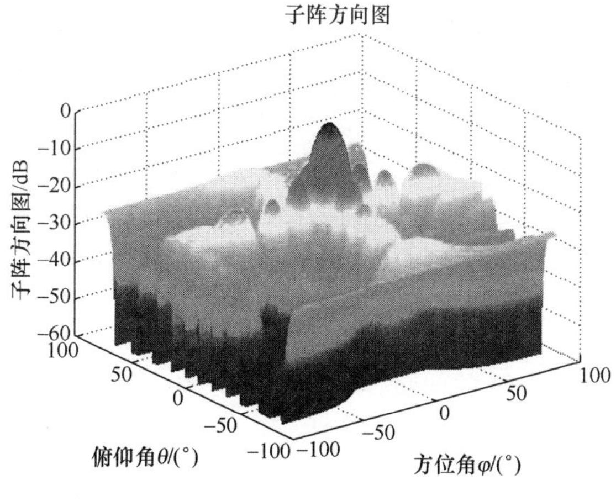

图 3.10　基本子阵方向图(取 dB)

假设雷达天线阵列位于 zoy 平面上，阵面中子阵的分布如图 3.11 所示，其中每一个矩形即代表一个天线子阵，子阵之间的间距分别为 dz 和 dy，分为 M 行 N 列。取 $M=18$，$N=8$，子阵总数为 112，本节后续关于二维面阵的测角性能仿真均以这一结构为基础。

值得注意的是，为尽量保证整个面阵是圆形的，子阵的排列往往不会是矩形的形式。为此，下文引入专门的 $M\times N$ 维矩阵 A 表示天线的子阵结构，其元素由 1 和 0 组成，1 为相应位置有天线子阵，0 为相应位置没有安排天线子阵。其实

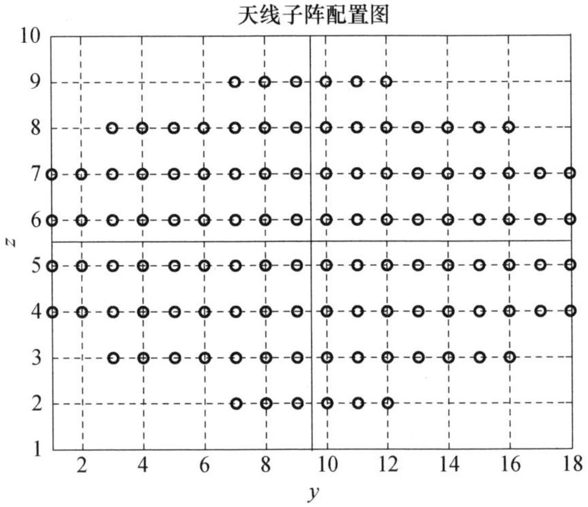

图 3.11　收发阵列天线子阵配置图

对相控阵而言,为保证阵面的对称性,部分天线子阵中单元的配置也是不完整的。简单起见,这里暂不讨论子阵内单元不完整的情况。

2. 基于子阵的二维 MIMO 发射阵列信号模型

将 MIMO 雷达技术拓展至二维面阵中,需对其进行发射子阵划分。根据实际运用需求特点的不同,一个发射子阵可以包含一个或多个基本的天线子阵。假设整个阵面包含 D 个基本的天线子阵,划分成 K 个独立的发射子阵,每个发射子阵包含 L 个基本的天线子阵,则有 $D=K\cdot L$。

MIMO 雷达每个发射子阵内各阵元发射的信号是相同的,为了简化分析,这里假设每个子阵均发射独立的信号,即 $K=D$。MIMO 雷达模式下,记 k 行 l 列子阵对应的发射通道发射的正交信号为 $s_{kl}(t)(k=1,2,\cdots,M;l=1,2,\cdots,N)$,则在窄带假设下,位于远场$(\theta,\varphi)$方向的目标接收到的信号为

$$p(t)=\sum_{k=1}^{M}\sum_{l=1}^{N}s_{kl}(t-\tau_t)\cdot F_{\text{sub}}\cdot \mathrm{e}^{-\mathrm{j}[(l-1)\phi_y+(k-1)\phi_z]}\cdot A(M-k+1,l) \tag{3.24}$$

式中:τ_t 为发射信号相对于参考子阵到达目标处的时延;$\phi_y=2\pi\cdot \mathrm{d}y\cdot\sin\varphi/\lambda$ 和 $\phi_z=2\pi\cdot \mathrm{d}z\cdot\sin\theta\cdot\cos\varphi/\lambda$ 分别表示沿 y 轴和 z 轴方向相邻天线子阵之间的空间相位差。显然,此时的子阵级发射导向矩阵可以表示为

$$\boldsymbol{G}_t=\begin{bmatrix}\mathrm{e}^{-\mathrm{j}(M-1)\phi_z} & \mathrm{e}^{-\mathrm{j}[\phi_y+(M-1)\phi_z]} & \cdots & \mathrm{e}^{-\mathrm{j}[(N-1)\phi_y+(M-1)\phi_z]}\\ \mathrm{e}^{-\mathrm{j}(M-2)\phi_z} & \mathrm{e}^{-\mathrm{j}[\phi_y+(M-2)\phi_z]} & \cdots & \mathrm{e}^{-\mathrm{j}[(N-1)\phi_y+(M-2)\phi_z]}\\ \vdots & \vdots & \ddots & \vdots\\ 1 & \mathrm{e}^{-\mathrm{j}\phi_y} & \cdots & \mathrm{e}^{-\mathrm{j}(N-1)\phi_y}\end{bmatrix}\cdot * A \tag{3.25}$$

式中:“·*”为点乘。由于发射子阵相位中心的排列是规则的,其导向矩阵各元素之间的相位也是均匀递增的。

式(3.24)中表示的发射信号 $p(t)$ 经目标散射后,第 (m,n) 个接收通道接收到的信号为

$$x_{mn}(t)=\{\xi\cdot F_{\text{sub}}\cdot \mathrm{e}^{-\mathrm{j}[(n-1)\phi_y+(m-1)\phi_z]}\cdot p(t-\tau_r)+v_{mn}(t)\}\cdot A(M-m+1,n) \tag{3.26}$$

式中:τ_r 为信号从目标传播到接收参考通道的时延;$v_{mn}(t)$ 是均值为零、方差为 σ^2 的高斯白噪声;ξ 为传播损耗和目标散射对回波信号的影响因子。

将各接收通道(天线子阵)接收到的信号通过一组匹配滤波器,其中接收信号 $x_{mn}(t)$ 与正交信号 $s_{kl}(t)$ 进行匹配可得输出

$$z_{mnkl}=\left\{\xi\cdot F_{\text{sub}}^2\cdot E_{\text{s}}\cdot \mathrm{e}^{-\mathrm{j}[(n-1)\phi_y+(m-1)\phi_z]}\cdot \mathrm{e}^{-\mathrm{j}[(l-1)\phi_y+(k-1)\phi_z]}+v_{mnkl}\right\}\cdot A(M-k+1,l)\cdot A(M-m+1,n) \tag{3.27}$$

式中:E_{s} 为发射波形的能量(假设各发射波形能量相同);v_{mnkl} 为匹配滤波器的输出噪声,有

$$E_{\text{s}}=E_{kl}=\int_0^{\mathrm{T}}|s_{kl}(t)|^2\mathrm{d}t \tag{3.28}$$

$$v_{mnkl}=\int_0^{\mathrm{T}}v_{mn}(t)s_{kl}(t)\mathrm{d}t \tag{3.29}$$

式中:v_{mnkl}均值为零且相互独立,其方差为

$$E[|v_{mnkl}|^2]=E[\int_0^{\mathrm{T}}v_{mn}(t)s_{kl}^*(t)\mathrm{d}t\int_0^{\mathrm{T}}v_{mn}^*(r)s_{kl}(t)\mathrm{d}r]=\sigma^2E_{\text{s}} \tag{3.30}$$

对匹配分离得到的各输出信号进行相位补偿并求和,即可实现波束形成。例如对第 (m,n) 个接收通道的输出进行发射相位补偿,可得到等效发射波束指向为 $(\theta_{\text{b}},\varphi_{\text{b}})$ 时的匹配输出,即

$$y_{mn}=\sum_{k=1}^{M}\sum_{l=1}^{N}z_{mnkl}\cdot \mathrm{e}^{\mathrm{j}[(l-1)\phi_{y_{\text{b}}}+(k-1)\phi_{z_{\text{b}}}]} \tag{3.31}$$

式中:$\phi_{y_{\text{b}}}=2\pi\cdot \mathrm{d}y\cdot\sin\phi_{\text{b}}/\lambda$ 和 $\phi_{z_{\text{b}}}=2\pi\cdot \mathrm{d}z\cdot\sin\theta_{\text{b}}\cdot\cos\phi_{\text{b}}/\lambda$ 分别表示沿 y 轴和 z 轴方向相邻天线子阵之间的阵内相位差。进一步,再对所有接收单元进行 $(\theta_{\text{b}},\varphi_{\text{b}})$ 方向的接收波束形成,可得到该方向的收发联合匹配输出

$$y=\sum_{m=1}^{M}\sum_{n=1}^{N}y_{mn}\cdot \mathrm{e}^{\mathrm{j}[(n-1)\phi_{y_{\text{b}}}+(m-1)\phi_{z_{\text{b}}}]} \tag{3.32}$$

当 $(\theta,\varphi)=(\theta_{\text{b}},\varphi_{\text{b}})$ 时,y 将取得最大值。综合可得此种模式下 MIMO 雷达的联合方向图,即

$$F_{\mathrm{MIMO\_D}} = \left\{F_{\mathrm{sub}} \cdot \sum_{k=1}^{M}\sum_{l=1}^{N} \mathrm{e}^{-\mathrm{j}[(l-1)(\phi_y-\phi_{y_\mathrm{b}})+(k-1)(\phi_z-\phi_{z_\mathrm{b}})]} \cdot A(M-k+1,l)\right\}^2 \tag{3.33}$$

图3.12给出了图3.11所示面阵划分为 $K=D=112$ 个发射子阵时的收发联合方向图，其阵内波束指向 $\theta_\mathrm{b}=\theta_{\mathrm{sub}}=0,\phi_\mathrm{b}=\phi_{\mathrm{sub}}=0$。

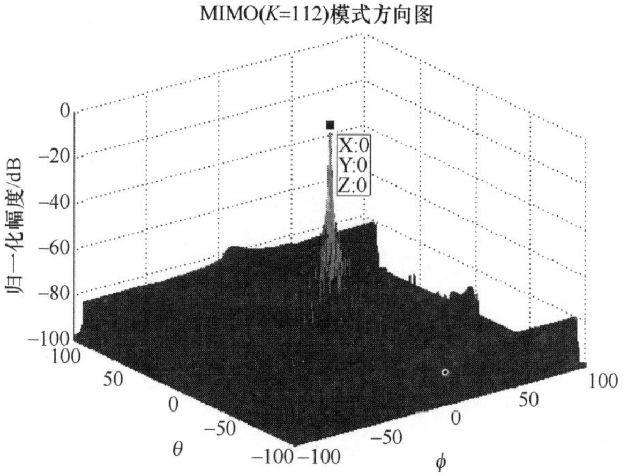

图3.12 MIMO($K=D=112$)模式联合方向图

3. 二维MIMO雷达中的虚拟阵列

由上节可知，MIMO雷达用 K 个正交信号分别与 D 个接收通道的数据进行匹配滤波处理，可以得到 $D\times K$ 个匹配输出信号，即在接收端得到了远多于实际物理阵元数目的观测通道，或称虚拟阵元（子阵）。其中一些虚拟阵元的相位是相同的，可以进行合并，从而形成等效的虚拟阵列。下面简单分析虚拟阵列的形成过程，将式(3.27)表示的匹配滤波输出重写为

$$z_{mnkl} = \left\{\xi \cdot F_{\mathrm{sub}}^2 \cdot E_\mathrm{s} \cdot \mathrm{e}^{-\mathrm{j}[(n+l-2)\phi_y+(m+k-2)\phi_z]} + v_{mnkl}\right\} \cdot \boldsymbol{A}(M-k+1,l) \cdot \boldsymbol{A}(M-m+1,n) \tag{3.34}$$

其相位项由 m、k、n、l 四个元素共同决定，但只要 $m+k$ 和 $n+l$ 取值分别相等，则信号 z_{mnkl} 的相位部分将完全相同，据此可以进行同相项的叠加合并，并形成有效虚拟通道。最终，虚拟阵列的导向矩阵可以表示为

$$\boldsymbol{E} = \boldsymbol{B} * \boldsymbol{C} = \mathrm{conv2}(\boldsymbol{A},\boldsymbol{A}) \cdot * \boldsymbol{C} \tag{3.35}$$

这里有矩阵 $\boldsymbol{B}=\mathrm{conv2}(\boldsymbol{A},\boldsymbol{A})$，其元素为参与同相合并的信号总数，对应于虚拟阵列等效阵元（子阵）的信号幅度；$\boldsymbol{C}$ 为有效虚拟阵列的导向相位矩阵，有

$$\boldsymbol{C}(2M-q,p) = \mathrm{e}^{-\mathrm{j}[(q-1)\phi_y+(p-1)\phi_z]}\ (p=1,2,\cdots,2M-1;q=1,2,\cdots,2N-1) \tag{3.36}$$

由式(3.35)和式(3.36)知二维阵列 MIMO 模式可等效成虚拟阵列,其幅度分布是锥形的,在 $p=M$ 且 $q=N$ 的位置取得最大值。虚拟阵列的输出信号矩阵可以表示为

$$\boldsymbol{Z}'=\xi\cdot F_{\text{sub}}^{2}\cdot E_{\text{s}}\cdot\boldsymbol{E}+\boldsymbol{V}\tag{3.37}$$

式中:$\boldsymbol{V}$ 为同相项叠加合并之后得到的噪声矩阵。

矩阵 $\boldsymbol{C}$ 包含虚拟阵列的空间相位差信息,只要采用具有同样构成的相位加权矩阵 $\boldsymbol{C}_{\text{b}}(2M-q,p)=\text{e}^{-\text{j}[(q-1)\phi_{y_{\text{b}}}+(p-1)\phi_{z_{\text{b}}}]}$ 进行加权,就可同时补偿发射及接收空间相位差信息,形成$(\theta_{\text{b}},\varphi_{\text{b}})$方向的接收波束,其输出可以表示为

$$F_{\text{b}}=\sum_{p=1}^{2M-1}\sum_{q=1}^{2N-1}\boldsymbol{Z}'(2M-q,p)\cdot\boldsymbol{C}_{\text{b}}(2M-q,p)\tag{3.38}$$

容易得到虚拟阵列的方向图

$$F_{\text{virtual}}=F_{\text{sub}}^{2}\cdot\sum_{p=1}^{2M-1}\sum_{q=1}^{2N-1}E_{s}(2M-q,p)\cdot\boldsymbol{E}(2M-q,p)\cdot\boldsymbol{B}(2M-q,p)\tag{3.39}$$

虚拟阵列的有效口径扩大将近一倍,这无疑使得 MIMO 雷达在提高测角精度方面具有很大的优势。

3.2.2　单基地 MIMO 雷达中的比幅单脉冲测角

借助收发联合波束形成和虚拟阵列构成技术,可以很容易地将单脉冲技术运用到单基地 MIMO 雷达中。

1. 比幅法单脉冲测角法的运用

和差比幅单脉冲测角方法应用于二维阵列中时,也需进行非线性变换,即在前述方向图公式中,用方向角余弦值 $\alpha=\cos\alpha_{y}=\sin\varphi$、$\beta=\cos\alpha_{z}=\sin\theta\cdot\cos\varphi$ 代替相应的角度 α_{y}、α_{z}(α_{y}、α_{z} 分别是目标与 y 轴正向、z 轴正向之间的夹角,α_{y}、$\alpha_{z}\in[0°,180°]$,而 α、$\beta\in[-1,1]$)。如此,则将天线波束指向从(α_{y},α_{z})坐标系,转换到余弦坐标系(α,β),天线方向图形状不随波束指向的不同而变化,确保了左、右方向图之间的对称性以及误差鉴别曲线的通用性。

单脉冲角度测量技术一般和跟踪滤波器配合使用,由跟踪滤波器提供目标视线角的预测值 α_{p}、β_{p},单脉冲测角算法负责从回波信号中提取目标相对于预测方向的角度偏差 $\Delta\alpha$、$\Delta\beta$。

提取 $\Delta\alpha$ 时一般默认 $\Delta\beta=0$,即认为目标与 z 轴正向夹角 β 的估计值是准确的,由此可以固定 $\beta=\beta_{\text{p}}$ 不变,在 α 方向上同时形成三个波束,分别指向 α_{l}、α_{r} 和 α_{p},使$(\alpha_{\text{l}}+\alpha_{\text{r}})/2=\alpha_{\text{p}}$,且 $\alpha_{\text{r}}-\alpha_{\text{l}}$ 恰好等于一个波束的宽度。参考式(3.38)有

$$F_{\mathrm{p}}=\sum_{p=1}^{2M-1}\sum_{q=1}^{2N-1}Z'(2M-q,p)\cdot \boldsymbol{C}_{\mathrm{p}}(2M-q,p) \tag{3.40}$$

这里 $\boldsymbol{C}_{\mathrm{p}}(2M-q,p)=\mathrm{e}^{-\mathrm{j}[(q-1)\phi_{y_{\mathrm{p}}}+(p-1)\phi_{z_{\mathrm{p}}}]}$，$\phi_{y_{\mathrm{p}}}=2\pi\cdot \mathrm{d}y\cdot \alpha_{\mathrm{p}}/\lambda$，$\phi_{z_{\mathrm{p}}}=2\pi\cdot \beta_{\mathrm{p}}\cdot \mathrm{d}z/\lambda$，同样，令

$$\phi_{y_{\mathrm{l}}}=2\pi\cdot \mathrm{d}y\cdot \alpha_{\mathrm{l}}/\lambda,\ C_{\mathrm{l}}(2M-q,p)=\mathrm{e}^{-\mathrm{j}[(q-1)\phi_{y_{\mathrm{l}}}+(p-1)\phi_{z_{\mathrm{p}}}]}$$

$$\phi_{y_{\mathrm{r}}}=2\pi\cdot \mathrm{d}y\cdot \alpha_{\mathrm{r}}/\lambda,\ \boldsymbol{C}_{\mathrm{r}}(2M-q,p)=\mathrm{e}^{-\mathrm{j}[(q-1)\phi_{y_{\mathrm{r}}}+(p-1)\phi_{z_{\mathrm{p}}}]} \tag{3.41}$$

可以得到

$$F_{\mathrm{l}}=\sum_{p=1}^{2M-1}\sum_{q=1}^{2N-1}\boldsymbol{Z}'(2M-q,p)\cdot \boldsymbol{C}_{\mathrm{l}}(2M-q,p)$$

$$F_{\mathrm{r}}=\sum_{p=1}^{2M-1}\sum_{q=1}^{2N-1}\boldsymbol{Z}'(2M-q,p)\cdot \boldsymbol{C}_{\mathrm{r}}(2M-q,p) \tag{3.42}$$

则角误差信号为

$$u_{\alpha}=\frac{F_{\mathrm{r}}-F_{\mathrm{l}}}{F_{\mathrm{p}}} \tag{3.43}$$

与线阵背景下和差比幅单脉冲测角的情况类似，零点附近角误差信号 u_{α} 与角余弦偏差 $\Delta\alpha$ 之间的关系可以近似认为是线性的，即有 $u_{\alpha}\approx k_{\alpha}\Delta\alpha$。$k_{\alpha}$ 可通过对实验数据进行一阶线性拟合得到，实际运用中则可以由误差电压推算角度余弦残差的估计值，即

$$\Delta\hat{\alpha}=u_{\alpha}/k_{\alpha} \tag{3.44}$$

将 $\Delta\hat{\alpha}$ 回送至数据处理中的跟踪滤波器，就可以实现对目标 α 角度的闭环跟踪。

测量 β 时处理方法与以上过程完全一致，可以默认 $\Delta\alpha=0$，并在 β 方向上同时形成三个波束，详细过程不再阐述。

2. 比幅单脉冲测角精度

测角精度是衡量雷达（尤其是精密跟踪雷达）目标定位、跟踪能力的重要指标之一，使用比幅单脉冲测角技术时，其差波束可以表示为

$$F_{\Delta}(\Delta\alpha)=F_{\mathrm{r}}-F_{\mathrm{l}} \tag{3.45}$$

式中：$\Delta\alpha$ 是余弦空间中目标与和波束指向的偏离。稳定跟踪状态下目标通常位于差波束零值附近，满足 $\Delta\alpha \ll \alpha_{3\mathrm{dB}}$。因此差波束可在 $\Delta\alpha=0$ 处展开

$$F_{\Delta}(\Delta\alpha)=F_{\Delta}(0)+F'_{\Delta}(0)\cdot\Delta\alpha+\frac{1}{2!}F''_{\Delta}(0)\cdot\Delta\alpha^{2}+\cdots \tag{3.46}$$

忽略二阶以上的各项，并考虑到 $F_{\Delta}(0)\approx 0$（差波束零值深度很低），显然有

$$F_{\Delta}(\Delta\alpha)\approx F'_{\Delta}(0)\cdot\Delta\alpha \tag{3.47}$$

而且在和波束最大值附近有 $F_\Delta(\Delta\alpha) \approx F'_\Delta(0) \cdot \Delta\alpha$。则归一化角误差信号 u 可以表示为

$$u = \frac{F_\Delta(\Delta\alpha)}{F_\Sigma(\Delta\alpha)} = \frac{F'_\Delta(0)}{F_\Sigma(0)} \cdot \Delta\alpha = \left[\frac{F'_\Delta(0)}{F_\Sigma(0)} \cdot \alpha_{3\mathrm{dB}}\right] \cdot \frac{\Delta\alpha}{\alpha_{3\mathrm{dB}}} \tag{3.48}$$

这里 $\alpha_{3\mathrm{dB}}$ 为和波束半功率点宽度。稳态情况下,引起测角误差的主要因素是接收机的热噪声,假设其均方根值为 $\sigma_{\Delta u}$,则其引起的角度测量误差均方根值 $\sigma_{\Delta\theta}$ 为

$$\sigma_{\Delta\theta} = \frac{1}{[F'_\Delta(0)/F_\Sigma(0)] \cdot \alpha_{3\mathrm{dB}}} \cdot \sigma_{\Delta u} \cdot \alpha_{3\mathrm{dB}} = \frac{1}{k_m} \cdot \sigma_{\Delta u} \cdot \alpha_{3\mathrm{dB}} \tag{3.49}$$

式中:$k_m = [F'_\Delta(0)/F_\Sigma(0)] \cdot \alpha_{3\mathrm{dB}}$,称为误差鉴别曲线的归一化斜率,其取值直接影响到角度测量误差的大小。k_m 大小显然与和、差波束的形状有关,注意到采用加权方式控制旁瓣的影响时,实际天线的方向图可以用高斯函数很好地近似,可据此近似拟合得到归一化斜率 k_m 与波束宽度的关系,即

$$k_m = 8\ln\sqrt{2} \cdot \mathrm{e}^{-\ln\sqrt{2} \cdot \left(\frac{\alpha_{\mathrm{cross}}}{\alpha_{3\mathrm{dB}}}\right)^2} \cdot \frac{\alpha_{\mathrm{cross}}}{\alpha_{3\mathrm{dB}}} \tag{3.50}$$

式中:α_{cross} 为左右波束的指向偏差。

单基地 MIMO 雷达使用比幅单脉冲测角技术时,是以虚拟阵列技术为基础的,其对应的波束宽度是收发联合波束宽度,相比一般的相控阵而言,$\alpha_{3\mathrm{dB}}$ 显然更小。从式(3.49)可以看出,单基地 MIMO 雷达容易获得更好的测角精度。

这里以一维均匀线阵的和差比幅法单脉冲角度测量为例推导 MIMO 雷达的角度测量精度,其结果很容易扩展到二维角度估计中。采用全微分法求解 $\sigma_{\Delta u}$ 容易得到[5]

$$\begin{aligned}\sigma_{\Delta u}^2 = \frac{1}{A_1^2 \cdot M^2 \cdot \mathrm{SNR}}\{&M^2(C_I^2 + C_Q^2)^2 - 16(C_I^2 - C_Q^2)C_I C_Q \cdot (\boldsymbol{b}_I^{\mathrm{T}}\boldsymbol{b}_I - \boldsymbol{b}_Q^{\mathrm{T}}\boldsymbol{b}_Q)(\boldsymbol{b}_I^{\mathrm{T}}\boldsymbol{b}_Q) \\ &- [(C_I^2 - C_Q^2)^2 - 4C_I C_Q][(\boldsymbol{b}_I^{\mathrm{T}}\boldsymbol{b}_I - \boldsymbol{b}_Q^{\mathrm{T}}\boldsymbol{b}_Q)^2 - 4\boldsymbol{b}_I^{\mathrm{T}}\boldsymbol{b}_Q]\}\end{aligned} \tag{3.51}$$

式中

$$\boldsymbol{b}_I = \mathrm{Re}\{[1\ \ \exp(-\mathrm{j} \cdot 2\pi d(-\alpha_{\mathrm{cross}}/2)/\lambda)\ \ \cdots\ \ \exp(-\mathrm{j} \cdot (M-1) \cdot 2\pi d(-\alpha_{\mathrm{cross}}/2)/\lambda)]^{\mathrm{T}}\}$$

$$\boldsymbol{b}_Q = \mathrm{Im}\{[1\ \ \exp(-\mathrm{j} \cdot 2\pi d(-\alpha_{\mathrm{cross}}/2)/\lambda)\ \ \cdots\ \ \exp(-\mathrm{j} \cdot (M-1) \cdot 2\pi d(-\alpha_{\mathrm{cross}}/2)/\lambda)]^{\mathrm{T}}\}$$

$$C_I = \sum_{m=1}^{M} b_{I_m},\quad C_Q = \sum_{m=1}^{M} b_{Q_m}$$

$$A_1 \cdot E_{\mathrm{s}} = |F_1|_{\Delta\alpha=0} = |F_{\mathrm{r}}|_{\Delta\alpha=0} \quad \left(E_{\mathrm{s}} = \int_0^{\mathrm{T}} |s_k(t)|^2 \mathrm{d}t\right) \tag{3.52}$$

将式(3.51)和式(3.50)代入式(3.49)即可计算 MIMO 雷达的和差比幅单脉冲

测角精度。

综上可知,MIMO 雷达和差比幅单脉冲测角的理论测角精度是 θ_{cross} 的函数,工程应用中一般取 $\theta_{\text{cross}}=\theta_{3\text{dB}}$ 或 $\theta_{\text{cross}}=\theta_{2\text{dB}}$。为对二者的理论测角精度有一个更直观的比较,选定阵元间距为半波长、阵元数 $M=10$ 的均匀线阵进行仿真研究,MIMO 模式下其波束指向法线方向时,$\theta_{3\text{dB}}=7.4°$,$\theta_{2\text{dB}}\approx 6°$。

若 $\theta_{\text{cross}}=\theta_{3\text{dB}}$,则有 $k_m=\dfrac{8\ln\sqrt{2}}{\sqrt{2}}\approx 1.9605$,$\sigma_{\Delta u}=\dfrac{1}{\sqrt{1.2590\text{SNR}}}$,因此

$$\sigma_{\Delta\theta_{\text{tgt}}}=\frac{1}{1.9605}\cdot\frac{1}{\sqrt{1.2590\text{SNR}}}\cdot\theta_{3\text{dB}}=\frac{0.4546}{\sqrt{\text{SNR}}}\cdot\theta_{3\text{dB}} \tag{3.53}$$

若 $\theta_{\text{cross}}=\theta_{2\text{dB}}$,则 $k_m\approx 1.7918$,$\sigma_{\Delta u}=\dfrac{1}{\sqrt{1.5773\text{SNR}}}$,因此

$$\sigma_{\Delta\theta_{\text{tgt}}}=\frac{1}{1.7918}\cdot\frac{1}{\sqrt{1.5883\text{SNR}}}\cdot\theta_{3\text{dB}}=\frac{0.4428}{\sqrt{\text{SNR}}}\cdot\theta_{3\text{dB}} \tag{3.54}$$

对比式(3.54)和式(3.53)可知,MIMO 雷达的和差比幅测角,左、右波束指向的间隔 $\theta_{\text{cross}}=\theta_{2\text{dB}}$ 时比 $\theta_{\text{cross}}=\theta_{3\text{dB}}$ 时的理论测角精度稍高一些,但相差很小。

相控阵模式下,$\sigma_{\Delta\theta}$、$\sigma_{\Delta u}$、k_m 及 $\theta_{3\text{dB}}$ 的关系表达式以及归一化斜率 k_m 的表达式均与 MIMO 模式类同,不过由于信号发射以及接收信号的匹配滤波、波束形成过程与 MIMO 雷达完全不同,因此相控阵模式下的半功率波束宽度不同于 MIMO 模式,其角误差信号与 MIMO 雷达不同,其中 $\sigma_{\Delta u}$ 表达式为

$$\sigma_{\Delta u}=\frac{1}{\sqrt{\text{SNR}}}\cdot\sqrt{\frac{M}{A_1^2}\cdot\left[M(C_I^2+C_Q^2)-(C_I^2-C_Q^2)\cdot(\boldsymbol{b}_I^{\text{T}}\boldsymbol{b}_I-\boldsymbol{b}_Q^{\text{T}}\boldsymbol{b}_Q)-4C_IC_Q\cdot\boldsymbol{b}_I^{\text{T}}\boldsymbol{b}_Q\right]} \tag{3.55}$$

将式(3.50)和式(3.55)代入式(3.49)即可得相控阵雷达的和差比幅单脉冲测角精度。

3. 数值仿真

1)比幅法测角精度理论值对比验证

图 3.13 给出的是上述天线阵列背景下,$\theta_{\text{cross}}=\theta_{3\text{dB}}$、一阶线性拟合宽度为 0.002(正弦值,即采用等信号轴以及其左右各一点进行拟合)时 MIMO 雷达角度测量实际仿真结果与理论精度的对比结果。

由图 3.13 可知,左右波束指向的间隔为 $\theta_{3\text{dB}}$ 时,$\sigma_{\Delta u}$、$\sigma_{\Delta\theta}$ 的仿真实验测量值与理论值基本一致。说明理论推导获得的上述精度模型能够用于集中式 MIMO 雷达的误差评估。

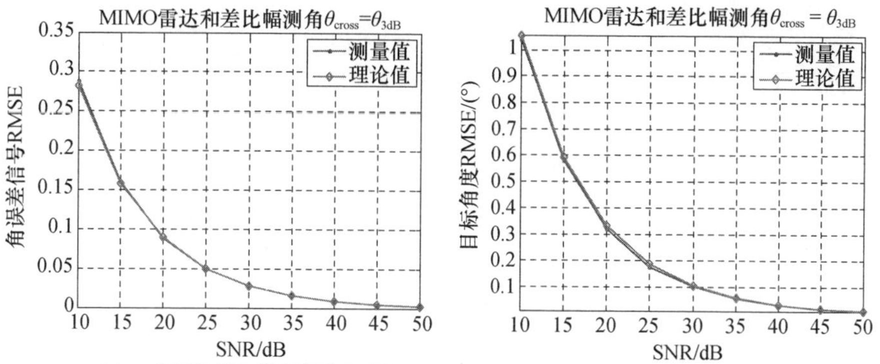

(a) $\sigma_{\Delta u}$的理论值与仿真实验的对比　　(b) $\sigma_{\Delta\theta}$的理论值与仿真实验的对比

图 3.13　MIMO 雷达理论测角精度与实际仿真实验的对比验证

2）二维面阵的误差鉴别曲线

图 3.14 为$\beta=\beta_b=\beta_{sub}$（即估计值$\hat{\beta}$精确）的情况下 α 方向角误差信号与角度偏差 $\Delta\alpha$ 的关系曲线以及不同模式下的关系曲线对比。此图以及后续类似图形中的横坐标轴均用半功率波束宽度进行归一化。

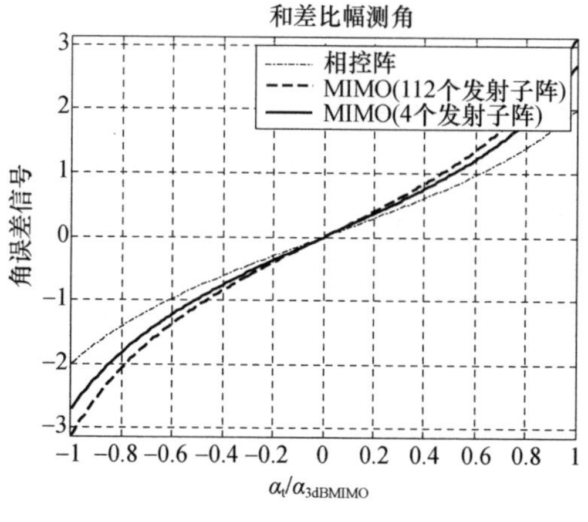

图 3.14　不同模式下角误差信号与角度偏差 $\Delta\alpha$ 的关系曲线对比

由图 3.14 图可知，无论雷达工作于何种模式，角度偏差 $\Delta\alpha=0$ 附近，角误差信号曲线的线性度较好；角度偏差较大时，角误差信号曲线存在一定的非线性。对比不同工作模式可知，雷达工作于相控阵模式时的角误差信号曲线斜率较小，工作于 MIMO（$K=112$）模式时的角误差信号曲线斜率较大；这表示前者的测角灵敏度较低，后者的测角灵敏度较高，MIMO（$K=4$）模式的测角灵敏度位于二者之间。

3）测角精度对比

图 3.15 给出了 $\beta=\beta_b=\beta_{sub}$ 且 $\alpha=\alpha_s=\alpha_{sub}$ 时几种模式下测角精度随信噪比的变化曲线，其横坐标轴为和波束形成之后的输出信噪比，隐含 MIMO 模式进行多个脉冲积累以达到与相控阵模式下相同的和波束输出信噪比。由图可知，随着信噪比的增大，角度均方根误差逐渐减小，测角精度逐渐提高。对比三种模式下的角度 RMSE 曲线可知，MIMO（$K=112$）模式的测角精度最高，相控阵模式的测角精度最低。

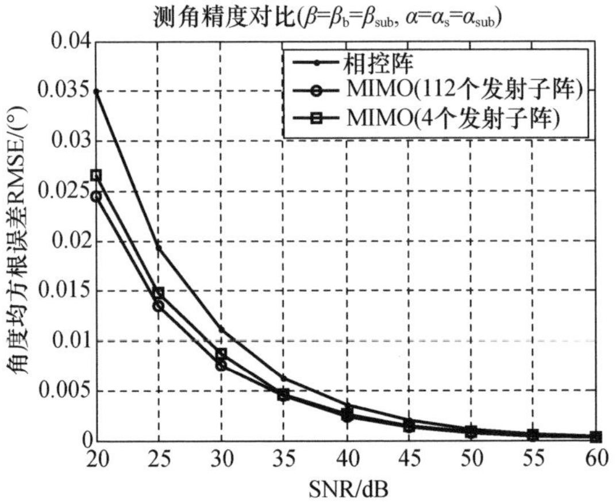

图 3.15　角度均方根误差与信噪比的关系曲线

实际工程应用中，拟合误差及另一维方向角测角误差的影响是不可避免的。图 3.16 中给出了 $|\alpha_s-\alpha|$ 为不同值，即 α 方向存在一定偏差时，对 β 方向测角精度的影响。由图 3.16 可知，当目标方向偏离和波束指向（预测指向）的值较小时，三种模式下鉴别曲线的拟合误差均较小，对测角精度的影响也较小，所以

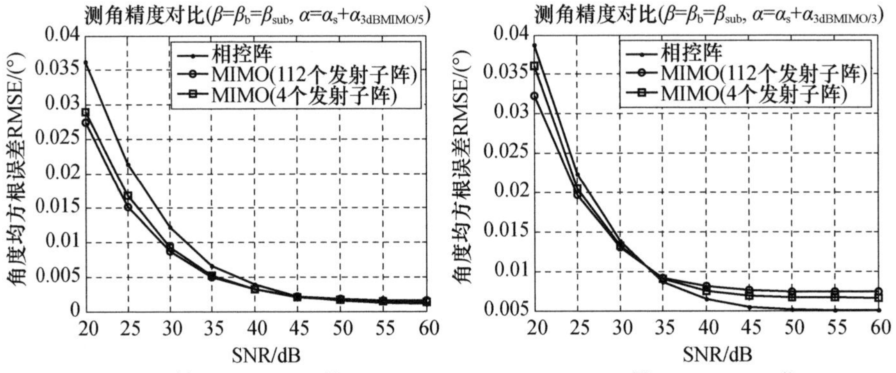

(a) $\alpha=\alpha_s+\alpha_{3sdBMIMO}/5$　　(b) $\alpha=\alpha_s+\alpha_{3sdBMIMO}/3$

图 3.16　$|\alpha_s-\alpha|$ 为不同值时三种工作模式的测角精度对比

$|\alpha_s-\alpha|$较小时，拟合误差基本不影响测角精度对比效果。但当$|\alpha_s-\alpha|$的值较大时，三种模式下的拟合误差较大，对测角精度的影响比较明显。特别当信噪比SNR 较大时，拟合误差比噪声对测角精度的影响更大，MIMO 模式甚至出现了高信噪比条件下测角精度反比其它他模式差的情况，这一缺陷可通过非线性拟合的方法得到弥补。

3.2.3 单基地 MIMO 雷达中的比相单脉冲测角

1. 两种比相单脉冲的运用

使用直接比相单脉冲技术进行角度测量，需要两个结构完全一致的天线，然而无论是图 3.11 所示的子阵结构，还是式(3.37)表示的二维虚拟阵列，均不能将其划分成两个完全相同的块，也就无法在相位差与目标角度之间建立起简单而明确的函数关系。为此这里采取与和差比幅单脉冲测角相同的处理方法，即用经过原点的直线逼近相位差与目标角度的函数关系，并用线性拟合的方式求取直线的斜率。

测 $\Delta\alpha$ 时，沿 y 轴方向将虚拟阵面等分为两个子阵，为此构造虚拟阵元选择矩阵 $\boldsymbol{C}_{\mathrm{bl}}$和 $\boldsymbol{C}_{\mathrm{br}}$，有

$$\boldsymbol{C}_{\mathrm{bl}}(i,j)=\begin{cases}\boldsymbol{C}_{\mathrm{bl}}(i,j), & j<N-1\\ 0, & 其他\end{cases},\boldsymbol{C}_{\mathrm{br}}(i,j)=\begin{cases}\boldsymbol{C}_{\mathrm{b}}(i,j-N), & j>N\\ 0, & 其他\end{cases} \tag{3.56}$$

容易得到左、右半阵列的合信号

$$\begin{cases}\boldsymbol{F}_{\mathrm{bl}}=\sum\limits_{p=1}^{2M-1}\sum\limits_{q=1}^{2N-1}Z'(2M-q,p)\cdot\boldsymbol{C}_{\mathrm{bl}}(2M-q,p)\\ \boldsymbol{F}_{\mathrm{br}}=\sum\limits_{p=1}^{2M-1}\sum\limits_{q=1}^{2N-1}Z'(2M-q,p)\cdot\boldsymbol{C}_{\mathrm{br}}(2M-q,p)\end{cases} \tag{3.57}$$

将左右阵列的合信号相比较，并取相位项，有

$$\psi_\alpha=\arg\left(\frac{\boldsymbol{F}_{\mathrm{br}}}{\boldsymbol{F}_{\mathrm{bl}}}\right) \tag{3.58}$$

零点附近，相位差 ψ_α 与目标方向偏离阵内波束指向的角度余弦偏差 $\Delta\alpha$ 近似成正比关系，即 $\psi_\alpha\approx k_\alpha\Delta\alpha$，$k_\alpha$ 由一阶线性拟合得到；其余处理方法同和差比幅单脉冲测角技术。

测 $\Delta\beta$ 时，沿 z 轴方向将整个阵面平分为两个子天线阵，其他同上。相控阵模式下使用直接比相单脉冲技术时，基本思路完全相同，这里不再详述。

与直接比相单脉冲测角方法类似，二维阵列中采用相位和差单脉冲测角时，无论是基于接收实际阵列还是基于等效形成的虚拟阵列进行测角，都需要将整

个阵面沿 y 或 z 轴平分为两个子天线阵。以 $\Delta\alpha$ 为例,其做法同式(3.57),为确保误差鉴别曲线过零点,应弥补两个子天线阵内部的相位差,为此令

$$\boldsymbol{C}'_{\mathrm{br}}(i,j)=\begin{cases}\boldsymbol{C}_{\mathrm{b}}(i,j), & j>N\\ 0, & \text{其他}\end{cases}$$

$$\boldsymbol{F}'_{\mathrm{br}}=\sum_{p=1}^{2M-1}\sum_{q=1}^{2N-1}Z'(2M-q,p)\cdot\boldsymbol{C}'_{\mathrm{br}}(2M-q,p) \tag{3.59}$$

其角误差信号可以表示为

$$u_{\alpha}=\mathrm{Re}\left(\frac{\boldsymbol{F}'_{\mathrm{r}}-\boldsymbol{F}_{1}}{\boldsymbol{F}'_{\mathrm{r}}+\boldsymbol{F}_{1}}\right) \tag{3.60}$$

由于图3.11的阵列非矩形,得不到角误差信号与目标角度偏差之间的明确函数关系,所以我们采取与和差比幅、直接比相单脉冲测角相同的处理方法,即采取线性拟合的方式来建立角误差信号与目标角度偏差的联系。好在比相单脉冲技术也主要运用于对目标的精密跟踪状态,稳定跟踪状态下影响跟踪精度的主要是零点附近的S曲线的形状。

需要说明的是,MIMO模式下也可以撇开虚拟阵列的构造,和相控阵模式作同样处理,即只对接收阵列进行子阵划分,在每个子阵内部独立进行收发联合波束形成处理,这在文献[5]中称为MIMO模式下的实际阵列处理方式。不过,由于只用了接收阵列的空间相位信息,因此和常规相控阵模式下的比相单脉冲测角情况一致,并且由于MIMO模式下发射增益下降的原因,其实际测角精度还不如传统的相控阵雷达模式。发射子阵数越多,发射增益下降越明显,测角精度下降越厉害。

2. 比相单脉冲的测角精度

简单起见,依旧以一维线阵为背景对直接比相单脉冲测角的精度进行分析和推导。将 N 个间距为 d 的阵元构成的均匀线阵等分成两个子天线阵,子阵之间信号的相位差可以表示为

$$\psi=\frac{2\pi}{\lambda}\left(\frac{Nd}{2}\right)(\sin\theta-\sin\theta_{\mathrm{b}}) \tag{3.61}$$

由于预测指向 θ_{b} 一般满足 $|\theta-\theta_{\mathrm{b}}|<\theta_{3\mathrm{dB}}$,上式可近似为

$$\psi\approx\frac{2\pi}{\lambda}\left(\frac{Md}{2}\right)(\theta-\theta_{\mathrm{b}})\cos\theta_{\mathrm{b}} \tag{3.62}$$

对上式取微分可以得到

$$\sigma_{\Delta\psi}=\frac{2\pi}{\lambda}(Nd)\sin\theta_{\mathrm{b}}\cdot\sigma_{\Delta\theta} \tag{3.63}$$

可得相控阵模式下的角度测量均方根误差

$$\sigma_{\Delta\theta}=\frac{\lambda}{2\pi Nd\cdot\sin\theta}\cdot\sigma_{\Delta\psi} \tag{3.64}$$

同样采用微分方法，也容易求解得到该模式下的 $\sigma_{\Delta\psi}$，即 $\sigma_{\Delta\psi_{PA}}=\sqrt{2/\mathrm{SNR}_{PA}}$，因此直接比相测角精度可以表示为

$$\sigma_{\Delta\theta}=\frac{\lambda}{\pi Md\cdot\sin\theta}\cdot\sqrt{\frac{2}{\mathrm{SNR}}} \tag{3.65}$$

注意到相控阵模式下半功率波束宽度分别为

$$\theta_{3dB\_PA}\approx\frac{0.886\lambda}{Md\cos\theta_b} \tag{3.66}$$

可以用半功率波束宽度将式(3.65)表示为

$$\sigma_{\Delta\theta\_PA}=\frac{0.516}{\sqrt{\mathrm{SNR}_{PA}}}\cdot\theta_{3dB\_PA} \tag{3.67}$$

该公式可以推广至 MIMO 模式，即

$$\sigma_{\Delta\theta\_PA}=\frac{0.516}{\sqrt{\mathrm{SNR}_{MIMO}}}\cdot\theta_{3dB\_MIMO} \tag{3.68}$$

划分子阵后发射天线增益下降，因此 MIMO 模式下合成波束的信噪比将小于相控阵模式，需要通过增加积累时间的方式弥补信噪比的下降；由于 MIMO 模式下的收发联合波束小于相控阵雷达模式下的接收波束宽度，因此积累时间增加的倍数尚未达到发射子阵数时，MIMO 雷达的测角精度即可达到相控阵模式的水平；当积累时间增加的倍数等于发射子阵数时，MIMO 模式下合成波束的信噪比与相控阵模式相同，其测角精度将超过相控阵模式的水平。

3. 数值仿真

1）直接比相测角精度理论值对比验证

取阵元间距为半波长、阵元数 $M=10$ 的均匀收发线阵，目标位于阵列法线方向时，测量精度理论值和仿真统计结果对比如图 3.17 所示，图中 MIMO 模式取的是实际阵列的结果。由图 3.17 可知，$\sigma_{\Delta\psi}$、$\sigma_{\Delta\theta}$ 的仿真实验测量值与理论值基本一致，仿真实验验证了理论推导的正确性。

2）二维面阵的误差鉴别曲线

按图 3.11 结构进行仿真，MIMO 模式下，发射阵列考虑 $K=D=112$ 和 $K=4$ 两种发射子阵划分方式，接收阵列即按现有子阵划分方式考虑。

图 3.18 为 $\beta=\beta_b=\beta_{sub}$ 时，不同模式下相位差与归一化角度偏差曲线对比，β_{sub} 为基本子阵波束指向。由图可知，由于相控阵模式、MIMO（$K=112$，实际阵

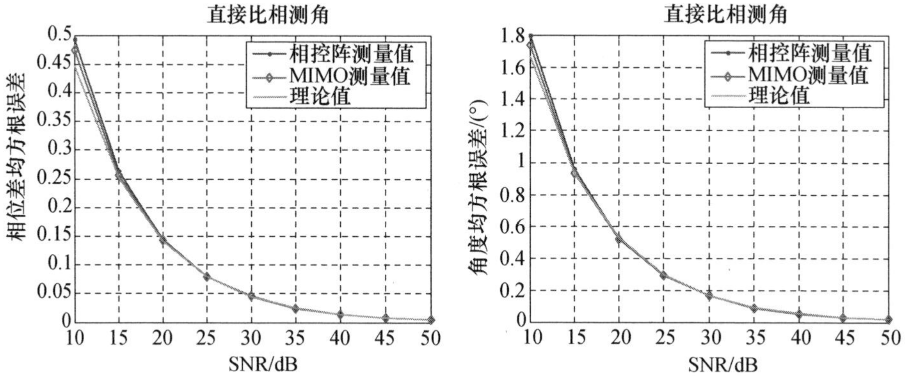

(a) $\sigma_{\Delta\psi}$的理论值与仿真实验的对比　　(b) $\sigma_{\Delta\theta}$的理论值与仿真实验的对比

图 3. 17　直接比相测角理论精度与仿真实验对比验证

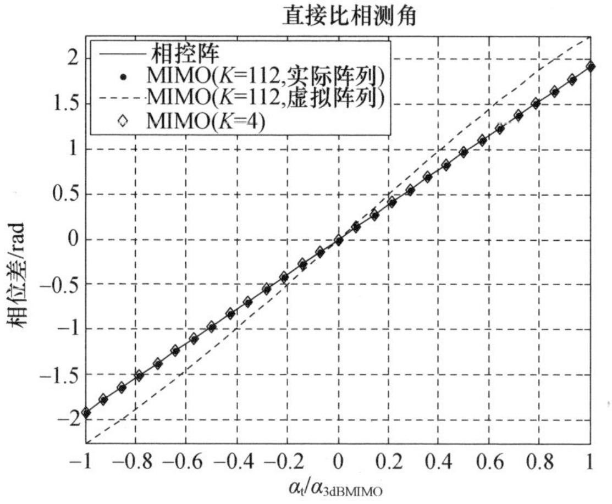

图 3. 18　不同模式下相位差与角度偏差 $\Delta\alpha$ 的关系曲线对比

列)模式以及 MIMO($K=4$)模式利用的都是实际接收阵列两子天线阵的相位差信息,所以三者的相位差曲线相同;而在 MIMO($K=112$,虚拟阵列)模式下,其虚拟阵列口径在 α 维扩展将近一倍,基于虚拟阵列得到的相位差曲线的斜率更大,即测角灵敏度更高,但其相位差曲线的线性度稍差。

3）测角精度对比

图 3. 19 中为 $\beta=\beta_b=\beta_{sub}$ 且 $\alpha=\alpha_s=\alpha_{sub}$ 即波束对准目标方向时,角度测量精度随信噪比的变化情况,其中横坐标轴的信噪比 SNR 为整个阵列波束形成之后的输出信噪比,几种方法下直接比相测角方法的测量精度均随着信噪比的增大逐渐提高。而对比几种模式下的角度 RMSE 曲线可知,MIMO($K=112$,虚拟阵列)模式的测角精度较高,其他模式的测角精度相同而且较低。

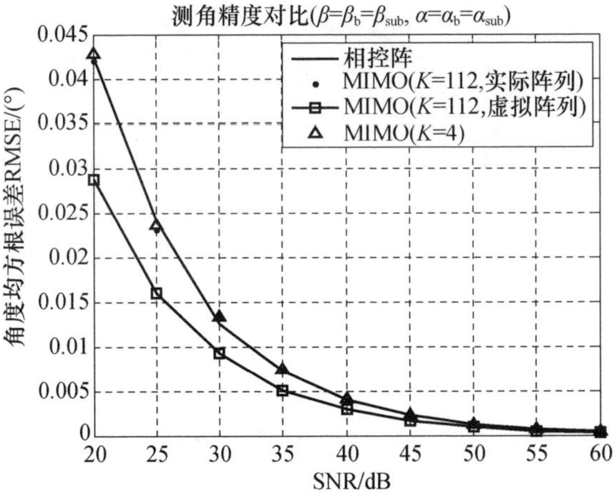

图 3.19　角度均方根误差与信噪比的关系曲线

图 3.20 给出了 $|\alpha_b-\alpha|$ 取不同值，即 α 波束指向方向存在不同偏差时，和差比相方法对 β 的测角精度。由图可知，α 波束指向出现偏差时，β 方向的测角精度有所下降，偏离越大，下降越明显。特别当 $\alpha=\alpha_s+\alpha_{3dBMIMO}/3$ 时，出现了高信噪比情况下 MIMO（$K=112$，虚拟阵列）模式的测角精度反而比其他模式更差的情况，这与该方向下线性程度的弱化有直接关系，可通过非线性拟合的方法进行弥补。

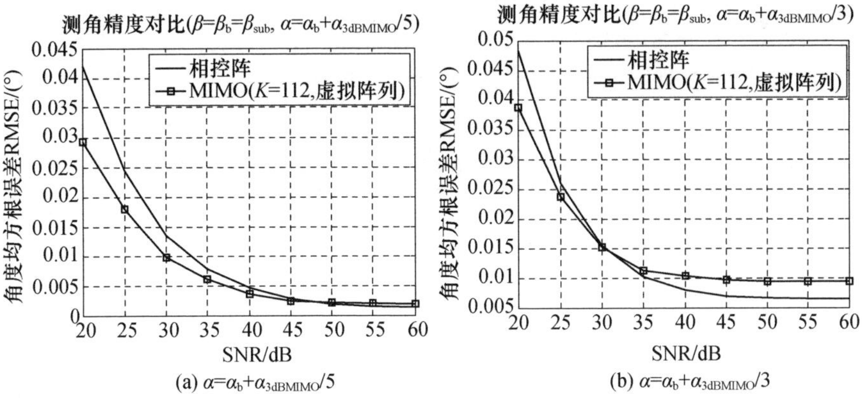

(a) $\alpha=\alpha_b+\alpha_{3dBMIMO}/5$　　(b) $\alpha=\alpha_b+\alpha_{3dBMIMO}/3$

图 3.20　$|\alpha_b-\alpha|$ 取不同值时的测角精度对比

图 3.21 对不同单脉冲测角方法的精度进行了比较。为了方便表示，分别以 AC（Amplitude Comparison）、PC（Phase Comparison）及 SDPC（Sum and Difference Phase Comparison）分别代表和差比幅法、直接比相法及和差比相法。

可以看出，和差比幅法在 MIMO（$K=112$）模式下的测角精度最高；直接比相法

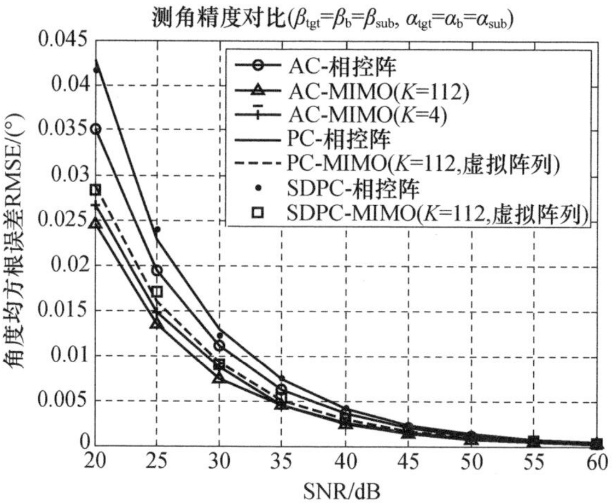

图 3.21 $\beta=\beta_b=\beta_{sub}$ 且 $\alpha=\alpha_b=\alpha_{sub}$ 时不同测角方法的精度对比

与和差比相法在对应模式下的测角精度基本相同,而且两种方法在 MIMO($K=112$,虚拟阵列)模式下的测角精度均高于比幅法或比相方法在相控阵模式下的测角精度。

3.2.4 单基地 MIMO 雷达中的超分辨角度估计

Schmidt 等人提出的 MUSIC 算法并不限制阵列的具体形式,因此很容易推广到单基地集中式 MIMO 雷达中。但实际运用时需要解决一系列工程问题,其中入射信号的相关性、快拍数不足以及同时存在的非等强多目标等问题均会严重影响算法的实际性能,这些问题均存在于单基地集中式 MIMO 雷达中。

解决此类问题的研究比较多。McCloud 等人提出的 SSMUSIC 算法[6,7],同时利用信号子空间和噪声子空间的信息,有效改善了子空间算法在低信噪比、短采样情形下的角度分辨率和测角精度;文献[8-12]讨论了基于空间平滑的去相关 MUSIC 算法;文献[13]则利用 MIMO 雷达收、发阵列之间的对偶性,通过行列复用等手段等效地增加样本数量,并解决 MIMO 雷达背景下的相干信源角度估计问题。

将 SSMUSIC 算法扩展应用到面阵 MIMO 雷达的角度估计中,并采用修正去相关算法以及接收数据样本行列复用方法,能有效提高目标角度估计精度。

1. 单基地 MIMO 雷达多目标回波信号模型

考虑一个由 N_t 个发射通道和 N_r 个接收通道构成的面阵 MIMO 雷达系统,其发射正交信号 $S=[s_1 \quad s_2 \quad \cdots \quad s_{N_t}]^T \in C^{N_t \times L}$。假设目标位于远场,对于方向 (θ,φ) 处的点目标,其发射导向矢量为 $\boldsymbol{a}(\theta,\varphi)$,接收导向矢量为 $\boldsymbol{b}(\theta,\varphi)$;若有

K 个点目标将信号源辐射到接收阵列，则 MIMO 雷达的接收信号为

$$\boldsymbol{x}[l] = \sum_{i=1}^{K} \alpha_i \cdot \boldsymbol{b}(\theta_i,\varphi_i) \cdot \boldsymbol{a}^{\mathrm{T}}(\theta_i,\varphi_i) \cdot \boldsymbol{S}[l] + \boldsymbol{v}[l] \quad (l = 1,2,\cdots,L) \tag{3.69}$$

式中：$\boldsymbol{v} \in C^{N_t \times L}$ 为均值为零、方差为 σ_v^2 的复高斯白噪声；l 为时间序列；α_i 为第 i 个目标的反射系数。将接收信号通过匹配滤波器组，得到 $N_r \times N_t$ 个信号

$$\begin{aligned}\tilde{y} &= \frac{1}{L}\sum_{l=1}^{L} \boldsymbol{x}[l] \cdot S^{\mathrm{H}}[l] \\ &= \sum_{i=1}^{K} \alpha_i \cdot \boldsymbol{b}(\theta_i,\phi_i) \cdot \boldsymbol{a}^{\mathrm{T}}(\theta_i,\phi_i) + \frac{1}{L}\sum_{l=1}^{L} \boldsymbol{v}[l] \cdot \boldsymbol{S}^{\mathrm{H}}[l]\end{aligned} \tag{3.70}$$

式中：假设 $\frac{1}{L}\sum_{l=1}^{L} \boldsymbol{S}[l] \cdot \boldsymbol{S}^{\mathrm{H}}[l] = I_{N_r \times N_t}$。把 $\tilde{y}$ 按列依次排成一列，可得

$$y = \mathrm{vec}(\tilde{y}) = \sum_{i=1}^{K} \alpha_i \cdot [\boldsymbol{a}(\theta_i,\varphi_i) \otimes \boldsymbol{b}(\theta_i,\varphi_i)] + V_n \tag{3.71}$$

式中："$\otimes$"为 kronecker 积；$V_n \in C^{(N_r \times N_t) \times 1}$ 是均值为零、方差为 $\sigma_V^2 = \sigma_v^2/L$ 的复高斯白噪声。将 Q 个脉冲的匹配滤波输出堆积起来，得到

$$\boldsymbol{Y} = [y_1 \quad y_2 \quad \cdots \quad y_Q] = \boldsymbol{A} \cdot \alpha + \boldsymbol{V}, \quad \boldsymbol{Y} \in C^{(N_r N_t) \times Q} \tag{3.72}$$

记 MIMO 模式下的联合导向矢量

$$\boldsymbol{a}_{\mathrm{tr}}(\theta,\varphi) \triangleq \boldsymbol{a}(\theta,\varphi) \otimes \boldsymbol{b}(\theta,\varphi) \tag{3.73}$$

则有

$$\boldsymbol{A} = [a_{\mathrm{tr}}(\theta_1,\varphi_1) \quad a_{\mathrm{tr}}(\theta_2,\varphi_2) \quad \cdots \quad a_{\mathrm{tr}}(\theta_K,\varphi_K)], \quad \boldsymbol{A} \in C^{(N_r N_t) \times K} \tag{3.74}$$

而且

$$\boldsymbol{\alpha} = \begin{bmatrix} \alpha_{11} & \alpha_{12} & \cdots & \alpha_{1Q} \\ \alpha_{21} & \alpha_{22} & \cdots & \alpha_{2Q} \\ \vdots & \vdots & \ddots & \vdots \\ \alpha_{K1} & \alpha_{K2} & \cdots & \alpha_{KQ} \end{bmatrix}, \quad \alpha \in C^{K \times Q} \tag{3.75}$$

$$\boldsymbol{V} = [V_1 \quad V_2 \quad \cdots \quad V_Q], \quad \boldsymbol{V} \in C^{(N_r N_t) \times Q} \tag{3.76}$$

2. SSMUSIC 算法

文献[6]提出了 SSMUSIC 算法。仿真实验表明，低信噪比或存在相关信源情况下该算法具备更稳健的测角性能。其主要思想源自于如下不等式

$$\mathrm{Trace}[\boldsymbol{R}_S]+2\cdot\frac{\boldsymbol{a}_{\mathrm{tr}}^{\mathrm{H}}(\theta,\varphi)\boldsymbol{E}_N\boldsymbol{E}_N^{\mathrm{H}}\boldsymbol{a}_{\mathrm{tr}}(\theta,\varphi)}{\boldsymbol{a}_{\mathrm{tr}}^{\mathrm{H}}(\theta,\varphi)\boldsymbol{R}_S^{+}\boldsymbol{a}_{\mathrm{tr}}(\theta,\varphi)}\geqslant\mathrm{Trace}[\boldsymbol{R}_S] \tag{3.77}$$

式中：左端为信号总功率的估计值，$\mathrm{Trace}[\boldsymbol{R}_S]$实际上就是信号的总功率；$\boldsymbol{R}_S=\boldsymbol{R}_Y-\sigma_V^2\boldsymbol{I}_{N_rN_t}$是真实自相关矩阵的信号部分，$\boldsymbol{R}_S^{+}$ 则是 $\boldsymbol{R}_S$ 的 Moore - penrose 逆矩阵，有

$$\boldsymbol{R}_S^{+}=E_S(\boldsymbol{\Lambda}_S-\sigma_V^2\boldsymbol{I}_K)^{-1}\boldsymbol{E}_S^{\mathrm{H}} \tag{3.78}$$

式中：$\boldsymbol{\Lambda}_S=\mathrm{diag}(\lambda_1,\lambda_2,\cdots,\lambda_K)$为 K 个大特征值构成的对角距阵；σ_V^2 为噪声功率；$\boldsymbol{I}_K$ 为 K 阶单位阵。因此，可以按照“使信号的总功率估计值的误差最小”的原则来计算信号的伪功率谱函数

$$P_{\mathrm{SSMUSIC}}(\theta,\varphi)=\frac{\boldsymbol{a}_{\mathrm{tr}}^{\mathrm{H}}(\theta,\varphi)\boldsymbol{R}_S^{+}\boldsymbol{a}_{\mathrm{tr}}(\theta,\varphi)}{\boldsymbol{a}_{\mathrm{tr}}^{\mathrm{H}}(\theta,\varphi)\boldsymbol{E}_N\boldsymbol{E}_N^{\mathrm{H}}\boldsymbol{a}_{\mathrm{tr}}(\theta,\varphi)} \tag{3.79}$$

式中：K 个最大谱峰对应的角度就是所求方位角和俯仰角的估计值。与式(3.20)相比，其谱函数式(3.79)的分母就是经典 MUSIC 方法的功能函数，但是分子上多出了一项 $\boldsymbol{R}_S^{+}$，由于同时利用了信号子空间和噪声子空间的信息，使得 SSMUSIC 方法在低信噪比时的角度估计性能更优。

3. 修正去相关算法

采用 MUSIC/SSMUSIC 算法估计相关信源时，其角度估计性能将随信源间相关性的增加而逐渐降低，直至完全恶化。于是，各种各样的去相关方法被提出以解决该问题，而在这些方法中，最常用的就是前/后向空间平滑算法和修正 MUSIC（M - MUSIC）算法[11,12]。

前/后向空间平滑算法是将接收阵列分成多个阵列流型相同的子阵列，对各子阵的自相关矩阵进行平均运算从而实现去相关。其代价是减小了阵列孔径，使得非相关信号源的 DOA 估计性能下降，并且减少了可估计的信源数目。

在前后向空间平滑技术中，如果取子阵长度与总阵元数相同，就形成修正 MUSIC 算法。由式(3.72)可得阵列协方差矩阵，即

$$\boldsymbol{R}_Y=\boldsymbol{E}[\boldsymbol{Y}\boldsymbol{Y}^{\mathrm{H}}]=\boldsymbol{A}\boldsymbol{P}\boldsymbol{A}^{\mathrm{H}}+\sigma^2\boldsymbol{I}_{N_rN_t} \tag{3.80}$$

式中：$\boldsymbol{P}=\boldsymbol{E}[\boldsymbol{\alpha}\cdot\boldsymbol{\alpha}^{\mathrm{H}}]\in C^{K\times K}$，为信号自相关矩阵，令

$$\boldsymbol{Z}=\boldsymbol{J}_{N_rN_t}\boldsymbol{Y}^{*} \tag{3.81}$$

式中：$\boldsymbol{J}_{N_rN_t}$为 N_rN_t 阶交换矩阵，有 $\boldsymbol{J}_{N_rN_t}\boldsymbol{J}_{N_rN_t}=\boldsymbol{I}_{N_rN_t}$，可得 $\boldsymbol{Z}$ 的自相关矩阵为

$$\boldsymbol{R}_Z=E[\boldsymbol{Z}\boldsymbol{Z}^{\mathrm{H}}]=\boldsymbol{J}_{N_rN_t}\boldsymbol{A}^{*}\boldsymbol{P}^{*}\boldsymbol{A}^{\mathrm{T}}\boldsymbol{J}_{N_rN_t}+\sigma^2\boldsymbol{I}_{N_rN_t}=\boldsymbol{J}_{N_rN_t}\boldsymbol{R}_Y^{*}\boldsymbol{J}_{N_rN_t} \tag{3.82}$$

令矩阵 $\boldsymbol{D}$ 为

$$\boldsymbol{D}=\mathrm{diag}[\mathrm{e}^{-\mathrm{j}\varphi_1}\quad \mathrm{e}^{-\mathrm{j}\varphi_2}\quad \cdots\quad \mathrm{e}^{-\mathrm{j}\varphi_K}] \tag{3.83}$$

式中：$\varphi_k=(M-1)\cdot\frac{2\pi}{\lambda}dz\cdot\sin\theta_k\cdot\cos\varphi_k+(N-1)\cdot\frac{2\pi}{\lambda}dy\cdot\sin\varphi_k$，$M$ 和 N 分别是二维阵列的行数、列数。则有下面关系

$$\boldsymbol{J}_{N_rN_t}\boldsymbol{A}^*=\boldsymbol{A}\boldsymbol{D}^* \tag{3.84}$$

当信源非相关时，矩阵 P 是对角阵且元素均为实数，将式(3.84)代入式(3.82)可得

$$\boldsymbol{R}_Z=\boldsymbol{A}\boldsymbol{P}\boldsymbol{A}^{\mathrm{H}}+\sigma_V^2\boldsymbol{I}_{N_rN_t}=\boldsymbol{R}_Y \tag{3.85}$$

现在令

$$\boldsymbol{R}=\frac{\boldsymbol{R}_Y+\boldsymbol{R}_Z}{2}=\frac{\boldsymbol{R}_Y+\boldsymbol{J}_{N_rN_t}\boldsymbol{R}_Y^*\boldsymbol{J}_{N_rN_t}}{2} \tag{3.86}$$

对 R 进行特征分解并进行信号 DOA 估计时，具有平均的意义，不会对非相关信号源的 DOA 估计性能产生影响，但可提高相关信号源 DOA 估计的性能。

4. 改进的修正 SSMUSIC 算法

单基地 MIMO 雷达中使用超分辨算法时，可将 $N_r\times N_t$ 个匹配滤波数据按行排成的$(N_rN_t)\times1$ 列矢量作为快拍数据，点源目标的回波可以写成如下形式

$$y'=\sum_{i=1}^{K}\alpha_i\cdot[\boldsymbol{b}(\theta_i,\varphi_i)\otimes\boldsymbol{a}(\theta_i,\varphi_i)]+V' \tag{3.87}$$

其对应的联合导向矢量为 $\boldsymbol{b}(\theta,\varphi)\otimes\boldsymbol{a}(\theta,\varphi)\triangleq\boldsymbol{a}_{rt}(\theta,\varphi)$。

若收发阵列结构相同，则有 $\boldsymbol{a}_{rt}(\theta,\varphi)=\boldsymbol{a}_{tr}(\theta,\varphi)$，称为 MIMO 雷达收、发阵列之间的对偶性。由此可得一种新的 M－SSMUSIC 方法，该方法利用上述对偶特征，对 MIMO 雷达的匹配滤波数据矩阵进行行列复用以等效地增加样本数量[13]。该算法的具体步骤如下。

步骤 1　将$\tilde{y}$按列向量依次排成一列 y，求协方差矩阵 $\boldsymbol{R}_Y=\boldsymbol{E}[\boldsymbol{Y}\cdot\boldsymbol{Y}]$。

步骤 2　将$\tilde{y}$按行向量依次排成一列 y'，求协方差矩阵 $\boldsymbol{R}_{Y'}=\boldsymbol{E}[\boldsymbol{Y}'\cdot\boldsymbol{Y}']$。

步骤 3　计算新的协方差矩阵：$\boldsymbol{R}=(\boldsymbol{R}_Y+\boldsymbol{R}_{Y'})/2$。

步骤 4　进行空间平滑：$\boldsymbol{R}'=(\boldsymbol{R}+\boldsymbol{J}\cdot\boldsymbol{R}^*\cdot\boldsymbol{J})/2$。

步骤 5　对 $\boldsymbol{R}'$进行特征分解，并按式(3.79)计算空间伪谱函数，进行二维谱峰搜索，K 个最大值位置对应的方位角和俯仰角估计值就是目标所在角度的估计值。

上述算法里，由于 y 和 y'均来自$\tilde{y}$，二者所包含的信号分量相同，所以，匹配滤波数据矩阵行列复用对信号分量自相关矩阵的估计精度没有影响；但噪声相关矩阵 $\boldsymbol{V}$ 与 $\boldsymbol{V}'$中除了有 $N_t=N_r$ 个元素相等之外，其余元素都是互不相关的，因此匹配滤波数据矩阵行列复用能够提高对噪声分量自相关矩阵的估计精度，有利于提高后续波达方向估计的精度。

5. 数字仿真

验证 SSMUSIC 算法在二维阵列中的使用性能，并与经典的 MUSIC 算法进行对比。设定仿真条件为：集中式 MIMO 雷达；收发阵列行数 $M=4$、列数 $N=4$；方阵的四角不放置阵元，即收发阵列阵元数 $N_t=N_r=12$，行(列)的阵元间距为半波长；发射脉冲数 $Q=50$，脉冲宽度 $T_p=40.96\mu s$，占空比 10%（即取脉冲重复周期 $T=409.6\mu s$）；采样率 $f_s=50MHz$，载频 $f_c=1GHz$；反射系数 $\alpha\in CN(0,1)$，假设空间有三个目标源，分别位于 $(\theta_1,\varphi_1)=(10°,20°)$，$(\theta_2,\varphi_2)=(20°,30°)$ 和 $(\theta_3,\varphi_3)=(22°,28°)$ 方向。

1）角度分辨能力

先观察 MIMO 模式采用 MUSIC/SSMUSIC 算法进行仿真得到的空间谱图，输入信噪比 $SNR_{in}=0dB$。

如图 3.22 所示，未采用空间平滑技术和匹配滤波数据行列复用方法时，MUSIC 算法不能分辨 $(\theta_2,\varphi_2)=(20°,30°)$ 和 $(\theta_3,\varphi_3)=(22°,28°)$ 这两个入射方向较近的目标源；与之相比，SSMUSIC 算法分辨性能稍好，但也只是勉强能够分辨出这两个目标。

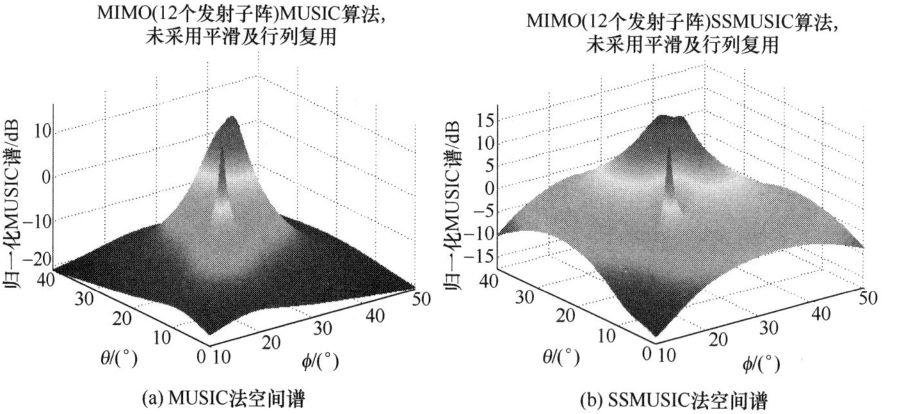

(a) MUSIC法空间谱　　(b) SSMUSIC法空间谱

图 3.22　MIMO 模式的空间谱(未采用空间平滑和行列复用)

由图 3.23 可知，采用空间平滑技术后，MUSIC 算法、SSMUSIC 算法的分辨性能均有所提高，SSMUSIC 算法的分辨力依然高于 MUSIC 算法。

同时采用空间平滑技术和匹配滤波数据行列复用方法后，MUSIC 算法和 SSMUSIC 算法的分辨性能得到进一步提高，由图 3.24 也可看出，而且 SSMUSIC 算法的分辨力依然较经典方法更高。

2）角度估计精度

进行 100 次蒙特卡罗仿真，图 3.25 为相控阵模式下第一个信号源的角度均方根误差曲线，其横轴标注的是输入信噪比 SNR_{in}。由图可知，相控阵模式下

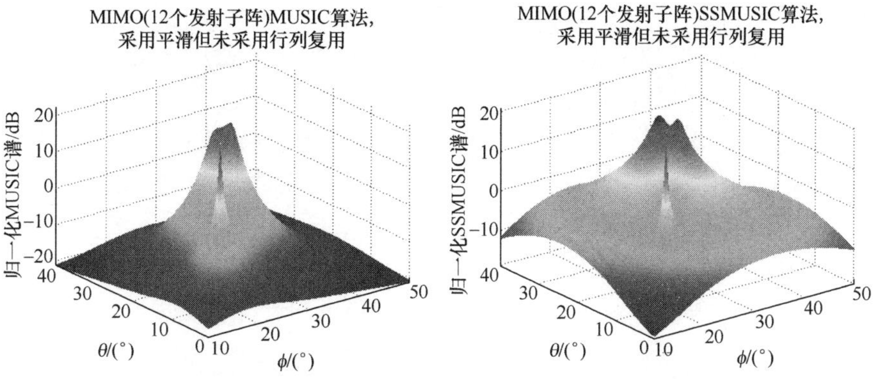

(a) MUSIC法空间谱　　(b) SSMUSIC法空间谱

图 3.23　MIMO 模式的空间谱(采用空间平滑,未采用行列复用)

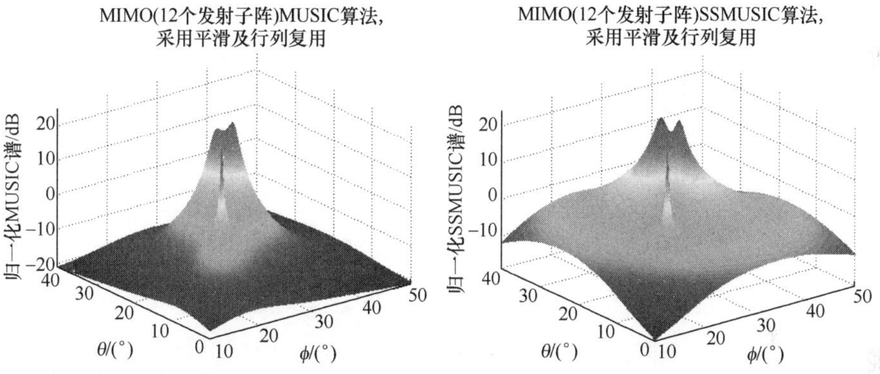

(a) MUSIC法空间谱　　(b) SSMUSIC法空间谱

图 3.24　MIMO 模式的空间谱(采用空间平滑和行列复用)

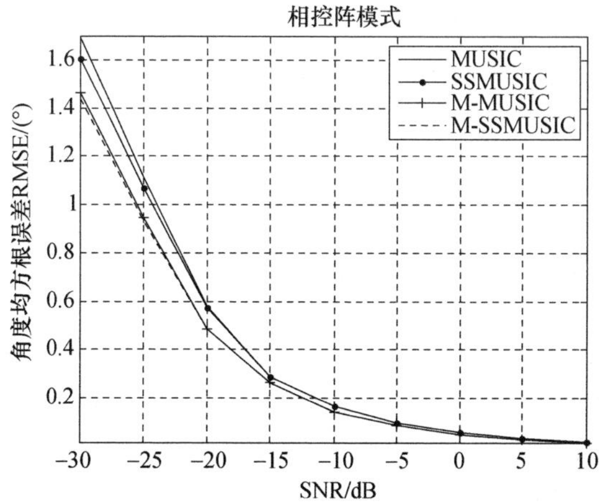

图 3.25　相控阵模式的角度均方根误差曲线

SSMUSIC 算法的测角精度高于 MUSIC 算法,这是因为前者在后者的基础上又利用了信号子空间的信息的缘故;采用修正的空间去平滑算法(前缀 M－)后,两种算法的测角精度均有所提高。

同样进行 100 次蒙特卡罗仿真,图 3.26 为 MIMO 模式下第一个信号源的角度均方根误差曲线。此种模式下,依然是 SSMUSIC 算法的测角精度较高;采取修正的空间去平滑算法(前缀 M－)后,两种算法的测角精度均提高;在此基础上,再采用匹配滤波数据矩阵行列复用的方法(前缀 MRC－),由于提高了协方差矩阵噪声分量的估计精度,两种算法的测角精度均进一步提高。

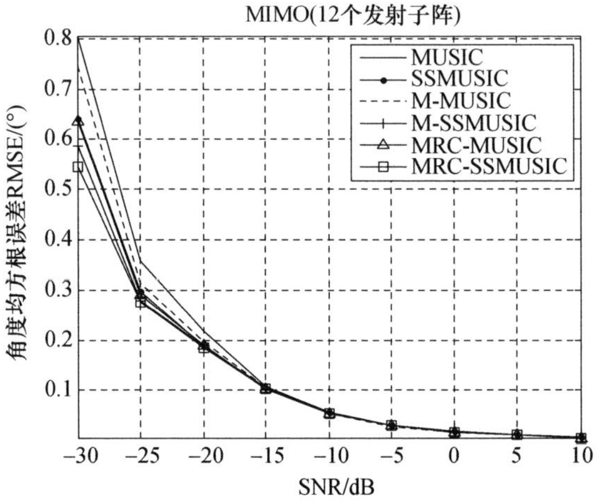

图 3.26　MIMO 模式的角度均方根误差曲线

3.3　双基地 MIMO 雷达中的收发角度测量

双基地 MIMO 雷达是一种特殊体制的 MIMO 雷达系统,它兼容了 MIMO 和双基地两种雷达体制的优点,具有很大的潜力和实用价值。这里重点介绍双基地 MIMO 雷达中的角度测量问题。可以看到,除像常规雷达一样利用接收阵列估计目标回波的到达角之外,双基地 MIMO 雷达能够估计出目标相对于发射阵列的视线角,它等效于测量电磁波的离去角,这是双基地 MIMO 雷达特有的功能。

双基地 MIMO 雷达的接收阵列和常规固态阵列没有什么本质上的不同,因此接收阵列的角度估计和常规相控阵雷达完全相同;同样,借助等效的发射波束形成技术,也可以将传统的比幅单脉冲技术简单地推广到双基地发射阵列的角度估计上。这里对单脉冲角度测量技术的运用不再做进一步的讨论,只重点讨论超分辨算法在双基地 MIMO 雷达目标跟踪中的应用问题。

注意到计算量大是超分辨算法的主要瓶颈之一，这里以 MSWF 为基础，构造了一种无须参考信号的低复杂度角度估计算法，并将其应用到双基地 MIMO 雷达中，取得了很好的效果。作为支撑，还提出了一种基于 Powell 算法的角度信息提取方法，它和角度跟踪回路紧密结合在一起，能够快速完成超分辨算法中的目标角度信息提取。

3.3.1　双基地 MIMO 雷达信号模型

双基地 MIMO 雷达基本结构如图 3.27 所示，收发阵列在空域上分开配置，以便扩大对目标观察的双基地角。各单元发射的波形之间彼此正交，系统发射的能量均匀覆盖几乎所有的雷达责任空间。这里假设发射阵列系统包含 M 个无方向性辐射单元，接收系统包含 N 个接收单元；发射系统至接收系统的距离为 L_0；目标相对于发射阵列和接收阵列的方位角分别记为 θ 和 ϑ。基本配置中的收发阵列均为水平均匀线阵，实际运用中两者均可以是二维的面阵。

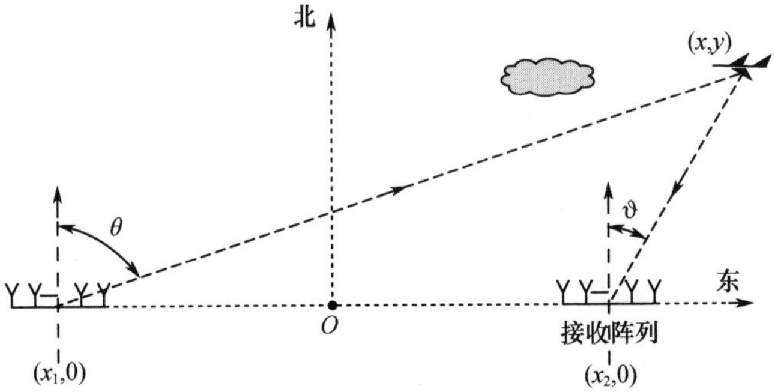

图 3.27　双基地 MIMO 雷达基本配置示意图

各通道发射的信号序列 $s_i(t)(i=1,\cdots. M)$ 可以排列成矩阵形式，记为

$$\boldsymbol{S}(t)=[s_1(t)\quad s_2(t)\quad \cdots\quad s_M(t)]^{\mathrm{T}} \tag{3.88}$$

满足正交条件

$$\int_{T_{\mathrm{p}}} s_i(t)\cdot s_j^*(t)\,\mathrm{d}t=\begin{cases}1, & i=j\\ 0, & i\neq j\end{cases} \tag{3.89}$$

这里 T_{p} 为发射脉冲宽度。目标处的合成信号可表示为

$$p(t)=\eta_t \boldsymbol{a}^{\mathrm{T}}(\theta) * \boldsymbol{S}(t-t') \tag{3.90}$$

式中：$\boldsymbol{a}(\theta)=[1\quad \mathrm{e}^{-\mathrm{j}2\pi f_{\mathrm{st}}}\quad \cdots\quad \mathrm{e}^{-\mathrm{j}2(M-1)\pi f_{\mathrm{st}}}]^{\mathrm{T}}$ 为发射阵列导向矢量，而 $f_{\mathrm{st}}=d_{\mathrm{t}}\sin\theta/\lambda$ 为发射阵列归一化空间频率，λ 和 d_{t} 分别为发射信号波长和发射单元之间的间隔；另外 η_t 为与信号发射过程有关的传输系数；t' 为电磁信号自发射阵

列至目标的单程传输延时。更进一步，接收信号向量可表示为

$$\boldsymbol{X}(t)=\eta\boldsymbol{b}(\vartheta)\boldsymbol{a}^{\mathrm{T}}(\theta)\boldsymbol{S}(t-t_0)+\boldsymbol{V}(t) \tag{3.91}$$

式中：η 为与收发传输过程有关的传输系数；$\boldsymbol{b}(\vartheta)=[1\quad e^{-j2\pi f_{sr}}\quad\cdots\quad e^{-j2(N-1)\pi f_{sr}}]^{\mathrm{T}}$ 为接收阵列导向矢量，$f_{sr}=d_r\sin\vartheta/\lambda$ 为接收阵列归一化空间频率，d_r 为接收单元之间的间隔；$\boldsymbol{V}(t)$ 为 N 维白色高斯噪声矢量；t_0 为电磁波传输的延迟时间。

可以看到，双基地 MIMO 雷达回波中不仅包含目标相对于接收阵列的角度信息，还包含目标相对于发射阵列的角度信息。将 M 个发射信号 $s_1(t),s_2(t)\cdots,s_M(t)$ 分别与个接收通道得到的信号进行匹配，将得到 $N\times M$ 路输出。目标位置附近的输出可排列成二维矩阵的形式，表示为

$$\boldsymbol{Z}=\boldsymbol{X}(t)\boldsymbol{S}(t-t_0)^{\mathrm{T}}=\eta\boldsymbol{b}(\vartheta)\boldsymbol{a}^{\mathrm{T}}(\theta)\boldsymbol{R}_s \tag{3.92}$$

式中：$\boldsymbol{R}_s=\boldsymbol{S}\boldsymbol{S}^{\mathrm{H}}/L\in C^{M\times M}$为发射信号的协方差矩阵，$L$ 为信号序列的长度。通过上述处理，得到的矩阵 $\boldsymbol{Z}$ 完整地保留了目标相对于发射阵列和接收阵列的角度信息。

3.3.2 基于 MSWF 的角度估计

1. 多级维纳滤波器的基本原理

MSWF 以独特的嵌套结构完成维纳滤波，是 Goldstein 等人为解决降维自适应滤波问题提出的[15-17]。MSWF 采用递推的方法求解维纳滤波问题，基本思路是对观测信号进行多次正交投影分解。Zoltowski 提出了一种基于数据级的 Lattice-MSWF 方法，它采用相关相减的方法完成递推过程，不断剔除数据中的信号成分，实现了子空间的快速分解[18]。该算法不仅避免了矩阵求逆或特征分解运算，更避免了阻塞矩阵的计算，因此是一种很实用的算法。

经典维纳滤波从观察矢量中估计出期望信号，在最小均方误差（MMSE）意义下是最优的，可用图 3.28 所示结构表示。其最优线性权值可表示为

$$\boldsymbol{w}_{x_0}=\boldsymbol{R}_{x_0}^{-1}\boldsymbol{r}_{x_0d_0} \tag{3.93}$$

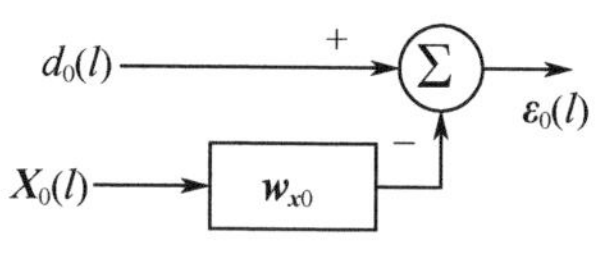

图 3.28　经典维纳滤波器结构

式中：$\boldsymbol{R}_{x_0}=\boldsymbol{E}[\boldsymbol{X}_0(l)\boldsymbol{X}_0^{\mathrm{H}}(l)]$为观察信号的协方差矩阵；$\boldsymbol{r}_{x_0d_0}=\boldsymbol{E}[\boldsymbol{X}_0(l)\boldsymbol{d}_0^*(l)]$为观察信号矢量 $\boldsymbol{X}_0$ 与期望信号之间的互相关矢量。

值得注意的是，如果在进行维纳滤波前，对观察数据进行如下线性预处理，即

$$z(l)=\boldsymbol{T}_1\boldsymbol{X}_0(l) \tag{3.94}$$

只要 $\boldsymbol{T}_1$ 是满秩而非奇异的酉阵，则新的维纳滤波器将具有完全相同的 MMSE。

我们可选择如下形式的变换矩阵：$\boldsymbol{T}_1=(\boldsymbol{h}_1,\boldsymbol{B}_1^{\mathrm{H}})^{\mathrm{H}}$，式中：$\boldsymbol{h}_1=\dfrac{\boldsymbol{r}_{x_0d_0}}{\sqrt{\boldsymbol{r}_{x_0d_0}^{\mathrm{H}}\boldsymbol{r}_{x_0d_0}}}$；$\boldsymbol{B}_1$ 为阻塞矩阵，有 $\boldsymbol{B}_1\boldsymbol{h}_1=0$，于是

$$z_1(l)=\boldsymbol{T}_1\boldsymbol{X}_0(l)=\begin{bmatrix}\boldsymbol{h}_1^{\mathrm{H}}\boldsymbol{X}_0(l)\\ \boldsymbol{B}_1\boldsymbol{X}_0(l)\end{bmatrix}=\begin{bmatrix}\boldsymbol{d}_1(l)\\ \boldsymbol{x}_1(l)\end{bmatrix}\tag{3.95}$$

$$\boldsymbol{R}_{z1}=\begin{bmatrix}\boldsymbol{\sigma}_{d_1}^2 & \boldsymbol{r}_{x_1d_1}^{\mathrm{H}}\\ \boldsymbol{r}_{x_1d_1} & \boldsymbol{R}_{x_1}\end{bmatrix}\tag{3.96}$$

这里有：$r_{x_1d_1}=E[\boldsymbol{X}_1(l)\boldsymbol{d}_1^*(l)]=\boldsymbol{B}_1\boldsymbol{R}_{x_0}\boldsymbol{h}_1$，$\boldsymbol{\sigma}_{d_1}=E[\boldsymbol{d}_1(l)\boldsymbol{d}_1^{\mathrm{H}}(l)]=\boldsymbol{h}_1^{\mathrm{H}}\boldsymbol{R}_{x_0}\boldsymbol{h}_1$，$\boldsymbol{R}_{x_1}=\boldsymbol{E}[\boldsymbol{x}_1(l)\boldsymbol{x}_1^{\mathrm{H}}(l)]=\boldsymbol{B}_1\boldsymbol{R}_{x_0}\boldsymbol{B}_1^{\mathrm{H}}$。

可以证明[17]

$$\boldsymbol{R}_{z1}^{-1}=\xi_1^{-1}\begin{bmatrix}1 & -\boldsymbol{r}_{x_1d_1}^{\mathrm{H}}\boldsymbol{R}_{x_1}^{-1}\\ -\boldsymbol{R}_{x_1}^{-1}\boldsymbol{r}_{x_1d_1} & \boldsymbol{R}_{x_1}^{-1}(\boldsymbol{\xi}_1\boldsymbol{I}+\boldsymbol{r}_{x_1d_1}\boldsymbol{r}_{x_1d_1}^{\mathrm{H}}\boldsymbol{R}_{x_1}^{-1})\end{bmatrix}\tag{3.97}$$

这里有 $\boldsymbol{\xi}_1=\boldsymbol{\sigma}_{d_1}^2-\boldsymbol{r}_{x_1d_1}^{\mathrm{H}}\boldsymbol{R}_{x_1}^{-1}\boldsymbol{r}_{x_1d_1}$，再注意到

$$\boldsymbol{r}_{z_1d_1}=\boldsymbol{E}[z_1(k)\boldsymbol{d}_1^*(k)]=\boldsymbol{T}_1\boldsymbol{r}_{x_0d_0}=[\delta_1\quad 0\quad\cdots\quad 0]^{\mathrm{T}}\tag{3.98}$$

其中：$\boldsymbol{\delta}_1=\boldsymbol{h}_1^{\mathrm{H}}\boldsymbol{r}_{x_0d_0}=\sqrt{\boldsymbol{r}_{x_0d_0}^{\mathrm{H}}\boldsymbol{r}_{x_0d_0}}$，于是可以得到

$$\boldsymbol{\omega}_{z1}=\boldsymbol{R}_{z1}^{-1}\boldsymbol{r}_{z_1d_1}=\boldsymbol{\xi}_1^{-1}\boldsymbol{\delta}_1\begin{bmatrix}1\\ -\boldsymbol{R}_{x_1}^{-1}\boldsymbol{r}_{x_1d_1}\end{bmatrix}\tag{3.99}$$

记 $\boldsymbol{\omega}_1=\boldsymbol{\xi}_1^{-1}\boldsymbol{\delta}_1$，从而可以给出如图 3.29 所示的等效维纳滤波处理结构。

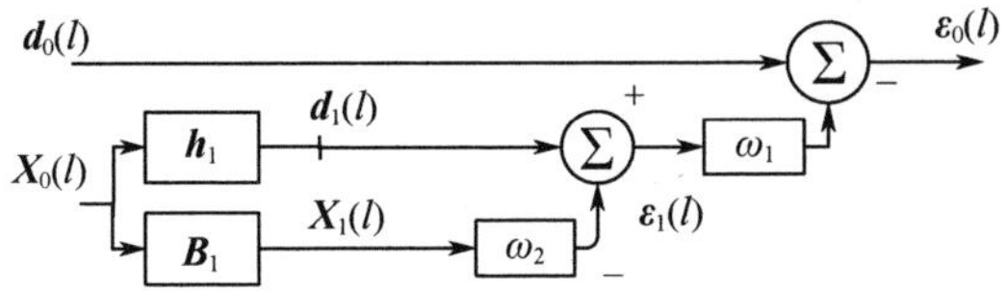

图 3.29　维纳滤波器等效结构

多次使用上述过程，可以获得维纳滤波的递归形式，如图 3.30 所示。

MSWF 无需矩阵求逆或特征分解运算，计算复杂度较低，已成功应用于多个领域[17]。Zoltowsi 等人提出的数据级 Lattice 结构的 MSWF，更避免了阻塞矩阵的计算，是一种很实用的算法，其递推算法的结构和处理流程分别如图 3.31 所示，如表 3.1 所列[18]。

图表中 l 为快拍数，$\boldsymbol{d}_i(l)$、$\boldsymbol{x}_i(l)$、$\boldsymbol{t}_i$ 分别为第 i 次前向递推中的期望信号、数

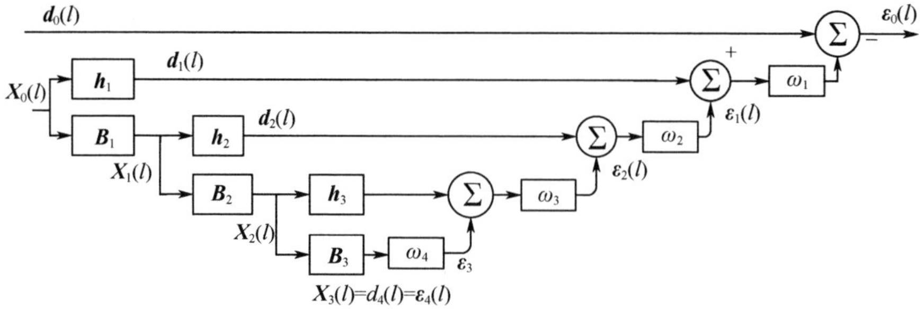

图 3.30　MSWF 递归结构

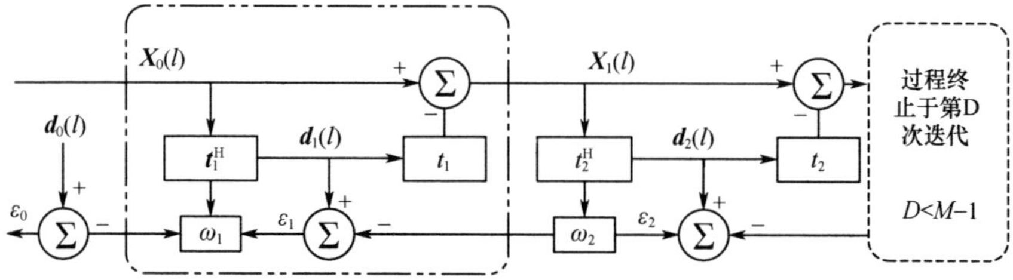

图 3.31　数据水平维纳滤波器结构

据矢量和匹配滤波器权值矢量，w_i、$\boldsymbol{\varepsilon}_i(l)$ 分别为第 i 次后向递推中的标量权值和误差信号，$\boldsymbol{w}_{zD}$ 则是后向递推完成后得到的中间权值矢量。

表 3.1　数据级 Lattice MSWF 算法

前向递推（$i=1,2,\cdots,D$）
$\boldsymbol{t}_i = \sum_{l=0}^{L-1}\boldsymbol{x}_{i-1}(l)\boldsymbol{d}_{i-1}^*(l) / \left\Vert \sum_{l=0}^{L-1} x_{i-1}(l)d_{i-1}^*(l) \right\Vert_2$
$\boldsymbol{d}_i(l) = \boldsymbol{t}_i^{\mathrm{H}}\boldsymbol{x}_{i-1}(l),\quad l=0,1,\cdots,L-1$
$\boldsymbol{x}_i(l) = \boldsymbol{x}_{i-1}(l) - \boldsymbol{t}_i\boldsymbol{d}_i(l),\ l=0,1,\cdots,L-1$
$\boldsymbol{\varepsilon}_D = \boldsymbol{d}_D$
后向递推（$i=D-1,\cdots,0$）
$\boldsymbol{w}_{i+1} = \left\{\sum_{l=0}^{L-1}\boldsymbol{d}_i(l)\boldsymbol{\varepsilon}_{i+1}^*(l)\right\} \Big/ \left\{\sum_{l=0}^{L-1}\lvert\boldsymbol{\varepsilon}_{i+1}(l)\rvert^2\right\}$
$\boldsymbol{\varepsilon}_i(l) = \boldsymbol{d}_i(l) - \boldsymbol{w}_{i+1}\boldsymbol{\varepsilon}_{i+1}(l),\ l=0,1,\cdots,L-1$
$\boldsymbol{w}_{zD} = \left[w_1 \quad -w_1w_2 \quad \cdots \quad -\prod_{i=1}^{D}(-w_i)\right]^{\mathrm{T}}$

2. 基于 MSWF 的角度估计

以多重信号分类（MUSIC）为代表的子空间 DOA 估计算法具有良好超分辨能力[3]。但阵列协方差矩阵估计和特征分解所需的计算量非常大，现有的硬件条件很难实现。为降低计算复杂度,不少学者展开了深入的研究。借助多级维纳滤波器(MSWF)实现超分辨 DOA 估计,是该领域最新进展之一[19]。

Witzgall 等首次将 MSWF 应用于 DOA 估计,提出了 ROCKET 算法[19]。黄磊进一步提出了基于 MSWF 的子空间 DOA 估计算法(下文记为 OSP - MSWF 方法),利用 MSWF 前向递推的多级分解特性完成子空间分解。该方法计算复杂度较低,大信噪比条件下可获得与经典 MUSIC 法相近的性能[20],但依赖于先验的参考信号,实用性受到很大限制,若参考信号选择或构造不当,其性能将受很大影响[21]。

图 3.7 所示线性预测问题,也可用 MSWF 方便地实现。D 次递推后获得的维纳滤波器权值矢量可表示为

$$\boldsymbol{w}_{\mathrm{FLP}} = \boldsymbol{U}_D \boldsymbol{w}_{zD} \tag{3.100}$$

代入式(3.15)即可计算空间谱,称为基于 MSWF 的线性预测(LP - MSWF)方法。这里有

$$\boldsymbol{U}_D = [\boldsymbol{t}_1 \quad \boldsymbol{t}_2 \quad \cdots \quad \boldsymbol{t}_D] \tag{3.101}$$

是由前 D 个相互正交的匹配滤波器权值矢量构成的预滤波矩阵。

用 Lattice MSWF 算法求解线性预测问题,不仅可实现基于线性预测的 DOA 估计,还可利用前向递推获得的正交滤波器权值矢量构造基于子空间的 DOA 估计算法。由文献[22,23]的推导得到的结论可知,如 MSWF 的输入数据来自 ULA 阵列,且矢量 $\boldsymbol{r}_{X_0 d_0} = E[\boldsymbol{x}_0(l) d_0^*(l)] \in \mathrm{span}(\boldsymbol{A})$,则有 $\mathrm{span}\{\boldsymbol{U}_{\mathrm{s}}\} = \mathrm{span}\{\boldsymbol{A}\}$。这里 $\boldsymbol{U}_{\mathrm{s}} = [\boldsymbol{t}_1 \quad \boldsymbol{t}_2 \quad \cdots \quad \boldsymbol{t}_K]$,是非完整阵列的信号子空间,$K$ 是入射信源数;$\boldsymbol{A} = [\boldsymbol{a}(\theta_1) \quad \boldsymbol{a}(\theta_2) \quad \cdots \quad \boldsymbol{a}(\theta_K)]$是 ULA 的阵列流型矩阵,$\theta_i$ 为第 i 个信源的入射角;span(·)表示矩阵的列空间。这表明,只要第一次递推获得的权值矢量属于信号空间,则前 K 个相互正交的匹配滤波器权值矢量将张成完整的信号子空间,这一结论为参考信号的选择指明了方向。

图 3.7 所示问题中,第 M 阵元的数据作为参考信号 d_0,其余阵元的输出构成输入数据矢量 $\boldsymbol{Y}_0$。记 $\boldsymbol{B} = [\boldsymbol{b}(\theta_1) \quad \boldsymbol{b}(\theta_2) \quad \cdots \quad \boldsymbol{b}(\theta_K)]$为非完整阵列的阵列流型,其中导向矢量 $\boldsymbol{b}(\theta_i)$由 $\boldsymbol{a}(\theta_i)$中前 $M-1$ 个元素组成;$\boldsymbol{V}(n)$是 $M-1$ 维加性高斯噪声矢量。于是有

$$\boldsymbol{Y}_0(l) = \boldsymbol{BS}(l) + \boldsymbol{V}(l) \tag{3.102}$$

$$d_0(l) = \boldsymbol{\eta}^{\mathrm{T}} \boldsymbol{S}(l) + \boldsymbol{v}_0(l) \tag{3.103}$$

式中:$\boldsymbol{S}(l) = [s_1(l) \quad s_2(l) \quad \cdots \quad s_K(l)]^{\mathrm{T}}$ 为 K 维信号矢量;$\boldsymbol{\eta} = [\mathrm{e}^{\mathrm{j}\psi_1} \quad \cdots \quad \mathrm{e}^{\mathrm{j}\psi_i} \quad \cdots \quad \mathrm{e}^{\mathrm{j}\psi_K}]^{\mathrm{T}}$,$\psi_i$ 为参考单元中第 i 个入射信号的初始相位;$\boldsymbol{v}_0(l)$为参考阵元的噪声。显然有

$$r_{X_0} = E[Y_0(l)d_0^{\mathrm{H}}(l)] = \boldsymbol{B\Pi\eta}^* \in \mathrm{span}(\boldsymbol{B}) \tag{3.104}$$

式中：$\boldsymbol{\Pi} = \mathrm{diag}[\sigma_1^2 \quad \cdots \quad \sigma_i^2 \quad \cdots \quad \sigma_K^2]$，其中 σ_i^2 为第 i 个入射信号的功率。式(3.104)表明用 MSWF 求解图 3.7 所示的线性预测问题时，第一次递推获得的权值矢量恰好属于信号空间，因此 K 次前向递推获得的相互正交的匹配滤波器权值矢量，恰好形成除参考阵元外非完整阵列的信号子空间。将上述结论和 MUSIC 算法的基本思路结合，可构造基于非完整阵列的子空间法空间谱估计算法(记为 ISP – MSWF)，表示为

$$P_{\mathrm{ISP}}(\theta) = (\boldsymbol{b}^{\mathrm{H}}(\theta)(\boldsymbol{I}_{(M-1)\times(M-1)} - \boldsymbol{U}_{\mathrm{s}}\boldsymbol{U}_{\mathrm{s}}^{\mathrm{H}})\boldsymbol{b}(\theta))^{-1} \tag{3.105}$$

ISP – MSWF 方法与文献[20]中的 OSP – MSWF 方法是同一类型的 DOA 估计算法，具有完全相同的递推分解和空间谱计算过程。借助线性预测的思路，ISP – MSWF 方法回避了对任何先验参考信号的依赖，但这种子空间法 DOA 估计建立在除参考阵元外非完整阵列的基础上，损失了一个有效阵元作为专门的参考阵元，其分辨能力和估计性能相对于 OSP – MSWF 方法略有降低。

LP – MSWF 和 ISP – MSWF 是两种截然不同的 DOA 估计方法，具有一定的互补特性。对比时域信号处理中 AR 模型功率谱估计和多重信号分类方法的差异，可知前者更适应于连续频谱或分布式空间目标的角度估计，而后者更适用于离散时域信号功率谱估计或满足点源条件的空间目标的角度估计[24]。

为将 LP – MSWF 和 ISP – MSWF 这两种方法有机地结合起来，最终获得更好、更稳健的 DOA 估计算法，需从完整阵列的角度对权值矢量 $\boldsymbol{W}$ 及非完整阵列中噪声子空间的属性进行分析。

记

$$\boldsymbol{E}_1 = \begin{bmatrix} \boldsymbol{U}_N \\ \boldsymbol{0}_{1\times(M-1-K)} \end{bmatrix} \tag{3.106}$$

式中：$\boldsymbol{U}_N = [\boldsymbol{t}_{K+1} \quad \boldsymbol{t}_{K+2} \quad \cdots \quad \boldsymbol{t}_{M-1}]$ 是以 MSWF 求解图 3.7 所示线性预测问题时，由最后 $M-K-1$ 个匹配滤波器权值矢量构成的矩阵。它的列空间恰好等于非完整阵列的噪声子空间。文献[25]已经证明，$\boldsymbol{E}_1$ 中各列向量彼此正交且均属于完整阵列的噪声子空间，且当 $D=K$ 时，后向递推获得的权值矢量 $\boldsymbol{W}$ 与 $\boldsymbol{E}_1$ 中各列向量正交。

从式(3.15)及线性预测法谱估计的本质可知，快拍数或 SNR 足够大时，$P_{\mathrm{FLP}}(\theta_i)$ 取很大的值，而 $|\boldsymbol{a}^{\mathrm{H}}(\theta_i)\boldsymbol{W}|^2$ 逼近于零，这意味着如果将 $\boldsymbol{W}$ 看成阵列空间的一个向量，则它在信号空间的投影分量将很小，因此可近似将 $\boldsymbol{W}$ 当作噪声子空间的一个基来使用。并由 $\boldsymbol{W}$ 和 $\boldsymbol{U}_N$ 进行组合可近似构成完整阵列的噪声子空间，从而将式(3.15)和式(3.105)这两种算法有机地结合起来，获得一种新的

(记为 LSP - MSWF)DOA 估计算法

$$P_{\mathrm{LSP}}(\theta)=\{\boldsymbol{b}^{\mathrm{H}}(\theta)(\boldsymbol{I}-\boldsymbol{U}_{\mathrm{s}}\boldsymbol{U}_{\mathrm{s}}^{\mathrm{H}})\boldsymbol{b}(\theta)+\boldsymbol{a}^{\mathrm{H}}(\theta)\boldsymbol{W}\boldsymbol{W}^{\mathrm{H}}\boldsymbol{a}(\theta)\}^{-1} \tag{3.107}$$

显然有

$$(P_{\mathrm{LSP}}(\theta))^{-1}=(P_{\mathrm{LP}}(\theta))^{-1}+(P_{\mathrm{ISP}}(\theta))^{-1} \tag{3.108}$$

是线性预测法和非完整阵列中子空间法“并联”的结果,其效果是恢复参考阵元在 DOA 估计中的贡献。注意 $\boldsymbol{W}$ 并不完全属于噪声子空间,因此式(3.107)不是严格意义上的噪声子空间法 DOA 估计。

这里用 MSWF 求解线性预测问题,在获取维纳滤波器权值矢量的同时完成子空间分解,可实现线性预测和子空间两种不同的 DOA 或频谱估计方法[25]。通过分析滤波器权值矢量空间属性,更将两个不同的 DOA 估计方法组合起来,最终得到一种实用的 DOA 估计算法。新算法兼容了线性预测和子空间法的优势,无需构造参考信号,权值序列 $\boldsymbol{W}$ 的线性预测特征有助于改善新算法在低信噪比或信源估计失准条件下的估计性能和稳健性。

3. 数字仿真

为充分了解 LSP 方法的特点,这里借助仿真实验对不同条件下几种算法的性能进行对比。首先展示 ISP - MSWF 和 LP - MSWF 方法的显著差异,考虑到时域信号更容易分别生成离散和连续的功率谱标准信号,这里在时域对比这两种算法的性能;在此基础上,分别对比 LSP - MSWF 方法、OSP - MSWF 方法以及经典 MUSIC 方法的角度估计性能。

1) ISP - MSWF 和 LP - MSWF 性能对比

首先,考虑一个线性 AR 模型系统,其加权矢量如下

$$\boldsymbol{w}=[0.8,0.224,0.090045,-0.019,0.009,-0.003]$$

用单位功率的高斯白噪声激励该系统,将得到的输出数据重排成 16 维的输入信号矩阵,然后用基于 MSWF 的不同算法对输出信号的功率谱进行估计。图 3.32(a)给出了两种 LP - MSWF 方法和 ISP - MSWF 方法的处理结果。其中 LP - MSWF1 方法是指直接用 MSWF 前后向递推后得到的所有 16 个权值构成的序列,LP - MSWF2 方法则只使用递推后得到的权值序列的前 6 个权值,后面权值全部清零,图中同时还给出了输入数据的实际功率谱。可以看出当输入数据具有连续的功率谱特性时,相对基于子空间的 ISP - MSWF 方法而言,基于线性预测的 LP - MSWF 方法更好地逼近实际功率谱曲线。并且对权值矢量序列进行后截尾处理能起到平滑作用,功率谱曲线变得更光滑。

再考虑离散功率谱的情况,假定存在 3 个离散的频率分量,其归一化频率分

别为{0.3,0.5,0.56},信噪比分别为{20dB,0dB,6dB},图3.32(b)同样对比了不同算法的处理结果。可以清楚地看到,基于子空间的ISP－MSWF方法明显具有更好的分辨能力。

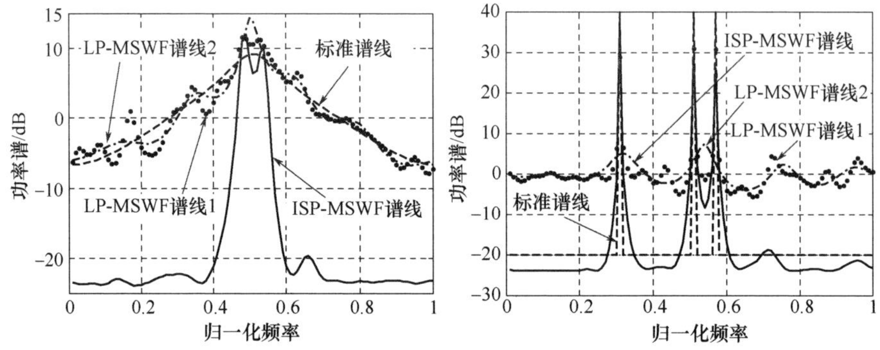

图3.32　不同算法得到的功率谱曲线与实际功率谱曲线的对比

2）LSP－MSWF的角度估计性能

首先,假设有四个非相干的信源,入射角分别为{－30°,12°,17°,30°},ULTA阵元总数$M=17$,接收机噪声为高斯白噪声。以第一入射源为参考,其余三个信源的功率比第一信源大10dB。定义参考信噪比$\mathrm{SNR}=10\log(\sigma_{s1}^2/\sigma_n^2)$,其中$\sigma_n^2$、$\sigma_{s1}^2$分别为单个阵元的噪声功率和接收到的第一信源信号的功率。

图3.33将LSP－MSWF算法和经典MUSIC法的空间谱了进行对比,参考信噪比取10dB,快拍数为$L=150$。可以看出,二者的空间谱图非常接近。

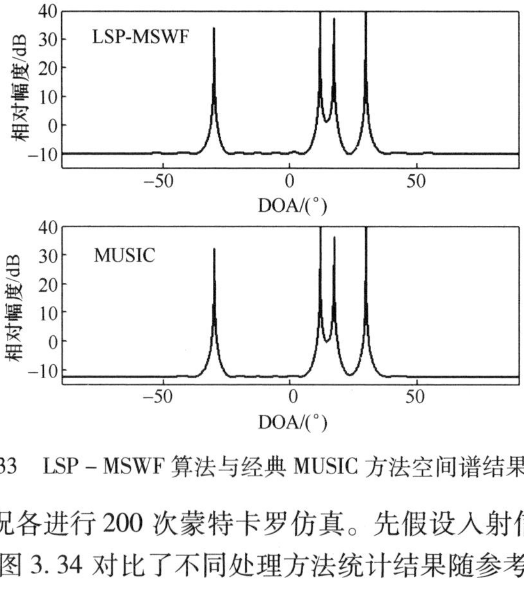

图3.33　LSP－MSWF算法与经典MUSIC方法空间谱结果对比

针对不同情况各进行200次蒙特卡罗仿真。先假设入射信源数估计准确,取快拍数$L=15$,图3.34对比了不同处理方法统计结果随参考信噪比变化的情况。可以看出,LP - MSWF 方法在低信噪比条件下的性能也比 OSP - MSWF 法好,其估计精度更接近于经典 MUSIC 方法,低信噪比条件下表现更为明显。

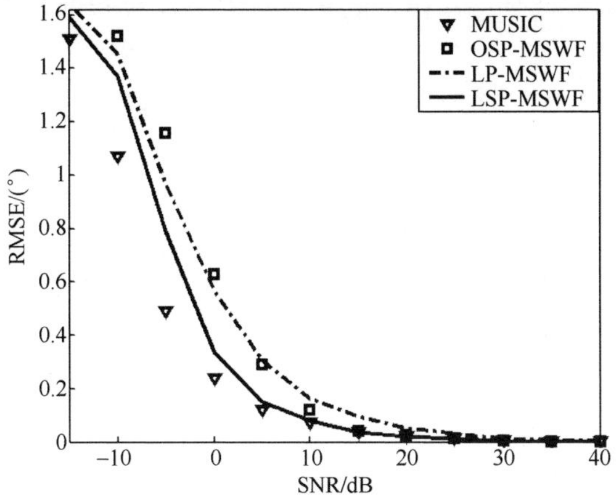

图 3.34 不同信噪比条件下 DOA 估计的均方根误差统计
（快拍数 15,200 次蒙特卡罗仿真）

图 3.35 对比不同处理方法统计结果随快拍数变化的情况,参考信噪比固定为 15dB。可以看出,大快拍条件下 LSP - MSWF 法比 OSP - MSWF 法更接近于经典 MUSIC 方法的处理结果。

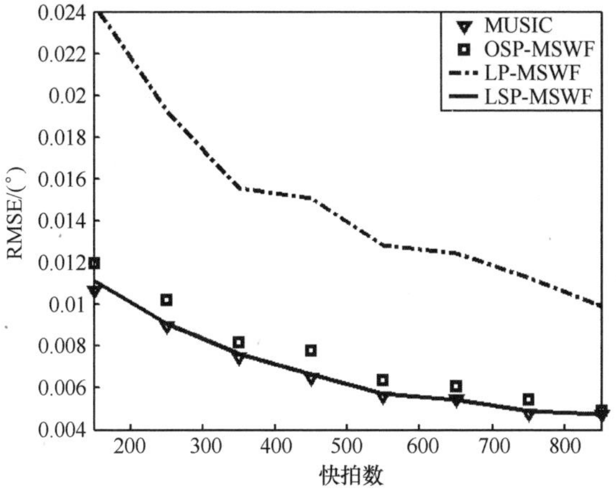

图 3.35 不同快拍数条件下 DOA 估计的均方根误差统计
（信噪比 15dB,200 次蒙特卡罗仿真）

使用 AIC 或 MDL 准则估计入射信源个数时,有可能出现估计偏差。假设信源数错误地估计为 3,图 3.36 对比了该条件下各方法的失误概率。失误概率的定义为:

$$失误概率 = \frac{谱峰搜索失败次数}{蒙特卡罗仿真次数} \tag{3.109}$$

这里谱峰搜索失败是指在设定的角度范围内在空间谱曲线上没有搜索到合理的尖峰。可以看出,此时经典 MUSIC 法和 OSP - MSWF 法失误严重,而 LSP - MSWF 法依然具有较好的稳健性,当 SNR 大于 -5dB 时,其失误概率近似为 0。

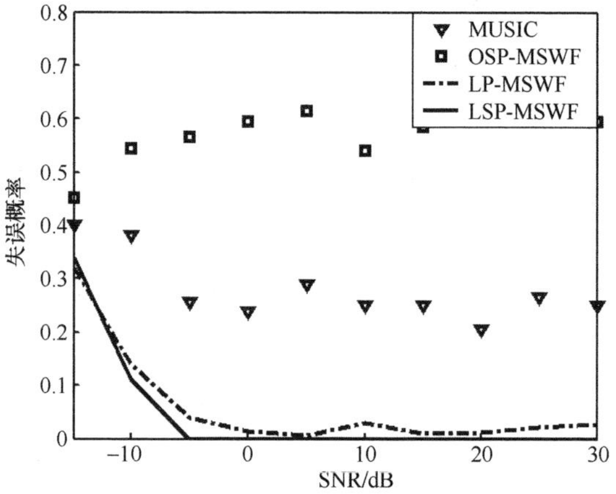

图 3.36　信源数估计失准时不同方法失误概率

图 3.37 对比了信源数估计失准时 LSP - MSWF 方法和 OSP - MSWF 方法得到的空间谱图。可以看出,位于 -30°的微弱入射信源在 LSP - MSWF 方法的空间谱曲线中依然清晰,而在 OSP - MSWF 方法中则被完全"忽视"。说明 LSP - MSWF 方法更能适应复杂情况下对小信噪比信号的角度估计。需指出的是,对信噪比较大的后三个信号而言,LSP - MSWF 方法得到的空间谱峰幅度略有下降,但这并不影响其 DOA 的估计。

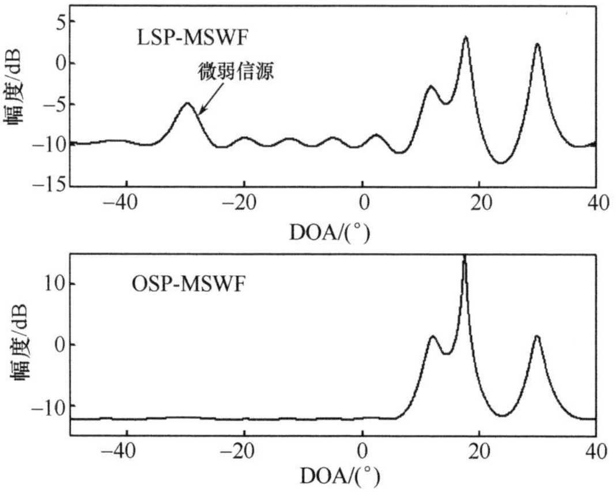

图 3.37　信源数估计失准时不同方法得到的空间谱对比

3.3.3 发射阵列视线角估计[26]

自由空间里，电磁波的传播方向垂直于其等相位面。这一特性在窄带接收阵列中表现为接收导向矢量与信号入射角的对应关系，这也是阵列空间谱估计的物理基础。

在使用单一探测信号的常规 T－R 模式双基地雷达中，上述关系只在接收阵列中得到体现，因此只能提取目标相对于接收阵列的视线角度，无法实现基于发射阵列的具有超分辨能力的角度估计。使用正交的波形后，照射到目标位置的电磁信号表现为多个信号的线性组合，包含与目标位置有关的发射阵列相位信息，因此双基地 MIMO 雷达不仅可提取目标相对于接收阵列的角度信息，更能方便的提取目标相对于发射阵的高精度角度信息。可以看到，只要发射信号满足严格正交性，则匹配分离后的噪声数据依然满足独立分布的特点，因此经过简单的预处理，常规超分辨角估计方法都可以很方便地应用到双/多基地 MIMO 雷达发射阵目标视线角度估计场合。

1. 多目标情况下的回波信号模型

双基地 MIMO 雷达的结构如图 3.27 所示，采用文献[27]中的标准正北参照系，以收发阵列连线中点为原点，并假设发射阵和接收阵的法线方向均指向正北，发射阵至接收阵的连线指向正东。

在高精度测角场合，一般目标距离、速度均为已知，此时在时间波门内对接收阵列视频输出进行数字采样，得到的 $N\times L$ 维接收信号向量可表示为[28]

$$\boldsymbol{X}(l)=\sum_{k=1}^{K}\mu_k\boldsymbol{b}(\vartheta_k)\boldsymbol{a}^{\mathrm{T}}(\theta_k)\boldsymbol{S}(l)+\boldsymbol{\Im}(l) \tag{3.110}$$

式中：$\boldsymbol{b}(\vartheta_k)=[1\quad \mathrm{e}^{-\mathrm{j}\varphi_k}\quad\cdots\quad \mathrm{e}^{-\mathrm{j}(N-1)\varphi_k}]^{\mathrm{T}}\in C^{N\times 1}$ 和 $\boldsymbol{a}(\theta_k)=[1\quad \mathrm{e}^{-\mathrm{j}\phi_k}\quad\cdots\quad \mathrm{e}^{-\mathrm{j}(M-1)\phi_k}]^{\mathrm{T}}\in C^{M\times 1}$ 分别为接收、发射阵列的导向矢量；ϑ_k、θ_k 分别为从收发阵列观察第 k 个目标的视线角，与文献[28,29]中不同，双基地情况下 ϑ_k、θ_k 是不相同的；$\varphi_k=2\pi d_r\sin\vartheta_k/\lambda$ 和 $\phi_k=2\pi d_t\sin\theta_k/\lambda$ 分别为与目标位置对应的接收和发射阵列的空间相位差；$\boldsymbol{\Im}\in C^{N\times L}$ 为由所有接收单元热噪声组成的噪声矩阵；μ_k 为与第 k 个目标的 RCS、回波初相以及传输衰减等因素相关的信号复幅度；$\boldsymbol{S}\in C^{M\times L}$ 为包含各通道发射波形的信号矩阵。这里假设所有发射信号均为等幅的调制信号，若第 m 个发射信号记为 s_m，则有

$$|s_m(l)|\equiv 1,\quad m=1,2,\cdots,M;l=1,2,\cdots,L \tag{3.111}$$

事实上式(3.110)还可以表示为更简单的形式为

$$\boldsymbol{X}=\boldsymbol{B\mu A}^{\mathrm{T}}\boldsymbol{S}+\boldsymbol{\Im} \tag{3.112}$$

式中，$\boldsymbol{A}=[\boldsymbol{a}(\theta_1)\quad \boldsymbol{a}(\theta_2)\quad\cdots\quad \boldsymbol{a}(\theta_K)]\in C^{M\times K}$ 和 $\boldsymbol{B}=[\boldsymbol{b}(\vartheta_1)\quad \boldsymbol{b}(\vartheta_2)\quad\cdots$

$\boldsymbol{b}(\vartheta_K)] \in C^{N\times K}$分别为发射和接收阵列的阵列流型;$\boldsymbol{\mu}=\mathrm{diag}(\mu_1,\mu_2,\cdots,\mu_K)$为由$K$个目标回波复幅度组成的对角矩阵。

双基地 MIMO 雷达的接收部分,N个接收通道的输出分别与M个已知的发射波形进行匹配,将得到$N\times M$个匹配输出。将其排列成矩阵形式,可表示为

$$\boldsymbol{Z}=\frac{1}{L}\boldsymbol{X}\boldsymbol{S}^{\mathrm{H}}=\boldsymbol{B}\boldsymbol{\mu}\boldsymbol{A}^{\mathrm{T}}\boldsymbol{R}_S+\boldsymbol{V} \tag{3.113}$$

式中:$\boldsymbol{V}=\boldsymbol{\ni}\boldsymbol{S}^{\mathrm{H}}/L\in C^{N\times M}$为匹配后对应于噪声分量的输出;$\boldsymbol{R}_S=\boldsymbol{S}\boldsymbol{S}^{\mathrm{H}}/L\in C^{M\times M}$为信号协方差矩阵。当各通道发射的波形彼此正交且具有相同单位能量时,有$\boldsymbol{R}_S=\boldsymbol{I}_{M\times M}$,此时

$$\boldsymbol{Z}=\boldsymbol{X}\boldsymbol{S}^{\mathrm{H}}/L=\boldsymbol{B}\boldsymbol{\mu}\boldsymbol{A}^{\mathrm{T}}+\boldsymbol{V} \tag{3.114}$$

2. 匹配分离后噪声分布特点

正交波形的使用,使得双基地 MIMO 雷达接收阵列的每一个单元中包含有不同发射单元的探测信号成分,假设各接收单元的噪声功率为σ^2,由式(3.110)的模型可以定义每个接收单元中第k个目标回波信号的信噪比snr_k为

$$\mathrm{snr}_k=M|\mu_k|^2/\sigma^2 \tag{3.115}$$

证明:由式(3.110)的定义,显然有

$$E(\boldsymbol{\ni}_k^{\mathrm{H}}\boldsymbol{\ni}_{k'})=\begin{cases}\sigma^2\boldsymbol{I}_{N\times N}, & k=k'\\ \boldsymbol{0}_{N\times N}, & k\neq k'\end{cases} \tag{3.116}$$

$$\boldsymbol{S}_l\boldsymbol{S}_{l'}^{\mathrm{H}}=\begin{cases}L, & l=l'\\ 0, & l\neq l'\end{cases} \tag{3.117}$$

$$\boldsymbol{V}_{k,l}=\boldsymbol{\ni}_k\boldsymbol{S}_l/L \tag{3.118}$$

这里用下标表示矩阵$\boldsymbol{\ni}$、$\boldsymbol{S}$中的各行元素,同样$\boldsymbol{V}_{k,l}$表示$\boldsymbol{V}$中k行l列的元素。于是有

$$E(\boldsymbol{V}_{k,l}^*\boldsymbol{V}_{k',l'})=E((\boldsymbol{\ni}_k\boldsymbol{S}_l)^{\mathrm{H}}\boldsymbol{\ni}_{k'}\boldsymbol{S}_{l'})/L^2=\boldsymbol{S}_lE(\boldsymbol{\ni}_k^{\mathrm{H}}\boldsymbol{\ni}_{k'})\boldsymbol{S}_{l'}^{\mathrm{H}}/L^2 \tag{3.119}$$

当$k\neq k'$时,由式(3.116)和式(3.118)可直接得到

$$E(\boldsymbol{V}_{k,l}^*\boldsymbol{V}_{k',l'})=0 \tag{3.120}$$

当$k=k'$且$l\neq l'$时,由式(3.117)中信号的正交性,有

$$E(\boldsymbol{V}_{k,l}^*\boldsymbol{V}_{k',l'})=\sigma^2\boldsymbol{S}_l\boldsymbol{S}_{l'}/L^2=0 \tag{3.121}$$

当$k=k'$且$l=l'$时,有

$$E(\boldsymbol{V}_{k,l}^*\boldsymbol{V}_{k',l'})=\sigma^2\boldsymbol{S}_l\boldsymbol{S}_{l'}^{\mathrm{H}}/L^2=\sigma^2/L \tag{3.122}$$

综合式(3.120)、式(3.121)和式(3.122)可知 $\boldsymbol{V}$ 是独立同分布的高斯白噪声。再从式(3.113)可以看出,其第 k 个目标的等效信号幅度为 μ_k,因此其等效的信噪比为

$$\mathrm{Snr}_k = L|\mu_k|^2/\sigma^2 \tag{3.123}$$

综合式(3.115)还可得

$$\mathrm{Snr}_k = \mathrm{snr}_k L/M \tag{3.124}$$

3. 基于 MSWF 的发射阵列角度估计

线性预测和 MUSIC 方法是阵列中较常用的角度估计算法。由于具有超分辨能力,这些算法具有较好的适应性。从式(3.112)、式(3.113)和式(3.114)可以看出,借助发射阵阵列流型矩阵 $\boldsymbol{A}$ 的传递作用,无论是接收阵列的原始采样数据矩阵 $\boldsymbol{X}$ 还是经过匹配分离后得到的数据矩阵 $\boldsymbol{Z}$,均包含有目标相对于发射阵列的角度信息。为得到目标相对于发射阵角度的估计算法,可对式(3.114)两边求转置,得到

$$\boldsymbol{F} = \boldsymbol{Z}^{\mathrm{T}} = (\boldsymbol{B}\boldsymbol{\mu}\boldsymbol{A}^{\mathrm{T}} + \boldsymbol{V})^{\mathrm{T}} = \boldsymbol{A}\boldsymbol{\mu}\boldsymbol{B}^{\mathrm{T}} + \boldsymbol{V}^{\mathrm{T}} \tag{3.125}$$

式(3.125)以及式(3.114)均可以和文献[14]中式(1.1a)所示信号模型相比,$\boldsymbol{\mu}\boldsymbol{B}^{\mathrm{T}}$、$\boldsymbol{\mu}\boldsymbol{A}^{\mathrm{T}}$ 中各行数据分别被看成等效的入射信号,而 $\boldsymbol{V}$ 同样为白色高斯噪声矩阵。距离给定时,发射阵视线角与接收阵列视线角一一对应,不同的发射阵视线角对应于不同的接收阵列视线角,由此可以看出 $\boldsymbol{\mu}\boldsymbol{A}^{\mathrm{T}}$ 和 $\boldsymbol{\mu}\boldsymbol{B}^{\mathrm{T}}$ 的秩均为 K,即基于式(3.125)模型的等效入射信号满足空间不相干特性。

前一小节已经证明,如果 Э 为独立同分布的高斯白噪声,则 $\boldsymbol{V}$ 同样是独立的高斯白噪声。因此常规的 MUSIC 方法和前面基于 MAWF 的方法均能直接利用到双基地 MIMO 雷达的角度估计中。其基本步骤如下:

步骤 1　根据距离跟踪回路的信息,截取各接收阵元的数据,排列成数据矩阵 $\boldsymbol{X}$。

步骤 2　根据速度跟踪回路的信息,用存储的发射信号样本构造回波信号 $\boldsymbol{S}$。

步骤 3　完成信号匹配分离处理:$\boldsymbol{Z} = \boldsymbol{X}\boldsymbol{S}^{\mathrm{H}}/L$。

步骤 4　分别将数据矩阵 $\boldsymbol{Z}$ 和 $\boldsymbol{Z}^{\mathrm{T}}$ 输入到 MSWF 递推算法中,完成前后向递推过程,得到维纳滤波器权值和非完整阵列的信号子空间。

步骤 5　利用式(3.108)绘制发射阵列和接收阵列的空间谱曲线,搜索峰值并输出目标的角度数据。

基于 $\boldsymbol{V}$ 的统计特点,我们还可以借助文献[14]的结论分析发射阵列的角度估计精度。特别当发射阵元数和接收阵元数均比较多时,结合文献[14]中的定理(4.3)可知,发射阵视线角估计的 CRB 近似为

$$\mathrm{CRB}_k = \frac{6}{\mathrm{snr}_k M^3 N} = \frac{6}{\mathrm{snr}_k M^2 NL} \tag{3.126}$$

必须说明的是,发射阵视线角估计性能与使用的发射波形是密切相关的,前述讨论假定各通道发射波形严格正交。当这一条件不满足时,矩阵 $\boldsymbol{R}_S$ 中对角线外的非零元素将使式(3.113)所示模型中发射阵阵列流型矩阵受到干扰,此时用上面给出的方法将无法逼近式(3.126)所示的估计性能。特别是像文献[30-32]中那样使用部分相关的信号以获得期望的发射能量分布时,需要对前述算法进行必要的修正以获得最佳的发射阵视线角估计性能,这里对这些更普遍的情况不做深入的探讨。

4. 数字仿真

设定仿真条件如下:发射阵元数 $M=16$,接收阵元数 $N=32$,阵元间隔为半波长;发射阵列中心位置为(-15000,0),接收阵列中心位置为(15000,0);三个目标分别位于:(-15000,13870)、(-2900,17900)和(-2900,17900),上述坐标的单位均为米。各通道探测信号为彼此正交的二相编码序列,编码长度均为256。

图3.38分别给出了snr=15dB时LSP-MSWF算法和MUSIC算法获得的发射阵列空间谱。可以看出,LSP-MSWF算法和MUSIC算法均能有效完成发射阵列目标视线角度估计。

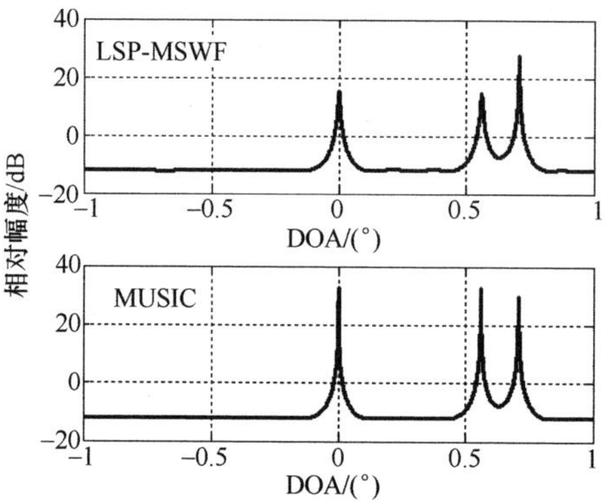

图3.38 LSP-MSWF算法与经典MUSIC方法空间谱结果(snr=15dB)

上述条件下进行200次蒙特卡罗仿真试验,收发阵元数为8。图3.39给出了LSP-MSWF算法和MUSIC算法对第一个目标角度估计的误差统计结果随信噪比改变而变化的情况,图中同时绘制出了按式(3.126)计算的CRB曲线。可以看出LSP-MSWF算法和MUSIC算法的统计结果非常接近,并随信噪比的增加一起收敛于CRB曲线。

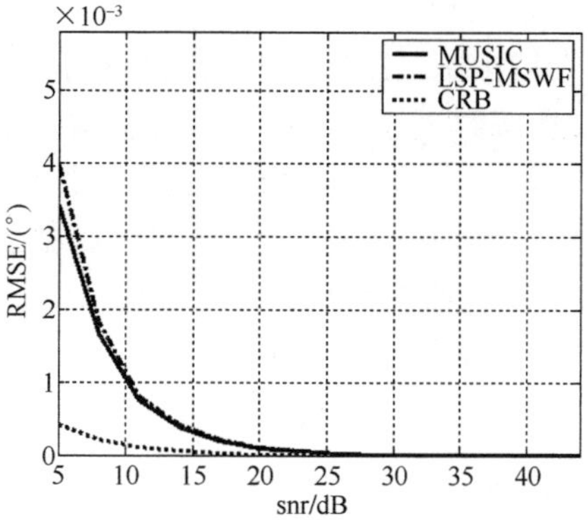

图 3.39 不同信噪比条件下发射阵列目标视线角估计的均方根误差统计

3.3.4 结合目标跟踪过程的谱峰搜索方法

以 MSWF 为基础,子空间分解的计算量大幅下降,此时空间谱峰搜索的计算复杂度成为主要矛盾,在总运算量中占据较大成分。为进一步减小算法的运算复杂度,这里将 Powell 算法引入到空间谱峰搜索中。

1. 基于 Powell 算法的谱峰搜索

Powell 算法用二次函数逼近目标函数,能够以较快的速度实现谱峰搜索,通过有限的几次迭代便可获得高精度的角度测量值[33]。以一维频谱搜索为例,其算法的流程如图 3.40 所示。

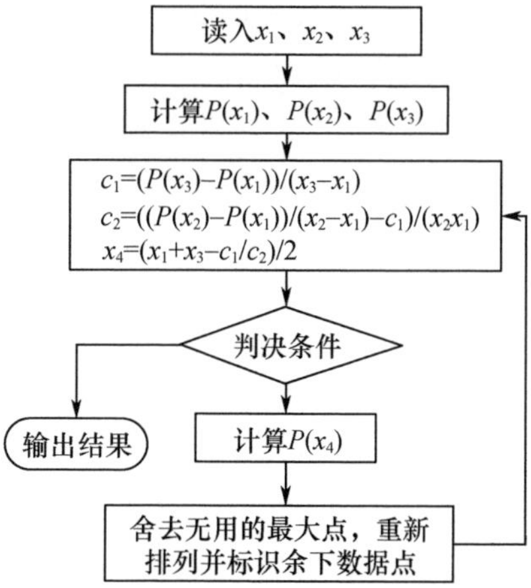

图 3.40 基于 Powell 迭代的频谱搜索算法

考虑到 Powell 算法对目标函数的要求,图 3.40 中的目标函数定义为

$$P(\theta)=\{\boldsymbol{b}^{\mathrm{H}}(\theta)(\boldsymbol{I}-\boldsymbol{U}_s\boldsymbol{U}_s^{\mathrm{H}})\boldsymbol{b}(\theta)+\boldsymbol{a}^{\mathrm{H}}(\theta)\boldsymbol{W}\boldsymbol{W}^{\mathrm{H}}\boldsymbol{a}(\theta)\} \tag{3.127}$$

式中 $P(\theta)$ 与式(3.107)互为倒数。

图 3.41 给出了两个目标函数的图像，对比可以清晰地看出，式(3.127)在目标位置附近可以用二次函数更好地逼近。后面的仿真结果表明，只需有限的 3 ~4 次迭代，计算 6 ~7 个点的目标函数值，就可以获得足够高的估计精度。

但 Powell 算法只能用来对具有单个峰值的目标函数进行搜索，一般情况下由式(3.108)绘制出的空间谱曲线都具有多个尖峰，因此 powell 方法不能直接用于谱峰搜索。必须设法限制其搜索范围。

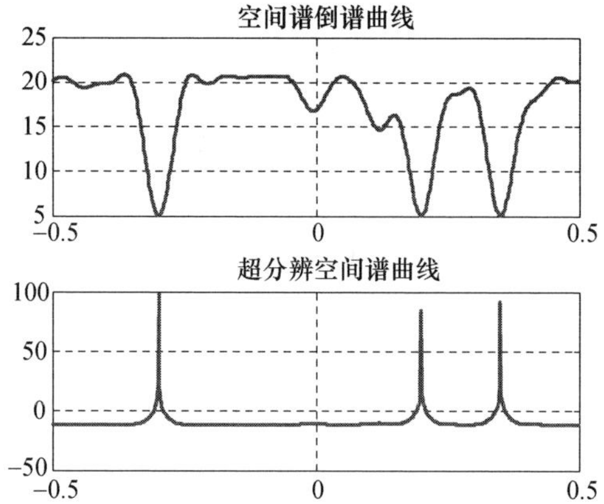

图 3.41　两种不同的目标函数对应曲线形状对比

2. 利用跟踪回路先验信息限制谱峰搜索范围

注意到在实际的制导雷达系统中，高精度角度信息的提取只对已经建立跟踪回路的目标进行，借助跟踪回路的先验信息限制谱峰搜索范围，避免搜索范围内出现多个峰值是一个非常好的途径。跟踪回路与 Powell 算法相结合的角度信息提取过程如图 3.42 所示。

搜索或确认阶段，双基地 MIMO 雷达系统对目标回波点迹进行关联处理，逐步建立起目标的航迹，随着航迹的建立，所使用的信号对参数的敏感特性逐渐增加，借助跟踪回路的滤波和累积特性，对目标的位置和速度参量的估计逐渐变得精确。在此基础上，使用对方位、速度均敏感的编码类信号，通过本章的方法在选定的距离上完成信号的匹配分离过程，借助 MSWF 估计发射阵列和接收阵列的信号子空间，此时在跟踪回路限定的区间内，空间谱曲线很容易满足单峰的条件，利用 Powell 算法很容易完成空间谱峰值的搜索和目标角度信息的提取过程。

图 3.42 中，Powell 方法和 MSWF 一起完成目标角度的测量工作，并与跟踪滤波器紧密结合在一起。由跟踪滤波器提供角度预测信息并控制 Powell 算法优化搜索的处理区间。这里选用最简单的 $\alpha-\beta$ 滤波器，它是一种针对匀速运动目标模型的常增益滤波器[34,35]。

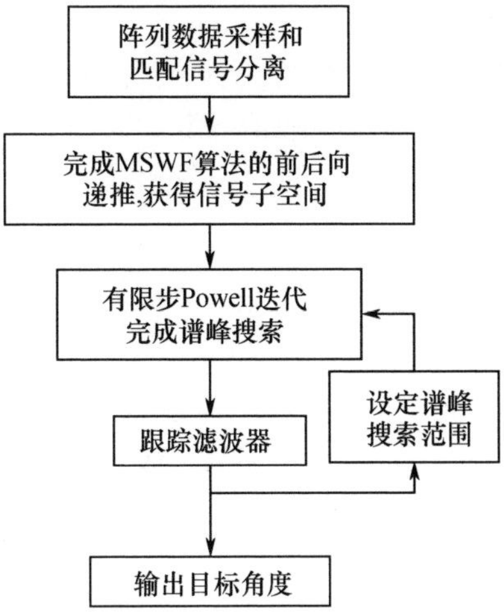

图 3.42 结合跟踪回路和 Powell 预测算法的角度信息提取算法

为维持回路的正常工作,必须选择合适的角度跟踪波门。角度跟踪波门应起到尽可能地压缩处理范围的作用,同时应以足够高的概率包含目标实际角度。其宽度下限由跟踪滤波器的跟踪精度决定,一般应等于 7 ~8 倍的角度估计方差。

文献[36,37]也研究了双基地 MIMO 雷达的目标定位问题,讨论了发射角度信息的提取和收发角度的配对问题。值得注意的是,本文所提角度信息提取方法主要适用于跟踪场合,和文献[36,37]中的应用背景不同,以跟踪回路的先验信息为基础,不需要解决多维谱峰搜索时的配对问题,MSWF 方法也是目前计算量最小的子空间分解方法。

3. 数字仿真

1）Powell 方法的快速收敛特性

假设有三个静止的目标,距离已知并且相同,目标的信噪比均为 20dB。图 3.43 给出了 Powell 方法对空间谱搜索的迭代收敛过程,三条不同的收敛曲线分别对应三个不同的目标。可以看出,使用 Powell 方法后其收敛速度非常快,只需有限的几步(一般小于 6),就可以保证足够的收敛精度,再增加迭代次数已经没有太大意义。这意味着在实际工程中可以使用有限步 Powell 迭代完成空间谱搜索过程。

2）动态跟踪性能对比

为对比图 3.42 所示角度信息提取方法和常规单脉冲跟踪方法的不同,假设空间存在两个距离上不可分的信源目标 1 和目标 2,其角度按正弦规律变化,目标 1 的信号幅度比目标 2 强 3.5dB,两个目标最近时的角度偏差为 0.03rad(小于雷达波束宽度)。两种不同模式下均采用相同参数的 $\alpha-\beta$ 目标跟踪滤波器。

常规单脉冲方法对目标2的跟踪结果如图3.44所示。可以看到,由于存在较强的干扰,跟踪回路很不稳定。特别是两个目标处于同一个波束宽度范围后,跟踪回路出现明显错误,转而跟踪强的信号源。采用LSP－MSWF方法和Powell谱峰搜索相结合的信息提取方法后,对目标的跟踪变得非常稳定,角度跟踪误差远小于常规的单脉冲方法。

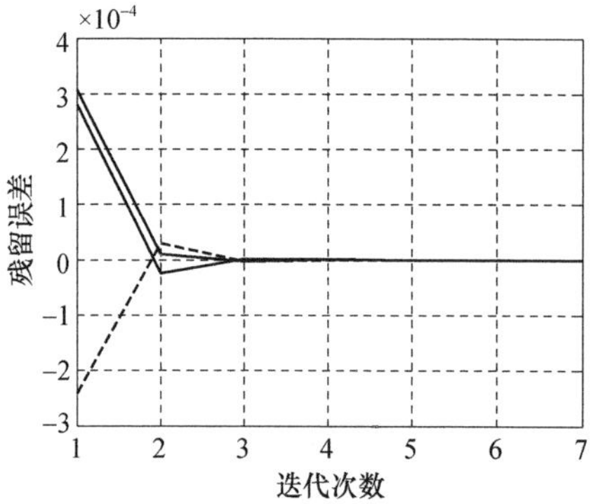

图3.43　一维Powell方法的迭代收敛过程

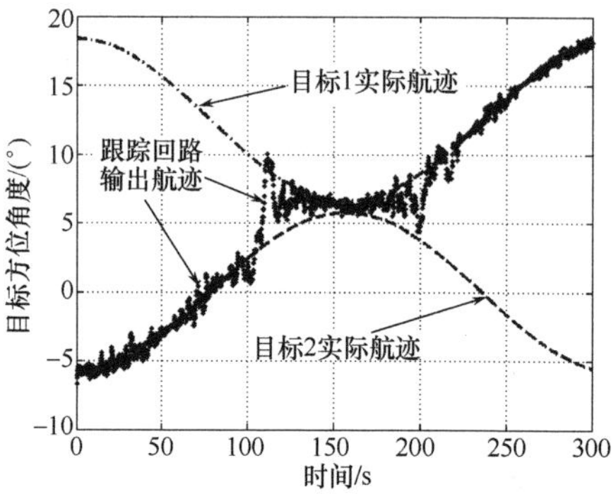

图3.44　常规单脉冲技术跟踪效果

图3.45给出的是这一新方法的跟踪误差,可以看到由于子空间方法具有超分辨能力,更能适应干扰环境下对目标的跟踪。目标角度跟踪稳定,只是在两个目标角度非常靠近的时候,跟踪误差略有增大。

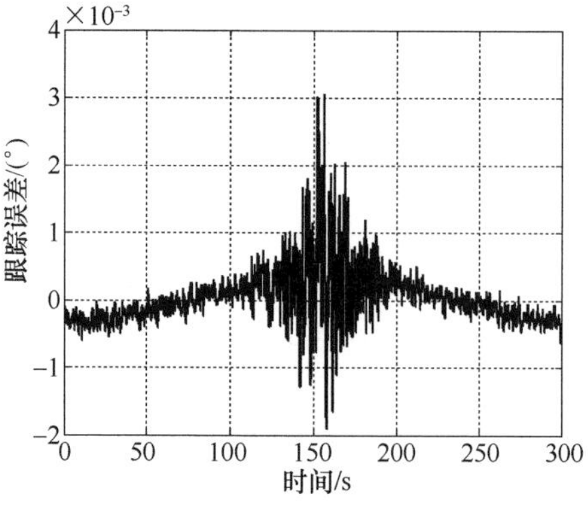

图3.45　基于超分辨和Powell方法的跟踪回路测量误差

3.4　MIMO雷达发射阵列的幅度相位校正

本章前面各小节分别研究了不同工作模式下MIMO雷达的角度测量技术,既有经典的比幅或比相单脉冲测角,也有不同类型的超分辨测角方法,还对比分

析了不同模式时的角度测量精度。然而必须指出的是,上述研究建立在较为理想的基础上,包括如下几个默认的前提假设:

(1) 目标是静止的。

(2) 关注的目标存在于同一距离单元,且其他单元上没有目标存在。

(3) 各发射通道信号之间满足严格的正交性。

(4) 各发射通道之间幅相特性一致,且没有互耦效应。

上述假设的局限性是很显然的,本小节就针对上述因素的影响进行针对性的分析,并讨论抑制这些因素影响的方法。

3.4.1　非理想因素及其对角度测量的影响

文献[4]中描述了接收阵列中存在的通道幅度相位误差、阵元位置误差和阵元互耦现象,除通道的幅度相位误差与方向无关之外,其余误差因素均与目标所在方位有关系,类似的现象在发射通道中同样也会存在。除此之外,因为使用了多个独立的发射通道,发射角度测量还会受信号非正交性和多谱勒效应的影响。

1. 发射通道的幅度相位误差、阵元位置误差和阵元互耦误差

考虑发射阵列通道幅度相位误差、阵元位置和互藕误差时,接收天线接收到的数据可以表示为

$$\boldsymbol{X}=\boldsymbol{CGa}(\theta)\boldsymbol{S}+\boldsymbol{N} \tag{3.128}$$

式中:$\boldsymbol{G}=\mathrm{diag}[1\quad g_2\exp(\mathrm{i}\varphi_2)\quad \cdots\quad g_M\exp(\mathrm{i}\varphi_M)]$为阵元的幅相误差;$\boldsymbol{C}$为$M\times M$维由阵元互耦误差矩阵,均匀线阵的互耦矩阵是 Toeplitz 阵,另外

$$\boldsymbol{a}(\theta)=[1\quad \cdots\quad \exp(-\mathrm{i}\phi_m)\quad \cdots\quad \exp(-\mathrm{i}\phi_M)]^{\mathrm{T}} \tag{3.129}$$

式中:$\phi_m=2\pi d_m\sin\theta/\lambda$,第$i$个阵元的实际位置可以表示为

$$d_i=(i-1)d+\Delta d_i \tag{3.130}$$

式中:Δd_i为第i个阵元的位置扰动,这里没有象文献[4]那样将阵元的位置误差表示成矩阵相乘的形式。匹配滤波后得到快拍数据Y,其协方差矩阵为

$$\boldsymbol{R}=E[\boldsymbol{YY}^{\mathrm{H}}]=\boldsymbol{CGaa}^{\mathrm{H}}\boldsymbol{G}^{\mathrm{H}}\boldsymbol{C}^{\mathrm{H}}+\sigma^2\boldsymbol{I} \tag{3.131}$$

因为角度测量的机理完全一致,阵列误差对发射角度估计的影响和接收阵列情况完全一致,可直接参考文献[4],不再细述。

2. 非正交性的影响

无论是 3.2 节单基地 MIMO 雷达中基于虚拟阵列的目标角度估计还是 3.3 节双基地 MIMO 雷达中发射阵列视线角估计,均以各通道发射信号之间的严格正交性作为前提。但在实际的系统中,发射信号的严格正交性是很难保证的,不

仅因为正交信号的设计本身有一定的难度，还因为不同发射通道的传输特性之间存在一定的差异，也会使得本来正交的两路信号之间存在一定的相关性。以双基地 MIMO 雷达中的发射角度估计为例能直观说明信号相关性对角度测量的影响。

单脉冲测角都是和跟踪滤波器联合使用的，进入稳定跟踪状态后能预测下一时刻目标的大致信息，包括发射角 θ_{pre}、接收角 ϑ_{pre} 和目标回波延时 t_{pre}，为测量发射阵列指向角，先以预测的 ϑ_{pre} 方向进行接收波束，得到输出信号

$$\boldsymbol{X}(t)=\eta F_{r}(\vartheta_{pre},\vartheta)\boldsymbol{a}^{T}(\theta)\boldsymbol{S}(t-t_{pre})+\boldsymbol{V}(t) \tag{3.132}$$

这里有

$$F_{r}(\vartheta_{pre},\vartheta)=|\boldsymbol{b}^{H}(\vartheta_{pre})\boldsymbol{b}(\vartheta)| \tag{3.133}$$

为接收阵列方向图函数，$\boldsymbol{V}(t)$ 为匹配得到的噪声输出。再用各路发射信号分别进行匹配处理，得到的输出可以表示为 $Y=\eta F_{r}(\vartheta_{pre},\vartheta)\boldsymbol{a}^{T}(\theta)\boldsymbol{R}_{S}+\boldsymbol{V}_{s}(t)$。也可表达成向量形式

$$\boldsymbol{Y}^{T}=\eta F_{r}(\vartheta_{pre},\vartheta)\boldsymbol{R}_{ST}\boldsymbol{a}(\theta)+\boldsymbol{V}_{s}^{T} \tag{3.134}$$

式中：$\boldsymbol{R}_{ST}=\boldsymbol{R}_{S}^{T}$；$\boldsymbol{V}_{s}(t)$ 为噪声输出分量。

当 MIMO 发射信号满足严格正交约束条件时，$\boldsymbol{R}_{S}$ 或 $\boldsymbol{R}_{ST}$ 均为单位矩阵，此时式(3.134)表达的向量模型和理想导向矢量 $\boldsymbol{a}(\theta)$ 之间只差一个常值系数 $\eta F_{r}(\vartheta_{pre},\vartheta)$，因此无论是传统的单脉冲测角算法还是超分辨算法均可以正常使用。但当 MIMO 雷达发射非严格正交信号时，$\boldsymbol{R}_{ST}$ 虽满秩且具有 Hermite 特性，有 M 个非零的特征值。但发射信号在空间的分布已经不均匀，式(3.134)表达的向量模型与理想导向矢量 $\boldsymbol{a}(\theta)$ 也不存在简单的线性关系。此时若用单脉冲技术测角，则由于信号模型的失配，任一波束的指向和形状均无法保持理想的形状，图 3.46和图 3.47 展示的是四个发射阵元情况下，和波束指向余弦为 0.2 时，和

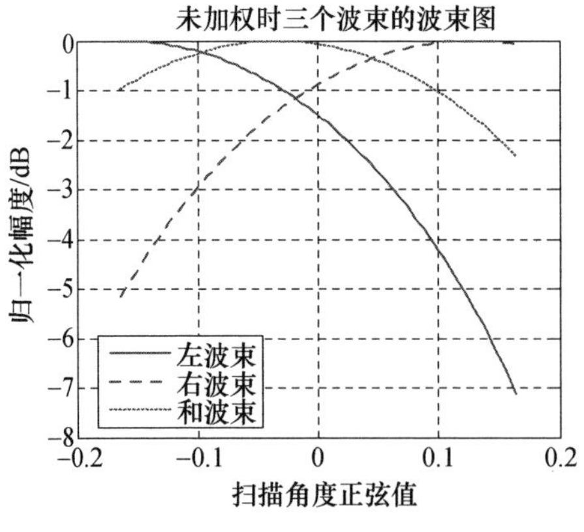

图 3.46　使用非严格正交信号时左、右、和三个波束图

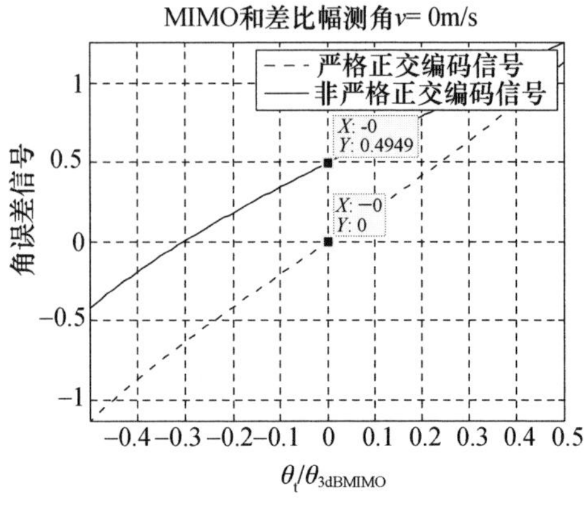

图 3.47　使用非严格正交信号时 S 曲线形状

波束、两个差波束以及 S 曲线的形状。可以清楚地看到,使用非严格正交的信号后,和波束的最大值偏离了两个差波束的交叠位置,S 曲线不仅出现了明显的零偏,0 点附近的线性程度也变差了。

3. 多谱勒效应的影响

目标与雷达收发设备之间存在相对运动时,就会出现多谱勒效应,使得回波信号频率发生变化。若多普勒频率估计和补偿不够准确,将造成多普勒失配损失,并可能对测角性能产生一定影响。

对相控阵雷达而言,由于多谱勒频率远小于信号的载频,不足以引起导向矢量的显著变化,因此无论何种角度测量算法,除信号积累导致的信噪比下降可能带来的测角精度损失外,不会出现更严重的影响。

多谱勒效应对发射角度测量的影响则要严重得多。以线性阵列配置的 MIMO 雷达为例,假设每个发射通道发射的信号相互正交,则某个接收阵元(或接收波束)的回波信号经下变频处理后可表示为

$$x_m(t)=\mathrm{e}^{\mathrm{j}2\pi f_\mathrm{d}t}\cdot\sum_{k=1}^{M}s_k(t)\mathrm{e}^{-\mathrm{j}(k-1)\phi_t}\tag{3.135}$$

这里的 ϕ_t 发射阵元之间的空间相位差,对其进行匹配滤波后可以得到,其中一路输出为

$$\begin{aligned}y_m(t)&=\mathrm{e}^{\mathrm{j}2\pi f_\mathrm{d}t}\cdot\sum_{k=1}^{M}s_k(t)\mathrm{e}^{-\mathrm{j}(k-1)\phi_t}\otimes s_m(t)\\&=\sum_{k=1}^{M}\left\{\mathrm{e}^{-\mathrm{j}(k-1)\phi_t}\left[\left(s_k(t)\mathrm{e}^{\mathrm{j}2\pi f_\mathrm{d}t}\otimes s_m(t)\right)\right]\right\}\end{aligned}\tag{3.136}$$

式中:若 $f_\mathrm{d}=0$,则当 $k\neq m$ 时,$s_k(t)\otimes s_m(t)=0$,即匹配的结果只余下信号 $s_k(t)$ 的自相关部分,对不同的 $s_m(t)$ 来说,其自相关值是相同,即匹配输出信号是等幅的,因此进行联合波束形成之后,左、右波束在预测指向的幅度是相同的,所以角误差信号也没有零点漂移。

但若 $f_\mathrm{d}\neq 0$,即使是严格正交信号,当 $k\neq m$ 时,由于多普勒频移的作用,互相关 $s_k(t)\mathrm{e}^{\mathrm{j}2\pi f_\mathrm{d}t}\otimes s_m(t)$ 已不等于零,最终导致匹配分离得到的数据矢量出现幅度和相位的变化,不再与理想的发射导向矢量成线性关系,导致发射角度测量出现一定的影响。以比幅单脉冲为例,由于匹配输出信号的幅度不相同,进行联合波束形成(移相相加)之后就会导致左、右波束在预测指向的幅度不同,进而造成角误差信号曲线的零点漂移,如图 3.48 所示。

使用的探测信号波形越宽,则发射阵列角度估计受多谱勒频率的影响越大。对接收回波进行多谱勒补偿,是降低这一影响的必要手段。

3.4.2　信号非正交情况下的角度测量

由式(3.134)可以看出,信号相关矩阵 $\boldsymbol{R}_{\mathrm{ST}}$ 是影响角度测量的关键所在,如

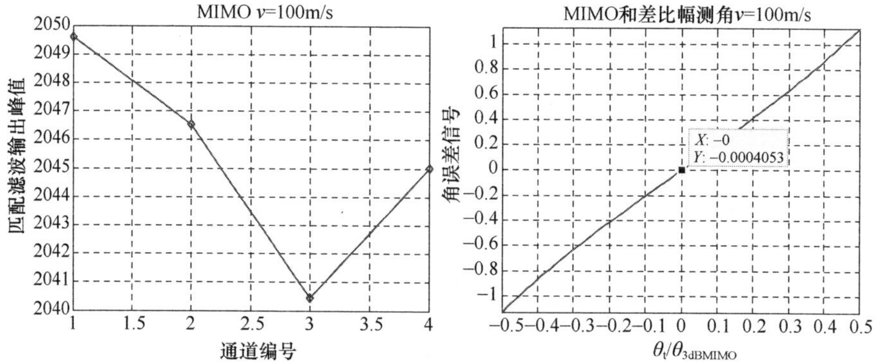

(a) 第m个接收信号的匹配输出峰值　　(b) 角误差信号曲线

图 3.48　运动目标的多普勒频移对 MIMO 模式测角的影响

果预先得到的信号相关矩阵 $\boldsymbol{R}_{\mathrm{ST}}$是可逆的，则在进行角度测量处理时，可以用修正矩阵 $\boldsymbol{R}_{\mathrm{ST}}^{-1}$左乘匹配分离后得到的数据矢量或数据矩阵，就能较好地抵消掉不同发射通道信号之间的相关性影响；也可以用修正理想导向矢量的方法来弥补信号非正交性对角度估计精度的影响。

以比幅单脉冲测角方法为例，即匹配后发射波束形成时采用加权导向矢量 $\boldsymbol{a}^{\mathrm{H}}(\theta)\boldsymbol{R}_{\mathrm{ST}}^{-1}$进行等效的发射波束形成处理，左、右、和三个波束的导向矢量分别为 $\boldsymbol{a}^{\mathrm{H}}(\theta_{\mathrm{l}})\boldsymbol{R}_{\mathrm{ST}}^{-1}$、$\boldsymbol{a}^{\mathrm{H}}(\theta_{\mathrm{r}})\boldsymbol{R}_{\mathrm{ST}}^{-1}$和 $\boldsymbol{a}^{\mathrm{H}}(\theta_0)\boldsymbol{R}_{\mathrm{ST}}^{-1}$，新获得与图 3.46 对应的三个波束图形状如图 3.49 所示。可以看到，此时左、右两个波束对称性明显改善，和波束的最大值与左右波束交叠的位置也对齐了。获得的角跟踪误差鉴别曲线如图 3.50 所示，没有零点漂移现象，零点附近的线性程度也恢复到使用严格正交信号类似的程度。

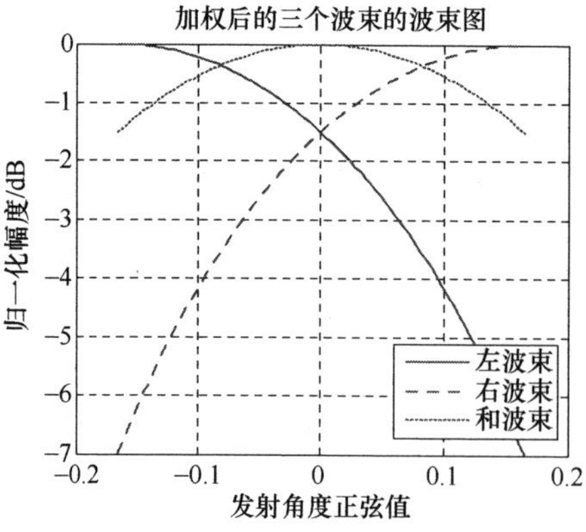

图 3.49　使用加权导向矢量后得到的左、右、和三个波束图

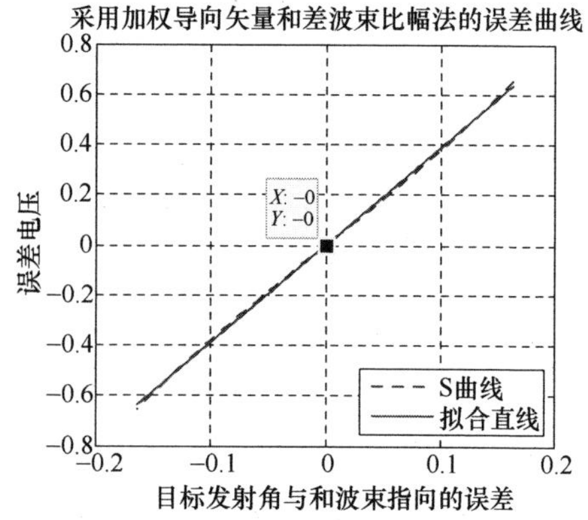

图 3.50　使用加权导向矢量后获得的 S 曲线

图 3.51 对比了两种状态下和差波束比幅测角的系统性偏差情况，可以看出，使用加权补偿方法后，双基地 MIMO 雷达发射非严格正交信号下的发射角度单脉冲测量的精度得到了明显的提高。

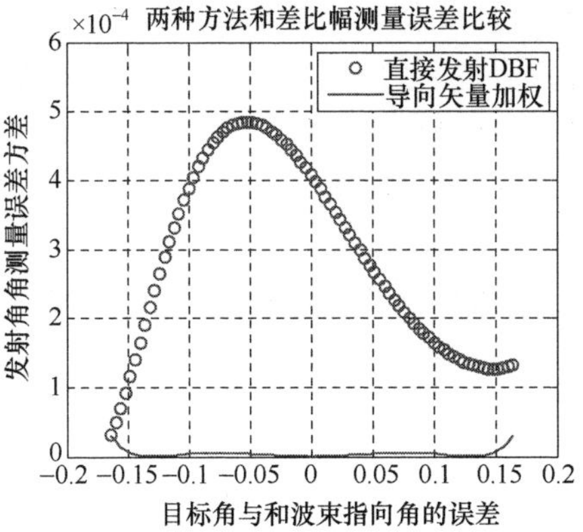

图 3.51　余弦空间中两种方法测角误差方差比较

3.4.3　阵列误差的联合校正

传统相控阵雷达阵列误差校正算法很多[4,38-41]，借助发射信号匹配分离过程，其中多数方法可以引用至 MIMO 雷达中，无须多述。可惜多数算法都是针对幅相误差、阵元位置误差和互耦中的一种或者两种展开的，对这三种阵列误差进行同时校正的算法非常少。当然，对 MIMO 雷达中这三种误差同时校正的研究当然就更加少见了。文献[40]提出了一种对同时考虑阵元位置、幅度及相位误差的阵列误差校正方法，但是没有考虑阵元间互耦的影响。文献[41]利用均匀线阵互耦矩阵的对称 Toeplitz 性和带状特性，基于子空间原理，提出了一种互耦条件下的鲁棒 DOA 估计及互耦校正算法，由于目标方向未知，因此存在目标方位和阵列误差参数之间的耦合问题，并且该方法没有考虑幅相误差和阵元位置误差的影响。文献[42]结合了上述两个文献算法，提出了一种针对均匀线阵中互耦误差、阵元幅相误差、位置误差和多普勒频率估计方法。精确标定目标与阵列的相对位置往往需要很高的代价和复杂的操作步骤；相对位置不精确时，目标方位和阵列误差参数之间的耦合又是难以避免的，它使校正过程里参数估计的可辨识性降低。拓展阵列误差校正实验的样本数据总量及其代表性，是获得高精度阵列误差参数估计结果的前提。

这里紧密结合工程实际条件，提出一种同时估计阵列位置参数、阵元幅相参数及阵元互耦参数的方法，结合匹配分离过程后，可以用于 MIMO 雷达发射阵列误差校正，也可进一步拓展至收发阵列的联合校正。该方法将发射阵列安装于可以精密旋转的基座,旋转天线阵列阵面以不断改变阵面法线和接收天线的相对角度,获得 J 个方位($\theta_j(j=1,2,\cdots,J)$)的样本数据。根据发射阵列信号空间和噪声空间的正交性构造代价函数,并通过循环迭代估计出阵列位置参数、阵元幅相参数及阵元互耦参数。求取幅相误差时,用假设或前一轮跌代得到的互耦参数;求取互耦参数时也一样,使用上一轮迭代得到的幅相误差和阵元位置数据;反复迭代就能获得较为精确的阵列误差估计。计算机仿真和实际阵列天线的校正实验均验证了该算法的有效性。

1. 幅相误差和阵元位置参数估计

对 θ_j 方向获得的样本数据的协方差矩阵 $\boldsymbol{R}_j$ 进行特征分解得到

$$\boldsymbol{R}_j = \lambda_1 e_1 e_1^{\mathrm{H}} + \sum_{i=2}^{M} \lambda_i e_i e_i^{\mathrm{H}} \tag{3.137}$$

式中:λ_1 为最大特征值;其余符号类同于本书前文。信号源唯一的情况下,其导向矢量估计值应为

$$\hat{\boldsymbol{a}}_{\mathrm{real}}(\theta_j) = \frac{e_1}{e_{11}} \tag{3.138}$$

式中:$\boldsymbol{e}_1$ 为 $\boldsymbol{R}_j$ 的最大特征值对应的特征矢量;e_{11} 为 $\boldsymbol{e}_1$ 的第一个元素。

若 $\boldsymbol{C}$ 已知,令

$$\boldsymbol{R}_j' = \boldsymbol{C}^{-1}\boldsymbol{R}_j(\boldsymbol{C}^{\mathrm{H}})^{-1} = \boldsymbol{G}\boldsymbol{a}(\theta_j)\boldsymbol{a}^{\mathrm{H}}(\theta_j)\boldsymbol{G}^{\mathrm{H}} + \boldsymbol{V}_j \tag{3.139}$$

式中:$\boldsymbol{V}_j$ 为噪声。对 $\boldsymbol{R}_j'$ 作特征分解可以得到

$$\widehat{\boldsymbol{a}}_{\mathrm{real}}(\theta_j) = \boldsymbol{G}\boldsymbol{a}(\theta_j) \tag{3.140}$$

记 $a_{m\_\mathrm{real}}(\theta_j)$ 为 $\hat{\boldsymbol{a}}_{\mathrm{real}}(\theta_j)$ 的第 m 个元素,则有

$$a_{m\_\mathrm{real}}(\theta_j) = g_m \exp(\mathrm{i}\varphi_m)\exp(-\mathrm{i}2\pi d_m \sin\theta_j/\lambda),(m=1,2,\cdots,M) \tag{3.141}$$

这里 g_m、φ_m、d_m 分别是第 m 个通道的相对幅度、相位和位置参数,均为待估计参量。对式(3.141)两边取相位,由于函数 exp(·)的周期性,存在相位模糊问题,有

$$\arg(a_{m\_\mathrm{real}}(\theta_j)) = \varphi_m - \frac{2\pi d_m \sin\theta_j}{\lambda} + 2\pi l_m(\theta_j),\ l_m(\theta_j) \subset \{0, \pm 1, \pm 2, \cdots\} \tag{3.142}$$

令

$$\boldsymbol{p}(\theta_j) = [\arg(a_{1\_\mathrm{real}}(\theta_j)) \quad \cdots \quad \arg(a_{M\_\mathrm{real}}(\theta_j))]^{\mathrm{T}} \tag{3.143}$$

$$\boldsymbol{\varphi}=[\varphi_1\quad \varphi_2\quad \cdots\quad \varphi_M]^{\mathrm{T}},\boldsymbol{l}(\theta_j)=[l_1(\theta_j)\quad l_2(\theta_j)\quad \cdots\quad l_M(\theta_j)]^{\mathrm{T}} \tag{3.144}$$

$$\boldsymbol{d}=[d_1\quad d_2\quad \cdots\quad d_M]^{\mathrm{T}} \tag{3.145}$$

则由式(3.142)得

$$\boldsymbol{p}(\theta_j)=[\arg(a_{1\_\mathrm{real}}(\theta_j))\quad \cdots\quad \arg(a_{M\_\mathrm{real}}(\theta_j))]^{\mathrm{T}}=\boldsymbol{\varphi}-\frac{2\pi\boldsymbol{d}\sin\theta_j}{\lambda}+2\pi\boldsymbol{l}(\theta_j) \tag{3.146}$$

由式(3.146)可得

$$\begin{aligned}\Delta\boldsymbol{p}(\theta_j)&=[\Delta p_1(\theta_j)\quad \cdots\quad \Delta p_M(\theta_j)]^{\mathrm{T}}=\boldsymbol{p}(\theta_{j+1})-\boldsymbol{p}(\theta_j)\\&=-\frac{2\pi\boldsymbol{d}(\sin\theta_{j+1}-\sin\theta_j)}{\lambda}+2\pi\boldsymbol{l}'(\theta_j)\end{aligned} \tag{3.147}$$

其中 $\boldsymbol{l}'(\theta_j)=[l_1'(\theta_j)\quad \cdots\quad l_M'(\theta_j)]^{\mathrm{T}}=\boldsymbol{l}(\theta_{j+1})-\boldsymbol{l}(\theta_j)$ 亦为整数组成的列向量,记

$$\begin{aligned}\Delta\boldsymbol{p}'(\theta_j)&=[\Delta p_1'(\theta_j)\quad \cdots\quad \Delta p_M'(\theta_j)]^{\mathrm{T}}=\Delta p(\theta_j)-2\pi l'(\theta_j)\\&=-\frac{2\pi\boldsymbol{d}(\sin\theta_{j+1}-\sin\theta_j)}{\lambda}\end{aligned} \tag{3.148}$$

在阵元位置误差不太大时,对于均匀线阵,$d_1,d_2,\cdots,d_M$ 近似为线性变化,选取合适的 $\boldsymbol{l}'(\theta_j)$,使 $\Delta p_m'(\theta_j)$ 近似满足线性变化规律。

$l_m'(\theta_j)$ 的选取采用如下方法:先以第一个阵元为参考阵元,$p_1(\theta_j)=\arg(a_{1\_\mathrm{real}}(\theta_j))=0,\varphi_1=0$,由式(3.142)可推知 $l_1'(\theta_j)=0$。

当 $-\pi/2\leqslant\theta_j\leqslant\pi/2$ 时,由 $\sin\theta_{j+1}-\sin\theta_j$ 与$(\theta_{j+1}-\theta_j)$的关系曲线可知,当 $|\theta_{j+1}-\theta_j\leqslant 60°|$时,$-1\leqslant\sin\theta_{j+1}-\sin\theta_j\leqslant 1$,据此可调整 $l_2'(\theta_j)$,使 $-\pi\leqslant\Delta p_2'(\theta_j)\leqslant\pi$ 得到满足。

对 $m>2$,有 $l_m'(\theta_j)=-\mathrm{round}[((m-1)\Delta p_2'(\theta_j)-\Delta p_m'(\theta_j))/2\pi]$,$m=3,4,\cdots,M$,$j=1,2,\cdots,J-1$,round$[x]$等于最接近 x 的整数。

由式(3.148)可得

$$[\Delta\boldsymbol{p}'(\theta_1)\quad \cdots\quad \Delta\boldsymbol{p}'(\theta_{J-1})]=-\frac{2\pi\boldsymbol{d}}{\lambda}[\sin\theta_2-\sin\theta_1\quad \cdots\quad \sin\theta_J-\sin\theta_{J-1}] \tag{3.149}$$

上式可以记为

$$\boldsymbol{Y}=\boldsymbol{BX} \tag{3.150}$$

其中 $\boldsymbol{X}=[\sin\theta_2-\sin\theta_1\quad \cdots\quad \sin\theta_J-\sin\theta_{J-1}]$,$\boldsymbol{Y}=[\Delta\boldsymbol{p}'(\theta_1)\quad \Delta\boldsymbol{p}'(\theta_2)\quad \cdots\quad \Delta\boldsymbol{p}'(\theta_{J-1})]$,$\boldsymbol{B}=2\pi\boldsymbol{d}/\lambda$。

式(3.149)中 $\Delta\boldsymbol{p}'(\theta_j)$ 为测量值,θ_j 为已知值,据此可以解出 $\boldsymbol{d}$。当 $J=2$ 时,

式(3.149)有唯一解；当 $J>2$ 时，式(3.149)为超定方程组，其最小二乘解为

$$\boldsymbol{B}=\boldsymbol{Y}\boldsymbol{X}^{\mathrm{T}}(\boldsymbol{X}\boldsymbol{X}^{\mathrm{T}})^{-1} \tag{3.151}$$

阵元位置估计由下式获得

$$\hat{\boldsymbol{d}}=-\frac{\lambda\boldsymbol{B}}{2\pi} \tag{3.152}$$

将上式代回到式(3.146)，则可由 θ_j 方向的数据估计出各阵元的相位误差

$$\boldsymbol{\varphi}_j=\boldsymbol{p}(\theta_j)+\frac{2\pi\boldsymbol{d}\sin\theta_j}{\lambda}-2\pi\boldsymbol{l}(\theta_j) \tag{3.153}$$

由式(3.153)可知，相位模糊不影响阵列天线相位 $\boldsymbol{\varphi}$ 的校正，即可写为

$$\boldsymbol{\varphi}_j=\boldsymbol{p}(\theta_j)+\frac{2\pi\boldsymbol{d}\sin\theta_j}{\lambda} \tag{3.154}$$

最后用 J 个 $\boldsymbol{\varphi}_j$ 的平均值来估计相位 $\boldsymbol{\varphi}$，即

$$\hat{\boldsymbol{\varphi}}=\frac{1}{J}\sum_{j=1}^{J}\boldsymbol{\varphi}_j \tag{3.155}$$

进一步，由式(3.141)可得各阵元的幅度因子为

$$\hat{g}_m=\frac{1}{J}\sum_{j=1}^{J}|a_{M\_\mathrm{real}}(\theta_j)| \quad (m=1,2,\cdots,M) \tag{3.156}$$

2. 互耦参数估计

由式(3.137)可定义 θ_j 方向的噪声空间为 $\boldsymbol{E}_j=[\boldsymbol{e}_2\quad\boldsymbol{e}_3\quad\cdots\quad\boldsymbol{e}_M]$，且与阵列流型张成的空间正交。若 $\boldsymbol{G},\boldsymbol{d}$ 已知，由信号空间和噪声空间的正交性，构造代价函数

$$Q_j=(\boldsymbol{C}\mathbf{Ga}(\theta_j))^{\mathrm{H}}\boldsymbol{E}_j(\boldsymbol{E}_j)^{\mathrm{H}}(\boldsymbol{C}\mathbf{Ga}(\theta_j))=(\boldsymbol{C}\hat{\boldsymbol{a}}(\theta_j))^{\mathrm{H}}\boldsymbol{E}_j(\boldsymbol{E}_j)^{\mathrm{H}}(\boldsymbol{C}\hat{\boldsymbol{a}}(\theta_j)) \tag{3.157}$$

式中：$\hat{\boldsymbol{a}}(\theta_j)=\mathbf{Ga}(\theta_j)=\left[1\quad 2\quad\cdots\quad g_M\exp(\mathrm{i}\varphi_M)\exp\left(-\mathrm{i}\frac{2\pi d_M\sin\theta_j}{\lambda}\right)\right]^{\mathrm{T}}$，根据文献[13]引理3，若 $\boldsymbol{C}$ 为Toeplitz阵，式(3.157)可以写为

$$Q_j=\boldsymbol{c}^{\mathrm{H}}\boldsymbol{T}_j^{\mathrm{H}}\boldsymbol{E}_j(\boldsymbol{E}_j)^{\mathrm{H}}\boldsymbol{T}_j\boldsymbol{c} \tag{3.158}$$

式中：$\boldsymbol{c}=\boldsymbol{C}_{1k}(k=1,2,\cdots,L)$（$\boldsymbol{C}$ 的第一行第 k 列）；L 为 C 的第一行非零元素个数；$M\times L$ 维矩阵 $\boldsymbol{T}_j=\boldsymbol{T}_{j1}+\boldsymbol{T}_{j2}$，其中

$$\boldsymbol{T}_{j1}=\begin{cases}[\hat{\boldsymbol{a}}(\theta_j)]_{h+z-1}, & h+z\leqslant M+1\\ 0, & \text{其他}\end{cases} \tag{3.159}$$

$$\boldsymbol{T}_{j2}=\begin{cases}[\hat{\boldsymbol{a}}(\theta_j)]_{h-z-1}, & h\geqslant z\geqslant 2\\ 0, & \text{其他}\end{cases} \tag{3.160}$$

由于 $\boldsymbol{C}$ 矩阵为 Toeplitz 且对角元素一般为 1，限制 $\boldsymbol{c}$ 的第一个元素为 1，即对 $\boldsymbol{c}$ 加上一个约束条件 $\boldsymbol{c}^{\mathrm{H}}\boldsymbol{w}=1(\boldsymbol{w}=[1\quad 0\quad 0\quad \cdots\quad 0]^{\mathrm{T}})$，采用拉格朗日乘子法在 $\boldsymbol{c}^{\mathrm{H}}\boldsymbol{w}=1$ 的条件下使代价函数 Q_j 取得最小值，可得到 $\boldsymbol{c}$ 的估计式

$$\hat{\boldsymbol{c}}_j=\boldsymbol{F}_j^{-1}\boldsymbol{w}/(\boldsymbol{w}^{\mathrm{H}}\boldsymbol{F}_j^{-1}\boldsymbol{w}) \tag{3.161}$$

式中：$\boldsymbol{F}_j=\boldsymbol{T}_j^{\mathrm{H}}\boldsymbol{E}_j(\boldsymbol{E}_j)^{\mathrm{H}}\boldsymbol{T}_j$ 为 $L\times L$ 维矩阵。

3. 阵列误差参数估计步骤

当设定互耦矩阵 $\boldsymbol{C}$ 的初始值时，可由第 1 小节中的方法估计幅相误差和阵元位置，然后再采用第 2 小节中的方法估计出一个新的 $\boldsymbol{C}$，如此循环迭代即可估计出所有的阵列误差参数。

由信号空间和噪声空间的正交性，可以构造代价函数为 $Q=\boldsymbol{a}_r^{\mathrm{H}}(\theta)\boldsymbol{E}_M(\boldsymbol{E}_M)^{\mathrm{H}}\boldsymbol{a}_r(\theta)$，当 $\boldsymbol{a}_r(\theta)$ 为真实的阵列导向矢量（或者 $\boldsymbol{a}_r(\theta)$ 很接近真实导向矢量）时，代价函数 Q 取得最小值。基于时空矩阵特征分解的基本原理，采用迭代算法估计阵列误差参数。算法具体步骤如下。

步骤 1　令循环次数 $r=0$，给定 $\boldsymbol{C}$ 的初始值 $\boldsymbol{C}^0$（一般取为单位矩阵 $\boldsymbol{I}$），Q 的初始值 Q^0（一般为一个比较大的整数以满足迭代的开始）。

步骤 2　连续使天线转动 J 个角度 $\theta_j(j=1,2,\cdots,J)$，获得每个角度的样本数据，根据式(3.137)计算协方差矩阵 $\boldsymbol{R}_j$，并将 $\boldsymbol{R}_j$ 进行特征分解，得到 $\boldsymbol{E}_j$。

步骤 3　利用估计的 $\boldsymbol{C}^r$，将 $\boldsymbol{R}_j$ 作如下变换

$$\boldsymbol{R}_j=(\boldsymbol{C}^r)^{-1}\boldsymbol{R}_j(\boldsymbol{C}^r)^{-\mathrm{H}} \tag{3.162}$$

将 $\boldsymbol{R}_j(j=1,2,\cdots,J)$ 分别进行特征分解得到最大特征值对应的归一化特征矢量构成 $\boldsymbol{a}_{\mathrm{real}}(\theta_j)$，并根据第 1 小节中估计幅相误差和阵元位置的方法得到 $\hat{g}_m$、$\hat{\boldsymbol{\varphi}}$ 和 $\hat{\boldsymbol{d}}$。

步骤 4　由信号空间和噪声空间的正交性，在 θ_j 角度可构造代价函数

$$Q_j=\boldsymbol{c}^{\mathrm{H}}\boldsymbol{T}_j^{\mathrm{H}}\boldsymbol{E}_j(\boldsymbol{E}_j)^{\mathrm{H}}\boldsymbol{T}_j\boldsymbol{c} \tag{3.163}$$

由第 2 小节中计算互耦参数的方法可得

$$\hat{\boldsymbol{c}}=\boldsymbol{F}_j^{-1}\boldsymbol{w}/(\boldsymbol{w}^{\mathrm{H}}\boldsymbol{F}_j^{-1}\boldsymbol{w})\quad(j=1,2,\cdots,J) \tag{3.164}$$

为提高精度，可由 J 次估计的 $\hat{\boldsymbol{c}}$ 的均值作为本次循环估计值，再由 $\hat{\boldsymbol{c}}$ 得到 $\boldsymbol{C}^{r+1}$。

步骤 5　计算总的代价函数为

$$Q^{r+1}=\sum_{j=1}^{J}\hat{\boldsymbol{a}}^{\mathrm{H}}(\theta_j)(\boldsymbol{C}^{r+1})^{\mathrm{H}}\boldsymbol{E}_j(\boldsymbol{E}_j)^{\mathrm{H}}\boldsymbol{C}^{r+1}\hat{\boldsymbol{a}}(\theta_j) \tag{3.165}$$

当 $|Q^r-Q^{r+1}|>\varepsilon$（事先设定的门限）时，令 $r=r+1$，转到步骤 3 继续循环，否则循环结束。

4. 数值仿真

为了验证上述方法的正确性，进行相应的算法仿真，仿真条件设定为：8 阵元均匀线阵，发射脉冲数为 $K = 100$，接收通道信噪比 SNR = 20dB，$\varepsilon = 1 \times 10^{-8}$，天线阵列转动角度为[20°,40°,60°,80°]。

图 3.52 给出了校正过程中代价函数随循环次数变化的曲线。可以看出，代价函数随着循环次数的增加而减小，且在循环开始时收敛速度较快，循环 100 次以后逐渐变慢，最后收敛到稳定值。说明本方法具备良好的收敛特性。

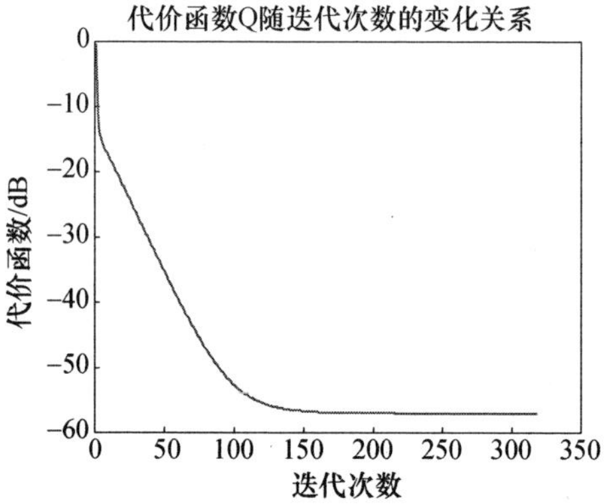

图 3.52 仿真校正代价函数随迭代次数的变化曲线

表 3.2 和表 3.3 为计算机仿真校正结果，可以看出，本文所提算法可以很好的估计阵列误差，包括阵元幅相误差、阵列位置误差、阵元互耦误差，校正得到的估计值与阵列误差参数的真实值均较为吻合。

表 3.2 互耦系数的计算机仿真校正结果

c 真实值	1.0	0.1774 − 0.0877	0.2521 + 0.1891i
c 估计值	1.0	0.1789 − 0.0718i	0.2489 + 0.1833i

表 3.3 阵元位置、幅相误差的计算机仿真校正结果

序号	1	2	3	4	5	6	7	8
d 真实值/mm	0	34.0	53.8	90.6	119.7	132.7	166.4	201.2
g 真实值	1	1.30	0.70	1.10	1.20	0.80	1.20	0.70
φ 真实值/(°)	0	80.2	−34.4	5.7	−51.6	36.7	8.0	−23.0
d 估计值/mm	0	34.0	53.8	90.6	119.7	132.7	166.4	201.2
g 估计值	1	1.3000	0.6996	1.0996	1.2000	0.8002	1.2000	0.6998
φ 估计值/(°)	0	80.2	−34.4	5.7	−51.6	36.6	8.0	−22.9

图 3.53 是实际天线阵列误差校正前后 MUSIC 谱估计的对比关系图。从图中可以看出，存在阵列误差的情况下，MUSIC 算法的旁瓣电平很高，而且峰值严重偏离了真实的来波方向。采用本文所提的迭代方法对阵列误差进行校正，再进行 MUSIC 处理。从图中可以看出，阵列误差校正后的谱峰已经相当尖锐，旁瓣电平比未校正时低了很多，而且峰值出现的位置基本与来波方向一致。

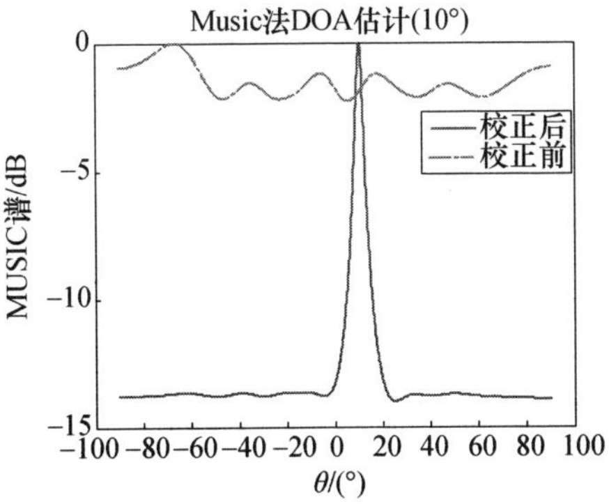

(a) θ为10°的MUSIC谱估计　　(b) θ为0°的MUSIC谱估计

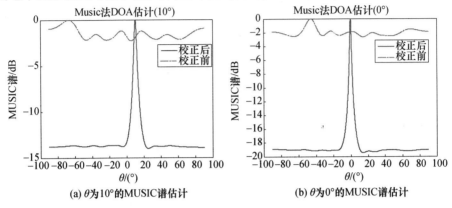

图 3.53　实际天线阵列误差校正前后的 MUSIC 谱对比

3.5 本章小结

本章着重讨论了 MIMO 雷达的的角度估计问题，包括单基地集中式 MIMO 和双基地 MIMO 两种不同雷达体制的角度估计问题，其中后者着重讨论的是发射阵列视线角度估计问题。本章不仅讨论了经典单脉冲技术在 MIMO 雷达中的运用，还讨论了几种超分辨算法在 MIMO 雷达中的运用。

经过几十年的发展，适用于阵列测角的超分辨方法已经难以计数，很难在本章有限的篇幅里进行系统地阐述。为此，这里将超分辨估计方法分散到在两种不同雷达体制工程背景下进行描述。其中 3.2.4 节侧重于介绍修正的 SSMUSIC 算法，它适用于单基地集中式 MIMO，具有良好的去相关能力，并且低信噪比情况下具备更稳健的测角性能。3.3.2 节则从 MSWF 求解线性预测问题入手，获得了线性预测和子空间两种不同的角度估计方法，理论和仿真结果显示出这两种方法的互补特性，将两种方法结合起来，也获得了一种新的 DOA 估计算法。其特点是避免了期望信号的求取过程，因此具有极低的运算量，此外线性预测权值也进一步改善了子空间法的稳健性。值得指出的是，3.2.4 节和 3.3.2 节讨论的侧重点是不一样的，前者专注于空间谱的计算，而后者则更多地关注于信号/噪声子空间的快速分解，因此这两种算法具有很好的互补特点，可以兼容使用。

参考文献

[1] He Qian, He Zishu, Li Huiyong. Multibeam amplitude comparison problems for MIMO radar's angle measurement[J]. In proceeding of the 41st Asilomar Conference on Signals, Systems and Computers, Pacific Grove, CA . 2007:2163 - 2167.

[2] 何茜. MIMO雷达检测与估计理论研究[D]. 成都:电子科技大学,2009.

[3] Schmidt R O. Multiple emitter location and signal parameter estimation [J]. IEEE Trans on Antennas and Propagation, 1986,34(3):276 - 280.

[4] 王永良,陈辉,彭应宁,等. 空间谱估计理论与算法[M]. 北京:清华大学出版社,2004.

[5] 张娟娟. 大型面阵 MIMO 雷达子阵级波束形成与角度测量研究[D]. 成都:电子科技大学,2013.

[6] McCloud M L, Scharf L L. A new subspace identification algorithm for high resolution DOA estimation[J]. IEEE Trans. On Antennas and Propagation, 2002, 50(10): 1382 - 1390.

[7] Mestre X, Lagunas M A. Modified subspace algorithms for DOA estimation with large arrays [J]. IEEE Transactions on Signal Processing, 2008, 2(56):598 - 613.

[8] Shan T J, Mati W, Kallath T. On spatial smoothing for direction-of-arrival estimation of coherent signals[J]. IEEE Trans on ASSP, 1985, 33:806 - 811.

[9] Williams R T, Prasad S, Mahalanabis A K, et al. An improved spatial smoothing technique for bearing estimation in a multipath environment[J]. IEEE Trans on ASSP, 1988, 36:425 - 432.

[10] Taga F, Shimotahira H. A novel spatial smoothing technique for the MUSIC algorithm[J]. IEICE Trans commun, 1995, 78 - B:1513 - 1517.

[11] Kundu D. Modified MUSIC algorithm for estimating DOA of signals[J]. Signal Processing, 1996, (48):85 - 89.

[12] 何子述,黄振兴,向敬成. 修正 MUSIC 算法对相关信号源的 DOA 估计性能[J]. 通信学报,2000, 21(10A): 14 - 17.

[13] 张娟,张林让,刘楠,等. 一种有效的 MIMO 雷达相干信源波达方向估计方法[J]. 电子学报, 2011, 39(3A): 680 - 684.

[14] Stoica P, Nehorai A. MUSIC, maximum likelihood, and cramer-rao bound [J]. IEEE Trans on acoustics seech and signal processing, 1989, 17(5):720 - 741.

[15] Goldstein J S, Reed I S. Reduced rank adaptive filtering [J]. IEEE Trans on Signal Processing, 1997, 45(2):492 - 496.

[16] Honig M L, Goldstein J S. Adaptive Reduced-rank interference suppression based on the multistage wiener filter. IEEE Trans. Signal Processing, 2002, 50(6):986 - 994.

[17] Goldstein J S, Reed I S, Scharf L L. A multistage representation of the wiener filter based on orthogonal projections [J]. IEEE Trans on Inform Theory, 1998, 44(7):2943 - 2959.

[18] Zoltowsi M D, Joham M, Chowdhury S. Recent advances in reduced-rank adaptive filtering with application to high-speed wireless communications [A]//Proc. SPIE 2001 [C]. Orlando Florida USA: SPIE Press, 2001, 4395:1 - 15.

[19] Witzgall H E, Goldstein J S. Detection performance of the reduced-rank linear predictor ROCKET [J]. IEEE Trans on Signal Processing, 2003,51(7):1731 - 1738.

[20] Huang Lei,Wu Shunjun,Zhang Linrang. A novel MUSIC algorithm for direction-of-arrival estimation without the estimate of covariance matrix and its eigendecomposition[A]//Proceedings of IEEE International Conference on Vehicular Technology (VTC 2005 - Spring)[C]. Stockholm Sweden: IEEE Press, 2005,1:16 - 19.

[21] 于红旗,刘剑,黄知涛,等. 一种改进的 MUSIC 方法[J]. 现代雷达, 2007,29(9):56 - 58.

[22] 黄磊,吴顺君,张林让,等,快速子空间分解方法及其维数的快速估计[J]. 电子学报, 2005,33(6):977 - 981.

[23] Huang L,Wu S,Feng D, et al. Low complexity method for signal subspace fitting [J]. IEEE Electronics Letters, 2004, 40(14):847 - 848.

[24] Liu Hongming,He Zishu,Xia Wei, et al. A method of spectral analysis based on the multistage wiener filter[C]. Proc of Internation Conference on Information and Communication Technologies and Development 2009 (ICTD 2009), Chengdu, China, 2009:1 - 4.

[25] 刘红明,何子述,夏威,等. 无参考信号条件下基于 MSWF 的 DOA 估计算法[J]. 电子学报,2010,9:1979 - 1983.

[26] 刘红明,何子述,李军. 双基地 MIMO 雷达发射阵目标角度估计[J]. 电波科学学报, 2010,25(3):499 - 504.

[27] Tsao T, Slamani M, Varshney P, et al. Ambiguity function for bistatic radar [J]. IEEE Trans on Aerospace and electromic systems. 1997, 33(3):1041 - 1051.

[28] Li Jian, Stoica Petre, Xu Luzhou, et al. On parameter identifiability of MIMO radar [J]. IEEE Signal Processing Letters, 2007,14(12):968 - 971.

[29] Chen Chun - Yang, Vaidyanathan, P P. MIMO radar space-time adaptive processing using prolate spheroidal wave functions [J]. IEEE Trans on Signal Processing, 2008, 56(2):623 - 635.

[30] Li Jian, Stoica Petre. MIMO radar with colocated antennas [J]. IEEE signal processing Magazine, 2007, 24(5):106 - 114. .

[31] Aittomaki T, Koivunen V. Low-complexity method for transmit beamforming in MIMO radars, IEEE International Conference on Acoustics, Speech and Signal Processing. 2007, 2:15 - 20.

[32] 刘韵佛,刘峥,谢荣. 一种基于拟牛顿法的 MIMO 雷达发射方向图综合方法[J]. 电波科学学报,2008,23(6):1188 - 1193.

[33] 朱向阳,熊有伦. 一种改进 Powell 共轭方向算法. 控制与决策 1996,11(2):304 - 308.

[34] 蔡庆宇,张柏彦,薛毅. 相控阵雷达数据处理与仿真技术[M]. 北京:国防工业出版社,1997.

[35] 何友,张晶炜. 雷达数据处理及应用[M]. 北京:电子工业出版社,2009.

[36] Yan H, Li J, Liao G. Multitarget identification and localization using bistatic MIMO radar sys-

tems[J]. EURASIP Journal on Advances in Signal Processing,2008,8(2): 1 - 8.

[37] 陈金立,顾红,苏卫民. 一种双基地 MIMO 雷达快速多目标定位方法[J]. 电子与信息学报,2009, 31(7):1664 - 1668.

[38] 熊立志,漆兰芬,张元培. 一种新的天线阵列位置误差校正算法[J]. 电波科学学报,2004,19(2):192 - 194.

[39] 王鼎,吴瑛. 基于旋转不变子空间均匀圆阵互耦自校正算法[J]. 电波科学学报,2011,26(2):253 - 260.

[40] 贾永康,保铮,吴洹. 一种阵列天线阵元位置、幅度及相位误差的有源校正方法[J]. 电子学报,1996,24(3):47 - 51.

[41] 王布宏,王永良,陈辉,等. 均匀线阵互耦条件下的鲁棒 DOA 估计及互耦自校正[J]. 中国科学 E 辑技术科学,2004,34(2):229 - 235.

[42] 李琼,叶中付,徐旭. 存在阵列误差条件下的目标二维参数估计[J]. 中国科学技术大学学报,2004,34(4):229 - 240.

第4章 MIMO 雷达中的正交波形设计

波形设计是雷达研制过程中基础性的工作，既包括信号波形的选择和相关参数的优化，也包含匹配处理权值序列的优化[1-6]。不同类型信号的设计方式存在很大区别，但旁瓣控制始终是波形设计关注的焦点。因为旁瓣的存在会导致强目标对相邻位置微弱目标的遮蔽效应，直接影响到小目标的检测，跟踪效果。直接数字频率合成(DDS)技术广泛使用，意味着 MIMO 雷达中的探测信号设计，使用更趋灵活，波形设计问题的重要性愈发突显。

本章先从宏观的角度说明正交信号的构成方式；简单介绍用于随机类信号设计的优化算法，以此为基础阐述相位编码类信号的设计方法；重点介绍具备严格正交约束条件正交编码信号的设计方法；此后，简单阐述 MIMO 雷达中的旁瓣抑制技术和基于认知的波形设计技术。

4.1 正交波形定义及主要分类

正交波形的使用最早源自通信领域。使用波形分集技术的 MIMO 通信系统中，发射设备包含 M 个相同的发射通道，可以发射彼此独立的探测信号波形，分别记各通道发射的正交波形为 $s_1(t), s_2(t), \cdots, s_M(t)$，如果各通道的发射信号满足

$$\int s_m(t) s_n(t) \mathrm{d}t = \begin{cases} E, & m = n \\ 0, & m \neq n \end{cases} \tag{4.1}$$

则称各发射信号之间是彼此严格正交的。这里的 E 表示信号能量。

满足正交条件时，对接收数据进行匹配分离后得到的数据矩阵能够较好地保留目标相对于发射阵列的角度信息，这是实现发射阵列测角、改善收发同址单基地 MIMO 雷达的测角精度的必要基础。

当然，集中式 MIMO 雷达也可以发射部分相关的信号，通过发射信号波形的合理设计，综合出期待的发射方向图，从而实现雷达系统电磁能量的动态管理。与相控阵雷达单纯控制各子阵发射信号相位的方式相比，更具精确性和灵活性。相关问题在其他章节里介绍。

与通信领域的应用情况类似,可以借助频分或者码分的方法构造彼此正交的信号波形。已有几种类型的信号形式得到了较多的研究,如步进频分线性调频信号、正交编码信号以及组合两者特性的混合类信号,下面分别说明这些正交信号的构成原理。

4.1.1 频分类正交信号

将同一信号包络 $u(t)$ 调制到若干均匀等间隔的载频上,就可以构成 MIMO 雷达所用的频分类信号,此时第 m 个发射通道的探测信号可表示为

$$s_m(t)=u(t)\mathrm{e}^{\mathrm{j}2\pi(f_c+\gamma(m)f_\Delta)t}\mathrm{e}^{\mathrm{j}\phi_m},\quad m=0,1\cdots,M-1 \tag{4.2}$$

式中:f_c 为参考单元(对应于 $\gamma(m)=1$ 的单元)的发射载频;f_Δ 为通道间最小频率间隔。

为满足式(4.1)所示的正交性,必须有

$$f_\Delta T_p=N_0 \tag{4.3}$$

式中:N_0 为正整数。$\gamma(m)$则为由$[0,M-1]$区间内 M 个整数任意排列得到的数列。对任意 $m,n\in[0,M-1]$,一般必须满足

$$m\neq n\Leftrightarrow\gamma(m)\neq\gamma(n)\text{及 }m=n\Leftrightarrow\gamma(m)=\gamma(n) \tag{4.4}$$

若信号 $u(t)$带宽为 B,则发射信号的总带宽为

$$B_\Sigma=B+(M-1)f_\Delta \tag{4.5}$$

特别地,当载频的排列是顺序的,则有 $m=\gamma(m)$,此时第 m 个单元的发射信号可表示为

$$s_m(t)=u(t)\mathrm{e}^{\mathrm{j}2\pi(f_c+mf_\Delta)t}\mathrm{e}^{\mathrm{j}\phi_m}\quad m=0,1,\cdots,M-1 \tag{4.6}$$

式(4.2)中的信号包络 $u(t)$ 可以是常规雷达中得到运用的任意信号波形,如简单的脉冲信号

$$u(t)=\frac{1}{\sqrt{T_p}}\mathrm{rect}\left(\frac{t}{T_p}\right) \tag{4.7}$$

也可以是线性调频信号

$$u(t)=\frac{1}{\sqrt{T_p}}\mathrm{rect}\left(\frac{t}{T_p}\right)\mathrm{e}^{\mathrm{j}\pi\mu t^2} \tag{4.8}$$

式中:rect(·)为门函数;T_p 为发射脉冲宽度;μ 为调频斜率。单个 LFM 信号的频谱宽度为 $B=\mu T_p$。信号包络 $u(t)$还可以是非线性调频信号、伪随机相位编码信号或其他可能的信号形式,不一一罗列。

4.1.2 编码类正交信号

构成正交信号，也可以在不同的发射通道中使用相同的载频，但使用彼此正交的编码波形，此时第 i 个发射通道的调制包络可以写成

$$u_i(t) = \frac{1}{\sqrt{K}}\sum_{k=0}^{K-1} \mathrm{e}^{\mathrm{j}\varphi_{i,j}} v(t - kT_z) \tag{4.9}$$

式中

$$v(t) = \mathrm{rect}\left(\frac{t}{T_z}\right) = \begin{cases} 1 & 0 \leqslant t \leqslant T_z \\ 0, & 其他 \end{cases} \tag{4.10}$$

是宽度为 T_z 的脉冲，K 为编码信号的长度。为满足正交特性，必须有

$$\sum_{k=0}^{K-1} \mathrm{e}^{\mathrm{j}\varphi_{i,k}} \mathrm{e}^{\mathrm{j}\varphi_{j,k}} = \begin{cases} K, & i = j \\ 0, & i \neq j \end{cases} \tag{4.11}$$

而根据 $\varphi_{j,k}$ 取值范围的不同，编码信号可以是二相、四相、八相编码或者更多相位的多相码信号。以四相编码为例，其相位取值范围为

$$\varphi_{i,j}(n) \in \left\{0, \frac{\pi}{2}, \pi, \frac{3\pi}{2}\right\} \tag{4.12}$$

DDS技术的发展和完善，对发射信号相位的控制已经非常灵活与精准，被称为正交连续相位编码信号的波形已经可以运用于 MIMO 雷达中，这种编码信号的相位取值范围可以是

$$\varphi_{i,j}(n) \in [0, 2\pi) \tag{4.13}$$

相对而言，只取有限个离散相位的编码信号可以称为正交均匀离散相位编码信号。

4.1.3 编码 - 调频混合信号

除正交编码信号和步进频分这两种信号波形外，还有几种被称为混合信号的特殊信号体制得到了研究，这里以编码 - 线性调频信号为例说明，它用线性调频信号

$$U_z(t) = \frac{1}{\sqrt{T_z}}\mathrm{rect}\left(\frac{t}{T_z}\right)\mathrm{e}^{\mathrm{j}\pi\mu t^2} \tag{4.14}$$

取代正交编码信号中的简单脉冲 $v(t)$，最终得到一种基本的混合信号波形，可以表示为

$$U_k(t) = \frac{1}{\sqrt{JT_z}}\sum_{j=0}^{J-1}\left(c_{(k,j)}\mathrm{rect}\left(\frac{t-jT_z}{T_z}\right)e^{j\pi\mu(t-jT_z)^2}\right)e^{j2\pi f_k t}e^{j\phi_k} \tag{4.15}$$

事实上,上述信号可以看成线性调频信号连贯组合信号

$$U_0(t) = \sum_{j=0}^{J-1} U_z(t-jT_z) = \sum_{j=0}^{J-1}\frac{1}{\sqrt{T_z}}\mathrm{rect}\left(\frac{t-jT_z}{T_z}\right)e^{j\frac{1}{2}\mu(t-jT_z)^2}e^{j2\pi f_k t}e^{j\phi_k} \tag{4.16}$$

与式(4.9)所示正交编码信号相乘的结果。毫无疑问,借助相乘和组合的方式,还可以构造出更多复杂的信号形式,对提高 MIMO 雷达信号波形复杂性无疑是很有好处的。

综合考虑上述因素,可以用图 4.1 所示模式表示混合信号构成过程。

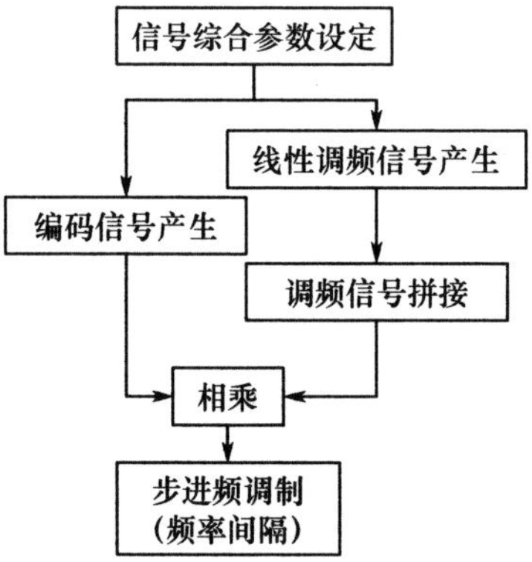

图 4.1　混合调制信号产生流程

经由上述处理得到的信号波形可以表示为

$$U_k(t) = f_{1,i}f_{2,i}f_{3,i} \tag{4.17}$$

上述情况下,$f_{1,i}$、$f_{2,i}$、$f_{3,i}$中只要有一组信号满足正交条件,而其余两组信号完全一致,则产生的信号即满足正交约束条件。虽然当两组或三组信号信号同时满足正交条件时候,产生的信号未必满足正交约束条件,不过往往互相关也较小,同样可以用作 MIMO 雷达的发射波形。

据此思路,可获得的正交波形包括:简单的频分信号、步进频正交编码信号、步进频相位编码信号、码分线性调频混合信号以及其他更为复杂的信号形式,这里不再一一说明,部分信号的分析见第 5 章。

4.2　编码信号设计的基本思路

由于模糊函数具备良好的多谱勒/距离/角度敏感特性,正交编码信号是比

较理想目标跟踪探测波形。自 MIMO 概念诞生以来,编码信号的设计一直是研究者关注的焦点之一。编码信号的设计离不开最优化的思路,不同的设计方法往往对应于不同的优化方法,常用的有二次规划方法、模拟退火方法、遗传算法等。

已有的研究包括自适应和非自适应两个主要的设计方向。前者关注雷达所处的实际环境,选择合适的信号互相关矩阵和互谱密度矩阵来逼近需要实现的发射方向图、提高检测或估计性能、获得最佳识别效果或成像结果。这些方向的应用研究体现出 MIMO 雷达特有的优势和灵活性。

这里重点讨论更接近于工程运用的非自适应相位编码信号设计。其中,Deng 和刘波分别利用模拟退火和遗传算法来优化正交多相编码波形和正交离散频率编码波形[2-4];此外,牛津大学的 Hammad 和 David 等人还采用互补 Frank 码设计正交多相码,试图拓展信号的多普勒容限。上述研究均着眼于均匀离散正交相位编码信号的设计问题,西电的胡亮兵则将序列二次规划优化技术用于编码信号设计,能有效地解决正交连续相位编码信号的设计问题[7]。进一步改善编码信号的性能指标,以贪心算法为代表的一些邻近搜索方法也被运用于编码信号的设计。

下面从编码信号的设计思路入手,重点介绍几种优化方法及其在编码信号设计中的运用。

4.2.1　编码设计目标函数选择

考虑到目标检测和跟踪过程的基本要求,正交信号的自相关和互相关旁瓣水平是编码信号簇设计关注的焦点。正交相位编码信号非周期相关函数有如下定义

$$A(\varphi_m,k) = \begin{cases} \dfrac{1}{L}\sum\limits_{l=1}^{L-k} e^{j[\varphi_m(l)-\varphi_m(l+k)]}, & 0 \leqslant k < L \\ \dfrac{1}{L}\sum\limits_{l=-k+1}^{L} e^{j[\varphi_m(l)-\varphi_m(l+k)]}, & -L < k < 0 \end{cases} \quad (m = 1,2,\cdots,M) \tag{4.18}$$

$$C(\varphi_p,\varphi_q,k) = \begin{cases} \dfrac{1}{L}\sum\limits_{l=1}^{L-k} e^{j[\varphi_q(l)-\varphi_p(l)]}, & 0 \leqslant k < L \\ \dfrac{1}{L}\sum\limits_{l=-k+1}^{N} e^{j[\varphi_q(l)-\varphi_p(l)]}, & -L < k < 0 \end{cases}$$

$$(p \neq q,p,q = 1,2,\cdots,M) \tag{4.19}$$

式(4.18)为自相关输出序列,式(4.19)为互相关输出序列。这里 L 为编码信号长度,φ_m、φ_p 分别代表第 m、p 个信号序列的相位矢量。

MIMO 雷达中的正交编码设计采用的优化准则主要是最小化峰值旁瓣或最小化总的自相关和互相关旁瓣能量。用于优化的主要目标函数有:

(1) 峰值旁瓣电平

$$F_1(\Phi)=\max\left[\max_{\substack{k\neq 0\\ l=1,2,\cdots,M}}|A(\varphi_m,k)|,\ \lambda\max_{\substack{k=-N+1,\cdots,N-1\\ p\neq q,p,q=1,2,\cdots,M}}|C(\varphi_l,\varphi_m,k)|\right] \tag{4.20}$$

(2) 旁瓣总能量

$$F_2(\Phi)=\sum_{m=1}^{M}\sum_{l=1}^{L-1}|A(\phi_m,l)|^2+\lambda\sum_{p=1}^{M-1}\sum_{q=p+1}^{M}\sum_{l=1-L}^{L-1}|C(\varphi_p,\varphi_q,l)|^2 \tag{4.21}$$

此外,可用的目标函数还有

$$F_3(\Phi)=\sum_{m=1}^{M}\max_{k\neq 0}|A(\varphi_l,k)|+\lambda\sum_{p=1}^{M-1}\sum_{q=p+1}^{M}\max_{k}|C(\varphi_l,\varphi_l,k)| \tag{4.22}$$

和

$$F_4(\Phi)=\sum_{m=1}^{M}\sum_{l=1}^{L-1}|A(\varphi_m,l)|^r+\lambda\sum_{p=1}^{M-1}\sum_{q=p+1}^{M}\sum_{l=1-L}^{L-1}|C(\varphi_p,\varphi_q,l)|^r \tag{4.23}$$

这里 Φ 为二维的相位矩阵。

不同的目标函数适应不同的相位编码模式和不同的优化方法,能获得的最终效果也有差异。为衡量编码信号的性能,定义单个信号自相关峰值旁瓣(即 ACP)为

$$\mathrm{ACP}=\max_{k\neq 0}(|A(\varphi_l,k)|) \tag{4.24}$$

而平均自相关峰值旁瓣($\overline{\mathrm{ACP}}$)表示为

$$\overline{\mathrm{ACP}}=\frac{1}{L}\left(\sum_{l=1}^{L}(\max_{k\neq 0}(|A(\varphi_l,k)|))\right) \tag{4.25}$$

定义两个信号间的互相关峰值量(CP)为

$$\mathrm{CP}=\max_{k}(|C(\varphi_p,\varphi_q,k)|) \tag{4.26}$$

则平均互相关峰值量($\overline{\mathrm{ACP}}$)表示为

$$\overline{\mathrm{CP}}=\frac{1}{L(L-1)}\sum_{p=1}^{L-1}\left(\sum_{q=p+1}^{L}(\max_{k}(|C(\varphi_p,\varphi_q,k)|))\right) \tag{4.27}$$

此外,定义自相关峰值电平为

$$I_{\mathrm{apsl}}=\max(\mathrm{ACP})=\max_{m=1,2,\cdots,M}\{\max_{k\neq 0}\{|A(\varphi_m,k)|\}\} \tag{4.28}$$

定义互相关峰值电平为

$$I_{\text{pccl}} = \max(\text{CP}) = \max_{p \neq q, p, q = 1, 2, \cdots, M} \{ \max_{k} \{ | C(\varphi_p, \varphi_q, k) | \} \} \tag{4.29}$$

连续相位编码信号的设计还建模成非线性约束问题,并用 Lagrange 乘数法构造出无约束优化问题的目标函数,见下文二次规划编码设计部分的描述。

4.2.2　基于遗传算法的多相码设计

遗传算法(Genetic Algorithm,GA)是模拟达尔文生物进化论中自然选择和遗传学机理的计算模型,它通过模拟自然进化过程的方法实现最优解的搜索,是由美国 Michigan 大学的 J. Holland 教授于 1975 年首先提出的。遗传算法的基本流程如图 4.2 所示。

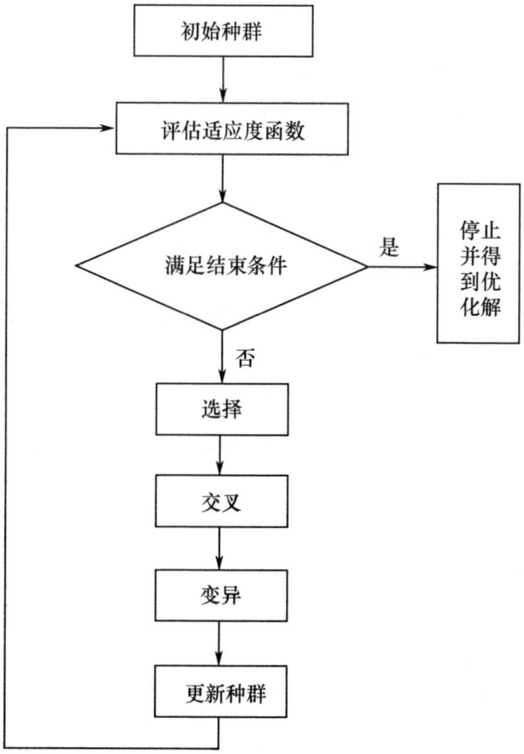

图 4.2　遗传算法流程图

遗传算法通过循环反复的迭代和筛选,实现非线性非连续优化问题的求解。每次迭代主要以种群中各个个体为对象,对待选个体进行评估、选择、交叉、变异操作,并根据需要产生新一代待选种群中的各个个体,如此反复循环直到满足设定的结束条件为止。

运用遗传算法解决实际问题时,算法设计涉及的主要问题包括:

(1) 明确约束条件,决定优化方向,确定个体评价目标函数和问题的解空间。

(2) 建立遗传优化模型,明确目标函数以及数值量化方法。

(3) 寻找适应可行解区域的染色体编码方法,确定个体的基因类型和遗传算法的搜索空间。

(4) 确定染色体译码方法,即确定染色体表现型对应目标函数值的方法。

(5) 确定个体适应度评价的数值量化方法,即确定出由目标函数值到个体适应度函数的转化方法。

(6) 设计遗传算子,也就是确定出选择算子、交叉算子、变异算子等遗传算子的具体操作使用函数。

(7) 确定遗传算法的有关运行参数,如染色体个数、遗传代数、代沟等。

遗传算法模拟一切生命与智能的产生和进化过程,是一种宏观意义下的类智能仿生算法。实际的工程应用中目标函数往往比较复杂,遗传算法恰恰可以对这些比较复杂的目标函数进行优化操作,因此这种智能型的优化算法就显得非常的实用,具有很大的发展空间。

作为一个具备随机搜索特性的优化算法,遗传算法具有如下显著特点:

(1) 直接对结构对象进行操作,只需要目标函数的适应度值(取值信息),不存在求导和函数连续性的限定,因此可以适用于大规模、不连续、多峰值函数的优化,具有很强的通用性。

(2) 采用模仿生物进化的自然选择机制以及概率化的寻优方法,能自动获取和指导优化的搜索空间,自适应地调整搜索方向,不需要特别明确的规则。

(3) 种群个体以编码方式存在,目标函数可以看作是编码个体进行解码后的适应度值,简单可行。

(4) 具有很好的并行操作特性,同时具有很好的全局优化性能和稳定性。

(5) 能够和各种局域搜索算法方便地嫁接在一起,形成全局、局域综合性能均非常优异的高效优化方法。

自诞生以来,遗传算法以其特有的优势已经迅速被广大科研工作者吸纳和运用,并广泛运用于机器学习、组合优化、信号处理、复杂自适应控制以及人工生命等诸多领域。关于遗传算法的研究和运用,已经有很多专著、论文发表,其中可行解的编码方法和遗传算子的设计是构造遗传算法是两个最关键的问题。限于篇幅,对遗传算法的内容本书不做更详细的介绍和说明。

正交相位编码信号设计的主要任务就是寻找出自相关和互相关性能优异的编码信号组,确保信号组内各个信号的自相关旁瓣和信号之间互相关旁瓣均很低。注意到遗传算法的上述特点,人们很自然地将其运用于 MIMO 雷达正交编码信号波形优化设计这一关键问题的求解。

相位编码信号设计主要通过信号组内各子码初始相位的变化与调整来优选出自相关旁瓣和互相关均很低的信号组。此时,遗传算法中的染色体编码主要针对信号组的相位序列进行,以信号个数 2,编码长度 4,相位数 4 情况下的信号设计为例,一组编码信号染色体的编码例子如下式所示:

$$\left(\underbrace{0\quad 3\quad 2\quad 1}_{\text{序列1染色体编码}}\quad \underbrace{1\quad 3\quad 2\quad 1}_{\text{序列2染色体编码}}\right) \tag{4.30}$$

染色体中的数字 0 ~ 3 对应于四个相位状态($0\quad \pi/2\quad \pi\quad 3\pi/2$),对式(4.30)中染色体进行译码后得到的相位序列为

$$\left(\underbrace{0\quad \frac{3\pi}{2}\quad \pi\quad \frac{\pi}{2}}_{\text{序列1相位编码}}\quad \underbrace{\frac{\pi}{2}\quad \frac{3\pi}{2}\quad \pi\quad \frac{\pi}{2}}_{\text{序列2相位编码}}\right) \tag{4.31}$$

基于遗传算法的正交相位编码信号设计中,种群的每个染色体均对应一组相位编码信号。适应度值的评估则以染色体对应编码信号组的自相关和互相关旁瓣最小为目标设置,刘波使用的是式(4.21)所示的目标函数,通过约束旁瓣综合能量的方法设计需要的序号序列。事实上,换成其余几个目标函数,同样也能完成基于遗传算法的编码信号设计过程。

基于遗传算法的相位编码信号设计包括如下关键步骤和处理要点:

(1) 初始种群大小设置,初始种群产生。种群中每个染色体按照式(4.30)形式进行编码,编码总长度为 LM,染色体每个基因均随机产生,且都是不小于 0、但小于相位个数 M 的正整数。

(2) 适应度值的评估与分配。使用代价函数为适应度值评估公式,即目标函数是最优化信号组的相关峰值旁瓣量;分配概率从大到小按照代价函数值从低到高赋予。其中代价函数运算在染色体译码后执行,译码规则参照式(4.31)进行。

(3) 遗传算子的选择。选择运算可使用轮盘赌选择算子,交叉运算和变异运算分别使用修正的交叉算子和修正的变异算子。需设置遗传算法的终止进化代数、交叉概率和变异概率,对群体进行操作。

根据以上流程,设置仿真参数为信号个数 $L=16$,编码长度 $L=80$,相位个数 M 分别取 4 和 64,仿真结果如表 4.1 所列。

表 4.1　平均峰值旁瓣量对比

	$\overline{\text{ACP}}$/dB	$\overline{\text{CP}}$/dB
$M=4$	−13.682	−13.063
$M=64$	−13.914	−13.274

以 $M=4$ 为例绘制出信号的整体自相关输出和互相关输出(均为归一化后的结果,由于信号个数比较多,只选取了部分信号进行展示),如图 4.3 所示。

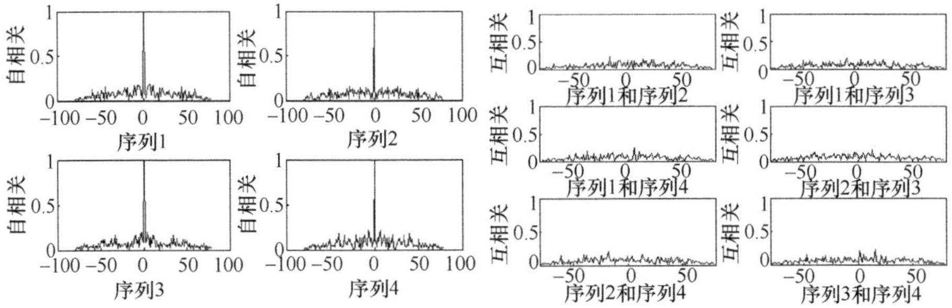

(a) 自相关图　　(b) 互相关图

图 4.3　前四个信号的自相关图和互相关图

为观察相位取值范围的变化给设计结果带来的影响,固定信号个数 $M=16$,编码长度 $L=80$ 下,绘制平均相关峰值旁瓣量随着相位数 N 的变化趋势,如图 4.4 所示。可以看出,随着相位数的增大,平均相关峰值旁瓣有所降低,但随着相位数量的增加,旁瓣水平减少趋势越来越不明显。说明随着相位数的增加,各平均相关峰值旁瓣量不会变得很低。而且,编码相位数量的增加扩大了遗传算法的搜索空间,会增加算法迭代的收敛时间。

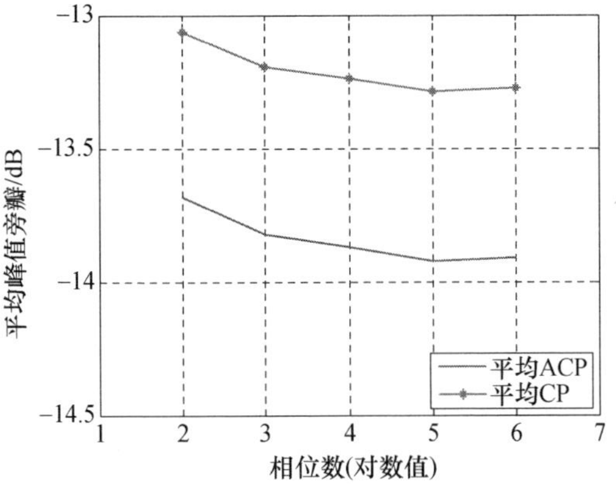

图 4.4　平均相关峰值旁瓣随着相位数变化趋势图

4.2.3　序列二次规划编码信号设计

遗传算法适应能力很强,但需要的运算量非常大,主要用来解决目标函数非连续或非可导情况下的优化问题。如果优化问题模型可以建立起具备连续可导特性的目标函数,人们更愿意运用比较成熟的经典优化理论与方法,包括线性规划以及非线性最小二乘、序列二次规划等非线性规划方法。

对相位连续的正交编码信号波形设计而言，若使用式(4.21)和式(4.23)的目标函数，容易将编码信号设计问题演变成典型的约束非线性优化问题，其模型为

$$\begin{aligned}&\min_{x\in R^n} f(x)\\ \text{s. t}\quad & c_i(x)=0, i=1,2,\cdots,m_e\\ & c_i(x)\geqslant 0, i=m_e+1,\cdots,m\end{aligned}\tag{4.32}$$

二次规划是最简单的约束非线性问题，它对应于 $f(x)$ 是二次函数，$c_i(x)$ 都是线性函数的情况，其优化模型可以写为

$$\begin{aligned}&\min_{x\in R^n} Q(x)=\boldsymbol{x}^{\mathrm{T}}\boldsymbol{H}\boldsymbol{x}/2+\boldsymbol{g}^{\mathrm{T}}\boldsymbol{x}\\ \text{s. t.}\quad & \boldsymbol{a}_i^{\mathrm{T}}\boldsymbol{x}=\boldsymbol{b}_i, i=1,2,\cdots,m_e\\ & \boldsymbol{a}_i^{\mathrm{T}}\boldsymbol{x}\geqslant \boldsymbol{b}_i, i=m_e+1,2,\cdots,m\end{aligned}\tag{4.33}$$

式中：$\boldsymbol{x}$ 为变量构成的 L 维矢量；$\boldsymbol{H}$ 为 $L\times L$ 方阵；$\boldsymbol{a}_i$ 为 L 维权值向量。

二次规划问题相对简单，特别是基于等式约束的二次规划问题，借助变量消去方法很容易得到解的结果，积极集法则通过求解有限个等式约束二次规划的方法解决了一般约束下的二次规划问题。

序列二次规划则是求解一般约束非线性问题的常用方法，它将原问题逐步分解成一个个可求解的二次规划子问题，每次迭代过程的处理和无约束非线性规划中的拟牛顿法很相像，例如在第 k 次迭代步骤中，构建拉格朗日函数

$$L(x_k,\boldsymbol{\lambda}_k)=f(x_k)-\boldsymbol{\lambda}_k^{\mathrm{T}}\boldsymbol{c}(x_k)=f(x_k)-\sum_{i=1}^{m}\lambda_{k,i}c_i(x_k)\tag{4.34}$$

使用拟牛顿法用到的校正公式构建海森矩阵的近似矩阵 $\boldsymbol{B}_k$，然后求解由这个近似矩阵产生的二次规划子问题

$$\begin{aligned}&\min_{d\in R^n}\frac{1}{2}\boldsymbol{d}^{\mathrm{T}}\boldsymbol{B}_k\boldsymbol{d}+\nabla f(x_k)^{\mathrm{T}}\boldsymbol{d}\\ \text{s. t}\quad & \nabla c_i(x_k)^{\mathrm{T}}\boldsymbol{d}+c_i(x_k)=0, i=1,2,\cdots,m_e\\ & \nabla c_i(x_k)^{\mathrm{T}}\boldsymbol{d}+c_i(x_i)=0, i=m_e+1,\cdots,m\end{aligned}\tag{4.35}$$

得到搜索方向 $\boldsymbol{d}_k$，接着用一维搜索方法确定搜索步长因子 α，就可以更新第 $k+1$ 次搜索向量 $\boldsymbol{x}_{k+1}=\boldsymbol{x}_k+a\boldsymbol{d}_k$，并再次构造新的二次规划问题。结束条件确定为前后两次目标函数之间的差值满足设定的门限。

注意式(4.35)中两个约束条件表达形式一致，但是表述的含义不同，前者对应于式(4.33)中等式约束下的二次规划子问题的梯度约束，后者对应于式

(4.33)中不等式约束下的二次规划子问题的梯度约束。

文献[8]给出一种比较实用的序列二次规划算法，步骤如下：

步骤1　初始化变量 x_0 和拉格朗日乘子 $\lambda_0 \geqslant 0$，使得 x_0 满足式(4.32)的约束条件，同时令近似的海森矩阵 $\boldsymbol{B}_0 = \boldsymbol{I}$，迭代次数设置 $k=0$，设定 $\varepsilon > 0$。

步骤2　分别计算目标函数的梯度 $g_k = \nabla f(x_k)$，由等式约束条件构成向量

$$\boldsymbol{c}_{e,k} = [c_1(x_k) \quad c_2(x_k) \quad \cdots \quad c(x_k)]^{\mathrm{T}} \tag{4.36}$$

其一阶导数矩阵为

$$\boldsymbol{A}_{ek} = \begin{bmatrix} \nabla c_1(x_k)^{\mathrm{T}} \\ \nabla c_2(x_k)^{\mathrm{T}} \\ \cdots \\ \nabla c_{m_e}(x_k)^{\mathrm{T}} \end{bmatrix} \tag{4.37}$$

同时，用不等式约束构成向量

$$\boldsymbol{c}_{ik} = [c_{m_e+1}(x_k) \ c_{m_e+2}(x_k), \cdots, c_m(x_k)]^{\mathrm{T}} \tag{4.38}$$

同样，其一阶导数矩阵为

$$\boldsymbol{A}_{ik} = \begin{bmatrix} \nabla c_{m_e+1}(x_k)^{\mathrm{T}} \\ \nabla c_{m_e+2}(x_k)^{\mathrm{T}} \\ \cdots \\ \nabla c_m(x_k)^{\mathrm{T}} \end{bmatrix} \tag{4.39}$$

步骤3　建立二次规划模型

$$\begin{aligned} &\min_{d \in R^n} \frac{1}{2}\boldsymbol{d}^{\mathrm{T}}\boldsymbol{B}_k\boldsymbol{d} + \boldsymbol{d}^{\mathrm{T}}\boldsymbol{g}_k \\ &\text{s. t.} \quad \boldsymbol{A}_{ek}\boldsymbol{d} = -\boldsymbol{c}_{ek} \\ &\qquad\quad \boldsymbol{A}_{ik}\boldsymbol{d} \geqslant -\boldsymbol{c}_{ik} \end{aligned} \tag{4.40}$$

得到搜索方向 $\boldsymbol{d}_k$，计算

$$\begin{bmatrix} \boldsymbol{\lambda}_{e,k+1} \\ \boldsymbol{\lambda}_{ai,k+1} \end{bmatrix} = (\boldsymbol{A}_{ak}\boldsymbol{A}_{ak}^{\mathrm{T}})^{-1}\boldsymbol{A}_{ak}(\boldsymbol{B}_k\boldsymbol{d}_k + \boldsymbol{g}_k) \tag{4.41}$$

得到等式约束下的拉格朗日算子 $\boldsymbol{\lambda}_{e,k+1}$ 和不等式约束下的拉格朗日算子 $\boldsymbol{\lambda}_{ai,k+1}$，式(4.41)中有

$$A_{ak}=\begin{bmatrix}A_{ek}\\ A_{ik}\end{bmatrix} \tag{4.42}$$

式中:A_{ik}为起作用的非等式约束条件的所构成的一阶导数矩阵,令所有不起作用的非等式约束条件的拉格朗日乘子 $\lambda_{nai,k+1}=0$,$\lambda_{e,k+1}$、$\lambda_{ai,k+1}$和 $\lambda_{nai,k+1}$组合成 λ_{k+1}。

步骤 4　沿方向 d_k 搜索 α_k

$$\alpha_k=0.95\min\{\alpha_1^*,\alpha_2^*\} \tag{4.43}$$

$$\alpha_1=\arg\{\min_{0\leqslant\alpha\leqslant1}([f(x_k+\alpha d_k)+\beta\sum_{i=1}^{m_e}c_i(x_k+\alpha d_k)-\sum_{i=m_e+1}^{m}\lambda_{k+1}c_i(x_k+\alpha d_k)]\} \tag{4.44}$$

β 为一个非常大的正数,而

$$\alpha_2^*=\max\{\alpha:c_i(\boldsymbol{x}_k+\alpha\boldsymbol{d}_k)\geqslant0,i\in J\} \tag{4.45}$$

式中:J 为不起作用的不等式约束的指标号集合。

步骤 5　更新变量 $\boldsymbol{x}_{k+1}=\boldsymbol{x}_k+\alpha_k\boldsymbol{d}_k$。

步骤 6　如果 $\|\boldsymbol{d}_k\|_2\leqslant\varepsilon$ 则算法停止,否则转到步骤 7。ε 为设定的收敛门限。

步骤 7　计算

$$\boldsymbol{\gamma}_k=(\boldsymbol{g}_{k+1}-\boldsymbol{g}_k)-(\boldsymbol{A}_{e,k+1}-\boldsymbol{A}_{e,k})^{\mathrm{T}}\boldsymbol{\lambda}_{e,k+1}-(\boldsymbol{A}_{i,k+1}-\boldsymbol{A}_{i,k})^{\mathrm{T}}\boldsymbol{\lambda}_{i,k+1}$$

$$\theta=\begin{cases}1, & \boldsymbol{d}_k^{\mathrm{T}}\boldsymbol{\gamma}_k\geqslant0.2\boldsymbol{d}_k^{\mathrm{T}}\boldsymbol{B}_k\boldsymbol{d}_k\\ \dfrac{0.8\boldsymbol{d}_k^{\mathrm{T}}\boldsymbol{B}_k\boldsymbol{d}_k}{\boldsymbol{d}_k^{\mathrm{T}}\boldsymbol{B}_k\boldsymbol{d}_k-\boldsymbol{d}_k^{\mathrm{T}}\boldsymbol{\gamma}_k}, & \text{其他}\end{cases} \tag{4.46}$$

$$\boldsymbol{\eta}_k=\theta\boldsymbol{\gamma}_k+(1-\theta)\boldsymbol{B}_k\boldsymbol{d}_k \tag{4.47}$$

用 BFGS 校正公式计算,$\boldsymbol{B}_{k+1}=\boldsymbol{B}_k+\dfrac{\boldsymbol{\eta}_k\boldsymbol{\eta}_k^{\mathrm{T}}}{\boldsymbol{\eta}_k^{\mathrm{T}}\boldsymbol{d}_k}-\dfrac{\boldsymbol{B}_k\boldsymbol{d}_k\boldsymbol{d}_k^{\mathrm{T}}\boldsymbol{B}_k^{\mathrm{T}}}{\boldsymbol{d}_k^{\mathrm{T}}\boldsymbol{B}_k\boldsymbol{d}_k}$,令 $k=k+1$,转移到步骤 2。

序列二次规划可以直接用于求解式(4.21)和式(4.23)所示目标函数的优化问题,可惜只能对旁瓣的能量进行优化。MIMO 雷达对目标的检测与跟踪过程中,峰值旁瓣的影响更为显著,为将序列二次规划与基于峰值旁瓣约束的相位编码信号设计问题结合起来,必须采用极小化峰值旁瓣电平准则,为此建立如下约束非线性优化模型[7]

$$\min_{\varphi=[\varphi_1,\varphi_2,\cdots,\varphi_L];t} \quad t$$

$$\text{s. t.} \quad |A(\varphi_l,k)| \leqslant t, k=1,2,\cdots,N-1; l=1,2,\cdots,L \tag{4.48}$$

$$\lambda_1 |C(\varphi_p,\varphi_q,k)| \leqslant t, k=-N+1,\cdots,N-1; p\neq q=1,2,\cdots,L$$

式中 t 是目标函数,又是辅助变量。其物理含义是自相关峰值旁瓣电平 APSL 的上界,也是加权的峰值互相关电平的上界。参数 λ_1 用来调节互相关峰值与自相关旁瓣峰值的比例,二者之间的峰值旁瓣水平如下关系式,即

$$20\lg10(I_{\text{apsl}}) = 20\lg10(\lambda_1) + 20\lg10(I_{\text{pccl}}) \tag{4.49}$$

设置仿真参数:信号个数 $M=4$,编码长度 $L=128$,各峰值旁瓣关系调节参数 $\lambda_1=1$,表 4.2 所列为设计出的各峰值旁瓣结果,图 4.5(a)为信号组自相关图,图 4.5(b)为信号间的互相关图。

表 4.2 $\lambda_1=1$ 时的设计结果

序列二次规划设计结果	I_{apsl}/dB	I_{pccl}/dB
	−22.1229	−22.1229

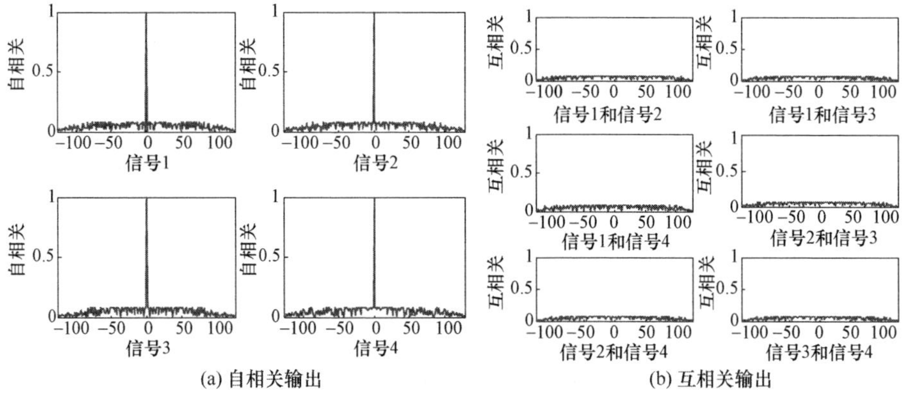

图 4.5 归一化自相关输出和互相关输出

由图 4.5 可以看出,该方法设计出的信号组合具有较低的相关旁瓣量,各峰值旁瓣量之间的关系可以通过参数 λ_1 得到有效控制。根据实际工程需求,可选择合适的 λ_1 取值以实现峰值旁瓣量的调整。

受限于波形产生、处理硬件的实际情况,工程中使用的相位编码数量总是有限的,需对上述方法设计出的连续编码信号进行相位量化处理。一般来说,量化的位数越大,相对量化损失将会越小;反之亦然。

假设量化位数为 K,则可把$[0,2\pi]$相位均分为 $P=2^K$ 份,如果优化出的相位 $\phi_m(n)$(第 m 通道,第 n 个码元相位)满足如下关系式,即

$$2\pi(k/P) \leqslant \varphi_m(n) < 2\pi(k/P+1/(2P)), k\in\{0,1,\cdots,P-1\} \tag{4.50}$$

那么取

$$\varphi_m(n)=2\pi k/P, k\in\{0,1,\cdots,P-1\} \tag{4.51}$$

如果 $\phi_m(n)$ 满足如下条件

$$2\pi(k/P+1/P)\leqslant\varphi_m(n)<2\pi(k+1)/P, k\in\{0,1,\cdots,P-1\} \tag{4.52}$$

那么取

$$\varphi_m(n)=2\pi(k+1)/P, k\in\{0,1,\cdots,P-1\} \tag{4.53}$$

设置量化相位数 $P=2^k, k=1,2,\cdots,7$，连续相位编码信号产生的参数设置为 $M=4, N=128, \lambda_1=1$，量化后峰值旁瓣的变化如表 4.3 所列。

表 4.3 峰值旁瓣随着量化相位数变化量

P	I_{apsl}/dB	I_{pccl}/dB
2	-10.5485	-12.6018
4	-15.6121	-15.2957
8	-17.0678	-18.2592
16	-19.8483	-20.1459
32	-20.7866	-20.7393
64	-21.3775	-21.4243
128	-21.7605	-21.7803

由表 4.3 可以看出，在量化相位数比较低时，相关峰值旁瓣明显恶化。随着量化相位数的增加，各相关峰值旁瓣量将越来越好，越接近连续相位取值下的各峰值旁瓣量。图 4.6 为 $P=128$ 时，信号组的归一化自相关输出图和互相关输出图。

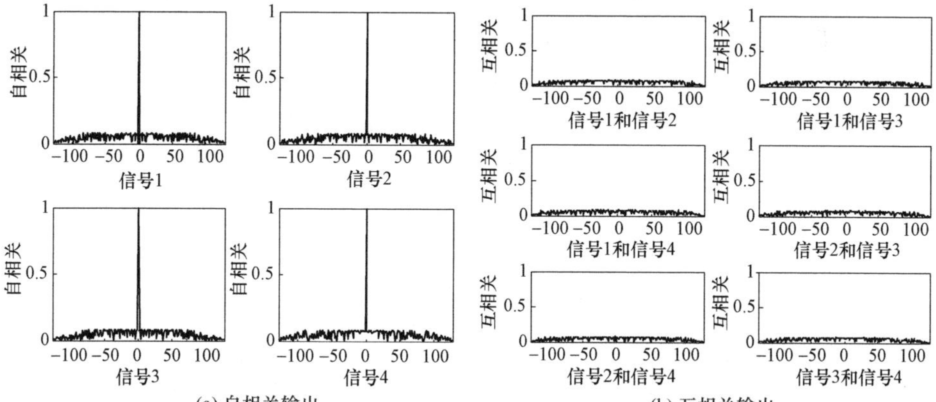

(a) 自相关输出 (b) 互相关输出

图 4.6 归一化自相关输出和互相关输出（$M=128$）

4.2.4 其他类型的优化算法

除遗传算法和序列二次规划算法之外，还有很多不同的算法可用于编码信号设计。这里再介绍编码信号中比较常用的两个优化方法，即模拟退火算法和贪心算法。其他优化方法及其在编码信号设计中的运用情况，本书不作更多介绍。

1. 模拟退火算法

模拟退火(Simulated Annealing,SA)算法是一种通用概率算法，源于热力学中退火的过程，是 S. Kirkpatrick 等人于 1983 年发明的，用来在一个大的可行解空间寻找命题的最优解。解空间内每一点均被想像成空气内的分子，分子的能量代表该点对命题的合适程度，算法以任意点为起始，每一步先选择一个“邻居”，再计算现有位置到达邻居位置的概率。其迭代过程如图 4.7 所示。

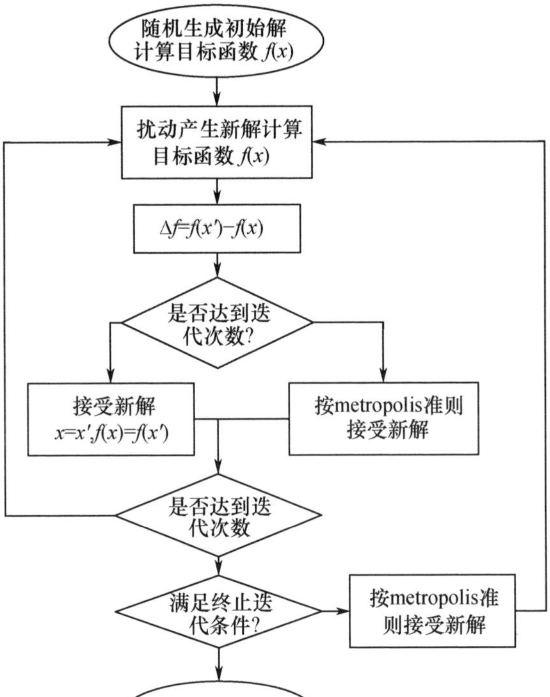

图 4.7 模拟退火算法的迭代过程

模拟退火算法的每次迭代过程中，根据 Metropolis 准则接受新解，接受新解的概率可表示为

$$P=\begin{cases}\exp(-\Delta E/T_c), & \Delta E>0\\ 1, & \Delta E\leqslant 0\end{cases} \tag{4.54}$$

可以看出，模拟退火算法除在能量下降的条件下接受优化解外，还在一定的

限度接受恶化解，这就使得它相对于下文介绍的贪心算法等邻近搜索算法来说具有更多的搜索空间，找到更佳目标解的可能性也就更大。模拟退火算法具有渐近收敛性，已在理论上被证明是一种以概率 1 收敛于全局最优解的的优化算法。此外，模拟退火算法也具有一定的并行操作特性。

基于模拟退火的正交多相编码信号设计流程框图如图 4.8 所示。

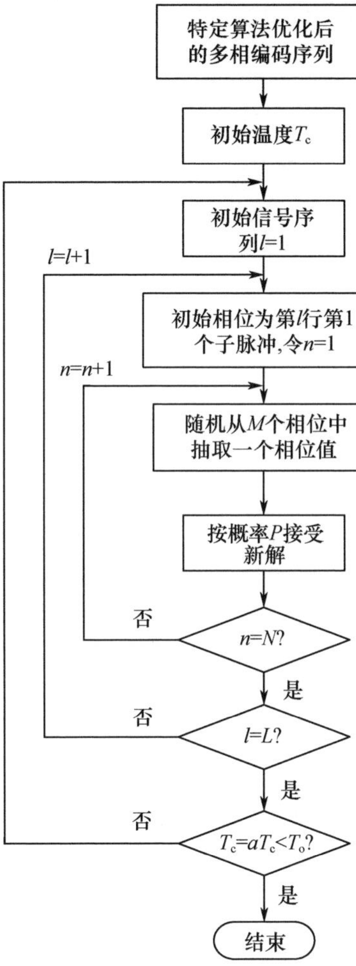

图 4.8　基于模拟退化算法流程图

模拟退火算法同样适应非线性非连续目标函数的优化，但不能保证有限次迭代一定能收敛至全局最优解。运用于编码信号设计时，收敛过程也不如遗传算法那么快。

设置信号个数 $M=16$，编码长度 $N=80$，供模拟退火算法选取的相位个数 L 按从 4 相到 128 相变化，设计出的多相编码信号组依次结果如表 4.4 所列。

表4.4　模拟退火算法优化结果

	平均 ACP/dB	平均 CP/dB
$M=4$	-19.0010	-14.1970
$M=8$	-20.6122	-14.5621
$M=16$	-20.7186	-14.6740
$M=32$	-20.9627	-14.5917
$M=64$	-20.7968	-14.6587
$M=128$	-20.8971	-14.5464

该方法下最优的旁瓣量整体输出效果图，选取其中四个信号为例，如图4.9所示。

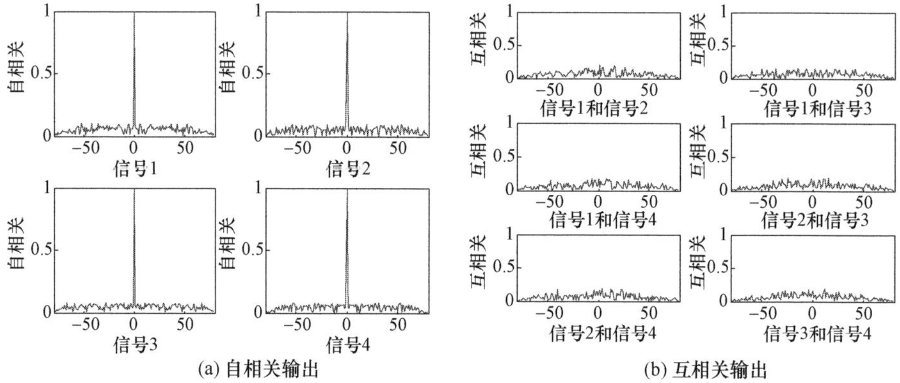

图4.9　最优信号组的其中四个信号自相关输出和互相关输出

2. 贪心算法

贪心算法也称为贪婪(Greedy Algorithy)算法，其称谓最早可追溯到1823年J. C. Warnsdroff提出的最小出口子结点搜索策略，比现代计算机的出现早出很多，现在最常用的贪心算法包括Dijkstra的单源最短路径方法和Chvatal的贪心集合覆盖启发式方法。贪心算法采用的是经过改进了的分级处理方式，很容易构造适用于计算机程序寻优的迭代搜索算法。

贪心算法从问题的某个初始解出发一步步地进行，每一步骤上总是做出在当前看来最优的选择。也就是说贪心策略并不从整体上考虑问题的求解过程，所选择的只能是某种意义下的局部最优解。

具体地说，它根据某个优化测度，先将多个输入变量排列成这种度量标准所对应的顺序；再依次更改或重新输入一个可变数据量；每一次迭代均确保能获得局部最优解；若新加入的数据和部分最优解连在一起不再是可行解时，就不把该数据添加到部分解中。如此执行，直到把所有数据枚举完，或者不能再添加新的数据时,算法停止。

局域搜索算法的局限性,使贪心算法无法单独完成编码信号的优化设计过程,必须与遗传算法或其他具备全局搜索能力的算法配合,才能完成信号设计的预期目标。此时,贪心算法可用于对全局搜索得到的优化结果进行进一步的优化选择,以获得更好的旁瓣水平。具体地,可轮流将优化结果信号组中的每个相位用其它相位替代(如果设计的是 L 相编码信号组,那么就用额外 $L-1$ 个相位取代当前相位),计算峰值旁瓣量是否变小;如果变小则保留当前结果,否则修改最优结果;如此循环下去直到信号组的每个相位任意替代时,峰值旁瓣量都不会降低为止。基本流程图如图 4.10 所示。

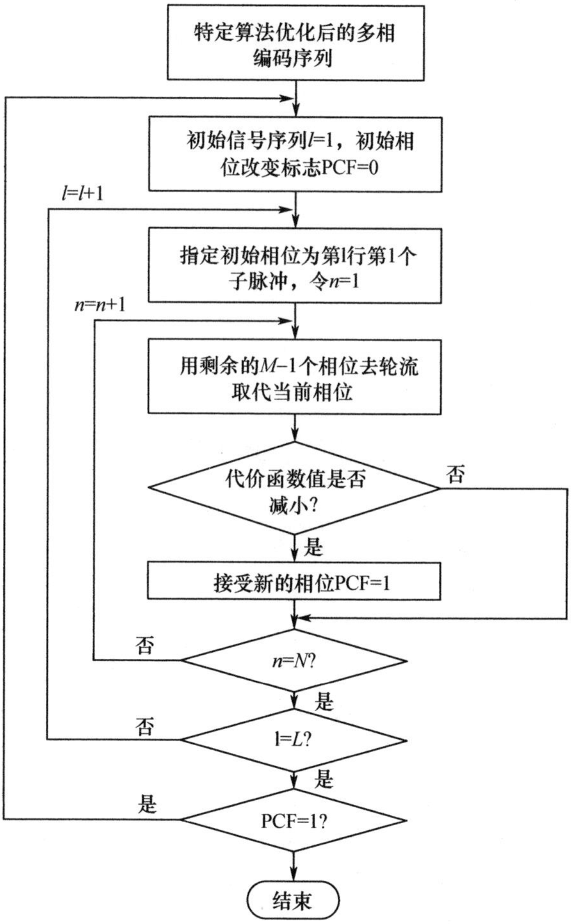

图 4.10 贪心算法编码设计流程图

设置信号个数 $L=16$,编码长度 $N=80$ 的四相码信号组),遗传算法的基础上再使用贪心算法,得到的仿真结果如表 4.5 所列。

表 4.5 平均峰值旁瓣对比结果

	平均 ACP/dB	平均 CP/dB
单独遗传算法	-14.7664	-13.0963
加贪心算法	-14.9332	-15.1145

图 4.11 为其中四个信号的归一化自相关图,图 4.11 为其中四个信号的归一化互相关图。仿真结果表明,经过贪心算法再次优化后,各旁瓣都在原有的基础上进一步降低。

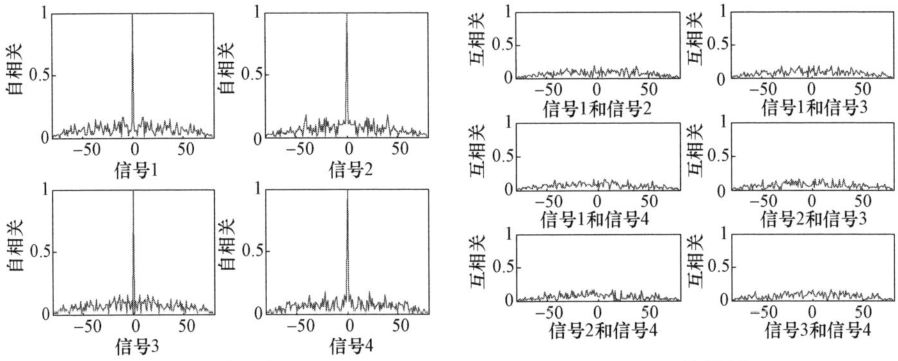

(a) 自相关图 (b) 互相关图

图 4.11 其中四个信号自相关图和互相关图

4.3 基于严格正交约束的编码信号设计

前面各节所述基于遗传算法的编码信号设计方法存在两个方面的不足。首先,前述方法难以胜任发射子阵较多、编码序列很长的二相(或多相)码组设计。由于使用简单的直接编码方式,其编码总长度等于发射子阵数与编码序列长度的乘积。而为满足系统性能的需要,有些系统如双基地的 MIMO 雷达会发射长度超过 10^4 量级的编码序列,使用直接编码方式必然造成计算机存储空间的溢出,使优化算法无法运行;其次,这些方法虽然把自相关和互相关的特性作为优化的准则,但并没有把正交性作为严格的约束考虑进来,因此设计出来的多个编码信号之间并不满足严格的正交性。而这一条件恰恰是很多研究等文所默认和依赖的,如果得不到满足,将直接影响到角度测量精度和杂波对消的效果。

为解决上述问题,这里提出一种非自适应的正交二相码组设计方法,借助 Walsh 矩阵维持编码序列之间的严格正交性,通过随机重排和抽取的方法构造正交二相码组,并采用遗传算法进行筛选和优化。该方法大大压缩了编码序列的长度,能够适应 MIMO 雷达对较长编码序列的设计需求[9]。

4.3.1　Walsh 函数与 Walsh 矩阵

Walsh 函数是由美国数学家 J. Walsh 在 1923 年提出的，它是一种非正弦的完备正交函数系，仅有 +1 和 -1 两个值。Walsh 函数的标准正交函数系可以用如下公式表示，即

$$\int_0^1 W_m(x)W_n(x)\mathrm{d}x = \begin{cases} 1, & m = n \\ 0, & m \neq n \end{cases} \tag{4.55}$$

对上面的函数进行采样即可得到一组 +1 和 -1 组成的向量，假设对 N 个 Walsh 函数进行等间隔采样，则得到一个 $N \times N$ 正交 Walsh 矩阵。例如当 $N=8$ 时有 Walsh(8)为

$$\begin{bmatrix} 1 & 1 & 1 & 1 & 1 & 1 & 1 & 1 \\ 1 & 1 & 1 & 1 & -1 & -1 & -1 & -1 \\ 1 & 1 & -1 & -1 & -1 & -1 & 1 & 1 \\ 1 & 1 & -1 & -1 & 1 & 1 & -1 & -1 \\ 1 & -1 & -1 & 1 & 1 & -1 & -1 & 1 \\ 1 & -1 & -1 & 1 & -1 & 1 & 1 & -1 \\ 1 & -1 & 1 & -1 & -1 & 1 & -1 & 1 \\ 1 & -1 & 1 & -1 & 1 & -1 & 1 & -1 \end{bmatrix}$$

可见 Walsh 正交矩阵除第一行外，其他行均由相同数目的 +1 和 -1 组成，且每一行严格正交，从而可以考虑以此做为正交二相码的设计基础。

4.3.2　严格正交约束正交编码设计理论基础

利用 Walsh 矩阵的正交特性能很好地形成正交二相码波形。为设计满足实际需要的正交二相码簇，应首先关注如下两个定理：

定理 1：多个长度为 N 的二相码序列彼此正交的必要条件是 N 为偶数，且取值为 +1 和 -1 的子码数相等。

定理 2：长度为 2^m 二相码序列，可以找到至少包含 2^m-1 个序列构成的编码簇，其中任意两个编码之间满足正交约束。

首先看定理一的证明：已知二相码编码中每个码元序列的取值只能是 +1 和 -1（分别对应于信号相位 0 和 π），随机取两个彼此正交的两个编码序列 M_1 和 M_2，两个二相编码序列的长度均为 N，然后对两个编码序列逐个码元进行比较，记符号相同的码元个数为 N_1，符号不同的码元个数为 N_2，则有

$$N_1 + N_2 = N \tag{4.56}$$

为保证两个二相码序列严格正交，应有

$$N_1 = N_2 \tag{4.57}$$

所以有

$$N = N_1 + N_2 = 2N_1 = 2N_2 \tag{4.58}$$

可见 N 必须是偶数才能够保证两个二相编码序列正交,而且为控制编码序列的自相关旁瓣,要使得二相码序列取 +1 和 -1 的数量相等。

再看定理 2 的证明:首先使用归纳法看,当 $m=2$ 时定理是肯定成立的,且根据定理一所讲,任意一个二相码序列中 +1 和 -1 的个数相等。

假定当 $m=k_0 \geqslant 2$ 时定理二成立,即存在一个包含 $N=2^{k_0}$ 个二相码的编码簇,那么分别记编码序列为

$$M_i, \quad i=1,2,\cdots,N \tag{4.59}$$

先构造出三个长度都为 $2N$ 的二相码簇,第一个记为 D,编码总数为 N,表示为

$$D=\{d \mid d_i = m_i \| m_i, \quad i=1,2,\cdots N\} \tag{4.60}$$

第二个记为 E,编码总数为 N,表示为

$$E=\{e \mid e_i = m_i \| \overline{m_i}, \quad i=1,2,\cdots,N\} \tag{4.61}$$

式中:符号"$\|$"为把两个较断长度的二相码直接连接起来,构成双倍长度的二相码;$\overline{(\cdot)}$则表示取补码,即原来编码序列中的 +1 变 -1, -1 变 +1。

编码簇 D 和 E 中的元素显然满足彼此正交的条件,所有元素中码元取 +1 和 -1 的个数相等。第三个记为 F,它只含一个编码序列

$$F=\{w \| \overline{w}\} \tag{4.62}$$

w 为长度为 N 的全 +1 二相码串,则并接在一起的为全 -1 的二相码串。

从簇 D 和 E 中各取一个元素 d_i 和 e_j,考察两串二相码之间的正交性,显然:

(1) 如果 $i \neq j$,则 c_i 与 c_j 正交,$\overline{c_i}$与$\overline{c_j}$正交,从而推出 d_i 与 e_j 正交。

(2) 如果 $i=j$,则两串二相码之间符号相同和相反的子码数量各为 N,则推出 d_i 与 e_j 正交;于是有 D 与 E 正交。

(3) 又对任意 i,m_i 中包含相等个数的 +1 和 -1,而且 m_i 与 w 正交,$\overline{m_i}$与$\overline{w}$正交,从而推出 F 与 D 正交。

记 G 为 F、D 和 E 三者间的交集,综合前面的推理可知 G 中所有元素取 1 和 -1 的子码个数相同,并且所有元素两两满足正交的条件,而 G 中元素的个数为

$$2N = 2(2^{k_0}-1)+1 = 2^{k_0+1}-1$$

这说明 $m=k_0+1$ 时定理成立。综合上述过程可知,定理 2 成立。

事实上,由 Walsh 矩阵本身的特性,也可以知道这一定理是成立的。

综观两个定理,可以对严格正交二相码的生成逻辑有所了解,并为正交二相

码程序的实现提供了很大的思路。定理 3 则为编码信号的生成指明了方向。

定理 3:对一组两两彼此正交的编码码组同步施行随机的位置换,则产生的新的二相码组仍然满足两两彼此正交的约束。

一组两两彼此正交的二相码组可以排列成一个 $M \times P$ 维的矩阵 $\boldsymbol{A}$。对编码码组施行同步的随机位置换,就是对 $\boldsymbol{A}$ 多次进行任意两列之间的交换,它等效于对矩阵 $\boldsymbol{A}$ 右乘以有限的 s 个 $P \times P$ 维的初等矩阵 $\boldsymbol{E}_1,\boldsymbol{E}_2,\cdots,\boldsymbol{E}_s$,所得新的二相码组排列成矩阵 $\boldsymbol{B}$,有

$$\boldsymbol{B} = \boldsymbol{A}\boldsymbol{E}_1\boldsymbol{E}_2\cdots\boldsymbol{E}_s \tag{4.63}$$

由于 $\boldsymbol{A}$ 以及初等矩阵 $\boldsymbol{E}_1,\boldsymbol{E}_2,\cdots,\boldsymbol{E}_s$ 均正交,矩阵 $\boldsymbol{B}$ 中各行所包含的二相码必然满足两两彼此正交的条件。命题成立。

4.3.3　基于 Walsh 矩阵约束的二相编码设计

Walsh 矩阵可以成为严格正交二相码设计的基础,但是不能直接利用其中行向量做为雷达发射机的编码信号。这是因为,为获得高分辨力和多目标分辨力,则要求正交信号具有低的自相关旁瓣值;为接受机匹配滤波能够很好的提取目标信息,则要求正交信号有低的互相关值,显然 Walsh 矩阵正交向量组不能满足这两个条件。

为了使正交向量组满足雷达发射信号的要求,可以通过遗传算法对 Walsh 矩阵进行优化选择。在这里种群中的每个染色体都是对 Walsh 矩阵进行列变化,然后随机选择相应信号个数的行向量组,最终通过遗传算法的选择、交叉、变异获得实际应用的严格正交二相码信号。前面已经证明对 Walsh 正交矩阵进行列变换后,各行向量之间依然保持着严格正交性。

设计流程如图 4.12 所示。

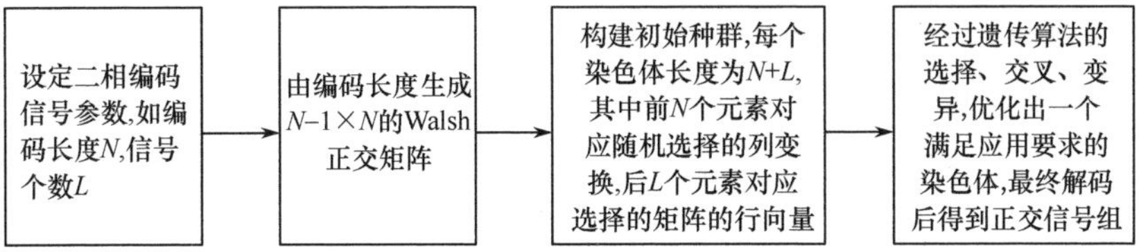

图 4.12　严格正交二相码设计流程图

4.4　基于 Walsh 矩阵约束的超长编码信号设计

按前面的算法执行时,需要事先生成并存储完整的 Walsh 矩阵,当信号个数、编码长度均很大时,面临的信号编码规模依然很大。以编码信号长度为

8192 为例,则存储 Walsh 矩阵需要的内存空间为 8192×8192=67MB,编码长度进一步增加的话,这个空间的扩展速度将更快,如长度为 16384,则存储空间的大小是 268MB！这还没有考虑其他方面的内存开销。

毫无疑问,由于在长编码条件下需求的 Walsh 矩阵非常的庞大,直接对正交矩阵遗传优化的话计算量和存储量上过大将会溢出,因此需要采取一种方法简化存储量和运算量。进一步控制编码的规模,需要利用 Walsh 矩阵的复制生成特性。

4.4.1 基于 Kronecker 积的 Walsh 矩阵生成特性

一种可取的办法是利用 Walsh 矩阵基于 Kronecker 积的复制生成特性,存储一个或多个小的 Walsh 矩阵,利用 Kronecker 积的形式表述出更大的正交 Walsh 矩阵,从而节约存储空间,变不可能为可能。

下面基于 Kronecker 积的形式给出 Walsh 矩阵的生成和行抽取的方法,并证明出任意抽取的编码向量之间具有严格的正交特性。

证明过程如下:

假设 $\boldsymbol{A}$ 为 $N_1 \times N_1$ 的正交 Walsh 阵,用 $\boldsymbol{a}_i, i=1,2,\cdots,N_1$ 表示它的行向量;$\boldsymbol{B}$ 为 $N_1 \times N_1$ 的正交 Walsh 阵,用 $\boldsymbol{b}_i, i=1,2,\cdots,N_2$ 表示它的行向量,那么利用 Kronecker 积形式生成的大正交阵记为 $\boldsymbol{C}$。虚拟存储的矩阵 $\boldsymbol{C}$ 中每个行向量 $\boldsymbol{c}_k, k=1,2,\cdots,N_1N_2$ 可表述为

$$\boldsymbol{c}_k = [\boldsymbol{a}_i(1)\times\boldsymbol{b}_j \quad \boldsymbol{a}_i(2)\times\boldsymbol{b}_j \quad \cdots \quad \boldsymbol{a}_i(N_1)\times\boldsymbol{b}_j] \tag{4.64}$$

反之,根据如下生成原则选取 i 和 j:$i=\text{fix}(k/N_2)$,$j=\text{mod}((k-1)/N_2)+1$,即可由式(4.64)生成 $\boldsymbol{C}$ 中的第 k 行,这里 fix(·)和 mod(·)分别为向上取整和取余操作。当需要 M 个编码信号时,依上面的方法抽取 M 个行编码向量即可组成一个需要列变换的正交矩阵。下面将证明,由此方法生成的矩阵,各行向量之间是正交的。

由于 $\boldsymbol{A}$ 和 $\boldsymbol{B}$ 中的每一行向量是相互正交的,记

$$\boldsymbol{A}=[\boldsymbol{a}_1 \quad \boldsymbol{a}_2 \quad \cdots \quad \boldsymbol{a}_N],\quad \boldsymbol{B}=[\boldsymbol{b}_1 \quad \boldsymbol{b}_2 \quad \cdots \quad \boldsymbol{b}_N] \tag{4.65}$$

式中

$$\boldsymbol{a}_i=[a_{i1} \quad a_{i2} \quad \cdots \quad a_{iN}],\quad \boldsymbol{b}_i=[b_{i1} \quad b_{i2} \quad \cdots \quad b_{iN}] \tag{4.66}$$

那么 $\boldsymbol{a}_i \times \boldsymbol{a}_j^{\mathrm{T}}=0(i\neq j)$,$\boldsymbol{b}_i \times \boldsymbol{b}_j^{\mathrm{T}}=0(i\neq j)$。

按前文所述方法选择 Walsh 矩阵 $\boldsymbol{C}$ 中第 m 行向量和第 n 行向量,其中 $m\neq n$,并记 $i=\text{fix}(m/N_2)$,$j=\text{mod}((m-1)/N_2)+1$,$i'=\text{fix}(n/N_2)$,$j'=\text{mod}((n-1)/N_2)+1$ 则有

$$\boldsymbol{c}_m \times \boldsymbol{c}_n^{\mathrm{T}} = [\boldsymbol{a}_i(1)\boldsymbol{b}_j \quad \boldsymbol{a}_i(2)\boldsymbol{b}_j \quad \cdots \quad \boldsymbol{a}_i(N_1)\boldsymbol{b}_j] \times$$

$$[\boldsymbol{a}_{i'}(1)\boldsymbol{b}_{j'}^{\mathrm{T}} \quad \boldsymbol{a}_{i'}(2)\boldsymbol{b}_{j'}^{\mathrm{T}} \quad \cdots \quad \boldsymbol{a}_{i'}(N_1)\boldsymbol{b}_{j'}^{\mathrm{T}}] \tag{4.67}$$

在这里由于 $m \neq n$,所以 $i = i'$ 和 $j = j'$ 不可能同时成立,因此分两种情况讨论:

第一种情况 $j \neq j'$,有

$$\begin{aligned}\boldsymbol{c}_m \times \boldsymbol{c}_n^{\mathrm{T}} &= \boldsymbol{a}_i(1)\boldsymbol{a}_{i'}(1)\boldsymbol{b}_j \times \boldsymbol{b}_{j'}^{\mathrm{T}} + \boldsymbol{a}_i(2)\boldsymbol{a}_{i'}(2)\boldsymbol{b}_j \times \boldsymbol{b}_{j'}^{\mathrm{T}} + \cdots + \boldsymbol{a}_i(N_1)\boldsymbol{a}_{i'}(N_1)\boldsymbol{b}_j \times \boldsymbol{b}_{j'}^{\mathrm{T}} \\ &= \boldsymbol{a}_i(1)\boldsymbol{a}_{i'}(1) \times 0 + \boldsymbol{a}_i(2)a_{i'}(2) \times 0 + \cdots + \boldsymbol{a}_i(N_1)\boldsymbol{a}_{i'}(N_1) \times 0 \\ &= 0 + 0 + \cdots + 0 = 0\end{aligned} \tag{4.68}$$

第二种情况当 $i \neq i'$ 时,如果 $j \neq j'$ 时,则根据式(4.68)可有 $\boldsymbol{c}_m \times \boldsymbol{c}_n = 0(m \neq n)$;如果 $j = j'$,那么

$$\begin{aligned}\boldsymbol{c}_m \times \boldsymbol{c}_n^{\mathrm{T}} &= \boldsymbol{a}_i(1)\boldsymbol{a}_{i'}(1)\boldsymbol{b}_j \times \boldsymbol{b}_{j'}^{\mathrm{T}} + \boldsymbol{a}_i(2)\boldsymbol{a}_{i'}(2)\boldsymbol{b}_j \times \boldsymbol{b}_{j'}^{\mathrm{T}} + \cdots + \boldsymbol{a}_i(N_1)\boldsymbol{a}_{i'}(N_1)\boldsymbol{b}_j \times \boldsymbol{b}_{j'}^{\mathrm{T}} \\ &= \boldsymbol{a}_i(1)\boldsymbol{a}_{i'}(1) \times N_2 + \boldsymbol{a}_i(2)\boldsymbol{a}_{i'}(2) \times N_2 + \cdots + \boldsymbol{a}_i(N_1)\boldsymbol{a}_{i'}(N_1) \times N_2 \\ &= N_2(\boldsymbol{a}_i \cdot \boldsymbol{a}_{i'}) = N_2 \times 0 = 0\end{aligned} \tag{4.69}$$

证明完毕。

这里以较为简单的例子,说明由两个小型的正交 Walsh 矩阵通过 Kronecker 积构造出较大正交 Walsh 矩阵的过程。假设两个小的正交 Walsh 阵均为

$$\begin{pmatrix} 1 & 1 \\ 1 & -1 \end{pmatrix}$$

那么两个相同的正交阵的 Kronecker 积为

$$\begin{pmatrix} 1 & 1 \\ 1 & -1 \end{pmatrix} \otimes \begin{pmatrix} 1 & 1 \\ 1 & -1 \end{pmatrix} = \begin{pmatrix} 1 & 1 & 1 & 1 \\ 1 & -1 & 1 & -1 \\ 1 & 1 & -1 & -1 \\ 1 & -1 & -1 & 1 \end{pmatrix}$$

式中:符号 $\otimes$ 为 Kronecker 积,生成的 4 块子阵对应的分别是小 Walsh 正交阵中的每个元素乘以一个小的 Walsh 正交阵,利用这种关系,很容易构成上述抽取方法。

4.4.2　基于遗传算法的超长编码组设计

利用 Walsh 矩阵的 Kronecker 积生成特性,只是给出了一个满足编码向量间正交性的初始群体,还需要通过遗传算法在不改天正交性的前提下,通过随机的行列变化和优选,使群体自相关量和互相关量都达到最小。

在长编码设计中需要保证遗传算法的最大优化空间,所以染色体的编码长度应该是和所需信号的编码长度和信号个数之和。例如两个 $N_1 \times N_1$ 的 Walsh 矩阵利用 Kronecker 积构成的 $N_{12} \times N_{12}$ 的正交矩阵,如果信号个数为 M,那么每个染色体的长度应为 $N_{12} + M$。

当需要产生的正交二相码信号个数很多时,遗传算法的运行时间主要集中在了适应度值的计算上,即编码序列自相关和互相关的运算上。遗传算法中实际需要的适应度值往往是每个编码信号的自相关旁瓣能量和互相关能量,或者是自相关峰值旁瓣和互相关峰值,并不需要保存每个信号组向量形式的自相关和互相关结果,这就节省了很大部分的存储空间,也压缩了遗传算法本身的执行时间。不过优化算法结束时,这种方法将不会得到每个编码信号的相关性向量和信号间的互相关性的向量,以及每两个信号间的自相关峰值旁瓣值和互相关峰值。只有当整个遗传过程结束时,才能通过保存下来一个最优的染色体解码得到设计好的正交二相长编码向量,再对其进行自相关和互相关处理,得到显示性的结果。

基于 Walsh 矩阵 Kronecker 积生成特性和遗传算法的超长二相编码设计具体流程如下:

步骤1　生成两个相同 $N_1 \times N_1$ 的正交 Walsh 矩阵并保存下来。

步骤2　生成遗传算需要的初始种群,每个染色体的长度为 $N_{12} \times N_{12} + M$,其中 M 为需要的编码信号个数,前面长度为 $N_{12} \times N_{12}$ 染色体编码表示对抽取信号的列变化(不改变正交性),后面长度 M 的染色体编码表示需要抽取的染色体。

步骤3　计算初始种群的适应度值,即对初始种群的每个染色体解码,先抽取正交编码向量组,对其进行列变化后做自相关和互相关进行处理,对应每个染色体的适应度值为每个信号自相关峰值旁瓣量之和以及每两个信号间的互相关峰值量之和(根据需要,也可以选择使用别的适应度值计算方法)。

步骤4　利用遗传算法对适应度值进行分配,然后进行遗传种群的选择、交叉和变异,并更新初始种群。

步骤5　重复步骤3~步骤4 直到遗传代数结束,最终得到优化后的遗传种群,该种群中的最优染色体解码为实际需要的正交二相长编码信号组。

程序逻辑框图如图 4.13 所示。

以编码长度为 16384,信号个数为 150 个的情况为例说明设计效果。由于自相关峰值旁瓣和互相关峰值个数比较多,无法一一列出。只给出了正交二相长编码信号的平均自相关峰值旁瓣量和平均互相关峰值量,它们分别是:平均 ACP = 0.0281(−31.0259dB),平均 CP = 0.0294(−30.6331dB)。

如图 4.14 所示为其中一个自相关结果归一化后的效果图,用于幅度归一化处理的标准值为零点处的信号匹配输出。容易直观地看出信号的自相关旁瓣很小,容易满足雷达系统的实用性需求。

图 4.15(a)为随机选取的两个信号间的互相关输出,图 4.15(b)为互相关输出的局部效果图,可以看出,零点偏移处信号间是严格正交的。这一特性对发射阵列角度估计具有重要的意义。

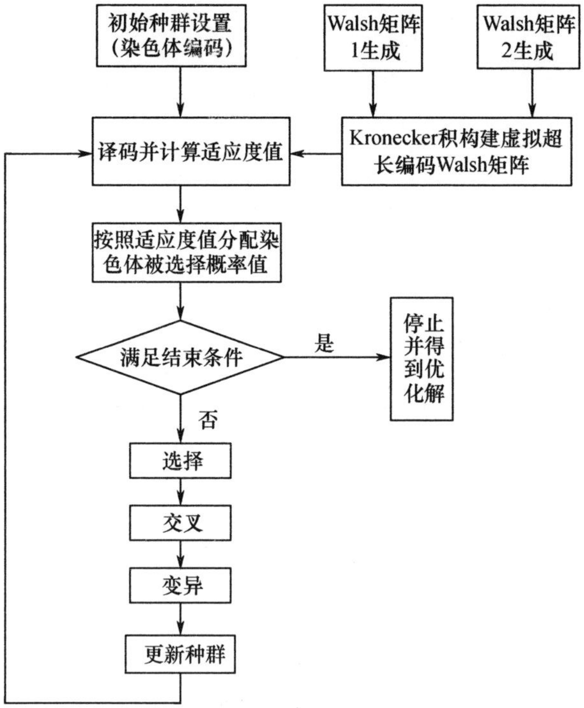

图 4.13　超长编码信号设计流程框图

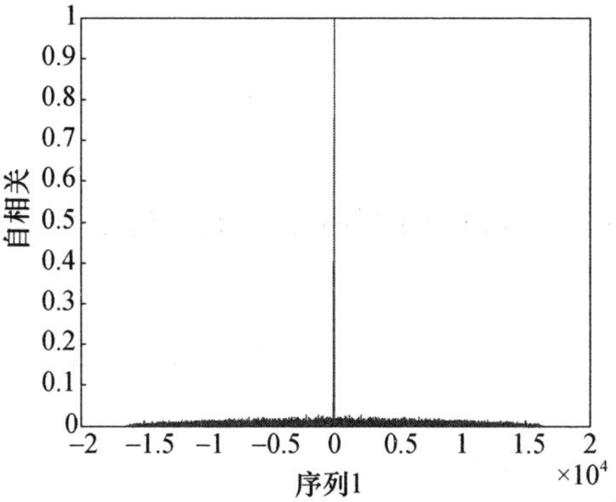

图 4.14　序列 1 自相关结果

雷达的分辨力与雷达发射信号的模糊特性直接关联。这里重点探讨信号的距离分辨力和多普勒分辨力，如图 4.16 所示。

可以看出，正交二相编码信号的模糊图为图钉状，只在匹配点处有比较尖锐的主峰值，说明其具有很好的距离和多普勒敏感特性，适用于目标跟踪环境下的运用。

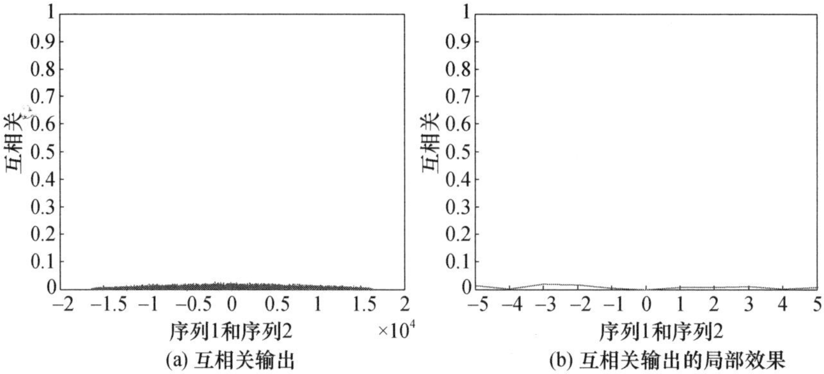

图 4.15　序列 1、2 互相关和该互相关局部效果

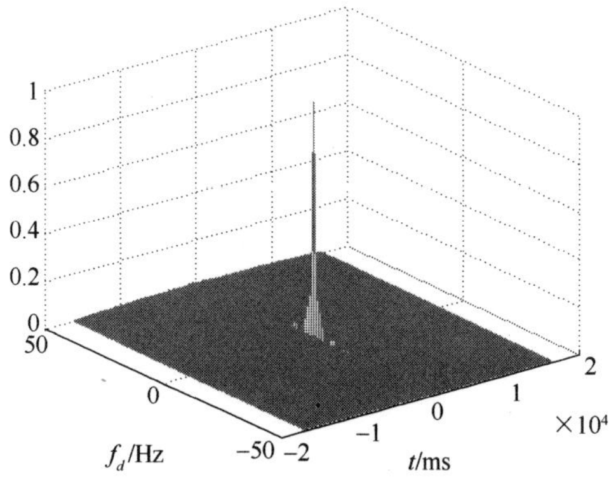

图 4.16　信号的模糊函数

4.5　MIMO 雷达中的旁瓣抑制技术

调整匹配权序列并控制匹配输出的旁瓣，同样能避免大目标对小目标的遮蔽效应，也是信号优化设计另外一个努力的方向，本节对此进行简单介绍。信号形式不同，旁瓣抑制的对策也略有不同。这里重点从基于频域特性的调整手段入手，介绍 MIMO 雷达中比较实用的旁瓣控制技术，适用于线性调频类正交信号波形。其他还有适用于编码信号旁瓣抑制的线性规划方法等，也能拓展至 MIMO 雷达，只是很难适应超长编码的旁瓣优化或多个编码的同时优化，本书不作介绍。

4.5.1　谱修正距离旁瓣控制基本思路

时域信号序列对应于唯一的频域序列，要想改善匹配输出的时域旁瓣特性，只要将其对应的频谱调制成比较理想的形式。而众所周知，要使时域脉压信号的旁瓣低，则对应的频谱应该尽量接近于高斯窗函数的形状。

以 LFM 信号为例，频域加窗是目前较为有效的时域旁瓣抑制技术之一，常用的窗函数有汉明窗或切比雪夫窗。然而仿真结果表明，小时带积信号加窗没有大时带积的效果好。原因是小时带积信号频带内存在大的起伏波纹，简单的频域加窗方法未能对带内起伏波纹带来明显的改善，因此旁瓣抑制的效果未能达到较为理想的程度。

针对小时带积信号的旁瓣抑制问题，文献[10－12]等提出了谱修正的方法，能同时平滑频谱边缘跃变并减小带内纹波的影响，取得了比较有效的影响。针对使用 SFDLFM 信号的 MIMO 雷达，文献[13]提出了倒数谱滤波和对合成信号频域整体加窗的方法。其中倒数谱滤波本质上也属于一种频谱修正技术，由于只针对各发射通道的窄带信号进行，未能有效控制相邻频带信号间相关成分的影响，因此未能有效地减小合成信号的带内纹波；而对合成信号频域整体加窗，也只能对频谱的边缘跃变进行平滑处理，因此两种方法结合后的旁瓣抑制效果依然未能满足实际的工程需求。这里将 MIMO 雷达接收到的合成信号统一进行频谱修正处理，取得了有效的距离旁瓣抑制效果。

谱修正的基本思路可以概括为，先将脉冲压缩滤波器的频率响应设计为脉压输入信号的倒数谱，脉压输出端得到的信号频谱将为矩形，对其进行再加窗处理，输出信号的频谱必然表现为窗函数的形状，其对应的时域信号将具有低旁瓣的特性。

上述倒数谱匹配和频域加窗两个过程可以合二为一。记输入信号的实际频谱为 $S(f)$，所选窗函数为 $W(f)$，则基于频谱修正的旁瓣抑制处理的原理框图如图 4.17(a)所示，其等效的简化处理框图则如图 4.17(b)所示。

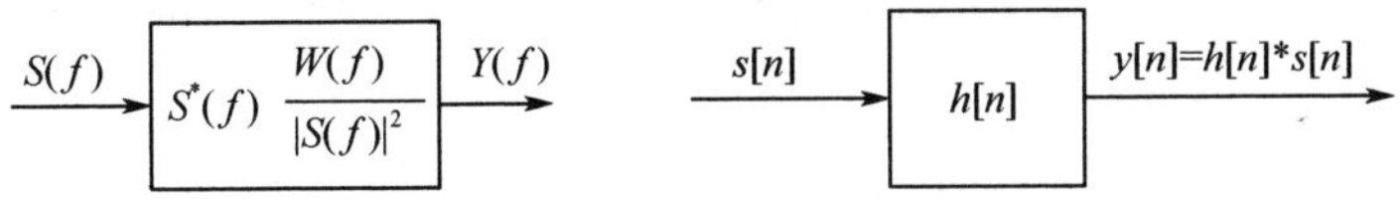

(a) 频谱修正原理框图　　(b) 频谱修正数字化处理简化框图

图 4.17　线性调频信号频谱修正技术示意图

高斯背景下，匹配滤波器的输出信噪比是最大的。谱修正处理则显然是一种失配处理或称准匹配滤波器，窗函数的引入虽能有效降低旁瓣，但是输出信号的主瓣展宽、幅度降低是无法避免的，这将造成信噪比损失和分辨力的下降。

综合文献[11]和文献[14]，可知将 MIMO 雷达的合信号看成一个信号(而不是由多个信号合成的)，再将其频谱修正为窗函数的形状，这将使得输出信号的时域旁瓣降低到理想的程度。

4.5.2　MIMO 雷达中的频谱修正处理

频谱修正可以拓展运用至 MIMO 雷达，并且注意到 MIMO 雷达处理流程的灵活性，这一技术既可以用于单个接收阵元的接收信号，也可以用于接收波束形成之后的输出，这里以后者为基础进行讨论。假设目标速度为零，容易得到阵列接收信号经由接收波束形成后的输出

$$y(t)=\eta\boldsymbol{b}^{\mathrm{H}}(\vartheta_{\mathrm{g}})\boldsymbol{b}(\vartheta)\boldsymbol{a}^{\mathrm{T}}(\theta)\boldsymbol{S}(t-t_0)\mathrm{e}^{-\mathrm{j}2\pi f_{\mathrm{c}}t_0} \tag{4.70}$$

式中：$\eta\boldsymbol{b}^{\mathrm{H}}(\vartheta_{\mathrm{g}})\boldsymbol{b}(\vartheta)$以及$\mathrm{e}^{-\mathrm{j}2\pi f_{\mathrm{c}}t_0}$两部分显然是与综合信号波形无关的系数项，若目标所在发射方向θ已知或近似已知，则可以将如下信号看成该发射方向的标准信号

$$y_0(t)=\boldsymbol{a}^{\mathrm{T}}(\theta)\boldsymbol{S}(t) \tag{4.71}$$

用式(4.71)信号与式(4.70)进行匹配或相关处理，可以完成对目标的检测处理。但正如前面所分析到的那样，会存在非常明显的旁瓣。

记合成信号$y_0(t)$的频谱为$Y_0(\omega)$，且令

$$H_1(\omega)=Y_0^*(\omega)/\max(|Y_0^*(\omega)|) \tag{4.72}$$

利用谱修正思路，可以得到准匹配滤波器的频谱响应为

$$H(\omega)=\begin{cases}H_1(\omega)W(\omega)/|H_1(\omega)|^2, & |\omega|\leqslant\pi B\\ H_1(\omega), & |\omega|>\pi B\end{cases} \tag{4.73}$$

式中：$W(\omega)$为频域窗函数，可以是汉明窗、切比雪夫窗等；B为$Y_0(\omega)$的频谱宽度。谱修正滤波器的频谱仅与发射导向矢量有关，与接收波束形成没有关系。但与发射波束的指向很有关系，因为如果目标所在发射方向偏离估计方向，则由于合信号的特点发生了变化，匹配输出的结果也会发生很明显的变化，并导致旁瓣逐渐恶化。

4.5.3 谱修正旁瓣抑制效果

为展示谱修正旁瓣抑制技术在 MIMO 雷达中的使用效果，设定仿真条件为：发射阵元数目$M=4$；归一化阵元间距$d/\lambda=0.5$；信号子带带宽$B_{\mathrm{s}}=1.25\mathrm{MHz}$；相邻子带载频中心间隔$f_\Delta=1.25\mathrm{MHz}$；信号载频$f_{\mathrm{c}}=1.5\mathrm{GHz}$；信号脉冲宽度$T_{\mathrm{p}}=80\mu\mathrm{s}$；采样率$f_{\mathrm{s}}=10\mathrm{MHz}$。

图4.18分别对比了只对综合信号进行频域加窗和对 MIMO 雷达的回波信号频谱进行修正处理后，不同的匹配输出结果，两种情况下使用的窗函数均为海明窗，其中图4.18(b)为加窗后主瓣附近输出包络的局部放大图。由该图可以看到，常规的频域对旁瓣的改善效果很不明显；而使用频谱修正技术后，得到的处理结果具有很低的旁瓣。其峰值旁瓣电平可以达到$-40\mathrm{dB}$以下，与设计的期望目标基本符合。

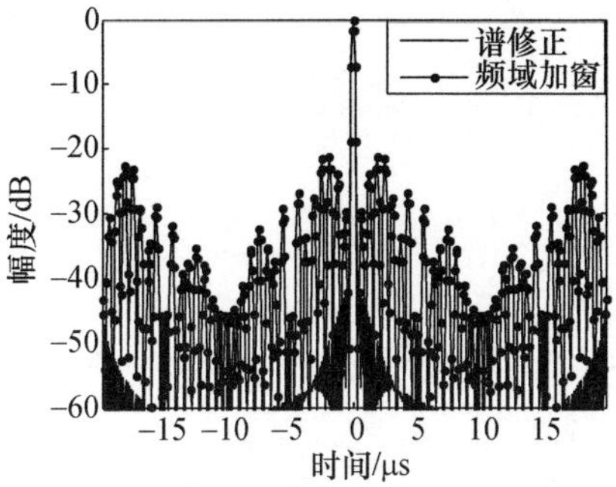

(a) 谱修正和频域加窗后的输出包络

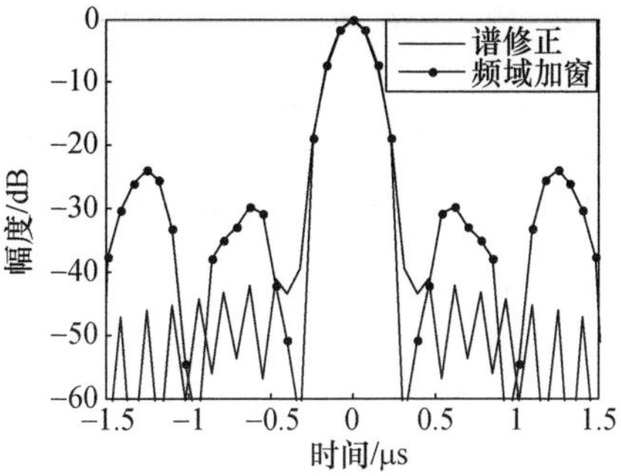

(b) 局部放大图

图 4.18　两种不同匹配方式的输出

4.6　非线性调频信号在 MIMO 雷达中的运用

线性调频信号是雷达系统中最经典的信号形式,采用频域加窗或者其他准匹配处理方式实现距离旁瓣抑制时,往往导致信噪比的损失和分辨率的下降。若等幅调频信号本身的频谱就接近高斯窗函数的形式,则匹配滤波器既可输出低的旁瓣电平,又可避免失配能量损失。NLFM 信号的构造原则正是设计具有窗函数形状的频谱特征。

4.6.1　非线性调频信号设计思路

窗函数波形综合法是最常用的非线性调频信号设计方法之一。利用逗留相位原理,可根据给定窗函数形状的信号幅频响应,得到信号的相位函数[15]。

设信号基带波形为 $s(t)$,其频谱函数为 $S(f)$,信号的距离模糊函数,即自相关函数与频谱有如下关系

$$\chi(\tau,0) = \int_{-\infty}^{\infty} |S(f)|^2 \exp(j2\pi f\tau)\,\mathrm{d}f \tag{4.74}$$

令 $|S(f)|^2 = W(f)$,利用逗留相位原理得到信号的群延迟 $T(f)$ 为

$$T(f) = K_1 \int_{-\infty}^{f} W(x)\,\mathrm{d}x, \quad -B_s/2 \leqslant f \leqslant B_s/2 \tag{4.75}$$

式中:B_s 为信号调频带宽,K_1 为常数,满足

$$K_1 = T_p \Big/ \int_{-B_s/2}^{B_s/2} W(x)\,\mathrm{d}x \tag{4.76}$$

式中:T_p 为信号的时宽,对式(4.75)求反函数,可得到信号的调频函数为

$$f(t) = T^{-1}(f) \tag{4.77}$$

进一步得到相位函数

$$\varphi(t) = 2\pi\int_{-T_p/2}^{t} f(t)\,dt, \quad -T_p/2 \leqslant t \leqslant T_p/2 \tag{4.78}$$

从而可以综合得到非线性调频信号的波形

$$s(t) = \exp(j\varphi(t)), \quad -T_p/2 \leqslant t \leqslant T_p/2 \tag{4.79}$$

以汉明(Hamming)窗为例,其函数表达式为 $W(f) = 0.54 + 0.46\cos(2\pi f/B_s)$,其中 $|f| \leqslant B_s/2$,由式(4.75)和式(4.76)得群延迟 $T(f)$ 为

$$T(f) = \frac{T_p}{0.54B_s}\left\{0.54f + \frac{0.46B_s}{2\pi}\sin\left(\frac{2\pi f}{B_s}\right)\right\}, \quad -B_s/2 \leqslant f \leqslant B_s/2 \tag{4.80}$$

再根据式(4.77)到式(4.79)可得到非线性调频信号。

当设计出来的信号具有窗函数形状的幅频响应时,NLFM 信号可获得较高的主副比。但由于设计过程中采用了近似处理,对于小时带积的信号效果也不是特别好,以大时带积的 NLFM 信号更为适用。

NLFM 信号与步进频技术结合,很容易构成 MIMO 雷达中的正交波形。利用下一章介绍的分析方法,可对该模式下 MIMO 雷达的模糊函数进行定性的分析和定量的评估,详见下一章的内容。

4.6.2 非线性调频信号设计与 MIMO 雷达中的运用

假设信号时宽 $T_p = 60\mu s$,带宽 $B_s = 5MHz$,采样率为 $f_s = 40MHz$,采用前述方法进行 NLFM 信号的设计,并以汉明窗函数作为期望的频谱形状,图 4.19 给出了单个非线性调频信号的仿真设计结果,其中 T_p 为归一化时间参量,无量纲。

图 4.20 对比了基于汉明窗的 NLFM 信号及相同参数下 LFM 加汉明窗的脉压结果。从该图中可以看到,基于汉明窗的非线性调频信号脉压信号的主瓣宽度同采用汉明窗加权线性调频信号脉压的结果一致。但采用汉明窗加权 LFM 信号脉压结果的旁瓣可达 −41.2dB,而基于汉明窗产生的 NLFM 信号脉压结果的峰值旁瓣仅为 −38.6dB,这是设计过程中使用近似方法引起的后果。后者回避了失配带来的损失,因此依旧具有实际的运用价值。选择不同的窗函数或精细修正频率调制函数,有望获得更理想的设计结果。

图 4.21 展示的是使用顺序步进频 NLFM 信号后,$(\psi,\zeta) = (0,0)$ 时 MIMO 雷达匹配滤波器的输出。其中图 4.21(b)是图 4.21(a)主瓣部分的局部放大。可以看到,由于单个子带匹配滤波器输出脉压信号的主瓣比 SFDNLFM 模式下综合信号的主瓣宽,导致多频信号和函数的多个栅瓣峰值落入了子带包络的主瓣内,形成了高的主旁瓣分裂现象,调整通道间频率间隔的可以控制旁瓣的出现规律,参见下一章的描述。

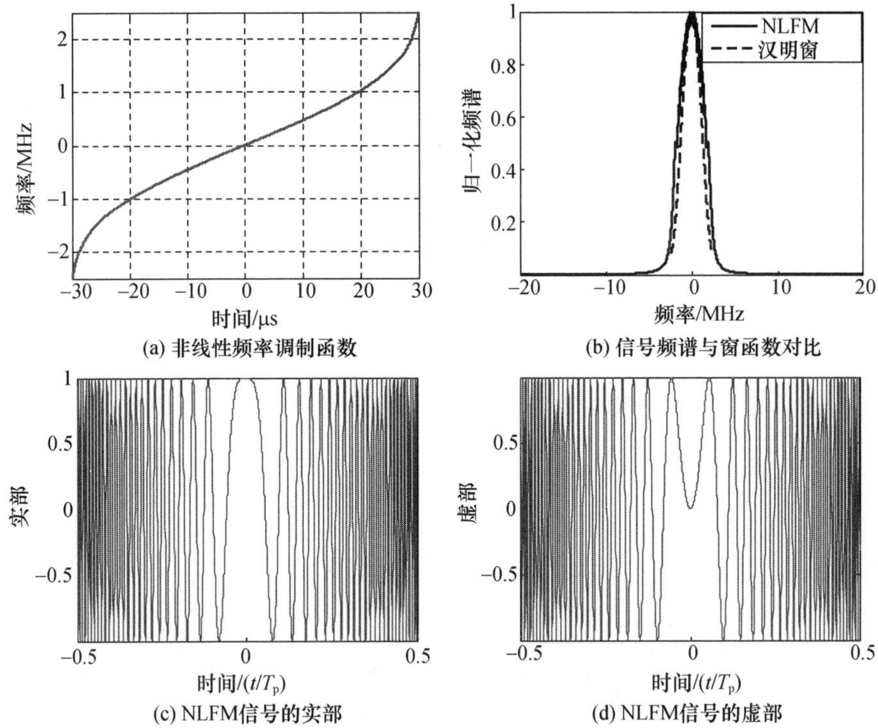

(a) 非线性频率调制函数　(b) 信号频谱与窗函数对比

(c) NLFM信号的实部　(d) NLFM信号的虚部

图 4.19　基于汉明窗的 NLFM 信号波形及其幅度谱

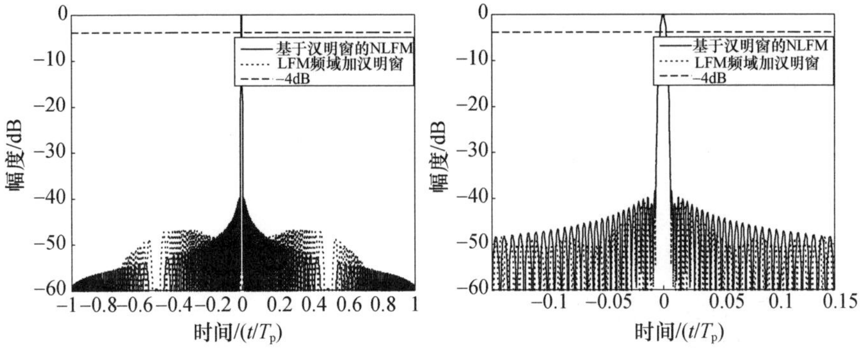

(a) 整体图　(b) 局部放大图

图 4.20　非线性调频及线性调频加窗脉压结果

SFDNLFM 信号的这类旁瓣的位置可以根据栅瓣项峰值的位置来估计，在做检测时将主瓣附近高旁瓣做模糊处理，这样就能避免错判这些旁瓣为目标。图 4.22 给出了同参数的 SFDLFM 信号和 SFDNLFM 信号的距离 - 多普勒二维模糊函数，由图还可以看到，SFDNLFM 信号的多普勒敏感性比 SFDLFM 信号强一点，因此该信号也适用于多谱勒频率有一定先验知识的场合，例如对目标的确认。

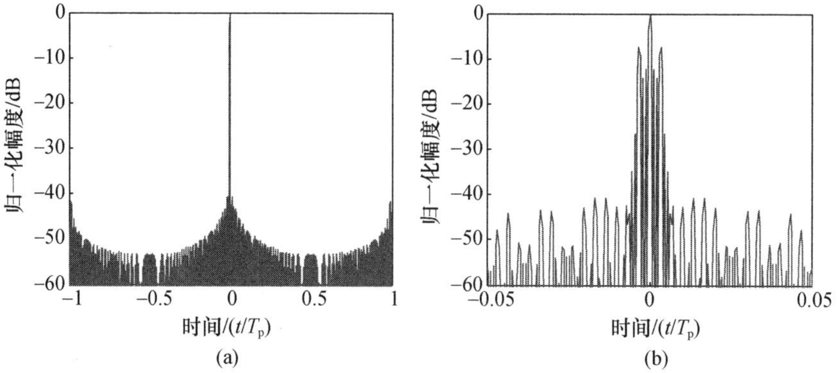

图 4.21　SFDNLFM 信号 MIMO 雷达匹配处理输出的综合信号

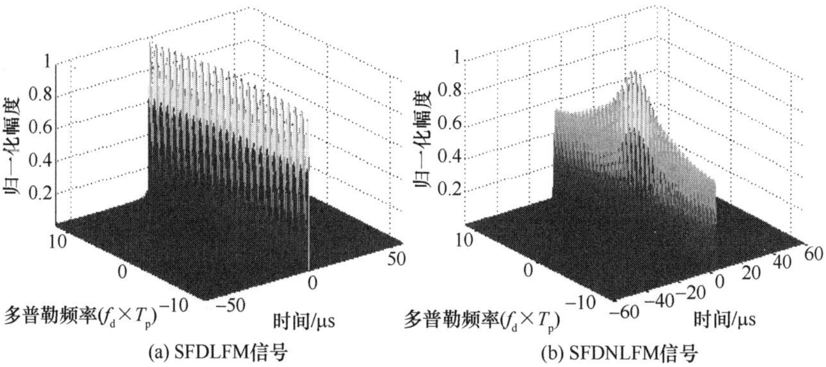

图 4.22　距离 - 多普勒二维模糊函数

4.7　基于认知的 MIMO 雷达波形设计

4.7.1　认知雷达及其波形设计

1. 认知雷达的基本概念

现代雷达面临日益复杂、多变的电磁环境,发展智能化的雷达系统,是进一步提高雷达的战术技术性能,拓展雷达适用范围的大趋势。Simon Haykin 教授于 2006 年正式提出认知雷达概念[16],正适应这一大的趋势,因此一经提出就在全球的雷达系统研究领域掀起了新的热潮。

认知二字源于英文单词"cognitive"。根据该词的定义,认知雷达应当具有感知环境和智能处理信号的能力,具有保存雷达回波信号中有用信息的存储器和环境数据库,同时还应具有从接收机到发射机的闭环反馈通道,其本质即为通过与环境不断地交互而理解并适应环境的闭环雷达系统。一种典型的认知雷达闭环反馈结构如图 4.23 所示。

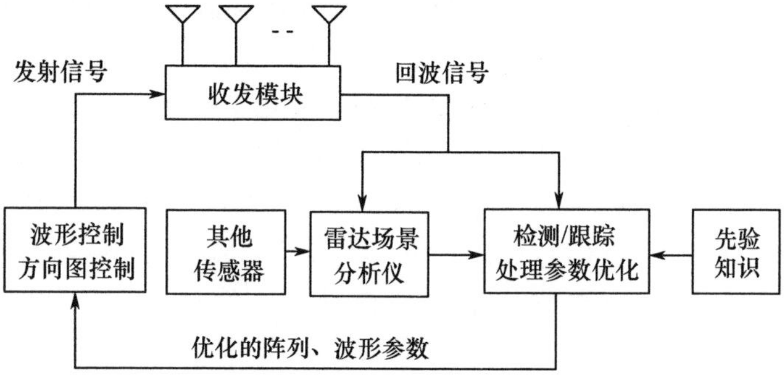

图 4.23 认知雷达基本结构

首先,雷达发射初始的相干或者非相干信号进行目标探测;探测信号经目标环境反射加上外界干扰等构成回波信号被接收机接收;认知系统利用接收信号进行雷达场景分析,提取环境信息参数,再结合目标环境的先验知识进行波形优化和方向图优化,同时完成检测/跟踪等处理任务;优化后的阵列、波形参数则反馈到发射设备,实时地调整发射波形和发射方向图。整个系统在持续的“发射信号 - 环境认知 - 参数优化 - 反馈控制”的状态循环中,不断调整雷达工作参数,以适应外界环境的变化,从而达到最优的探测性能和获取信息的能力。

2. 基于认知的波形设计

波形的优化设计是认知雷达研究领域的一项关键技术[17-24]。事实上,早在 1965 年 H. V. Trees 就提出可以通过调整发射信号来达到适应当前雷达工作环境的目的,这是最早的匹配发射 - 接收的思想[25,26]。现有的关于匹配波形设计的文献主要包括以优化信噪比(SNR)为准则分别在噪声[27]和杂波[28]两种场景下的对已知目标的匹配的波形设计、杂波中多目标检测[29]的最优波形设计以及高斯噪声中以优化互信息量(MI)为准则[30]的发射波形设计等。归纳起来,认知雷达波形设计准则主要包括两类:基于 SNR 的优化准则和基于 MI 的优化准则。

基于 SNR 准则的认知雷达波形设计问题又可以分为噪声下和杂波下两个方面。首先,Bergin 等人针对色噪声为广义平稳随机过程(WSS)的信号检测问题,提出了白化滤波器结构下基于色噪声相关矩阵的波形设计方法[27]。采用的是特征值方法,最优波形是色噪声相关矩阵最大特征值对应的特征向量。为了使设计的波形具有更好的距离旁瓣性能,Li[31]等人在 Bergin 的基础上将设计波形与期望波形(如 LFM 信号)间的相似度评估引入目标函数,提出了一种 SWORD 波形设计方法。另一方面,文献[28]调研了杂波下的基于最大化输出 SCNR 准则的发射接收联合优化设计问题,针对扩展目标的检测,给出了一种发射波形及其匹配接收机的迭代优化方法，但是此方法既不能保证收敛，也不能保证得到最优信号。文献[32]针对实际雷达系统中杂波下扩展目标的检测问题，给出了一种相位编码设计的优化方法。

基于MI准则的波形设计方法[30-35]最早是由Bell[30]于1993年提出，它将信息论理论与雷达系统相结合提出了一种最大化MI的波形优化设计方法。Bell首先将目标建模为一扩展目标并将其视为一线性时不变（LTI）系统，优化的准则是最大化雷达回波与目标冲激响应间的MI，以发射功率和发射信号持续时间为约束，分别针对检测和估计问题进行了波形的优化设计。Yang和Blum[33]将基于极大化MI的波形设计思路拓展至MIMO雷达的应用背景中，同时还研究了基于极小化最小均方误差(MMSE)的MIMO雷达波形设计问题。研究表明，在两种不同的优化准则下能够得到相同的优化结果。在此基础上，Yang和Blum[34]进一步研究了基于上述两个准则的极大极小化稳健的MIMO雷达波形设计问题，研究表明，对于不同的优化准则稳健波形也不同。

4.7.2 认知波形设计基本原理

1. 噪声中的认知波形设计

在色噪声背景下进行认知波形优化设计，设计的目的是联合优化发射波形－接收端滤波器对，系统模型如图4.24所示。

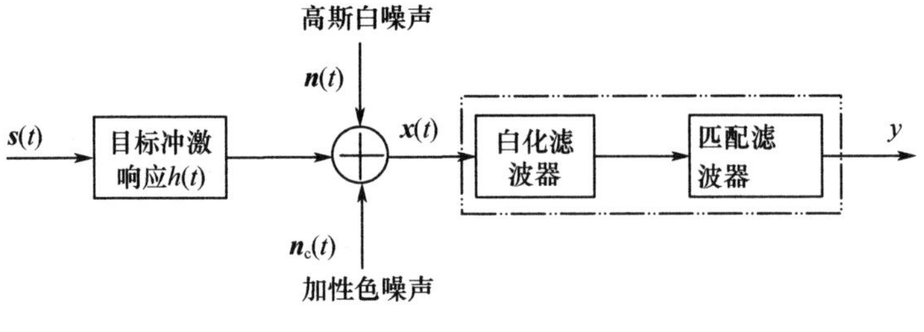

图4.24 系统模型

假设发射波形为$\boldsymbol{s}(t)$，经目标反射，可以看做信号通过一系统$\boldsymbol{h}(t)$，当目标为点目标时$\boldsymbol{h}(t)=\boldsymbol{\delta}(t-\tau)$；若目标为扩展目标，则$\boldsymbol{h}(t)=\sum_{l=1}^{L}\kappa_l\boldsymbol{\delta}(t-\tau_l)$。若用$\boldsymbol{n}_c(t)$和$\boldsymbol{n}(t)$分别表示加性色噪声和接收机噪声，则回波信号可以表示为

$$\boldsymbol{x}(t)=\boldsymbol{s}(t)*\boldsymbol{h}(t)+\boldsymbol{n}_c(t)+\boldsymbol{n}(t) \tag{4.81}$$

为了方便分析，将上面的模型写成矩阵的形式。即发射波形向量为$\boldsymbol{s}$，经过目标的反射可以视作通过一目标传递函数$\boldsymbol{H}_T$。若目标为点目标，则$\boldsymbol{H}_T=\boldsymbol{I}$；若目标为扩展目标，则

$$
\boldsymbol{H}_{\mathrm{T}}=\begin{bmatrix}
h[0] & 0 & 0 & \cdots & 0 \\
h[1] & h[0] & 0 & \cdots & 0 \\
h[2] & h[1] & h[0] & \cdots & 0 \\
\vdots & h[2] & h[1] & \ddots & \vdots \\
h[N-1] & \vdots & h[2] & \ddots & h[0] \\
0 & h[N-1] & \vdots & \ddots & h[1] \\
0 & 0 & h[N-1] & \ddots & h[2] \\
0 & 0 & 0 & \ddots & \vdots \\
0 & 0 & 0 & \cdots & h[N-1]
\end{bmatrix} \tag{4.82}
$$

用列向量 $\boldsymbol{n}_{\mathrm{c}}$ 和 $\boldsymbol{n}$ 分别表示色噪声和白噪声,则回波信号 $\boldsymbol{x}$ 可表示为

$$\boldsymbol{x}=\boldsymbol{H}_{\mathrm{T}}\boldsymbol{s}+\boldsymbol{n}_{\mathrm{c}}+\boldsymbol{n} \tag{4.83}$$

$\boldsymbol{n}$ 为零均值的白噪声,即

$$E[\boldsymbol{n}]=0,E[\boldsymbol{n}\boldsymbol{n}^{\mathrm{H}}]=\sigma_n^2\boldsymbol{I} \tag{4.84}$$

假定色噪声与噪声和的协方差矩阵为 $\boldsymbol{R}_n$,下面设计最优的滤波器 $\boldsymbol{w}$。将回波信号通过滤波器 $\boldsymbol{w}$,得

$$\mathrm{SINR}=\frac{|\boldsymbol{w}^{\mathrm{H}}\boldsymbol{H}_{\mathrm{T}}\boldsymbol{s}|^2}{\boldsymbol{w}^{\mathrm{H}}(E[\boldsymbol{n}_{\mathrm{c}}\boldsymbol{n}_{\mathrm{c}}^{\mathrm{H}}]+E[\boldsymbol{n}\boldsymbol{n}^{\mathrm{H}}])\boldsymbol{w}}=\frac{|\boldsymbol{w}^{\mathrm{H}}\boldsymbol{H}_{\mathrm{T}}\boldsymbol{s}|^2}{\boldsymbol{w}^{\mathrm{H}}\boldsymbol{R}_n\boldsymbol{w}} \tag{4.85}$$

令

$$\boldsymbol{w}=\boldsymbol{R}_n^{-1/2}\overline{\boldsymbol{w}} \tag{4.86}$$

则式(4.85)变为

$$\mathrm{SINR}=\frac{|\overline{\boldsymbol{w}}^{\mathrm{H}}\boldsymbol{R}_n^{-1/2}\boldsymbol{H}_{\mathrm{T}}\boldsymbol{s}|^2}{\overline{\boldsymbol{w}}^{\mathrm{H}}\boldsymbol{R}_n^{-1/2}\boldsymbol{R}_n\boldsymbol{R}_n^{-1/2}\overline{\boldsymbol{w}}}=\frac{|\overline{\boldsymbol{w}}^{\mathrm{H}}\boldsymbol{R}_n^{-1/2}\boldsymbol{H}_{\mathrm{T}}\boldsymbol{s}|^2}{\overline{\boldsymbol{w}}^{\mathrm{H}}\overline{\boldsymbol{w}}} \tag{4.87}$$

应用 Cauchy - Schwartz 不等式有

$$
\begin{aligned}
\mathrm{SINR}&=\frac{|\overline{\boldsymbol{w}}^{\mathrm{H}}\boldsymbol{R}_n^{-1/2}\boldsymbol{H}_{\mathrm{T}}\boldsymbol{s}|^2}{\overline{\boldsymbol{w}}^{\mathrm{H}}\overline{\boldsymbol{w}}}\leqslant\frac{|\overline{\boldsymbol{w}}^{\mathrm{H}}|^2\,|\boldsymbol{R}_n^{-1/2}\boldsymbol{H}_{\mathrm{T}}\boldsymbol{s}|^2}{\overline{\boldsymbol{w}}^{\mathrm{H}}\overline{\boldsymbol{w}}}\\
&=\frac{(\overline{\boldsymbol{w}}^{\mathrm{H}}\overline{\boldsymbol{w}})\,|\boldsymbol{R}_n^{-1/2}\boldsymbol{H}_{\mathrm{T}}\boldsymbol{s}|^2}{\overline{\boldsymbol{w}}^{\mathrm{H}}\overline{\boldsymbol{w}}}=\boldsymbol{s}^{\mathrm{H}}\boldsymbol{H}_{\mathrm{T}}^{\mathrm{H}}\boldsymbol{R}_n^{-1/2}\boldsymbol{R}_n^{-1/2}\boldsymbol{H}_{\mathrm{T}}\boldsymbol{s}\\
&=\boldsymbol{s}^{\mathrm{H}}\boldsymbol{H}_{\mathrm{T}}^{\mathrm{H}}\boldsymbol{R}_n^{-1}\boldsymbol{H}_{\mathrm{T}}\boldsymbol{s}
\end{aligned} \tag{4.88}
$$

则 SINR 的最大值为

$$\mathrm{SINR}_{\max}=\boldsymbol{s}^{\mathrm{H}}\boldsymbol{H}_{\mathrm{T}}^{\mathrm{H}}\boldsymbol{R}_n^{-1}\boldsymbol{H}_{\mathrm{T}}\boldsymbol{s} \tag{4.89}$$

当且仅当

$$\overline{\boldsymbol{w}} = \kappa \boldsymbol{R}_n^{-1/2}\boldsymbol{H}_{\mathrm{T}}\boldsymbol{s} \tag{4.90}$$

利用式(4.86),得

$$\boldsymbol{w} = \kappa \boldsymbol{R}_n^{-1}\boldsymbol{H}_{\mathrm{T}}\boldsymbol{s} \tag{4.91}$$

现在优化问题变为

$$\max_{s}\boldsymbol{s}^{\mathrm{H}}\boldsymbol{H}_{\mathrm{T}}^{\mathrm{H}}\boldsymbol{R}_n^{-1}\boldsymbol{H}_{\mathrm{T}}\boldsymbol{s} \tag{4.92}$$

若对波形无常模等实际应用中的约束,那么应用 Cauchy - Schwartz 不等式,有

$$\boldsymbol{H}_{\mathrm{T}}^{\mathrm{H}}\boldsymbol{R}_n^{-1}\boldsymbol{H}_{\mathrm{T}}\boldsymbol{s}_{\mathrm{opt}} = \lambda_{\max}\boldsymbol{s}_{\mathrm{opt}} \tag{4.93}$$

也就是说,$\boldsymbol{s}_{\mathrm{opt}}$为矩阵 $\boldsymbol{H}_{\mathrm{T}}^{\mathrm{H}}\boldsymbol{R}_n^{-1}\boldsymbol{H}_{\mathrm{T}}$ 的最大特征值对应的特征函数。但这样的波形必然会面临在实际应用中无法使用的问题,如其分辨率低、旁瓣高、幅度变化大等。可以使用特征值法、SWORD 算法和恒包络波形设计进行优化处理。

1) 特征值法

首先计算色噪声的相关矩阵 $\boldsymbol{R}_n$:已知色噪声的功率谱密度(PSD)为$S_{nn}(f)$,对其求傅里叶逆变换便可得到它的相关函数,将相关函数的每一个时延分量构造为 Toeplitz 矩阵对应的对角线分量,该 Toeplitz 矩阵即为噪声的相关矩阵 $\boldsymbol{R}_n$。对 $\boldsymbol{R}_n$ 进行特征值分解有

$$\boldsymbol{R}_n = \boldsymbol{U}\boldsymbol{\Gamma}\boldsymbol{U}^{\mathrm{H}} \tag{4.94}$$

式中:$\boldsymbol{U}$ 的列即为 $\boldsymbol{R}_n$ 的特征向量,对角阵 $\boldsymbol{\Gamma}$ 的每一个对角元素为对应的特征值。下面用$\hat{s}$表示采用不同方法得到的波形。

(1) 方法一。

$$\hat{\boldsymbol{s}} = \boldsymbol{u}_{\min} \tag{4.95}$$

式中:$\boldsymbol{u}_{\min}$为 $\boldsymbol{R}_n$ 最小特征值对应的特征向量。

(2) 方法二。

利用色噪声“欠秩”特性,将所有低于噪声基底的特征值对应的特征向量求和,并将其归一化为单位能量,有

$$\hat{\boldsymbol{s}} = \gamma\sum_{k=1}^{K'}\boldsymbol{u}_k \tag{4.96}$$

式中:$\boldsymbol{u}_k(k=1,2,\cdots,K')$为噪声向量(也就是这些噪声向量与干扰无关),选择合适的 γ 使得发射波形具有单位能量。这种方法使得波形设计更加灵活,因为它覆盖了所有未被色噪声占据的带宽部分。

(3) 方法三。

将所有低于噪声基底的特征向量进行加权,并使得它最接近期望的波形

$$\hat{\boldsymbol{s}} = \gamma \sum_{k=1}^{K'} \alpha_k \boldsymbol{u}_k \tag{4.97}$$

为了得到期望的结果，只需简单的解方程

$$\frac{\hat{\boldsymbol{s}}}{\gamma} = \sum_{k=1}^{K'} \alpha_k \boldsymbol{u}_k = \boldsymbol{U}_{K'} \boldsymbol{\alpha} = \boldsymbol{s}_{\mathrm{d}} \tag{4.98}$$

式中：$\boldsymbol{U}_{K'} = [\boldsymbol{u}_1 \quad \boldsymbol{u}_2 \quad \cdots \quad \boldsymbol{u}_{K'}]$，$\boldsymbol{\alpha} = [\alpha_1 \quad \alpha_2 \quad \cdots \quad \alpha_{K'}]^{\mathrm{T}}$，$\boldsymbol{s}_{\mathrm{d}}$ 为期望波形的向量表示，如 LFM 信号。利用酉矩阵的性质，可以得到 $\boldsymbol{\alpha} = \boldsymbol{U}_{K'}^{\mathrm{H}} \boldsymbol{s}_{\mathrm{d}}$，则

$$\hat{\boldsymbol{s}} = \gamma \boldsymbol{U}_{K'} \boldsymbol{\alpha} = \gamma \boldsymbol{U}_{K'} \boldsymbol{U}_{K'}^{\mathrm{H}} \boldsymbol{s}_{\mathrm{d}} \tag{4.99}$$

2）SWORD 算法

假设发射波形为 $\boldsymbol{s}$，期望波形为 $\bar{\boldsymbol{s}}$，且 $\boldsymbol{s}$ 和 $\bar{\boldsymbol{s}}$ 均为 M 维列向量，假设 $\bar{\boldsymbol{s}}$ 范数为 1。已知色噪声的均值为零，相关矩阵为 $\boldsymbol{R}_n$。SWORD 算法将 $\boldsymbol{s}$ 和 $\bar{\boldsymbol{s}}$ 之间的相似度约束引入目标函数，优化准则是最大化对秩为一的信号其匹配子空间检测器输出端的 SNR，用公式表示即为

$$\begin{aligned} \max_{s} \quad & \boldsymbol{s}^{\mathrm{H}} \boldsymbol{R}_n^{-1} \boldsymbol{s} \\ \text{s. t.} \quad & \| \boldsymbol{s} - \bar{\boldsymbol{s}} \|^2 \leqslant \varepsilon \\ & \| \boldsymbol{s} \| = 1 \end{aligned} \tag{4.100}$$

式中：$\| \cdot \|$ 为欧几里得范数，且 $\varepsilon(\varepsilon > 0)$ 是用户参数，它决定了优化波形与期望波形间的相似度。令 $\hat{\boldsymbol{s}}$ 为式(4.100)的最优解。

SWORD 方法求解波形步骤如下：

步骤 1　对相关矩阵 $\boldsymbol{R}_n$ 进行特征分解，即 $\boldsymbol{R}_n = \boldsymbol{U}\boldsymbol{\Gamma}\boldsymbol{U}^{\mathrm{H}}$，最小特征值对应的特征向量记为 $\tilde{\boldsymbol{s}}$。

步骤 2　确定期望波形 $\tilde{\boldsymbol{s}}$，判断 $\tilde{\boldsymbol{s}}$ 是否满足 $\mathrm{Re}(\bar{\boldsymbol{s}}^{\mathrm{H}} \tilde{\boldsymbol{s}}) < 1 - \varepsilon/2$，其中 $\mathrm{Re}(\cdot)$ 表示取实部，若不满足，则 $\tilde{\boldsymbol{s}}$ 为最优波形 $\hat{\boldsymbol{s}}$；若满足，则采用下式计算参数 λ 的取值范围

$$\frac{1}{\gamma_M} \leqslant \lambda \leqslant \frac{\rho^{1/2}\left(\dfrac{1}{\gamma_M}\right) - \dfrac{1}{\gamma_1}}{\rho^{1/2} - 1} \tag{4.101}$$

其中 $\rho = 1/\left(1 - \dfrac{\varepsilon}{2}\right)^2$，$\gamma_1 \geqslant \gamma_2 \geqslant \cdots \geqslant \gamma_M > 0$ 是 $\boldsymbol{R}_n$ 的特征值，令 $\boldsymbol{z} = U^{\mathrm{H}} \bar{\boldsymbol{s}}$。求解出范围之后，根据下式，采用代入法，解得 λ 的准确值

$$\frac{\sum_{m=1}^{M} | z_m |^2 \Big/ \left(-\dfrac{1}{\gamma_m} + \lambda\right)^2}{\left[\sum_{m=1}^{M} | z_m |^2 \Big/ \left(-\dfrac{1}{\gamma_m} + \lambda\right)\right]^2} = \rho \tag{4.102}$$

式中：z_m 为 z 的第 m 个元素。

步骤3　利用上一步得到的 λ 的值计算

$$\hat{\boldsymbol{s}} = \left(1 - \frac{\varepsilon}{2}\right)\frac{\boldsymbol{U}(-\boldsymbol{I}+\lambda\boldsymbol{\Gamma})^{-1}\boldsymbol{\Gamma}\boldsymbol{U}^{\mathrm{H}}\bar{\boldsymbol{s}}}{\bar{\boldsymbol{s}}^{\mathrm{H}}\boldsymbol{U}(-\boldsymbol{I}+\lambda\boldsymbol{\Gamma})^{-1}\boldsymbol{\Gamma}\boldsymbol{U}^{\mathrm{H}}\bar{\boldsymbol{s}}} \tag{4.103}$$

3）恒包络波形设计

不论是Bergin的特征值法还是SWORD算法，设计得到的波形都不是恒包络的，没有充分利用雷达的发射功率。事实上，优化波形其设计策略是在色噪声PSD强的频带几乎不分配信号能量，同时尽可能的在色噪声PSD弱的频率范围分配信号能量。设计思路是首先利用特征值法得到优化的任意波形，以该任意波形的能量谱密度（ESD）作为最优ESD，并且以待优化的相位编码信号的ESD在最小均方意义下逼近最优ESD为优化准则，即

$$\min_{\boldsymbol{\Phi}} \| \mathrm{ESD}(\alpha \mathrm{e}^{\mathrm{j}\boldsymbol{\Phi}}) - \mathrm{ESD}_{\mathrm{opt}} \|^2 \tag{4.104}$$

其中ESD（·）为求解待优化相位编码波形的能量谱密度函数，$\boldsymbol{\Phi}$ 为待优化的连续相位，α 为信号幅度用于控制发射波形的能量。

下面给出了恒包络优化波形的具体设计步骤：

步骤1　根据色噪声PSD计算对应的相关矩阵 $\boldsymbol{R}_n$，进行特征分解后，按照特征值法中的方法三得到优化波形$\hat{\boldsymbol{s}}$，计算$\hat{\boldsymbol{s}}$的ESD，记为 $\mathrm{ESD}_{\mathrm{opt}}$。尽管方法三在特征值法中对应的输出SNR并不是最优的，但是这里仍然选择方法三求解优化波形，这是因为其一，相比方法一它具有更多的设计自由度；其二，虽然利用方法一设计得到的优化波形可以产生最优的输出SNR，但研究它的频谱特性可知，其频谱能量集中在很窄的频带上，这样会使得其距离分辨力明显下降，无法在实际中应用这样的波形。

步骤2　采用SQP算法求解式（4.104）中的优化问题，最终得到优化的相位编码信号。

4）计算机仿真实验

考虑一雷达系统，脉宽 $t_{\mathrm{p}} = 100\mu\mathrm{s}$，带宽 $B_{\mathrm{s}} = 3\mathrm{MHz}$，采样频率 $f_{\mathrm{s}} = B_{\mathrm{s}}$，目标距离300km。那么发射波形时域采样点数 $l_{\mathrm{s}} = t_{\mathrm{p}} \times B_{\mathrm{s}} = 300$，即待优化的相位编码信号的码长为300。根据方法一～方法三以及SWORD算法，得到的优化波形的ESD如图4.25所示。

由图4.25可以看出，优化波形强化了色噪声弱的频段内的能量而减少了色噪声强的频段内的能量。仿真中SWORD方法采用的期望信号为LFM信号，并将与LFM的相似度设置为 $\varepsilon = 0.2$。从图中可以看出利用SWORD算法得到波形的ESD与LFM的ESD除了在色噪声凹陷的频段冒出两个尖峰，其他频段几乎和LFM谱是一致的。但是需要注意的是，这里产生的优化波形均不是恒包络

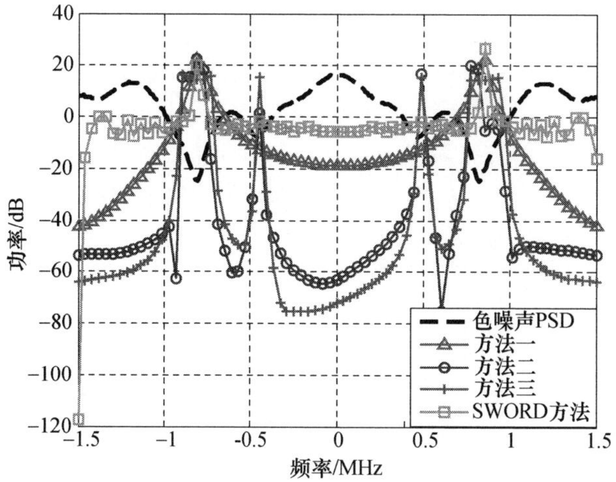

图 4.25　各优化波形的 ESD 和色噪声的 PSD

波形，不便于在实际雷达中发射。

选取方法三产生的优化波形的 ESD 作为最优 ESD，记为 ESD_{opt}，这里采用 SQP 算法优化具有恒包络的相位编码信号，优化准则是使得相位编码信号的 ESD 在最小均方意义上尽可能地接近 ESP_{opt}。采用 SQP 方法得到的相位编码信号以及其对应的 ESD 分别如图 4.26 和图 4.27 所示。

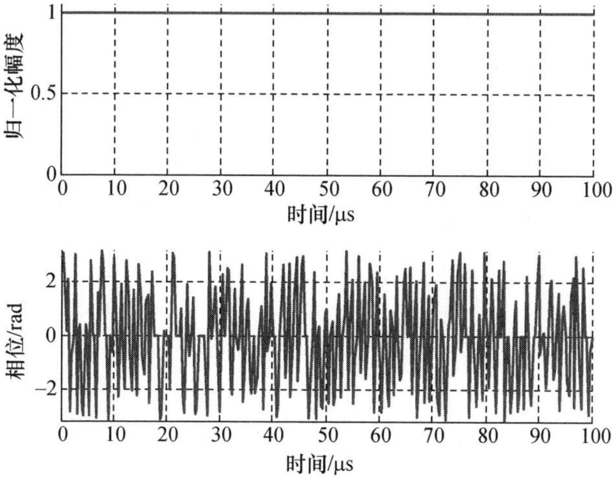

图 4.26　优化得到的恒包络波形

由图可知，采用基于 SQP 算法的优化方法得到的恒包络波形其 ESD 与优化 ESD 的能量分布趋势是一致的，但是恒包络波形的 ESD 曲线并不光滑，且与 ESD_{opt} 差距较大。

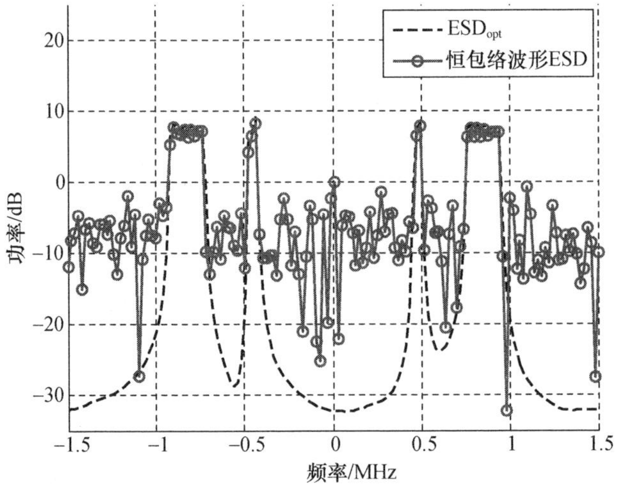

图 4.27　恒包络波形的 ESD 和最优 ESD

将得到的相位编码信号和 LFM 信号分别作为系统输入，经最优滤波器滤波的输出结果如图 4.28 所示。

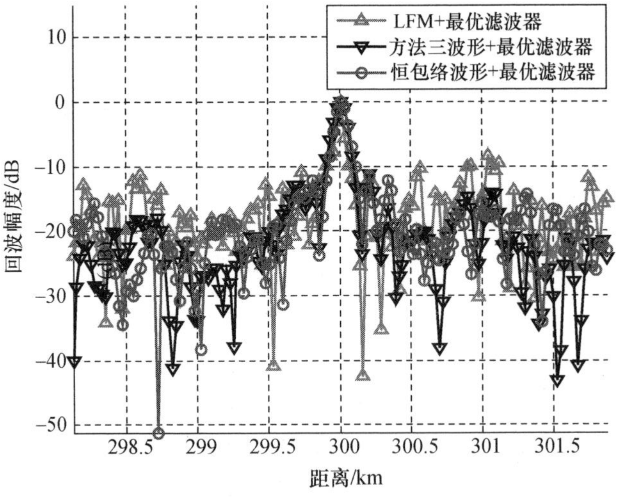

图 4.28　最优滤波器输出结果

由图 4.28 可以看出，与 LFM 信号相比，优化设计得到的相位编码信号和最优滤波器相互配合输出的 SNR 有明显改善。

为了从统计意义上计算输出的 SNR 相对于 LFM 信号的提高，利用 MATLAB 软件运行了 4000 次蒙特卡罗实验。当输入 SNR = −20dB 时，采用恒包络波形的输出 SNR 为 14.72dB，LFM 信号的输出 SNR 为 10.06dB，即输出 SNR 提高了 4.66dB。

2. 杂波背景下的认知波形设计

1）设计原理

图 4.29 给出了杂波下的波形设计对应的信号模型。与色噪声下的波形设计信号模型的区别在于，此时的干扰成分为杂波，它是依赖于发射信号的。

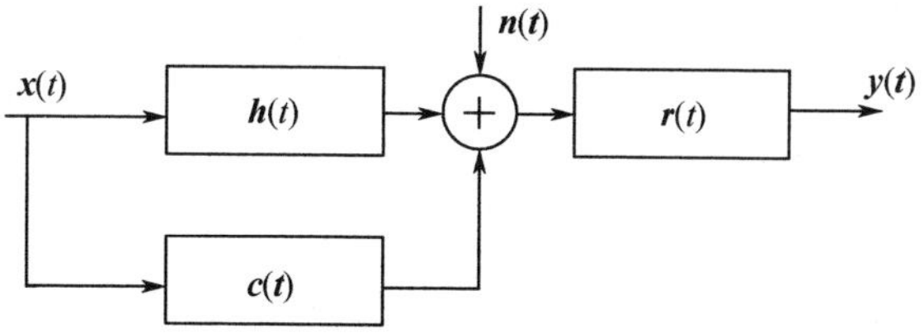

图 4.29　杂波下的基带复信号模型

其中 $\boldsymbol{x}(t)$ 为脉宽为 t_p 的有限能量波形，它的傅里叶变换为 $X(f)$，发射波形的能量为

$$E_x = \int_{-\infty}^{+\infty} |X(f)|^2 \mathrm{d}f \tag{4.105}$$

$\boldsymbol{h}(t)$ 为目标脉冲响应，对于点目标的情况有 $\boldsymbol{h}(t) = A\boldsymbol{\delta}(t-t_0)$，其中 A 为目标回波幅度，$\boldsymbol{\delta}(t)$ 为单位冲激函数，$\boldsymbol{c}(t)$ 为杂波，它是零均值，功率谱密度（PSD）为 $S_{\mathrm{cc}}(f)$ 的复高斯随机过程，$\boldsymbol{n}(t)$ 为零均值，PSD 为 $S_{\mathrm{nn}}(f)$ 的接收机噪声，$\boldsymbol{r}(t)$ 为接收端滤波器。设计目标是联合优化发射信号 $\boldsymbol{x}(t)$ 和接收滤波器 $\boldsymbol{r}(t)$，使得输出的信杂噪比（SCNR）最大。

输出信号 $\boldsymbol{y}(t)$ 由下式给出

$$\boldsymbol{y}(t) = \boldsymbol{r}(t) * [\boldsymbol{x}(t) * \boldsymbol{h}(t) + \boldsymbol{x}(t) * \boldsymbol{c}(t) + \boldsymbol{n}(t)] \tag{4.106}$$

式中：$*$ 为卷积。令 $\boldsymbol{y}_\mathrm{s}(t)$ 和 $\boldsymbol{y}_\mathrm{n}(t)$ 分别表示输出的信号成分和噪声成分，即

$$\boldsymbol{y}_\mathrm{s}(t) = \boldsymbol{r}(t) * \boldsymbol{x}(t) * \boldsymbol{h}(t) \tag{4.107}$$

$$\boldsymbol{y}_\mathrm{n}(t) = \boldsymbol{r}(t) * [\boldsymbol{x}(t) * \boldsymbol{c}(t) + \boldsymbol{n}(t)] \tag{4.108}$$

那么在时刻 t_0，输出 SCNR 由下式给出

$$(\mathrm{SCNR})_{t_0} \equiv \frac{|\boldsymbol{y}_\mathrm{s}(t_0)|^2}{E[|\boldsymbol{y}_\mathrm{n}(t_0)|^2]} \tag{4.109}$$

SCNR 可以写为

$$(\mathrm{SCNR})_{t_0} = \frac{\left|\int_{-\infty}^{\infty} R(f)H(f)X(f)\mathrm{e}^{\mathrm{j}2\pi f t_0}\mathrm{d}f\right|^2}{\int_{-\infty}^{\infty} |R(f)|^2 L(f)\mathrm{d}f} \tag{4.110}$$

式中:$R(f)$和$H(f)$分别为滤波器$\boldsymbol{r}(t)$和目标脉冲响应$\boldsymbol{h}(t)$的傅里叶变换

$$L(f) = |X(f)|^2 S_{cc}(f) + S_{nn}(f) \tag{4.111}$$

SCNR可以重新表示为

$$(\mathrm{SCNR})_{t_0} = \frac{\left|\int_{-\infty}^{\infty} R(f)\ \sqrt{L(f)}\ \frac{H(f)X(f)}{\sqrt{L(f)}} \mathrm{e}^{\mathrm{j}2\pi f t_0}\mathrm{d}f\right|^2}{\int_{-\infty}^{\infty} |R(f)|^2 L(f)\,\mathrm{d}f} \tag{4.112}$$

对式(4.112)应用施瓦兹不等式容易得到

$$(\mathrm{SCNR})_{t_0} \leqslant \frac{\int_{-\infty}^{\infty} |R(f)|^2 L(f)\,\mathrm{d}f \int_{-\infty}^{\infty} \frac{|H(f)X(f)|^2}{L(f)}\mathrm{d}f}{\int_{-\infty}^{\infty} |R(f)|^2 L(f)\,\mathrm{d}f} \tag{4.113}$$

因此SCNR可以取到其最大值为

$$(\mathrm{SCNR})_{t_0} = \int_{-\infty}^{\infty} \frac{|H(f)X(f)|^2}{L(f)}\mathrm{d}f \tag{4.114}$$

当且仅当匹配滤波器具有如下形式

$$R(f) = \frac{[kH(f)X(f)\mathrm{e}^{\mathrm{j}2\pi f t_0}]^*}{|X(f)|^2 S_{cc}(f) + S_{nn}(f)} \tag{4.115}$$

式中:k为任意常数;上标$*$表示共轭。假设发射信号能量主要集中在带宽B_s内,SCNR可以写为

$$(\mathrm{SCNR})_{t_0} = \int_{B_s} \frac{|H(f)|^2 |X(f)|^2}{|X(f)|^2 S_{cc}(f) + S_{nn}(f)}\mathrm{d}f \tag{4.116}$$

若目标为点目标,有$|H(f)|^2=1$。因此,式(4.116)可以简化为

$$(\mathrm{SCNR})_{t_0} = \int_{B_s} \frac{|X(f)|^2}{|X(f)|^2 S_{cc}(f) + S_{nn}(f)}\mathrm{d}f \tag{4.117}$$

且发射波形能量约束为

$$\int_{B_s} |X(f)|^2 \mathrm{d}f \leqslant E_x \tag{4.118}$$

由式(4.117)可以看出,输出的SCNR与发射波形的能量谱密度(ESD)、杂波的PSD以及噪声的PSD有关。优化目标是找出最优的发射波形ESD使得输出SCNR最大。根据式(4.117)和式(4.118),应用拉格朗日乘子法,有

$$K(|X(f)|^2, \lambda) = \int_{B_s} \frac{|X(f)|^2}{|X(f)|^2 S_{cc}(f) + S_{nn}(f)}\mathrm{d}f + \lambda\left(E_x - \int_{B_s} |X(f)|^2 \mathrm{d}f\right) \tag{4.119}$$

则式(4.119)等价于

$$k(|X(f)|^2) = \frac{|X(f)|^2}{|X(f)|^2 S_{cc}(f) + S_{nn}(f)} - \lambda |X(f)|^2 \tag{4.120}$$

对 $|X(f)|^2$ 求导并令其等于 0,得

$$|X(f)|^2 = \frac{\sqrt{\dfrac{S_{nn}(f)}{\lambda}} - S_{nn}(f)}{S_{cc}(f)} \tag{4.121}$$

由于发射信号的 ESD 必然大于 0,有

$$|X(f)|^2 = \max\left[0, \frac{\sqrt{\dfrac{S_{nn}(f)}{\lambda}} - S_{nn}(f)}{S_{cc}(f)}\right] \tag{4.122}$$

式中:λ 用于控制发射波形的能量。式(4.122)给出了基于最大 SCNR 准则的发射波形的最优 ESD 的计算方法,即在已知杂波的 PSD 和噪声 PSD 的前提下,根据式(4.122)能够计算得到发射信号在频域的模的平方。但是,在实际的雷达系统中,需要的是发射波形的具体的时域序列。

2) 设计方法:恒包络波形设计

杂波下的恒包络波形的设计思路是首先根据式(4.122)计算最优 ESD(记为 ESD_{opt}),并且以待优化的相位编码信号的 ESD 在最小均方意义下逼近最优 ESD 为优化准则,即

$$\min_{\Phi} \| \mathrm{ESD}(\alpha e^{j\Phi}) - \mathrm{ESD}_{opt} \|^2 \tag{4.123}$$

式中:ESD(·)为求解待优化相位编码波形的能量谱密度函数;Φ 为待优化的连续相位,α 为信号幅度,用于控制发射波形的能量约束;‖ · ‖表示 Euclidean 范数。

显然,这一设计思想和色噪声下的恒包络波形设计思想是相同的。杂波下的恒包络波形设计的具体步骤如下:

步骤 1 根据式(4.122)计算得到能取得最大输出 SCNR 的波形最优 ESD,记为 ESD_{opt}。

步骤 2 采用序列二次规划(SQP)算法求解式(4.123)中带有约束的优化问题。

3) 设计结果

考虑一雷达系统,脉宽 $t_p = 100\mu s$,带宽 $B_s = 2\mathrm{MHz}$,采样频率 $f_s = B_s$,发射波形时域采样点数 $l_s = t_p \times B_s = 200$,目标距离 300km,噪声系数 $F = 1$,玻耳兹曼常数 $k = 1.38 \times 10^{-23}$ J/K,电阻温度(绝对温度)$T = 390$K,那么噪声功率为 $P_n =$

$FkTB_s = 8 \times 10^{-15}$，CNR = 30dB。将发射波形能量约束为 1，即

$$\int_{B_s} |X(f)|^2 df = 1 \tag{4.124}$$

根据计算可知，当式(4.122)的参数 $\lambda = 0.928$ 使得式(4.124)成立。杂波通道的 PSD 如图 4.30 所示。

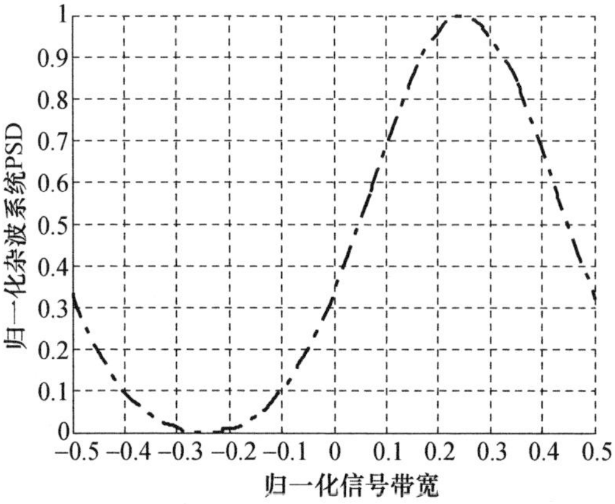

图 4.30　杂波系统的 PSD

根据式(4.122)，即注水法得到最优 ESD，并将它与常规发射信号 LFM 的 ESD 进行对比，如图 4.31 所示。

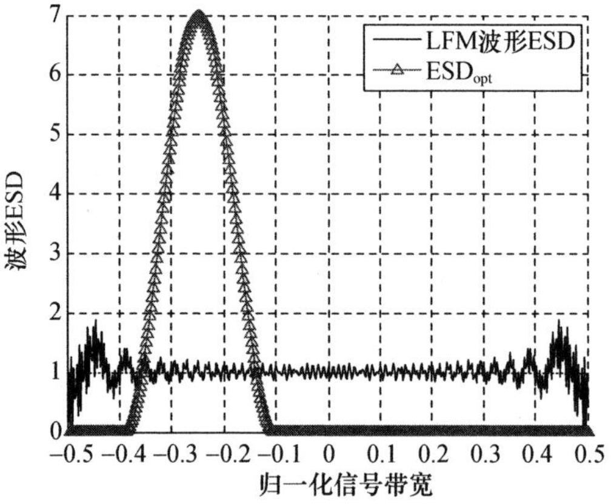

图 4.31　优化得到 ESD 和 LFM 波形 ESD 对比

对照图 4.30 和图 4.31，可以看出最优 ESD 将发射波形的能量主要集中在杂波 PSD 弱的频段并在杂波 PSD 强的频段几乎不分配能量，而 LFM 信号的 ESD 曲线在信号带宽内平坦，说明 LFM 信号的能量几乎为均匀分布。为了产生具有如图 4.31 所示的最优 ESD 的恒包络波形，采用 SQP 算法产生连续相位的

相位编码信号，优化准则是使得该连续相位相位编码的 ESD 在最小均方意义下与最优 ESD 距离最小。最终得到的连续相位编码信号如图 4.32 所示。它是码长为 200，子脉冲宽度为 0.5μs 的连续相位编码。

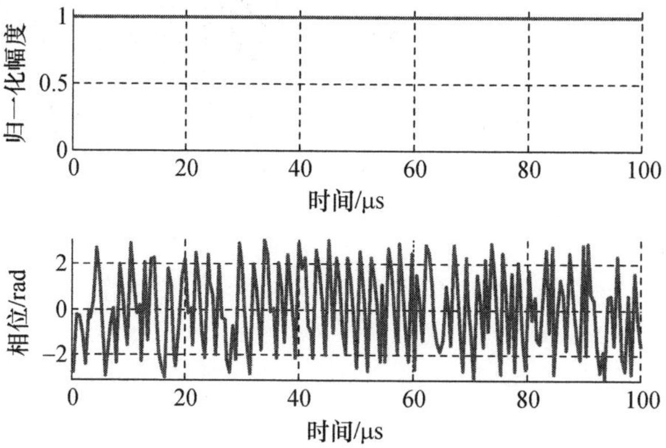

图 4.32　发射波形（LFM 与恒包络波形对比）

图 4.33 给出了设计结果对应的 ESD，并将它与最优 ESD 进行对比。

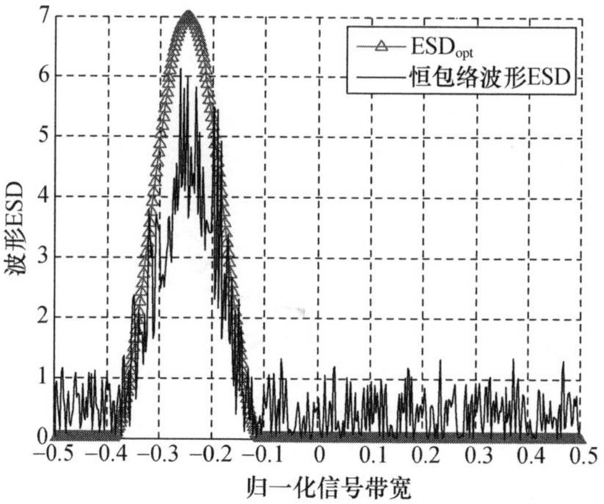

图 4.33　恒包络波形 ESD 与最优 ESD 对比

由图 4.33 可知，利用基于 SQP 算法的优化方法产生的恒包络波形其 ESD 与最优 ESD 的能量分布趋势一致，但恒包络波形的 ESD 曲线不光滑，且与最优 ESD 存在一定距离。将恒包络的相位编码信号和 LFM 信号分别作为系统的输入，经最优滤波器滤波的输出结果如图 4.34 所示。

由图 4.34 可知，恒包络波形和最优化滤波器相互配合得到的 SCNR 比 LFM 有明显改善。

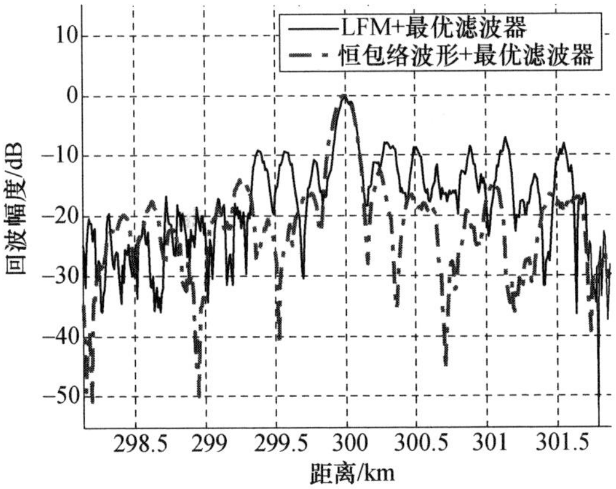

图 4.34 最优滤波器输出结果(LFM 和恒包络波形对比)

4.7.3 认知 MIMO 雷达及其波形设计

考虑一 MIMO 雷达系统,发射阵列为均匀线阵,阵元个数为 M,阵元间距为半波长。M 个发射信号记为

$$\boldsymbol{S}=[\boldsymbol{s}_1 \quad \boldsymbol{s}_2 \quad \cdots \quad \boldsymbol{s}_M]^{\mathrm{T}} \tag{4.125}$$

$\boldsymbol{s}_m$ 是第 $m(m=1,2,\cdots,M)$ 个发射通道发射的信号,它是 l_s 维的列向量。假设目标对应的发射导向矢量以及各阵元移相器加载的相位对应的权向量分别为

$$\boldsymbol{a}_{\mathrm{T}}=[1 \quad \mathrm{e}^{-\mathrm{j}2\pi\phi_t} \quad \cdots \quad \mathrm{e}^{-\mathrm{j}2\pi(M-1)\phi_t}]^{\mathrm{T}} \tag{4.126}$$

$$\boldsymbol{a}_{\mathrm{T}B}=[1 \quad \mathrm{e}^{\mathrm{j}2\pi\phi_0} \quad \cdots \quad \mathrm{e}^{\mathrm{j}2\pi(M-1)\phi_0}]^{\mathrm{T}} \tag{4.127}$$

式中:ϕ_t 为目标所在方位相对于各阵元间的相位差;ϕ_0 为移相器加载的相位。若波束指向刚好对准目标所在方向即 $\phi_0=\phi_t$,此时达到目标处的发射信号为

$$\boldsymbol{x}=\boldsymbol{a}_{\mathrm{T}}^{\mathrm{T}}\mathrm{diag}(\boldsymbol{a}_{\mathrm{T}B})\boldsymbol{S}=\sum_{m=1}^{M}\boldsymbol{s}_m \tag{4.128}$$

对于目标通道,MIMO 雷达的输入信号即为 $\sum_{m=1}^{M}\boldsymbol{s}_m$,也就是发射信号的和信号。

1. 设计方法

与相控阵雷达不同,MIMO 雷达每根天线发射独立波形,这就意味着 MIMO 雷达具有更多的波形设计的自由度。由式(4.128)可以知道,MIMO 雷达发射信号的和信号为系统的输入信号。因此,可以利用 MIMO 雷达这一特性,使得 MIMO 雷达发射信号的和信号的 ESD,逼近优化的 ESD(记为 $\mathrm{ESD}_{\mathrm{opt}}$)。由于多了 $(M-1)\times l_s$ 个发射自由度,MIMO 模式下的目标通道的输入波形的 ESD 能更加

逼近 ESD_{opt}。此时，设计思路是首先利用特征值法得到优化的任意波形，以该任意波形的 ESD 作为 ESD_{opt}，并且以待优化的多通道的相位编码信号的和信号的 ESD 在最小均方意义下逼近 ESD_{opt} 为优化准则，即

$$\min_{\boldsymbol{\Phi}} \left\| \mathrm{ESD}\left(\sum_{m=1}^{M} \alpha \mathrm{e}^{\mathrm{j}\boldsymbol{\varphi}_m} \right) - \mathrm{ESD}_{\mathrm{opt}} \right\|^2 \tag{4.129}$$

式中：$\boldsymbol{\varphi}_m (m=1,2,\cdots,M)$ 为信号 $\boldsymbol{s}_m$ 对应的相位向量；$\boldsymbol{\Phi}=[\boldsymbol{\varphi}_1 \quad \boldsymbol{\varphi}_2 \quad \cdots \quad \boldsymbol{\varphi}_M]^{\mathrm{T}}$。

下面给出了恒包络 MIMO 雷达优化波形的具体设计步骤：

步骤 1　根据色噪声 PSD 计算对应的相关矩阵 $\boldsymbol{R}_n$，进行特征分解后，按照特征值法中的方法三得到优化波形 $\hat{\boldsymbol{s}}$，计算 $\hat{\boldsymbol{s}}$ 的 ESD，记为 ESD_{opt}。

步骤 2　采用 SQP 算法求解式(4.129)中的优化问题，最终得到优化的相位编码 $\boldsymbol{\Phi}$。

2. 仿真验证结果

假设发射通道数 $M=3$，其他仿真参数与 2.6.2 节相同。下面是采用 MIMO 雷达发射信号的和信号作为系统输入的仿真结果。利用基于 SQP 算法的优化方法得到的 3 个发射通道的恒包络波形如图 4.35 所示，每个通道发射的是码长为 300，脉宽为 100μs，带宽为 3MHz 的具有连续相位的相位编码信号。

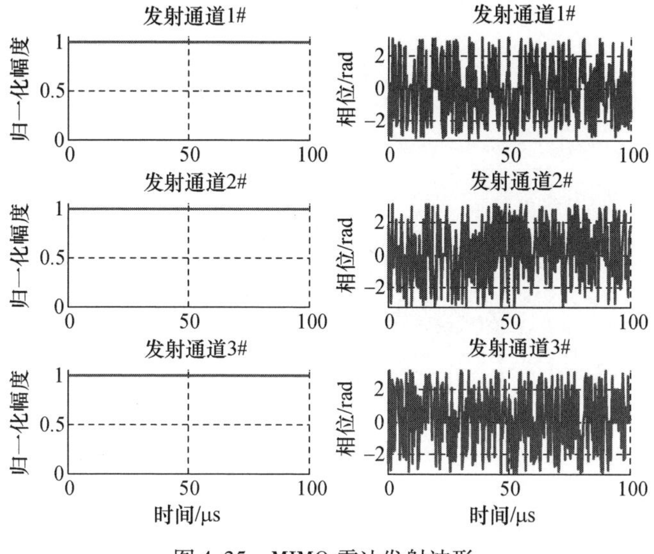

图 4.35　MIMO 雷达发射波形

图 4.35 展示的是各个通道发射的连续相位编码信号的实部，这些信号的和信号的 ESD 由图 4.36 给出。可以看出，MIMO 雷达发射波形的和信号的 ESD 比单个信号的 ESD 更逼近 ESD_{opt}。发射信号的 ESD 越接近 ESD_{opt}，输出的 SNR 越接近输出 SNR 的最优值。

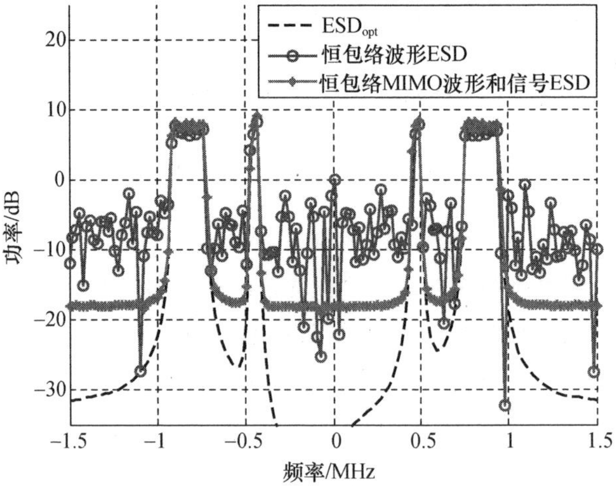

图 4.36　和信号的 ESD 与单个信号的 ESD 对比

分别将 LFM 信号、恒包络相控阵波形以及恒包络的 MIMO 雷达发射信号的和信号作为系统的输入，图 4.37 给出了三种波形对应的最优滤波器的输出。观察可以发现，恒包络相控阵波形与恒包络 MIMO 波形相对传统的 LFM 信号在输出的 SNR 上都有改善。

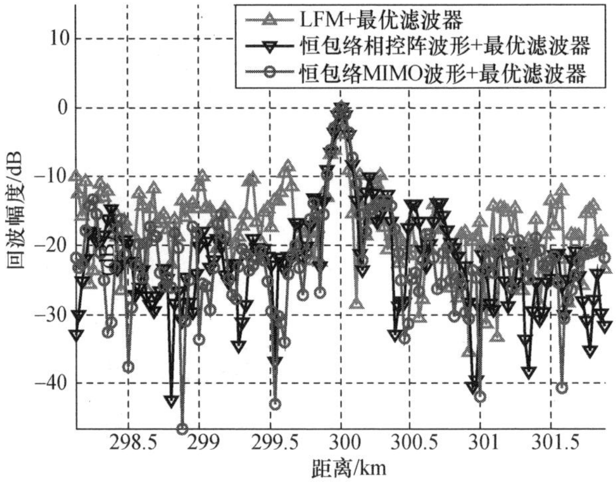

图 4.37　最优滤波器输出（MIMO 波形，相控阵波形及 LFM 对比）

4.8　本 章 小 结

本章简单介绍了 MIMO 雷达中正交波形的构成方式，并从多个角度多个层次，较为系统地梳理了 MIMO 雷达正交波形的设计思路和发展脉络，重点介绍了

MIMO 雷达中随机类信号的优化设计方法。

正如前文所述，MIMO 雷达中的信号设计远比一般的相控阵雷达复杂而多变，目前 MIMO 雷达中信号设计和处理的方法正处于快速发展和演变的过程之中。随着相关研究的不断深入，相信会有更加高效和实用的信号形式和相应的设计方法被探索、研究出来。无论是约束条件的变更还是优化目标函数的扩展，乃至优化策略的选择，都可能发生巨大的变化。

有理由相信，正交波形设计技术的不断发展和对 MIMO 雷达潜力的不断认识，将推动这一新的雷达体制快速发展和实用化，在广泛的领域中发挥其特有的优势和作用。

参考文献

[1] Li J, Stoica P, Xu L, et al. On parameter identifiability of MIMO radar [J]. IEEE Signal Processing Letters, 2007, 14(12): 968 - 971.

[2] Deng H. Polyphase code design for orthogonal netted radar systems[J]. IEEE Trans. on Signal Processing, 2004, 52(11): 3126 - 3135.

[3] Deng H. Synthesis of binary sequences with good autocorrelation and cross-correlation properties by simulated annealing[J]. IEEE Trans. Aerosp. Electron. Syst. 1996, 32(1): 98 - 107.

[4] Liu B, He Z, Zeng J K, et al. Polyphase orthogonal code design for MIMO radar systems[J]. CIE'06. International Conference on Radar, Oct. 2006, 1: 113 - 116.

[5] 杨明磊，陈伯孝，齐飞林，等. 多载频 MIMO 雷达的模糊函数[J]. 系统工程与电子技术. 2009, 31(1): 6 - 9.

[6] 刘波. MIMO 雷达正交波形设计及信号处理研究[D]. 成都：电子科技大学，2008.

[7] 胡亮兵. MIMO 波形设计[D]. 西安：西安电子科技大学，2010.

[8] Andreas A, Lu W S. Practical optimization algorithms and engineering applications[M]. Springer, 2007.

[9] 李军，刘娜，刘红明，等. 一种基于 Walsh 矩阵的正交多相码设计方法[J]. 电波科学学报，2013, 3, 577 - 583.

[10] Powell T H, Sinsky A I. A time sidelobe reduction technique for small time-bandwidth chirp [J]. Aerospace and Electronic Systems, IEEE Transactions on, 1974 (3): 390 - 392.

[11] 吕幼新，向敬成，陈辅新. 降低线性调频脉冲压缩信号旁瓣的方法[J]. 电子科技大学学报，1993, 22(4): 344 - 349.

[12] 杨斌，武剑辉，向敬成. 谱修正数字旁瓣抑制滤波器设计[J]. 系统工程与电子技术，2000, 22(9): 90 - 93.

[13] Baden J M, Cohen M N. Optimal peak sidelobe filters for biphase pulse compression[C]. Radar Conference, 1990. Record of the IEEE 1990 International. IEEE, 1990: 249 - 252.

[14] 戴喜增. MIMO 雷达分集检测和带宽合成的理论与方法研究[D]. 北京：清华大学，2008.

[15] Jackson L, Kay S, Vankayalapati N. Iterative method for non-linear FM synthesis of radar signals[J]. IEEE Transactions on Aerospace and Electronic System, 2010, 46(2): 910 - 917.

[16] Haykin S. Cognitive radar: a way of the future [J]. IEEE Signal Processing Magazine, 2006, 23(1): 30 - 40.

[17] Haykin S, Xue Y, Davidson T N. Optimal waveform design for cognitive radar[C]. in Proc. The 42th Asilomar Conference Signals, System. Computer, Pacific Grove, CA, 2008, 3 - 7.

[18] Gini F, Maio A D, Patton L. Waveform design and diversity for advanced radar systems[M]. London, United Kingdom: The Institution of Engineering and Techonlogy, 2012.

[19] Hurtado M, Zhao T, Nehorai A. Adaptive polarized waveform design for target tracking based on sequential Bayesian inference[J]. IEEE Transaction on Signal Processing, 2008, 56(3): 1120 - 1133.

[20] Sira S P, Li Y, Suppappola A P, et al. Waveform-agile sensing for tracking[J]. IEEE Signal Processing Magzine, 2009, 26(1): 53 - 64.

[21] Sen S, Nehorai A. OFDM MIMO radar with mutual-information waveform design for low-grazing angle tracking[J]. IEEE Transaction on Signal Processing, 2010, 58(6): 3152 - 3162.

[22] Kershaw D J, Evans R J. Optimal waveform selection for tracking systems[J]. IEEE Transation on Information Theory, 1994, 40(5): 1536 - 1550.

[23] Kershaw D J, Evans R J. Waveform selective probabilistic data association[J]. IEEE Transaction on Aerospace Electroninc System, 1997, 33(4): 1180 - 1188.

[24] Huleihel W, Tabrikian J, Shavit R. Optimal adaptive waveform design for cognitive MIMO radar[J]. IEEE Transactions on Signal Processing, 2013, 61(20): 5075 - 5089.

[25] Trees V, et al. Optimum signal design and processing for reverberation-limited environments. IEEE Transactions on Military Electronics, MIL-9, 3 (July 1965), 212 - 229.

[26] Patton L K. On the Satisfaction of modulus and ambiguity function constraints in radar waveform optimization for detection [D]. Dayton: Wright State University, 2009.

[27] Bergin J S, Techau P M, Carlos D, et al. Radar waveform optimization for colored noise mitigation[C]. in Proc. IEEE Radar Conference, Arlington, 2005, 149 - 154.

[28] Pillai S U, Oh H S. Optimum transmit-receiver design in the presence of signal-dependent interference and channel noise[J]. IEEE Transaction on Information Theory, 2000, 46(2): 577 - 584.

[29] Kay S. Optimal signal design for detection of gaussian point targets in stationary Gaussian clutter/reverberation [J]. IEEE Journal of Selected Topics in Signal Processing, 2007, 1(1): 31 - 41.

[30] Bell M R. Information theory and radar waveform design[J]. IEEE Transaction on Information Theory, 1993, 39(5): 1578 - 1597.

[31] Li J, Guerci J R, Xu L. Signal waveform's optimal under restriction design for active sensing [J]. IEEE Signal Processing Letters, 2006, 13(9): 565 - 568.

[32] Gong X H, Meng H D, Wei Y M, et al. Phase-modulated waveform design for extended target

detection in the presence of clutter[J]. Sensors, 2011, 11: 7162 – 7177.

[33] Yang Y, Blum R. MIMO radar waveform design based on mutual information and minimum mean-square error estimation[J]. IEEE Transaction on Aerospace and Electronic Systems, 2007, 43(1): 330 – 343.

[34] Yang Y, Blum R. Minimax robust MIMO radar waveform design[J]. IEEE Journal of Selected Topics in Signal Processing. 2007, 1(1):147 – 155.

[35] Tang B, Tang J, Peng Y. MIMO radar waveform design in colored noise based on information theory[J]. IEEE Transactions on Signal Processing, 2010, 58(9):4684 – 4697.

第5章 MIMO雷达的模糊函数及其特性

模糊函数是最常用和最重要的信号分析工具,能直观展示雷达在分辨能力和参数估计精度等方面的基本性能[1,2]。目前模糊函数的概念已经推广至双/多基地及MIMO雷达体制之中。与常规雷达不同的是,MIMO雷达的模糊函数不仅取决于信号本身,与阵列结构特别是发射阵列的结构也有非常密切的关系,相关问题的研究自然比传统相控阵雷达复杂许多[3]。

本章就以模糊函数为工具,分析MIMO雷达的基本特征和使用方法,重点介绍集中式MIMO雷达的模糊函数,并以线性排列的发射阵列为主展开讨论,包括均匀线性阵列(ULTA)和稀疏线阵。发射通道初相的随机特性、阵列的稀疏特性也会使MIMO雷达模糊函数表现出随机特性,本章尝试用统计的观点描述MIMO雷达的部分模糊特性。本章还关注不同信号模糊特性之间的差异,并将信号特性分析与雷达的实际工作过程紧密结合起来,提出不同工作阶段使用不同形式探测信号的多信号联用方案,进一步拓展了信号使用的灵活性。

5.1 信号模型与处理架构

收发共址单基地雷达可以看成双基地雷达的特殊例子,因此在讨论信号模型的时候,双基地雷达回波模型更具代表性。

5.1.1 常规双基地雷达运动目标回波模型

多普勒效应源自目标相对于收发设备的相对运动,表现为回波信号在时间轴上的压缩或者拉伸,文献[2]附录对目标匀速运动情况下单基地雷达的回波信号模型进行了详细的分析和推导。收发分置双基地的情况与单基地雷达有所不同,采用类似的思路,可以得到双基地雷达的回波模型为

$$s_{\mathrm{r}}(t)=\eta s[\kappa(t-t_0)] \tag{5.1}$$

式中

$$\kappa = \frac{C + v_{\mathrm{t}}}{C - v_{\mathrm{r}}} \tag{5.2}$$

为回波压缩系数。v_{r}、v_{t} 分别为目标相对于接收阵列和发射阵列的径向速度。回波前沿时间为

$$t_0 = \frac{R_{\mathrm{t}} + R_{\mathrm{r}}}{C + v_{\mathrm{r}}} + \frac{R_{\mathrm{r}} v_{\mathrm{t}} - v_{\mathrm{r}} R_{\mathrm{t}}}{C(C + v_{\mathrm{r}})} \tag{5.3}$$

单基地雷达可以看成双基地的特例,此时有 $R_{\mathrm{t}} = R_{\mathrm{r}} = R_0, v_{\mathrm{t}} = v_{\mathrm{r}}$,于是有

$$\kappa = \frac{C + v_{\mathrm{r}}}{C - v_{\mathrm{r}}} \text{和 } t_0 = \frac{2R_0}{C + v_{\mathrm{r}}} \tag{5.4}$$

与文献[2]的结果一致。

5.1.2 MIMO 雷达非零速点目标回波模型

遇到空间的运动目标时,MIMO 雷达各个通道的信号均被压缩,综合前面的讨论结果,可以得到窄带双基地 MIMO 雷达对运动目标照射后得到的回波信号表达,即

$$\boldsymbol{X}(t) = \eta \boldsymbol{b}(\vartheta) \boldsymbol{a}^{\mathrm{T}}(\theta) \boldsymbol{S}(\kappa(t - t_0)) + \boldsymbol{V}(t) \tag{5.5}$$

对一个时间宽度和信号带宽均有限的简单脉冲信号而言,一般只考虑目标运动导致的载频频率变化,认为调制包络本身是没有变化的;此外如果 MIMO 雷达的总带宽足够窄,则可以近似认为目标运动导致的附加多普勒频率是一致的,此时双基地 MIMO 雷达的回波信号可简单表示为

$$\boldsymbol{X}(t) = \eta \boldsymbol{b}(\vartheta) \boldsymbol{a}^{\mathrm{T}}(\theta) \boldsymbol{S}(t - t_0) \mathrm{e}^{\mathrm{j}2\pi f_{\mathrm{d}} t} \mathrm{e}^{-\mathrm{j}2\pi f_{\mathrm{c}} t_0} + \boldsymbol{V}(t) \tag{5.6}$$

式中:$\boldsymbol{a}(\theta) = [1 \quad \mathrm{e}^{-\mathrm{j}2\pi f_{\mathrm{st}}} \quad \cdots \quad \mathrm{e}^{-\mathrm{j}2(M-1)\pi f_{\mathrm{st}}}]^{\mathrm{T}}$ 为发射阵列导向矢量,其中 $f_{\mathrm{st}} = d_{\mathrm{t}} \sin\theta / \lambda$ 为发射阵列归一化空间频率,λ、d_{t} 分别为发射信号波长和发射单元之间的间隔,这里的多普勒频率 f_{d} 与目标相对于收发阵列的速度平均有关,有

$$f_{\mathrm{d}} = (v_{\mathrm{fr}} + v_{\mathrm{rr}}) / \lambda \tag{5.7}$$

式中:v_{fr}、v_{rr} 分别为目标相对于接收阵列和发射阵列的径向速度。

5.1.3 MIMO 雷达处理架构

双基地 MIMO 雷达的接收阵列先利用 M 个发射信号 $s_1(t), s_2(t), \cdots, s_M(t)$ 分别与 N 个接收通道的输出进行匹配,共获得 $M \times N$ 路信号输出;然后对每个接收单元得到的 M 路输出进行移相并求和,实现等效的发射波束合成;再对各接收阵元的 N 路输出进行移相并求和处理,实现接收波束合成。收发波束交汇的空间,是我们进行搜索或跟踪所关注的区域,根据布站的不同有所区别。其一

般处理流程如图 5.1 所示。根据需要,图中收发波束形成以及匹配滤波的顺序可以适当调整,文献[4,5]中进行了比较详细的讨论,这里不做详细阐述。

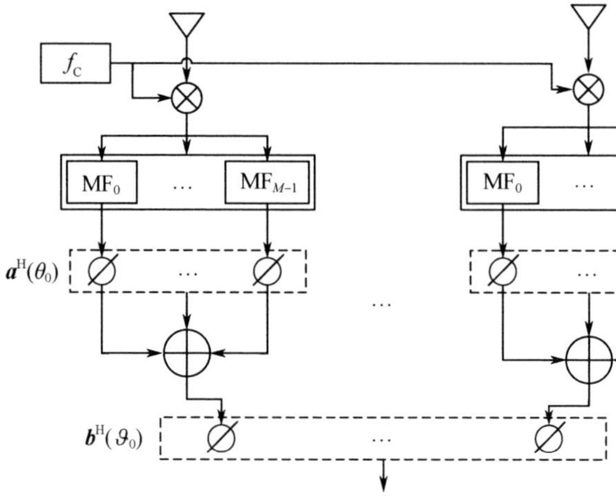

图 5.1 双基地 MIMO 雷达信号处理一般结构

使用窄带信号时,图 5.1 中的输出可以表示为

$$Z=(\boldsymbol{b}^{H}(\vartheta_{g})\boldsymbol{b}(\vartheta))(\boldsymbol{a}^{H}(\theta)\boldsymbol{R}_{m,n}(t_0,t_{0g},f_d,f_{dg})\boldsymbol{a}(\theta_g)) \tag{5.8}$$

式中窄带互相关矩阵中的元素为

$$\boldsymbol{R}_{m,n}(t_0,t_{0g},f_d,f_{dg}) = \int s_m(t-t_0)s_n^*(t-t_{0g})\mathrm{e}^{\mathrm{j}2\pi(f_{dg}-f_d)t}\mathrm{d}t \tag{5.9}$$

这里以及下文中,下标里增加的专用字符 g 表示匹配滤波器及波束形成处理中假定的目标距离、速度、角度等参数,以区别于运动目标的实际参数。

5.1.4 MIMO 雷达模糊函数定义

模糊函数最初是从信号之间差别的角度严格定义的,雷达设计人员从实用的角度出发,更愿意把它理解成参数失配情况下匹配滤波器的输出,以便更直观地了解雷达在分辨率、参数估计性能、抗干扰能力等方面的关键性能。从这一角度出发,模糊函数被推广至 MIMO 雷达时,存在不同的定义方式。这里从图 5.1 的结构出发并参考文献[6],定义双基地 MIMO 雷达的模糊函数为

$$\chi_{D-MIMO}(t_0,t_{0g},f_d,f_{dg},f_{st},f_{stg}) = |\boldsymbol{a}_T^H(f_{st})\boldsymbol{R}_{m,n}(t_0,t_{0g},f_d,f_{dg})\boldsymbol{a}_T(f_{stg})|^2 \tag{5.10}$$

与文献[6,7]中说明的一样,由于 MIMO 雷达的模糊函数与雷达结构有关,因此不能简单地描述为时间、频率和角度的偏差量的函数。

与文献[7]中对 MIMO 雷达的严格定义相比,式(5.10)等效于只有单个无方向接收阵元情况下的特例,后文将可以看到,这一简化定义能更好地体现发射

阵列对 MIMO 雷达信号处理过程的影响,容易得到简化的处理结构。

5.2　步进频分线性调频(SFDLFM)信号运用于均匀线性阵列

频分线性调频(FDLFM)信号是正交波形 MIMO 雷达一种简单实用的信号形式,文献[8]介绍了一种利用 FDLFM 信号实现 MIMO 雷达高分辨的方法,通过特殊的波形轮换发射和加权匹配滤波方法降低旁瓣水平,文献[7]给出了关于 SFDLFM 信号的两个定理。这两篇文章的分析是不充分的,特别是文献[7]完全没有考虑发射阵列视线偏差对匹配处理结果的影响,难以较全面地了解 SFDLFM 信号的特性,因此不能简单地推广到窄带双基地场合。

事实上,除常规雷达的多普勒–距离耦合关系之外,SFDLFM 信号模糊函数的距离和发射阵列空间频率之间也存在耦合关系。文献[3]指出了使用步进频信号时的距离–角度耦合现象,文献[7]展示了使用步进频信号时双基地 MIMO 雷达模糊函数的部分特性,文献[9]则从 Fisher 信息矩阵出发,分析了方位和距离之间的耦合关系对参数估计带来的影响,具有随机特点的载频排列方式被用来抑制这种耦合现象。

本小节以模糊函数为工具,分析步进频分线性调频(SFDLFM)信号运用于均匀线性阵列时的雷达模糊特性,对其中存在的多普勒–距离–角度耦合现象进行针对性的分析和讨论。还通过合理的近似,对存在于主瓣的耦合特性进行定量的描述,同时区分三种不同类型的旁瓣,研究这些旁瓣随信号参数而改变的变化规律。

5.2.1　SFDLFM 信号模型和模糊函数

使用 SFDLFM 信号时,第 m 个单元的发射信号可表示为

$$s_m(t)=u(t)\mathrm{e}^{\mathrm{j}2\pi(f_c+mf_\Delta)t}\mathrm{e}^{\mathrm{j}\phi_m}\quad m=0,1,\cdots,M-1 \tag{5.11}$$

式中 f_Δ 为相邻通道频率间隔。注意线性发射阵列中导向矢量 $\boldsymbol{a}_\mathrm{T}$ 的特点,将式(5.11)代入式(5.10)并化简,容易得到 SFDLFM 的模糊函数

$$\chi_{\mathrm{D-MIMO}}(\psi,\zeta,\tau)=\left|\sum_{p=1-M}^{M-1}\{R_{\mathrm{LFM}}(p,\zeta,\tau)\mathrm{e}^{-\mathrm{j}2p\pi\psi}C(p,\psi,\tau)\}\right|^2 \tag{5.12}$$

式中:$\psi=f_{\mathrm{stg}}-f_{\mathrm{st}}$ 为空间频率偏差;$\tau=t_{0\mathrm{g}}-t_0$ 为时间偏差;$\zeta=f_{\mathrm{dg}}-f_\mathrm{d}$ 为多普勒频率偏差;p 为失配阶数。另外有

$$|R_{\mathrm{LFM}}(p,\zeta,\tau)|=\left|\frac{\sin(\pi(\mu\tau-(pf_\Delta-\zeta))(T_\mathrm{p}-|\tau|))}{T_\mathrm{p}(\pi\mu\tau-\pi(pf_\Delta-\zeta))}\right|,\quad |\tau|<T_\mathrm{p} \tag{5.13}$$

而 $C(p,\psi,\tau)$ 为多频信号求和函数,有

$$C(p,\psi,\tau) = \sum_{\Omega} e^{-j2\pi n\psi} e^{j2n\pi f_{\Delta}\tau} e^{j\phi_{p+n}} e^{-j\phi_n} \tag{5.14}$$

式中的各个分量均以 $1/f_{\Delta}$ 为基本周期,因此 $C(p,\psi,\tau)$ 是周期为 $1/f_{\Delta}$ 的周期函数。注意随着 p 的改变,参量 n 可取值范围 Ω 是不同的,有

$$\Omega = \begin{cases} [0, M-p-1], & p \geqslant 0 \\ [-p, M-1], & p < 0 \end{cases} \tag{5.15}$$

由式(5.14)容易得到

$$|C(p,\psi+\Delta\psi,\tau)| = |C(p,\psi,\tau-\Delta\psi/f_{\Delta})| \tag{5.16}$$

表现出明显的距离-角度耦合特性。这一特性源自步进频分信号的使用,它使得 SFDLFM 模糊函数的主瓣和副瓣均表现出非常明显的距离-角度耦合特性。

5.2.2 多普勒-距离-角度耦合现象

式(5.12)中 $p=0$ 对应的部分是 MIMO 雷达期望的匹配输出,决定着模糊函数的主瓣。记

$$\chi_{\mathrm{FDLFM}}(\psi,\zeta,\tau) = |R_{\mathrm{LFM}}(0,\zeta,\tau)|^2 |C(0,\psi,\tau)|^2 \tag{5.17}$$

显然在 $\chi_{\mathrm{D-MIMO}}(\psi,\zeta,\tau)$ 的主瓣范围内将有如下近似表达

$$\chi_{\mathrm{D-MIMO}}(\psi,\zeta,\tau) \approx \chi_{\mathrm{FDLFM}}(\psi,\zeta,\tau) \tag{5.18}$$

由 $\chi_{\mathrm{FDLFM}}(\psi,\zeta,\tau)$ 即可近似地研究 $\chi_{\mathrm{D-MIMO}}(\psi,\zeta,\tau)$ 的特性。式(5.17)中的 $|R_{\mathrm{LFM}}(0,\zeta,\tau)|$ 实际上就是我们所熟悉的单个 LFM 信号的模糊函数,有

$$|\boldsymbol{R}_{\mathrm{LFM}}(0,\zeta,\tau)| = \left|\frac{\sin(\pi(\mu\tau-\zeta)(T_{\mathrm{p}}-|\tau|))}{T_{\mathrm{p}}(\pi\mu\tau-\pi\zeta)}\right|, |\tau| < T_{\mathrm{p}} \tag{5.19}$$

其主瓣存在多普勒-距离耦合现象,呈刀刃形状沿 (ζ,τ) 平面上的直线分布,即

$$\tau = \zeta/\mu \tag{5.20}$$

最大值位于 (ζ,τ) 平面的原点位置,$\zeta=0$ 时其时间维 $-4\mathrm{dB}$ 宽度为 $1/B$。

另一方面,函数 $C(0,\psi,\tau)$ 具有多值模糊特性,借助等比数列求和公式容易得到

$$|C(0,\psi,\tau)| = \left|\frac{\sin(\pi M(f_{\Delta}\tau-\psi))}{\sin(\pi(f_{\Delta}\tau-\psi))}\right| \tag{5.21}$$

其峰值位置满足

$$\tau = (n+\psi)/f_{\Delta} \tag{5.22}$$

分别限定参数 ψ 和 τ 为常数,容易得到 $|C(0,\psi,\tau)|$ 峰值的时间维和空间频率维

上的 -4dB 宽度为

$$\tau_\Delta = 1/(Mf_\Delta) \text{ 和 } \psi_\Delta = 1/M \tag{5.23}$$

$|\boldsymbol{R}_{\mathrm{LFM}}(0,\zeta,\tau)|$与$|C(0,\psi,\tau)|$相乘的结果，提高了 MIMO 雷达的距离分辨能力，并使其表现出多普勒－距离－角度耦合现象。实际系统一般满足 $\tau_\Delta = 1/(Mf_\Delta) \ll 1/B$，故$\chi_{\mathrm{FDLFM}}(\psi,\zeta,\tau)$中主瓣的变化规律主要由$|C(0,\psi,\tau)|$决定，其时间维和角度维 -4dB 宽度由式(5.23)表达。注意到$|\boldsymbol{R}_{\mathrm{LFM}}(0,\zeta,\tau)|$与 ψ 无关，且$|C(0,\psi,\tau)|$与 ζ 无关，可分情况讨论上述耦合特性。

首先固定 ζ(如令其等于0)，可以发现随 ψ 的变化，$\boldsymbol{\chi}_{\mathrm{FDLFM}}(\psi,\zeta,\tau)$表现出距离－角度耦合特性，这意味着当等效发射波束指向偏离目标实际方向时，匹配输出中依然可观察到明显的信号响应，但其位置偏离目标实际距离，偏差的大小正比于 ψ，可由式(5.22)计算。不过随着 ψ 的不断增加，$|C(0,\psi,\tau)|$的峰值将逐渐偏离$|\boldsymbol{R}_{\mathrm{LFM}}(0,\zeta,\tau)|$时间主瓣的宽度范围，$\boldsymbol{\chi}_{\mathrm{FDLFM}}(\psi,\zeta,\tau)$的主瓣幅度也将下降。对应于给定的 -4dB 损失，τ 和 ψ 的取值范围都是有限的。其中 τ 的取值范围大小就是 $1/B$，而 ψ 取值范围的大小为

$$\Delta\psi = f_\Delta/B \tag{5.24}$$

另一方面，$\chi_{\mathrm{FDLFM}}(\psi,\zeta,\tau)$在原点取全局最大值，但由于$|\boldsymbol{R}_{\mathrm{LFM}}(0,\zeta,\tau)|$中存在的多普勒－距离耦合效应，当 $\zeta\neq0$ 时，$\boldsymbol{\chi}_{\mathrm{FDLFM}}(\psi,\zeta,\tau)$在$(\psi,\tau)$平面上所取局部极值将偏离 $\psi=0$ 的角度位置。联立式(5.20)和式(5.22)，可知局部极值位于

$$\psi_{\mathrm{tp}} = f_\Delta\zeta/\mu \tag{5.25}$$

式中：ψ_{tp}随目标多普勒频率线性变化，这也是多普勒－距离－角度耦合现象的表现之一。

固定 ζ 时(ψ,τ)平面上$\boldsymbol{\chi}_{\mathrm{FDLFM}}(\psi,\zeta,\tau)$的 -4dB 等高线示意图如图 5.2 所示，图中标注了式(5.23)～式(5.25)对应的各参数，其中的斜虚线即$|C(0,\psi,\tau)|$的峰值线，由式(5.22)所表示。ζ 改变时$|\boldsymbol{R}_{\mathrm{LFM}}(0,\zeta,\tau)|$的峰值沿 τ 轴方向移动，而$\boldsymbol{\chi}_{\mathrm{FDLFM}}(\psi,\zeta,\tau)$的最大值将沿着该斜线发生移动。图中 -4dB 等高线所含区域形状基本不变，但其位置也将随$\boldsymbol{\chi}_{\mathrm{FDLFM}}(\psi,\zeta,\tau)$的最大值一起，沿斜虚线迁移。

受$|C(0,\psi,\tau)|$多值模糊特性以及 ψ 取值局限性的影响，等高线包含区域会出现折叠现象，即在某个角度上出现主瓣分裂现象，形成一类特殊的旁瓣，后面的仿真将可以看到这一点。旁瓣问题是下文分析的重点。

双基地 MIMO 雷达中，目标相对于发射阵列和接收阵列的视线角度并不是独立的，研究输出信号的幅度时，还应该将接收波束的影响考虑进来。正如文献[7]已经指出的那样，随着目标位置在双基地定位平面上的变化，双基地 MIMO

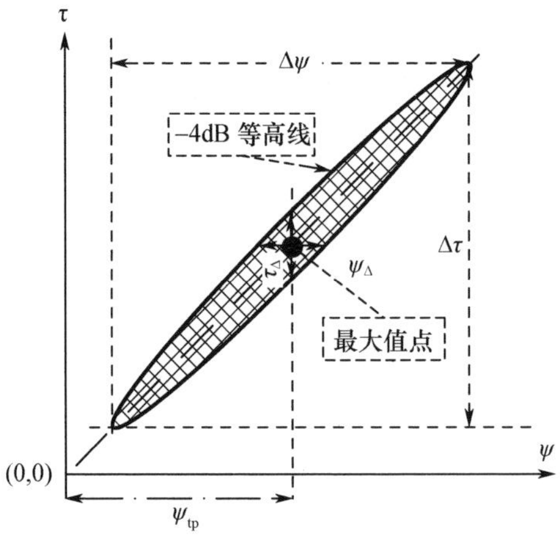

图 5.2　多普勒 - 距离 - 角度耦合现象在(ψ,τ)平面上的表现

雷达的模糊特性和分辨率会发生很大的变化。文献[7]以接收阵列的指向角为参量展示了距离 - 角度耦合关系,该关系表现出随目标位置的不同而变化的趋势。而由本节的分析可以知道,双基地 MIMO 雷达的距离 - 角度耦合关系主要表现在发射波束指向与目标至收发阵列的距离和之间,能够给出比较简洁的耦合关系表达式,这一简洁表达式对距离数据的补偿是很有用处的。

5.2.3　旁瓣分类和分析

雷达信号的旁瓣问题必须引起足够的重视,它会导致大反射面目标对小反射面目标的遮蔽效果,无论对检测过程还是对跟踪过程而言,旁瓣的影响都不能忽视。

为分析旁瓣的特性,在式(5.13)中令 $\xi' = pf_\Delta - \zeta$,即可将 p 取为任意合理值时的互模糊函数 $\boldsymbol{R}_{\mathrm{LFM}}(p,\zeta,\tau)$看成 LFM 信号的模糊函数形式,参考式(5.20)知其主瓣峰值位置在下式附近,随 p 递增而改变,间隔为 $f_\Delta T_\mathrm{p}/B$,即

$$t \approx \xi'/\mu = (pf_\Delta - \zeta)T_\mathrm{p}/B \tag{5.26}$$

如果实际的系统满足 $f_\Delta T_\mathrm{p} > 1$,则有

$$\frac{f_\Delta T_\mathrm{p}}{B} > \frac{1}{B} \tag{5.27}$$

因此不同失配阶数 p 决定的(互)模糊函数主瓣将互不重叠。注意到 $1/B$ 只是 $|\boldsymbol{R}_{\mathrm{LFM}}(0,\zeta,\tau)|$ 主瓣的 $-4\mathrm{dB}$ 宽度,为避免 $\boldsymbol{R}_{\mathrm{LFM}}(p,\zeta,\tau)$ 中主瓣甚至第一副瓣对邻阶主瓣的影响,应确保满足条件

$$f_\Delta T_\mathrm{p} >> 1 \tag{5.28}$$

才能确保 $\boldsymbol{R}_{\mathrm{LFM}}(p,\zeta,\tau)$ 主瓣彼此互不影响。此时，可有如下近似

$$\boldsymbol{\chi}_{\mathrm{D-MIMO}} \approx |\boldsymbol{R}_{\mathrm{LFM}}(p,\zeta,\tau)||C(p,\psi,\tau)|,$$
$$t \in Q \cap Q_{\mathrm{p}}, p = 1-M,\cdots,0,1,\cdots,M-1 \tag{5.29}$$

式中 Q、Q_{p} 为信号存在的时间区间，有

$$Q = [-T_{\mathrm{p}}, T_{\mathrm{p}}], \text{和 } Q_{\mathrm{p}} = [\zeta_{\mathrm{d}}/\mu - 0.5/B, \zeta_{\mathrm{d}}/\mu + 0.5/B] \cap Q \tag{5.30}$$

式(5.29)意味着可以分段研究综合信号的特性，其中 Q_0 区间包含的是模糊函数的主瓣。另外如果

$$\phi_{p+n} - \phi_n = p\phi_{\Delta} \tag{5.31}$$

即各发射通道初始相位线性变化，则由式(5.14)很容易得到

$$|C(p,\psi,\tau)| = \left|\frac{\sin((M-|p|)(\pi f_{\Delta}\tau - \pi\psi))}{\sin(\pi f_{\Delta}\tau - \pi\psi)}\right| \tag{5.32}$$

式(5.32)与式(5.21)具有类似的形式和性质。受发射信道频谱重叠程度的限制，式(5.32)中的 p 的取值一般很小，因此完全可沿用前面的分析方法，近似认为 Q_{p} 区间的信号是由 $\boldsymbol{R}_{\mathrm{LFM}}(p,\zeta,\tau)$ 对 $|C(p,\psi,\tau)|$ 选通作用（或被切割）的结果，其时间维和空间频率维变化规律可参照式(5.23)进行分析。并且无论是主瓣还是旁瓣，均局部地表现出明显的距离－角度耦合特性。

进一步了解旁瓣的特点和出现的规律，可区分以下三类旁瓣分别进行讨论。

1）主旁瓣或一类旁瓣

一类旁瓣和主瓣有密切的关系。当 $|C(0,\psi,\tau)|$ 的周期小于 $\boldsymbol{R}_{\mathrm{LFM}}(p,\zeta,\tau)$ 的主瓣宽度时，Q_0 区间可能出现多个高的幅度峰值。幅度高的被看成主瓣，相对低一些的峰值则被看成一种特殊的旁瓣，称为主旁瓣或一类旁瓣。

不出现一类旁瓣的必要条件是模糊函数的主瓣不会被 $|C(0,\psi,\tau)|$ 多次切割到，为此应满足

$$B > f_{\Delta} \tag{5.33}$$

2）次主旁瓣或二类旁瓣

被 $\boldsymbol{R}_{\mathrm{LFM}}(p,\zeta,\tau)(p\neq 0)$ 的主瓣选中的 $|C(p,\psi,\tau)|$ 的峰值称为次主旁瓣或二类旁瓣。不出现二类旁瓣的必要条件对任意的 $p\neq 0$，$\boldsymbol{R}_{\mathrm{LFM}}(p,\zeta,\tau)$ 的主瓣出现在 Q 区间之外，即

$$|pf_{\Delta} - \zeta| > B \tag{5.34}$$

由式(5.34)还可以推知给定 B 和 f_{Δ} 时二类旁瓣出现的数量。特别是当式(5.32)成立时，二类旁瓣具有和主瓣类似的变化规律，即存在多普勒－距离－角度耦合现象。

注意式(5.33)和式(5.34)给出的两个条件是互相矛盾的,这说明使用 FDLFM 信号时,不可能同时消除一类、二类旁瓣。

3)三类旁瓣或分布式旁瓣

除主瓣和一类、二类旁瓣之外,其他位置上的旁瓣统称为三类旁瓣或分布式旁瓣,它们分布在一类、二类旁瓣之外的所有区域,并由多个分量共同决定。

分析三类旁瓣的特性需要更多地关注 $\boldsymbol{R}_{\mathrm{LFM}}(p,\zeta,\tau)$ 和 $|C(p,\psi,\tau)|$ 中旁瓣的幅度特性,由式(5.13)和式(5.32)容易得出靠近主瓣的第一旁瓣的水平均为 $-13.2\mathrm{dB}$,随着与主瓣距离的增加,$\boldsymbol{R}_{\mathrm{LFM}}(p,\zeta,\tau)$ 中的旁瓣按每倍程 6dB 的速度下降,$|C(p,\psi,\tau)|$ 中也有类似的趋势,不过其存在的周期性主峰会使三类旁瓣中出现周期性的尖峰。

作为例子这里重点分析一下 $B=f_\Delta$ 时三类旁瓣的情况。图 5.3 给出了不同参数条件下 FDMLFM 信号的自相关和互相关函数,仿真参数为:脉冲宽度 100μs,采样间隔 0.5μs,图 5.3(a)和图 5.3(c)的带宽 B 和通道之间的间隔 f_Δ 均为 100kHz,图 5.3(b)和图 5.3(d)中 $B=f_\Delta=400\mathrm{kHz}$,可以看出带宽增加后互相关函数的平均幅度明显下降,自相关函数的峰值虽没有变化(第一旁瓣还是 $-13.2\mathrm{dB}$),但幅度较大的旁瓣均集中到主峰附近。从图 5.3(c)和图 5.3(d)的整体变化趋势还可以看出,评估三类旁瓣的平均幅度时,对于更高阶的互模糊函数如间隔为两倍以上通道间隔的发射信号之间的互模糊,实际上是可以不考虑的,因为它们的幅度将更小。图中的三角波形对应于方波函数的自相关输出。

这里没有给出不同带宽参数时 $|C(p,\psi,\tau)|$ 的图形,但其主瓣及旁瓣的变化趋势与 $\boldsymbol{R}_{\mathrm{LFM}}(p,\zeta,\tau)$ 是类似的,只不过存在周期性的峰值而已。综合 $\boldsymbol{R}_{\mathrm{LFM}}(p,\zeta,\tau)$ 和 $|C(p,\psi,\tau)|$ 随信号带宽的变化规律,可以知道 LFM 信号的时宽带宽积决定了三类旁瓣的平均水平:时宽带宽积越大,则三类旁瓣的平均幅度越低。这主要是具有较高幅度的三类旁瓣分别向主瓣附近和两侧集中的缘故。

再考虑三类旁瓣的峰值水平,其中主瓣附近的旁瓣主要由 $|\boldsymbol{R}_{\mathrm{LFM}}(0,\zeta,\tau)|$ 的近旁瓣决定,最大达到 $-13.2\mathrm{dB}$ 的水平;靠近图 5.3 所示三角函数两侧部位的旁瓣主要由相邻子带的互模糊函数 $|\boldsymbol{R}_{\mathrm{LFM}}(1,\zeta,\tau)|$ 决定。

考虑 $\zeta=0$ 时候的旁瓣水平,直接求取 $|\boldsymbol{R}_{\mathrm{LFM}}(1,0,\tau)|$ 的最大值比较困难也没有太大必要,注意到

$$|\boldsymbol{R}_{\mathrm{LFM}}(1,\zeta,\tau)|=\left|\frac{\sin(\pi(\mu\tau-(pf_\Delta-\zeta)))}{(\pi\mu\tau-\pi(pf_\Delta-\zeta))}\right|\left|\frac{(T_{\mathrm{p}}-|\tau|)}{T_{\mathrm{p}}}\right|<\left|\frac{(T_{\mathrm{p}}-|\tau|)}{T_{\mathrm{p}}}\right| \tag{5.35}$$

即 $|\boldsymbol{R}_{\mathrm{LFM}}(1,\zeta,\tau)|$ 的幅度会受到三角函数的限制,借助三角函数约束可以了解三类旁瓣的幅度情况。

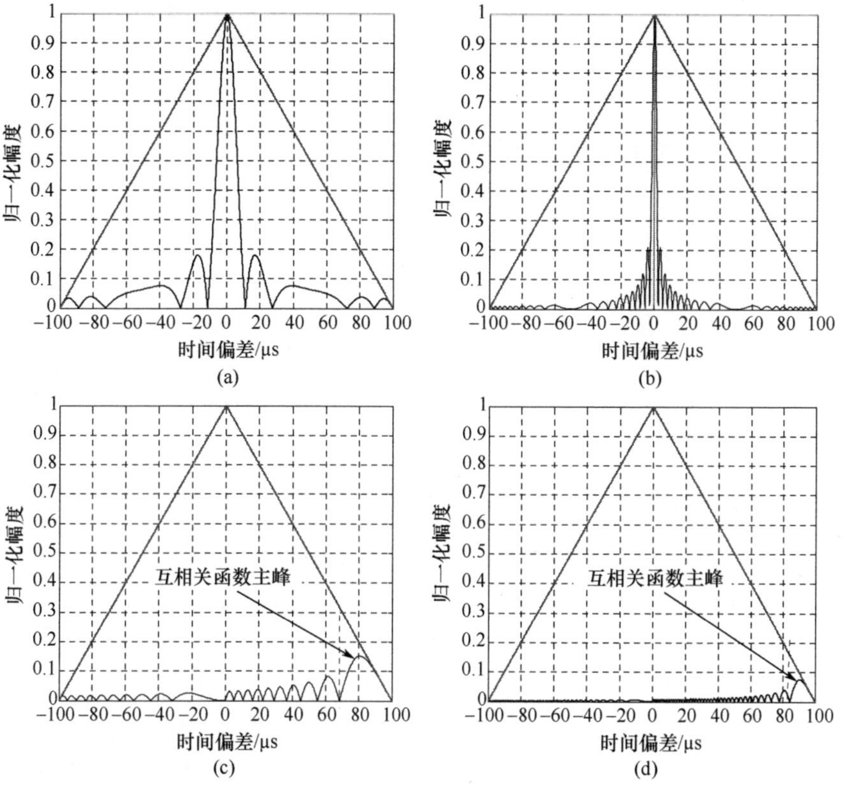

图 5.3　不同带宽下 FDLFM 信号的自相关和互相关函数

令 $\pi(\mu\tau - f_{\Delta})(T_{\text{p}} - |\tau|) = -\pi$ 并注意到 $f_{\Delta} = \mu T_{\text{p}}$，可以得到 $|\boldsymbol{R}_{\text{LFM}}(1,0,\tau)|$ 的第一个零点位于

$$\tau_0 = T_{\text{p}} - 1/\sqrt{\mu} \tag{5.36}$$

设 $|\boldsymbol{R}_{\text{LFM}}(1,0,\tau)|$ 最大点为 $\tau_{\max}$，于是显然有

$$|\boldsymbol{R}_{\text{LFM}}(1,0,\tau)| < \left|\frac{(T_{\text{p}} - |\tau_{\max}|)}{T_{\text{p}}}\right| < \left|\frac{(T_{\text{p}} - |\tau_0|)}{T_{\text{p}}}\right| = \left|\frac{\sqrt{1/\mu}}{T_{\text{p}}}\right| = \frac{1}{\sqrt{\mu T_{\text{p}}^2}} = \frac{1}{\sqrt{BT_{\text{p}}}} \tag{5.37}$$

三类旁瓣分布范围很广，覆盖了主瓣和一类、二类旁瓣之外的所有区域，并且规律性较差。式(5.37)说明当 $\zeta = 0$ 时由 $|\boldsymbol{R}_{\text{LFM}}(1,0,\tau)|$ 确定的三类旁瓣受时宽带宽积的限制，特别是两侧的峰值旁瓣水平与时宽带宽积成反比。

更多的仿真结果表明，时宽带宽积 BT_{p} 是影响三类旁瓣最关键的因素，随着时宽带宽积的增加，三类旁瓣的平均幅度将逐渐下降。三类旁瓣的上述特性对使用 FDLFM 信号时 MIMO 雷达的带宽提出了明确的限制，式(5.37)是设计信号参数的重要参考。

5.2.4 加窗情况下的匹配输出

为减少旁瓣的影响，雷达信号处理一般用准匹配处理替代匹配处理。在实现脉冲压缩时，使用海明加权的办法使匹配输出的旁瓣从 -13.2dB 降低到 -42dB左右，此时前面所说的三类旁瓣会明显改善，不过由于加窗会使主瓣宽度增加近 34% [1]。因此一类旁瓣不存在的条件比上式严格得多，一般应满足

$$B > 2f_{\Delta} \tag{5.38}$$

二类旁瓣的出现同样也要容易一些。

5.2.5 随机初相情况下模糊函数特点

输出信号中存在的各类旁瓣会导致大目标对小目标的遮蔽效应，影响 MIMO 雷达的正常检测过程。使用随机发射初相和随机排列的发射频率不会改变一类、二类旁瓣存在的基本情况，但能够有效地改变其幅度大小和变化规律。

从定义式(5.14)可以看出，$|C(p,\psi,\tau)|(p\neq1)$中随机相位项的存在将避免其形成高的幅度峰值，二类旁瓣将由此得到有效的抑制，其改善效果与相位分布特点有关。发射子阵数较多，且相位呈均匀随机分布时，由离散帕色瓦定理可知二类旁瓣的幅度将下降 $\sqrt{M-p}$倍。此外随机发射初相对三类旁瓣也会有一定的抑制作用。由定义式可知$|C(0,\psi,\tau)|$和信号的初相无关，因此初相分布不会改变一类旁瓣的存在和分布情况。随机的发射频率排列方式对一类、二类旁瓣都有影响，这将在下一节进行详细分析。

5.2.6 频谱高度重叠时的旁瓣特性

5.2.2 节～5.2.4 节的分析中以式(1.28)成立为前提，当$f_{\Delta}T_{\mathrm{p}}$取较小的整数时，将出现子带频谱高度重叠的情况。此时显然有 $B\gg f_{\Delta}$，因此不会出现一类旁瓣，而所有 $p\neq0$ 所对应的二类旁瓣将出现在 Q 区间里，并且由于$f_{\Delta}T_{\mathrm{p}}$只取 2、3、4 等比较小的整数，因此各阶互模糊函数$\boldsymbol{R}_{\mathrm{LFM}}(p,\zeta,\tau)$的主瓣也将出现高度的重叠现象，此时对旁瓣的分析将与 5.2.3 节的分析大有不同。考虑到此时的旁瓣主要也是由$\boldsymbol{R}_{\mathrm{LFM}}(p,\zeta,\tau)$的主瓣导致的，因此也可以称其为二类旁瓣。

频谱高度重叠时，二类旁瓣也高度重叠，其幅度会比 5.2.3 节二类旁瓣不重叠的时候高。不过，同样由于$f_{\Delta}T_{\mathrm{p}}$取值很小，所有$\boldsymbol{R}_{\mathrm{LFM}}(p,\zeta,\tau)$的主瓣全部集中在一个较小的时间区间里

$$[-Mn_{\Delta}/B, Mn_{\Delta}/B] \tag{5.39}$$

式中：$n_{\Delta}=f_{\Delta}T_{p}$ 是较小的正整数。容易看出，带宽越大，则这种二类旁瓣分布的范围越小；与此同时，随机初相对旁瓣的影响也同前文的分析一致。频谱高度重叠情况下的模糊函数特性，更多地只能通过数值仿真的方法得到分析和研究。

5.2.7　数值仿真结果

下面的仿真基于如下基本条件：通道数 $M=16$，单个发射信道的带宽 $B=0.2\mathrm{MHz}$，通道之间的间隔 $f_{\Delta}=0.2\mathrm{MHz}$，发射脉冲宽度为 $T_{p}=40\mu\mathrm{s}$，中心发射载频 $f_{c}=2000\mathrm{MHz}$。

1. $|C(0,\psi,\tau)|$ 与匹配输出的关系

图 5.4(a)给出了目标静止且 $\psi=0$ 时，最终得到的综合输出（下图）与相关的成分对比。上图是单个发射信号与接收信号匹配的结果；中图是对应的离散辛格函数（即 $|C(0,\psi,\tau)|$）。对比可以看出离散辛格函数对单个通道匹配输出的调制情况。

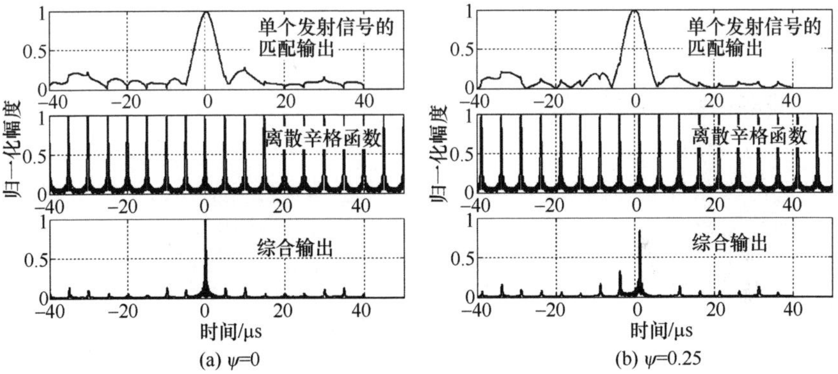

图 5.4　综合输出信号与离散辛格函数、单个发射信号匹配输出之间的对比

可以看到，由于目标静止，匹配输出的最大峰值出现在目标对应的角度上。

2. 匹配输出的距离 - 角度耦合关系

图 5.4(a)的仿真条件下修改 $\psi=0.25$，得到的结果如图 5.4(b)所示。可以看出，尽管等效发射波束偏离目标实际角度，但匹配输出中依然存在高的幅度峰值，只是由于距离 - 角度耦合效应，此时观测得到的目标压缩信号包络偏离了目标的实际距离。

为更好地观察距离 - 角度耦合现象，可用 FFT 算法实现同时多波束合成，并将不同波束指向的输出排列起来，得到以 (τ,ψ) 为参数的二维信号。图 5.5(a)给出的是目标静止时二维信号求模后得到的等高线图形。可以清晰地观察到匹配输出峰值随等效发射波束指向变化而改变的情况。

3. 多普勒-距离-角度耦合现象

图5.5(b)给出的是目标速度为500m/s时二维信号的等高线图形。可以看出由于多普勒效应的存在，匹配输出最大峰值位置发生了变化，偏离了目标的实际位置(原点)。

对比容易清楚地看到，图5.5的结果正好是理论分析结果图5.2的仿真再现。

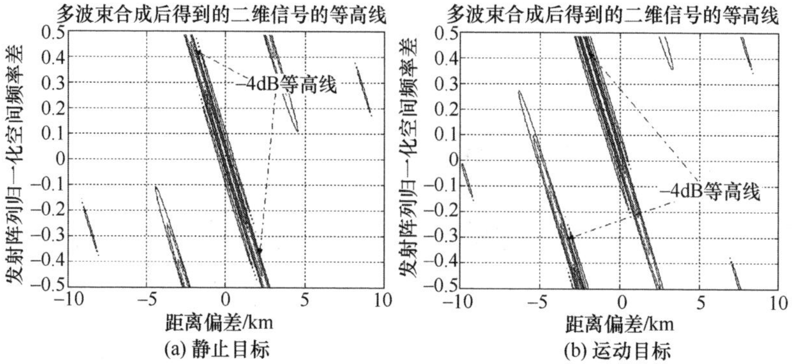

图5.5 同时多波束合成后得到的二维信号的等高线

4. 模糊函数的旁瓣特性

1）一类旁瓣的特性

设定仿真条件：子带宽度$B=0.2$MHz，小于通道间隔$f_\Delta=0.4$MHz，其他条件同上。图5.6将$\psi=0$综合信号与单个发射信号匹配输出、离散辛格函数进行了对比。可以看到此时主瓣分裂现象比较严重，出现了很多的一类旁瓣。

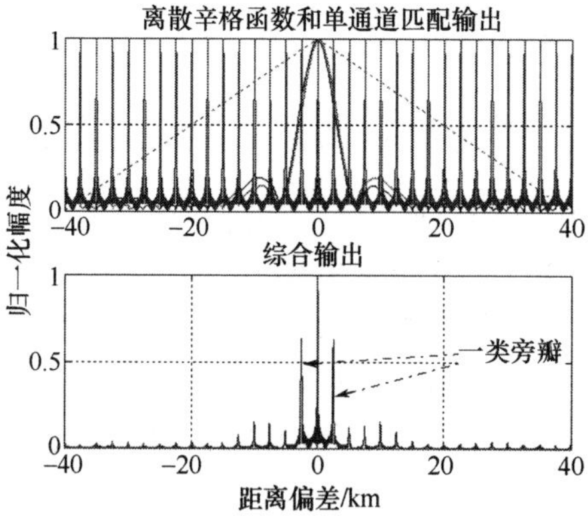

图5.6 综合信号与单个发射信号匹配输出、离散辛格函数之对比($B<f_\Delta$)(见彩图)

2）二类旁瓣

设定仿真条件：通道间隔$f_\Delta=0.2$MHz，子带宽度$B=0.4$MHz，其余条件不变。图 5.7(a)同样对比了 $\psi=0$ 时综合输出、离散辛格函数和单个发射信号匹配输出。可以看到此时不会出现分裂现象,但出现了 $p=-1$ 和 1 所对应的二类旁瓣,它们分别位于主瓣的左右两侧。

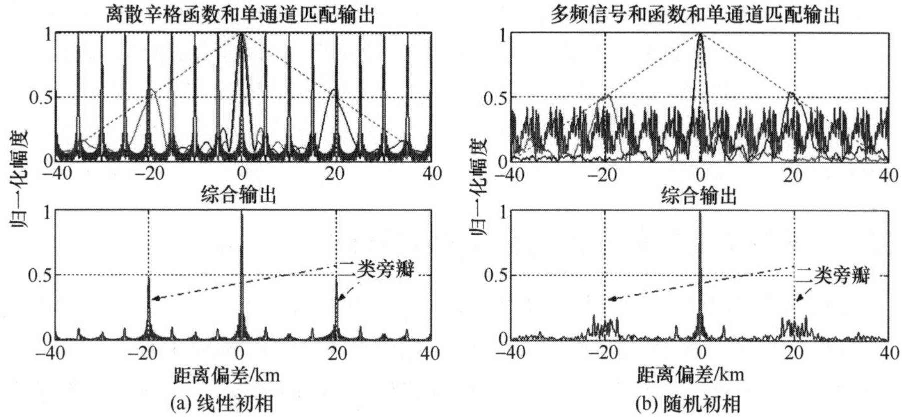

图 5.7　综合信号与单个发射信号匹配输出、离散辛格函数之对比($B>f_{\Delta}$)(见彩图)

3) 随机相位对二类旁瓣的影响

在图 5.7(a)的基础上使用随机的发射初相,仿真结果见图 5.7(b)。对比可以看到二类旁瓣的幅度明显降低,呈现随机分布的特点,这主要得益于随机发射初相的使用。

5. 频谱高度重叠时的旁瓣特点

频谱高度重叠时步进频线性调频信号的模糊图如图 5.8 所示,对应参数为:脉冲宽度 200ms,子带宽度 400kHz,通道间隔 5kHz。其特点是旁瓣能量主要集中在近区,远区的旁瓣得到了有效的控制。这种特性的信号组合将很好地弥补子带不重叠时远区旁瓣的不足,可以交替使用以避免旁瓣带来的影响。

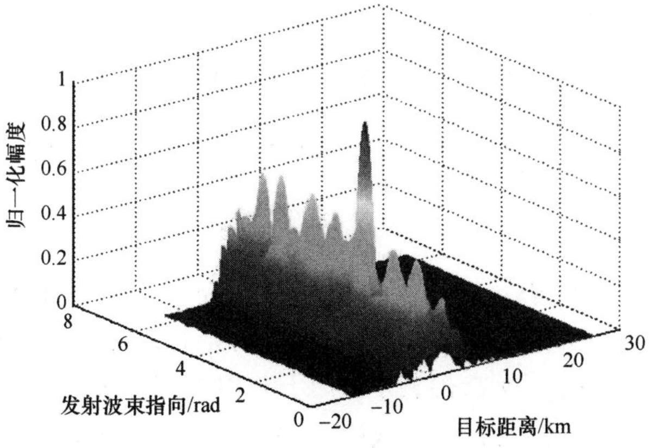

图 5.8　频谱高度重叠时步进频线性调频信号的模糊图

5.3 随机步进频信号的模糊函数

均匀线性阵列中使用 SFDLFM 信号时,其模糊函数可以进行针对性的定量分析,其中存在的多谱勒-距离-角度耦合特性也有一定的使用价值,但其旁瓣较高,阵列模式也有一定局限性。本小节讨论更为普遍的两种情况,先讨论随机步进频信号在均匀线性阵列中的运用特点,再讨论频分类信号在稀疏阵列中的使用情况。

5.3.1 随机步进频信号运用于均匀线性阵列

步进频分线性调频(SFDLFM)信号运用于均匀线性阵列时,一类旁瓣的存在以及综合信号主瓣中的多普勒-距离-角度耦合特性,本质上源自于发射阵列使用步进频率时,不同发射通道的信号随时延变化而带来了附加的线性相位,干扰了目标相对于发射方向的导向矢量,直观表现为多频信号和函数 $|C(p,\psi,\tau)|$峰值的规律性变化。各通道使用随机步进频率排列,则同一时延间隔导致的附加相位也变成了随机的相位序列,这将降低一类旁瓣的幅度,对二类旁瓣也有相应的抑制作用。

使用随机步进频信号时,窄带互相关矩阵中的元素表示为

$$\boldsymbol{R}_{m,n}(t_0,t_{0g},f_d,f_{dg}) = e^{j2\pi(-f_c\tau+\gamma(n)f_\Delta t_{0g}-\gamma(m)f_\Delta t_0)}e^{j\phi_m}e^{-j\phi_n}$$

$$\int u(t-t_0)u*(t-t_{0g})e^{j2\pi((\gamma(m)-\gamma(n))f_\Delta)t}e^{j2\pi(f_d-f_{dg})t}dt \quad (5.40)$$

式中:$\gamma(m)f_\Delta$ 是第 m 个通道的频率值,$\gamma(m)$可以看成 m 至随机整数的单映射。将式(5.40)代入式(5.10)并参考前一节的方法进行化简,可以将模糊函数写成如下形式

$$\chi_{D\text{-}MIMO}(f_{st},f_{stg},\zeta,\tau) = \left|\sum_{p=1-M}^{M-1}\{\boldsymbol{R}(p,\zeta,\tau)C_x(p,f_{st},f_{stg},\tau)\}\right|^2 \quad (5.41)$$

注意这里有 $p=\gamma(m)-\gamma(n)$,$\xi=f_d-f_{dg}$,且与式(5.12)的定义类似,其中

$$\boldsymbol{R}(p,\zeta,\tau) = \int u(t)u*(t-\tau)e^{j2\pi(pf_\Delta-\zeta)t}dt \quad (5.42)$$

只需令 $\xi'=pf_\Delta-\zeta$,则 $\boldsymbol{R}(p,\zeta,\tau)$同样表现为基带信号普通的模糊函数形式,后文将在 $\boldsymbol{R}$ 后面增加下标以区分实际使用的信号形式,如 $\boldsymbol{R}_{LFM}(p,\zeta,\tau)$表示使用的是 LFM 信号,而 $\boldsymbol{R}_{PCM}(p,\zeta,\tau)$表示使用了 PCM 信号。另外 C_x 的定义则为

$$C_x(p,f_{st},f_{stg},\tau) = \sum_{\gamma(m)-\gamma(n)=p} e^{j(2n\pi f_{stg}-2m\pi f_{st}+\phi_m-\phi_n)}e^{j2\pi\gamma(n)f_\Delta\tau} \quad (5.43)$$

式中：各分量均以 $1/f_\Delta$ 为基本周期，因此 C_x 也是以 $1/f_\Delta$ 为时间周期的函数。

输出信号主瓣附近的特性显然由 $C_x(0,f_{st},f_{stg},\tau)$ 和 $\boldsymbol{R}(0,\zeta,\tau)$ 共同决定，对这两个组成部分分别进行分析是了解输出信号特性的有效途径。

1. 多频信号和函数 C_x 的特征

随机相位和随机频率的使用，由式(5.43)定义的多频信号和函数只能在有限的位置上进行化简和合并处理，有

$$C_x(0,\psi,\tau) = C_x(p,f_{st},f_{stg},\tau) = \sum_{n=1}^{M} e^{j2n\pi\psi} e^{j2\pi\gamma(n)f_\Delta\tau} \tag{5.44}$$

式中：ψ 的定义同 5.2 小节。从式(5.44)显然可以得到

$$|C_x(0,\psi,0)| = \left|\sum_{n=1}^{M} e^{j2n\pi\psi}\right| = \left|\frac{\sin(M\psi)}{\sin\psi}\right| \tag{5.45}$$

再对式(5.44)中的随机整数进行重排，很容易得到

$$|C_x(0,0,\tau)| = \left|\frac{\sin(M\pi f_\Delta\tau)}{\sin(\pi f_\Delta\tau)}\right| \tag{5.46}$$

同样为离散辛格函数的形式。综合式(5.45)和式(5.46)的结论，可知在(ψ,τ)为参量的二维空间里取得最大峰值的位置很多，可写成集合形式

$$\{(\psi,\tau)\,|\,(0,\tau+n/f_\Delta),n\text{ 为任意整数}\} \tag{5.47}$$

M 较大的时候，其主瓣在角度维和时间维的 -4dB 宽度分别为

$$\Delta\psi = 1/M \text{ 和 } t_\Delta = 1/(Mf_\Delta) \tag{5.48}$$

$\psi\neq0$ 且 $\tau\neq n/f_\Delta$ 时，式(5.44)中各分量中的相位处于周期性的随机状态，无法像式(5.21)那样进行综合得到简单的离散辛格函数表达形式，只能借用统计的方法进行近似处理。如果发射子阵数量足够多，则参考文献[11]中的思路，可以看出 $|\tau-n/f_\Delta|>1/(Mf_\Delta)$ 且 $|\psi|>1/M$ 的时候，有

$$E[C_x(0,\psi,\tau)]\approx0 \tag{5.49}$$

$$E[|C_x(0,\psi,\tau)|^2]=M \tag{5.50}$$

用 FFT 技术实现等效的同时发射多波束合成时，借助离散信号的帕色瓦定理也一样可以得到上述结果。

2. LFM 信号

本节中 $\boldsymbol{R}_{LFM}(p,\zeta,\tau)$ 的定义与前一节完全相同，因此式(5.13)的结论以及 5.2 节中以此为基础的相关分析结果依然成立。由于 $\boldsymbol{R}_{LFM}(p,\zeta,\tau)$ 的主瓣随着 p 的变化而改变且互不重叠，依然可把匹配输出看成模糊函数 $\boldsymbol{R}_{LFM}(p,\zeta,\tau)$ 的主瓣对多分量和函数的选通和调制作用，随着目标速度的改变，模糊图的特性呈现

规律性的变化。

首先对静止目标,时间-角度二维截面上的最大峰值出现在原点位置,其时间维和角度维主瓣宽度主要由 C_x 决定,分别由式(5.48)中两个式子表示。如果 $\boldsymbol{R}_{\mathrm{LFM}}(p,\zeta,\tau)$ 的时间主瓣宽度过大,则 $\psi=0$ 时同样将出现主瓣分裂现象。

目标运动时,$C_x(0,\psi,\tau)$ 的峰值位置不变,而 $\boldsymbol{R}_{\mathrm{LFM}}(p,\zeta,\tau)$ 的主瓣在时间轴上发生偏移。如目标速度较小,则匹配输出信号的主瓣依然出现在目标对应的原点位置,只是由于 $C_x(0,\psi,\tau)$ 和 $\boldsymbol{R}_{\mathrm{LFM}}(p,\zeta,\tau)$ 峰值的相对走动,将导致主瓣信号幅度逐渐下降。当相对走动达到模糊函数时间主瓣宽度的一半时,损失将达到 4dB。对应的多普勒频率为

$$f_{dm}=1/T_{\mathrm{p}} \tag{5.51}$$

式(5.51)并非真正的多普勒容限。当模糊函数主瓣的走动不断增大最终等于 $1/f_{\Delta}$ 时,将与 $C_x(0,\psi,\tau)$ 另外一个周期的峰值重合,并形成新的最大幅度峰值。显然,此时输出信号的主瓣与目标实际位置之间将存在一个位置的偏离:$1/f_{\Delta}$。特别当 $f_{\Delta}>B$ 的时候,随着速度的变化,综合信号主瓣的幅度起伏将小于 4dB。

基于门限对比的目标检测处理过程中,我们往往把输出信号中最大峰值看成是匹配输出的主瓣。从这个角度上看,随着目标速度的变化,$\psi=0$ 轴上的主瓣和一类旁瓣显然存在着互相转化的现象。

3. 伪随机相位编码信号

伪随机相位编码信号具备多普勒敏感特性,是一种典型的 LPI 波形,比较适合于作为防空制导雷达的目标跟踪信号。相位编码信号按相移取值数不同分为若干种,已经有几种不同的生成方法,本书第 4 章介绍了编码信号设计的思路和方法,这里先以二相码为例进行分析,其复包络可以写成

$$u(t)=\begin{cases}\dfrac{1}{\sqrt{P}}\displaystyle\sum_{k=0}^{P-1}c_k v(t-kT_{\mathrm{z}}), & 0<t<T_{\mathrm{p}}\\ 0, & \text{其他}\end{cases} \tag{5.52}$$

其中

$$v(t)=\mathrm{rect}\left(\frac{t}{T_{\mathrm{z}}}\right)=\begin{cases}1, & 0\leqslant t\leqslant T_{\mathrm{z}}\\ 0, & \text{其他}\end{cases} \tag{5.53}$$

为门函数。而 c_k 为取值 1 或 -1 的随机序列,伪随机二相码序列频谱宽度 $B=1/T_{\mathrm{z}}$,时间宽度 $T_{\mathrm{p}}=PT_{\mathrm{z}}$。

和 5.2.2 节一样,首先关注 $\boldsymbol{R}_{\mathrm{PCM}}(p,\zeta,\tau)$ 的特性,伪随机二相码的模糊图表现为图钉形状,与理想噪声比较接近[11]。主瓣峰值位置位于原点,时域和频域

宽度分别为 T_z 和 $1/T_p$。其自相关旁瓣峰值随码长 P 的增加，以 $1/\sqrt{P}$ 的速度降低[4]。

双基地 MIMO 雷达有条件使用长序列大时宽相位编码信号，这种条件下 $\boldsymbol{R}_{PCM}(0,\zeta,\tau)$ 主瓣的幅度远大于自身旁瓣或互相关函数 $\boldsymbol{R}_{PCM}(p,\zeta,\tau)$ $(p\neq 0)$ 中任何位置的信号幅度。例如通过优化选择，长度为 255 的二相码旁瓣的水平能够低于 -25dB，长度为 1000 的二相码旁瓣水平可以小于 -30dB，双基地 MIMO 雷达中二相码序列的长度为 10^4 量级，其旁瓣将小于 -40dB。这种情况下考虑匹配输出的主瓣时，虽然组成成分很多，但由 $\boldsymbol{R}_{PCM}(p,\zeta,\tau)$ $(p\neq 0)$ 带来的影响可以忽略，即有

$$\boldsymbol{\chi}_{D-MIMO}(\psi,\zeta,\tau)\approx|\boldsymbol{R}_{PCM}(0,\zeta,\tau)C_x(0,\psi,\tau)|^2,\quad T_z/2\leqslant\tau\leqslant T_z/2 \tag{5.54}$$

注意模糊函数 $|\boldsymbol{R}_{PCM}(0,\zeta,\tau)|$ 同样与参量 ψ 无关，此外发射子阵数比较多时，绝大多数情况下有 $B<Mf_\Delta$，于是无论从时间上还是从角度上，均可把参考单元的输出信号看成模糊函数 $|\boldsymbol{R}_{PCM}(0,\zeta,\tau)|$ 的主瓣对多频信号和函数 $|C_x(0,\psi,\tau)|$ 周期性峰值的选通和调制作用，其时间维和角度维主瓣宽度由 $|C_x(0,\psi,\tau)|$ 决定，分别由式(5.48)中的两个公式表示。目标静止时，时间-角度二维截面上的最大峰值出现在原点位置；随着目标速度的增加，最大峰值位置不变但幅度将逐渐减少。

除主瓣外，$|\boldsymbol{R}_{PCM}(0,\zeta,\tau)|$ 的时间维主瓣范围内还会出现很多不同的尖峰，我们也将其统称为一类旁瓣或主旁瓣。先关注 $\psi=0$ 时一类旁瓣的情况，显然如果 $|\boldsymbol{R}_{PCM}(0,\zeta,\tau)|$ 的时间主瓣宽度过大，$|C_x(0,\psi,\tau)|$ 中将有多个周期的峰值被选中，出现间隔为 $1/f_\Delta$ 的多个峰值，可称为主瓣分裂现象。为避免由此导致的距离模糊现象，参数选择时应满足

$$T_z<1/f_\Delta \tag{5.55}$$

再关注角度维的一类旁瓣情况，由式(5.50)容易知道此类旁瓣的平均水平近似为

$$L_{s1}=-20\lg(\sqrt{M}) \tag{5.56}$$

可以看出，增加发射子阵的数量是降低角度维一类旁瓣的有效途径。

式(5.41)成立的前提条件是各个发射子阵具有相同的基带信号形式，只是加载的载频不一样。值得注意的是很多情况下各个发射通道使用的编码序列未必相同，此时 MIMO 雷达第 m 个发射通道的探测信号可表示为

$$s_m(t)=u_m(t)\mathrm{e}^{\mathrm{j}2\pi(f_c+\gamma(m)f_\Delta)t}\mathrm{e}^{\mathrm{j}\phi_m},\quad m=0,1,\cdots,M-1 \tag{5.57}$$

此时窄带互相关矩阵中，对角线上的元素为

$$\boldsymbol{R}_{m,m}(t_0,t_{0g},f_d,f_{dg})=\mathrm{e}^{\mathrm{j}2\pi(-f_c\tau+\gamma(m)f_\Delta t_{0g}-\gamma(m)f_\Delta t_0)}\int u_m(t-t_0)u_m*(t-t_{0g})\mathrm{e}^{\mathrm{j}2\pi(f_d-f_{dg})t}\mathrm{d}t \tag{5.58}$$

记

$$\boldsymbol{R}_m(0,\zeta,\tau) = \int u_m(t-t_0)u_m*(t-t_{0g})\mathrm{e}^{\mathrm{j}2\pi(f_\mathrm{d}-f_\mathrm{dg})t}\,\mathrm{d}t \tag{5.59}$$

式中：ζ,τ 的定义同5.2.1节。$\boldsymbol{R}_m(0,\zeta,\tau)$ 随 m 变化而不同，无法通过同类项合并的方式得到简洁的表达。不过只要各子阵发射的编码信号具有相同的带宽和时宽，则各个信号的模糊图主瓣部分的形状是很接近的，满足

$$\boldsymbol{R}_m(0,\zeta,\tau) = \boldsymbol{R}_\mathrm{PCM}(0,\zeta,\tau),\quad T_\mathrm{z}/2 \leqslant \tau \leqslant T_\mathrm{z}/2,\quad m=0,1,\cdots,M-1 \tag{5.60}$$

不同子阵之间发射信号互相关峰值幅度很小，因此式(5.54)依然成立。也就是说，双基地MIMO雷达使用相位编码信号时，只要不同子阵发射的编码信号具有相同的带宽和时宽，则综合信号的主瓣形状和特性基本一致，可由式(5.54)表示，与各发射通道使用的编码是否相同没有关系。

5.3.2 频分调频信号运用于稀疏阵列

1. 稀疏MIMO发射阵列的模糊函数

假设MIMO雷达有 M 个发射阵元，N 个接收阵元，且收/发阵列均为稀疏线阵。每个发射阵元都可以发射各自独立不同的波形，其中发射阵列和接收阵列分别如图5.9所示，发射阵列和接收阵列的阵元间距都不一定是等间距的，第 i 个发射阵元和第 $i-1$ 个发射阵元之间的间距用 d_i 来表示，其中 $i=1,2,\cdots,M-1$，且阵元间距以半波长为约束，即

$$d_i = n_i\frac{\lambda}{2},\quad i=1,2,\cdots,M-1,n_i\text{ 为整数} \tag{5.61}$$

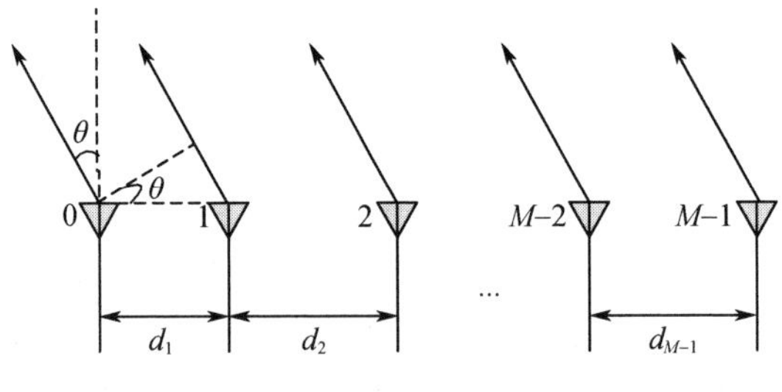

图5.9　稀疏发射阵列示意图

此时，发射导向矢量可以表示成

$$\begin{aligned}\boldsymbol{a}_\mathrm{T}(\theta) &= [1\quad \mathrm{e}^{-\mathrm{j}2\pi f_\mathrm{st}(1)}\quad\cdots\quad \mathrm{e}^{-\mathrm{j}2\pi f_\mathrm{st}(M-1)}]^\mathrm{T},\boldsymbol{a}_\mathrm{T}(\theta_\mathrm{g})\\ &= [1\quad \mathrm{e}^{-\mathrm{j}2\pi f_\mathrm{stg}(1)}\quad\cdots\quad \mathrm{e}^{-\mathrm{j}2\pi f_\mathrm{stg}(M-1)}]^\mathrm{T}\end{aligned} \tag{5.62}$$

式中：$f_\mathrm{st}(i) = \left(\sum\limits_{k=0}^{i} d_i\right)\cdot\sin(\theta)/\boldsymbol{\lambda}$；$f_\mathrm{stg}(i) = \left(\sum\limits_{k=0}^{i} d_i\right)\cdot\sin(\theta_\mathrm{g})/\boldsymbol{\lambda}$，$i\in[0,$

$M-1]$。为后文表达一致,这里定义 $d_0=0$。

此时窄带互相关矩阵中的元素同式(5.40),MIMO 雷达的模糊函数为

$$\chi_{\text{D-MIMO}}(t_0,t_{0g},f_d,f_{dg},f_{st},f_{stg})$$
$$=\left|\sum_{n=0}^{M-1}\sum_{m=0}^{M-1}\boldsymbol{R}(p,\zeta,\tau)\mathrm{e}^{\mathrm{j}2\pi(-f_c\tau+\gamma(n)f_\Delta t_{0g}-\gamma(m)f_\Delta t_0)}\mathrm{e}^{\mathrm{j}\phi_m}\mathrm{e}^{-\mathrm{j}\phi_n}\mathrm{e}^{-\mathrm{j}2\pi f_{st}(m)}\mathrm{e}^{\mathrm{j}2\pi f_{stg}(n)}\right| \tag{5.63}$$

当各通道之间发射频谱彼此完全不重叠的时候,匹配输出的主瓣部分信号主要由各信号的自相关元素决定,近似有

$$\chi_{\text{D-MIMO}}(t_0,t_{0g},f_d,f_{dg},f_{st},f_{stg})$$
$$\approx|\boldsymbol{R}(p,\zeta,\tau)|^2\left|\sum_{m=0}^{M-1}\mathrm{e}^{\mathrm{j}2\pi(-f_c\tau+\gamma(m)f_\Delta t_{0g}-\gamma(m)f_\Delta t_0)}\mathrm{e}^{-\mathrm{j}2\pi f_{st}(m)}\mathrm{e}^{\mathrm{j}2\pi f_{stg}(m)}\right|^2$$
$$=|\boldsymbol{R}(p,\zeta,\tau)|^2\left|\sum_{m=0}^{M-1}\mathrm{e}^{\mathrm{j}2\pi(\gamma(m)f_\Delta\tau-f_{st}(m)+f_{stg}(m))}\right|^2 \tag{5.64}$$

其中后半部分的相位项单独写出来,有

$$\phi(m)=\gamma(m)f_\Delta\tau-f_{st}(m)+f_{stg}(m)$$
$$=\gamma(m)f_\Delta\tau-\left(\sum_{k=0}^{m}d_i\right)[\sin(\theta)-\sin(\theta_g)]/\lambda \tag{5.65}$$

容易看出,$\tau=0$ 且 $\theta=\theta_g$ 时,$\phi(m)\equiv0$,因此在$(\sin\theta,\psi,\tau)$平面的原点上,模糊函数主瓣将取得最大值。

对于更一般的情况,由于频率序列 $\gamma(m)$ 和导向矢量 $f_{st}(m)$ 均表现出不同的随机特性,因此无法像前面那样进行同类项合并,获得较为简单的解析表达公式,并进行针对性的分析和研究。只能更多地通过数值仿真的办法进行分析。

2. 稀疏阵列中多谱勒-距离-角度耦合特征的构造方法

在具体的 MIMO 雷达中,多谱勒-距离-角度耦合特征具有一定的用途,后文将进行针对性的分析。稀疏阵列具有很高的工程运用价值,如果能在稀疏 MIMO 模式下构造出上述特性多谱勒-距离-角度耦合特征,则无疑能同时拓展这两个技术的使用范围。这里对稀疏阵列中多谱勒-距离-角度耦合特征的构造方法进行简单讨论。

由式(5.64)和式(5.65)可知,要构造上述耦合特性,只需要选择信号波形参数,使得 $\theta\neq\theta_g$ 时,式(5.64)的后半部分依然能实现同相相加,即满足

$$\phi(m)|_{\theta\neq\theta_g}\equiv0,m\in[0,M-1] \tag{5.66}$$

式(5.66)包含 m 个恒等式。以 m 的大小为基准进行排序后,相邻公式相减,变形后即可得到

$$[\gamma(m+1)-\gamma(m)]f_{\Delta}\tau=[d_{m+1}-d_{m}][\sin(\theta)-\sin(\theta_{g})]/\lambda, m\in[0,M-2] \tag{5.67}$$

进一步地，有

$$\frac{\gamma(m+1)-\gamma(m)}{d_{m+1}-d_{m}}=\frac{\sin(\theta)-\sin(\theta_{g})}{\lambda f_{\Delta}\tau}, m\in[0,M-2] \tag{5.68}$$

注意到各通道所用频率的离散特性，以及正交条件，容易看出，能构成多谱勒－距离－角度耦合特征的充要条件是

$$\frac{\gamma(m+1)-\gamma(m)}{d_{m+1}-d_{m}}=C_0, m\in[0,M-2] \tag{5.69}$$

式中：C_0 为某常数，其取值范围会受到总带宽的限制。容易推导得到角度－距离空间上线性耦合峰值线的斜率为

$$\frac{\sin(\theta)-\sin(\theta_{g})}{\tau}=C_0\lambda f_{\Delta} \tag{5.70}$$

5.3.3 数值仿真结果

1. 随机步进信号运用于均匀线性阵列

为观察随机步进信号运用于均匀线性阵列时的模糊函数特性。设定基本仿真条件为：发射通道数 $M=32$，单个发射信道的带宽 $B=0.2\text{MHz}$，通道之间的间隔 $f_{\Delta}=0.2\text{MHz}$，脉冲宽度 $T_p=90\mu\text{s}$。使用水平均匀排列，阵元间隔均为半波长，使用随机步进发射频率排列。

1）LFM 信号

先考察使用线性调频信号时的情况。借助同时多波束等效发射波束形成得到的模糊函数如图 5.10 所示。综合输出信号的主瓣在角度方向很窄，表现出方向敏感特性；而对比图 5.10(a) 和图 5.10(b) 可以发现幅度差异很小，可知该信号组合对目标速度依然不敏感。

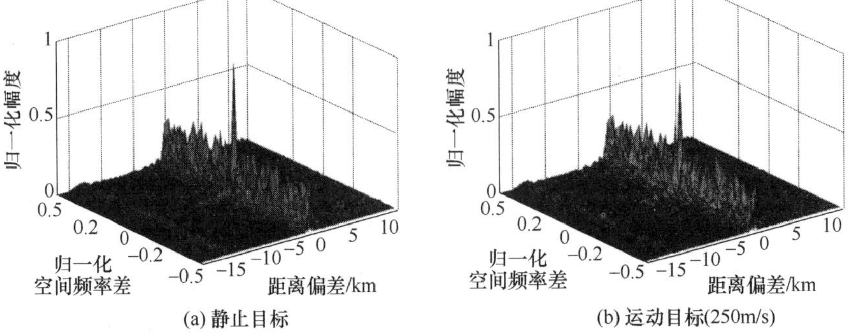

图 5.10 双基地 MIMO 雷达中随机步进线性调频信号的模糊图

2）编码信号

再观察使用编码信号时的模糊特性。设定子码宽度 $T_z = 1\mu s$，子码数量 $P = 128$，修改通道间隔 $f_\Delta = 0.5MHz$，各通道使用不同的 PCM 编码序列。借助同时多波束等效发射波束形成得到的模糊函数如图 5.11 所示。可以看出，随机步进频编码信号具有多普勒敏感特征。

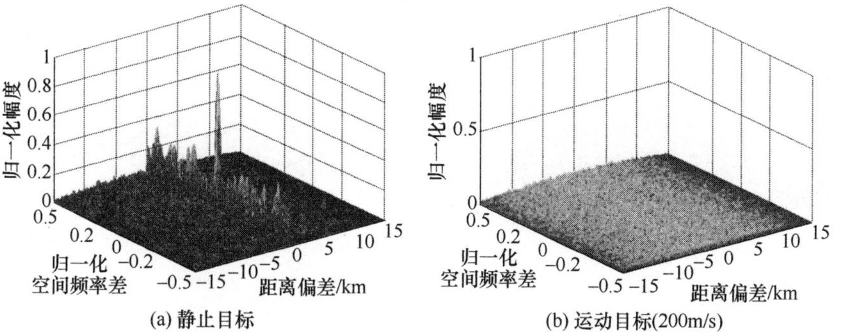

图 5.11 双基地 MIMO 雷达中随机步进频相位编码信号模糊图

各通道使用同一编码序列时的仿真结果（静止目标）如图 5.12 所示。对比图 5.11（a）可以看到，两种不同情况下 $\tau = 0$ 附近的旁瓣水平基本类似，但各通道使用完全不同的编码时，远距离区的旁瓣分布更为均匀，较高峰值的旁瓣很少。因此为避免较高旁瓣峰值影响对微弱目标的检测能力，MIMO 雷达应尽可能在不同发射通道使用完全不同的编码信号。

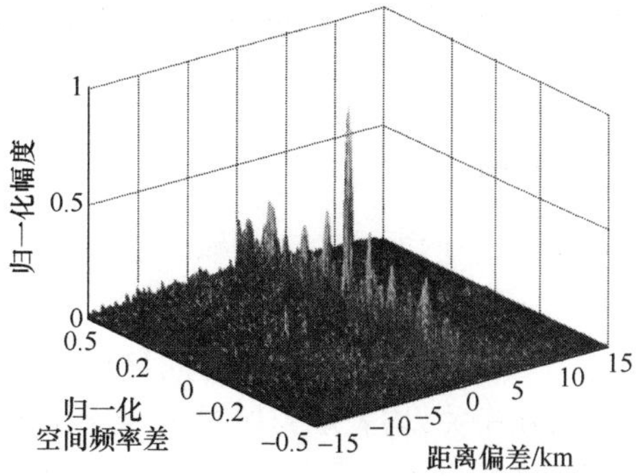

图 5.12 双基地 MIMO 雷达中随机步进频相位编码信号模糊图

2. 稀疏阵列中耦合特性的构造

假设发射阵列为稀疏阵列，且阵元间距矢量表示为

$$\boldsymbol{d}_T = [0 \quad 8 \quad 3 \quad 2 \quad 5 \quad 1 \quad 3 \quad 3 \quad 2 \quad 2 \quad 3 \quad 3 \quad 2 \quad 5 \quad 3 \quad 5]\frac{\lambda}{2} \tag{5.71}$$

设定发射信号频率间隔和阵元间距匹配,即满足式(5.69),不妨设

$$\gamma=[0 \quad 8 \quad 11 \quad 13 \quad 18 \quad 19 \quad 22 \quad 25 \quad 27 \quad 29 \quad 32 \quad 35 \quad 37 \quad 42 \quad 45 \quad 50] \tag{5.72}$$

仿真结果如图5.13所示。

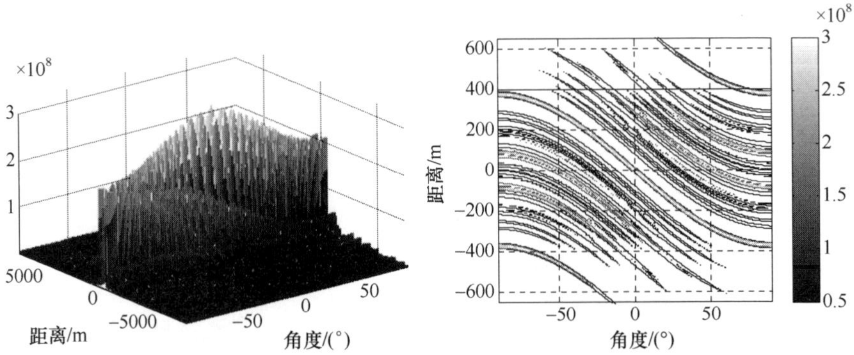

(a) 距离-角度二维模糊函数　(b) 等高线图

图5.13　距离－角度二维模糊函数及其等高线图

由图5.13可以看出,只要阵元间距和信号频率编码的对应关系,对于任意的稀疏阵列都能构造出较好的距离－角度耦合关系。

相反,当顺序步进频信号运用于间隔不均匀的稀疏阵列时,因为频率和阵元间隔不满足约束,角度－距离耦合特性同样也被破坏了,其模糊函数图像可参见图5.10和图5.11,不再展示。

5.4　编码信号模糊函数的统计特性

5.4.1　编码序列相关旁瓣

先以二相编码序列为例,我们设计的正交编码信号簇中的任意一个序列,包含相同个数的1和或－1。经过优化处理后,1和－1的分布表现为很强的随机特性,任意一个编码位置上1或－1出现的可能性是相同的,各占50%的概率。而无论是求自相关还是求互相关,均表现为如图5.14所示的运算过程。

可以看出,任意两个序列(可以是同一序列)错位点乘后得到的新序列也只有1和－1这两个取值。并且,由于对应位置上符号相同或不同的概率是相同的,因此点乘结果任意一个位置上取1或－1的概率也是相同的。点乘结果可以看成等概率取值1和－1的平稳随机序列。其各数据点的均值为0,方差均为1。假设重叠长度为N_C,则序列的总能量为N_C。

编码信号旁瓣显然可以看成N_C个随机变量的和组成的新的随机变量U_{side},

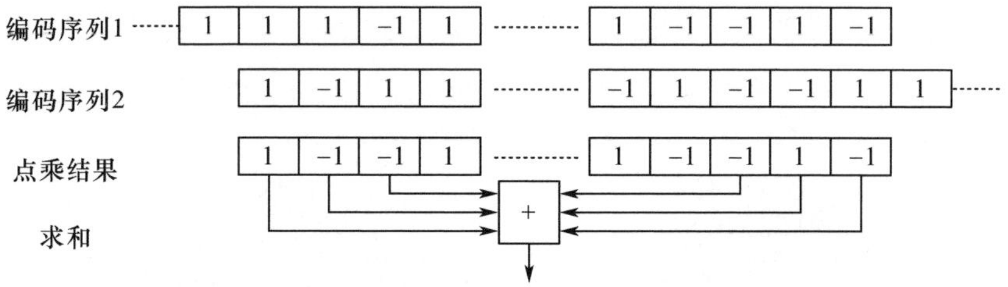

图 5.14　二相码相关旁瓣幅度分析计算示意图

参与求和的各个独立随机变量是独立的,信号求和的过程也是典型的能量累积过程。从统计角度看,旁瓣的平均幅度为水平应该为 $\sqrt{N_C}$。

当 N_C 较大时,由中心极限定理可以知道,随机变量 U_{side} 的分布将逼近于 0 均值的正态分布。其截尾分布概率如表 5.1 所列。表中 α 为幅度值,$\alpha = P(|U| > U_{\alpha/2})$ 是幅度绝对值超过 $U_{\alpha/2}$ 的概率。

表 5.1　正态分布的截尾分布概率

$U_{\alpha/2}$	1.282	1.645	1.96	2.326	3.291	3.891
α/%	20	10	25	2	0.1	0.01

利用上述结论可以分析编码信号的旁瓣,例如长度为 N 的二相编码序列。注意到主瓣幅度恒定为 N,则主瓣附近的用分贝表示的平均旁瓣水平

$$\eta_{side} = 20\lg\left(\frac{\sqrt{N-1}}{N}\right) \approx -20\lg\sqrt{N} = -10\lg N \tag{5.73}$$

而峰值旁瓣可以达到

$$\eta_{p\_side} = 20\lg\left(3.261\ \frac{\sqrt{N-1}}{N}\right) \approx -10\lg\left(\frac{N}{3.261}\right) \approx -10\lg N + 10.34 \tag{5.74}$$

比平均旁瓣高出大约 10.34dB。

值得注意的是,由于重叠长度的变化,编码信号的远区旁瓣将逐渐降低,记两个序列之间错位数为 N_x,由于重叠长度等于 $N - N_x$,于是平均旁瓣和峰值旁瓣分别为

$$\eta_{sidex} = 20\lg\left(\frac{\sqrt{N_x - 1}}{N}\right) = 10\lg N_x - 20\lg N \tag{5.75}$$

$$\eta_{p\_sidex} = 20\lg\left(\frac{3.261\ \sqrt{N_x - 1}}{N}\right) = 10\lg N_x - 20\lg N + 10.34 \tag{5.76}$$

图 5.15 和图 5.16 给出的是编码序列长度为 16384 时,旁瓣分布的情况,三条标志线分别对应于平均旁瓣的三种加权结果,加权系数分别为 2.1、3.291、3.891。

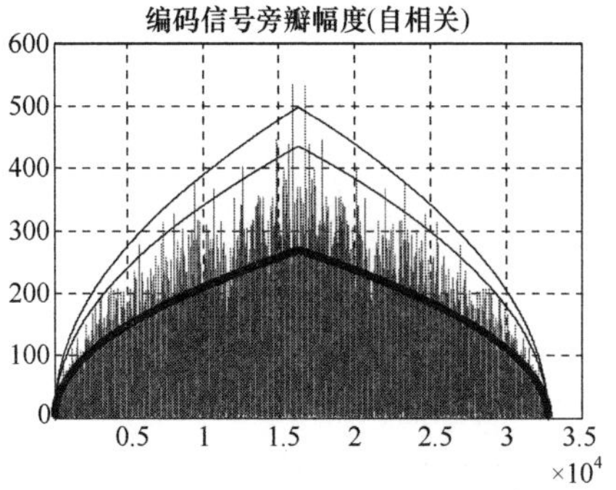

图 5.15　编码信号自相关旁瓣与理论估算计结果对比（长度为 16384，二相编码，自相关）

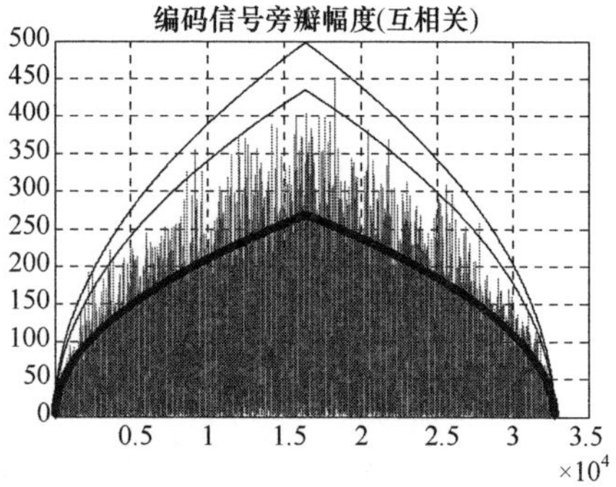

图 5.16　编码信号互相关旁瓣与理论估算计结果对比（长度为 16384，二相编码，互相关）

5.4.2　正交编码信号模糊特性

使用正交编码信号时，同一接收单元（或子阵）的接收信号中包含多个发射通道的信号。使用单一发射信号与其进行匹配处理时，其输出包含该发射信号的自相关旁瓣以及和其余发射信号的互相关旁瓣。这些自相关旁瓣和互相关旁瓣的幅度如上文分析，而且对应位置上不同的自相关旁瓣或互相关的旁瓣也可以看成是独立的。基于这一考虑，也可以用统计的观点计算单个信号与多个信号混合得到的和信号匹配处理后得到的峰值旁瓣为

$$\eta_{\mathrm{p\_sig}}=20\lg\left(3.261\ \frac{\sqrt{MN_x}}{N}\right)\approx 10\lg MN_x-20\lg N+10.34 \tag{5.77}$$

将多个单通道的匹配结果进行合成时，与相参积累的情况类似，主瓣信号是矢量相加而旁瓣信号只是功率相加。此时的相对旁瓣水平比上式低 M 倍

$$\eta_{\mathrm{p}}\approx 10\lg N_x-20\lg N+10.34 \tag{5.78}$$

5.5　双基地 MIMO 雷达不同工作阶段正交波形使用特点

5.5.1　利用多普勒－距离－角度耦合特性降低搜索处理复杂度

雷达对目标的检测过程必须考虑距离、角度、速度等目标参量的连续变化。实际检测结构只允许搜索局部的参数空间，特别是使用数字信号处理时，更只能对参数空间中有限的点进行检测，为此需要以一定可容忍的检测损失（如 4dB）

为代价,换取工程可实现的检测结构,必要时往往采用多个硬件通道并行处理的方法[13]。匹配滤波器对失配参数的容忍性,如输出脉冲宽度、LFM 信号的多普勒-距离耦合特性以及波束宽度等,是检测处理结构得以简化的基本因素。由于使用正交波形,MIMO 雷达的检测结构将更为复杂,正如图 5.1 所示,需要额外的多组匹配滤波器以及发射波束形成结构。如果使用多普勒敏感信号,则在图 5.1 所示一般结构的基础上,还需要针对多普勒补偿问题,成倍扩充并行处理所需要的硬件通道。

LFM 信号的多普勒-距离耦合现象,使常规雷达表现出对速度的非敏感特性;与此类似,使用 SFDLFM 信号时匹配输出信号的多普勒-距离-角度耦合现象,使收发分置的双基地 MIMO 雷达表现出对发射阵列方位角和目标速度的非敏感特性。上述特性可用于简化双基地 MIMO 雷达的检测结构。由式(5.24)知,如果设计 MIMO 雷达的参数使得

$$f_\Delta \geqslant B = \mu T_p \tag{5.79}$$

则有 $\Delta\psi \geqslant 1$,即模糊函数主瓣 -4dB 等高线区域覆盖全部的角度范围,这意味着由发射方向失配导致的损失将不会超过 4dB。

检测电路的另一失配损失来自于目标的多普勒频率,由式(5.13)容易得到该损失近似为

$$\eta_d = \xi/(\mu T_p) \tag{5.80}$$

幸运的是现实中存在的目标速度是有限的,如能选择信号参数使得

$$\mu T_p >> 2f_c V_{max}/C \tag{5.81}$$

则可忽视目标速度,而由此导致的失配损失可以忽略。这里 V_{max} 为最大目标速度。当式(5.79)和式(5.81)的条件均满足时,可先完成接收 DBF 处理,然后直接用各通道发射信号的和

$$s_\Sigma(t) = \sum_{m=0}^{M-1} s_m(t) \tag{5.82}$$

与给定接收方向的输出进行匹配处理,如图 5.17 所示。

图 5.17 的处理结构实际上假定目标静止于发射阵列的法线方向,但由等效发射波束指向失配带来的损失在工程可接受的范围之内。与图 5.1 中的结构相比,图 5.17 避免了复杂的信号匹配和等效发射波束形成过程,也不需要并行的多普勒补偿处理通道,匹配滤波器的数量只与接收波束的数量相等,与常规雷达的检测结构基本一致,大大降低了计算量。而由前面的分析可知,由于方向和速度失配导致的失配总损失也将小于 4dB。

注意到使用步进频 LFM 信号时,各通道发射信号具有完全一致的频谱结

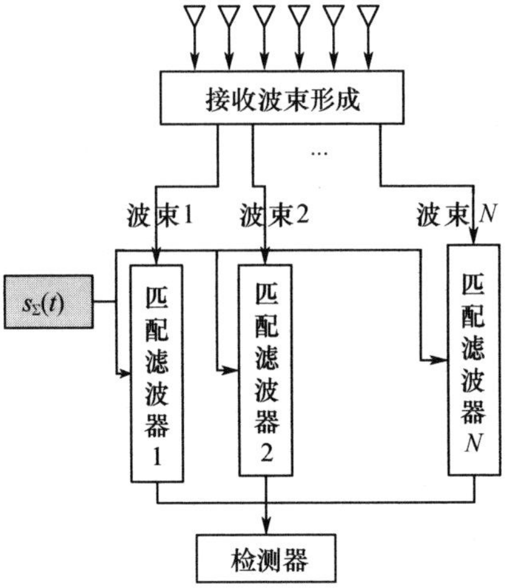

图 5.17　双基地 MIMO 雷达简易检测结构

构,在用频域相乘的方法实现匹配滤波时,可以利用这一特点进一步优化处理和存储结构。第 7 章讨论长时间积累问题时,将对这一问题进行讨论。

5.5.2　多种正交信号联用方案

雷达对目标的工作过程必须细化为多个不同的阶段,如空间搜索、目标确认以及对某个目标的精确跟踪乃至识别等。不同的工作阶段,雷达工作的重点是不一样的,最显著的差异表现在对责任空域的快速搜索和对特定目标的精确测量这两个问题上。前者要求快而后者要求精,对使用单个发射信号的常规雷达而言,这两种需求是互相矛盾的,雷达设计往往只能根据情况有所侧重。

双基地 MIMO 雷达中类似的矛盾同样存在,但其特点不同,主要矛盾体现在处理工作量上。如果一直使用对距离、方位、多普勒敏感的信号组合,虽可以获得较高的测量精度,但完成空域搜索所需要的处理工作量无疑是惊人的,现有硬件平台水平根本无法支持;反之,若一直使用对距离、方位、多普勒敏感性较低的信号,虽然很容易完成搜索过程的实时处理,但定位精度很差。将不同的工作阶段按顺序有机组合起来是双基地 MIMO 雷达信号设计中非常关键的环节。

先考虑快速搜索问题。利用 SFDLFM 信号的多普勒 - 距离 - 角度耦合特性,图 5.17 已经给出了一种简易的处理结构,避免了信号分离和等效发射波束的形成过程,能大大降低双基地 MIMO 雷达在空域搜索时候的计算量。这种处理框架下,雷达不能提取目标相对于发射阵列的角度信息,距离信息也会存在较大的系统性偏差,因此只能对空间目标进行粗略定位。

再考虑对空间目标进行精确定位的问题,此时显然应该充分利用信号对角度、距离、多普勒等各种参数的敏感特性。双基地 MIMO 雷达中,可以使用正交多相码信号簇，即在不同发射通道中使用完全不相关的相位编码信号，但各发射子阵占据同一频谱并使子码脉宽足够小，以充分发挥各发射通道带宽和时宽方面的资源。3.4 节提供了基于严格正交约束的正交相位编码设计方法，能够以较小的运算量，设计出更长的编码信号序列。图 5.18 给出了使用这种信号组合时双基地 MIMO 雷达的模糊函数在距离 - 角度切面上的图形，展示出这种信号对发射波束指向的敏感特性。结合 PCM 信号对多普勒的敏感特性可知，这种信号更适合用于对参数空间内的较小范围进行处理并提取跟踪误差，可以获得较高的测量精度。由于需要的处理工作量极大，正交相位编码信号很难适用于大空域的搜索处理。

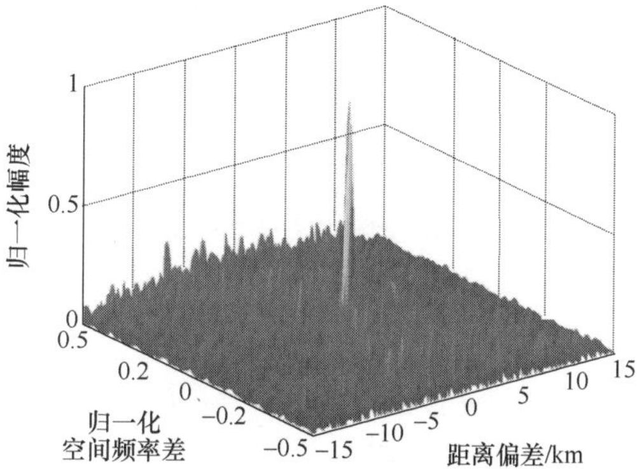

图 5.18　双基地 MIMO 雷达正交相位编码信号模糊函数

根据对目标工作的进展情况，双基地 MIMO 雷达可交替使用多种不同的信号形式。这一过程中，确保系统工作的连续性和平稳性是非常重要的。其中的连续性表现为不同信号组合之间应该能够顺利交班，为此前一种信号对目标定位的准确程度应能满足后一种信号正常工作的条件；平稳性则意味着同一硬件水平应该能适应不同的工作过程，不会出现运算量爆炸导致的系统崩溃。

对比模糊特性的差异可知，直接由 SFDLFM 信号转入正交相位编码信号是不行的。需要在这两种信号之间加入另外种类的信号以完成确认或粗跟的任务，3.3 节中的随机步进频 LFM 信号就是这样的信号组合，它的模糊特性介于 SFDLFM 信号和正交相位编码之间，多普勒 - 距离不敏感而方向敏感。实际上，延续上述思路后，还可以借助步进频信号的角度 - 距离耦合特性和编码信号的多普勒敏感特性，构造出步进频分相位编码(SFDPCM)信号，它将表现出角度 - 距离的非敏感特性和对速度的敏感特性，给定速度条件下其模糊图的切片如图 5.19 所示。

表 5.2 总结了不同信号组合的模糊特性以及实际的使用特点。这些信号组合的模糊特性各不相同，从角度、距离、多普勒全部不敏感至角度、距离、多普勒

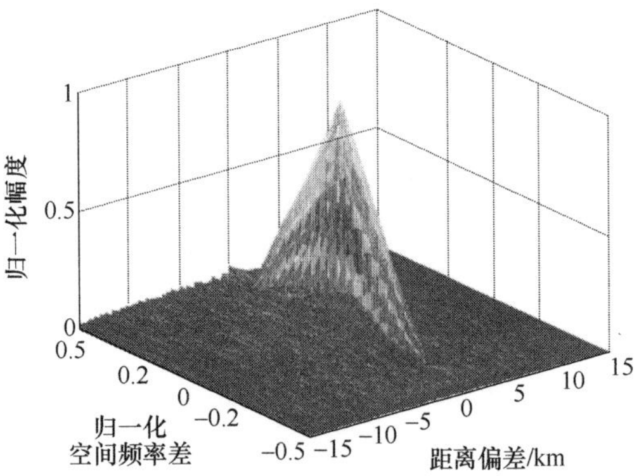

图 5.19 双基地 MIMO 雷达步进频分相位编码信号的模糊函数

全敏感，表现出逐步变化的关系，这些信号构成双基地 MIMO 雷达特有的顺序联用多信号体系。

表 5.2 双基地 MIMO 雷达中不同信号组合的模糊特性

序号	信号组合	信号名称	特点	使用场合
1	SFDLFM	步进频分线性调频	角度、距离、多普勒不敏感	搜索、确认
2	RFDLFM	随机频分线性调频	角度敏感，距离、多普勒不敏感	确认、粗跟
3	SFDPCM	步进频分相位编码	距离、多普勒敏感，角度不敏感	确认、粗跟
4	RFDPCM	随机频分相位编码	角度、距离、多普勒敏感	精密跟踪
5	OPCM	正交相位编码	角度、距离、多普勒敏感	精密跟踪

多信号联用并与工作过程相配合的方案为充分发挥 MIMO 雷达的优势提供了极佳的途径。在搜索或确认阶段，可利用不同类型的非敏感特性实现降维简化处理以提高 MIMO 雷达对目标的检测速度和检测能力。首先，利用 SFDLFM 信号的多普勒 - 距离 - 角度耦合特性完成初始阶段的搜索过程，可降低搜索处理的空间维数，以较小的运算复杂程度完成空间搜索过程；第二步，可根据实际情况的不同，利用 SFDPCM 信号的角度不敏感特性或 RFDLFM 信号的多普勒、距离不敏感特性完成补充搜索或确认工作，前者不能提取目标相对于发射阵列的角度信息而后者不能提取精确的目标距离和速度信息；最后阶段，可利用 RFDPCM 或 OPCM 信号实现对目标参数的高精度估计，并与数据处理中的目标跟踪回路相结合，实现对运动目标连续实时的精密跟踪。根据实际情况的需要，还可以利用改变信号总带宽（或使用不同的子码宽度）的方法，得到不同的距离测量精度，以避免直接进入过高的距离分辨状态，影响雷达的正常工作。

值得补充说明的是，OPCM 信号和 SFDPCM 信号虽然均具备角度、距离、多普勒敏感特性，但其旁瓣的分布特点是不一样的，前者分布均匀但远距离区的平均幅度较高，后者虽然角度维旁瓣很高但远距离区旁瓣很低，这种互补特性也可以得到实际的用途。如在跟踪时交替使用这两种信号，可以有效降低旁瓣对跟踪回路的影响。

5.6 本章小结

本章以线性阵列为基础，研究了 MIMO 雷达模糊函数的特性，包括均匀线性阵列和非均匀稀疏线性阵列两种情况，重点讨论了 LFM 类信号和 PCM 类信号的模糊特性。经由本章的讨论可以知道，MIMO 雷达中信号的使用远比传统雷达灵活，而双基地 MIMO 雷达信号的使用又比单基地 MIMO 雷达灵活得多，比如在带宽受限的情况下可以选择更宽的发射脉冲以控制三类旁瓣的水平；由于不需要顾忌距离盲区问题，可选择信号参数将二类旁瓣的位置控制在雷达有效作用距离之外，避免其对目标检测带来的负面影响。此外，双基地 MIMO 雷达还为超长序列编码信号的使用提供了基础。

本章重点对比了不同信号组合情况下双基地的模糊特性，并进一步提出了充分利用特性差异的多信号顺序联用方案，从最初的搜索到最后的精密跟踪，在不同阶段使用不同的信号形式，使得对目标的空间定位精度越来越高，而不同条件下系统的处理工作量基本不变。有效避免了 MIMO 雷达发射信号空间差异带来的处理复杂性的爆炸，使其既能快速完成空间搜索，又能获得非常理想的定位精度，这恰恰体现出了 MIMO 特有的灵活性和巨大的潜力。

参考文献

[1] Skolnik M. Radar handbook[M]. 2nd ed. New York: McGraw-Hill, 2003.

[2] 丁鹭飞，耿富录. 雷达原理[M]. 西安：西安电子科技大学出版社，2002.

[3] 赵永波，刘茂仓，张守宏. 综合脉冲与孔径雷达的距离与方向耦合栅瓣现象及其克服方法[J]. 电子与信息学报，2001，23(04)：360－364.

[4] 刘波. MIMO 雷达正交波形设计及信号处理研究[D]. 成都：电子科技大学，2008.

[5] Liu B, He Z S, Zeng J K. Receiving signal processing of MIMO radar based on transmitting diversity[J]. 6th International Conference on ITS Telecommunications Proceedings, 2006: 1224－1228.

[6] Chen C Y, Vaidyanathan P P. Properties of the MIMO radar ambiguity function[J]. ICASSP 2008: 2309－2312.

[7] 杨明磊，陈伯孝，齐飞林，等. 多载频 MIMO 雷达的模糊函数[J]. 系统工程与电子技术，2009，31(1)：6－9.

[8] Dai X Z, Xu J, Ye C, et al. Low-sidelobe HRR profiling based on the FDLFM-MIMO radar Synthetic Aperture Radar[J]. APSAR 2007. 1st Asian and Pacific Conference on 5-9 Nov. 2007：132－135.

[9] 陈多芳．岸－舰双基地波超视距雷达若干问题研究[D]．西安:西安电子科技大学,2008.
[10] 龙腾,毛二可,何佩琨．调频步进雷达信号分析与处理[J]．电子学报．1998,26(12):84－88.
[11] Axelsson S R J. Analysis of random step frequency radar and comparison with experiments [J]. IEEE Transactions on geosciences and remote sensing. 2007,45(4):890－904.
[12] 林茂庸,柯有安.雷达信号理论[M]．北京:国防工业出版社,1984.
[13] 吴顺军,梅晓春,等．雷达信号处理和数据处理技术[M]．北京:电子工业出版社,2008.

第6章 空载 MIMO 雷达及 STAP 技术

将 MIMO 雷达应用于飞机、卫星或导弹等空中平台，可构成空载 MIMO 雷达。空时自适应处理(Space-Time Adaptive Proceesing,STAP)技术是空域自适应处理技术在空－时二维空间中的拓展，主要用于运动平台(空载)雷达的自适应杂波/干扰抑制。它利用运动平台雷达回波信号的空－时耦合特性，通过阵元(空)、脉冲(时)两域的联合处理，形成空－时二维滤波器，从而实现对杂波/干扰的有效抑制和对动目标的检测。

本章以机载平台为典型应用背景，介绍空载共址 MIMO 雷达的信号模型、杂波特性、空时自适应处理结构及主要算法，讨论了 MIMO 雷达与相控阵雷达在杂波功率谱及 STAP 处理性能上的差异，并给出了一种可行的机载 MIMO 雷达应用方案和处理性能仿真结果。

6.1 空载共址 MIMO 雷达信号模型

如图 6.1 所示，空载共址 MIMO 雷达载机平台以速度 v 沿 y 轴做水平匀速直线运动，天线阵列水平放置，阵列轴线与载机飞行方向夹角为 α。显然，当 $\alpha=0°$ 时，为正侧视情况；当 $\alpha=90°$ 时，为正前视情况。

设收发阵列为均匀线阵，发射与接收阵元可能非共用，但对于远区目标而言，收发阵列拥有相同方位角和俯仰角，即收发阵共址。发射阵列包含 M 个阵元，阵元间距为 d_T；接收阵列包含 N 个阵元，阵元间距为 d_R。各发射阵元发射相互正交的信号波形，接收端可通过匹配滤波技术分离出各发射信号分量。

下面首先给出固定点目标的回波信号模型。设地面静止目标 p 相对于天线阵的方位角和俯仰角分别为 θ、φ，则对应的接收阵空域导向矢量可表示为

$$\boldsymbol{b}(f_{sr})=[1\quad e^{-j2\pi f_{sr}}\quad\cdots\quad e^{-j2\pi(N-1)f_{sr}}]^T \tag{6.1}$$

式中

$$f_{sr}=d_R\cos\beta/\lambda=d_R\cos\theta\cos\varphi/\lambda \tag{6.2}$$

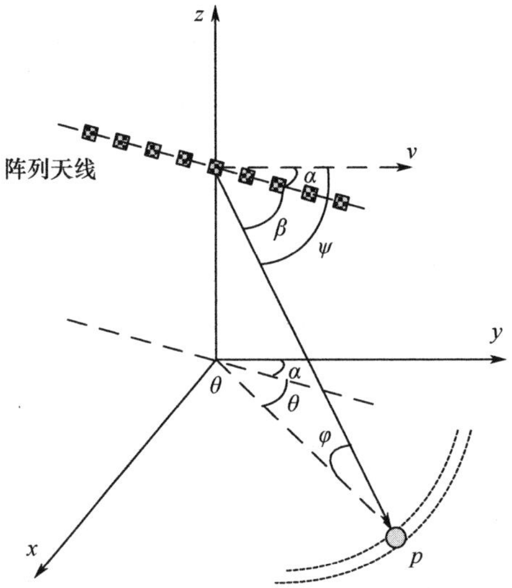

图 6.1　空载共址 MIMO 雷达阵列模型

为接收阵归一化空间频率，β 为入射锥角。

发射阵空域导向矢量可表示为

$$\boldsymbol{a}(f_{\mathrm{st}}) = [1 \quad \mathrm{e}^{-\mathrm{j}2\pi f_{\mathrm{st}}} \quad \cdots \quad \mathrm{e}^{-\mathrm{j}2\pi(M-1)f_{\mathrm{st}}}]^{\mathrm{T}} = [1 \quad \mathrm{e}^{-\mathrm{j}2\pi\gamma f_{\mathrm{sr}}} \quad \cdots \quad \mathrm{e}^{-\mathrm{j}2\pi(M-1)\gamma f_{\mathrm{sr}}}]^{\mathrm{T}} \tag{6.3}$$

式中

$$f_{\mathrm{st}} = d_{\mathrm{T}}\cos\beta/\lambda = d_{\mathrm{T}}\cos\theta\cos\varphi/\lambda \tag{6.4}$$

为发射阵归一化空间频率，γ 定义为发射和接收阵元间距之比，即

$$\gamma \triangleq d_{\mathrm{T}}/d_{\mathrm{R}} \tag{6.5}$$

对每个接收阵元收到的信号进行匹配滤波，可以得到 M 个输出，N 个接收阵元共有 NM 个匹配输出。理想情况下，在目标对应距离门上，第 n 个接收阵元上第 m 个匹配输出可表示为

$$x_{n,m} = \rho\mathrm{e}^{-\mathrm{j}2\pi(nf_{\mathrm{sr}}+mf_{\mathrm{st}})} = \rho\mathrm{e}^{-\mathrm{j}2\pi f_{\mathrm{sr}}(n+\gamma m)} \tag{6.6}$$

式中：ρ 是考虑了传播衰减、目标反射系数和滤波增益的综合幅度因子，$n=0,1,\cdots,N-1$，$m=0,1,\cdots,M-1$。

式(6.6)是雷达发射一个脉冲时的目标回波信号表达。当雷达发射多个脉冲时，每个脉冲周期都会得到 NM 个匹配输出。设雷达在一个相参处理间隔(CPI)内发射 L 个脉冲，则第 n 个接收阵元第 m 个匹配滤波器在第 $l(l=0,1,\cdots,L-1)$ 个脉冲上的输出可表示为

$$x_{n,m,l} = \rho\mathrm{e}^{-\mathrm{j}2\pi f_{\mathrm{sr}}(n+\gamma m)}\mathrm{e}^{-\mathrm{j}2\pi f_{\mathrm{D}}l} \tag{6.7}$$

式中

$$f_{\mathrm{D}}=2v\cos\psi\cdot T/\lambda=2v\cos(\theta+\alpha)\cos\varphi\cdot T/\lambda \tag{6.8}$$

为归一化多普勒频率；T 为脉冲重复周期。有 $f_{\mathrm{D}}=f_{\mathrm{d}}/f_{\mathrm{r}}$，$f_{\mathrm{d}}$ 为绝对多普勒频率，$f_{\mathrm{r}}=1/T$ 为脉冲重复频率。

定义

$$\eta\triangleq f_{\mathrm{D}}/f_{\mathrm{sr}}=2v\cos(\theta+\alpha)T/(d_{\mathrm{R}}\cos\theta) \tag{6.9}$$

$x_{n,m,l}$又可表示为

$$x_{n,m,l}=\rho\mathrm{e}^{-\mathrm{j}2\pi f_{\mathrm{sr}}(n+\gamma m+\eta l)} \tag{6.10}$$

将上述所有 NML 个输出进行列向量化，得到一个 NML 维的向量

$$\begin{aligned}\boldsymbol{x}&=[x_{0,0,0}\quad x_{1,0,0}\quad\cdots\quad x_{N-1,M-1,L-1}]^{\mathrm{T}}=\rho\cdot\boldsymbol{s}_{\mathrm{D}}(f_{\mathrm{D}})\otimes\boldsymbol{a}(f_{\mathrm{st}})\otimes\boldsymbol{b}(f_{\mathrm{sr}})\\&=\rho\cdot\boldsymbol{s}(f_{\mathrm{D}},f_{\mathrm{st}},f_{\mathrm{sr}})\end{aligned} \tag{6.11}$$

式中：$\otimes$为 Kronecker 积

$$\boldsymbol{s}_{\mathrm{D}}(f_{\mathrm{D}})=[1\quad \mathrm{e}^{-\mathrm{j}2\pi f_{\mathrm{D}}}\quad\cdots\quad \mathrm{e}^{-\mathrm{j}2\pi(L-1)f_{\mathrm{D}}}]^{\mathrm{T}} \tag{6.12}$$

为多普勒导向向量

$$\boldsymbol{s}(f_{\mathrm{D}},f_{\mathrm{st}},f_{\mathrm{sr}})=\boldsymbol{s}_{\mathrm{D}}(f_{\mathrm{D}})\otimes\boldsymbol{a}(f_{\mathrm{st}})\otimes\boldsymbol{b}(f_{\mathrm{sr}}) \tag{6.13}$$

构成该 MIMO 雷达阵列的 NML 维空时导向向量。

6.2　空载 MIMO 雷达的杂波特性

6.2.1　空载 MIMO 雷达杂波模型

空载 MIMO 雷达收到的杂波信号，可以看作是若干距离环、若干散射单元的杂波回波共同作用的结果。同一距离环的杂波信号同时到达，可以看作是具有相同距离、不同方位角 θ_i 的 N_{C} 个杂波散射单元之和。距离环和方位角的划分通常以雷达分辨率为依据。

根据 6.1 节的点目标回波模型及式(6.11)，可知理想情况下，同一距离环杂波信号的向量化表示为

$$\boldsymbol{x}_{\mathrm{C}}=\sum_{i=1}^{N_{\mathrm{C}}}\rho_i\cdot\boldsymbol{s}_{\mathrm{D}}(f_{\mathrm{D},i})\otimes\boldsymbol{a}(f_{\mathrm{st},i})\otimes\boldsymbol{b}(f_{\mathrm{sr},i})=\sum_{i=1}^{N_{\mathrm{C}}}\rho_i\cdot\boldsymbol{s}(f_{\mathrm{D},i},f_{\mathrm{st},i},f_{\mathrm{sr},i}) \tag{6.14}$$

式中：N_{C} 为该距离环所含杂波单元数；ρ_i 为第 i 个杂波单元回波信号的幅度因子；$f_{\mathrm{D},i}=2v\cos(\theta_i+\alpha)\cos\varphi\cdot T/\lambda$，$f_{\mathrm{st},i}=d_{\mathrm{T}}\cos\theta_i\cos\varphi/\lambda$ 和 $f_{\mathrm{sr},i}=d_{\mathrm{R}}\cos\theta_i\cos\varphi/\lambda$ 分别为第 i 个杂波单元的归一化多普勒频率、发射阵归一化空间频率和接收阵归一

一化空间频率。

$\boldsymbol{x}_{\mathrm{C}}$ 中标号为(n,m,l)的元素可表示为

$$x_{\mathrm{C}_{n,m,l}} = \sum_{i=1}^{N_{\mathrm{C}}} \rho_i \cdot \mathrm{e}^{-\mathrm{j}2\pi f_{\mathrm{sr},i}(n+\gamma m)} \mathrm{e}^{-\mathrm{j}2\pi f_{\mathrm{D},i} l} \tag{6.15}$$

理想情况下,杂波协方差矩阵可以写为

$$\boldsymbol{R}_{\mathrm{C}} = E[\boldsymbol{x}_{\mathrm{C}} \boldsymbol{x}_{\mathrm{C}}^{\mathrm{H}}] \tag{6.16}$$

6.2.2 空载MIMO雷达的杂波谱

1. 杂波多普勒-方位轨迹

根据图6.1,杂波散射单元的多普勒频移f_{d}与(θ,φ)存在如下关系

$$f_{\mathrm{d}} = \frac{2v}{\lambda}\cos\psi = \frac{2v}{\lambda}\cos(\theta+\alpha)\cos\varphi \tag{6.17}$$

定义相对杂波多普勒频率为

$$f_{\mathrm{dr}} = \frac{f_{\mathrm{d}}}{2v/\lambda} = \cos\psi = \cos(\theta+\alpha)\cos\varphi \tag{6.18}$$

另,锥角的余弦值为

$$\cos\beta = \cos\theta\cos\varphi \tag{6.19}$$

联立式(6.18)和式(6.19),消去包含角度θ的项,得

$$f_{\mathrm{dr}}^2 - 2f_{\mathrm{dr}}\cos\beta\cos\alpha + \cos^2\beta = \sin^2\alpha\cos^2\varphi \tag{6.20}$$

下面给出α取两个典型值(0°和90°)时的杂波轨迹方程。

当$\alpha=0°$时,表示的是正侧视的情况,此时式(6.20)变为

$$f_{\mathrm{dr}} = \cos\beta \tag{6.21}$$

由式(6.21)可见,正侧视时杂波轨迹与俯仰角φ无关,在方位余弦-多普勒平面上表现为一条固定的斜线。

当$\alpha=90°$时,表示的是正前视的情况,重新整理式(6.20)得

$$f_{\mathrm{dr}}^2 + \cos^2\beta = \cos^2\varphi \tag{6.22}$$

从式(6.22)可以看出,正前视时杂波轨迹随俯仰角φ的变化而变化。由于$\varphi=\arcsin(H/R_{\mathrm{s}})$,其中$H$为平台载机高度,$R_{\mathrm{s}}$为杂波单元的斜距。当载机飞行高度固定时,俯仰角$\varphi$随$R_{\mathrm{s}}$而变化,这也说明杂波轨迹是随着斜距$R_{\mathrm{s}}$的变化而变化的。

据式(6.20),当天线阵面与飞行方向存在一定夹角($\alpha\neq0$)时,杂波谱在空时平面上的轨迹也会随之变化。$R_{\mathrm{s}}/H=1.5,2,2.5,3$时的理论杂波轨迹如图

6.2 所示。图 6.2 各分图分别对应 α 等于 0°,30°,60°,90°的情况,其中图 6.2(a)代表了正侧视的情况,图 6.2(d)代表了正前视的情况。

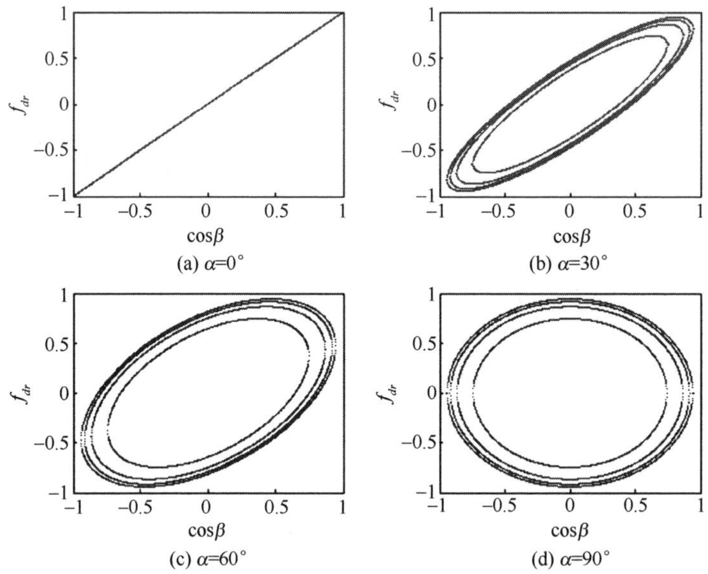

图 6.2　不同斜距下的杂波轨迹理论值(从内至外 $R_s/H = 1.5;2;2.5;3$)

从图 6.2 可以看出,除了图 6.2(a),图 6.2(b) ~ 图 6.2(d)中的杂波轨迹中均存在一个 $\cos\beta$ 对应有两个多普勒频率的现象。这是由天线正、负多普勒频率不同造成的。当阵面后板具有良好反射性并且近场影响很小时,天线后向辐射可以忽略不计,因此实际的杂波谱轨迹只是椭圆的一半。

2. 杂波功率谱

MIMO 雷达的杂波功率谱(最小方差谱)可由下式给出

$$P_{\mathrm{MV}}(\beta,f_{\mathrm{D}}) = \frac{1}{\boldsymbol{s}^{\mathrm{H}}(f_{\mathrm{D}},f_{\mathrm{st}},f_{\mathrm{sr}})\boldsymbol{R}_{\mathrm{C}}^{-1}\boldsymbol{s}(f_{\mathrm{D}},f_{\mathrm{st}},f_{\mathrm{sr}})} \tag{6.23}$$

式中:β 为入射锥角,有 $\cos\beta = \cos\theta\cos\varphi$;$f_{\mathrm{D}}$ 为归一化多普勒频率;$\boldsymbol{R}_{\mathrm{C}}$ 为杂波协方差矩阵;$\boldsymbol{s}(f_{\mathrm{D}},f_{\mathrm{st}},f_{\mathrm{sr}}) = \boldsymbol{s}_{\mathrm{D}}(f_{\mathrm{D}})\otimes\boldsymbol{a}(f_{\mathrm{st}})\otimes\boldsymbol{b}(f_{\mathrm{sr}})$ 为空时导向矢量,它是 β 和 f_{D} 的函数。

对于空时二维处理,控制空域阵列的权值相当于改变其锥角余弦 $\cos\beta$ 的波束响应,控制时域滤波的权值相当于改变其多普勒频率 f_{D} 的频域响应,因此从空时二维滤波的角度研究二维杂波谱,取 $\cos\beta$ 和 f_{D} 作坐标是合适的。

下面仿真对比了 MIMO 雷达与相控阵雷达的杂波谱。相控阵雷达的杂波功率谱具有与式(6.23)相同的形式[1]

$$P_{\mathrm{MV-PA}}(\beta,f_{\mathrm{D}})=\frac{1}{\boldsymbol{s}_{\mathrm{PA}}^{\mathrm{H}}(f_{\mathrm{D}},f_{\mathrm{sr}})\boldsymbol{R}_{\mathrm{C-PA}}^{-1}\boldsymbol{s}_{\mathrm{PA}}(f_{\mathrm{D}},f_{\mathrm{sr}})} \tag{6.24}$$

式中:$\boldsymbol{s}_{\mathrm{PA}}(f_{\mathrm{D}},f_{\mathrm{sr}})$ 和 $\boldsymbol{R}_{\mathrm{C-PA}}$ 分别为相控阵雷达的空时导向矢量和杂波协方差矩阵。由于没有发射维的自由度,相控阵雷达的空时导向矢量仅是多普勒导向矢量与接收阵空域导向矢量的 Kronecker 积,即

$$s_{\mathrm{PA}}(f_{\mathrm{D}},f_{\mathrm{sr}})=\boldsymbol{s}_{\mathrm{D}}(f_{\mathrm{D}})\otimes\boldsymbol{b}(f_{\mathrm{sr}}) \tag{6.25}$$

为达到相同的输出信噪比(SNR),MIMO 雷达的积累脉冲数是相控阵雷达的 M 倍,这也是两者公平比较的前提。另外,MIMO 雷达发射阵采用了紧凑布阵(Dense)和稀疏布阵(Sparse)两种方式。紧凑布阵时,阵元间距为半波长($\lambda/2$);稀疏布阵时,阵元间距为 N 倍半波长。

主要仿真参数如表 6.1 所列。

表 6.1　机载雷达系统参数及阵列参数

参数	取　值
发射天线数(M)	5
接收天线数(N)	5
载频(f_{c})	10GHz
平台速度(v)	90m/s
平台高度(H)	3000m
脉冲重复频率(f_{r})	12kHz
d_{T} 与 d_{R} 的比值(γ)	5(稀疏阵 MIMO 雷达)、1(紧凑阵 - MIMO 雷达)、1(相控阵雷达)
脉冲个数(L)	25(MIMO)、5(相控阵雷达)

当 $\alpha=0°,60°,90°$ 时,三种雷达对应的杂波谱分别如图 6.3 ~ 图 6.5 所示。

由图 6.3 ~ 图 6.5 可知,MIMO 雷达通过收发阵列联合能够获得更大的虚拟孔径,提高了角度分辨率(稀疏布阵情况下更突出);可以发射更多的脉冲进行积累,提高了多普勒分辨率。基于这两点原因,MIMO 雷达具有相比相控阵雷达更窄的杂波谱,这对于提高雷达的低速目标检测性能是有利的。

6.2.3　空载 MIMO 雷达的杂波秩

实际的空载 MIMO 雷达信号在匹配滤波后可表示为

$$\boldsymbol{x}=\boldsymbol{x}_{\mathrm{T}}+\boldsymbol{x}_{\mathrm{C}}+\boldsymbol{n}=\rho\cdot\boldsymbol{s}(f_{\mathrm{D}},f_{\mathrm{st}},f_{\mathrm{sr}})+\sum_{i=1}^{N_{\mathrm{C}}}\rho_i\cdot\boldsymbol{s}(f_{\mathrm{D},i},f_{\mathrm{st},i},f_{\mathrm{sr},i})+\boldsymbol{n} \tag{6.26}$$

式中:$\boldsymbol{x}_{\mathrm{T}}$ 为 NML 维的目标信号矢量;$\boldsymbol{x}_{\mathrm{C}}$ 为杂波信号矢量;$\boldsymbol{n}$ 为噪声信号矢量。对应的信号协方差矩阵为

$$\boldsymbol{R}=E[\boldsymbol{x}\boldsymbol{x}^{\mathrm{H}}] \tag{6.27}$$

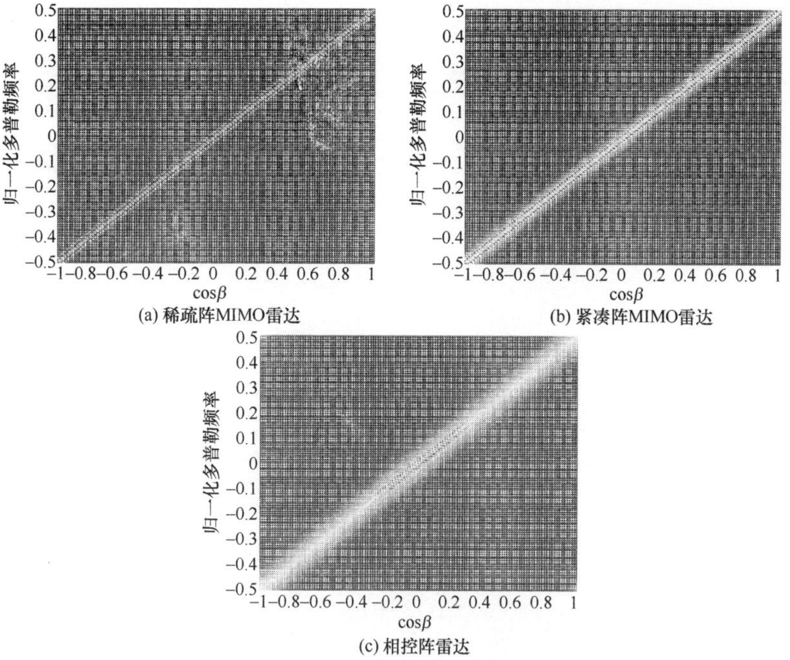

图 6.3　MIMO 雷达与相控阵雷达正侧视阵杂波谱俯视图对比($\alpha=0°$)(见彩图)

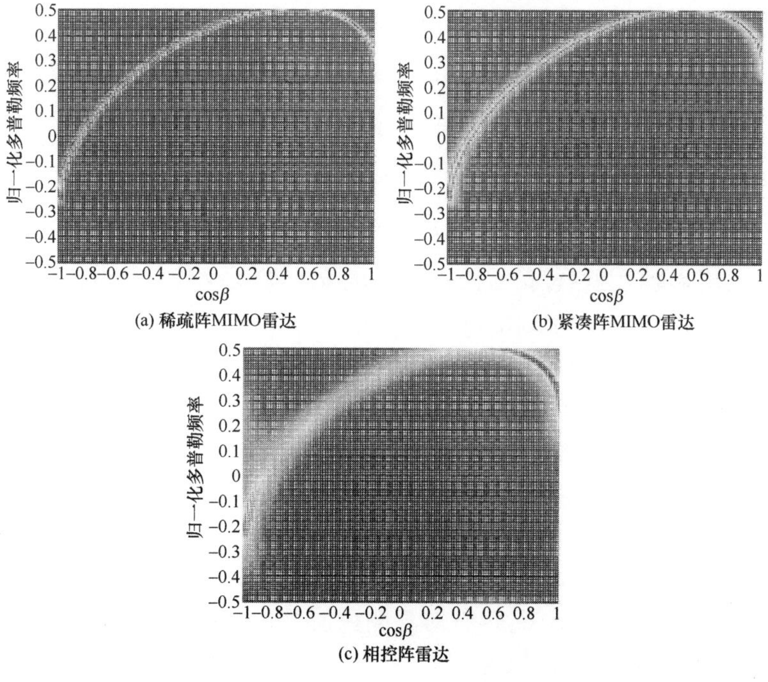

图 6.4　MIMO 雷达与相控阵雷达斜视阵杂波谱俯视图对比($\alpha=60°$)

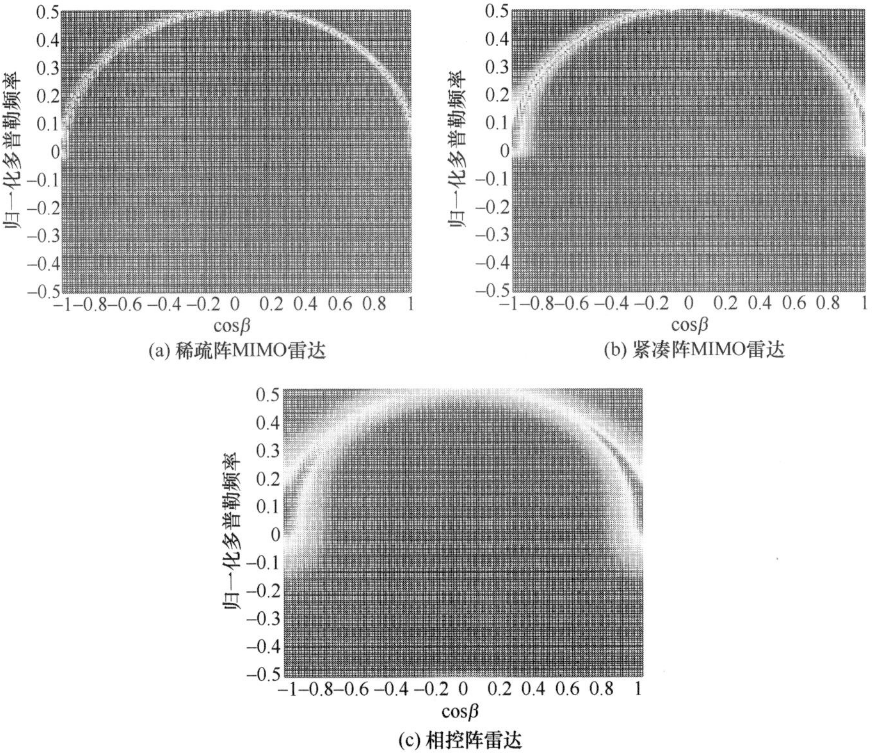

(a) 稀疏阵MIMO雷达

(b) 紧凑阵MIMO雷达

(c) 相控阵雷达

图 6.5 MIMO 雷达与相控阵雷达正前视阵杂波谱俯视图对比（$\alpha=90°$）

设目标、各杂波单元回波互不相关，噪声为零均值高斯白噪声，与目标和杂波信号也不相关，则信号协方差矩阵可表示为

$$\boldsymbol{R}=\boldsymbol{R}_{\mathrm{T}}+\boldsymbol{R}_{\mathrm{C}}+\sigma^2\boldsymbol{I} \tag{6.28}$$

式中：$\boldsymbol{R}_{\mathrm{T}}=E[\boldsymbol{x}_{\mathrm{T}}\boldsymbol{x}_{\mathrm{T}}^{\mathrm{H}}]$为目标信号协方差矩阵；$\boldsymbol{R}_{\mathrm{C}}=E[\boldsymbol{x}_{\mathrm{C}}\boldsymbol{x}_{\mathrm{C}}^{\mathrm{H}}]$为杂波信号协方差矩阵；$\sigma^2$ 为噪声的方差；$\boldsymbol{I}$ 为 NML 维的单位阵。

所有杂波单元对应的空时采样矢量所张成的空间称为杂波子空间。杂波秩通常定义为杂波子空间的自由度，也即杂波协方差矩阵 $\boldsymbol{R}_{\mathrm{C}}$ 的大特征值个数。杂波秩反映出 STAP 算法需要多大的自由度才能够有效抑制杂波，所以杂波秩成为设计自适应算法的依据，并可用于分析 STAP 算法的处理性能。

在 STAP 处理中，通常情况杂波子空间维数较小，Klemm 在文献[2]中指出相控阵雷达的杂波秩可近似为 $N+L$，其中 N 为接收阵元个数，L 为在一个 CPI 内发射的脉冲个数。文献[3,4]针对正侧视情况（$\alpha=0$），提出了相控阵雷达较准确的杂波秩估计方法，近似为

$$N+\eta(L-1) \tag{6.29}$$

式中：$\eta = f_D/f_{sr} = 2vT/d_R$。正是由于杂波秩远远低于杂波协方差矩阵维数，使得 STAP 可以在一个低维空间中处理。

文献[5]将相控阵雷达杂波秩估计方法推广到不分子阵的 MIMO 雷达中，得到 MIMO 雷达杂波秩的估计式为

$$\mathrm{rank}(\boldsymbol{R}_C) = \mathrm{int}[N + \gamma(M-1) + \eta(L-1)] \tag{6.30}$$

式中：$\gamma = d_T/d_R$ 为发射阵元间距和接收阵元间距之比；$\eta = f_D/f_{sr}$；int(·)为取最接近的整数。可以看到，与相控阵雷达类似，MIMO 雷达杂波秩也远远低于其杂波协方差矩阵的维数 NML，其自适应处理可以在一个低维的空间进行。

分子阵发射的 MIMO 雷达可以减少需要发射的正交信号个数，降低信号处理与雷达系统的复杂度，是目前 MIMO 雷达研究中一种重要的形式。针对分子阵 MIMO 雷达的杂波秩，文献[6]进行了分析并得出其估计式为

$$\mathrm{rank}(\boldsymbol{R}_C) = \mathrm{int}[N + \gamma(M - M_{es}) + \eta(L-1)] \tag{6.31}$$

式中：M_{es}为每个发射子阵包含的阵元数。当 $M_{es} = 1$ 时，就退化为不分子阵的情况，式(6.31)退化为式(6.30)。下面通过时宽 - 带宽积引理[8]，简要说明一下式(6.30)和式(6.31)的由来。

时宽 - 带宽积引理可描述为：假设一个频率带宽为 W 持续时间为 X 的信号，则其能量主要集中在最大的 $2WX+1$ 个特征值上。

如前所述，MIMO 雷达的空 - 时信号 $x_{n,m,l}$具有如下形式

$$x_{n,m,l} = \mathrm{e}^{-\mathrm{j}2\pi(nf_{sr} + mf_{st} + lf_D)} = \mathrm{e}^{-\mathrm{j}2\pi f_{sr}(n + \gamma m + \eta l)} \tag{6.32}$$

式中：$n = 0,1,\cdots,N-1$；$m = 0,1,\cdots,M-1$；$l = 0,1,\cdots,L-1$；$\gamma = d_T/d_R$；$\eta = f_D/f_{sr}$。也就是说，MIMO 雷达的空 - 时信号 $x_{n,m,l}$可以看作是复正弦信号 $\mathrm{e}^{-\mathrm{j}2\pi f_{sr}t}$ 的非均匀采样，且有 $-0.5 \leqslant f_{sr} \leqslant 0.5$，$0 < t < N-1+\gamma(M-1)+\eta(L-1)$。由于杂波信号 $\boldsymbol{x}_C$ 是元素为 $x_{n,m,l}$的向量的线性组合，则其对应的协方差矩阵 $\boldsymbol{R}_C = E[\boldsymbol{x}_C\boldsymbol{x}_C^{\mathrm{H}}]$ 的秩可由下式得到[5]

$$\begin{aligned}\mathrm{rank}(\boldsymbol{R}_C) &= \mathrm{int}(2WX+1)\\ &= \mathrm{int}\{2\times 0.5\times[N-1+\gamma(M-1)+\eta(L-1)]+1\}\\ &= \mathrm{int}[N+\gamma(M-1)+\eta(L-1)]\end{aligned}$$

当发射阵均分为 M_{sub}个子阵，每个子阵 M_{es} 个阵元时，有 $M = M_{sub}M_{es}$。相应的空时信号可表示为

$$x'_{n,m',l} = \mathrm{e}^{-\mathrm{j}2\pi(nf_{sr} + m'M_{es}f_{st} + lf_D)} = \mathrm{e}^{-\mathrm{j}2\pi f_{sr}(n + \gamma m' M_{es} + \eta l)} \tag{6.33}$$

式中：n 与 l 的定义同前；$m' = 0,1,\cdots,M_{sub}-1$。

与前类似，根据时宽 - 带宽积引理，分子阵发射的 MIMO 雷达的杂波秩可以

通过下式来估计[6]

$$\begin{aligned}\mathrm{rank}(\boldsymbol{R}_{\mathrm{C}}) &= \mathrm{int}(2WX+1)\\ &= \mathrm{int}\{2\times 0.5\times[N-1+\gamma M_{\mathrm{es}}(M_{\mathrm{sub}}-1)+\eta(L-1)]+1\}\\ &= \mathrm{int}[N+\gamma(M-M_{\mathrm{es}})+\eta(L-1)]\end{aligned}$$

下面对 MIMO 雷达的杂波秩进行了仿真。仿真中设定收发阵列正侧视放置，发射阵包含 $M=16$ 个阵元，均匀划分为 $M_{\mathrm{sub}}=4$ 个子阵，则 $M_{\mathrm{es}}=M/M_{\mathrm{sub}}=4$；接收阵元数 $N=4$，接收阵元间距 $d_{\mathrm{R}}=\lambda/2$，发射阵元间距 $d_{\mathrm{T}}=N\cdot d_{\mathrm{R}}$，则 $\gamma=4$；信号载频 $f_{\mathrm{c}}=1.2\mathrm{GHz}$，则信号波长 $\lambda=0.25\mathrm{m}$；脉冲重复频率 $f_{\mathrm{r}}=2\mathrm{kHz}$，一个 CPI 内发射的相干脉冲个数 $M=16$；载机速度为 $v=125\mathrm{m/s}$，则可算得 $\eta=f_{\mathrm{D}}/f_{\mathrm{sr}}=2vT/d_{\mathrm{R}}=1$；杂噪比为 40dB。

此时，通过式(6.31)计算得到的杂波秩应为 67。仿真得到的杂波特征值谱如图 6.6 所示，可以看到，大特征值得个数也为 67，与公式计算的结果一致。

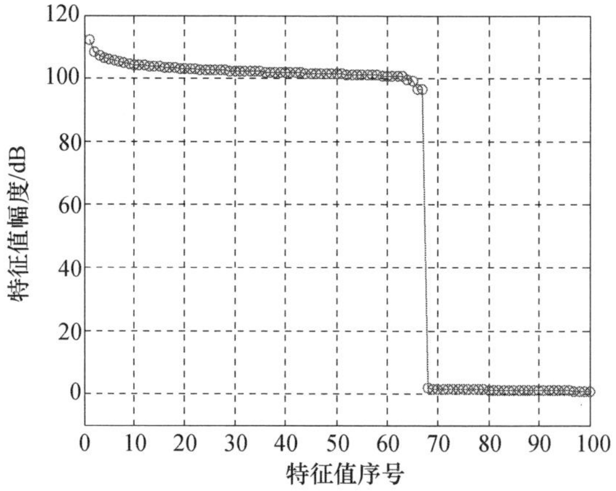

图 6.6　分子阵发射 MIMO 雷达的杂波特征值谱

值得说明的是，前面讨论的信号模型与杂波模型均是理想情况下的模型。所谓理想情况，是指发射信号严格正交，信号理想匹配（零旁瓣）的情况，即既不考虑信号之间的互相关，也不考虑信号的自相关旁瓣影响。而实际工程中，互相关及相关旁瓣的影响始终存在，使得实际的信号模型和杂波模型更为复杂。

关于杂波谱和杂波秩的讨论，也是针对理想情况的。当考虑到信号互相关和相关旁瓣的影响以及阵元失配、通道误差、杂波内运动等非理想因素的影响时，相应的杂波谱和杂波秩也会发生变化，比如谱扩散、秩增加，使得杂波特性变得更加复杂。限于篇幅，本书中不讨论这样一些的非理想因素，这并不影响我们后续对空载 MIMO 雷达 STAP 结构与算法的介绍。

6.3　空载 MIMO 雷达 STAP 结构

6.3.1　STAP 技术简述

由于机载雷达的自身运动，使得地物杂波呈现出空时二维耦合特性，即杂波单元的多普勒频率随着空间角度的变化而变化，这使得普通的一维滤波无法有效地抑制地物杂波。如图 6.7 所示，正侧视机载雷达的杂波脊在方位-多普勒平面内为一斜线，为检测某一方向具有某一速度的目标，除了要与处于同一方向的主瓣杂波竞争外，还需与不同方向但具有相同多普勒频率的副瓣杂波相竞争，因此此时的问题是空时二维滤波问题。

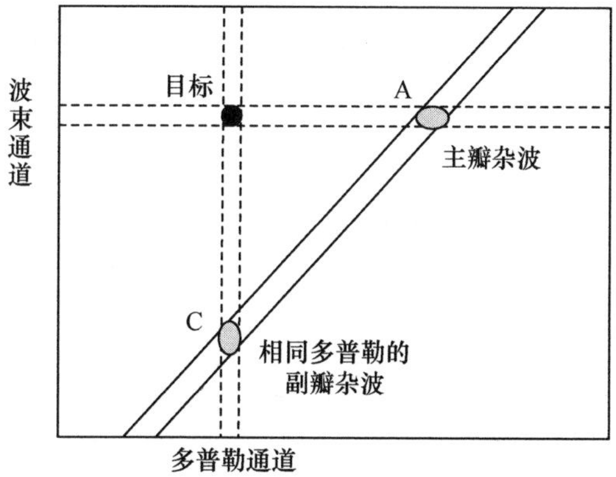

图 6.7　杂波及目标空时二维分布示意图

同时，由于杂波环境是实时变化的，机载雷达需要及时地调整空时二维滤波器以适应环境的变化，这就要求滤波器具有自适应的能力，即需要采用空时自适应滤波技术，才能达到更好的杂波抑制效果。

Brennan 等人于 1973 年首次提出了空时二维自适应处理（STAP）的概念[9]，将空域自适应滤波技术推广到空间与时间二维域中，并根据最大似然比理论推导得到了最优空时自适应处理器的结构，将该最优滤波器应用于机载相控阵可以获得理想的杂波抑制性能。

然而，空时二维自适应处理所需的运算量极大，对于阵元数为 N、脉冲数为 L 的空时自适应处理，需要对 $NL \times NL$ 维的信号相关矩阵进行估计和求逆，运算量为 $O[(NL)^3]$。

为降低空时自适应处理的运算量，Klemm 等学者从 20 世纪 80 年代开始进行了深入的研究。Klemm 首先发现杂波相关矩阵的大特征值个数不大于 $N+L$[2]，并在此基础上，将部分自适应的旁瓣相消（SLC）技术推广到二维处理，提出了辅助通道法(ACR)[11],从而将二维自适应处理 NL 维空间转化到 $N+L$ 维空间中进行,运算量也相应地从 $O[(NL)^3]$ 降低到了 $O[(N+L)^3]$,而性能却可以很好地逼近最优。

随后,围绕 STAP 的低复杂度算法,学者们投入了大量研究,提出了一系列次优算法[12-25],逐渐将空时二维自适应处理技术推向工程实用化。

这些次优算法主要可划分为降维 STAP 算法[11-18]和降秩 STAP 算法[19-25]两类。降维 STAP 算法在自适应处理前,首先进行降维变换,将全局自适应处理转换到某个局域内进行自适应处理,经典的降维 STAP 算法包括辅助通道法(ACP)[11]、因子化算法(FA)和扩展因子化算法(EFA)[12]或者称之为 mDT 算法[13]、局域化联合处理方法(JDL)[14]、空时多波束法(STMB)[15][16]和差波束法[17]、参数匹配自适应滤波法[18]等,空时级联和时空级联自适应处理也可算作降维类算法。降秩 STAP 算法往往依赖于杂波数据,例如主分量法(PC)[19]、特征相消法(EC)[20]和互谱法(CSM)[21,22]等,多级维纳滤波(MSWF)方法[23,24]通过截断分级滤波器的阶数达到降秩的目的,能够有效改善输出 SCNR 的收敛速度。

6.3.2 STAP 处理的一般结构

普通相控阵的空时二维自适应处理原理如图 6.8 所示。设该均匀线阵具有 N 个阵元数,一个 CPI 内发射 L 个相干脉冲。$\{x_{n,l}\}$ 为第 $n(n=0,1,\cdots,N-1)$ 个阵元第 $l(l=0,1,\cdots,L-1)$ 个脉冲周期收到的信号(匹配滤波输出);$\{w_{n,l}\}$ 为对应的空时二维滤波器权系数。

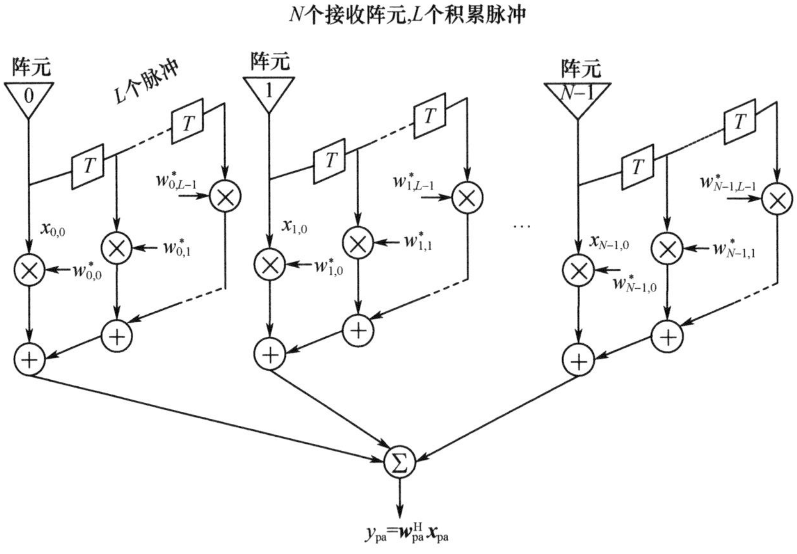

图 6.8 相控阵的空时二维自适应处理原理图

设接收信号矢量为 $\boldsymbol{x}_{pa}=[x_{0,0}\quad x_{1,0}\quad\cdots\quad x_{N-1,L-1}]^{T}$，空时自适应处理的目的就是设计一组最优权向量 $\boldsymbol{w}_{pa}=[w_{0,0}\quad w_{1,0}\quad\cdots\quad w_{N-1,L-1}]^{T}$，对各阵元各个脉冲周期的接收信号进行加权求和，使得最终输出的信杂噪比（SCNR）最大。该最优滤波器问题可用如下数学模型描述[26]

$$\begin{cases}\min\quad \boldsymbol{w}_{pa}^{H}\boldsymbol{R}_{pa}\boldsymbol{w}_{pa}\\ \text{s. t.}\quad \boldsymbol{w}_{pa}^{H}\boldsymbol{s}_{pa}=1\end{cases}\tag{6.34}$$

式中：$\boldsymbol{R}_{pa}=E[\boldsymbol{x}_{pa}\boldsymbol{x}_{pa}^{H}]$为接收信号协方差矩阵；$s_{pa}$为空时二维导向矢量

$$\boldsymbol{s}_{pa}=\boldsymbol{s}_{D}(f_{D})\otimes\boldsymbol{b}(f_{sr})\tag{6.35}$$

式中：$\boldsymbol{b}(f_{sr})$和 $\boldsymbol{s}_{D}(f_{D})$分别为接收阵列的空域导向矢量和多普勒导向矢量

$$\boldsymbol{b}(f_{sr})=[1\quad e^{-j2\pi f_{sr}}\quad\cdots\quad e^{-j2\pi(N-1)f_{sr}}]^{T}$$

$$\boldsymbol{s}_{D}(f_{D})=[1\quad e^{-j2\pi f_{D}}\quad\cdots\quad e^{-j2\pi(L-1)f_{D}}]^{T}$$

式中：f_{sr}和 f_{D} 分别为归一化空间频率和归一化多普勒频率。

求解式（6.34）的优化问题，可得最优权系数为

$$\boldsymbol{w}_{pa}=\mu\boldsymbol{R}_{pa}^{-1}\boldsymbol{s}_{pa}\tag{6.36}$$

式中：系数 $\mu=1/(\boldsymbol{s}^{H}\boldsymbol{R}^{-1}\boldsymbol{s})$。此时的自适应滤波器输出为

$$y_{pa}=\frac{\boldsymbol{s}_{pa}^{H}R_{pa}^{-1}x_{pa}}{s_{pa}^{H}\boldsymbol{R}_{pa}^{-1}\boldsymbol{s}_{pa}}\tag{6.37}$$

最大输出 SCNR 为[26]

$$\text{SCNR}_{pa}=|\rho|^{2}\boldsymbol{s}_{pa}^{H}\boldsymbol{R}_{pa}^{-1}\boldsymbol{s}_{pa}\tag{6.38}$$

式中：ρ 为目标回波信号的幅度。

6.3.3　空载 MIMO 雷达 STAP 结构

对于发射正交信号的 MIMO 雷达，由于增加了发射维的自由度，其空时自适应处理中空域自由度将是发射阵列自由度与接收阵列自由度的综合。接收阵列每个阵元每个脉冲周期收到的信号经匹配滤波后形成 M 个输出，所有接收阵元所有脉冲周期总共有 NML 个输出信号，相应的 STAP 处理将是对这 NML 个信号进行加权求和，如图 6.9 所示。图中的 M_m 表示第 $m(m=0,1,\cdots,M-1)$个匹配滤波器。STAP 处理的目的也是通过寻找一组最优的权向量 $\boldsymbol{w}_{mimo}$，使得最终输出的信杂噪比（SCNR）最大。

此时，接收信号矢量为

$$\boldsymbol{x}_{mimo}=[x_{0,0,0}\quad x_{1,0,0}\quad\cdots\quad x_{N-1,M-1,L-1}]^{T}\tag{6.39}$$

最优权向量为

$$\boldsymbol{w}_{mimo}=[w_{0,0,0}\quad w_{1,0,0}\quad\cdots\quad w_{N-1,M-1,L-1}]^{T}\tag{6.40}$$

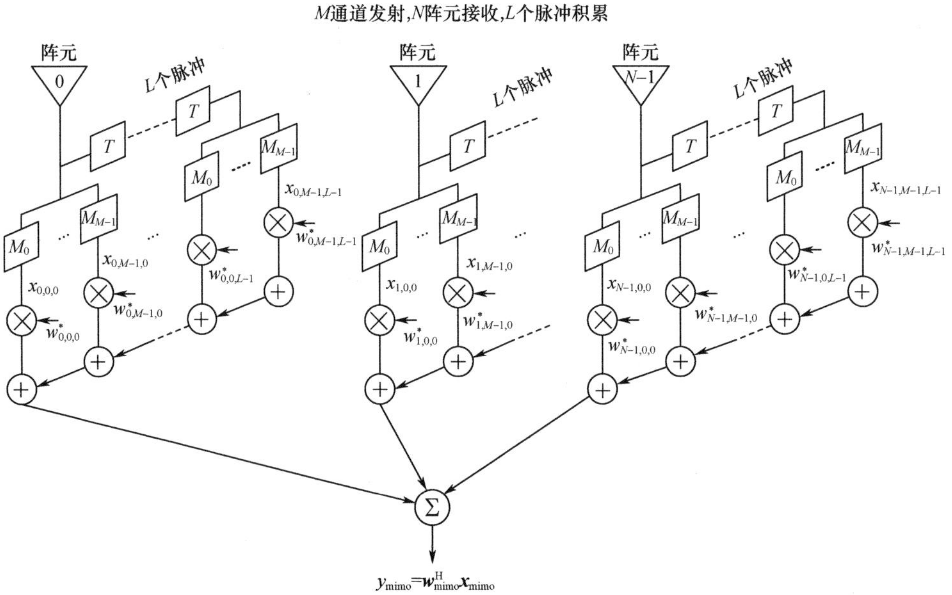

图 6.9　MIMO 雷达空时二维自适应处理原理图

接收信号协方差矩阵为

$$\boldsymbol{R}_{\text{mimo}} = \text{E}[\boldsymbol{x}_{\text{mimo}}\boldsymbol{x}^{\text{H}}_{\text{mimo}}] \tag{6.41}$$

空时导向矢量为

$$\boldsymbol{s}_{\text{mimo}} = \boldsymbol{s}_{\text{D}}(f_{\text{D}}) \otimes \boldsymbol{a}(f_{\text{st}}) \otimes \boldsymbol{b}(f_{\text{sr}}) \tag{6.42}$$

式中:$\boldsymbol{a}(f_{\text{st}}) = [1 \quad \text{e}^{-\text{j}2\pi f_{\text{st}}} \quad \cdots \quad \text{e}^{-\text{j}2\pi(M-1)f_{\text{st}}}]^{\text{T}}$ 为发射阵的空域导向矢量;f_{st}为发射阵列的归一化空间频率;$\boldsymbol{b}(f_{\text{sr}})$和 $\boldsymbol{s}_{\text{D}}(f_{\text{D}})$分别为接收阵的空域导向矢量和多普勒导向矢量。

于是,MIMO 雷达的空时自适应滤波问题具有与式(6.34)相同的形式,可以写成

$$\begin{cases} \min \quad \boldsymbol{w}^{\text{H}}_{\text{mimo}}\boldsymbol{R}_{\text{mimo}}\boldsymbol{w}_{\text{mimo}} \\ \text{s. t.} \quad \boldsymbol{w}^{\text{H}}_{\text{mimo}}\boldsymbol{s}_{\text{mimo}} = 1 \end{cases} \tag{6.43}$$

该优化问题的解为

$$\boldsymbol{w}_{\text{mimo}} = \mu\boldsymbol{R}^{-1}_{\text{mimo}}\boldsymbol{s}_{\text{mimo}} \tag{6.44}$$

式中:系数 $\mu = 1/(\boldsymbol{s}^{\text{H}}_{\text{mimo}}\boldsymbol{R}^{-1}_{\text{mimo}}\boldsymbol{s}_{\text{mimo}})$。

此时的自适应滤波器输出为

$$y_{\text{mimo}} = \frac{\boldsymbol{s}^{\text{H}}_{\text{mimo}}\boldsymbol{R}^{-1}_{\text{mimo}}\boldsymbol{x}_{\text{mimo}}}{\boldsymbol{s}^{\text{H}}_{\text{mimo}}\boldsymbol{R}^{-1}_{\text{mimo}}\boldsymbol{s}_{\text{mimo}}} \tag{6.45}$$

最大输出 SCNR 为

$$\mathrm{SCNR}_{\mathrm{mimo}} = |\rho|^2 \boldsymbol{s}_{\mathrm{mimo}}^{\mathrm{H}} \boldsymbol{R}_{\mathrm{mimo}}^{-1} \boldsymbol{s}_{\mathrm{mimo}} \tag{6.46}$$

6.4　空载 MIMO 雷达中的降秩 STAP 算法

对于上一节介绍的全空时自适应处理,在实际应用中存在两个方面的问题:第一,运算量巨大,如式(6.36)和式(6.44)所示,为求取最优权向量需要对杂波协方差矩阵求逆,对于相控阵雷达杂波协方差矩阵 $\boldsymbol{R}_{\mathrm{pa}}$ 的维数为 $NL \times NL$,而对于 MIMO 雷达杂波协方差矩阵 $\boldsymbol{R}_{\mathrm{mimo}}$ 的维数为 $NML \times NML$,所以即使对于中等规模阵列,实时对如此高维的矩阵求逆也非常困难。第二使得全空时自适应处理难以实际应用的问题就是杂波协方差矩阵的估计,在实际应用中杂波协方差矩阵 $\boldsymbol{R}$ 是未知的,往往需要通过其他距离环的回波来估计,根据 RMB 准则[10]对于 $\boldsymbol{R}$ 矩阵估计所需要的独立同分布(IID)样本数至少是二倍矩阵维数才能使得输出 SCNR 损失小于 3dB,所以对于相控阵雷达需要的 IID 样本数为 $2NL$,而对于 MIMO 雷达更是高达 $2NML$,由于实际杂波呈现出非均匀性,满足 IID 条件的距离环样本数必然有限,使用几十千米外的距离环来估计当前距离环的杂波协方差矩阵必将导致性能的进一步下降。

正是由于全空时 STAP 在实际应用中的困难,学者们提出了许多次优 STAP 算法。如前所述,这些次优算法主要分为降维 STAP 算法和降秩 STAP 算法两类,本节首先介绍空载 MIMO 雷达中的降秩 STAP 算法,下一节介绍空载 MIMO 雷达中的降维 STAP 算法。

降秩算法如主分量(PC)法[19]和互谱法(CSM)[21,22]需要对协方差矩阵 $\boldsymbol{R}$ 进行特征分解,得到特征矢量,然后选择对应大特征值的特征矢量来构造降秩矩阵,或者选择那些对于 SCNR 影响较大的一组特征矢量来构成变换矩阵,所以变换矩阵是依赖于杂波特性的。MSWF 法[23,24]通过多级分解,使得其性能在系统自由度低于杂波秩时优于 PC 法和 CSM 法。下面介绍空载 MIMO 雷达中的这三种降秩 STAP 算法。

6.4.1　主分量法

主分量法基于特征子空间的概念,通过特征分解得到杂波协方差矩阵 $\boldsymbol{R}$ 的降秩近似,其核心思想是选取大特征值对应的特征向量作为一组基来近似杂波子空间。对于 MIMO 雷达,接收到回波数据 $\boldsymbol{x}$,先根据式(6.41)估计得到杂波协方差矩阵 $\boldsymbol{R}$,然后对 $\boldsymbol{R}$ 进行特征分解,表示为

$$\boldsymbol{R} = \sum_{i=1}^{NML} \lambda_i \boldsymbol{v}_i \boldsymbol{v}_i^{\mathrm{H}} \tag{6.47}$$

式中:$\boldsymbol{\lambda}_i$ 和 $\boldsymbol{v}_i$ 为 $\boldsymbol{R}$ 的第 i 个特征值和特征向量,且特征值 $\boldsymbol{\lambda}_i$ 依次从大到小排列。

如果需要使用一个自由度为 r 的子空间来近似杂波子空间,则应保留对应于 r 个特征值以及其对应的特征向量,而忽略其余特征向量。近似杂波子空间 $\hat{\boldsymbol{R}}_{\mathrm{PC}}$ 可表示为

$$\hat{\boldsymbol{R}}_{\mathrm{PC}} = \sum_{i=1}^{r_{\mathrm{PC}}} \lambda_i \boldsymbol{v}_i \boldsymbol{v}_i^{\mathrm{H}} \tag{6.48}$$

式中:r_{PC} 为主分量法中保留的基向量个数,r_{PC} 一般选择等于杂波协方差矩阵 $\boldsymbol{R}$ 的秩,只有这样才能够较好近似杂波子空间,也就是保留大于噪声基底的所有特征值以及对应的特征向量。

主分量法引入降秩变换矩阵 $\boldsymbol{T}_{\mathrm{PC}}$,它是由 r_{PC} 个大特征值对应的特征向量作为其列构成的维数为 $NML \times r_{\mathrm{PC}}$ 的矩阵,可表示为

$$\boldsymbol{T}_{\mathrm{PC}} = [\boldsymbol{v}_1 \quad \boldsymbol{v}_2 \quad \cdots \quad \boldsymbol{v}_{r_{\mathrm{PC}}}] \tag{6.49}$$

回波信号 $\boldsymbol{x}$ 通过降秩变换矩阵 $\boldsymbol{T}_{\mathrm{PC}}$ 变换后形成维数为 $r_{\mathrm{PC}} \times 1$ 的向量 z,通过自适应权向量 $\boldsymbol{w}_{\mathrm{PC}}$ 加权求和。主分量法处理框架如图 6.10 所示。

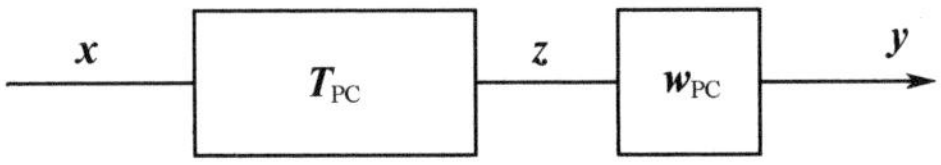

图 6.10　主分量法处理结构

向量 $\boldsymbol{z}$ 可表示为

$$\boldsymbol{z} = \boldsymbol{T}_{\mathrm{PC}}^{\mathrm{H}} \boldsymbol{x} \tag{6.50}$$

所以,向量 $\boldsymbol{z}$ 的协方差矩阵 $\boldsymbol{R}_{\mathrm{z}}$ 可表示为

$$\begin{aligned}\boldsymbol{R}_{\mathrm{z}} &= E[\boldsymbol{z}\boldsymbol{z}^{\mathrm{H}}] = \boldsymbol{T}_{\mathrm{PC}}^{\mathrm{H}} E[\boldsymbol{x}\boldsymbol{x}^{\mathrm{H}}] \boldsymbol{T}_{\mathrm{PC}} = \boldsymbol{T}_{\mathrm{PC}}^{\mathrm{H}} \boldsymbol{R} \boldsymbol{T}_{\mathrm{PC}} \\ &= \mathrm{diag}\{\boldsymbol{\lambda}_1, \boldsymbol{\lambda}_2, \cdots, \boldsymbol{\lambda}_{r_{\mathrm{PC}}}\}\end{aligned} \tag{6.51}$$

降秩变换后的期望信号为

$$\boldsymbol{s}_{\mathrm{r}} = \boldsymbol{T}_{\mathrm{PC}}^{\mathrm{H}} \boldsymbol{s} \tag{6.52}$$

其中,$\boldsymbol{s}$ 为空－时域期望信号,则权向量 $\boldsymbol{w}_{\mathrm{PC}}$ 应为

$$\boldsymbol{w}_{\mathrm{PC}} = \frac{\boldsymbol{R}_{\mathrm{z}}^{-1} \boldsymbol{s}_{\mathrm{r}}}{\boldsymbol{s}_{\mathrm{r}}^{\mathrm{H}} \boldsymbol{R}_{\mathrm{z}}^{-1} \boldsymbol{s}_{\mathrm{r}}} \tag{6.53}$$

应用权向量 $\boldsymbol{w}_{\mathrm{PC}}$ 于 $\boldsymbol{z}$,可得输出为

$$y = \boldsymbol{w}_{\mathrm{PC}}^{\mathrm{H}} \boldsymbol{z} = \frac{\boldsymbol{s}_{\mathrm{r}}^{\mathrm{H}} \boldsymbol{R}_{\mathrm{z}}^{-1} \boldsymbol{z}}{\boldsymbol{s}_{\mathrm{r}}^{\mathrm{H}} \boldsymbol{R}_{\mathrm{z}}^{-1} \boldsymbol{s}_{\mathrm{r}}} \tag{6.54}$$

输出 SCNR 为

$$\mathrm{SCNR}_{\mathrm{PC}} = \frac{|\rho|^2}{\boldsymbol{w}_{\mathrm{PC}}^{\mathrm{H}} \boldsymbol{R}_{\mathrm{z}} \boldsymbol{w}_{\mathrm{PC}}} = |\rho|^2 \boldsymbol{s}_{\mathrm{r}}^{\mathrm{H}} \boldsymbol{R}_{\mathrm{z}}^{-1} \boldsymbol{s}_{\mathrm{r}} \tag{6.55}$$

6.4.2　互谱法

在 PC 法中选择大特征值对应的特征向量来逼近杂波子空间，也即按照特征值大小进行排序，保留若干个大特征值对应的特征向量作为近似杂波子空间的一组基，并以这些特征向量作为列向量构造降秩变换矩阵。而互谱法（CSM）与 PC 法所不同的在于，CSM 法选取近似杂波子空间的基向量时不是以特征值大小为依据的，而是以对输出 SCNR 影响大小来排序，即以最终输出 SCNR 最大为标准[21]。

CSM 法处理框架如图 6.11 所示，$\boldsymbol{x}$ 为机载 MIMO 雷达回波数据，$\boldsymbol{s}$ 为期望信号导向矢量，$\boldsymbol{B}$ 为信号阻塞矩阵，满足 $\boldsymbol{Bs}=0$，阻塞矩阵 $\boldsymbol{B}$ 可通过 SVD 分解或者 QR 分解得到[22]，$\boldsymbol{u}$ 为降秩变换矩阵。

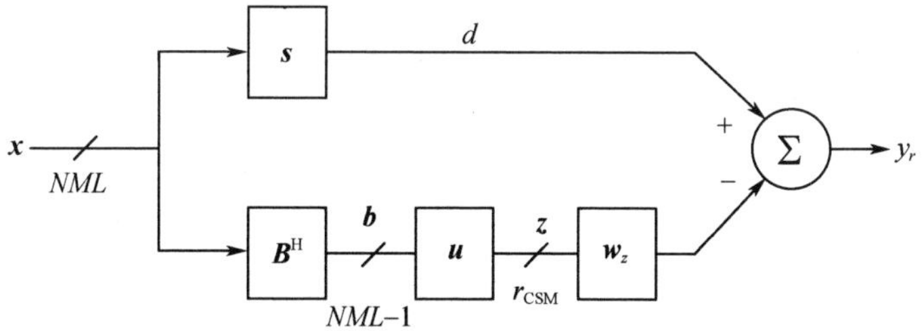

图 6.11　CSM 法处理框架

在图 6.11 中，主波束输出 d 为

$$d = \boldsymbol{s}^{\mathrm{H}} \boldsymbol{x} \tag{6.56}$$

令 σ_d^2 表示 d 的方差，则有

$$\sigma_d^2 = E[dd^*] = \boldsymbol{s}^{\mathrm{H}} \boldsymbol{Rs} \tag{6.57}$$

式中：* 为共轭。信号 $\boldsymbol{x}$ 通过阻塞矩阵 $\boldsymbol{B}$ 产生输出 $\boldsymbol{b} \in \mathbb{C}^{(NML-1)\times 1}$，为

$$\boldsymbol{b} = \boldsymbol{Bx} \tag{6.58}$$

称之为杂波子空间数据，$\boldsymbol{b}$ 与 d 互相关 $\boldsymbol{r}_{bd}$ 为

$$\boldsymbol{r}_{bd} = E[\boldsymbol{b}d^*] = \boldsymbol{BRs} \tag{6.59}$$

CSM 法选择对输出 SCNR 影响最大的特征向量构成降秩变换，设共选择了 r_{CSM} 个特征矢量，根据 CSM 选择准则对以下量排序

$$\left| \frac{\boldsymbol{v}_i^{\mathrm{H}} \boldsymbol{r}_{bd}}{\sqrt{\lambda_i}} \right|^2 \tag{6.60}$$

将对应的前 r_{CSM} 个 $\boldsymbol{v}_i$ 组成降秩变换矩阵 $\boldsymbol{u}$。通过降秩变换矩阵 $\boldsymbol{u}$，输出 $\boldsymbol{z}$ 为

$$\boldsymbol{z}=\boldsymbol{u}^{\text{H}}\boldsymbol{b} \tag{6.61}$$

$\boldsymbol{z}$ 的杂波协方差矩阵 $\boldsymbol{R}_z$ 可表示为

$$\boldsymbol{R}_z=E[\boldsymbol{z}\boldsymbol{z}^{\text{H}}]=\boldsymbol{u}^{\text{H}}\boldsymbol{R}_b\boldsymbol{u}=\boldsymbol{\Lambda}_{r_{\text{CSM}}} \tag{6.62}$$

式中：$\boldsymbol{\Lambda}_{r_{\text{CSM}}}$ 为对角矩阵，由 r_{CSM} 个 $\boldsymbol{R}_b$ 的特征值作为对角元。$\boldsymbol{z}$ 与波束输出 d 的互相关 $\boldsymbol{r}_{zd}$ 为

$$\boldsymbol{r}_{zd}=E[\boldsymbol{z}d^*]=\boldsymbol{u}^{\text{H}}\boldsymbol{r}_{bd} \tag{6.63}$$

可得权向量 $\boldsymbol{w}_z$ 为

$$\boldsymbol{w}_z=\boldsymbol{R}_z^{-1}\boldsymbol{r}_{zd}=\boldsymbol{\Lambda}_{r_{\text{CSM}}}^{-1}\boldsymbol{u}^{\text{H}}\boldsymbol{r}_{bd} \tag{6.64}$$

输出 y_{r} 可表示为

$$y_{\text{r}}=(\boldsymbol{s}^{\text{H}}-\boldsymbol{w}_z^{\text{H}}\boldsymbol{u}^{\text{H}}\boldsymbol{B})\boldsymbol{x}=d-\boldsymbol{w}_z^{\text{H}}\boldsymbol{z}=d-\boldsymbol{r}_{zd}^{\text{H}}\boldsymbol{R}_z^{-1}\boldsymbol{z} \tag{6.65}$$

输出 SCNR 为

$$\text{SCNR}_{\text{CSM}}=\frac{|\rho|^2}{\sigma_d^2-\boldsymbol{r}_{zd}\boldsymbol{R}_z^{-1}\boldsymbol{r}_{zd}} \tag{6.66}$$

当系统保留的自由度，也即用于近似杂波子空间的基向量个数大于杂波协方差矩阵 $\boldsymbol{R}$ 的秩时，CSM 方法与 PC 法均可以达到最优输出 SCNR，二者性能无差异。然而当近似杂波子空间的基向量个数小于杂波秩时，CSM 性能优于 PC 法，这是由于 CSM 法是以输出 SCNR 最大为目标来选择近似杂波子空间的一组基。

6.4.3 多级维纳滤波

多级维纳滤波（MSWF）的思想来源于维纳滤波，它通过多级处理的方式得到最优权向量[23,24]。多级维纳滤波处理框架（以三级为例）如图 6.12 所示。

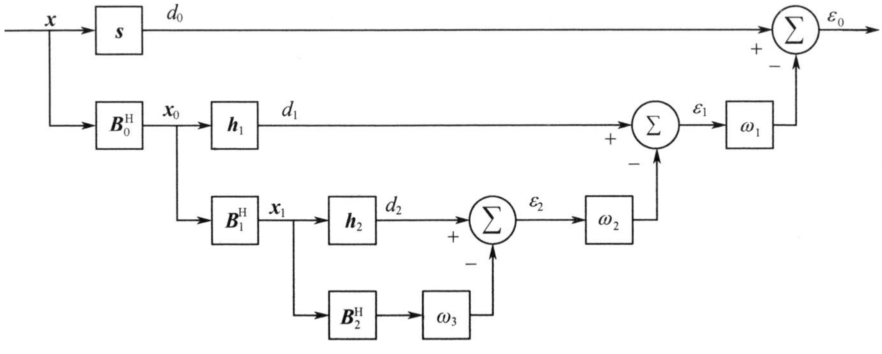

图 6.12 多级维纳滤波处理框架（三级）

先将快拍数据 $\boldsymbol{x}$ 分别投影到 $\boldsymbol{s}$ 和与 $\boldsymbol{s}$ 正交的阻塞矩阵 $\boldsymbol{B}_0$ 空间，再将 $\boldsymbol{x}_0$ 分别投影到 $\boldsymbol{h}_1$ 和与 $\boldsymbol{h}_1$ 正交的阻塞矩阵 $\boldsymbol{B}_1$ 空间，以此类推分级投影。随着不断投影，维纳滤波的阶数逐渐降低，最后成为一维空间中的问题。为了降低计算量，多级维纳滤波通过截断滤波阶数可达到降秩的目的。令 r_{MSWF} 表示截断的多级维纳滤波阶数，当然截断也必然会引起一定的 SCNR 损失。

应用到机载 MIMO 雷达 STAP 处理中，先将雷达回波信号 $\boldsymbol{x}$ 投影到期望信号 $\boldsymbol{s}$ 产生 d_0，以及与期望信号正交的杂波子空间产生 $\boldsymbol{x}_0$，即

$$\begin{bmatrix} d_0 \\ \boldsymbol{x}_0 \end{bmatrix} = \begin{bmatrix} \boldsymbol{s}^{\mathrm{H}} \\ \boldsymbol{B} \end{bmatrix} \boldsymbol{x} = \begin{bmatrix} \boldsymbol{s}^{\mathrm{H}}\boldsymbol{x} \\ \boldsymbol{B}\boldsymbol{x} \end{bmatrix} \tag{6.67}$$

计算 $\boldsymbol{x}_0$ 和 d_0 的互相关 $\boldsymbol{r}_{x_0 d_0}$ 以及 $\boldsymbol{x}_0$ 的协方差 $\boldsymbol{R}_{x_0}$ 为

$$\boldsymbol{r}_{x_0 d_0} = E[\boldsymbol{x}_0 \boldsymbol{d}_0^*] = E[\boldsymbol{B}\boldsymbol{x}\boldsymbol{x}^{\mathrm{H}}\boldsymbol{s}] = \boldsymbol{B}\boldsymbol{R}_x\boldsymbol{s} \tag{6.68}$$

$$\boldsymbol{R}_{x_0} = E[\boldsymbol{x}_0\boldsymbol{x}_0^{\mathrm{H}}] = E[\boldsymbol{B}\boldsymbol{x}\boldsymbol{x}^{\mathrm{H}}\boldsymbol{B}^{\mathrm{H}}] = \boldsymbol{B}\boldsymbol{R}_x\boldsymbol{B}^{\mathrm{H}} \tag{6.69}$$

在多级维纳滤波的各级分解中，通过递推方式计算各变量，归一化互相关向量 $\boldsymbol{h}_i$ 计算如下[24]

$$\boldsymbol{h}_i = \frac{\boldsymbol{r}_{x_{i-1}d_{i-1}}}{\sqrt{\boldsymbol{r}_{x_{i-1}d_{i-1}}^{\mathrm{H}}\boldsymbol{r}_{x_{i-1}d_{i-1}}}} \tag{6.70}$$

各级互相关 $\boldsymbol{r}_{x_i d_i}$ 为

$$\boldsymbol{r}_{x_i d_i} = \boldsymbol{B}_i\boldsymbol{R}_{x_{i-1}}\boldsymbol{h}_i = \left(\prod_{k=1}^{i}\boldsymbol{B}_k\right)\boldsymbol{R}_{x_0}\left(\prod_{k=1}^{i}\boldsymbol{B}_k\right)\boldsymbol{h}_i \tag{6.71}$$

各级阻塞矩阵 $\boldsymbol{B}_i = \mathrm{null}\{\boldsymbol{h}_i\}$，也即 $\boldsymbol{B}_i$ 构造 $\boldsymbol{h}_i$ 的正交子空间，$\boldsymbol{B}_i$ 可以通过奇异值分解、特征分解或者其他方法得到。

通过式(6.70)和式(6.71)递推求得 $\boldsymbol{h}_i$ 和 $\boldsymbol{r}_{x_i d_i}$，直到滤波器阶数达到设定的 r，然后构造降维矩阵 $\boldsymbol{L}_r$ 如下

$$\boldsymbol{L}_r = \begin{bmatrix} \boldsymbol{h}_1^{\mathrm{H}} \\ \boldsymbol{h}_2^{\mathrm{H}}\boldsymbol{B}_1 \\ \vdots \\ \boldsymbol{h}_r^{\mathrm{H}}\prod_{i=1}^{r-1}\boldsymbol{B}_i \end{bmatrix} \tag{6.72}$$

令向量 $\tilde{\boldsymbol{d}}$ 表示各级输出 d_i，即 $\tilde{\boldsymbol{d}} = [d_1 \quad d_2 \quad \cdots \quad d_r]^{\mathrm{T}}$，可通过下式计算

$$\tilde{\boldsymbol{d}} = \boldsymbol{L}_r\boldsymbol{x}_0 \tag{6.73}$$

令$\tilde{\varepsilon}$表示误差矢量,即$\tilde{\varepsilon}=[\varepsilon_1 \quad \varepsilon_2 \quad \cdots \quad \varepsilon_r]^{\mathrm{T}}$,且

$$x_{r-1}=d_r=\varepsilon_r \tag{6.74}$$

则各级误差信号可表示为

$$\begin{bmatrix}\varepsilon_0\\ \tilde{\varepsilon}\end{bmatrix}=\boldsymbol{U}_{r+1}\begin{bmatrix}d_0\\ \tilde{\boldsymbol{d}}\end{bmatrix} \tag{6.75}$$

其中,$\boldsymbol{U}_{r+1}$为

$$\boldsymbol{U}_{r+1}=\begin{bmatrix}1 & -w_1^* & w_1^* w_2^* & \cdots & (-1)^{r+1}\prod_{i=1}^{r-1}w_i^* & (-1)^{r+2}\prod_{i=1}^{r}w_i^*\\ 0 & 1 & -w_2^* & \cdots & (-1)^{r}\prod_{i=2}^{r-1}w_i^* & (-1)^{r+1}\prod_{i=2}^{r}w_i^*\\ \vdots & & & \ddots & & \vdots\\ 0 & 0 & 0 & \cdots & 1 & -w_{\mathrm{r}}^*\\ 0 & 0 & 0 & \cdots & 0 & 1\end{bmatrix} \tag{6.76}$$

各级w_i计算为

$$w_i=\xi_i^{-1}\delta_i \tag{6.77}$$

式中:δ_i和ξ_i可按如下方法求得

$$\delta_{i+1}=\sqrt{\boldsymbol{r}_{x_i d_i}^{\mathrm{H}}\boldsymbol{r}_{x_i d_i}} \tag{6.78}$$

$$\xi_i=\sigma_{d_i}^2-\xi_{i+1}^{-1}|\delta_{i+1}|^2 \tag{6.79}$$

而δ_i和ξ_i初始值分别为

$$\delta_r=\boldsymbol{r}_{x_{r-1}d_{r-1}} \tag{6.80}$$

和

$$\xi_r=E[\,|x_{r-1}|^2\,] \tag{6.81}$$

输出SCNR可通过下式直接计算

$$\mathrm{SCNR}_{\mathrm{MSWF}}=\frac{|\rho|^2}{\xi_0} \tag{6.82}$$

虽然MSWF计算步骤较多,但由于MSWF不需要对杂波协方差矩阵$\boldsymbol{R}$求逆和特征分解这些耗时的计算过程,计算量相对较小,所以多级维纳滤波是另一种有效的降秩STAP算法。

6.4.4　MIMO 雷达降秩 STAP 算法仿真

仿真参数设置如下：雷达运行在正侧视模式，载机高度 $H=8000\text{m}$，载机飞行速度 $v=125\text{m/s}$；发射阵元数 $M=4$，接收阵元数 $N=4$，且发射和接收阵列均为均匀线阵，接收阵元间距为 $d_R=\lambda/2$，其中 λ 为波长，发射接收阵元间距比 $\gamma=d_T/d_R=4$；一个 CPI 内发射 $L=16$ 个相干脉冲，载频 $f_0=1.2\text{GHz}$，脉冲重复频率 $f_r=2000\text{Hz}$。

本仿真场景对应的杂波秩为 31，如图 6.13 所示。

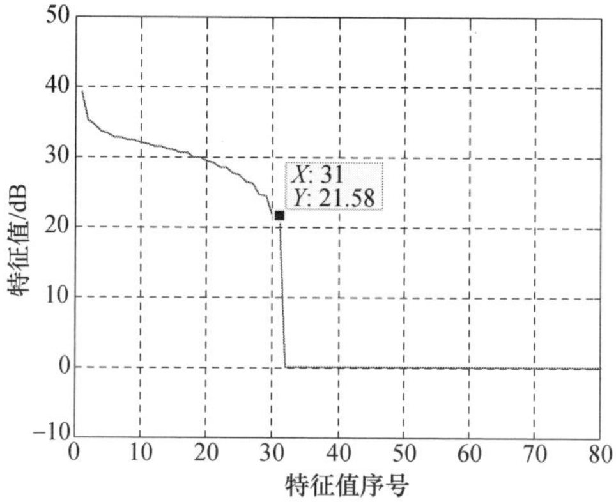

图 6.13　仿真场景特征值谱

由于只要降秩算法保留的自由度大于杂波秩，STAP 系统输出 SCNR 损失为 0，所以下面以系统保留的自由度为横坐标，令其由 1～70 连续变化，以系统输出 SCNR 损失为纵坐标，对比 PC 法、CSM 法和 MSWF 法的性能，测试的多普勒通道对应的归一化频率为 3/16，结果如图 6.14 所示。

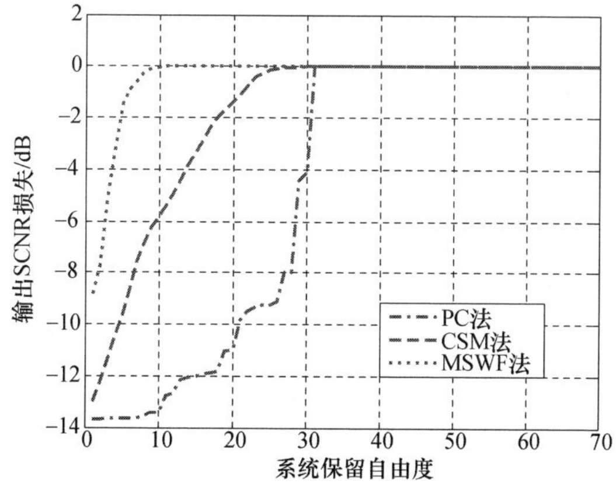

图 6.14　PC 法、CSM 法和 MSWF 法性能对比

从图6.14可以看出，MSWF法收敛速度最快，当系统保留自由度仅为10时，已经能够实现输出SCNR损失可忽略的程度，而CSM法则至少需要系统保留自由度25以上，PC法性能相对较差，只有达到31也即等于杂波秩时，输出SCNR损失才可忽略。

6.5 空载MIMO雷达中的降维STAP算法

降维STAP算法通常是在自适应处理前通过降维变换，将全局自适应处理转换到某个局域内进行自适应处理。降维STAP算法有很多，读者可参考STAP技术专著[1,26-28]了解详情。本节讨论MIMO雷达中的降维STAP算法，考虑到实际运算量和工程实用性，选取了几种变换域(角度-多普勒域)降维STAP算法，重点介绍它们在MIMO雷达中的应用问题。

6.5.1 广义旁瓣对消与降维STAP算法

实现式(6.43)的最优滤波问题可以采用如图6.15所示的广义旁瓣对消(GSC)结构。

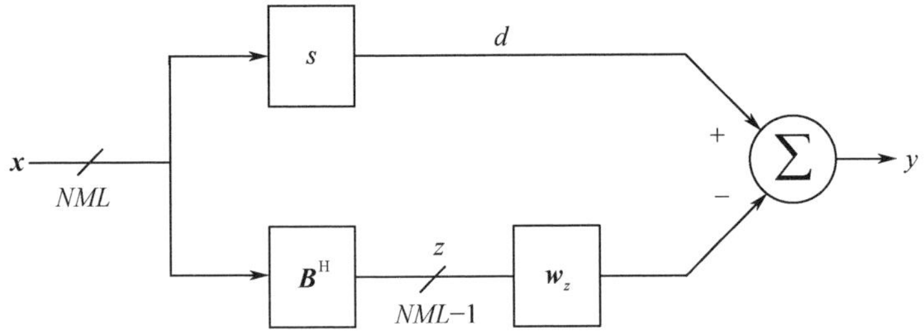

图6.15 广义旁瓣对消(GSC)结构

$\boldsymbol{s}$为期望信号导向矢量，$\boldsymbol{B}$为$(NML-1)\times NML$的信号阻塞矩阵，满足$\boldsymbol{Bs}=0$，滤波输出$y=(\boldsymbol{s}^{\mathrm{H}}-\boldsymbol{w}_z^{\mathrm{H}}\boldsymbol{B})\boldsymbol{x}$。原最优权矢量可表示为

$$\boldsymbol{w}=\boldsymbol{s}-\boldsymbol{B}^{\mathrm{H}}\boldsymbol{w}_z \tag{6.83}$$

它可通过如下最优化问题求解

$$\min(\boldsymbol{s}-\boldsymbol{B}^{\mathrm{H}}\boldsymbol{w}_z)^{\mathrm{H}}\boldsymbol{R}(\boldsymbol{s}-\boldsymbol{B}^{\mathrm{H}}\boldsymbol{w}_z) \tag{6.84}$$

于是，得到

$$\boldsymbol{w}_z=(\boldsymbol{BRB}^{\mathrm{H}})^{-1}\boldsymbol{BRs} \tag{6.85}$$

令$\boldsymbol{R}_z=\boldsymbol{BRB}^{\mathrm{H}}$，$\boldsymbol{r}_{zd}=\boldsymbol{BRs}$，则

$$\boldsymbol{w}_z=\boldsymbol{R}_z^{-1}\boldsymbol{r}_{zd} \tag{6.86}$$

式中：$\boldsymbol{R}_z$ 为辅助通道的信号相关矩阵；$\boldsymbol{r}_{zd}$ 为主通道与辅助通道的互相关矢量；$\boldsymbol{w}_z$ 为辅助通道上的自适应权。这样，原来的空时自适应滤波问题就可采用图 6.15 所示 GSC 结构来实现。

不少降维 STAP 算法是在角度－多普勒域实现的，这种角度－多普勒域实现的 STAP 算法可以借助于 GSC 结构来理解。

将雷达回波数据从空－时域变换到角度－多普勒域，形成多个角度－多普勒通道，其中一个通道是主通道，其他剩下的通道则可看作是辅助通道。主通道对应着当前观测的方向以及期望的目标多普勒频率，主通道中可能包含有目标分量，辅助通道中仅包含干扰分量且辅助通道中的干扰分量与主通道中的干扰分量相关。此时的最优滤波问题，就变成了如何利用辅助通道中的干扰分量来对消主通道中的干扰，使得输出的 SCNR 最大。

从空－时域数据到角度－多普勒域的变换可以用一变换矩阵 $\boldsymbol{T}$ 来表示，变换后的数据用 $\boldsymbol{x}_{\mathrm{T}}$ 表示，则有

$$\boldsymbol{x}_{\mathrm{T}} = \boldsymbol{T}\boldsymbol{x} = \begin{bmatrix} \boldsymbol{s}^{\mathrm{H}}\boldsymbol{x} \\ \boldsymbol{B}'\boldsymbol{x} \end{bmatrix} = \begin{bmatrix} d \\ \boldsymbol{z}' \end{bmatrix} \tag{6.87}$$

式中：变换矩阵 $\boldsymbol{T}$ 的第一行对应期望信号导向矢量 $\boldsymbol{s}$，$d = \boldsymbol{s}^{\mathrm{H}}\boldsymbol{x}$ 为期望信号，即主通道输出；变换矩阵 $\boldsymbol{T}$ 的其他行对应与 $\boldsymbol{s}$ 正交的 $K(K \leqslant NML-1)$ 个空时导向矢量，用 $\boldsymbol{B}'$ 表示，因此 $\boldsymbol{B}'$ 可看作 $K \times NML$ 维的阻塞矩阵，有 $\boldsymbol{B}'\boldsymbol{s} = 0$；$\boldsymbol{z}' = \boldsymbol{B}'\boldsymbol{x} \in \mathbb{C}^{K \times 1}$ 为杂波子空间数据矢量。

变换域数据矢量 $\boldsymbol{x}_{\mathrm{T}}$ 其协方差矩阵 $\boldsymbol{R}_{x_{\mathrm{T}}}$ 可表示为

$$\boldsymbol{R}_{x_{\mathrm{T}}} = \boldsymbol{T}\boldsymbol{R}\boldsymbol{T}^{\mathrm{H}} = \begin{bmatrix} \sigma_{\mathrm{d}}^2 & \boldsymbol{r}_{z'd}^{\mathrm{H}} \\ \boldsymbol{r}_{z'd} & \boldsymbol{R}_{z'} \end{bmatrix} \tag{6.88}$$

其中，杂波子空间协方差矩阵 $\boldsymbol{R}_{z'}$ 可表示为

$$\boldsymbol{R}_{z'} = E[\boldsymbol{z}'\boldsymbol{z}'^{\mathrm{H}}] = \boldsymbol{B}'\boldsymbol{R}\boldsymbol{B}'^{\mathrm{H}} \tag{6.89}$$

杂波子空间数据矢量 $\boldsymbol{z}'$ 与主通道输出 d 的互相关 $\boldsymbol{r}_{z'd}$ 可表示为

$$\boldsymbol{r}_{z'd} = E[\boldsymbol{z}'d^*] = \boldsymbol{B}'\boldsymbol{R}\boldsymbol{s} \tag{6.90}$$

其中，$*$ 表示复共轭。根据维纳滤波理论，最优权向量 $\boldsymbol{w}_{z'}$ 为

$$\boldsymbol{w}_{z'} = \boldsymbol{R}_{z'}^{-1}\boldsymbol{r}_{z'd} \tag{6.91}$$

输出 y' 表示为

$$y' = (\boldsymbol{s}^{\mathrm{H}} - \boldsymbol{w}_{z'}^{\mathrm{H}}\boldsymbol{B}')\boldsymbol{x} \tag{6.92}$$

当 $K = NML - 1$ 时，上述表达与图 6.15 所示的 GSC 结构可完全对应起来，

构成不降维的角度－多普勒域 STAP 处理 GSC 结构。此时，选择的是除主通道外的所有($NML-1$)个角度－多普勒通道作为辅助通道。当 $K<NML-1$ 时，是降维的角度－多普勒域 STAP 处理，只选取了部分角度－多普勒通道作为辅助通道，可以大大降低自适应处理的运算量。降维 STAP 的 GSC 处理框架如图 6.16 所示，图中 $K<NML-1$。

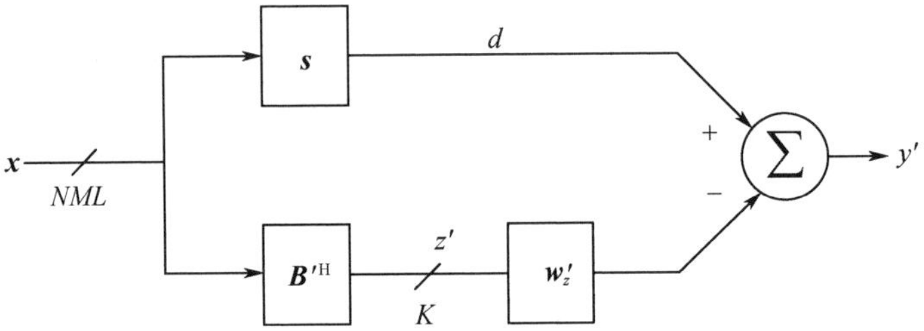

图 6.16　MIMO 雷达降维 STAP 算法的 GSC 处理框架

一般来说，M 发 N 收 L 个脉冲积累的 MIMO 雷达，通过组合不同的多普勒频率、发射空间频率和接收空间频率，最多可以形成 NML 个相互正交的角度－多普勒通道。相应的变化矩阵 $\boldsymbol{T}$ 可表示为

$$\boldsymbol{T}=\begin{bmatrix}\boldsymbol{s}^{\mathrm{H}}\\ \boldsymbol{B}'\end{bmatrix}=\begin{bmatrix}[\boldsymbol{s}_{\mathrm{D}}(f_{\mathrm{D},k_0})\otimes\boldsymbol{a}(f_{\mathrm{st},j_0})\otimes\boldsymbol{b}(f_{\mathrm{sr},i_0})]^{\mathrm{H}}\\ \boldsymbol{B}'\end{bmatrix}\tag{6.93}$$

式中：$\boldsymbol{s}_{\mathrm{D}}(f_{\mathrm{D},k_0})\otimes\boldsymbol{a}(f_{\mathrm{st},j_0})\otimes\boldsymbol{b}(f_{\mathrm{sr},i_0})$ 对应的通道为主通道，该主通道对应多普勒频率 f_{D,k_0}、发射空间频率 f_{st,j_0} 以及接收空间频率 f_{sr,i_0}。其他的通道用来构造信号阻塞矩阵 $\boldsymbol{B}'$，该矩阵每行表示如下

$$[\boldsymbol{B}']_{\mathrm{row}}=[\boldsymbol{s}_{\mathrm{D}}(f_{\mathrm{D},k})\otimes\boldsymbol{a}(f_{\mathrm{st},j})\otimes\boldsymbol{b}(f_{\mathrm{sr},i})]^{\mathrm{H}},(k\neq k_0,\ j\neq j_0,\ i\neq i_0)\tag{6.94}$$

式中：下标 row 为信号阻塞矩阵的某一行，且 $[\boldsymbol{B}']^{\mathrm{H}}_{\mathrm{row}}$ 必须与 $\boldsymbol{s}$ 正交。

6.5.2　几种变换域降维 STAP 算法

本小节以 N 个阵元发射 L 个积累脉冲的相控阵雷达为例，说明 ACP 算法[11]、JDL 算法[14]及 STMB 算法[16]几种经典的变换域降维 STAP 算法的原理。这几种算法首先将阵列收到的空－时二维数据通过二维离散傅里叶变换或者是空时波束形成，变换到角度－多普勒域中，然后选取感兴趣的局域做部分自适应处理。

首先来看如何将空－时域数据变换到角度－多普勒域。在第 $l(l=0,1,\cdots,L-1)$ 个脉冲周期，收到 N 个空域采样点 $x_{0,l},x_{1,l},\cdots,x_{N-1,l}$，借助于 DFT 可形成 N 个空域滤波输出，其中第 $i(i=0,1,\cdots,N-1)$ 个空域滤波的输出可表示为

$$z_{i,l}=\sum_{n=0}^{N-1}x_{n,l}\mathrm{e}^{-\mathrm{j}2\pi ni/N}=\sum_{n=0}^{N-1}x_{n,l}\mathrm{e}^{-\mathrm{j}2\pi nf_{\mathrm{sr},i}}\tag{6.95}$$

式中：$f_{\mathrm{sr},i}=i/N$ 为空域第 i 个频点。每个空域滤波的输出，又有 L 个时域采样 $z_{i,0}, z_{i,1}, \cdots, z_{i,L-1}$，借助于 DFT 可形成 L 个时域滤波输出，其中第 $k(k=0,1,\cdots,L-1)$ 个时域滤波的输出可表示为

$$y_{i,k}=\sum_{l=0}^{L-1} z_{i,l} \mathrm{e}^{-\mathrm{j} 2 \pi l k / L}=\sum_{l=0}^{L-1} z_{i,l} \mathrm{e}^{-\mathrm{j} 2 \pi l f_{\mathrm{D}, k}} \tag{6.96}$$

式中：$f_{\mathrm{D},k}=k/L$ 为时域第 k 个频点。$y_{i,k}$ 为角度 - 多普勒域中的值，称之为一个通道，对应于空域频率 $f_{\mathrm{s},i}$ 和时域频率 $f_{\mathrm{D},k}$。所以，从空 - 时域变换到角度 - 多普勒域，既可以通过二维 DFT 变换直接得到，也可通过空域波束形成和时域波束形成实现，如图 6.17 所示。可以证明，不降维的角度 - 多普勒域 STAP 处理与空 - 时域 STAP 处理具有等价性[29]。

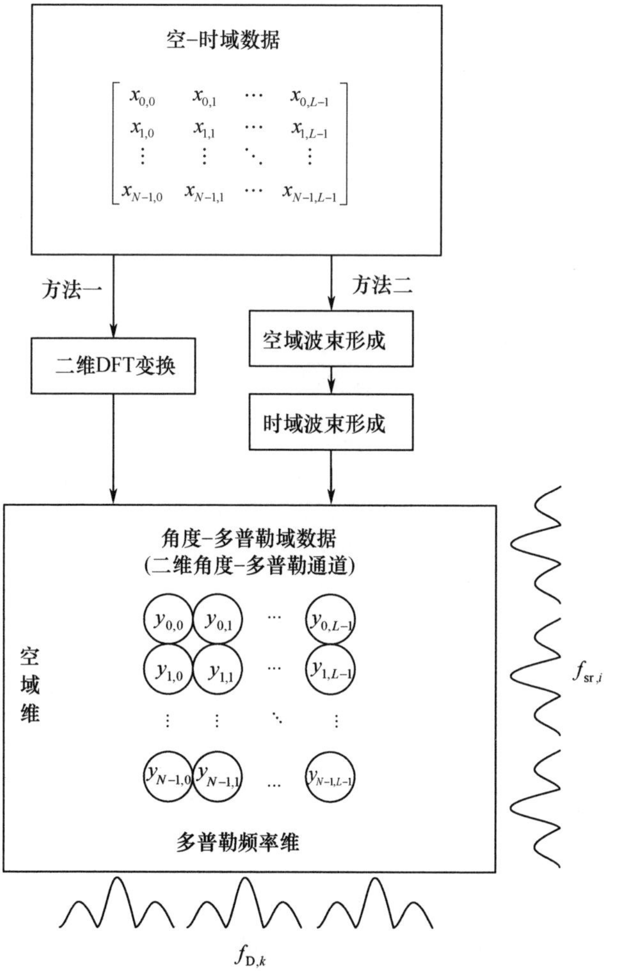

图 6.17　空 - 时域数据变换到角度 - 多普勒域

在形成的角度-多普勒平面内,每个空时二维波束可以表示为

$$\boldsymbol{s}(f_{\mathrm{D},k},f_{\mathrm{sr},i})=\boldsymbol{s}_{\mathrm{D}}(f_{\mathrm{D},k})\otimes\boldsymbol{s}_{\mathrm{s}}(f_{\mathrm{sr},i}) \tag{6.97}$$

式中:$\boldsymbol{s}_{\mathrm{s}}(f_{\mathrm{sr},i})$为空域导向矢量,具有与式(6.1)定义的$\boldsymbol{b}(f_{\mathrm{sr}})$相同的形式;$f_{\mathrm{sr},i}=i/N$为空间频率,且$i=0,1,\cdots,N-1$;$\boldsymbol{s}_{\mathrm{D}}(f_{\mathrm{D},k})$为时域导向矢量,或称多普勒导向矢量,与式(6.12)的定义相同;$f_{\mathrm{D},k}=k/L$为多普勒频率,且$k=0,1,\cdots,L-1$。

下面为了表述方便,引入一个线性变换矩阵$\boldsymbol{T}_1$,$\boldsymbol{T}_1$的维数为$NL\times NL$,$\boldsymbol{T}_1$中的一行对应一个角度-多普勒通道,可表示为

$$[\boldsymbol{T}_1]_{i+kN+1}=[\boldsymbol{s}^{\mathrm{H}}(f_{\mathrm{D},k},f_{\mathrm{sr},i})],\quad i=0,1,\cdots,N-1,k=0,1,\cdots,L-1 \tag{6.98}$$

式中:下标$i+kN+1$为$\boldsymbol{T}_1$的第$(i+kN+1)$行。

通过变换矩阵$\boldsymbol{T}_1$,可以将空-时域数据变换到角度-多普勒域。$\boldsymbol{T}_1$中的某一行对应期望信号也即主通道,除主通道外的所有剩余通道均可作为辅助通道。

不同的辅助通道选择方法,对应了不同的降维STAP算法。ACP算法[11]通过在整个角度-多普勒平面内选择一组基来逼近杂波,共形成$(N+L)$个通道,其中一个为主通道,辅助通道选择的方法是固定的,呈一个斜十字形。JDL算法[14]和STMB算法[16]都是在某个局域中对辅助通道进行选择,JDL算法选择与主通道临近的矩形窗口内的通道构成辅助通道,而STMB算法选择主通道两个轴向上的"十"字型区域的通道作为辅助通道。ACP算法、JDL算法(3×3)和STMB算法($p=4,q=4$)的辅助通道选择示意图如图6.18所示。

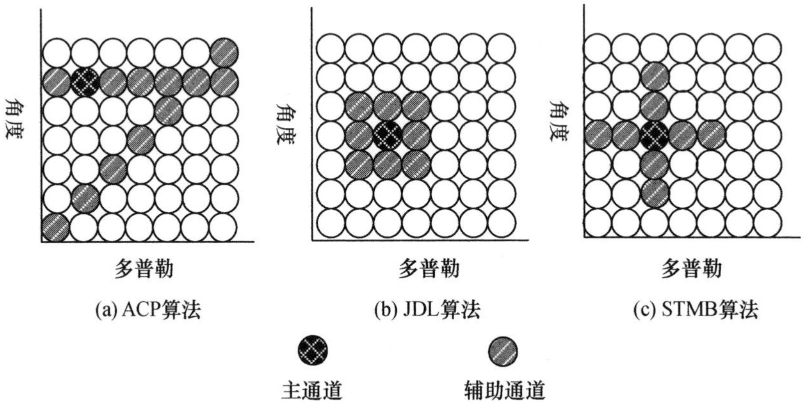

图6.18 ACP算法、JDL算法和STMB算法辅助通道选择示意图

因此,不同的变换域降维STAP算法通过选择不同的角度-多普勒通道作为辅助通道用于杂波对消,这相当于从$\boldsymbol{T}_1$中抽取不同的行得到降维STAP算法的变换矩阵$\boldsymbol{T}$,如图6.19所示。

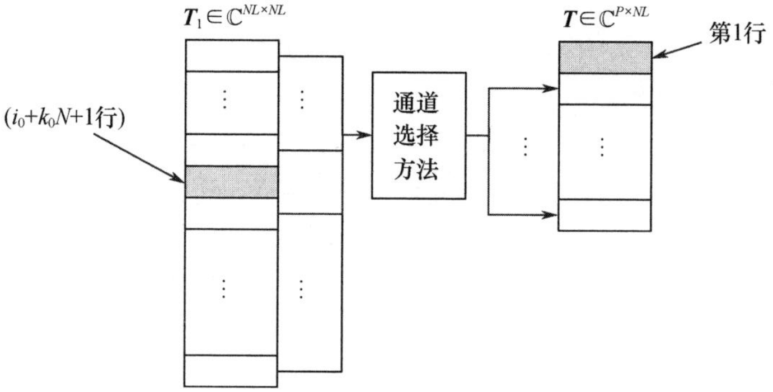

图 6.19　不同波束域降维算法辅助通道选择方法

图 6.19 中，假设在矩阵 $\boldsymbol{T}_1$ 中对应于期望信号的第(i_0+k_0N+1)行用于构造降维 STAP 算法的变换矩阵 $\boldsymbol{T}$ 的第一行，$i_0\in(0,1,\cdots,N-1)$，$k_0\in(0,1,\cdots,L-1)$。也就是说 $\boldsymbol{T}$ 矩阵中的第一行始终对应于期望信号，即主通道，而 $\boldsymbol{T}_1$ 矩阵中对应于其他角度－多普勒通道的行则有选择性地用于构造变换矩阵 $\boldsymbol{T}$ 的其他行，对 $\boldsymbol{T}$ 矩阵中除第一行外的其他行的前后顺序不作限定。$\boldsymbol{T}_1$ 矩阵维数为 $NL\times NL$，通过辅助通道选择后，变换矩阵 $\boldsymbol{T}$ 维数为 $P\times NL$，其中 $P=K+1$ 为降维后的数据维数，K 为降维后辅助通道的个数。对于 ACP 算法有 $P=N+L$，对于 JDL 算法(3×3)和 STMB 算法$(p=4,q=4)$$P$ 值均取得 9。

为计算降维后的局域自适应处理权 $\boldsymbol{w}_{\mathrm{T}}$，需要知道降维后局域的杂波协方差矩阵 $\boldsymbol{R}_{\boldsymbol{x}_{\mathrm{T}}}$。如果知道降维前空－时数据域的杂波协方差矩阵 $\boldsymbol{R}$，则 $\boldsymbol{R}_{\boldsymbol{x}_{\mathrm{T}}}$ 可通过 $\boldsymbol{R}_{\boldsymbol{x}_{\mathrm{T}}}=\boldsymbol{TRT}^{\mathrm{H}}$ 求得。但实际情况中，全局杂波协方差矩阵 $\boldsymbol{R}$ 往往未知，所以局域的杂波协方差矩阵 $\boldsymbol{R}_{\boldsymbol{x}_{\mathrm{T}}}$需要通过其他距离环的数据估计得到。假设用于估计的杂波协方差单元数据为 $\boldsymbol{x}_i$，$(i=1,2,\cdots,I)$，I 为可用于估计的其他距离环总数，$\boldsymbol{x}_i$ 为第 i 个距离环的回波，它与当前距离环的数据组织方式相同，则 $\boldsymbol{R}_{\boldsymbol{x}_{\mathrm{T}}}$可通过下式来估计

$$\hat{\boldsymbol{R}}_{\boldsymbol{x}_{\mathrm{T}}}=\frac{1}{I}\sum_{l=i}^{I}\{\boldsymbol{x}_{\mathrm{T}_i}\boldsymbol{x}_{\mathrm{T}_i}^{\mathrm{H}}\}=\frac{1}{I}\sum_{l=i}^{I}\{\boldsymbol{Tx}_i(\boldsymbol{Tx}_i)^{\mathrm{H}}\} \tag{6.99}$$

式中：$\boldsymbol{x}_{\mathrm{T}i}=\boldsymbol{Tx}_i$ 为第 i 个距离环的回波降维变换后的局域数据。

估计得到局域杂波协方差矩阵后，就可以求得局域自适应处理权值 $\boldsymbol{w}_{\mathrm{T}}$，即

$$\boldsymbol{w}_{\mathrm{T}}=\hat{\boldsymbol{R}}_{\boldsymbol{x}_{\mathrm{T}}}^{-1}\boldsymbol{s}_{\mathrm{T}} \tag{6.100}$$

式中：$\boldsymbol{s}_{\mathrm{T}}=\boldsymbol{Ts}$ 为局域期望信号矢量，具有$[1\quad 0\quad \cdots\quad 0]^{\mathrm{T}}$ 的形式。

最后,可以得到对应于该检测通道的输出信杂噪比为

$$SCNR_{\text{out}}=\frac{|\boldsymbol{w}_{\text{T}}^{\text{H}}\boldsymbol{s}_{\text{T}}|^{2}}{\boldsymbol{w}_{\text{T}}^{\text{H}}\boldsymbol{R}_{x_{\text{T}}}\boldsymbol{w}_{\text{T}}} \tag{6.101}$$

变换域降维 STAP 算法中,除了 ACP、JDL 等选择固定辅助通道的算法外,还可以通过评估各个角度 - 多普勒通道对最终输出 SCNR 的影响,并选择影响最大的若干个通道作为辅助通道来对消主通道杂波,从而达到最优的降维 STAP 处理性能。这种基于通道优选的降维 STAP 算法,本书不做介绍,有兴趣的读者可以参考文献[30,31]。

6.5.3 MIMO 雷达中的降维 STAP 算法

ACP 算法、JDL 算法等变换域降维 STAP 算法的核心就是通过形成角度 - 多普勒域二维正交通道,并围绕当前检测通道(主通道)选择邻近或是特定的通道作为辅助通道,进而进行局域自适应处理完成杂波抑制的。对于 MIMO 雷达,在形成的角度 - 多普勒正交二维通道中,选择辅助通道或局域的方式与相控阵雷达是相同的,只是在正交通道的构造上有一定差异。因此,本节介绍 MIMO 雷达中的降维 STAP 算法,主要讨论正交通道的构造问题。

在多普勒通道的构造方式上,由于 MIMO 雷达在多普勒维上的处理与相控阵雷达相同,只是脉冲积累个数有差异,因此,MIMO 雷达降维 STAP 算法中多普勒通道的构造方式与相控阵雷达一样,即以 $f_{\text{D},\Delta}=1/L$ 的频率间隔确定相邻多普勒通道。而对于空域波束通道的构造,相控阵雷达是以 $f_{\text{sr},\Delta}=1/N$ 的频率间隔来确定相邻波束通道的。而 MIMO 雷达的空域波束是收发联合波束,不同的阵列形式将有不同的正交波束组,因此,MIMO 雷达中空域波束通道的构造会随着阵列形式的不同而有所不同,这与相控阵雷达单纯的接收波束组有所区别。于是,下面的讨论将集中到 MIMO 雷达降维 STAP 算法中空域波束通道的构造上,并根据布阵方式分情况说明。

1. 紧凑阵 MIMO 雷达正交波束通道的构造

MIMO 雷达可以采用规则稀疏布阵的方式获得最大连续虚拟孔径,现有文献中,大多针对这种情况来研究 MIMO 雷达的相关技术问题。然而,实际应用中由于一些条件的限制,如布阵空间限制,使得 MIMO 雷达不一定能够采用稀疏布阵,或者为了直接利用现有相控阵列,通过改变各阵元的发射波形而构成的 MIMO 雷达,均只能采用紧凑阵的形式。

MIMO 雷达的空域波束通道是收发联合波束,对应的波束形成包括接收波束形成和等效发射波束形成,单基共址条件下,MIMO 联合波束是收发波束之积。

变换域降维 STAP 算法中,通常要求形成的波束通道具有正交性。并且,为确保目标信号增益无损失,收发波束的指向应一致,这就要求每一个联合波束通

道对应的收发波束形成应采用相同的空间频率，即有 $f_{sr,i}=f_{st,i}$。

为确保正交性，有两种方法构造联合波束通道组，一种是按发射阵的正交波束组来构造，即按 $f_{s,\Delta}=1/M$ 的频率间隔确定相邻波束通道，那么有 $f_{sr,i}=f_{st,i}=i/M, i\in[0,1,\cdots,M-1]$；另一种是按接收阵的正交波束组来构造，即按 $f_{s,\Delta}=1/N$ 的频率间隔确定相邻波束通道，那么有 $f_{sr,i}=f_{st,i}=i/N, i\in[0,1,\cdots,N-1]$。

当 $M=N$ 时，两种构造方法一致；当 $M\neq N$ 时，两种构造方法对应的波束个数和相邻波束的间隔都不相同，为了使辅助通道与主通道的杂波相关性更强，应该选择相邻波束间隔小的构造方式，同时，这样也可以使得正交波束通道的个数更多，于是就应按 $f_{s,\Delta}=\min\{1/M,1/N\}$ 的频率间隔来确定相邻波束通道。例如，如果主通道的空间频率为 $f_{sr,i_0}=f_{st,i_0}=i_0\cdot f_{s,\Delta}, i_0\in[0,1,\cdots,(\max\{M,N\}-1)]$，则相邻的两个波束通道的空间频率应为 $f_{sr,i_0}=f_{st,i_0}=(i_0\pm1)\cdot f_{s,\Delta}$。

注意，可能出现 $(i_0\pm1)\cdot f_{s,\Delta}<0$ 或 $(i_0\pm1)\cdot f_{s,\Delta}\geqslant1$ 的情况，但由于函数 $f(n)=\mathrm{e}^{-\mathrm{j}2\pi ni/K}$ 具有周期性，即 $\mathrm{e}^{-\mathrm{j}2\pi ni/K}=\mathrm{e}^{-\mathrm{j}2\pi n(i\pm K)/K}$，因此，可以利用周期性将 $(i_0\pm1)\cdot f_{s,\Delta}$ 归化到 $[0,1)$ 区间内。

以 4 发 4 收紧凑阵 MIMO 雷达为例，有 $M=N=4$。收发空间频率 $(f_{sr,i},f_{st,i})$ 的取值应为 [(0,0)，(1/4，1/4)，(2/4,2/4)，(3/4,3/4)]，可形成 4 个正交波束通道，如图 6.20 所示。若观测方向为阵列法线方向，即 $(f_{sr,i},f_{st,i})=(0,0)$ 对应的波束通道为主通道，则相邻波束通道的空间频率应为 (−1/4，−1/4) 和 (1/4，1/4)，也即 (3/4，3/4) 和 (1/4,1/4)。

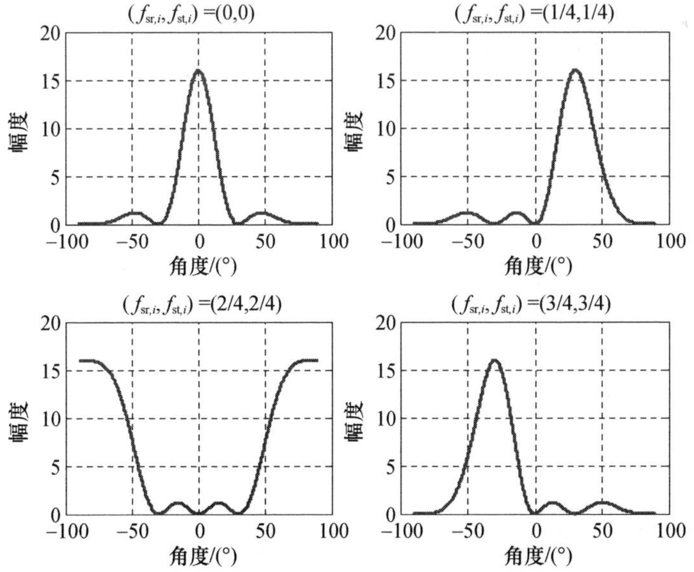

图 6.20　4 发 4 收紧凑阵 MIMO 雷达正交空域波束（收发联合波束）

又以8发12收的紧凑阵MIMO雷达为例，有$M=8$，$N=12$，可以形成$\max\{M,N\}=12$个正交波束通道。假设仍以阵列法线方向为观察方向，则主通道空间频率为$(f_{sr,i},f_{st,i})=(0,0)$，相邻波束通道的空间频率为(1/12, 1/12)和(−1/12, −1/12)，也即(1/12, 1/12)和(11/12, 11/12)。

上述紧凑阵MIMO雷达辅助波束通道的构造方法，在实际应用中需要注意，正交波束通道间隔超过了联合波束的3dB宽度，当目标位于两个通道中间时，SNR损失会超过3dB，这在工程应用中不能被接受。可在原波束通道间增加一组正交波束来补充搜索一次，以降低目标SNR损失，这可以通过在原空间频率的基础上，加$f_{s,\Delta}/2$来实现。例如，对于以前面的4发4收紧凑阵MIMO雷达，补充的正交波束组收发空间频率$(f_{sr,i},f_{st,i})$的取值变为[(1/8, 1/8), (3/8, 3/8), (5/8,5/8), (7/8, 7/8)]，也可形成4个正交波束通道，如图6.21所示。

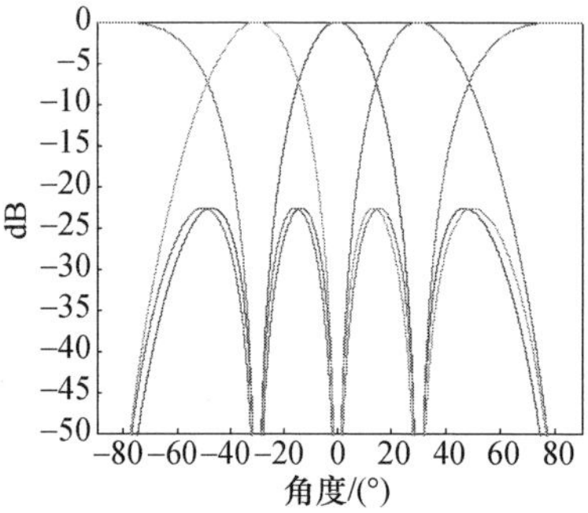

(a) 原始正交波束组

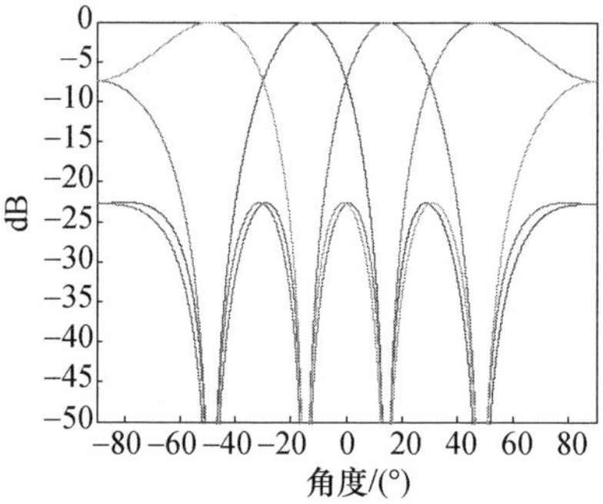

(b) 补充正交波束组

图6.21　紧凑阵MIMO雷达的两种正交波束通道组($M=N=4$)

2. 稀疏阵MIMO雷达正交波束通道的构造

这里以稀疏阵发射、紧凑阵接收为例进行说明，紧凑阵发射、稀疏阵接收具有等效性。此时，有$\gamma=d_T/d_R>1$，且只考虑$\gamma=d_T/d_R\leqslant N$的情况，因为当$\gamma>N$时，收发联合波束可能产生较高的栅旁瓣，这在实际应用中是不可取的。

相比紧凑阵，发射阵稀疏后，使得有效阵列孔径得到了扩展，由原来的Md_R变为了γMd_R(其中$d_R=\lambda/2$)，于是等效发射波束宽度将变窄为原来的$1/\gamma$。虽然产生了发射波束栅瓣，但经接收波束综合后，发射波束栅瓣将被接收波束的旁瓣抑制掉，综合后的收发联合波束不会出现栅瓣。

于是，构造正交的联合波束通道组时，如果按发射阵的正交波束组来构造，有$f_{s,\Delta}=1/(\gamma M)$，且$f_{sr,i}=f_{st,i}=i/(\gamma M)$，$i\in[0,1,\cdots,\gamma M-1]$。当然，更恰当的构造方式是按$f_{s,\Delta}=\min\{1/(\gamma M),1/N\}$的频率间隔来确定相邻波束通道。如果主通道的空间频率为$f_{sr,i_0}=f_{st,i_0}=i_0\cdot f_{s,\Delta}$，$i_0\in[0,1,\cdots,(\max\{\gamma M,N\}-1)]$，则相邻的两个波束通道的空间频率应为$f_{sr,i_0}=f_{st,i_0}=(i_0\pm1)\cdot f_{s,\Delta}$。

考虑一种特殊的情况，$\gamma = N$ 时，有 $f_{s,\Delta} = 1/(NM)$，$f_{sr,i} = f_{st,i} = i/(NM)$，$i \in [0,1,\cdots,\gamma M-1]$。这就是可以获得最大连续虚拟孔径的规则稀疏布阵方式，也是共址 MIMO 雷达技术文献讨论最多的布阵方式。此时，除了可以采用常规收发波束形成的方式构造正交联合波束通道外，还可以对 NM 个匹配滤波的输出直接采用 NM 点的 DFT 得到 NM 个正交波束通道，因为这 NM 个匹配输出具有连续的线性相位关系。

以 4 发 4 收稀疏阵 MIMO 雷达为例，设 $\gamma = N = 4$，构成 16 元最大孔径虚拟阵。此时，相邻正交波束通道的空间频率间隔为 $f_{s,\Delta} = 1/16$，可形成 16 个正交波束通道，图 6.22 所示。若观测方向为阵列法线方向，即 $(f_{sr,i}, f_{st,i}) = (0,0)$ 对应的波束通道为主通道，则相邻波束通道的空间频率应为 $(-1/16,\ -1/16)$ 和 $(1/16, 1/16)$，也即 $(15/16,\ 15/16)$ 和 $(1/16,\ 1/16)$，分别对应主通道左边和右边的波束通道。

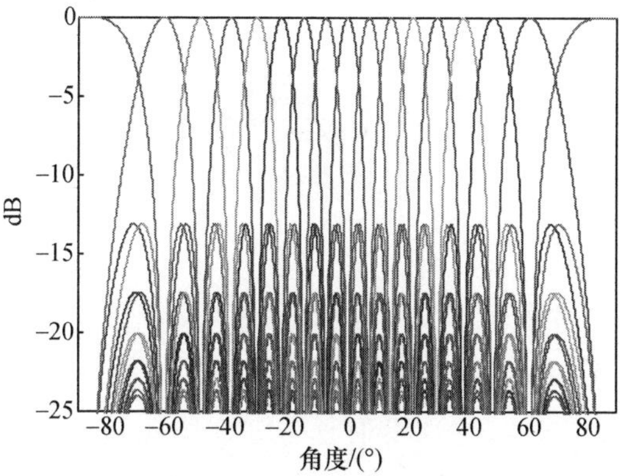

图 6.22　稀疏阵 MIMO 雷达的正交波束通道组（$M = N = 4$ 且 $\gamma = 4$）

3. 子阵级 MIMO 雷达正交波束通道的构造

考虑 MIMO 雷达分子阵发射的情况，设均匀排列、半波长间距的 M 个阵元，被均分为 M_{sub} 个子阵，每个子阵含 M_{es} 个阵元，有 $M = M_{sub}M_{es}$。各个子阵内的不同阵元发射相同的信号，子阵内通过移相扫描可实现子阵内方向图的控制；子阵间发射相互正交的信号，各子阵间相位中心相距 M_{es} 倍半波长，这与 $\gamma = M_{es}$ 的 M_{sub} 个发射阵元的稀疏发射阵 MIMO 雷达具有等效性。唯一不同的是，前者是子阵发射，具有方向性；而后者是阵元发射，可以是全向的，也可以是有方向性的。

这一情况下，子阵级 MIMO 雷达正交联合波束组的构造可以借鉴稀疏阵 MIMO 雷达的方法，以 $f_{s,\Delta} = \min\{1/(M_{es}M_{sub}), 1/N\} = \min\{1/M, 1/N\}$ 的频率间隔来确定相邻波束通道。此时，最多可以获得 $\max\{M, N\}$ 个正交波束通道，但考虑到子阵发射具有方向性，建议选取位于发射子阵方向图主瓣 3dB 宽度以内的波束通道，通常有 M_{sub} 个或 N/M_{es} 个，二者取其大。这是因为，为避免 SNR 损失，观测通道（即主通道）必定位于子阵方向图主瓣 3dB 宽度以内，用于对消主通道杂波的辅助通道也在其中选取，可以确保良好的杂波相关性，从而确保杂波对消的效果。

下面以收发采用相同阵列的共址 MIMO 雷达为例，说明上述正交联合波束组的构造方法。设总阵元数 $M=32$，阵元间距为半波长；发射时分为 $M_{sub}=8$ 个子阵，每个子阵 $M_{es}=4$ 阵元，各子阵间发射相互正交的信号；直接采用该 32 元阵接收，有 $N=32$。该子阵级 MIMO 雷达的正交波束通道组如图 6.23 所示。

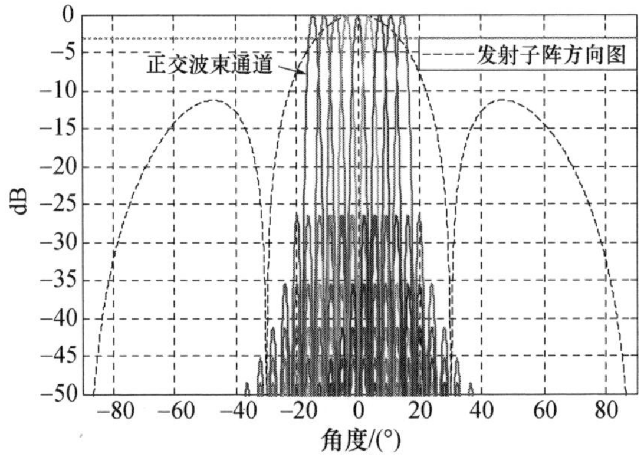

图 6.23　子阵级 MIMO 雷达的正交波束通道组（32 阵元分 8 子阵的情况）

此时，相邻正交波束通道间，空间频率间隔为 $f_{s,\Delta}=1/32$。由于发射分子阵，信号功率分布具有方向性，选择发射子阵方向图主瓣内的波束通道作为降维 STAP 算法的空域波束通道，通道数为 $M_{sub}=8$，考虑到对称性，也可以是 9 个，这与波束通道指向和发射子阵波束指向有关，如图 6.23 中实线波束所示。图中的 9 个波束通道均可作为主通道，用于检测目标。若观测方向为阵列法线方向，应选取 $(f_{sr,i},f_{st,i})=(0,0)$ 对应的波束通道作主通道，则相邻波束通道的空间频率为（31/32，31/32）和（1/32，1/32），分别对应主通道左边和右边的波束通道。

需要注意的是，子阵级 MIMO 雷达正交波束通道间隔通常也会超过波束的 3dB 宽度，为避免目标 SNR 的较大损失，实际应用中需要在原波束通道间增加一组正交波束来补充搜索，与前面紧凑阵的情况类似，这可以通过在原空间频率值基础上加 $f_{s,\Delta}/2$ 来实现。上例中的补充正交波束组如图 6.24 所示，此时子阵方向图 3dB 宽度以内的正交波束通道个数只有 8 个。

本小节给出了几种不同阵列形式的 MIMO 雷达降维 STAP 算法的正交波束通道构造方法，值得指出的是，上述方法虽然简单有效，但并不是唯一的构造方法，也不一定是最好的方法，可能存在其他更好的构造方法。

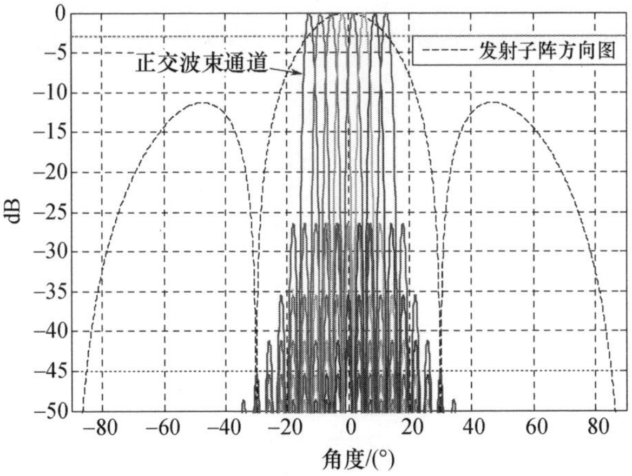

图 6.24　子阵级 MIMO 雷达补充正交波束通道组(32 阵元分 8 子阵的情况)

6.5.4　MIMO 雷达降维 STAP 处理性能仿真

本小节采用前述角度－多普勒域正交二维通道的构造方法,以 JDL 算法为例,对 MIMO 雷达的降维 STAP 处理进行了仿真,并与相同条件下的相控阵雷达进行了性能比较,从而说明 MIMO 雷达在杂波抑制与低速目标检测方面的优势。

1. 不分子阵的 MIMO 雷达处理性能仿真

设阵列为正侧视配置,观测方向为法线方向;发射阵元个数 $M=4$,接收阵元个数 $N=4$,接收阵元间距 $d_R=\lambda/2$,其中 λ 为波长,在一个 CPI 内发射 $L=64$ 个脉冲;载机速度 $v=125\text{m/s}$,载频 $f_c=1.2\text{GHz}$,脉冲重复频率 $f_r=2\text{kHz}$;杂波环以 0.5°为间隔进行划分,单个杂波单元的输入杂噪比 CNR = −3.15dB。

首先来看不同发射接收阵元间距比(γ),即不同的发射阵稀疏程度下的处理性能。考虑三种阵列结构,①$\gamma=d_T/d_R=1$,②$\gamma=2$,③$\gamma=4$。显然第一种为紧凑阵 MIMO 雷达结构,后两种为稀疏阵结构。降维 STAP 采用 JDL3×3 算法,局域处理含 9 个角度－多普勒正交通道,其中一个为主通道,选择主通道周围相邻的 8 个通道作为辅助通道(参见图 6.18)。

三种阵列结构对应的输出 SCNR 损失如图 6.25 所示。可以看出,当 MIMO 采用规则稀疏阵即阵列③时,相比于阵列①和阵列②性能更好,输出 SCNR 曲线的凹口更窄,对于低速目标的探测更具优势,这是由于规则稀疏阵能够形成最大连续虚拟孔径所致。

接下来比较 MIMO 雷达与相控阵的 STAP 处理性能。MIMO 雷达仿真条件同前,但仅采用 $\gamma=4$ 的规则稀疏阵结构进行比较;相控阵雷达收发阵列都为半波长间距的均匀线阵,除 CPI 内的积累脉冲数为 $L=16$ 外,其他仿真条件与 MI-

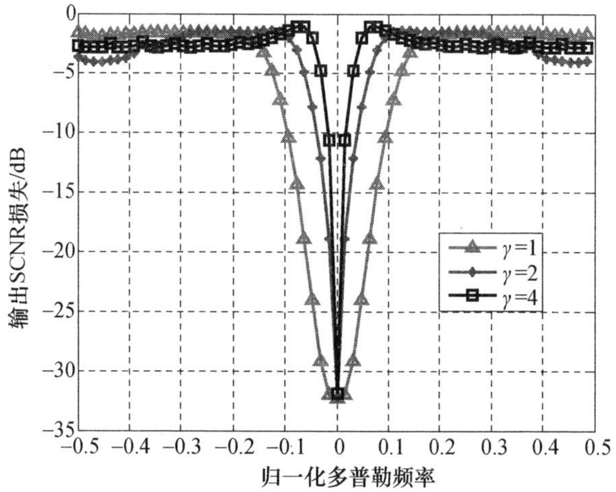

图 6.25　不同稀疏程度下 MIMO 雷达的输出 SCNR 损失

MO 雷达相同。在这两种雷达的仿真条件下,均可以通过对回波数据(匹配滤波输出)进行二维离散傅里叶变换(2D - DFT)得到角度 - 多普勒域数据。采用 JDL3 ×3 降维 STAP 算法的处理结果如图 6.26 所示。

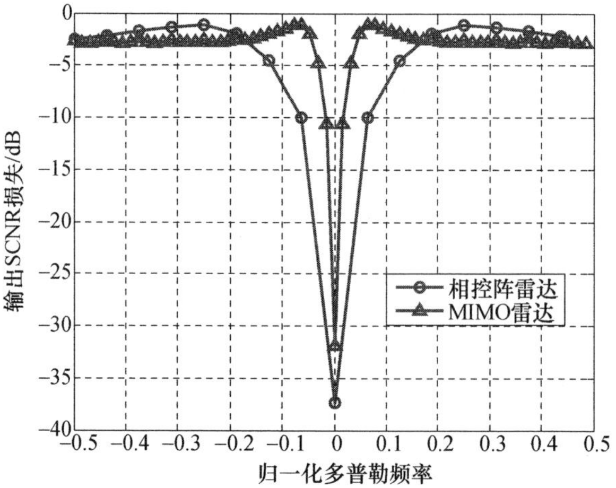

图 6.26　正侧视阵 MIMO 雷达与相控阵雷达的性能比较

可以看出,相比相控阵雷达,MIMO 雷达的输出 SCNR 损失曲线具有更窄的凹口,说明其具有更好的低速目标探测性能,这是由于 MIMO 雷达允许发射更多相干积累脉冲,以及可形成更大的连续虚拟孔径,使得 MIMO 雷达的杂波谱相比于相控阵雷达杂波谱更窄。同时,由于采用的是 JDL3 ×3 降维 STAP 算法,自适应处理的局域有限,杂波对消并不彻底,使得杂波抑制性能在高速区存在一定起伏,MIMO 雷达和相控阵雷达都有此现象。但如果采用更大的局域或者是采用全域自适应处理，两种雷达模式均能更有效地抑制杂波，高速区输出 SCNR 也趋于稳定，且 MIMO 雷达占有一定的性能优势。

其他参数设置不变，将阵列的正侧视配置改为正前视配置，探测正前方目标，MIMO 雷达和相控阵雷达的 STAP 处理性能对比如图 6.27 所示。此时，主瓣杂波具有最大多普勒频率，因此输出 SCNR 损失曲线会在多普勒频率轴两边形成凹口。与正侧视情况类似，MIMO 雷达具有更窄的凹口，也就具有更好的低速目标探测性能；采用更大的局域或者是采用全域自适应处理，高速区输出 SCNR 将趋于稳定，且 MIMO 雷达仍将占有一定的性能优势。

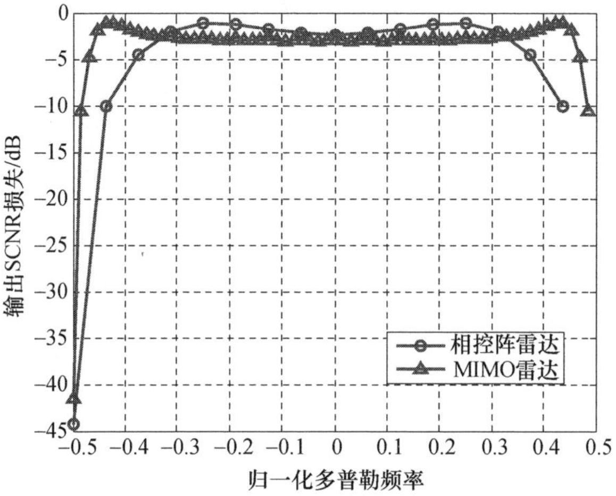

图 6.27　正前视阵 MIMO 雷达与相控阵雷达的性能比较

2. 子阵级 MIMO 雷达处理性能仿真

下面对子阵级 MIMO 雷达的降维 STAP 处理进行仿真，并于相同条件下的相控阵雷达进行了比较。为贴近工程实践，考虑了距离模糊和通道误差、杂波内部运动（杂波起伏）等非理想因素的影响。

设收发共用同一阵列，该阵为 64 × 16 的均匀面阵，阵元间距为半波长；俯仰维的 16 个阵元发射相同信号的不同相移实现俯仰维方向图扫描，经过微波合成后可以看做一个在俯仰维上具有方向性的阵元，所以该面阵可以等效为一个具有 64 阵元的线阵。MIMO 雷达发射时，将阵列均分为 4 个子阵，分别发射相互正交的信号，子阵内的各个阵元发射相同信号的不同相移以实现子阵内方向图的扫描。

设载机速度 $v = 150\text{m/s}$，载机高度 $H = 10\text{km}$；阵列采用正侧视配置，观测方向为法线方向；信号载频 $f_c = 1.2\text{GHz}$，脉冲重复频率 $f_r = 8\text{kHz}$，一个 CPI 内的积累脉冲数为 256（相同条件的相控阵雷达为 64）；目标距离 $R = 400\text{km}$ 处，RCS 为 5m^2；采用 JDL3 × 3 降维 STAP 算法进行杂波抑制处理。

理想条件下,考虑距离模糊时,MIMO 雷达和相控阵雷达的 STAP 处理输出 SCNR 曲线如图 6.28 所示。由于存在多重距离模糊,模糊距离环上的杂波同时到达会加强杂波回波能量,使得输入的目标信号信噪比 SCR 很低,但经过降维 STAP 处理后,杂波可以被有效的抑制,输出 SCNR 大大提高。同时,与前类似,MIMO 雷达的输出 SCNR 曲线具有更窄凹口,说明其具有更好的低速目标探测性能。

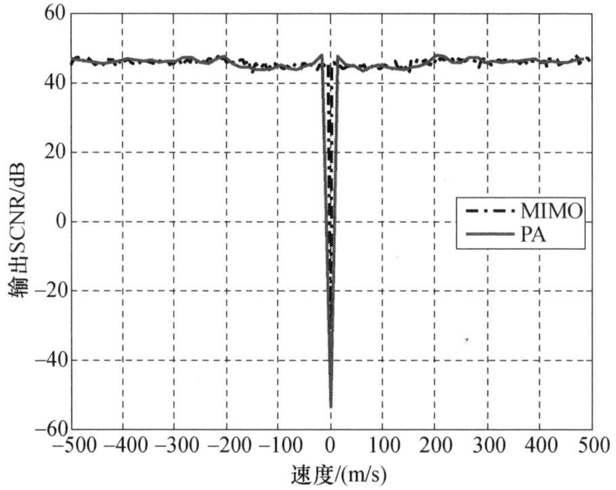

图 6.28　理想条件下 MIMO 雷达与相控阵雷达的性能比较(正侧视阵)

在理想情况的基础上,引入(±5% , 5°)的通道幅相误差及 2.4Hz 的杂波内运动,MIMO 雷达和相控阵雷达的 STAP 处理输出 SCNR 曲线如图 6.29 所示。可以看出,通道误差等对输出 SCNR 曲线有明显的影响,特别是在速度较低的 ±150m/s

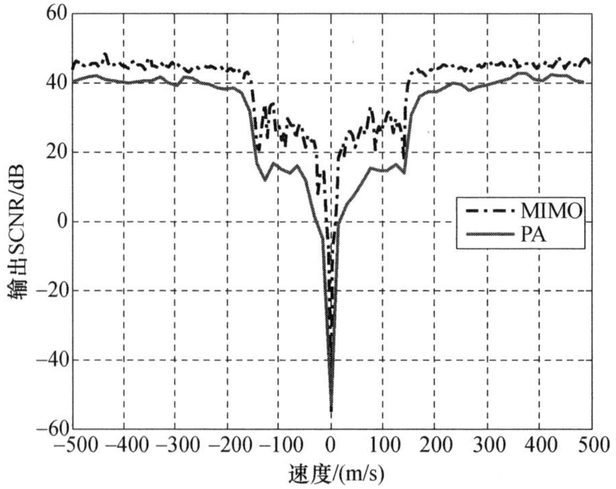

图 6.29　非理想条件下 MIMO 雷达与相控阵雷达的性能比较(正侧视阵)

内的杂波区;但相对而言,MIMO 雷达具有更突出的性能,输出 SCNR 明显高于相控阵雷达。

其他参数设置不变,将阵列的正侧视配置改为正前视配置,探测正前方目标。非理想条件下,MIMO 雷达和相控阵雷达的 STAP 处理输出 SCNR 曲线如图 6.30 所示。可以看出,MIMO 雷达仍然具有较明显的性能优势,特别是由更窄的 SCNR 曲线凹口带来的低速目标检测性能优势。

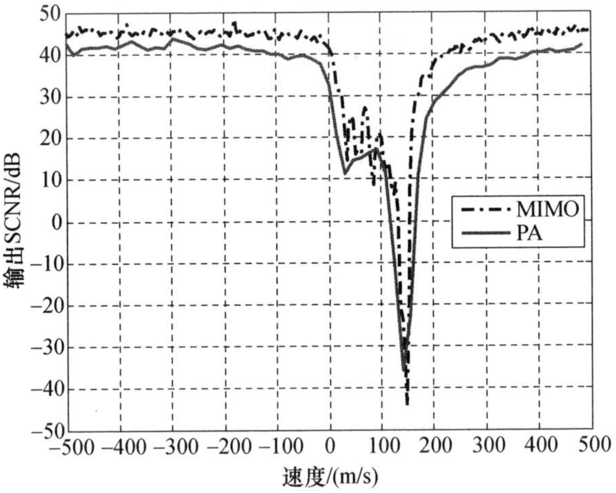

图 6.30　目标位于正前视 0°方向时 MIMO 雷达和相控阵雷达性能对比

6.6　机载 MIMO 雷达应用方案及其处理性能

机载 MIMO 雷达可以采用传统的线阵或面阵形式,也可以采用分布式的稀疏布阵形式。基于传统线阵或面阵的机载 MIMO 雷达,可以在普通数字相控阵雷达基础上稍加改造而实现。图 6.31 给出了一种基于面阵的机载 MIMO 雷达应用方案。将整个雷达阵面划分为 M 个子阵,分别发射 M 个正交信号。正交波形数据送到波形产生器,得到一个子阵的发射信号,该信号被分配给子阵内各个阵元的 T/R 组件;T/R 组件将接收到的射频信号经数字接收模块进行处理,完成下变频、低通滤波和数字采样,得到数字基带信号;所有阵元接收的基带信号送入数字信号处理机进行接收信号处理:采用匹配滤波器进行信号分离,根据空间相位信息进行波束形成,采用空时联合处理进行杂波/干扰抑制,最后进行凝视检测和目标跟踪。

机载 MIMO 雷达系统的常态工作模式为宽发多收状态,此时多个发射子阵按照一定的脉冲重复周期用宽波束同时发射正交的信号波形,发现目标之前,MIMO 雷达系统一直工作在这一状态;一旦发现目标并得到确认,雷达系统则将

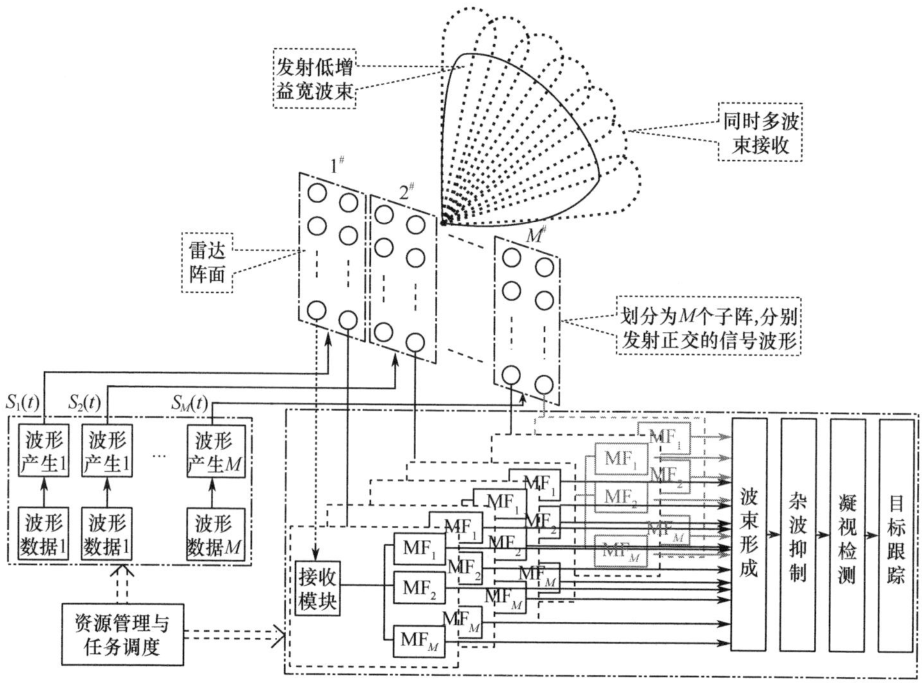

图 6.31　机载 MIMO 雷达应用方案(见彩图)

进入粗跟或精跟状态;在宽发监视状态的同时,还可进行多目标的跟踪,由调度和资源管理软件协调多种不同性质的工作。

另外,为实现对重点区域的大功率探测或对高威胁目标的连续跟踪,该系统也可以工作在相控阵模式。此时,只需让各个发射通道发射相同的信号波形即可,多个通道的信号在空间可形成高增益的窄波束,从而实现对重点区域或重点目标的大功率照射。

图 6.31 所示的机载 MIMO 雷达本质上属于集中式的共址 MIMO 雷达,其基本的信号处理与第 2 章介绍的共址 MIMO 雷达原理相似。同时,为实现有效的杂波/干扰抑制和地面动目标检测,机载 MIMO 雷达可采用本章介绍的空时自适应处理(STAP)技术,进一步改善系统性能。

下面给出部分机载 MIMO 雷达空时处理的仿真结果,包括非自适应处理和空时自适应处理情况下,一些典型场景的 MIMO 雷达与相控阵雷达的输出信杂噪比(SCNR)对比结果。仿真中杂波模拟采用积分式的建模方法,并代入了具体信号形式,经匹配滤波后,各信号间的自相关旁瓣和互相关的影响均能如实反映。典型仿真参数如下:

(1) 阵列形式为 64 × 16 均匀面阵(MIMO 模式下均匀划分为 4 子阵)。

(2) 单阵元发射功率为 500W。

（3）脉冲重复频率为 8kHz。

（4）信号带宽为 5Mbit。

（5）信号形式为正交相位编码(码长 128)。

（6）载机速度为 150m/s。

（7）载机高度为 10km。

（8）脉冲数为 PA(64),MIMO(256)。

（9）通道误差为(±5%，±5°)。

（10）目标距离和 RCS 为 400km 及 $5m^2$。

1）非自适应处理结果

图 6.32 是几种阵列配置和指向情况下非自适应处理(DBF + MTD)的输出 SCNR 曲线。在接收波束形成和 MTD 处理时,采用了加窗的方式来控制滤波旁瓣,窗函数为切比雪夫窗,加窗幅度为空域 50dB、时域 80dB。可以看出,MIMO 雷达具有明显的低速目标探测性能优势。

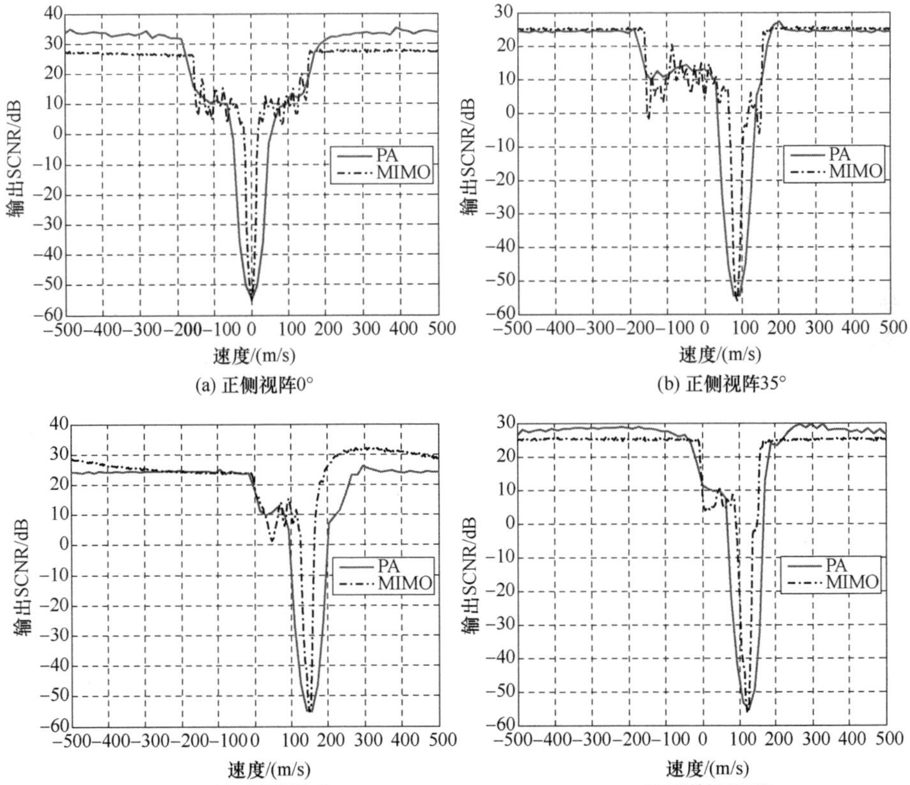

图 6.32　非自适应处理输出 SCNR

2）自适应处理(STAP)结果

图6.33是几种阵列配置和指向情况下采用STAP处理的输出SCNR曲线。STAP算法采用局域窗口为7×3的JDL算法。可以看出，MIMO雷达具有更好的杂波抑制性能，在低速目标探测性能方面具有明显的优势。

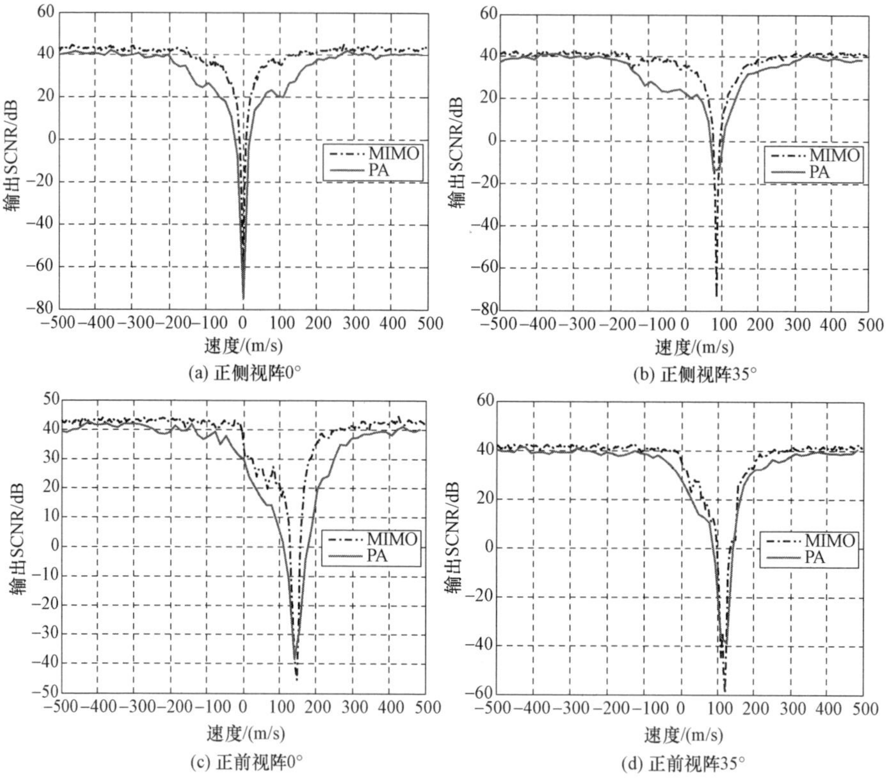

图6.33　STAP处理输出SCNR

6.7　本章小结

本章介绍空载共址MIMO雷达的空时自适应处理(STAP)技术，从基本信号模型出发，分析了空载MIMO雷达的杂波特性，重点讨论了其杂波谱和杂波秩；由常规相控阵雷达STAP处理的一般结构，引出了MIMO雷达的STAP结构；在此基础上，介绍了MIMO雷达STAP处理的降秩算法和降维算法，并重点讨论了降维算法中，不同布阵方式的MIMO雷达正交波束通道的构造方法。本章介绍的内容仅给出了MIMO雷达STAP技术的一个基本框架，其理论和算法还有值得探索的空间，特别是结合发射端自由度的各类STAP算法的改进和优化，值得广大学者和工程技术人员深入研究。

参考文献

[1] 王永良,彭应宁. 空时自适应信号处理[M]. 北京:清华大学出版社,2000.

[2] Klemm R. Adaptive clutter suppression for airborne phased array radars[J]. IEE Proceedings Microwaves, Optics and Antennas, 1983, 130(1):125 - 132.

[3] Ward J. Space-Time adaptive processing for airborne radar[R]. Tech. Rep. 1015, Lincoln Laboratory, 1994.

[4] Brennan L E, Staudaher F M. Subclutter visibility demonstration[J]. Adeptive Sensors, Inc., Santa Monica, CA, Tech. Rep. RL-TR-92-21, 1992.

[5] Chen C Y, Vaidyanathan P P. MIMO radar space time adaptive processing using prolate spheroidal wavefunctions[J]. IEEE Transactions on Signal Processing, 2007, 56(2): 623 - 635.

[6] Zhang W, Li J, Lin H, et al. Estimation of clutter rank of MIMO radar in case of subarraying [J]. Electronics Letters, 2011, 47(11): 671 - 673.

[7] Ward J. Space-Time Adaptive Processing for Airborne Radar[R]. Tech. Rep. 1015, Lincoln Laboratory, 1994.

[8] Slepian D, Pollak H O. Prolate spheroidal wave functions, Fourier analysis and uncertainty-III: The dimension of the space of essentially time-and-band-limited signals[J]. Bell Syst. Tech. J., 1962, 1295 - 1336.

[9] Brennan L E, Mallett J D, Reed I S. Theory of adaptive radar[J]. IEEE Transactions on Aerospace and Electronic Systems, 1973, 9(2): 237 - 251.

[10] Reed I S, Mallett J D, Brennan L E. Rapid convergence rate in adaptive arrays[J]. IEEE Transactions on Aerospace and Electronic Systems , 1974, 10(6): 853 - 863.

[11] Klemm R. Adaptive airborne MTI: An auxiliary channel approach[J]. IEE Proceedings, 1987, 134(3): 269 - 276.

[12] Dipieto R C. Extended factored space-time processing technique for airborne radar[C]. 25th Asilomar Conference, Pacific Grove, CA, 1992, 425 - 430.

[13] 保铮,张玉洪,廖桂生,等. 机载雷达空时二维信号处理[J]. 现代雷达,1994,16(1): 38 - 48.

[14] Wang H, Cai L. On adaptive spatial-temporal processing for airborne surveillance radar systems[J]. IEEE Transactions on Aerospace and Electronic Systems, 1994, 30(3): 660 - 669.

[15] Wang Y L, Peng Y N. Space-time joint processing method for simultaneous clutter and jamming rejection in airborne radar[J]. Electronic Letters, 1996, 32(3): 258 - 259.

[16] Wang Y L, Chen J W, Bao Z, et al. Robust space-time adaptive processing for airborne radar in nonhomogeneous clutter environments[J]. IEEE Transactions on Aerospace and Electronic Systems, 2003, 39(1): 70 - 81.

[17] Brown R D, Schneible R A, Wicks M C, et al. STAP for clutter suppression with sum and

difference beams[J]. IEEE Transactions on Aerospace and Electronic Systems, 2000, 36(2): 634-646.

[18] Roman J R, Rangaswamy M, Davis D W, et al. Parametric adaptive matched filter for airborne radar applications[J]. IEEE Transactions on Aerospace and Electronic Systems, 2000, 36(2): 677-692.

[19] Kirsteins I P, Tufts D W. Adaptive detection using a low rank approximation to a data matrix[J]. IEEE Transactions on Aerospace and Electronic Systems, 1994, 30(1): 55-67.

[20] Haimovich A M, Bar-Ness Y. An eigenanalysis interference canceller [J]. IEEE Transactions on Signal Processing, 1991, 39(1): 76-84.

[21] Goldstein J S, Reed I S. Reduced rank adaptive filtering[J]. IEEE Transactions on Signal Processing, 1997, 45(2): 492-496.

[22] Goldstein J S, Reed I S. Theory of partially adaptive radar[J]. IEEE Transactiom on Aerospace and Electronic Systems, 1997, 33(4): 1309-1325.

[23] Goldstein J S, Reed I S, Scharf L L. A multistage representation of the wiener filter based on orthogonal projections [J]. IEEE Transactions on Information &theory, 1998, 44(7): 2943-2959.

[24] Goldstein J S, Reed I S, Zulch P A. Multistage partially adaptive STAP CFAR detection algorithm[J]. IEEE Transactions on Aerospace and Electronic Systems, 1999, 35(2): 645-662.

[25] Guerci J R, Goldstein J S, Reed I S. Optimal and adaptive reduced-rank STAP[J]. IEEE Transactions on Aerospace and Electronic Systems, 2000, 36(2): 647-663.

[26] Guerci J R. Space-time adaptive processing for radar [M]. Norwood, MA: Artech House, 2003.

[27] Klemm R. Space-time adaptive processing in Principles and Applications[M]. IEE, London, 1999.

[28] Klemm R. Principles of space-time adaptive processing[M]. 3rd edition. IET, 2002.

[29] 张伟. 机载MIMO雷达空时信号处理研究[D]. 成都:电子科技大学,2013.

[30] Zhang W, He Z, Li J, et al. A method for finding best channels in beam-space post-doppler reduced-dimension STAP[J]. Aerospace and Electronic Systems, IEEE Transactions on, 2014, 50(1): 254-264.

[31] Zhang W, He Z, Li J, et al. Multiple-input-multiple-output radar multistage multiple-beam beamspace reduced-dimension space-time adaptive processing [J]. IET Radar Sonar& Navigation. 2013, 7(3):295-303.

第7章 共址 MIMO 雷达中的长时间积累

脉冲积累是雷达提高对目标的输出信噪比的有效手段。目标的运动使得其回波信号在脉冲积累过程中出现跨单元的走动问题,积累时间越长,这种走动越明显,从而导致积累的信噪比损失。共址 MIMO 雷达往往通过增加对目标信号的积累时间来弥补其发射增益的下降,因此运动目标回波信号的跨单元走动问题在共址 MIMO 雷达中显得更为突出。

本章针对共址 MIMO 雷达中的长时间积累问题,从雷达脉冲积累的基本概念出发,首先给出了长时间积累情况下的目标回波模型,然后对一些经典的积累方法进行介绍,最后针对采用 SFDLFM 信号的 MIMO 雷达,给出了一种 MIMO 雷达特有的长时间积累方法,通过简单的等效发射波束形成控制,实现运动目标回波的包络移动补偿。

7.1 雷达中的脉冲积累

对于发射多脉冲信号的雷达,将来自同一目标的多个脉冲回波进行累加的过程称为脉冲积累。传统雷达中的脉冲积累分为相参积累和非相参积累。相参积累又称检波前积累,要求知道回波脉冲间的相位信息,以便进行多个脉冲回波的“同相相加”,实现无损耗的积累。非相参积累又叫检波后积累,它不需要知道回波脉冲间的相位信息,直接将回波脉冲的包络(绝对幅度)进行相加,实现多个脉冲的积累,这种积累通常有损耗。

脉冲积累是提高雷达探测性能重要而有效的手段,但在积累过程中,目标的运动可能导致多个脉冲间的回波信号存在跨距离单元或(和)跨多普勒单元的走动,采用常规的直接移相相加的方法难以实现有效的积累,影响雷达对弱小目标的探测能力。这一问题在正交波形共址 MIMO 雷达中尤为突出,因为共址 MIMO 雷达往往依靠更长时间和更多脉冲的积累来弥补发射天线增益的不足,提高探测性能,这种几倍于相控阵雷达积累时间的处理方法,必然导致目标运动引起的回波包络跨检测单元走动现象更为明显,能量分散的程度更为严重。因此，共址 MIMO 雷达中的长时间积累问题是一个必须引起重视的关键问题。

针对运动目标的跨检测单元积累问题，已有大量文献进行了研究，并提出了一系列有效的积累方法，这些方法包括基于移位或插值的方法[1,2]、Keystone 变换法[3-5]、Radon 傅里叶变换方法[6,7]、解线性调频法、基于匹配傅里叶变换（MFT）的方法[8-10]、基于分数阶傅里叶变换（FRFT）的方法[11-13]、基于 Wigner - Hough 变换（WHT）的方法[14,15]、基于时频分析的方法[16,17]以及检测前跟踪（TBD）[18-21]等。由于这些积累方法均是在接收端脉冲压缩和波束形成以后完成的，而共址 MIMO 雷达与相控阵雷达在脉冲压缩和波束形成以后的处理是相同的，因此这些适用于相控阵雷达的长时间积累方法可以直接应用于共址 MIMO雷达。

7.2 长时间积累目标回波模型

设雷达在一个相参处理间隔（CPI）内发射 L 个脉冲，第 l 个脉冲信号具有如下形式

$$s_{\mathrm{t}}(t)=\mathrm{rect}\left(\frac{t-lT}{T_{\mathrm{P}}}\right)a_{\mathrm{s}}(t-lT)\mathrm{e}^{\mathrm{j}2\pi f_{\mathrm{c}}t} \tag{7.1}$$

式中：$\mathrm{rect}(t)$ 为矩形函数；T 为雷达周期；T_{P} 为脉冲宽度；$a_{\mathrm{s}}(t)$ 为所使用的基带信号，可以是线性调频、相位编码或别的形式；f_{c} 为载频。则对应的回波脉冲为

$$s_{\mathrm{r}}(t)=s_{\mathrm{t}}[t-\tau(t)]=\mathrm{rect}\left[\frac{t-lT-\tau(t)}{T_{\mathrm{P}}}\right]a_{\mathrm{s}}[t-lT-\tau(t)]\mathrm{e}^{\mathrm{j}2\pi f_{\mathrm{c}}[t-\tau(t)]} \tag{7.2}$$

式中：$\tau(t)=2R(t)/c$ 为回波信号时延。

考虑一加速运动目标，目标相对于雷达的径向速度为 v（定义相向运动为正值），加速度为 a，加加速度为 a_a，则目标瞬时距离为

$$R(t)=R_0-vt-\frac{1}{2}at^2-\frac{1}{6}a_at^3-\cdots \tag{7.3}$$

忽略三次及以上的项，代入 $\tau(t)=2R(t)/c$，得

$$\tau(t)\approx 2\left(R_0-vt-\frac{1}{2}at^2\right)/c \tag{7.4}$$

回波的包络记为 $e(t)$，有

$$e(t)=\mathrm{rect}\left[\frac{t-lT-\tau(t)}{T_{\mathrm{P}}}\right]=\mathrm{rect}\left[\frac{t-lT-2R_0/c+(2vt+at^2)/c}{T_{\mathrm{P}}}\right] \tag{7.5}$$

令回波前沿 $\tau_0=\dfrac{2R_0}{c}$，快时间 $\hat{t}=t-lT$，有

$$e(t) = \mathrm{rect}\left[\frac{\hat{t} - \tau_0 + (2vt + at^2)/c}{T_{\mathrm{P}}}\right] \tag{7.6}$$

在目标速度较低或积累时间较短,CPI 内可以忽略目标的相对走动的场合,回波时延被近似为一个只与距离有关的常数 τ_0,由 $\hat{t} = t - lT$ 把回波信号变换到快－慢时间域,就可得到在快时间维上自动对齐的回波包络,此时,式(7.6)分子的最后一项近似为零。但当目标速度较高或者积累的时间较长时,CPI 内目标在距离上的相对走动已不能忽略,回波时延是时间的变量 $\tau(t)$,由于式(7.6)中分子最后一项的存在,将使得目标回波包络在快－慢时间域不能对齐,存在明显的跨距离单元走动。

再来考察频率项 $f(t) = \mathrm{e}^{\mathrm{j}2\pi f_{\mathrm{c}}[t - \tau(t)]}$,代入式(7.4),有

$$f(t) = \mathrm{e}^{\mathrm{j}2\pi f_{\mathrm{c}}[t - \frac{2}{c}(R_0 - vt - \frac{1}{2}at^2)]} = \mathrm{e}^{\mathrm{j}2\pi f_{\mathrm{c}}t}\mathrm{e}^{-\mathrm{j}4\pi R_0/\lambda}\mathrm{e}^{\mathrm{j}2\pi(2vt + at^2)/\lambda} \tag{7.7}$$

式中:第一项为载频项,可通过混频处理消掉;第二项为一固定相位项,不影响相参积累;第三项为多普勒相位项,即相位是时间的二次函数,这使得多普勒频率不是固定值,而是时间的函数(表现为线性调频),即

$$f_{\mathrm{d}}(t) = (2v + 2at)/\lambda \tag{7.8}$$

当积累时间较长时,回波脉冲间可能出现跨多普勒单元的走动,将无法通过常规的移相相加的方式实现相参积累。

7.3　经典的长时间积累方法

现有长时间积累方法可以分为相参积累方法和非相参积累方法两类。一般说来,非相参积累由于没有利用相位信息,存在积累损失,损失的大小与输入信噪比有关,信噪比越大,损失越小;当输入信噪比大于 1 时,非相参积累损失可以接受,此时用非相参积累代替相参积累,实现更简便。因此,对运动目标的长时间积累,可以分两个阶段进行,前一阶段由于信噪比很低,采用相参积累提高信噪比;待信噪比提高到一定程度后或者目标特性已不满足相参积累条件后,可转入非相参积累进一步提高积累性能,从而有利于微弱运动目标的检测、跟踪和参数估计。

相参积累方法中包括针对距离走动补偿的方法,如包络插值移位、Keystone 变换、Radon 傅里叶变换等,以及针对多普勒走动补偿的方法,如解线性调频、基于匹配傅里叶变换的方法、基于分数阶傅里叶变换的方法、基于 Wigner－Hough 变换的方法等;非相参积累方法主要利用检测前跟踪(TBD)技术,采用的算法包括 Hough 变换、动态规划、三维匹配滤波、高阶相关、基于粒子滤波的算法等。本节对几种经典的长时间积累方法进行简要介绍,更为详细的内容请参考相关

技术文献。

7.3.1 包络插值移位

包络插值移位方法主要针对目标回波存在跨距离单元走动的长时间积累场合,目标的径向速度较大且恒定,而加速度的影响基本可以忽略。

一般来所,无论发射的信号形式如何,经由匹配滤波后得到的输出信号均为钟形包络,其峰值位置在

$$\tau \approx \tau_0 - 2vt/c \tag{7.9}$$

相对第一个脉冲回波(序号标记为0),第 l 个雷达周期包络的峰值时移为

$$\delta_l = 2lTv/c \quad (l = 0,1,\cdots,L-1) \tag{7.10}$$

当 $|2LTv/c| > T_s$ 时,积累效果将受到明显影响,T_s 为快时间采样间隔。使用插值移位处理实现包络走动补偿,其处理过程可以用如下公式表示[2]

$$\boldsymbol{z}(l,j) = \boldsymbol{y}(l,j-\Delta j) + [\boldsymbol{y}(l,j-\Delta j-1) - \boldsymbol{y}(l,j-\Delta j)](\delta_l - \Delta j T_s)/T_s \tag{7.11}$$

式中:z 和 y 分别为处理前后的快-慢时间域数据矩阵;

$$\Delta j = int(\delta_l / T_s) \tag{7.12}$$

是以采样间隔为单位量化取整的包络走动数,int(·)为取整操作。

包络对齐后再进行常规的离散傅里叶变换(DFT)处理,可以有效改善积累的效果

$$\boldsymbol{Z}(k,j) = \sum_{l=0}^{L-1} z(l,j)\mathrm{e}^{-\mathrm{j}2\pi lk/L} \tag{7.13}$$

包络插值移位算法中,要实现包络走动的完全补偿,需要知道精确的目标速度信息。对于大多数搜索状态的雷达来说,在检测之前这是不可能做到的。但可以根据目标速度范围,划分为若干个速度区间,按每个速度区间分别进行补偿和插值移位的处理。补偿速度与目标真实速度间可能存在一定偏差,但通过调整速度搜索区间的步长,可以使误差引起的损失控制在可以接受的范围内。

另外,由傅里叶变换的性质可知,时域上的延迟对应着频域上与一指数函数相乘,因此,运动目标回波的包络走动补偿也可以在频域上完成,即通过在频域上乘以一指数函数 $\mathrm{e}^{\mathrm{j}2\pi f\delta_l}$ 实现信号在时域上的移位补偿。频域上实现的移位补偿既可完成分数阶的时延控制,有效克服真实时延不是采样周期整数倍带来的移位误差,还能与数字频域脉压处理相结合,大大减少运算量。

对于采用 LFM 信号的脉冲雷达,利用 LFM 信号特有的距离-多普勒耦合效应,可以通过对各周期回波信号乘以一多普勒校正项 $\mathrm{e}^{-\mathrm{j}2\pi\xi lT}$,实现回波包络的

距离走动补偿。基于该思想,文献[22]提出了利用频域匹配权控制的包络走动补偿方法,该方法通过对匹配滤波频域权值的移位控制,实现了对不同周期回波信号的包络走动补偿,大大降低了处理复杂度和运算量。本小节对此不作具体介绍,详细内容请参考该文献。

7.3.2 Keystone 变换

Keystone 变换最初是用于合成孔径雷达(SAR)距离单元徙动校正的[3],将其应用于脉冲多普勒体制的雷达,可用于补偿长时间积累条件下运动目标的包络移动,其基本原理如下。

将多个脉冲周期的雷达回波转换到快－慢时间域($\hat{t}-t_l$);在快时间域做傅里叶变换,将信号转换到频率－慢时间域($f-t_l$);然后对慢时间 t_l 进行变量代换,令

$$\tau_l=\frac{f_c+f}{f_c}t_l \tag{7.14}$$

式中:f_c 为载频。式(7.14)将信号转换到了($f-\tau_l$)平面,τ_l 可以看成是一个虚拟的慢时间变量。式(7.14)所表示的变换将($f-t_l$)平面的矩形支撑域在($f-\tau_l$)平面变成了一个倒梯形,如图 7.1 所示。

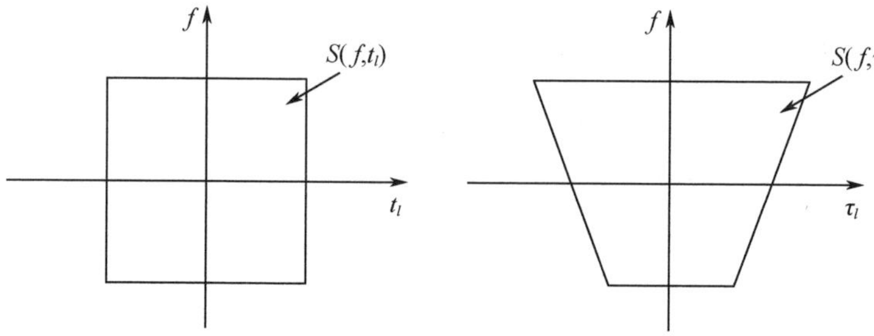

图 7.1　Keystone 变换示意图

由此可见,Keystone 变换是一种对慢时间轴 t_l 的伸缩变换,频率为正时拉伸负时压缩,且频率值越高拉伸幅度越大。

下面结合一般信号形式,说明利用 Keystone 变换如何补偿运动目标回波的包络移动。设回波信号经过下变频和快－慢时间域变换后可表示为

$$s_{rb}(\hat{t},t_l)=p\left[\hat{t}-\frac{2R(t_l)}{c}\right]e^{-j2\pi f_c\frac{2R(t_l)}{c}} \tag{7.15}$$

式中:$p(t)$ 为信号的隐式表达;$R(t_l)$ 为 t_l 对应的距离信息。

经过快时间维的傅里叶变换后,得

$$S(f,t_l)=P(f)\mathrm{e}^{-\mathrm{j}2\pi(f+f_c)\frac{2R(t_l)}{c}} \tag{7.16}$$

式中:$P(f)$为$p(\hat{t})$的傅里叶变换。

利用麦克劳林公式将距离信息$R(t_l)$展开,可得

$$R(t_l)=R_0+vt_l+\frac{1}{2}at_l^2+\cdots \tag{7.17}$$

代入式(7.16),有

$$S(f,t_l)=P(f)\mathrm{e}^{-\mathrm{j}2\pi\frac{2}{c}(f+f_c)(R_0+vt_l+\frac{1}{2}at_l^2+\cdots)} \tag{7.18}$$

由式(7.18)可以看出,f与速度v、加速度a之间都存在着耦合关系,这将导致回波包络的移动现象。如果能消除这种耦合,就可实现包络移动的补偿。

对式(7.18)做Keystone变换,可得

$$S_k(f,\tau_l)=P(f)\mathrm{e}^{-\mathrm{j}2\pi\frac{2}{c}(f+f_c)\left[R_0+v\tau_l\frac{f_c}{f_c+f}+\frac{1}{2}a\tau_l^2\left(\frac{f_c}{f_c+f}\right)^2+\cdots\right]} \tag{7.19}$$

当目标为匀速运动时,加速度及高次项系数均为0,式(7.19)可简化为

$$S_k(f,\tau_l)=P(f)\mathrm{e}^{-\mathrm{j}2\pi\frac{2}{c}(f+f_c)R_0}\mathrm{e}^{-\mathrm{j}2\pi\frac{2}{c}v\tau_l f_c} \tag{7.20}$$

由式(7.20)可以看出,经过Keystone变换,f与v的耦合被消除了,说明在目标相对于雷达做匀速运动时,可以用Keystone变换补偿回波的包络移动。

实际上,在长时间积累场合,如果加速度a远小于速度v,加速度对包络移动的影响与速度对包络移动的影响相比,前者非常小,此时可以忽略加速度的影响,采用Keystone变换就能有效地补偿回波的包络移动。

当加速度较大或者加加速度较大时,上述Keystone变换只能消除f与v的耦合,而无法消除f与a或其他高次项系数的耦合,包络移动无法精确补偿。对于加速度较大而速度较小的情况,可以定义高阶Keystone变换,消除f与a或其他高次项系数的耦合,补偿由a或其他高次项导致的包络移动,具体操作可参考相关技术文献,这里不做介绍。

最后给出利用Keystone变换进行距离移动补偿的一般步骤:

步骤1　对脉冲压缩后的基带回波信号在快时间维进行傅里叶变换,得到快时间频域表达$S(f,t_l)$。

步骤2　对频域信号$S(f,t_l)$进行慢时间维尺度变换$\tau_l=t_l(f_c+f)/f_c$,即通过Keystone变换补偿回波信号的包络移动,由于慢时间维变量是离散值,Keystone变换需借助于辛格插值来实现[4]。

步骤3　对Keystone变换后的信号$S_k(f,\tau_l)$进行傅里叶逆变换,得到快时间-虚拟慢时间域二维数据,并对同一快时间的数据在慢时间维借助于快速傅里叶变换(FFT)等进行相参积累。

步骤 4　若存在速度模糊目标,根据可能的速度模糊数,重复步骤 2 ~ 步骤 3,得到所有可能速度模糊数下的相参积累结果。

步骤 5　对相参积累的结果进行检测判决,完成对目标的检测。

由上面的介绍可知,Keystone 变换可以在没有目标速度信息的条件下进行包络移动补偿,从而实现有效的长时间积累,提高目标检测性能。在实际应用中,Keystone 变换需借助于辛格插值来实现,由于插值长度有限,当目标位于半盲速点时,基于 Keystone 变换的长时间相参积累会有明显的性能损失。另外,Keystone 变换的计算量较大,也是工程应用面临的一个主要问题。

7.3.3　Radon 傅里叶变换

Radon 傅里叶变换(RFT)[6,7]是一种在快 - 慢时间平面内根据目标运动参数对目标轨迹进行积分来实现信号相参积累的方法,它综合了 MTD 变换、Hough 变换和 Radon 变换的特点,对跨距离单元走动的匀速运动目标有很好的积累效果。

目标在快 - 慢时间平面内的轨迹可由目标初始距离 R_0 和速度 v_0 确定,在该轨迹对应的斜线上通过傅里叶变换将目标能量积累起来,得到 RFT 的基本表达式如下

$$S_{\mathrm{RFT}}(R_0,v_0) = \int s_{rl}[2(R_0 - v_0 t_l)/c, t_l] \cdot \mathrm{e}^{-\mathrm{j}4\pi v_0 t_l/\lambda} \mathrm{d}t_l \tag{7.21}$$

式中:$s_{rl}(\hat{t},t_l)$为经脉压后的基带信号在快 - 慢时间域的表达,$t_l = lT$。

实际应用中,由于未知目标的初始距离 R_0 和速度 v_0,需要按照一定的步长对所有可能的参数进行二维搜索,得到距离 - 速度($R - v$)平面上的处理结果,用于目标检测和参数估计。Radon 傅里叶变换的示意图如图 7.2 所示。

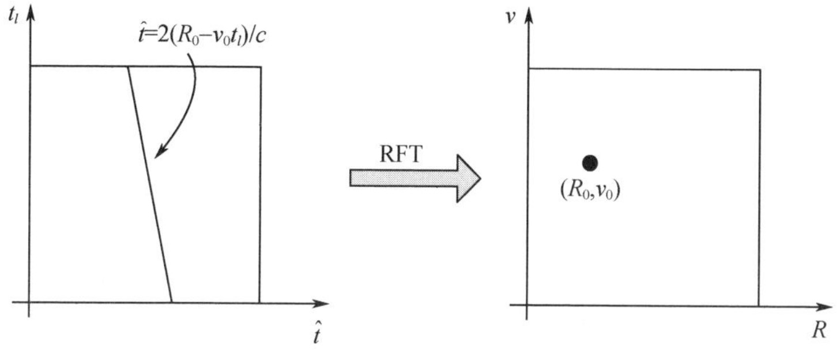

图 7.2　Radon 傅里叶变换示意图

从式(7.21)可以看出,RFT 与普通 MTD 的区别在于,RFT 是在快 - 慢时间平面沿目标运动轨迹的斜线进行移相累加,而 MTD 是在固定的快时间直线上进

行移相累加，必然存在对跨距离单元走动的目标的积累损失。

基本的 Radon 傅里叶变换[6]仅适用于匀速运动目标的积累检测，且算法复杂度较高，文献[23]和文献[24]分别给出了 RFT 的快速算法和针对加速运动目标的 RFT 处理方法。

7.3.4 解线性调频法

解线性调频法是一种简单的加速运动目标多普勒移动补偿方法。由 7.2 节的讨论可知，当目标的加速度较大时，回波信号的相位表现为时间的高次函数，忽略二次以上的项，回波信号在慢时间维可近似表达为线性调频形式（假设回波包络不存在跨距离单元走动或者距离走动已被有效补偿）

$$x(t) = \rho e^{j2\pi(f_d t + \mu_a t^2)} \tag{7.22}$$

式中：ρ 为回波信号复幅度；f_d 为初始速度对应的多普勒频率；$\mu_a = a/\lambda$ 为加速度引起的线性调频系数；a 为加速度；λ 为波长。

解线性调频法的实质就是对目标加速度进行估计并补偿，使补偿后的目标回波信号不再含有二次相位项，而只含初始速度对应的多普勒频率项，然后再利用傅里叶变换等实现对慢时间维线性相位信号的相参积累。具体实现方法如图 7.3 所示。

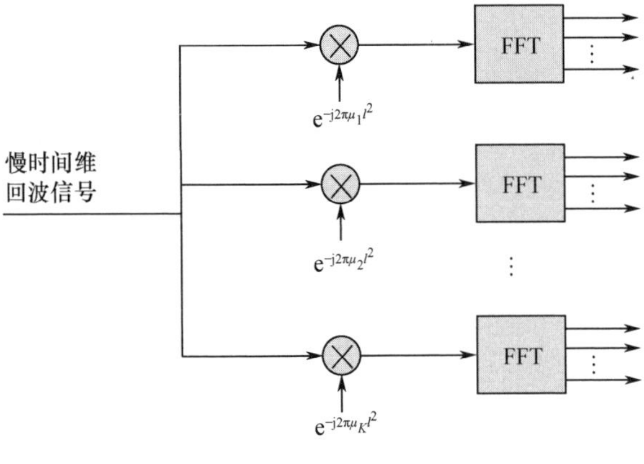

图 7.3 基于解线性调频法的回波信号相参处理示意图

信号经脉冲压缩和快慢时间重排后，进行多普勒移动补偿。由于未知目标加速度信息，可根据加速度范围将其分为 K 段，每段对应的加速度为 a_k。多普勒移动补偿通过对慢时间维信号乘以 $e^{-j2\pi\mu_k l^2}$（$k = 1, 2, \cdots, K$）来实现，其中 $\mu_k = a_k/\lambda$，l（$l = 1, 2, \cdots, L$）为慢时间变量。补偿后再利用 FFT 等算法实现慢时间维信号的相参积累，得到不同速度下的积累输出。

解线性调频法的优点是思路简单且容易实现，其缺点是存在计算量与计算精度之间的矛盾,因为需要对目标加速度进行预估,所以预估的加速度范围划分越细,估计精度越高,补偿效果也越好,但同时计算量也会显著增加。

7.3.5　基于匹配傅里叶变换的方法

匹配傅里叶变换(MFT)[8]是对傅里叶变换的一种拓展,可用于检测相位随时间非一次方变化的信号,如线性调频信号,而存在较大径向加速度的目标回波信号在慢时间维也表现为线性调频或更复杂的形式,因此 MFT 可用于此类目标的检测。

传统傅里叶变换中,其基函数为 $\mathrm{e}^{-\mathrm{j}\omega t}$,其相位随时间成一次方变化,它可以很好地分析单频信号或由若干单频信号组成的复杂信号,而对于线性调频或相位随时间成高次方变化的信号来说,傅里叶变换却不能有效地凝聚信号能量,也就不能有效地分析此类信号。基于匹配傅里叶变换的基函数的相位随时间变化的规律与待分析信号的相位随时间变化的规律相同,也就是匹配,它可以像傅里叶变换凝聚单频信号的能量一样,凝聚相位随时间成高次方变化的信号能量,从而实现对这类信号的分辨和参数估计。

匹配傅里叶变换的定义为

$$F(\omega) = \int_0^{\mathrm{T}} f(t)\mathrm{e}^{-\mathrm{j}\omega\xi(t)}\mathrm{d}\xi(t) \tag{7.23}$$

式中:$\xi(t)$为 t 的函数,可以是多项式,每一项的指数可以是整数,也可以是分数,但 $\xi(t)$导数必须一致大于零或一致小于零,且 $\xi(t)$应具有与被匹配信号的相位表达式相似的形式。

对于一个多 LFM 信号

$$f(t) = \sum_i a_i \mathrm{e}^{\mathrm{j}2\pi(f_{1i}t+f_{2i}t^2+\varphi_i)} \tag{7.24}$$

其匹配傅里叶变换的处理方式可表示为

$$F(f_1,f_2) = 2\int_0^{\mathrm{T}} f(t)\mathrm{e}^{-\mathrm{j}2\pi(f_1t+f_2t^2)}\left(t+\frac{f_1}{2f_2}\right)\mathrm{d}t \tag{7.25}$$

为计算方便,也可以写为

$$F(f_1,f_2) = 2\int_0^{\mathrm{T}} f(t)\mathrm{e}^{-\mathrm{j}2\pi f_1t}\mathrm{e}^{-\mathrm{j}2\pi f_2t^2}t\mathrm{d}t \tag{7.26}$$

式(7.25)计算得到的谱称为二阶匹配傅里叶变换谱,表示在不同基条件下信号的匹配傅里叶变换谱;式(7.26)计算得到的谱称为二步匹配傅里叶变换谱,表示在不同频率补偿条件下信号的匹配傅里叶变换谱。利用式(7.25)或式(7.26)处理多 LFM 信号 $f(t)$,会在($f_1=f_{1i}$,$f_2=f_{2i}$)的地方出现峰值。

对于具有式(7.7)形式的匀加速运动目标回波，有$f_{11}=2v/\lambda$，$f_{21}=a/\lambda$，采用式(7.25)或式(7.26)对其进行匹配傅里叶变换，得到的匹配傅里叶变换谱会在$(2v/\lambda, a/\lambda)$处出现峰值。

根据以上描述可知，我们可以利用匹配傅里叶变换来检测具有径向加速度的目标，特别是回波信号存在跨多普勒单元走动的目标，此时，利用传统的傅里叶变换存在明显的积累损失，而匹配傅里叶变换则可以很好地积累信号能量，用于目标检测。我们也可以利用匹配傅里叶变换检测具有变加速度的目标，只要我们知道其回波信号相位随时间变化的表达式形式。

实际应用中，目标回波在慢时间维的表达通常是离散的，因此，给出式(7.25)离散形式如下[9]

$$F(k_1,k_2)=\sum_{l=0}^{L-1}f(l)\mathrm{e}^{-\mathrm{j}2\pi[k_1 l/L+k_2(l/L)^2]}\cdot\left(l+\frac{k_1 L}{2k_2}\right) \tag{7.27}$$

式中：L为慢时间维样点数，也即CPI内的脉冲数。

在对运动目标回波进行长时间积累时，经脉冲压缩并对信号进行快慢时间重排后，利用式(7.27)对慢时间维信号进行处理，可实现对匀加速目标回波的有效积累。需要说明的是，利用式(7.27)的二维变换处理代替传统相参积累中的一维DFT处理，其运算量会大大增加。也就是说，基于MFT的长时间积累是以增加一维搜索运算量为代价而实现跨多普勒单元信号的相参积累的，其优点在于，可以在未知目标速度和加速度信息的条件下实现匀加速目标的相参积累。如果目标回波包络存在跨距离单元走动，需要在MFT前对距离走动进行补偿。

7.3.6 基于分数阶傅里叶变换的方法

分数阶傅里叶变换(FRFT)[11]是传统傅里叶变换的分数幂形式，它可以理解为信号在时频面上坐标轴绕原点逆时针旋转任意角度后构成的分数阶傅里叶域上的一种表示。

分数阶傅里叶变换可将信号分解在FRFT域的一组正交的LFM基上。对于一个LFM信号，当FRFT的旋转角度与该信号相匹配时，可得到一冲激函数。这说明分数阶傅里叶变换对LFM信号具有很好的凝聚性，它可用于对LFM信号的检测，同时，也为检测加速运动目标的回波信号提供了技术途径[12,13]，这一点与上一小节的匹配傅里叶变换具有相似之处。

函数$x(t)$的分数阶傅里叶变换定义如下

$$X_p(u)=F^p[x(t)]=\int_{-\infty}^{+\infty}x(t)K_p(t,u)\mathrm{d}t \tag{7.28}$$

其中，$K_p(t,u)$为变换核函数，即

$$K_p(t,u)=\begin{cases}A_\alpha e^{j\left(\frac{1}{2}t^2\cot\alpha-ut\csc\alpha+\frac{1}{2}u^2\cot\alpha\right)}, & \alpha\neq n\pi\\ \delta(t-u), & \alpha=2n\pi\\ \delta(t+u), & \alpha=(2n\pm1)\pi\end{cases}\tag{7.29}$$

式中：$A_\alpha=\sqrt{\dfrac{1-\mathrm{j}\cot\alpha}{2\pi}}$；$n$ 取整数；α 为变换角度，它与变换阶数 p 的关系为 $\alpha=p\pi/2, p\in(-2,2]$。FRFT 的定义式(7.28)说明，信号 $x(t)$ 可以被分解为 u 域上一组正交 LFM 基的线性组合。

设 $x(t)$ 为一加速运动目标回波信号在慢时间维的表示，有

$$x(t)=\rho e^{j2\pi(f_d t+\mu_a t^2)}\tag{7.30}$$

式中：ρ 为回波信号复幅度；f_d 为初始速度对应的多普勒频率；$\mu_a=a/\lambda$ 为加速度引起的线性调频系数，a 为加速度，λ 为波长。则 $x(t)$ 的 FRFT 为

$$\begin{aligned}F^p[x(t)]&=A_\alpha e^{j\frac{1}{2}u^2\cot\alpha}\int_{-\infty}^{+\infty}x(t)e^{j\left(\frac{1}{2}t^2\cot\alpha-ut\csc\alpha\right)}dt\\&=\rho A_\alpha e^{j\frac{1}{2}u^2\cot\alpha}\int_{-\infty}^{+\infty}e^{j\left(\frac{1}{2}\cot\alpha+2\pi\mu_a\right)t^2+j(2\pi f_d-u\csc\alpha)t}dt\end{aligned}\tag{7.31}$$

当变换角度与 LFM 信号调频率相匹配时，即 $\alpha_0=\arctan\left(-\dfrac{1}{4\pi\mu_a}\right)$时，有

$$|F^p[x(t)]|=|\rho A_{\alpha_0}\delta(2\pi f_d-u\csc\alpha_0)|\tag{7.32}$$

即 $x(t)$ 在 FRFT 域呈现为冲激函数，冲激位于 $u_0=2\pi f_d\sin\alpha_0$ 处。

式(7.32)说明 LFM 信号在 FRFT 域上具有良好的时频凝聚性，信号能量可以得到最大程度的积累。因此，分数阶傅里叶变换可用于匀加速目标回波信号的积累检测。

实际应用时，需先完成回波包络的距离走动补偿，再利用分数阶傅里叶变换完成回波信号的慢时间维积累。对每个距离单元的慢时间维数据进行分数阶傅里叶变换，在得到的参数平面(α,u)上搜索峰值点，进行目标检测，并可根据峰值点坐标值(α_0,u_0)确定目标信号的多普勒频率 f_d 和调频系数 μ_a，进而可计算出目标的速度和加速度信息，完成目标的积累检测和参数估计。针对离散慢时间信号的 FRFT 以及(α,u)平面上谱峰搜索的实现，有不少具体的算法，详细内容可参考相关文献。

7.3.7　基于 Wigner – Hough 变换的方法

Wigner – Hough 变换（WHT），简单理解就是对信号的 Wigner – Vill 分布（WVD）进行 Hough 变换。信号的 Wigner – Vill 分布是信号能量在时频面的分

布，LFM 信号的 WVD 在时频面内呈现为一条直线；图像处理中的 Hough 变换可以有效地检测二维图像中的直线，因此将 Wigner－Vill 分布与 Hough 变换相结合，可以实现对 LFM 信号的检测和参数估计。在雷达目标检测背景下，应用 Wigner－Hough 变换处理运动目标回波，可实现对匀加速目标的有效积累，改善检测效果，还可完成对目标速度和加速度信息的有效估计[14,15]。

信号 $s(t)$ 的 Wigner－Ville 分布定义为

$$WVD_s(t,f) = \int_{-\infty}^{+\infty} s\left(t + \frac{\tau}{2}\right) s^*\left(t - \frac{\tau}{2}\right) \mathrm{e}^{-\mathrm{j}2\pi f\tau} \mathrm{d}\tau \tag{7.33}$$

式中：$s\left(t + \frac{\tau}{2}\right) s^*\left(t - \frac{\tau}{2}\right)$是信号 $s(t)$ 的瞬时自相关函数，所以信号 $s(t)$ 的 WVD 可以理解成是其瞬时自相关函数的傅里叶变换。

对信号 $s(t)$ 的 WVD 做 Hough 变换，是在时频面上对 $WVD_s(t,f)$ 沿直线 $f = b + \mu t$ 进行积分，可以表示为

$$\begin{aligned} WH_s(b,\mu) &= \int_{-\infty}^{\infty} \int_{-\infty}^{\infty} WVD_s(t,f)\delta(f - b - \mu t)\mathrm{d}t\mathrm{d}f \\ &= \int_{-\infty}^{\infty} WVD_s(t, b + \mu t)\mathrm{d}t \end{aligned} \tag{7.34}$$

代入式(7.33)定义的 $WVD_s(t,f)$，并令 $f = b + \mu t$，可得

$$WH_s(b,\mu) = \int_{-\infty}^{\infty} \int_{-\infty}^{\infty} s\left(t + \frac{\tau}{2}\right) s^*\left(t - \frac{\tau}{2}\right) \mathrm{e}^{-\mathrm{j}2\pi(b+\mu t)\tau} \mathrm{d}\tau\mathrm{d}t \tag{7.35}$$

对于线性调频信号有

$$s(t) = A\mathrm{e}^{\mathrm{j}2\pi(f_0 t + \frac{1}{2}\mu_0 t^2)} \tag{7.36}$$

其 Wigner－Hough 变换可由式(7.35)计算得到，为

$$\begin{aligned} WH_s(b,\mu) &= A^2 \int_{-\infty}^{\infty} \int_{-\infty}^{\infty} \mathrm{e}^{\mathrm{j}2\pi(f_0 + \mu_0 t)\tau} \mathrm{e}^{-\mathrm{j}2\pi(b+\mu t)\tau} \mathrm{d}\tau\mathrm{d}t \\ &= A^2\delta[(b + \mu t) - (f_0 + \mu_0 t)] \end{aligned} \tag{7.37}$$

式(7.37)说明线性调频信号的 Wigner－Hough 变换在 $b-\mu$ 平面上的(f_0, μ_0)处取得峰值，偏离(f_0, μ_0)，幅值迅速下降。这为加速运动目标的积累检测提供了支撑。

与上一小节类似，可设 $x(t)$ 为一匀加速运动目标回波信号在慢时间维的表示，即

$$x(t) = \rho\mathrm{e}^{\mathrm{j}2\pi(f_d t + \mu_a t^2)} \tag{7.38}$$

式中：ρ 为回波信号复幅度；f_d 为初始速度对应的多普勒频率；$\mu_a = a/\lambda$ 为加速度

引起的线性调频系数,a 为加速度,λ 为波长。此时,有 $f_0=f_d,\mu_0=2\mu_a$。

对 $x(t)$ 进行 Wigner - Hough 变换,结果会在 $b-\mu$ 平面上 $(f_d,2\mu_a)$ 处取得峰值。也就是说,对匀加速运动目标回波经脉冲压缩和快慢时间重排后,先利用包络移位或 Keystone 等方法完成包络跨距离单元的走动,再对慢时间维信号进行 Wigner - Hough 变换,在变换后的 $b-\mu$ 二维平面上进行峰值搜索,可完成对该目标的检测,利用峰值点坐标还可计算出目标初始速度和加速度的估计值。

实际应用中,得到的慢时间维信号往往是离散值,给出离散形式的 Wigner - Hough 变换表达式如下

$$\begin{aligned} WH_x(b,\mu) &= \sum_{n=0}^{L/2-1}\sum_{k=-n}^{n}x(n+k)x^*(n-k)\mathrm{e}^{-\mathrm{j}4\pi k(b+\mu n)} \\ &\quad + \sum_{n=L/2}^{L-1}\sum_{k=-(L-1-n)}^{L-1-n}x(n+k)x^*(n-k)\mathrm{e}^{-\mathrm{j}4\pi k(b+\mu n)} \end{aligned} \tag{7.39}$$

式中:L 为慢时间维样点数,也即 CPI 内的脉冲数。

7.3.8 其他方法

其他长时间积累方法还包括时频分析类方法以及检测前跟踪(TBD)两大类方法。

时频分析类方法主要针对具有非平稳特性的目标(如加速运动目标)回波信号的积累检测。此类方法将接收信号变换到时频域,通过揭示信号的瞬时频率以及频率随时间的变化演进关系,完成对具有某种特征的信号(能量)积累,并进而完成信号的检测与参数估计。文献[16]提到的基于自适应子波变换的微弱目标检测方法就是典型的时频分析类方法。运算量大是时频分析类方法应用中面临的主要问题。

检测前跟踪(TBD)是另一大类长时间积累方法,它可将无法相参积累的多帧目标回波数据按照一定的准则关联起来并进行二元累加或幅度累加,实现非相参积累。TBD 技术不对单帧数据做门限检测,保留了目标的全部信息,基于跟踪思想寻找目标轨迹,通过多帧数据积累能量后进行检测判决,宣布检测结果的同时获得目标航迹信息。用于雷达长时间积累检测的 TBD 算法主要有动态规划算法[18]、Hough 变换算法[19]和基于粒子滤波的算法[20],关于这些 TBD 算法,本书中不做介绍,具体内容请参考相关文献。

此外,文献[25]还提出了一种基于发射信号预处理的包络移动补偿方法。该方法不同于常规方法是在接收端信号处理时进行补偿,而是利用直接数字频率合成(DDS)技术,在发射时对信号进行伸缩变换,使回波包络能够在快 - 慢时间域自动对齐,解决运动目标回波的包络移动问题。该方法运算量小,简单易行,但只能针对具有特定速度的目标进行补偿,因此,只适用于跟踪阶段的雷达

高速目标回波包络移动补偿,或者是高速运动平台雷达目标积累检测的场合。

7.4 适用于 SFDLFM - MIMO 雷达的长时间积累方法

步进频分线性调频(SFDLFM)信号是共址 MIMO 雷达中最常用的信号形式之一。第 5 章中详细分析了 SFDLFM 信号的模糊函数,介绍了其特有的"距离 - 角度"耦合特性,即综合输出信号的峰值位置(对应着距离时延)随着等效发射波束形成的指向变化而变化,这说明通过控制等效发射波束形成的波束指向,可以调整综合输出信号的距离时延,这为运动目标回波的包络移动补偿提供了又一条有效的技术途径。本节将详细介绍利用 SFDLFM 信号"距离 - 角度"耦合特性、基于发射波束形成方向控制的 MIMO 雷达长时间积累方法。

7.4.1 基于 SFDLFM 脉冲串的运动目标回波模型

设 MIMO 雷达的发射阵列共有 M 个阵元(或子阵)通道,以周期 T 发射了 L 个脉冲,使用基于顺序步进频的 SFDLFM 脉冲串时,第 m 个发射通道的信号可表示为

$$s_m(t) = \sum_{l=0}^{L-1} U(t - lT)\mathrm{e}^{\mathrm{j}2\pi(f_c+mf_\Delta)t}, \quad m = 0,1,\cdots,M-1 \tag{7.40}$$

式中:f_c 为发射载频;f_Δ 为各发射通道间的频率间隔。这里忽略了发射初相的影响。信号的复包络为

$$U(t) = \mathrm{rect}\left(\frac{t}{T_P}\right)\mathrm{e}^{\mathrm{j}\frac{1}{2}\mu t^2} \tag{7.41}$$

式中:T_P 为发射脉冲宽度;μ 为调频斜率;$\mathrm{rect}\left(\frac{t}{T_P}\right)$为门函数。

由于回波信号的包络移动与接收阵列形式和接收波束形成都无关,为简化分析和表达,下面只需考虑一个接收阵元(或子阵),其接收到的目标信号可表示为

$$s_{rm}(t) = \sum_{l=0}^{L-1} U(\kappa(t-t_0) - lT)\mathrm{e}^{\mathrm{j}2\pi(f_c+mf_\Delta)(\kappa(t-t_0))}\mathrm{e}^{-\mathrm{j}m\varphi_{t0}} \tag{7.42}$$

式中:$\kappa = (c+v)/(c-v)$为压缩系数[26];t_0 为包络前沿时间延迟;φ_{t0}为与目标方向对应的发射阵列空间相位差。这里忽略了传输损耗的影响。为后面精确描述各分量的关系,式(7.42)的回波模型采用了相比 7.2 节的信号模型更准确的压缩模型表达。

经混频后得到的基带信号成分可表示为

$$\begin{aligned} s_{rmI}(t) &= s_{rm}(t)\mathrm{e}^{-\mathrm{j}2\pi f_c t} \\ &= \sum_{l=0}^{L-1} U(\kappa(t-t_0)-lT)\mathrm{e}^{\mathrm{j}2\pi f_c \kappa_v t}\mathrm{e}^{\mathrm{j}2\pi m f_\Delta \kappa t}\mathrm{e}^{-\mathrm{j}2\pi(f_c+mf_\Delta)\kappa t_0}\mathrm{e}^{-\mathrm{j}m\varphi_{t0}} \end{aligned} \tag{7.43}$$

这里 $\kappa_v=\kappa-1=2v/(c-v)$。

基于窄带假设，可不考虑多普勒效应对单个包络的压缩影响，只关注由于目标运动导致的包络移动，于是有

$$\begin{aligned} U(\kappa(t-t_0)-lT) &= U(\kappa[(t-t_0)-lT/\kappa]) \\ &\approx U(t-t_0-lT/\kappa)=U(t-t_0-lT-\kappa_w lT) \end{aligned} \tag{7.44}$$

这里 $\kappa_w=1/\kappa-1=-2v/(c+v)$。

令 $t=\hat{t}+lT$ 以使用快慢时间将接收信号表达为二维信号的形式，这里$\hat{t}$是快时间，定义在$[0,T]$区间内。借助式(7.43)和式(7.44)可得到

$$s_{rmI}(l,\hat{t})=U(\hat{t}-t_0-\kappa_w lT)\mathrm{e}^{\mathrm{j}2\pi f_c\kappa_v(\hat{t}+lT)}\mathrm{e}^{\mathrm{j}2\pi m f_\Delta\kappa(\hat{t}+lT)}\mathrm{e}^{-\mathrm{j}2\pi(f_c+mf_\Delta)\kappa t_0}\mathrm{e}^{-\mathrm{j}m\varphi_{t0}} \tag{7.45}$$

于是，接收单元的视频信号可表达为

$$s_{rI}(l,\hat{t}) = \sum_{m=0}^{M-1} s_{rmI}(l,\hat{t}) \tag{7.46}$$

此外我们假定 $t_0\in[0,T]$，当这个假定不能得到满足的时候，通过简单的变换并用模糊距离对应的快时间代替 t_0 即可利用这里的所有结果。

7.4.2　利用距离-角度耦合特性实现包络移动补偿

与第 5 章的分析过程类似，经由匹配分离和发射波束形成后，各脉冲周期综合输出信号的主瓣部分可近似表示为

$$|z_c(l,\hat{t})| = |R(l,\hat{t})||C(l,\psi,t)| \tag{7.47}$$

其中

$$R(l,\hat{t})\approx R(\hat{t})=\begin{cases} \dfrac{2\sin\left((\mu(\hat{t}-t_0)+2\pi\xi_d)\dfrac{T_P-|\hat{t}-t_0|}{2}\right)}{\mu(\hat{t}-t_0)+2\pi\xi_d}, & |\hat{t}-t_0|<T_P \\ 0, & \text{其他} \end{cases} \tag{7.48}$$

$$C(l,\psi,t)=\mathrm{e}^{\mathrm{j}\frac{M-1}{2}\Phi}\frac{\sin(M\Phi/2)}{\sin(\Phi/2)} \tag{7.49}$$

且 $\xi_{\mathrm{d}}=\kappa_v f_{\mathrm{c}}$ 为多普勒频率，即

$$\Phi=\pi f_\Delta(\kappa+1)\hat{t}-\pi f_\Delta(\kappa+1)t_0+\pi f_\Delta(2\kappa+\kappa_v\kappa_w)lT+\pi f_\Delta\kappa_v T_{\mathrm{P}}+\varphi_{\mathrm{t}}-\varphi_{t0} \tag{7.50}$$

式中：φ_{t} 为发射波束形成指向对应的空间相位差。于是可得到 $|z_{\mathrm{c}}(l,\hat{t})|$ 主瓣的峰值点位置[27]为

$$\hat{t}_l\approx t_0+\frac{2n_0T}{(1+\kappa)n_\Delta}-\frac{\kappa_v lT}{\kappa}-\frac{\kappa_v T_{\mathrm{P}}}{\kappa+1}-\frac{\varphi_{\mathrm{t}}-\varphi_{t0}}{(\kappa+1)\pi f_\Delta} \tag{7.51}$$

式中：n_0 为与 l 无关而仅与目标距离和雷达接收数据采样有关的整数；n_Δ 为与 l 无关某个合适的正整数。

由式(7.51)可以看出，如果给定等效发射波束指向，则综合信号的主瓣将随雷达周期的变化出现明显的走动，这主要是由其中的 $\kappa_v lT$ 项导致的，我们称其为 MIMO 雷达的包络走动项。相应地，定义 κ_v 为包络走动因子。

利用距离－角度耦合效应实现运动补偿时，用于等效发射波束形成的空间相位差是雷达周期数 l 的函数，不妨记为 $\varphi'_{\mathrm{t}}(l)$，有

$$\varphi'_{\mathrm{t}}(l)=\varphi_{\mathrm{t}}-l\phi_\Delta \tag{7.52}$$

式中：ϕ_Δ 为为弥补不同雷达周期之间包络走动而设定的发射方向空间相位差步进量，也可称为方向校正因子。用 $\varphi'_{\mathrm{t}}(l)$ 代替式(7.51)中的 φ_{t}，可得到补偿状态下 $|u_{\mathrm{c}}(l,\hat{t})|$ 的峰值点位置，即

$$\hat{t}_{\mathrm{c}}=t_0+\frac{2n_0T}{(1+\kappa)n_\Delta}-\frac{\kappa_v lT}{\kappa}-\frac{\kappa_v T_{\mathrm{P}}}{\kappa+1}-\frac{\varphi_{\mathrm{t}}-\varphi_{t0}-l\varphi_\Delta}{(\kappa+1)\pi f_\Delta} \tag{7.53}$$

可以看出，要弥补包络的走动，应该使得 $\hat{t}_{\mathrm{c}}$ 与 l 无关，于是有

$$\frac{\kappa_v lT}{\kappa}-\frac{l\phi_\Delta}{\pi(1+\kappa)f_\Delta}=0 \tag{7.54}$$

即

$$\phi_\Delta=\pi\kappa_v(1+\kappa)Tf_\Delta/\kappa=\frac{4\pi Tf_\Delta cv}{c^2-v^2} \tag{7.55}$$

借助距离－角度耦合特性实现包络走动补偿，只需在进行等效发射波束形成时，针对不同的脉冲周期 $l(l=0,1,L-1)$ 使用不同的空间相位差 $\varphi'_{\mathrm{t}}(l)$，即通过控制每个脉冲周期发射波束形成的方向来完成，引入的附加计算量很小，比较容易实现。图 7.4 给出了基于方向控制的 SFDLFM－MIMO 雷达包络移动补偿处理流程，接收的基带信号经匹配滤波和快慢时间重排后，得到 M 路输出，对每路输出第 $l(l=0,1,\cdots,L-1)$ 个周期的数据 $y_m(l,\hat{t})$，乘上不同的旋转因子 $\mathrm{e}^{-\mathrm{j}ml\varphi_\Delta}(m=0,1,\cdots,M-1)$，再按期望方向进行等效发射波束形成，就完成了回

波信号的包络移动补偿，最后，可利用 FFT 等处理对不同周期得到的综合信号 $z_c(l,\hat{t})$ 进行慢时间相参积累。

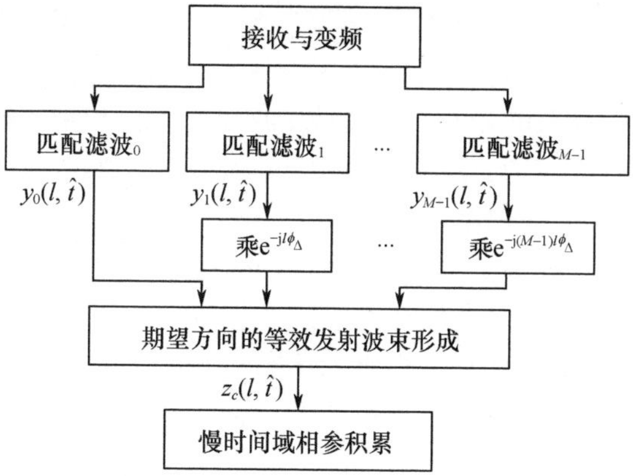

图 7.4　基于方向控制的 SFDLFM - MIMO 雷达包络移动补偿处理流程

在上述处理流程中，旋转因子 $e^{-jml\phi_\Delta}$ 也可纳入等效发射波束形成处理中，在不同的周期使用不同的空间相位 $m\varphi_t'(l)$，即按周期调整波束指向即可。另一方面，由于匹配滤波也可在频域实现，时域旋转因子 $e^{-jml\phi_\Delta}$ 相乘可以转化为频域信号的移位，并且注意到使用 SFDLFM 信号时，各通道基带信号完全一样，只是载频存在差异，因此它们具有完全一致的频谱结构，也可以通过频域的移位操作，由一个通道的频谱简单地构造出其他发射通道的频谱。因此，上述基于方向控制的包络移动补偿处理还可采用图 7.5 所示的结构来实现。

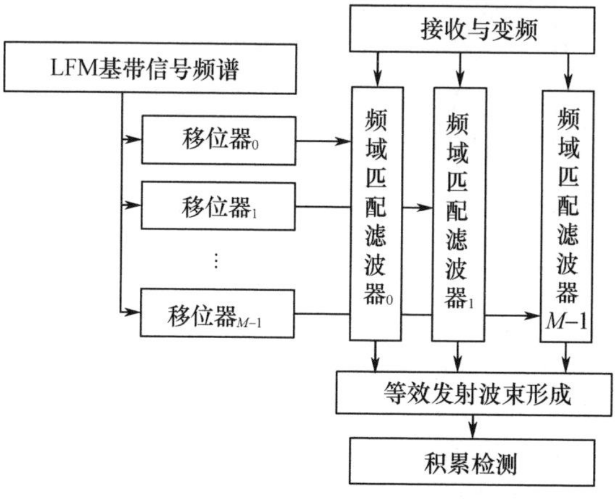

图 7.5　频域实现的 SFDLFM - MIMO 雷达包络移动补偿处理框图

图 7.5 所示的处理结构中，只存储单个 LFM 信号的频谱，通过移位的方式构造不同通道的频域信号，且旋转因子 $e^{-jml\phi_\Delta}$ 也纳入移位操作中，即通过移位方

式现场构造出不同通道所需的各个周期的频域匹配信号,送入各通道匹配滤波器,与接收到的分周期送入的基带信号的频谱相乘后,再通过 IFFT 处理,就得到了匹配滤波时域输出,然后按期望方向进行等效发射波束形成即可得到完成了包络移动补偿的输出信号 $z_c(l,\hat{t})$,最后可像常规雷达一样进行积累和检测。上述处理中,频域匹配权值的存储和按周期的移位等工作和雷达信号发射、接收及采样过程无关,可以提前到雷达发射该周期探测信号之前执行,因此该处理方法具有效率高、计算量小、复杂度低的特点。

需要说明的是,上述基于方向控制的包络移动补偿方法在推导过程中,认为目标包络的走动没有超过单个信号匹配输出包络(sinc 函数)的宽度,因此该方法只适用于这一情况下的长时间积累。在实际的地面雷达应用中,出现目标包络的走动超过综合脉冲的宽度但不超过单个信号匹配输出包络的宽度的情况概率很高,该方法具有较强的实用性。

7.4.3 包络移动补偿仿真

设定的仿真条件如下:发射载频 $f_c = 2\text{GHz}$;发射脉冲数 $L = 256$;脉冲周期 $T = 1.2\text{ms}$;发射通道数 $M = 16$,单元间隔均为半波长;子带带宽 B = 通道间隔 $f_\Delta = 0.4\text{MHz}$;目标距离 30km,均值为 200m/s。图 7.6 和图 7.7 分别给出了未采用补偿措施时不同雷达周期的综合输出和最终的积累输出,包络走动明显存在,积累后得到的信号幅度较小。这里的归一化幅度是由输出信号幅度与静止目标输出的幅度峰值相比得到的。

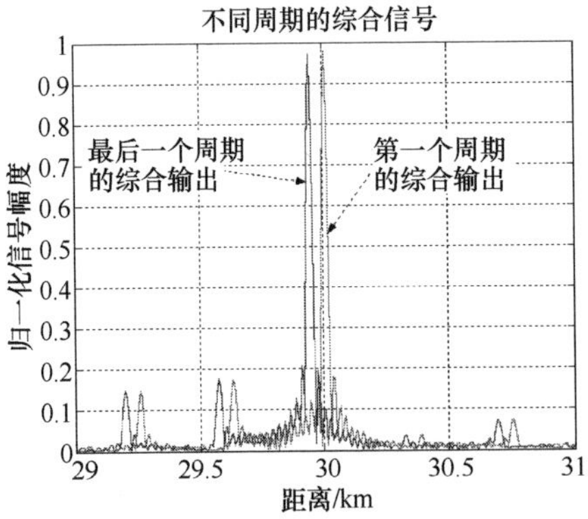

图 7.6 未采用补偿措施时不同脉冲周期的综合输出

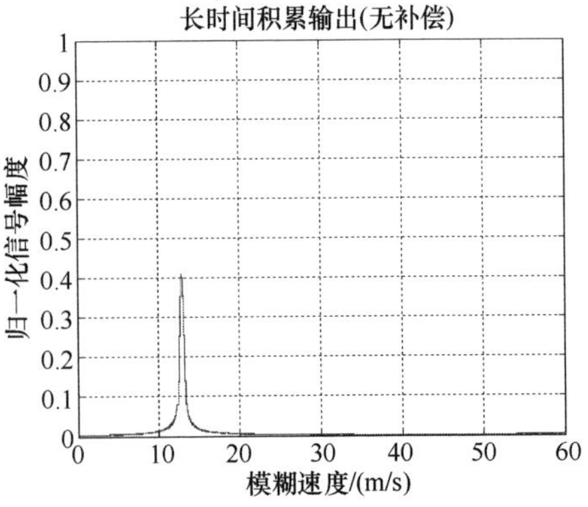

图 7.7 未采用补偿措施时的积累输出

图 7.8 ~ 图 7.10 给出的是采用基于方向控制的包络补偿措施后不同雷达周期的综合输出和最终的积累输出。可以观察到,包络走动得到了补偿,积累后得到的信号幅度明显增加。由于没有考虑单个 LFM 信号的多普勒失配,总的输

出比静止目标的理想匹配情况要稍差一点(体现为归一化信号幅度小于1)。且由于7.4.2节的算法中没有考虑单个信号匹配输出包络 $R(l,\hat{t})$ 的走动补偿,因此旁瓣存在恶化的趋势,可以采用适当的旁瓣抑制措施来控制。

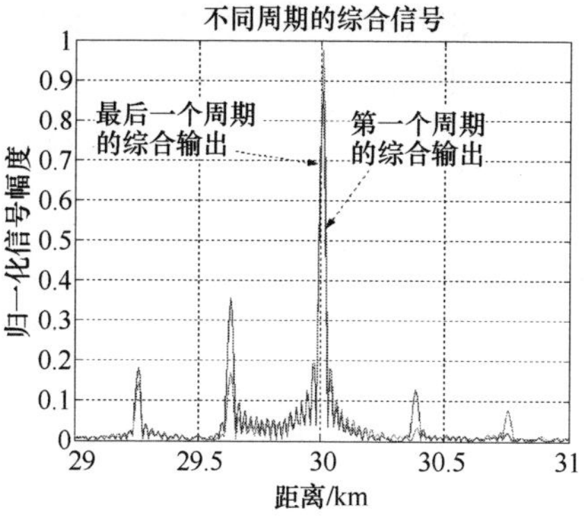

图7.8　包络移动补偿后不同周期的综合输出

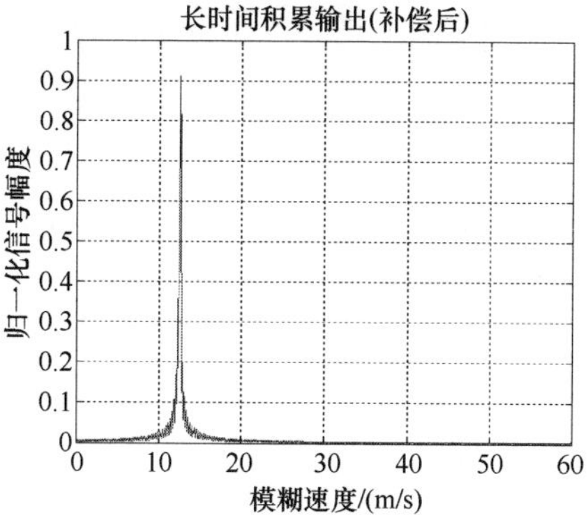

图7.9　采用补偿措施后的积累输出(频域)

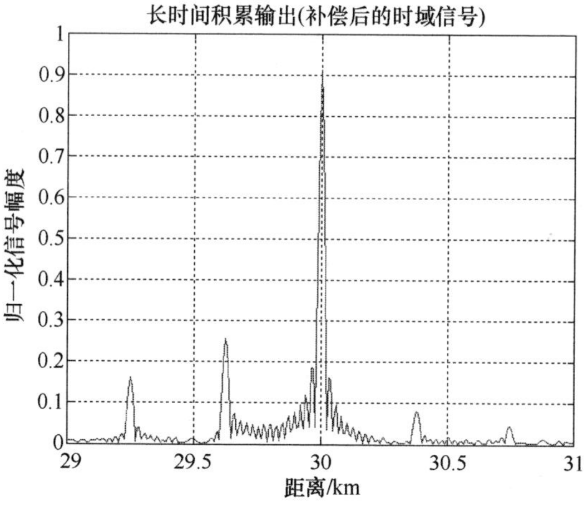

图7.10　采用补偿措施后的积累输出(时域)

7.5 本章小结

共址 MIMO 雷达通过长时间积累的方式来弥补发射增益的不足。如何有效地实现目标回波信号的长时间积累,成为确保 MIMO 雷达探测性能的关键技术问题。本章首先给出了长时间积累情况下的目标回波模型及积累面临的基本问题;在此基础上,介绍了一些经典的长时间积累方法,包括包络插值移位、Keystone 变换、Radon 傅里叶变换、解线性调频，以及基于匹配傅里叶变换的方法、基于分数阶傅里叶变换的方法和基于 Wigner - Hough 变换的方法等，这些方法既适用于常规雷达，也适用于 MIMO 雷达；最后，给出了一种适用于步进频分线性调频(SFDLFM)信号 MIMO 雷达的长时间积累方法，该方法利用 SFDLFM 信号特有的“距离 - 角度”耦合特性，通过等效发射波束形成的波束指向控制，实现运动目标回波的包络移动补偿，是一种效率高、计算量小的实用方法。

参考文献

[1] Chen C C, Andrews H C. Targets motion induced radar imaging[J]. IEEE Transactions on Aerospace and Electronic Systems, 1980, 16(1): 2 - 14.

[2] 陈远征，朱永峰，赵宏钟，等. 基于包络插值移位补偿的高速运动目标的积累检测算法研究[J]. 信号处理, 2004, 20(4): 387 - 390.

[3] Perry R P, Dipietro R C, Fante R L. SAR imaging of moving targets[J]. IEEE Transactions on Aerospace and Electronic Systems, 1999, 35(1): 188 - 200.

[4] 张顺生，曾涛. 基于 Keystone 变换的微弱目标检测[J]. 电子学报, 2005, 33(9): 1675 - 1678.

[5] Perry R P, Dipietro R C, Fante R L. Coherent integration with range migration using keystone formatting[J]. IEEE Radar Conference, 2007, 863 - 868.

[6] Xu J, Yu J, Peng Y, et al. Radon-Fourier transform for radar target detection I: generalized Doppler filter bank[J]. IEEE Transactions on Aerospace and Electronic Systems, 2011, 47(2): 1183 - 1202.

[7] Xu J, Yu J, Peng Y, et al. Radon-Fourier transform for radar target detection II: blind speed sidelobe suppression[J]. IEEE Transactions on Aerospace and Electronic Systems, 2011, 47(4): 2473 - 2489.

[8] 王盛利，李士国，等. 一种新的变换——匹配付里叶变换[J]. 电子学报, 2001, 29(3): 403 - 405.

[9] 王盛利，张光义. 离散匹配傅立叶变换[J]. 电子学报, 2001, 29(12): 1717 - 1718.

[10] 王盛利. 雷达信号处理的新方法——匹配傅立叶变换研究[D]. 西安：西安电子科技大学, 2003.

[11] 陶然，齐林，王越. 分数阶 Fourier 变换的原理与应用[M]. 北京：清华大学出版社, 2004.

[12] 张南，陶然，王越. 基于变标处理和分数阶傅里叶变换的运动目标检测算法[J]. 电子学报, 2010, 38(3): 683 - 688.

[13] Tao R, Zhang N, Wang Y. Analysing and compensating the effects of range and Doppler frequency migrations in linear frequency modulation pluse compression radar[J]. IET Radar, Sonar and Navigation, 2011, 5(1): 12 - 22.

[14] Barbarossa S. Analysis of multicomponent LFM signals by a combined Wigner - Hough trans-

form[J]. IEEE Transactions on Signal Processing, 1995, 43(6): 1511 - 1515.
[15] 刘建成, 王雪松, 肖顺平,等. 基于 Wigner-Hough 变换的径向加速度估计[J]. 电子学报, 2005, 33(12): 2235 - 2238.
[16] 王俊, 张守宏, 杨克虎. 利用自适应子波变换提高对微弱运动目标的检测性能[J]. 电子学报, 1999, 27(12): 80 - 83.
[17] 王俊, 张守宏. 微弱目标检测积累的包络移动补偿方法[J]. 电子学报, 2000, 28(12): 56 - 59.
[18] Barniv Y. Dynamic programming solution for detecting dim moving target[J]. IEEE Trans on AES, 1985, 21(1): 144 - 155.
[19] Carlson B D, Evans E D, Wilson S L. Search radar detection and track with the Hough transform[J]. IEEE Trans. on AES, 1994, 30(1): 102 - 125.
[20] Salmond D J, Birch H. A Particle Filter for Track-Before-Detect[J]. Proceedings of the American Control Conference, Washington, USA, 2001:3755 - 3760.
[21] Davey S J, Rutten M G, Cheung B. A comparison of detection performance for several track-before-detect algorithms[J]. Eurasip Journal on Advances in Signal Processing, 2007, 22 - 37.
[22] 刘红明, 何子述, 杨新亮,等. 一种有效降低寄生频谱的包络走动补偿方法[J]. 信号处理, 2010, 26(4): 573 - 576.
[23] 吴兆平, 符渭波, 苏涛,等. 基于快速 Radon-Fourier 变换的雷达高速目标检测[J]. 电子与信息学报,2012,34 (8):1866 - 1871.
[24] 陈小龙, 刘宁波, 王国庆,等. 基于 Radon-分数阶傅里叶变换的雷达动目标检测方法[J]. 电子学报,2014,42(6): 1074 - 1080.
[25] 骆成, 李军, 刘红明,等. 基于发射信号预处理的包络移动补偿方法[J]. 电波科学学报, 2013, 28(002): 226 - 230.
[26] 丁鹭飞,耿富录. 雷达原理[M]. 西安:西安电子科技大学出版社,2002, 251 - 311.
[27] 李军. MIMO 雷达中的数字波束形成与信号处理技术研究[D]. 成都:电子科技大学,2009.

第8章 分置 MIMO 雷达中的目标检测

分置 MIMO 雷达，或分置天线 MIMO 雷达，是当各发射与接收天线间隔远大于半波长的布站场景，一个站可以是一个发射或接收阵元，也可以是一部独立雷达系统，一个站可以仅发射或接收，也可以同时具有发射和接收功能。

本章将从布站间隔与回波的相参性出发，介绍分置 MIMO 雷达的三种形态，接着介绍相位随机分置 MIMO 雷达、幅相随机分置 MIMO 雷达检测器结构和检测性能，然后介绍分置 MIMO 雷达的动目标检测，包括集中式动目标检测、分布式动目标检测、以及恒虚警检测等。

8.1 分置 MIMO 雷达三种形态

本节根据分置 MIMO 雷达系统相对于目标的分布场景，如图 8.1 所示（某些收发站也可以是收发共置天线），将分别讨论分置 MIMO 雷达的三种形态。分置 MIMO 雷达系统的每个收发路径都具有不同且未知的幅度和相位，根据雷达天线的分布位置不同，其形态可以分为三种。

8.1.1 相参分置 MIMO 雷达

根据 1.4 节的讨论，当分置 MIMO 雷达系统各站在空间的位置分布相对集中，即各站之间的间隔远远小于雷达到目标的距离时，可以认为各站是从同一方向照射与接收目标回波信号，且各站信号是相参发射与接收的，此时，同一个目标的各收发路径的回波表现出相同的散射特性，即不同路径目标反射系数的幅度相等且相位相同。每条路径的信号回波是相参的。此种场景下，分置 MIMO 雷达系统可以看做分布式相参 MIMO 雷达系统，在发射端和接收端能够进行相参处理，利用相参增益来提高对目标的检测性能。

分布式相参 MIMO 雷达系统的关键技术在于各雷达天线之间的时间、空间、发射脉冲和相位同步问题。在分布式全相参雷达系统中，需要对相参参数（两单元雷达与目标的时延差及其相应的相位差）进行估计，从而利用相参参数估

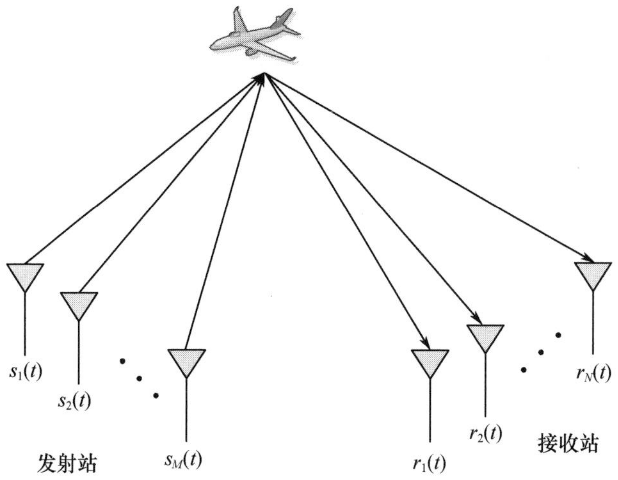

图 8.1　分置 MIMO 雷达系统

计值对两单元雷达发射信号的时间和相位进行调整，以实现两发射信号在目标处同时同相叠加，完成发射相参；然后对两单元雷达的接收信号进行时延和相位的调整，以实现接收相参，从而完成整个系统的全相参工作。

时间同步方案包括有线和无线两种主要方式，前者通过专用电缆或光纤将控制信号送往各个分系统，后者则通过无线方式传输同步信号。实际中根据雷达站分布情况，选择不同的时间同步方案。对于距离较近的雷达站系统，将通过专用光缆或微波链路传递同步信号；距离较远情况下，则采用基于北斗或 GPS 联合驯服的 SDI 高精度时间同步设备，完成雷达站之间的发射脉冲同步。

为实现分布式全相参雷达的时间同步，可以采用有线非相关传输的方法来估计时间同步误差，然后对两单元雷达的发射信号进行时延补偿，从而实现两单元雷达的时间同步[1]。为实现全相参雷达的相位同步，有两种方案可供选择：当系统中存在一个中心协调者或控制者时，可以采用主 - 从闭环相位同步算法来实现其他站与中心站的相位同步；而当系统主元不存在时，则可采用主从相位同步算法来实现站与站间的相位同步[2]。

分布式雷达实现全相参后，其检测器结构与传统相参雷达一致，此处不再讨论。通过 N 个雷达站的全相参处理，可以带来 N 倍的信噪比改善。

8.1.2　相位随机分置 MIMO 雷达

同 8.1.1 节布站场景相同，相位随机分置 MIMO 雷达即分置 MIMO 雷达系统各站在空间的位置分布相对集中，各站是近似从同一方向照射与接收目标回波信号，但各站发射与接收信号是非相参的，此时同一个目标的各收发路径回波表现出相同的幅度特性,但相位是随机的,即可以认为各个路径散射系数的幅度相同,仅散射系数的相位相互独立。通常假设每条路径反射系数的相位服从$(0,2\pi)$上的均匀分布。

相位随机的最优检测器的推导和检测器性能的分析将会在8.2节中详细讨论。

8.1.3 幅相随机分置 MIMO 雷达

下面两种主要场景,将使得分置 MIMO 雷达系统各接收路径,对同一个目标的回波 RCS 幅度和相位都是随机的(不论各站间信号源是否相参)。

(1) 当分置 MIMO 雷达系统各站在空间的位置分散,即各站之间的间隔不满足远远小于雷达到目标的距离,可认为各站是从不同一方向照射与接收目标回波信号,此时可以认为接收到的各径回波 RCS 幅度和相位都是随机的。

(2) 不论 MIMO 雷达系统各站在空间的位置如何分布,如果各站发射信号间的频率相差较大,即各雷达站发射不同频段的探测信号,此时同一目标对不同频段的探测信号,将呈现不同的 RCS,此时可以认为接收到的各径回波 RCS 幅度和相位都是随机的。

幅相随机下的最优检测器的推导和检测器性能的分析将在8.3节详细讨论。

8.2 相位随机的分置 MIMO 雷达检测器

8.2.1 检测器结构

本节仅讨论相位随机的情况,不失一般性,假设衰减系数已知,且并入反射系数中。设发射天线数目为 M,接收天线的数目为 N,发射信号的总能量为 E。接收天线 n 的回波信号模型为

$$r_n(t) = \sqrt{\frac{E}{M}}\sum_{m=1}^{M}\eta_{mn}s_m(t-\tau_{mn}) + u_n(t) \tag{8.1}$$

式中:η_{mn}为第 m 个发射天线到第 n 个接收天线的复散射系数,$\eta_{mn}=\alpha_{mn}\mathrm{e}^{\mathrm{j}\beta_{mn}}$,$\alpha_{mn}$为散射系数的幅度,$\beta_{mn}$为散射系数的相位;$\tau_{mn}$为第 m 个发射天线到第 n 个接收天线的传播延时;$u_n(t)$为均值为0,方差为 σ_n^2 的高斯过程;$s_m(t)$为第 m 个发射站发射的信号,发射波形满足正交性[3],即

$$\int_T s_m(t)s_{m'}^*(t)\mathrm{d}t = \begin{cases}1, & m=m'\\ 0, & m\neq m'\end{cases} \tag{8.2}$$

对于每个接收天线的接收回波，利用 M 个发射信号分别进行匹配滤波分离出各个路径的信号，考虑到不同发射信号之间的正交性，则滤波后的输出为

$$y_{mn} = \int_T r_n(t) s_m^*(t)\,\mathrm{d}t = \sqrt{\frac{E}{M}}\alpha_{mn}\mathrm{e}^{\mathrm{j}\beta_{mn}} + u_{mn} \tag{8.3}$$

式中，匹配滤波后输出噪声为

$$u_{mn} = \int_T u_n(t) s_m^*(t)\,\mathrm{d}t \tag{8.4}$$

容易证明，输出噪声的均值为零，且由于波形的正交性，噪声 u_{mn} 间是独立的，其方差为

$$\begin{aligned} E[\,|u_{mn}|^2\,] &= E\left\{\int_T u_n(t) s_m^*(t)\,\mathrm{d}t \int_{-\infty}^{\infty} s_m(r) u_n^*(r)\,\mathrm{d}r\right\} \\ &= \sigma_n^2 \int_{-\infty}^{\infty} |s_m(t)|^2 \mathrm{d}t = \sigma_n^2 \end{aligned} \tag{8.5}$$

称“目标出现在检测单元中”的假设为 H_1，“没有目标出现”的假设为 H_0，则在两种假设下，由发射天线 $m(m=1,2,\cdots,M)$ 发射的信号，经接收天线 $n(n=1,2,\cdots,N)$ 接收后的观测值为

$$y_{mn} = \begin{cases} \sqrt{\dfrac{E}{M}}\alpha_{mn}\mathrm{e}^{\mathrm{j}\beta_{mn}} + u_{mn}, & H_1 \\ u_{mn}, & H_0 \end{cases} \tag{8.6}$$

对于仅相位随机情况，此时，各个散射系数的幅度是相同的，即 $\alpha_{11} = \alpha_{21} = \cdots = \alpha_{MN} = \alpha$。将所有观测值表示成向量的形式为

$$\boldsymbol{y} = [\,y_{11} \quad \cdots \quad y_{M1} \quad y_{12} \quad \cdots \quad y_{mn} \quad \cdots \quad y_{MN}\,] \tag{8.7}$$

在 H_1 假设下的联合条件概率密度函数为

$$\begin{aligned} p_1(\boldsymbol{y} \mid \beta) &= \prod_{m=1}^{M}\prod_{n=1}^{N} \frac{1}{\pi\sigma_n^2}\exp\left(-\frac{1}{\sigma_n^2}\left|y_{mn} - \sqrt{\frac{E}{M}}\alpha\mathrm{e}^{\mathrm{j}\beta_{mn}}\right|^2\right) \\ &= \prod_{m=1}^{M}\prod_{n=1}^{N} \frac{1}{\pi\sigma_n^2}\exp\left(-\frac{1}{\sigma_n^2}|y_{mn}|^2\right)\exp\left(-\frac{E}{M\sigma_n^2}\alpha^2\right) \\ &\quad \times \exp\left(\frac{2\alpha}{\sigma_n^2}\sqrt{\frac{E}{M}}|y_{mn}|\cos(\beta_{mn} - \zeta_{mn})\right) \end{aligned} \tag{8.8}$$

式中：ζ_{mn} 为复观测值 y_{mn} 的相位；$\beta = [\beta_{11}, \beta_{21}, \cdots, \beta_{MN}]$ 为 MN 个未知相位；σ_n^2 为复噪声方差。假设各路径的相位相互独立，且都服从 $(0, 2\pi)$ 上的均匀分布，在 MN 个相位上求平均，可得到在假设 H_1 下的联合密度函数为

$$
\begin{aligned}
p_1(y) &= \int_0^{2\pi} p_1(y \mid \beta) p(\beta) \mathrm{d}\beta \\
&= \prod_{m=1}^{M} \prod_{n=1}^{N} \frac{1}{\pi\sigma_n^2} \exp\left(-\frac{1}{\sigma_n^2} |y_{mn}|^2\right) \exp\left(-\frac{E}{M\sigma_n^2}\alpha^2\right) \times \mathrm{I}_0\left(\frac{2\alpha}{\sigma_n^2}\sqrt{\frac{E}{M}} |y_{mn}|\right)
\end{aligned} \tag{8.9}
$$

式中：$\mathrm{I}_0(\cdot)$为修正的零阶贝塞尔函数，其表达式为

$$
\mathrm{I}_0(x) = \frac{1}{2\pi}\int_0^{2\pi} \mathrm{e}^{x\cos(\beta-\xi)} \mathrm{d}\beta \tag{8.10}
$$

在 H_0 假设下的联合条件概率密度函数可表示为

$$
p_0(y) = \prod_{m=1}^{M} \prod_{n=1}^{N} \frac{1}{\pi\sigma_n^2} \exp\left(-\frac{1}{\sigma_n^2} |y_{mn}|^2\right) \tag{8.11}
$$

由式(8.9)和式(8.11)可以得到对数似然比函数

$$
\ln L(y) = \ln\left(\frac{p_1(y)}{p_0(y)}\right) = \sum_{m=1}^{M}\sum_{n=1}^{N} U_{mn} \tag{8.12}
$$

式中：分支判决变量 U_{mn}可以表示为

$$
U_{mn} = \ln \mathrm{I}_0\left(\frac{2\alpha}{\sigma_n^2}\sqrt{\frac{E}{M}} |y_{mn}|\right) - \frac{E\alpha^2}{M\sigma_n^2} \tag{8.13}
$$

由上述方程，可以推导出相位随机 MIMO 雷达检测器的功能框图，如图 8.2 所示。

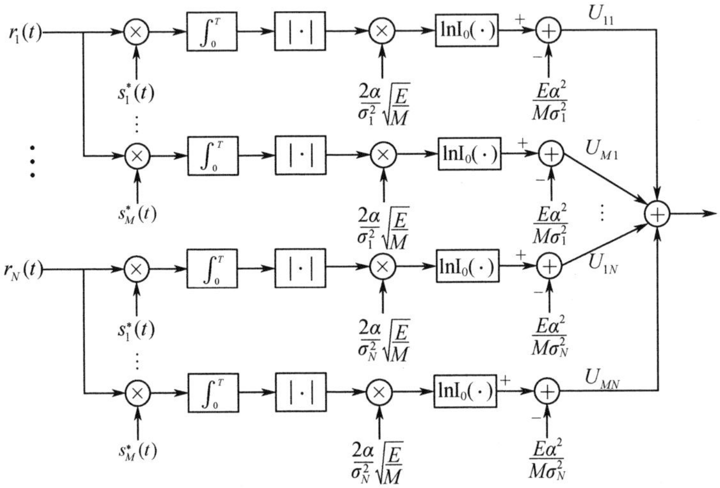

图 8.2　相位随机 MIMO 雷达非相参检测器

图 8.2 所示的非相参检测器结构包含了相同的非线性部分，记为 $\ln I_0(\cdot)$。非线性的性能相当好，但实际很少能够实现，工程中常采用一种折中的方法[4]：

（1）当 x 很小时，则有 $\ln I_0(x) \approx x^2/4$，故称为"低信噪比"平方律处理检测器。

（2）当 x 很大时，则有 $\ln I_0(x) \approx x$，故称为"高信噪比"线性处理检测器。

在"在低信噪比"情况下，近似产生了如图 8.3 所示平方律非相干检测器结构。

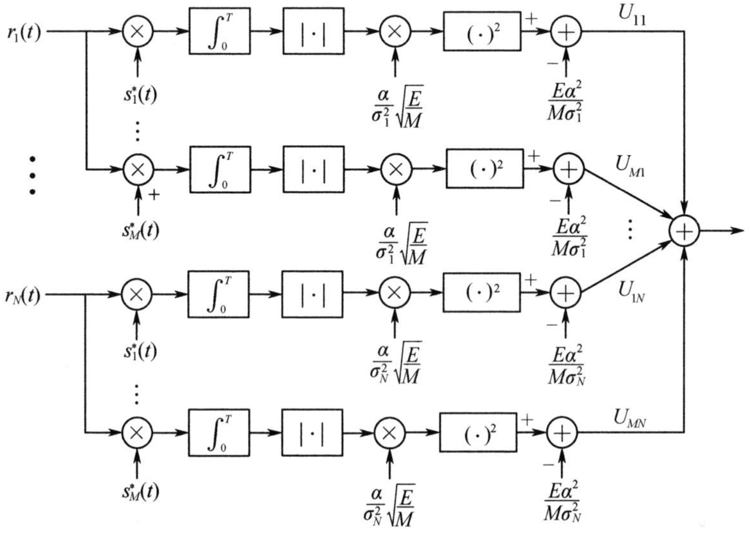

图 8.3　低信噪比下平方律非相参检测器

8.2.2　检测器性能

本节将根据相位随机情况，给出某些最常用的检测器性能结论。由于式(8.13)中非线性部分 $\ln I_0(\cdot)$ 的存在，使得检测器性能的理论分析非常复杂，仅能通过蒙特卡洛实验仿真来确定。而实际中，更多的采用平方律或线性检测器来近似非线性部分。本节仅讨论平方律处理，即在 x 很小的条件下，$\ln I_0(x) \approx x^2/4$，因此，式(8.13)可以近似为

$$U_{mn} = \left(\frac{\alpha}{\sigma_n^2}\sqrt{\frac{E}{M}}\,|y_{mn}|\right)^2 - \frac{E\alpha^2}{M\sigma_n^2} \tag{8.14}$$

在 H_1 假设下，由于 y_{mn} 是复高斯随机变量，其均值为

$$E\{y_{mn}\} = \sqrt{\frac{E}{M}}\alpha e^{j\beta_{mn}} \tag{8.15}$$

且由式(8.5)其方差为

$$V\{y_{mn}\} = \sigma_n^2 \tag{8.16}$$

且令$|y_{mn}| = \sqrt{(\Re\{y_{mn}\})^2 + (\Im\{y_{mn}\})^2}$,复高斯分布的模服从莱斯分布,且有

$$p(|y_{mn}|) = \frac{|y_{mn}|}{\sigma_n^2/2}\exp\left(-\frac{|y_{mn}|^2 + E\alpha^2/M}{2\sigma_n^2/2}\right)\mathrm{I}_0\left(\frac{\sqrt{\frac{E}{M}}\alpha|y_{mn}|}{\sigma_n^2/2}\right) \tag{8.17}$$

令 $T_{mn} = \left(\frac{\alpha}{\sigma_n^2}\sqrt{\frac{E}{M}}|y_{mn}|\right)^2$,则

$$|y_{mn}| = \frac{\sigma_n^2}{\alpha\sqrt{E/M}}\sqrt{T_{mn}} \tag{8.18}$$

且

$$\mathrm{d}T_{mn} = 2\left(\frac{\alpha}{\sigma_n^2}\sqrt{\frac{E}{M}}\right)^2 |y_{mn}|\mathrm{d}|y_{mn}| \tag{8.19}$$

也即

$$|y_{mn}|\mathrm{d}|y_{mn}| = \frac{\sigma_n^4}{2\alpha^2 E/M}\mathrm{d}T_{mn} \tag{8.20}$$

莱斯分布的平方服从非中心卡方分布,继而可得 T_{mn}的概率密度函数为

$$\begin{aligned}
p(T_{mn}) &= \frac{\sigma_n^4}{2\alpha^2 E/M}\,\frac{1}{\sigma_n^2/2}\exp\left(-\frac{\left(\frac{\sigma_n^2}{\alpha\sqrt{E/M}}\right)^2 T_{mn} + E\alpha^2/M}{\sigma_n^2}\right) \\
&\quad \mathrm{I}_0\left(\frac{\sqrt{\frac{E}{M}}\alpha\frac{\sigma_n^2}{\alpha\sqrt{E/M}}\sqrt{T_{mn}}}{\sigma_n^2/2}\right) \\
&= \frac{\sigma_n^2}{\alpha^2 E/M}\exp\left(-\frac{\sigma_n^2 T_{mn}}{\alpha^2 E/M} - \frac{E\alpha^2/M}{\sigma_n^2}\right)\mathrm{I}_0(2\sqrt{T_{mn}}) \\
&= \frac{1}{2s_{mn}^2}\exp\left(-\frac{T_{mn} + \eta_{mn}}{2s_{mn}^2}\right)\mathrm{I}_0\left(\frac{\sqrt{T_{mn}\eta_{mn}}}{s_{mn}^2}\right)
\end{aligned} \tag{8.21}$$

式中

$$s_{mn}^2 = \frac{\alpha^2 E/M}{2\sigma_n^2}, \quad \eta_{mn} = 4s_{mn}^4 \tag{8.22}$$

T_{mn}服从非中心的卡方分布，T_{mn}的特征函数可表示为[5]

$$\Phi_{mn}(\mathrm{j}\omega)=\exp\left(-\frac{\eta_{mn}}{2s_{mn}^2}\right)\frac{1}{1-2\mathrm{j}\omega s_{mn}^2}\exp\left(\frac{\eta_{mn}/2s_{mn}^2}{1-2\mathrm{j}\omega s_{mn}^2}\right) \tag{8.23}$$

因此，$T_1=\sum_{m=1}^{M}\sum_{n=1}^{N}T_{mn}$ 的特征函数为

$$\Phi(\mathrm{j}\omega)=\prod_{m=1}^{M}\prod_{n=1}^{N}\Phi_{mn}(\mathrm{j}\omega) \tag{8.24}$$

为了简化分析，假设所有接收站的方差相等，即 $\sigma_1^2=\sigma_2^2=\cdots=\sigma_N^2=\sigma^2$，于是可以简化符号，使得 $s_m^2=s^2$ 和 $\eta_{mn}=\eta$，于是，式(8.24)可以写为

$$\Phi(\mathrm{j}\omega)=\exp\left(-\frac{MN\eta}{2s^2}\right)\frac{1}{(1-2\mathrm{j}\omega s^2)^{MN}}\exp\left(\frac{MN\eta/2s^2}{1-2\mathrm{j}\omega s^2}\right) \tag{8.25}$$

因此，可以得到 $T_1\geqslant 0$ 的概率密度函数为

$$p(T_1)=\frac{1}{2s^2}\left(\frac{T_1}{MN\eta}\right)^{\frac{MN-1}{2}}\exp\left(-\frac{T_1+MN\eta}{2s^2}\right)I_{MN-1}\left(\frac{\sqrt{MN\eta T_1}}{s^2}\right) \tag{8.26}$$

当 $T_1<0$，其值为零。$\mathrm{I}_\nu(s)$是阶数为 ν 的改进贝塞尔函数，一般 ν 是一个非整数。由文献[6]，当 ν 为整数时，通过积分得到 $\mathrm{I}_\nu(s)$，即为

$$\mathrm{I}_\nu(s)=\frac{1}{\pi}\int_0^{\pi}\mathrm{e}^{s\cos(\theta)}\cos(\nu\theta)\,\mathrm{d}\theta \tag{8.27}$$

也可由下式的低阶改进贝塞尔函数 $\mathrm{I}_0(s)$和 $\mathrm{I}_1(s)$地推确定

$$\mathrm{I}_\nu(s)=\mathrm{I}_{\nu-2}(s)-\frac{2(\nu-1)}{s}\mathrm{I}_{\nu-1}(s) \tag{8.28}$$

式(8.26)被认为是自由度为 $2MN$ 的非中心卡方分布的密度函数。

在 H_0 假设下，y_{mn}仅有噪声，则有

$$|y_{mn}|^2=\frac{\sigma^2}{2}\left|\frac{y_{mn}}{\sigma/\sqrt{2}}\right|^2\sim\frac{\sigma^2}{2}\chi_{(2)}^2 \tag{8.29}$$

式中，$\chi_{(2)}^2$是自由度为 2 的中心卡方分布。由于

$$\begin{aligned}T_0&=\sum_{m=1}^{M}\sum_{n=1}^{N}\left(\frac{\alpha}{\sigma^2}\sqrt{\frac{E}{M}}|y_{mn}|\right)^2=\frac{\alpha^2}{\sigma^4}\frac{E}{M}\frac{\sigma^2}{2}\sum_{m=1}^{M}\sum_{n=1}^{N}\left|\frac{y_{mn}}{\sigma/\sqrt{2}}\right|^2\\&=\frac{\alpha^2}{2\sigma^2}\frac{E}{M}\sum_{m=1}^{M}\sum_{n=1}^{N}\left|\frac{y_{mn}}{\sigma/\sqrt{2}}\right|^2\end{aligned} \tag{8.30}$$

则 T_0 服从自由度为 2MN 的中心卡方分布，自由度为 ν 的中心卡方分布定义为

$$p(x)=\begin{cases}\dfrac{1}{2^{\nu/2}\Gamma(\nu/2)}x^{\nu/2-1}\exp\left(-\dfrac{x}{2}\right), & x>0\\ 0, & x<0\end{cases} \tag{8.31}$$

因此，T_0 的密度函数为

$$p(T_0)=\frac{1}{s^{2MN}2^{MN}\Gamma(MN)}T_0^{MN-1}\exp\left(-\frac{T_0}{2s^2}\right) \tag{8.32}$$

式中：函数 $\Gamma(\cdot)$ 为伽马函数，它定义为

$$\Gamma(x)=\int_0^\infty t^{x-1}\exp(-t)\mathrm{d}t \tag{8.33}$$

当 x 为整数时，$\Gamma(x)=(x-1)!$。

假设所有常量项均归入门限内，由纽曼－皮尔逊准则[7]，检测概率为

$$P_\mathrm{d}=\int_{\gamma'}^\infty p(T_1)\mathrm{d}T_1 \tag{8.34}$$

且虚警概率为

$$P_\mathrm{f}=\int_{\gamma'}^\infty p(T_0)\mathrm{d}T_0 \tag{8.35}$$

式中：γ' 为门限，由广义 Q 函数的定义[8]

$$Q_m(a,b)=\int_\mathrm{b}^\infty x\left(\frac{x}{a}\right)^{m-1}\exp\left(-\frac{x^2+a^2}{2}\right)\mathrm{I}_{m-1}(ax)\mathrm{d}x \tag{8.36}$$

可以得到检测概率为

$$P_\mathrm{d}=Q_{MN}\left(\frac{\sqrt{MN\eta}}{s},\frac{\sqrt{\gamma'}}{s}\right)=Q_{MN}\left(2s\sqrt{MN},\frac{\sqrt{\gamma'}}{s}\right) \tag{8.37}$$

由中心卡方分布的累积分布函数

$$F(y)=1-\mathrm{e}^{-y/2\bar{\sigma}^2}\sum_{k=1}^{\frac{n}{2}-1}\frac{1}{k!}\left(\frac{y}{2\bar{\sigma}^2}\right)^k, y\geqslant 0, n\text{ 为偶数} \tag{8.38}$$

式中：n 为中心卡方分布的自由度；$\bar{\sigma}^2$ 为 n 个高斯随机变量的方差。可以得到虚警概率为

$$P_\mathrm{f}=\exp\left(-\frac{\gamma'}{2s^2}\right)\sum_{k=0}^{MN-1}\frac{1}{k!}\left(\frac{\gamma'}{2s^2}\right)^k \tag{8.39}$$

或

$$\gamma'=s^2F_{\chi^2_{2MN}}^{-1}(1-P_f) \tag{8.40}$$

式中：$F_{\chi^2_{2MN}}^{-1}$ 为 $\chi^2_{(2,MN)}$ 分布的累积函数的逆函数。

8.2.3　仿真实验

（1）固定发射总能量为 4，噪声方差为 1，反射系数的幅度服从均值为 1，方差为 1 的莱斯分布。仿真了不同数目收发站，检测概率随虚警概率的变化曲线，如图 8.4 所示。

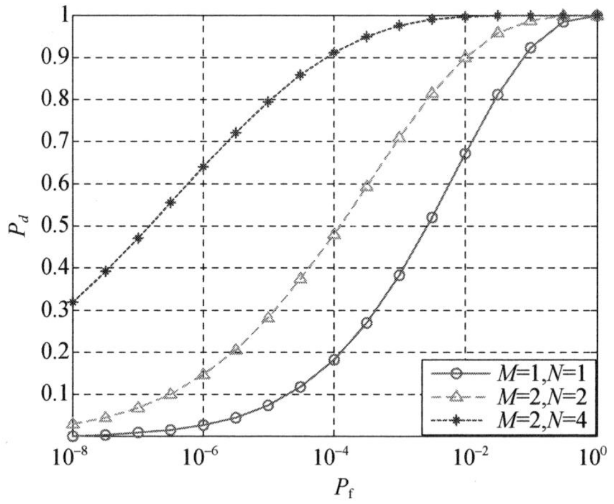

图 8.4　检测概率随虚警概率变化曲线

（2）固定虚警概率 $P_f = 10^{-6}$，仿真了不同数目收发站，检测概率随信噪比（单个发射站所获得的信噪比）的变化曲线，如图 8.5 所示。

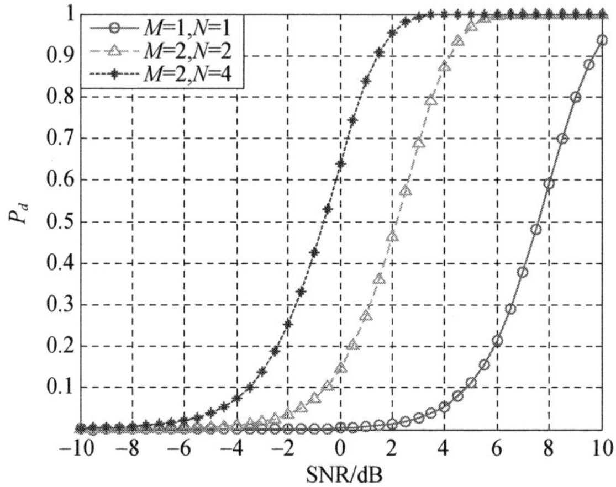

图 8.5　检测概率随信噪比的变化曲线

图 8.4 和图 8.5 表明，随着观测路径的增加，要想达到同单路径相同的检测概率需要更低的信噪比，这就是分集增益带来的信噪比的改善。这对工程应用

具有重要的指导意义,特别是对反隐身,针对单部雷达反隐身能力不足,可以通过多部雷达组成分布式 MIMO 雷达系统,利用分布式 MIMO 雷达系统的分集增益,以达到反隐身的目的。

8.3 幅相随机分置 MIMO 雷达检测器

8.3.1 检测器结构

本节将会讨论散射系数幅相随机情况的最优检测器设计,重点讨论莱斯幅度模型的最优检测器。为了清晰地表示未知幅度的依赖性,重写式(8.8)为

$$
\begin{aligned}
p_1(\boldsymbol{y}\mid\boldsymbol{\beta},\boldsymbol{\alpha}) &= \prod_{m=1}^{M}\prod_{n=1}^{N}\frac{1}{\pi\sigma_n^2}\exp\left(-\frac{1}{\sigma_n^2}\left|y_{mn}-\sqrt{\frac{E}{M}}\alpha_{mn}\mathrm{e}^{\mathrm{j}\beta_{mn}}\right|^2\right)\\
&= \prod_{m=1}^{M}\prod_{n=1}^{N}\frac{1}{\pi\sigma_n^2}\exp\left(-\frac{1}{\sigma_n^2}|y_{mn}|^2\right)\exp\left(-\frac{E}{M\sigma_n^2}\alpha_{mn}^2\right)\times\\
&\quad \exp\left(\frac{2\alpha_{mn}}{\sigma_n^2}\sqrt{\frac{E}{M}}|y_{mn}|\cos(\beta_{mn}-\zeta_{mn})\right)
\end{aligned}
\tag{8.41}
$$

式中:$\boldsymbol{\alpha}=[\alpha_{11}\quad\alpha_{21}\quad\cdots\quad\alpha_{MN}]$。首先,在 MN 个相互独立的未知相位上求平均,得到

$$
\begin{aligned}
p_1(\boldsymbol{y}\mid\boldsymbol{\alpha}) &= \prod_{m=1}^{M}\prod_{n=1}^{N}\frac{1}{\pi\sigma_n^2}\exp\left(-\frac{1}{\sigma_n^2}|y_{mn}|^2\right)\exp\left(-\frac{E}{M\sigma_n^2}\alpha_{mn}^2\right)\\
&\quad\times I_0\left(\frac{2\alpha_{mn}}{\sigma_n^2}\sqrt{\frac{E}{M}}|y_{mn}|\right)
\end{aligned}
\tag{8.42}
$$

假设,各个路径上的反射系数的幅度均服从莱斯分布,且有

$$
p(\alpha_{mn})=\frac{\alpha_{mn}}{\tilde{\sigma}_{mn}^2}\exp\left(-\frac{1}{2\tilde{\sigma}_{mn}^2}(\alpha_{mn}^2+\chi_{mn}^2)\right)\mathrm{I}_0\left(\frac{\alpha_{mn}\chi_{mn}}{\tilde{\sigma}_{mn}^2}\right)
\tag{8.43}
$$

式中:χ_{mn}^2与能量呈正比;$\tilde{\sigma}_{mn}^2$与多径能量呈正比。如果$\chi_{mn}^2=0$,则密度函数为瑞利分布。利用式(8.43),非条件密度函数可以表示为

$$
\begin{aligned}
p_1(y) &= \int p_1(\boldsymbol{y}\mid\boldsymbol{\alpha})p(\boldsymbol{\alpha})\mathrm{d}\boldsymbol{\alpha}\\
&= \prod_{m=1}^{M}\prod_{n=1}^{N}\frac{1}{\pi\sigma_n^2}\exp\left(-\frac{1}{\sigma_n^2}|y_{mn}|^2-\frac{\chi_{mn}^2}{2\tilde{\sigma}_{mn}^2}\right)\times\int_0^{\infty}\frac{\alpha_{mn}}{\tilde{\sigma}_{mn}^2}\exp\left(-\alpha_{mn}^2\left[\frac{E}{M\sigma_n^2}+\frac{1}{2\tilde{\sigma}_{mn}^2}\right]\right)\\
&\quad\times I_0\left(\frac{2\alpha_{mn}}{\sigma_n^2}\sqrt{\frac{E}{M}}|y_{mn}|\right)\mathrm{I}_0\left(\frac{\alpha_{mn}\chi_{mn}}{\tilde{\sigma}_{mn}^2}\right)\mathrm{d}\alpha_{mn}
\end{aligned}
\tag{8.44}
$$

式(8.44)由如下公式计算[6]

$$\int_0^{\infty} \boldsymbol{\alpha}\exp(-c\boldsymbol{\alpha}^2)\mathrm{I}_0(e\boldsymbol{\alpha})\mathrm{d}\boldsymbol{\alpha} = \frac{1}{2c}\exp\left(\frac{g^2+e^2}{4c}\right)\mathrm{I}_0\left(\frac{ge}{2c}\right) \tag{8.45}$$

因此,H_1 下的联合密度函数为

$$p_1(\boldsymbol{y}) = \prod_{m=1}^{M}\prod_{n=1}^{N}\frac{1}{\pi\sigma_n^2\tilde{\sigma}_{mn}^2}\exp\left(-\frac{1}{\sigma_n^2}|y_{mn}|^2-\frac{\chi_{mn}^2}{2\tilde{\sigma}_{mn}^2}\right) \times\frac{1}{2c_{mn}}\exp\left(\frac{g_{mn}^2+e_{mn}^2}{4c_{mn}}\right)\mathrm{I}_0\left(\frac{g_{mn}e_{mn}}{2c_{mn}}\right) \tag{8.46}$$

式中

$$c_{mn} = \frac{E}{M\sigma_n^2}+\frac{1}{2\tilde{\sigma}_{mn}^2} \tag{8.47}$$

随机变量 g_{mn} 为

$$g_{mn} = \frac{2}{\sigma_n^2}\sqrt{\frac{E}{M}}|y_{mn}| \tag{8.48}$$

且

$$e_{mn} = \frac{\chi_{mn}}{\tilde{\sigma}_{mn}^2} \tag{8.49}$$

由式(8.46)和式(8.11),可得似然比为

$$\ln L(y) = \ln\left(\frac{p_1(y)}{p_0(y)}\right) = \sum_{m=1}^{M}\sum_{n=1}^{N}U_{mn} \tag{8.50}$$

这里

$$U_{mn} = -2\ln(\tilde{\sigma}_{mn})-\frac{\chi_{mn}^2}{2\tilde{\sigma}_{mn}^2}-\ln(2c_{mn})+\frac{g_{mn}^2+e_{mn}^2}{4c_{mn}}+\ln\mathrm{I}_0\left(\frac{g_{mn}e_{mn}}{2c_{mn}}\right) \tag{8.51}$$

由上述方程,可以推导出分集 MN 下的未知相位和莱斯幅度最优非相干检测器的功能框图,如图 8.6 所示。

一种特殊情况为每条路径散射系数的幅度被建模为瑞利随机变量,即 $\chi_{mn}=0$,由式(8.49)可知,对所有路径都有 $e_{mn}=0$。因此,图 8.7 给出了瑞利分布情况下的最优检测器结构。

8.3.2 检测器性能

本小节对 $\ln\mathrm{I}_0(\cdot)$ 采用低信噪比时的平方律近似,由式(8.51),可以得到

$$U_{mn} = g_{mn}^2\left(\frac{1}{4c_{mn}}+\frac{e_{mn}^2}{4c_{mn}^2}\right)-2\ln(\tilde{\sigma}_{mn})-\frac{\chi_{mn}^2}{2\tilde{\sigma}_{mn}^2}-\ln(2c_{mn})+\frac{e_{mn}^2}{4c_{mn}} \tag{8.52}$$

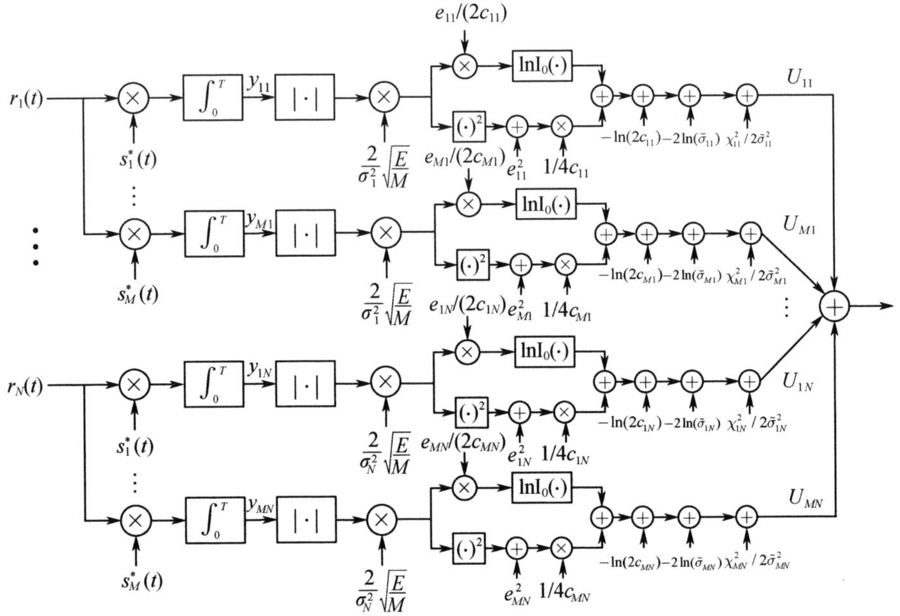

图 8.6　分集的未知相位和莱斯幅度的最优非相干检测器

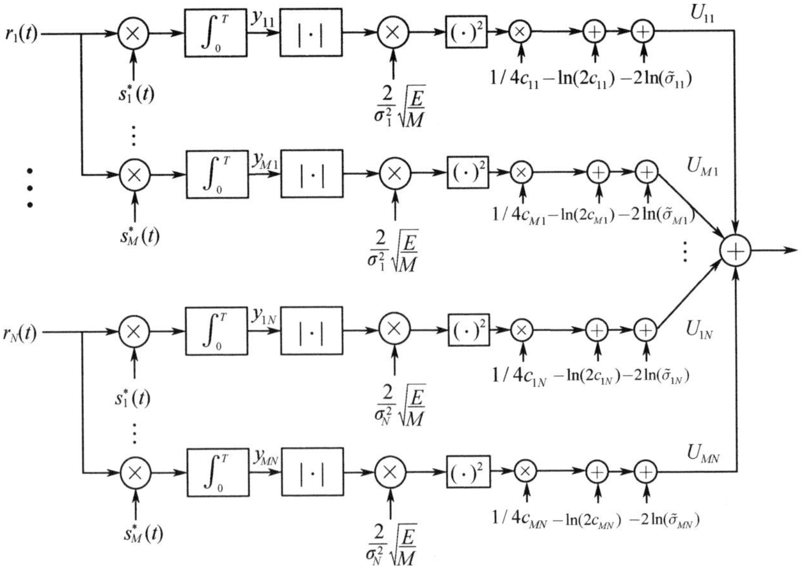

图 8.7　分集的未知相位和瑞利分布的最优检测器

因为 $g_{mn}=\frac{2}{\sigma_n^2}\sqrt{\frac{E}{M}}|y_{mn}|$，所以有

$$U_{mn}=\frac{4}{\sigma_n^4}\frac{E}{M}|y_{mn}|^2\left(\frac{1}{4c_{mn}}+\frac{e_{mn}^2}{4c_{mn}^2}\right)-2\ln(\tilde{\sigma}_{mn})-\frac{\chi_{mn}^2}{2\tilde{\sigma}_{mn}^2}-\ln(2c_{mn})+\frac{e_{mn}^2}{4c_{mn}}$$

$$=(a_{mn}|y_{mn}|)^2-2\ln(\tilde{\sigma}_{mn})-\frac{\chi_{mn}^2}{2\tilde{\sigma}_{mn}^2}-\ln(2c_{mn})+\frac{e_{mn}^2}{4c_{mn}} \tag{8.53}$$

假设所有的常量归入门限内，其平方律合并检测器可简化为图 8.8。

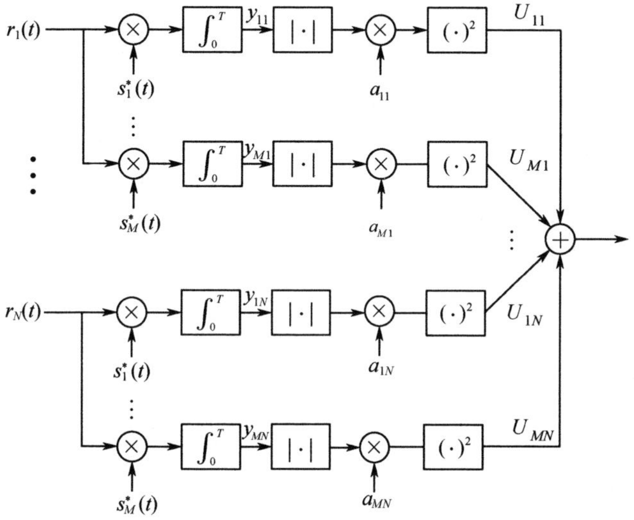

图 8.8　随机相位、幅度下简化的平方律检测器

图中

$$a_{mn}=\sqrt{\frac{4}{\sigma_n^4}\frac{E}{M}\left(\frac{1}{4c_{mn}}+\frac{e_{mn}^2}{4c_{mn}^2}\right)}=\sqrt{\frac{\frac{E/M}{\sigma_n^4}\left[\left(\frac{E/M}{\sigma_n^2}+\frac{1}{2\tilde{\sigma}_{mn}^2}\right)+\frac{\chi_{mn}^2}{\tilde{\sigma}_{mn}^4}\right]}{\left(\frac{E/M}{\sigma_n^2}+\frac{1}{2\tilde{\sigma}_{mn}^2}\right)^2}} \tag{8.54}$$

将式(8.17)重新表示为条件密度函数为

$$p(|y_{mn}||\alpha_{mn})=\frac{|y_{mn}|}{\sigma_n^2/2}\exp\left(-\frac{|y_{mn}|^2+E\alpha_{mn}^2/M}{2\sigma_n^2/2}\right)\mathrm{I}_0\left(\frac{\sqrt{\frac{E}{M}}\alpha_{mn}|y_{mn}|}{\sigma_n^2/2}\right)$$

(8.55)

因此，由式(8.43)，α_{mn}服从莱斯分布，无条件密度函数为

$$
\begin{aligned}
p(|y_{mn}|) &= \int_0^\infty p(|y_{mn}|\,|\,\alpha_{mn})p(\alpha_{mn})\mathrm{d}\alpha_{mn} \\
&= \int_0^\infty \left\{\frac{|y_{mn}|}{\sigma_n^2/2}\exp\left(-\frac{|y_{mn}|^2 + E\alpha_{mn}^2/M}{2\sigma_n^2/2}\right)\mathrm{I}_0\left(\frac{\sqrt{\frac{E}{M}}\alpha_{mn}|y_{mn}|}{\sigma_n^2/2}\right)\right\} \\
&\quad \times \left\{\frac{\alpha_{mn}}{\tilde{\sigma}_{mn}^2}\exp\left(-\frac{1}{2\tilde{\sigma}_{mn}^2}(\alpha_{mn}^2 + \chi_{mn}^2)\right)\mathrm{I}_0\left(\frac{\alpha_{mn}\chi_{mn}}{\tilde{\sigma}_{mn}^2}\right)\right\}\mathrm{d}\alpha_{mn} \\
&= \frac{|y_{mn}|}{\tilde{\sigma}_{mn}^2\sigma_n^2/2}\exp\left(-\frac{|y_{mn}|^2}{2\sigma_n^2/2} - \frac{\chi_{mn}^2}{2\tilde{\sigma}_{mn}^2}\right) \\
&\quad \times \int_0^\infty \alpha_{mn}\exp\left(-\alpha_{mn}^2\left(\frac{E/M}{2\sigma_n^2/2} + \frac{1}{2\tilde{\sigma}_{mn}^2}\right)\right)\mathrm{I}_0\left(\frac{\sqrt{\frac{E}{M}}\alpha_{mn}|y_{mn}|}{\sigma_n^2/2}\right)\mathrm{I}_0\left(\frac{\alpha_{mn}\chi_{mn}}{\tilde{\sigma}_{mn}^2}\right)\mathrm{d}\alpha_{mn}
\end{aligned}
\tag{8.56}
$$

又根据

$$
\int_0^\infty \alpha\exp(-p\boldsymbol{\alpha}^2)\mathrm{I}_0(a\boldsymbol{\alpha})\mathrm{I}_0(\boldsymbol{\beta\alpha})\mathrm{d}\boldsymbol{\alpha} = \frac{1}{2p}\exp\left(\frac{a^2 + \beta^2}{4p}\right)\mathrm{I}_0\left(\frac{a\beta}{2p}\right) \tag{8.57}
$$

可求解式(8.56)，得

$$
\begin{aligned}
p(|y_{mn}|) &= \frac{|y_{mn}|}{\tilde{\sigma}_{mn}^2\sigma_n^2/2}\exp\left(-\frac{|y_{mn}|^2}{2\sigma_n^2/2} - \frac{\chi_{mn}^2}{2\tilde{\sigma}_{mn}^2}\right)\frac{1}{2\left(\frac{E/M}{2\sigma_n^2/2} + \frac{1}{2\tilde{\sigma}_{mn}^2}\right)} \\
&\quad \times \exp\left(\frac{\left(\frac{\sqrt{\frac{E}{M}}|y_{mn}|}{\sigma_n^2/2}\right)^2 + \left(\frac{\chi_{mn}}{\tilde{\sigma}_{mn}^2}\right)^2}{4\left(\frac{E/M}{2\sigma_n^2/2} + \frac{1}{2\tilde{\sigma}_{mn}^2}\right)}\right)\mathrm{I}_0\left(\frac{\left(\frac{\sqrt{\frac{E}{M}}|y_{mn}|}{\sigma_n^2/2}\right)\left(\frac{\chi_{mn}}{\tilde{\sigma}_{mn}^2}\right)}{2\left(\frac{E/M}{2\sigma_n^2/2} + \frac{1}{2\tilde{\sigma}_{mn}^2}\right)}\right) \\
&= \frac{|y_{mn}|}{\tilde{\sigma}_{mn}^2E/M + \sigma_n^2/2}\exp\left(-\frac{|y_{mn}|^2 + \chi_{mn}^2E/M}{2\tilde{\sigma}_{mn}^2E/M + \sigma_n^2}\right)\mathrm{I}_0\left(\frac{|y_{mn}|\chi_{mn}\sqrt{E/M}}{\tilde{\sigma}_{mn}^2E/M + \sigma_n^2/2}\right)
\end{aligned}
\tag{8.58}
$$

此式可以看做另一个莱斯分布，剩下的过程跟仅相位随机的情况类似。

假设 $T_{mn}=(a_{mn}|y_{mn}|)^2$，由此可得到 T_{mn} 的概率密度函数为

$$
\begin{aligned}
p(T_{mn}) &= \frac{1}{2a_{mn}^2(\tilde{\sigma}_{mn}^2 E/M+\sigma_n^2/2)}\exp\left(-\frac{T_{mn}+a_{mn}^2\chi_{mn}^2 E/M}{2a_{mn}^2(\tilde{\sigma}_{mn}^2 E/M+\sigma_n^2/2)}\right) \\
&\quad \mathrm{I}_0\left(\frac{\sqrt{T_{mn}}\chi_{mn}\sqrt{E/M}}{a_{mn}(\tilde{\sigma}_{mn}^2 E/M+\sigma_n^2/2)}\right) \\
&= \frac{1}{2s_{mn}^2}\exp\left(-\frac{T_{mn}+\eta_{mn}}{2s_{mn}^2}\right)\mathrm{I}_0\left(\frac{\sqrt{T_{mn}\eta_{mn}}}{s_{mn}^2}\right)
\end{aligned} \tag{8.59}
$$

其中

$$
\begin{aligned}
s_{mn}^2 &= a_{mn}^2(\tilde{\sigma}_{mn}^2 E/M+\sigma_n^2/2) \\
\eta_{mn} &= a_{mn}^2\chi_{mn}^2 E/M
\end{aligned} \tag{8.60}
$$

只有假设所有接收站的方差相等，即 $\sigma_1^2=\sigma_2^2=\cdots=\sigma_N^2=\sigma^2$，才能进一步分析，则可利用相位未知所采用的方法。若非如此，则可采用蒙特卡洛仿真或 Gram－Chalier 分析方法[5]。

8.3.3　仿真实验

（1）固定发射总能量为 4，噪声方差为 1，反射系数的幅度服从均值为 1，方差为 1 的莱斯分布。仿真了不同数目收发站，检测概率随虚警概率的变化曲线，如图 8.9 所示。

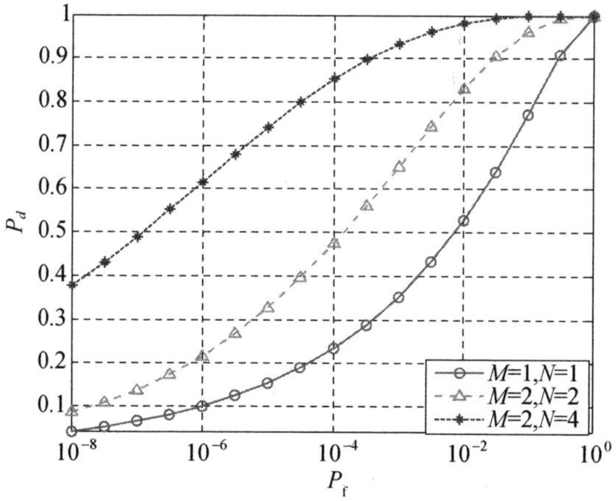

图 8.9　检测概率随虚警概率变化曲线

（2）固定虚警概率 $P_f=10^{-6}$，仿真了不同数目收发站，检测概率随信噪比（如式(8.60)所定义的 s_{mn}^2）的变化曲线，如图 8.10 所示。

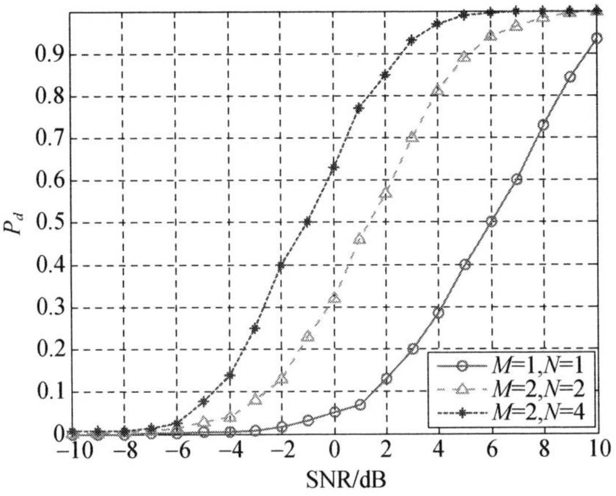

图 8.10　检测概率随信噪比变化曲线

8.4　分置 MIMO 雷达集中式动目标检测

8.4.1　动目标与杂波回波模型

假设一目标以绝对速度$|\boldsymbol{v}|$朝 Ω 方向运动，在二维笛卡儿坐标系中目标沿 x 轴和 y 轴的速度分量分别为

$$
\begin{aligned}
v_x &= |\boldsymbol{v}|\cos\Omega \\
v_y &= |\boldsymbol{v}|\sin\Omega
\end{aligned}
\tag{8.61}
$$

如果有目标在检测单元内(cell - under - test, CUT)出现，则假设其在 K 个连续脉冲期间不会离开该检测单元。

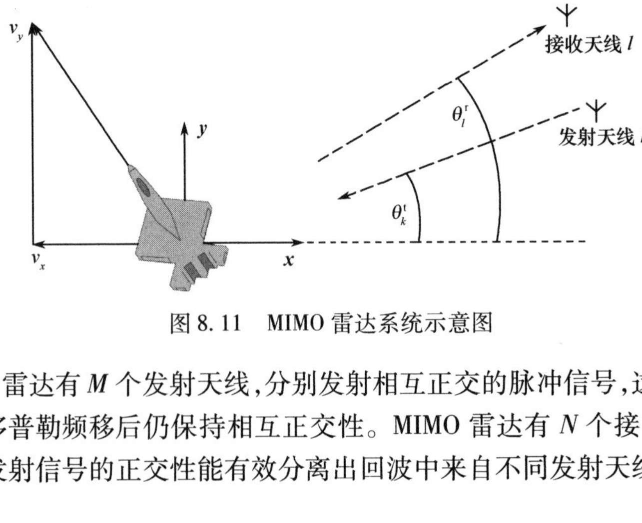

图 8.11　MIMO 雷达系统示意图

MIMO 雷达有 M 个发射天线，分别发射相互正交的脉冲信号，这些信号在经历时延和多普勒频移后仍保持相互正交性。MIMO 雷达有 N 个接收天线，各接收端利用发射信号的正交性能有效分离出回波中来自不同发射天线的成份。称

“目标出现在检测单元中”的假设为 H_1,“没有目标出现”的假设为 H_0,则在两种假设下,由发射天线 $k(k=1,2,\cdots,M)$ 发射的脉冲,经接收天线 $l(l=1,2,\cdots,N)$ 接收处理后得到的 K 个信号采样可由以下矢量表示

$$\boldsymbol{r}_{lk}=\begin{cases}\boldsymbol{c}_{lk}+\boldsymbol{n}_{lk}, & H_0\\ \eta_{lk}\boldsymbol{d}_{lk}(v_x,v_y)+\boldsymbol{c}_{lk}+\boldsymbol{n}_{lk}, & H_1\end{cases} \tag{8.62}$$

式中:η_{lk} 为未知的目标复反射系数,其值对于任意 k、l 在 K 个连续脉冲期间不改变;$\boldsymbol{c}_{lk}$ 为杂波回波,$\boldsymbol{n}_{lk}$ 为接收机热噪声。定义

$$\boldsymbol{d}_{lk}=\begin{pmatrix}1\\ \mathrm{e}^{\mathrm{j}2\pi f_{lk}T_{\mathrm{PRF}}}\\ \vdots\\ \mathrm{e}^{\mathrm{j}2\pi f_{lk}(K-1)T_{\mathrm{PRF}}}\end{pmatrix} \tag{8.63}$$

式中:T_{PRF} 为脉冲重复间隔(PRI);f_{lk} 为接收天线 l 测得的、由发射天线 k 发射的信号的多普勒频移(Doppler shift)

$$f_{lk}=(\cos\theta_k^{\mathrm{t}}+\cos\theta_l^{\mathrm{r}})\frac{f_{\mathrm{c}}v_x}{c}+(\sin\theta_k^{\mathrm{t}}+\sin\theta_l^{\mathrm{r}})\frac{f_{\mathrm{c}}v_y}{c} \tag{8.64}$$

式中:f_{c} 为载波频率;c 为光速;θ_k^{t} 和 θ_l^{r} 分别为发射天线 k 和接收天线 l 相对目标的角度,如图 8.11 所示。定义

$$\boldsymbol{d}_{lk}(v_x,v_y)=\boldsymbol{d}_{lk}(f_{lk})\Big|_{f_{lk}=(\cos\theta_k^{\mathrm{t}}+\cos\theta_l^{\mathrm{r}})\frac{f_{\mathrm{c}}v_x}{c}+(\sin\theta_k^{\mathrm{t}}+\sin\theta_l^{\mathrm{r}})\frac{f_{\mathrm{c}}v_y}{c}} \tag{8.65}$$

假设杂波为零均值复高斯分布,具有相关矩阵

$$E\{\boldsymbol{c}_{lk}\boldsymbol{c}_{lk}^{\mathrm{H}}\}=\boldsymbol{C}' \tag{8.66}$$

且

$$E\{\boldsymbol{c}_{lk}\boldsymbol{c}_{l'k'}^{\mathrm{H}}\}=\boldsymbol{0}_{K\times K},\quad \forall k\neq k' \text{或} l\neq l' \tag{8.67}$$

注意这里没有对杂波相关矩阵 $\boldsymbol{C}'$ 作任何规定,稍后将对 $\boldsymbol{C}'$ 的具体模型作进一步讨论。假设接收机热噪声是零均值复白高斯噪声,相关矩阵为

$$E\{\boldsymbol{n}_{lk}\boldsymbol{n}_{lk}^{\mathrm{H}}\}=\sigma_n^2\boldsymbol{I}_{K\times K} \tag{8.68}$$

不同收发路径的噪声之间相互独立,即

$$E\{\boldsymbol{n}_{lk}\boldsymbol{n}_{l'k'}^{\mathrm{H}}\}=\boldsymbol{0}_{K\times K},\quad \forall k\neq k' \text{或} l\neq l' \tag{8.69}$$

注意到上文给出的信号模型忽略了各收发路径中的传输损耗的不同。也就是假设所有发射、接收天线与检测单元之间的距离近似相等,仅观测角 θ_k^{t} 和 θ_l^{r} 的不同。

这里采用与文献[9]类似的杂波模型。杂波不同于雷达目标,存在于很大的范围内。假设杂波背景是空间均匀的,即各杂波散射单元的统计分布特性相同,由于各天线接收到的杂波回波是大量杂波散射单元回波的总和,故杂波回波是渐近高斯的。这种杂波模型适用于森林、草地等均匀表面的回波。另外,受风

等因素的影响，杂波的内部运动也需要考虑。综上所述，接收杂波回波服从复高斯分布，随时间的起伏相对于观测时间长度（K 个脉冲期间）是慢变化的。

完整的杂波模型需要描述杂波的时间相关特性及空间相关特性。杂波的时间相关矩阵 $\boldsymbol{C}'$已在式(8.66)中给出。后文中，为表述简洁，将热噪声和杂波回波一起记为 $\boldsymbol{x}_{lk}=\boldsymbol{c}_{lk}+\boldsymbol{n}_{lk}$，其时间相关矩阵 $\boldsymbol{C}=E\{\boldsymbol{x}_{lk}\boldsymbol{x}_{lk}^{\mathrm{H}}\}=\boldsymbol{C}'+\sigma_n^2\boldsymbol{I}_{K\times K}$。

杂波的空间相关特性由式(8.67)表述，不同收发路径的杂波回波是不相关的。这种杂波回波空间不相关的假设对分置天线的雷达系统来讲是合理的，而对共置天线的雷达系统则不然。然而，为了分析简便，对共置天线的传统相控阵雷达仍采用该假设，这很可能高估了相控阵雷达可达到的性能。因此实际上 MIMO 雷达相比相控阵雷达的优势可能比本章给出的结果更为显著。对于给定收发路径中的杂波，假设其时间相关特性是已知的或者可以预先估计的。

8.4.2 集中式检测器

MIMO 雷达通常采用集中处理的方式。所有的接收信号，即式(8.62)所述 MN 个收发路径的信号，全部被传送到一个中心处理器进行联合处理。这 MN 个接收信号矢量 $\boldsymbol{r}_{lk}$构成一个新的矢量 $\boldsymbol{r}=[\boldsymbol{r}_{11}^{\dagger}\quad\cdots\quad\boldsymbol{r}_{NM}^{\dagger}]^{\dagger}$。同时，$MN$ 个目标反射系数 η_{lk}构成新的矢量 $\boldsymbol{\eta}=[\eta_{11}\quad\cdots\quad\eta_{NM}]^{\dagger}$。接收信号矢量的联合条件概率密度函数可写为

$$f(\boldsymbol{r}\mid\boldsymbol{\alpha},v_x,v_y,H_1)=\prod_{k=1}^{M}\prod_{l=1}^{N}\frac{1}{\pi^K\sqrt{\det\{\boldsymbol{C}\}}}\mathrm{e}^{-(\boldsymbol{r}_{lk}-\alpha_{lk}\boldsymbol{d}_{lk}(v_x,v_y))^{\mathrm{H}}\boldsymbol{C}^{-1}(\boldsymbol{r}_{lk}-\alpha_{lk}\boldsymbol{d}_{lk}(v_x,v_y))}\tag{8.70}$$

及

$$f(\boldsymbol{r}\mid H_0)=\prod_{k=1}^{M}\prod_{l=1}^{N}\frac{1}{\pi^K\sqrt{\det\{\boldsymbol{C}\}}}\mathrm{e}^{-\boldsymbol{r}_{lk}^{\mathrm{H}}\boldsymbol{C}^{-1}\boldsymbol{r}_{lk}}\tag{8.71}$$

式中 $\boldsymbol{C}=\boldsymbol{C}'+\sigma_n^2\boldsymbol{I}_{K\times K}$。定义广义似然比检测[12,13]为

$$\hat{\xi}=\ln\left(\frac{\max\limits_{\eta,v_x,v_y}f(\boldsymbol{r}\mid\boldsymbol{\eta},v_x,v_y,H_1)}{f(\boldsymbol{r}\mid H_0)}\right)\underset{H_2}{\overset{H_1}{\gtrless}}\hat{\gamma}\tag{8.72}$$

注意到对 $f(\boldsymbol{r}\mid\boldsymbol{\eta},v_x,v_y,H_1)$关于 $\boldsymbol{\eta}$、v_x、和 v_y 求最大值，等效于求下式的最小值

$$\sum_{k=1}^{M}\sum_{l=1}^{N}(\boldsymbol{r}_{lk}-\eta_{lk}\boldsymbol{d}_{lk}(v_x,v_y))^{\mathrm{H}}\boldsymbol{C}^{-1}(\boldsymbol{r}_{lk}-\eta_{lk}\boldsymbol{d}_{lk}(v_x,v_y))\tag{8.73}$$

又进一步等效于求下式的最大值

$$\sum_{k=1}^{M}\sum_{l=1}^{N}2\Re\{\eta_{lk}^{*}\boldsymbol{d}_{lk}^{\mathrm{H}}(v_x,v_y)\boldsymbol{C}^{-1}\boldsymbol{r}_{lk}\}-|\eta_{lk}|^{2}\boldsymbol{d}_{lk}^{\mathrm{H}}(v_x,v_y)\boldsymbol{C}^{-1}\boldsymbol{d}_{lk}(v_x,v_y) \tag{8.74}$$

对于任意的 v_x 和 v_y，使式(8.74)最大的 α_{lk}应满足

$$\eta_{lk}=\hat{\eta}_{lk}=\frac{\boldsymbol{d}_{lk}^{\mathrm{H}}(v_x,v_y)\boldsymbol{C}^{-1}\boldsymbol{r}_{lk}}{\boldsymbol{d}_{lk}^{\mathrm{H}}(v_x,v_y)\boldsymbol{C}^{-1}\boldsymbol{d}_{lk}(v_x,v_y)} \tag{8.75}$$

将 $\hat{\eta}_{lk}$代入式(8.72)可得判决规则如下

$$\xi=\max_{v_x,v_y}\left(\sum_{k=1}^{M}\sum_{l=1}^{N}\frac{|\boldsymbol{d}_{lk}^{\mathrm{H}}(v_x,v_y)\boldsymbol{C}^{-1}\boldsymbol{r}_{lk}|^{2}}{\boldsymbol{d}_{lk}^{\mathrm{H}}(v_x,v_y)\boldsymbol{C}^{-1}\boldsymbol{d}_{lk}(v_x,v_y)}\right)\underset{H_2}{\overset{H_1}{\gtrless}}\gamma \tag{8.76}$$

需要强调的是，集中式 MIMO 雷达动目标检测器将所有接收端的信息($\boldsymbol{r}$ 中全部元素)联合起来估计目标的真实速度矢量 $\boldsymbol{v}=(v_x,v_y)$。下文将进一步讨论这种联合估计方法的含义，并与各接收端局部估计目标相对速度的方法进行对比。

8.5　分置 MIMO 雷达分布式动目标检测

8.5.1　分布式检测器

在 MIMO 雷达中采用分布式处理，可以大大降低系统复杂度。这里介绍一种简单的分布式处理，并与集中式处理进行复杂度和性能的比较。在分布式处理中，每个接收站(接收天线)自主处理接收信号，再将局部判决的结果传送给融合中心。

在分布式 MIMO 雷达检测器中采用的全局统计量和判决规则如下

$$\xi=\sum_{k=1}^{M}\sum_{l=1}^{N}\max_{f_{lk}}\frac{|\boldsymbol{d}_{lk}^{\mathrm{H}}(f_{lk})\boldsymbol{C}^{-1}\boldsymbol{r}_{lk}|^{2}}{\boldsymbol{d}_{lk}^{\mathrm{H}}(f_{lk})\boldsymbol{C}^{-1}\boldsymbol{d}_{lk}(f_{lk})}\underset{H_2}{\overset{H_1}{\gtrless}}\gamma \tag{8.77}$$

由上式可见这是一种软判决的方法。接收站 l 不做硬判决，而是估计出发射站 k 发射的信号所经历的多普勒频移 f_{lk}，将此作为软判决的结果传送给融合中心。融合中心对所有软判决结果求和，进而得出最终的检测统计量。注意到每次检测每个收发天线对(Transmitter-receiver Pair)只需传送一个采样给中心站，而在集中式 MIMO 检测器中每次检测每个收发天线对则需要传送 K 个采样给中心站。若量化这些采样值，则可进行二进制式多进制本地判决[14-17]。因为对软判决进行融合的结果通常优于对硬判决进行融合，所以基于式(8.77)的检测器性

能应该不亚于基于二元或多元局部判决的检测器。

根据式(8.77),在分布式 MIMO 检测器中,求取一个收发路径对应的多普勒频移 f_{lk} 需要进行一次一维搜索。假设此一维搜索的复杂度(即完成搜索的平均运算量)为 η。每一接收天线接收到来自 M 个发射天线的信号,需要完成 M 次搜索,则一个接收天线所需的复杂度为 $M\eta$。分布式 MIMO 雷达系统共有 N 个接收天线,故总的复杂度为 $MN\eta$。对于式(8.76)的集中式 MIMO 雷达检测器,总共需要进行一次二维搜索来求得二维向量(v_x, v_y),所需复杂度的数量级为 η^2。当 M 和 N 较小时,分布式 MIMO 雷达系统的复杂度较低。当然,由于计算 GLRT 检测统计量所需的 MN 个多普勒频移是对各收发路径分别独立估计得来的,而实际上这些多普勒频移是对应于同一目标的、是有关联的,所以分布式 MIMO 检测器的性能相对较低。

8.5.2 性能分析与比较

首先分析不同雷达系统的接收机工作特性(Receiver Operating Characteristics,ROC)。假定脉冲重复频率为 500Hz,杂噪比为 40dB,雷达系统有 2 个发射天线和 2 个接收天线,其中发射天线的观测角为 $\{\theta_k^t\}_{k=1}^2 = \{0°, 65°\}$,接收天线的观测角为 $\{\theta_l^r\}_{l=1}^2 = \{-30°, 40°\}$。设目标运动的绝对速度为 68km/h,速度方向是随机的。考虑目标反射系数恒定的情况,即在式(8.62)中 $\alpha_{lk} = \alpha =$ 常数。在这种目标无闪烁的情况下不存在 MIMO 分集增益,便于单纯地分析 MIMO 系统几何增益。图 8.12 所示为集中式 MIMO(CMIMO)、分布式 MIMO(DMIMO)和传统相控阵(conv)雷达系统在几种信杂比(Target - to - Clutter Ratio,TC)条件下的 ROC 曲线。集中式 MIMO 的 ROC 曲线在最上方,其检测概率在不同信杂比条件下均接近于 1,因此具有很好的性能。由图可见两种 MIMO 雷达的性能均优于相控阵雷达,这是因为 MIMO 雷达能从多个角度观察目标,因而具有几何增益。相控阵雷达的性能则受到观测角度单一的限制,所以在目标运动方向随机的情况下其检测性能不如 MIMO 雷达。

接下来的例子与图 8.12 类似,但反射系数 $\alpha_{lk}(k = 1, 2, \cdots, M, l = 1, 2, \cdots, N)$不再设为常数,而是一组复高斯随机变量,如图 8.13 所示,此时 MIMO 雷达的性能仍好于相控阵雷达。本例既体现了 MIMO 雷达的几何增益又体现了其空间分集增益。空间分集增益的存在减少了目标 RCS 起伏对各收发路径中信号造成的影响。

综合来看,图 8.12 和图 8.13 显示了 MIMO 雷达相比相控阵雷达的两种增益。第一种是几何增益。因为 MIMO 雷达能够从不同角度探测运动目标,而相控阵只能从单个角度进行探测,所以当目标的运动方向与相控阵的观测方向垂直时,相控阵的性能下降,而 MIMO 雷达的性能几乎不受影响,由此带来几何增

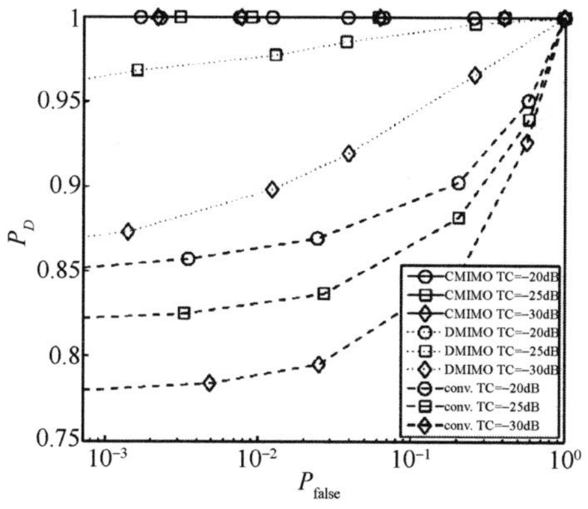

图 8.12　目标以 68km/h 按随机方向运动时的 ROC 曲线（$\eta_{lk}=\eta=$常数，PRF = 500Hz，CNR = 40dB）

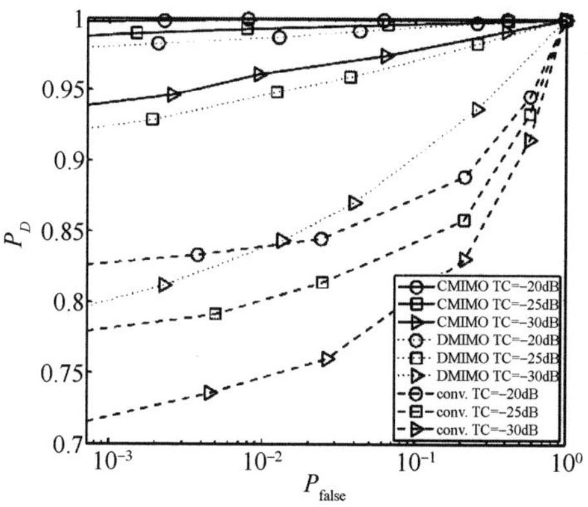

图 8.13　目标以 68km/h 按随机方向运动时的 ROC 曲线（复高斯 η_{lk}，PRF = 500Hz，CNR = 40dB）

益[17]。另一种是分集增益[18]。图 8.12 仅反映了几何增益，而图 8.13 反映了两种增益的共同效应。

值得注意的是，如文献[18]所述 MIMO 雷达并非总优于相控阵。一般地，当信噪比足够高时 MIMO 雷达占优，当信噪比很低时则相控阵占优。感兴趣的读者可参见文献[18]中的详述。当信号强度非常小时，也会遇到相同的问题。然而，由于这里考虑的是运动目标，与文献[18]中讨论不同，MIMO 雷达在低信噪比时仍具有比相控阵雷达更好的性能，这源自附加的几何增益。

本节进一步分析集中式和分布式 MIMO 雷达检测器，将重心放在几何增益上，对二者统计检测量（定义见式（8.76）和式（8.77））的累积分布函数（Cumulative Distribution Function，CDF）进行比较。设脉冲重复频率为 2kHz，杂噪比为 30dB。雷达系统有一个发射天线和若干（N 个）接收天线，其中发射天线位于 $\theta_1^{\mathrm{t}}=0°$方向，接收天线的方向如下：当 $N=1$ 时，$\theta_1^{\mathrm{r}}=0°$；当 $N=4$ 时，$\{\theta_l^{\mathrm{r}}\}_{l=1}^{4}=\{-39°,-13°,13°,39°\}$；当 $N=8$ 时，$\{\theta_l^{\mathrm{r}}\}_{l=1}^{8}=\{-39°,-26°,-13°,0°,13°,26°,39°,51°\}$。假设信杂比为 0dB。如图 8.14 所示为 H_1 假设下集中式和分布式MIMO雷达检测统计量的 CDF，其中目标以绝对速度 300km/h 运动且 $\eta_{lk}=\eta=$常数。注意到之所以选择信杂比为 0dB，是由于它恰使得两种雷达系统的检测统计量在 H_1 假设下服从相似的分布，便于进行如后文所述的比较。图 8.15 所示为 H_0 假设下集中式和分布式 MIMO 雷达检测统计量的 CDF，此时没有目标出现，接收信号只包含噪声和杂波。由图可见，对给定的 CDF 值 $F(\xi|H_0)$，集中式 MIMO 雷达的检测统计量 ξ_{H_0}小于分布式 MIMO 雷达。

如所知道的那样，若检测阈值设为 γ，则检测概率为 $P_{\mathrm{d}}=1-F(\gamma|H_1)$，虚

警概率为 $P_{fa}=1-F(\gamma|H_0)$。比较图 8.14 和图 8.15 可见，为使集中式和分布式 MIMO 雷达获得相同的检测概率，应选择几乎相同的检测阈值，而当检测阈值相等时，前者的虚警概率更低。另一方面，分布式检测器针对每一收发路径需要进行一次一维搜索，而集中式检测器联合利用所有的采样结果进行二维搜索。集中式检测器所采用的二维搜索对检测统计量施加了更强的约束，因此有效减少了出现虚警的可能。这也是集中式 MIMO 雷达优于分布式 MIMO 雷达的原因。当然，集中式 MIMO 雷达所需的二维搜索对计算复杂度的要求也更高。

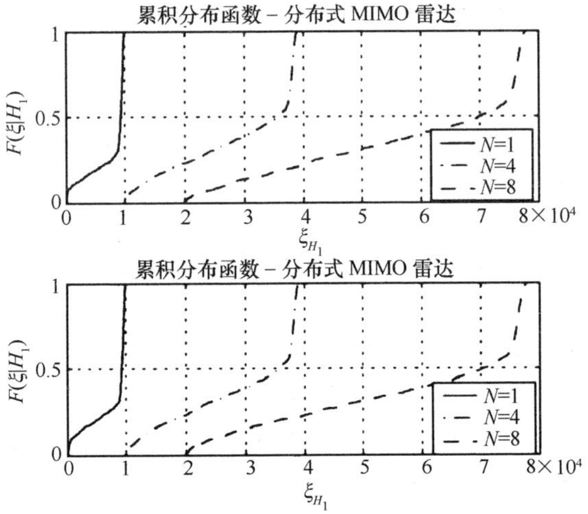

图 8.14 检测统计量 ξ 在 H_1 假设、不同接收天线数情况下的 CDF 曲线

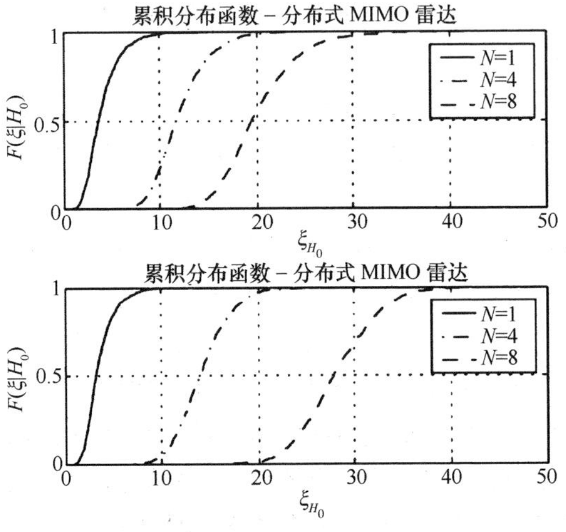

图 8.15 检测统计量 ξ 在 H_0 假设、不同接收天线数情况下的 CDF 曲线

8.6 分置 MIMO 雷达恒虚警动目标检测

8.6.1 恒虚警检测器

此前在推导检测统计量时,假设噪声加杂波(后文统称为干扰)的时间相关矩阵 $\boldsymbol{C}$ 是已知的。然而,该矩阵可能是未知的。另外,分布式或集中式 MIMO 雷达系统中不同收发路径对应的干扰特征可能不相同,因而有不同的干扰相关矩阵。据此,用 $\boldsymbol{C}_{lk}$ 来表示发射天线 k 和接收天线 l 对应路径的干扰相关矩阵。

实际上,不难把上文推导的检测器全都转化为具有恒虚警率特性的自适应检测器[20,,21]。只需要将原检测器中的真实干扰相关矩阵用其估计值代替即可。干扰相关矩阵的估计

$$\hat{\boldsymbol{C}}_{lk} = \frac{1}{L}\sum_{i=1}^{L} \boldsymbol{r}_{lk}(i)\boldsymbol{r}_{lk}^{\mathrm{H}}(i) \tag{8.78}$$

可以通过 $L(L>K)$ 个辅助数据向量 $\boldsymbol{r}_{lk}(i)$ 求出。辅助数据 $\boldsymbol{r}_{lk}(i)$ 是在认为没有目标回波存在的邻近距离单元测得的[20,22]。自适应集中式 MIMO 检测统计量和判决规则如下

$$\xi = \max_{v_x,v_y}\sum_{k=1}^{M}\sum_{l=1}^{N}\frac{|\boldsymbol{d}_{lk}^{\mathrm{H}}(v_x,v_y)\,\hat{\boldsymbol{C}}_{lk}^{-1}\boldsymbol{r}_{lk}|^2}{\boldsymbol{d}_{lk}^{\mathrm{H}}(v_x,v_y)\,\hat{\boldsymbol{C}}_{lk}^{-1}\boldsymbol{d}_{lk}(v_x,v_y)} \underset{H_2}{\overset{H_1}{\gtrless}} \gamma \tag{8.79}$$

该检测统计量具有 CFAR 的性质。按类似的方法可以推得自适应分布式 MIMO 和自适应相控阵检测统计量。需要注意的是,在相控阵系统中各收发路径中的杂波具有相同的统计特性。

8.6.2 性能分析与讨论

本节讨论天线数为 1×4 和 1×8 的自适应集中式 MIMO 雷达以及自适应相控阵雷达系统。假设脉冲重复频率为 2kHz,杂噪比为 30dB。图 8.16 所示是 1×4 自适应集中式 MIMO 检测统计量式(8.79)在 H_0 假设下的经验累积分布函数(Empirical CDF),图中 L 表示辅助数据向量的个数。

实线是在已知杂波协方差矩阵条件下得到的累积分布函数。杂波协方差矩阵未知时,虚线反映了 H_0 假设下、$L=160$ 时的经验累积分布函数,点线则是在 $L=40$ 时得到的。对每一种 L 的取值,考虑了如下两种场景:

(1) 第一种场景(sc. 1):所有接收单元对应的杂波协方差矩阵相同,且具有如前所述的形式(假设脉冲重复频率为 2kHz,杂噪比为 30dB)。

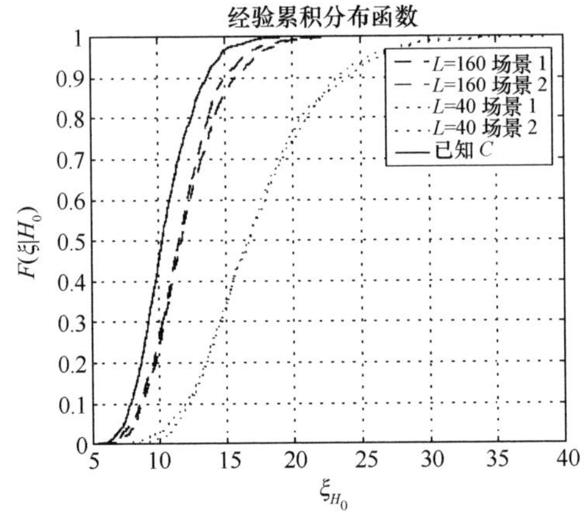

图 8.16 天线数为 1×4 的恒虚警率雷达系统采用不同辅助数据时的累积分布函数

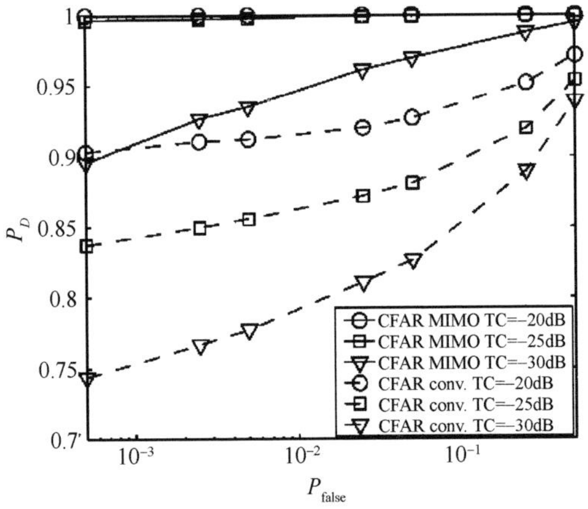

图 8.17 目标以 300km/h 按随机方向运动时，天线数为 1×8 的恒虚警率雷达系统的 ROC 曲线，$L=200$（PRF=500Hz，CNR=40dB）

（2）第二种场景（sc. 2）：在四个接收单元中，其中两个接收单元对应的杂波回波具有如前所述的协方差矩阵；另两个接收单元对应的杂噪比为 20dB，总干扰功率增大了 6dB。

在每种场景下，都是利用辅助数据来估计协方差矩阵的，如式(8.78)所示。由图 8.17 可见两种场景下得到的经验累积分布函数几乎重叠，这说明自适应检测统计量的分布是独立于潜在的杂波特性的，因此可被用以完成恒虚警率处理。

图 8.17 所示出了天线数为 1×8 的自适应集中式 MIMO 雷达和自适应相控阵雷达系统用于恒虚警检测时所得的 ROC 曲线，其中所用的辅助数据矢量个数为$L=200$，设 H_1 假设下出现的目标以绝对速度 $|\boldsymbol{v}|=300$km/h 运动。在这种情

况下,虽然集中式 MIMO 雷达和相控阵雷达的性能都较 $\boldsymbol{C}$ 完全确知时有所下降,集中式 MIMO 雷达的性能仍优于相控阵雷达系统。

8.7　本章小结

本章首先给出了分置 MIMO 雷达的三种形态(相参分置 MIMO 雷达、相位随机 MIMO 雷达、幅相随机 MIMO 雷达),并分别推导了相位随机 MIMO 雷达、幅相随机 MIMO 雷达的检测器结构,分析了检测器性能。

随后,本章分析了 MIMO 雷达检测均匀杂波中的运动目标的性能。给出了 MIMO 雷达和相控阵雷达的信号模型,并比较了它们在高斯色噪声加杂波环境下的动目标检测性能。本章分别推导了集中式 MIMO 雷达、分布式 MIMO 雷达和相控阵雷达系统的广义似然比动目标检测器。传统相控阵雷达不能检测径向速度过小的运动目标,而 MIMO 雷达则不存在这个问题,能够对目标实现检测。本章讨论了采用分布式 MIMO 雷达替代集中式 MIMO 雷达的利弊,前者降低了复杂度但也使系统性能有所下降。本章还就天线布置的问题进行了初步讨论。本章提出一种自适应的 MIMO 雷达动目标检测器,该自适应动目标检测器在均匀杂波环境下具有恒虚警率的性能。

参考文献

[1] 曾涛,殷丕磊,杨小鹏,等. 分布式全相参雷达系统时间与相位同步方案研究[J]. 雷达学报. 2013,2(1):105 - 110.

[2] Yang Y, Blum R S. Phase synchronization for coherent MIMO radar: algorithms and their analysis[J]. IEEE Transactions on Signal Processing, 2011, 59(11): 5538 - 5557.

[3] Li J, Stoica P. MIMO radar with colocated antennas[J]. IEEE Signal Process. Mag., 2007, 5(24): 106 - 114.

[4] Schonhoff T A, Giordano A A. Detection and estimation: theory and its application[M]. Prentice Hall Press, 2007.

[5] Whalen A D. Detection of signals in noise[M]. Academic Press, New York, 1971.

[6] Abramuwitz M, Stegun I A, et al. Handbook of mathematical functions with formulas, graphs, and mathematical tables[J]. Department of Commerce, National Bureau of Stanards, Applied Mathematics Series 55, 1968.

[7] He Q, Blum R S. Diversity gain for MIMO neyman-pearson signal detection[J]. IEEE Transactions on Signal Processing, 2011, 59(3): 869 - 881.

[8] Proakis J G. Digital Communication[M]. 2nd ed. McGraw-Hill, New York, 1989.

[9] Sammartino P F, Baker C J, Griffiths H D. Adaptive MIMO radar systems in clutter[J]. IEEE Radar Conference, 2007, 276 - 281.

[10] He Q,Lehmann N H,Blum R S. MIMO radar moving target detection in homogeneous clutter [J]. IEEE Transaction on AES,2010,3(46):1290 - 1301.

[11] 何茜. MIMO雷达检测与估计理论研究[D]. 成都:电子科技大学,2010.

[12] Stoica P,Li J,Xie Y. On probing signal design for mimo radar[J]. IEEE Transactions on Signal Processing,2007,8(55):4151 - 4161.

[13] Fishler E, Haimovich A M, Blum R S,et al. Spatial diversity in radars-Models and detection performance[J]. IEEE Trans. Signal Processing,2006,54(3):823 - 838.

[14] Haimovich A M, Blum R S,Cimini L. MIMO radar with widely separated antennas[J]. IEEE Sig. Proc. Mag.,2008,25(1):116 - 129.

[15] Papoutsis I, Baker C, Griffiths H. Fundamental performance limitations of radar networks [J]. Proc. of the 1st EMRS DTC Technincal Conference, Edingburgh, 2004.

[16] Gini F,Farina A, Greco M. Selected list of references on radar signal processing[J]. IEEE Transactions on Aerospace and Electronic Systems,2001,1(37):329 - 259.

[17] Aittomaki T, Koivunen V. Performance of MIMO radar with angle diversity under Swerling scattering model[J]. IEEE J. Sel. Topics Signal Process.,2010,4(1):101 - 114.

[18] Tajer A, Jajamovich G,Wang X. Optimal joint target detection and parameter estimation by MIMO radar[J]. IEEE J. Sel. Topics Signal Process,2010,4(1):127 - 145.

[19] Sammartino P F, Baker C J,Griffiths H D. Target model effects on MIMO radar performance [J]. IEEE International Conference on Acoustics, Speech and Signal Processing,2006,5: 1129 - 1132.

[20] Liu W,Lu Y,Fu J S. A novel method for CFAR data fusion, Neural Networks for Signal Processing[J]. IEEE Signal Processing Society Workshop,2000,2:711 - 720.

[21] Goodman N A,Bruyer D. Optimum and decentralized detection for multistatic airborne radar [J]. IEEE Transaction on AES,2007,43(2):806 - 813.

[22] Nathanson F E. Radar design principals[M]. 2nd ed. McGraw-Hill, 1990.

第9章 分置 MIMO 雷达参数估计

第 8 章讨论了分置天线 MIMO 雷达的目标检测性能，本章将讨论其在动目标参数估计方面的性能，这些参数主要包括目标的位置参数和速度参数，以及分置 MIMO 雷达布站位置及非理想因素对参数估计性能的影响。

本章将首先研究分置 MIMO 雷达对动目标的速度估计性能，推导速度估计的克拉美 - 罗界(Cramer - Rao Bound，CRB)，研究天线优化布置理论和基于非相干的目标位置与速度联合估计，分析非理想因素对估计性能的影响，比较相干与非相干处理的参数估计性能和计算复杂度。

9.1 基于相干处理的速度参数估计

9.1.1 信号模型

考虑具有 M 个发射天线和 N 个接收天线的相干 MIMO 雷达系统[1]，其中发射天线和接收天线均以大的间距分置[1,2]。假设用于发射的一组信号的低通等效表达式为 $\sqrt{E/M}s_k(t)$，$k=1,2,\cdots,M$，其中 E 为总发射能量。每一发射信号 $s_k(t)$ 是归一化了的，满足 $\int_T |s_k(t)|^2\mathrm{d}t=1$，其中 T 为观测时间长度。假设信号是窄带的，因而发射信号可用其复包络表达为 $\hat{s}_k(t)=s_k(t)\mathrm{e}^{\mathrm{j}2\pi f_c t}$。每一信号由不同的发射天线发射出去。注意到，对于信号 $s_k(t)$，$k=1,2,\cdots,M$，这里除了对其进行归一化外，没有附加别的要求，例如它既可以是单脉冲信号也可以是多脉冲信号，等等。另外，假设目标散射系数在观测时间内没有起伏。

设目标以未知速度 $\boldsymbol{v}=(v_x,v_y)$ 匀速运动，其中 v_x 和 v_y 表示二维笛卡儿坐标系中的速度分量，如图 9.1 所示。由于本节的重点是目标速度估计，所以假设目标在观测时间内不离开雷达的分辨单元，其位置为 $X=(x,y)$。设雷达的发射、接收天线分别位于 $(x_k^{\mathrm{t}},y_k^{\mathrm{t}})$，$k=1,2,\cdots,M$ 和 $(x_l^{\mathrm{r}},y_l^{\mathrm{r}})$，$l=1,2,\cdots,N$。接收天线 l 收到的由所有(M 个)发射天线引起的目标回波的低通等效式为

$$r_l(t) = \sqrt{\frac{E}{M}}\sum_{k=1}^{M}\zeta_{lk}\alpha_{lk}s_k(t-\tau_{lk})\mathrm{e}^{\mathrm{j}2\pi f_{lk}(v)t} + w_l(t), \quad l = 1,2,\cdots,N \quad (9.1)$$

式中:$\zeta_{lk} = \zeta_{lkR} + j\zeta_{lkI}$为第 lk 个收发路径对应的未知的目标复反射系数;τ_{lk}为第 lk 路径对应的信号时延;f_{lk}为接收天线 l 测得的发射信号 k 经历的多普勒频移。假设观测时间足够长,保证所有延时后的信号能被有效观测。在式(9.1)中

$$\alpha_{lk} = \frac{1}{R_{lk}^2}\rho_{lk}, \quad l=1,2,\cdots,N, k=1,2,\cdots,M \quad (9.2)$$

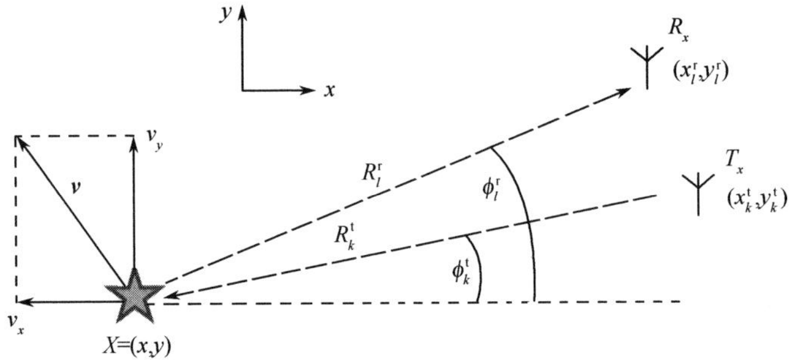

图9.1　发射和接收天线相对目标及其运动方向的位置

表示传输系数,其中 $R_{lk} = R_l^r + R_k^t$ 为第 lk 路径的长度,$R_k^t = \sqrt{(x_k^t - x)^2 + (y_k^t - y)^2}$ 为发射天线 k 到目标的距离,$R_l^r = \sqrt{(x_l^r - x)^2 + (y_l^r - y)^2}$为目标到接收天线 l 的距离。注意到路径损耗与 R_{lk}^2成反比。另外,$\tau_{lk} = R_{lk}/c$,c 为光速。载波频率带来的相移由 $\rho_{lk} = \mathrm{e}^{-\mathrm{j}2\pi f_c\tau_{lk}}$的指数项描述。

式(9.1)中的 $w_l(t)$表示接收机 l 中的噪声。假设不同接收机中的噪声分量 $w_l(t)$,$l=1,2,\cdots,N$ 是空间独立的。每一 $w_l(t)$在时域上是复白高斯过程,其功率谱密度(Power Spectrual Density,PSD)为 σ_w^2。若噪声在时域是有色的且功率谱密度为 $P_w(\omega) = |G(\omega)|^2$,则各接收机需要一白化滤波器 $\Gamma(\omega) = 1/G(\omega)$来去除噪声的相关性。

发射和接收天线相对目标及其运动方向的位置如图 9.1 所示。发射天线 k 和接收天线 l 分别从 $\phi_k^t = \arctan[(y_k^t - y)/(x_k^t - x)]$和 $\phi_l^r = \arctan[(y_l^r - y)/(x_l^r - x)]$方向观测目标。接收天线 l 测得的发射信号 k 经历的多普勒频移为

$$f_{lk}(\boldsymbol{v}) = f_{lk}(v_x, v_y) = \frac{v_x}{\lambda}(\cos\phi_k^t + \cos\phi_l^r) + \frac{v_y}{\lambda}(\sin\phi_k^t + \sin\phi_l^r)$$

$$= \frac{v_x}{\lambda}A_{lk} + \frac{v_y}{\lambda}B_{lk} \quad (9.3)$$

式中：λ 为载波波长，而

$$\begin{aligned} A_{lk} &= \cos\phi_k^{\mathrm{t}} + \cos\phi_l^{\mathrm{r}} \\ B_{lk} &= \sin\phi_k^{\mathrm{t}} + \sin\phi_l^{\mathrm{r}} \end{aligned} \tag{9.4}$$

定义了两个位置矩阵，$[\boldsymbol{A}]_{l,k} = A_{lk}$ 和 $[\boldsymbol{B}]_{l,k} = B_{lk}$，$k=1,2,\cdots,M$，$l=1,2,\cdots,N$。这两个矩阵由发射天线和接收天线相对于感兴趣的目标的位置确定。

将所有接收天线接收到的信号（观测数据）用向量表示为 $\tilde{\boldsymbol{r}} = [\tilde{r}_1(t) \quad \tilde{r}_2(t) \quad \cdots \quad \tilde{r}_N(t)]^\dagger$。将所有的未知参数也用一向量表示，即

$$\boldsymbol{\theta} = [v_x \quad v_y \quad \zeta_{11R} \quad \zeta_{11I} \quad \zeta_{12R} \quad \zeta_{12I} \quad \cdots \quad \zeta_{NMR} \quad \zeta_{NMI}]^\dagger \tag{9.5}$$

那么，观测量（多个接收天线的时间采样数据）的联合概率密度函数（Joint Probability Density Function，JPDF）可写为[3]

$$p(\boldsymbol{r};\boldsymbol{\theta}) \propto \exp\left\{ -\frac{1}{\sigma_w^2}\sum_{l=1}^{N}\int_T \left| r_l(t) - \sqrt{\frac{E}{M}}\sum_{k=1}^{M}\alpha_{lk}\zeta_{lk}s_k(t-\tau_{lk})\mathrm{e}^{\mathrm{j}2\pi f_{lk}(v)t} \right|^2 \mathrm{d}t \right\} \tag{9.6}$$

把观测数据代入式(9.6)，并对其取对数，得到对数似然函数

$$\ln p(\tilde{\boldsymbol{r}};\boldsymbol{\theta}) = -\frac{1}{\sigma_w^2}\sum_{l=1}^{N}\int_T \left| \tilde{r}_l(t) - \sqrt{\frac{E}{M}}\sum_{k=1}^{M}\alpha_{lk}\zeta_{lk}s_k(t-\tau_{lk})\mathrm{e}^{\mathrm{j}2\pi f_{lk}(v)t} \right|^2 \mathrm{d}t + C \tag{9.7}$$

式中：C 为与 θ 中参数无关的常数。

9.1.2　克拉美－罗界及最大似然估计

1. 速度估计的克拉美－罗界

本节在前述信号模型的基础上推导目标速度估计的克拉美－罗界。对关于未知参数向量 $\boldsymbol{\theta}$ 的任意无偏估计 $\hat{\boldsymbol{\theta}}$，其第 i 个元素的方差满足下式[4,5]

$$\mathrm{var}(\hat{\boldsymbol{\theta}}_i) \geqslant [\boldsymbol{J}^{-1}(\boldsymbol{\theta})]_{ii} \tag{9.8}$$

式中：$\boldsymbol{J}(\boldsymbol{\theta})$ 为费歇尔信息矩阵（Fisher Information Matrix，FIM）。

$$\boldsymbol{J}(\boldsymbol{\theta}) = E\{\nabla_{\boldsymbol{\theta}}\ln p(\tilde{\boldsymbol{r}};\boldsymbol{\theta})[\nabla_{\boldsymbol{\theta}}\ln p(\tilde{\boldsymbol{r}};\boldsymbol{\theta})]^\dagger\} = -E\{\nabla_{\boldsymbol{\theta}}[\nabla_{\boldsymbol{\theta}}\ln p(\tilde{\boldsymbol{r}};\boldsymbol{\theta})]^\dagger\} \tag{9.9}$$

式中：$\nabla_{\boldsymbol{\theta}}$ 为梯度运算符，$\nabla_{\boldsymbol{\theta}} = \left[\frac{\partial}{\partial v_x},\frac{\partial}{\partial v_y},\frac{\partial}{\partial \zeta_{11R}},\frac{\partial}{\partial \zeta_{11I}},\frac{\partial}{\partial \zeta_{12R}},\frac{\partial}{\partial \zeta_{12I}},\cdots,\frac{\partial}{\partial \zeta_{NMR}},\frac{\partial}{\partial \zeta_{NMI}}\right]^\dagger$。克拉美－罗界矩阵是费歇尔矩阵的逆，即 $\boldsymbol{C}_{\mathrm{CRB}} = \boldsymbol{J}^{-1}(\boldsymbol{\theta})$。注意这里假设反射系数 ζ_{lk} 是确定未知的。考虑到对数似然函数 $\ln p(\tilde{\boldsymbol{r}};\boldsymbol{\theta})$ 是多普勒频移 f_{lk} 的显函数，引入新的参数向量

$$\boldsymbol{\vartheta}=[f_{11}(\boldsymbol{v})\quad f_{12}(\boldsymbol{v})\quad\cdots\quad f_{NM}(\boldsymbol{v})\quad \zeta_{11R}\quad \zeta_{11I}\quad \zeta_{12R}\quad \zeta_{12I}\quad\cdots\quad \zeta_{NMR}\quad \zeta_{NMI}]^{\dagger} \tag{9.10}$$

它是一个 $3NM$ 维的列矢量,包含了所有收发路径对应的多普勒频移以及目标复反射系数的实部和虚部。使用链式法则,费歇尔矩阵可表达为

$$\boldsymbol{J}(\boldsymbol{\theta})=(\nabla_{\boldsymbol{\theta}}\boldsymbol{\vartheta}^{\dagger})\boldsymbol{J}(\boldsymbol{\vartheta})(\nabla_{\boldsymbol{\theta}}\boldsymbol{\vartheta}^{\dagger})^{\dagger} \tag{9.11}$$

式(9.11)中的项 $\nabla_{\boldsymbol{\theta}}\boldsymbol{\vartheta}^{\dagger}$ 可根据式(9.3)和式(9.10)求得

$$\nabla_{\boldsymbol{\theta}}\boldsymbol{\vartheta}^{\dagger}=\begin{bmatrix}\boldsymbol{U}_{2\times NM} & \boldsymbol{0}_{2\times 2NM}\\ \boldsymbol{0}_{2NM\times NM} & \boldsymbol{I}_{2NM\times 2NM}\end{bmatrix} \tag{9.12}$$

式中

$$\boldsymbol{U}=\begin{bmatrix}\dfrac{A_{11}}{\lambda} & \dfrac{A_{12}}{\lambda} & \cdots & \dfrac{A_{NM}}{\lambda}\\[2ex] \dfrac{B_{11}}{\lambda} & \dfrac{B_{12}}{\lambda} & \cdots & \dfrac{B_{NM}}{\lambda}\end{bmatrix} \tag{9.13}$$

式中:$\boldsymbol{0}$ 和 $\boldsymbol{I}$ 分别为零矩阵和单位矩阵,其维数由相应下标示出。

现在推导式(9.11)中的项 $\boldsymbol{J}(\boldsymbol{\vartheta})$,其为 $3NM\times 3NM$ 的矩阵,计算可参照式(9.9)并用 $\boldsymbol{\vartheta}$ 取代 $\boldsymbol{\theta}$。考虑到 $\boldsymbol{J}(\boldsymbol{\vartheta})$ 的构成与 $\boldsymbol{\vartheta}$ 中的元素的位置有关,可将其划分为四个块矩阵,即

$$\boldsymbol{J}(\boldsymbol{\vartheta})=\begin{bmatrix}\boldsymbol{D}_{NM\times NM} & \boldsymbol{G}_{NM\times 2NM}\\ (\boldsymbol{G}^{\dagger})_{2NM\times NM} & \boldsymbol{L}_{2NM\times 2NM}\end{bmatrix} \tag{9.14}$$

左上角的矩阵 $\boldsymbol{D}$ 与多普勒频移的导数有关。考虑 $\boldsymbol{\vartheta}$ 中的第 i 和第 j 个元素,其中 $1\leqslant i,j\leqslant NM$,如式(9.10)所述。进一步假设元素 i 与 $f_{lk}(\boldsymbol{v})$ 有关、元素 j 与 $f_{l'k'}(\boldsymbol{v})$ 有关。那么

$$\begin{aligned}[\boldsymbol{J}(\boldsymbol{\vartheta})]_{i,j} &= -E\left[\frac{\partial^2 \ln p(\tilde{\boldsymbol{r}};\boldsymbol{\theta})}{\partial f_{lk}(\boldsymbol{v})\partial f_{l'k'}(\boldsymbol{v})}\right]\\ &=\begin{cases}0, & l\neq l'\\ \dfrac{8\pi^2\dfrac{E}{M}}{\sigma_w^2}\Re\{\zeta_{lk}\zeta_{lk'}^{*}\delta_{lkk'}\}, & l=l'\end{cases},\quad 1\leqslant i,j\leqslant NM\end{aligned} \tag{9.15}$$

式中

$$\delta_{lkk'}=\alpha_{lk}\alpha_{lk'}^{*}\int_T t^2 s_k(t-\tau_{lk})s_{k'}^{*}(t-\tau_{lk'})\mathrm{e}^{\mathrm{j}2\pi[f_{lk}(v)-f_{lk'}(v)]t}\mathrm{d}t \tag{9.16}$$

这里 $l=1,2,\cdots,N$ 且 $k,k'=1,2,\cdots,M$。当 $k=k'$ 时,式(9.16)中的积分项表示

对第 k 个发射信号的有效脉宽的平方与第 lk 个接收信号的脉冲中心（详见式(9.60)）的平方进行求和，再以第 lk 路径的传输系数的模平方进行加权的结果。注意到计算中所用的是时延后的接收信号，时延的大小由发射天线 k 到接收天线 l 间的路径长度决定。当 $k \neq k'$ 时，式(9.16)中的积分项与第 lk 和第 lk' 路接收信号的重叠时间的均值的平方有关。由于这里考虑的是复信号，故计算中带有共轭运算。对固定的 l，将不同 k、k' 对应的 $\delta_{lkk'}$ 放入一 $M \times M$ 的矩阵 $\boldsymbol{\delta}_l$ 中，该矩阵的第 kk' 个元素为 $[\boldsymbol{\delta}_l]_{kk'} = \delta_{lkk'}$。

右下角的矩阵 $\boldsymbol{L}$ 与目标复反射系数的导数有关。考虑 $\boldsymbol{\vartheta}$ 中的第 i 和第 j 个元素，其中 $NM+1 \leqslant i,j \leqslant 3NM$，如式(9.10)所述。进一步假设元素 i 与 ζ_{lkR} 或 ζ_{lkI} 有关、元素 j 与 $\zeta_{l'k'R}$ 或 $\zeta_{l'k'I}$ 有关，则

$$[\boldsymbol{J}(\boldsymbol{\vartheta})]_{i,j} = -E\left[\frac{\partial^2 \ln p(\tilde{\boldsymbol{r}};\boldsymbol{\theta})}{\partial \zeta_{lkR} \partial \zeta_{l'k'R}}\right] = \begin{cases} 0, & l \neq l' \\ \dfrac{2\dfrac{E}{M}}{\sigma_w^2} \Re\{\gamma_{lkk'}\}, & l = l' \end{cases} \tag{9.17}$$

$$[\boldsymbol{J}(\boldsymbol{\vartheta})]_{i,j} = -E\left[\frac{\partial^2 \ln p(\tilde{\boldsymbol{r}};\boldsymbol{\theta})}{\partial \zeta_{lkI} \partial \zeta_{l'k'I}}\right] = \begin{cases} 0, & l \neq l' \\ \dfrac{2\dfrac{E}{M}}{\sigma_w^2} \Re\{\gamma_{lkk'}\}, & l = l' \end{cases} \tag{9.18}$$

以及

$$[\boldsymbol{J}(\boldsymbol{\vartheta})]_{i,j} = -E\left[\frac{\partial^2 \ln p(\tilde{\boldsymbol{r}};\boldsymbol{\theta})}{\partial \zeta_{lkR} \partial \zeta_{l'k'I}}\right] = \begin{cases} 0, & l \neq l' \\ \dfrac{2\dfrac{E}{M}}{\sigma_w^2} \Im\{\gamma_{lkk'}\}, & l = l' \end{cases} \tag{9.19}$$

式中

$$\gamma_{lkk'} = \alpha_{lk}\alpha_{lk'}^* \int_T s_k(t-\tau_{lk}) s_{k'}^*(t-\tau_{lk'}) \mathrm{e}^{\mathrm{j}2\pi[f_{lk}(v)-f_{lk'}(v)]t} \mathrm{d}t \tag{9.20}$$

式(9.20)中的积分项表示接收天线 l 收到的来自发射天线 k 和 k' 的两个信号的互相关($k \neq k'$)，或来自发射天线 k 的信号的自相关($k = k'$)。注意到多普勒频移和传输系数也自然被引入到上述计算中。

右上角的矩阵 $\boldsymbol{G}$ 与多普勒频移及目标复反射系数的导数均有关。考虑 $\boldsymbol{\vartheta}$ 中的第 i 和第 j 个元素，其中 $1 \leqslant i \leqslant NM$，$NM+1 \leqslant j \leqslant 3NM$，如式(9.10)所述。进一步假设元素 i 与 f_{lk} 有关、元素 j 与 $\zeta_{l'k'R}$ 或 $\zeta_{l'k'I}$ 有关。于是

$$[\boldsymbol{J}(\boldsymbol{\vartheta})]_{i,j} = -E\left[\frac{\partial^2 \ln p(\tilde{\boldsymbol{r}};\boldsymbol{\theta})}{\partial f_{lk} \partial \zeta_{l'k'R}}\right] = \begin{cases} 0, & l \neq l' \\ \dfrac{-4\pi\dfrac{E}{M}}{\sigma_w^2} \Im\{\zeta_{lk}\eta_{lkk'}\}, & l = l' \end{cases} \tag{9.21}$$

$$[\boldsymbol{J}(\boldsymbol{\vartheta})]_{i,j}=-E\left[\frac{\partial^2\ln p(\tilde{\boldsymbol{r}};\boldsymbol{\theta})}{\partial f_{lk}\partial\zeta_{l'k'I}}\right]=\begin{cases}0, & l\neq l'\\ \dfrac{4\pi\dfrac{E}{M}}{\sigma_w^2}\Re\{\zeta_{lk}\eta_{lkk'}\}, & l=l'\end{cases}\tag{9.22}$$

式中

$$\eta_{lkk'}=\alpha_{lk}\alpha_{lk'}^*\int_T ts_k(t-\tau_{lk})s_{k'}^*(t-\tau_{lk'})\mathrm{e}^{\mathrm{j}2\pi[f_{lk}(v)-f_{lk'}(v)]t}\mathrm{d}t\tag{9.23}$$

式(9.23)中的积分项与式(9.20)相似,但是在积分项中出现了 t。这使得该项表示的运算类似于关于互相关信号求有效重心,得到的结果是对该互相关信号的时间中心的估算。当 $k=k'$时,上述积分项表达了接收天线 l 收到的来自发射天线 k 的信号的时间中心。

将 $\boldsymbol{J}(\boldsymbol{\vartheta})$ 和 $\nabla_{\boldsymbol{\theta}}\boldsymbol{\vartheta}^\dagger$ 代入(9.11)可得费歇尔矩阵

$$\boldsymbol{J}(\boldsymbol{\theta})=\begin{bmatrix}\boldsymbol{UDU}^\dagger & \boldsymbol{UG}\\ (\boldsymbol{UG})^\dagger & \boldsymbol{L}\end{bmatrix}\tag{9.24}$$

为了得到克拉美-罗矩阵,需要对费歇尔矩阵求逆。一般地,$\boldsymbol{UDU}^\dagger$ 和 $\boldsymbol{L}$ 是可逆的,于是可以对式(9.24)运用矩阵求逆引理[6]来得到费歇尔矩阵的逆

$$\boldsymbol{J}^{-1}(\boldsymbol{\theta})=\begin{bmatrix}(\boldsymbol{UDU}^\dagger-\boldsymbol{UGL}^{-1}(\boldsymbol{UG})^\dagger)^{-1} & -(\boldsymbol{UDU}^\dagger-\boldsymbol{UGL}^{-1}\boldsymbol{V}^\dagger)^{-1}\boldsymbol{UGL}^{-1}\\ -(\boldsymbol{L}-(\boldsymbol{UG})^\dagger(\boldsymbol{UDU}^\dagger)^{-1}\boldsymbol{UG})^{-1}(\boldsymbol{UG})^\dagger(\boldsymbol{UDU}^\dagger)^{-1} & (\boldsymbol{L}-(\boldsymbol{UG})^\dagger(\boldsymbol{UDU}^\dagger)^{-1}\boldsymbol{UG})^{-1}\end{bmatrix}\tag{9.25}$$

由于仅对 v_x 和 v_y 的估计感兴趣,它们的方差分别满足

$$\mathrm{var}(\hat{v}_x)\geqslant\mathrm{CRB}_{v_x}=[\boldsymbol{J}^{-1}(\boldsymbol{\theta})]_{1,1}\tag{9.26}$$

$$\mathrm{var}(\hat{v}_y)\geqslant\mathrm{CRB}_{v_y}=[\boldsymbol{J}^{-1}(\boldsymbol{\theta})]_{2,2}\tag{9.27}$$

所以只需要计算 $\boldsymbol{J}^{-1}(\boldsymbol{\theta})$左上角 2×2 的子矩阵 $\boldsymbol{C}_{\mathrm{CRB}}^{up2}$即可

$$\boldsymbol{C}_{\mathrm{CRB}}^{up2}=(\boldsymbol{UDU}^\dagger-\boldsymbol{UGL}^{-1}(\boldsymbol{UG})^\dagger)^{-1}=\begin{bmatrix}\mathrm{CRB}_{v_x} & \cdot\\ \cdot & \mathrm{CRB}_{v_y}\end{bmatrix}\tag{9.28}$$

矩阵 $\boldsymbol{C}_{\mathrm{CRB}}^{up2}$的两个对角元素决定了 v_x 和 v_y 的估计的克拉美-罗界。它们由多个参量确定,例如载波波长、单个发射机的能量、噪声的功率谱密度、目标反射系数、感兴趣的距离单元、与发射信号有关的项 $\delta_{lkk'}$、$\gamma_{lkk'}$和 $\eta_{lkk'}$,以及隐含在位置矩阵 $\boldsymbol{A}$ 和 $\boldsymbol{B}$ 中的雷达天线的数目和位置等。

2. 最大似然估计

最大似然(Maximum Likelihood,ML)估计被证明是渐近最优的方法[4]。在

信号加噪声的问题中，当信噪比足够大时，最大似然估计的均方误差可近似达到克拉-美罗界。在本节研究的问题中，最大似然估计为

$$\begin{aligned}\hat{\boldsymbol{\theta}}_{\mathrm{ML}} &= \arg\{\max_{\theta}\{\ln p(\tilde{\boldsymbol{r}};\boldsymbol{\theta})\}\}\\ &= \arg\left\{\max_{\theta}\left\{-\sum_{l=1}^{N}\int_{T}\left|\tilde{r}_l(t)-\sqrt{\frac{E}{M}}\sum_{k=1}^{M}\alpha_{lk}\zeta_{lk}s_k(t-\tau_{lk})\mathrm{e}^{\mathrm{j}2\pi f_{lk}(v)t}\right|^2\mathrm{d}t\right\}\right\}\end{aligned} \tag{9.29}$$

式中：$\boldsymbol{\theta}=[v_x\quad v_y\quad \zeta_{11R}\quad \zeta_{11I}\quad \zeta_{12R}\quad \zeta_{12I}\quad \cdots\quad \zeta_{NMR}\quad \zeta_{NMI}]^{\dagger}$。

注意到虽然只对 v_x 和 v_y 感兴趣，但 $\boldsymbol{\theta}$ 包含了 $3NM$ 个未知参数需要同时估计。由于最大似然估计的闭合表达式不易求出，接下来的运算需要采用数值方法。进行 $3NM$ 维搜索的运算复杂度很高，当 NM 较大时尤为如此。实际中需要采用迭代优化的方法，例如空间交替广义期望最大算法（Space Alternating Generalized Expectation，SAGE）[7]等。

3. 基于克拉美-罗界的系统优化分析

速度 v_x 和 v_y 的克拉美-罗界是由多个参数决定的。将待设计的系统参数表示在向量 $\boldsymbol{\beta}=[\beta_1\quad \beta_2\quad \beta_3\quad \cdots]^{\dagger}$ 中。最优系统设计应能使关于 v_x 和 v_y 的克拉美-罗界之和达到最小，也就是说最优的 $\boldsymbol{\beta}$ 应该满足

$$\tilde{\boldsymbol{\beta}}=\arg\{\min_{\boldsymbol{\beta}\in\boldsymbol{\Phi}_{\boldsymbol{\beta}}}(\mathrm{CRB}_{v_x}+\mathrm{CRB}_{v_y})\}=\arg\{\min_{\boldsymbol{\beta}\in\boldsymbol{\Phi}_{\boldsymbol{\beta}}}\xi(\boldsymbol{\beta})\} \tag{9.30}$$

式中：$\xi(\boldsymbol{\beta})$ 为与参数 $\boldsymbol{\beta}$ 有关的目标函数，$\boldsymbol{\Phi}_{\boldsymbol{\beta}}$ 为 $\boldsymbol{\beta}$ 的可行域。通常需要采用数值方法来解决上述优化问题。

9.1.3 基于各向同性散射目标的速度估计

为简化分析并给出直观有用的结论，从本节开始重点讨论各向同性散射目标的特例。各向同性散射目标的反射系数不随观测角度而变，因此各收发路径对应的反射系数相等，即对所有 l、k 有 $\zeta_{lk}=\zeta=\zeta_{\mathrm{R}}+\mathrm{j}\zeta_{\mathrm{I}}$。

1. 克拉美-罗界

对各向同性的散射目标，对数似然函数可写为

$$\ln p(\tilde{\boldsymbol{r}};\boldsymbol{\theta})=-\frac{1}{\sigma_w^2}\sum_{l=1}^{N}\int_{T}\left|\tilde{r}_l(t)-\zeta\sqrt{\frac{E}{M}}\sum_{k=1}^{M}\alpha_{lk}s_k(t-\tau_{lk})\mathrm{e}^{\mathrm{j}2\pi f_{lk}(v)t}\right|^2\mathrm{d}t+C \tag{9.31}$$

由于各收发路径对应的反射系数相等，未知参数向量的维数被大大降低了，此时有

$$\boldsymbol{\theta}=[v_x\quad v_y\quad \zeta_R\quad \zeta_I]^{\dagger} \tag{9.32}$$

和

$$\boldsymbol{\vartheta}=[f_{11}(\boldsymbol{v})\quad f_{12}(\boldsymbol{v})\quad\cdots\quad f_{NM}(\boldsymbol{v})\quad\zeta_R,\zeta_I]^{\dagger}\tag{9.33}$$

相应可求得

$$\nabla_{\theta}\boldsymbol{\vartheta}^{\dagger}=\begin{bmatrix}\boldsymbol{U}_{2\times NM} & \boldsymbol{0}_{2\times 2}\\ \boldsymbol{0}_{2\times NM} & \boldsymbol{I}_{2\times 2}\end{bmatrix}\tag{9.34}$$

和

$$\boldsymbol{J}(\boldsymbol{\vartheta})=\begin{bmatrix}\boldsymbol{D}_{NM\times NM} & \boldsymbol{G}'_{NM\times 2}\\ (\boldsymbol{G}'^{\dagger})_{2\times NM} & \boldsymbol{L}'_{2\times 2}\end{bmatrix}\tag{9.35}$$

式中:子矩阵 $\boldsymbol{U}$ 和 $\boldsymbol{D}$ 与9.1.2节中定义的相同,而矩阵 $\boldsymbol{L}'$ 和 $\boldsymbol{G}'$ 比10.1.2节中定义的 $\boldsymbol{L}$ 和 $\boldsymbol{G}$ 少了很多元素。在矩阵 $\boldsymbol{L}'$ 中,考虑 $\boldsymbol{\vartheta}$ 的第 i 和第 j 个元素,其中 $NM+1\leqslant i,j\leqslant NM+2$,于是

$$[\boldsymbol{J}(\boldsymbol{\vartheta})]_{NM+1,NM+1}=-E\left[\frac{\partial^2\ln p(\tilde{\boldsymbol{r}};\boldsymbol{\theta})}{\partial\zeta_R^2}\right]=\frac{2\dfrac{E}{M}}{\sigma_w^2}\gamma\tag{9.36}$$

$$[\boldsymbol{J}(\boldsymbol{\vartheta})]_{NM+2,NM+2}=-E\left[\frac{\partial^2\ln p(\tilde{\boldsymbol{r}};\theta)}{\partial\zeta_I^2}\right]=\frac{2\dfrac{E}{M}}{\sigma_w^2}\gamma\tag{9.37}$$

以及

$$[\boldsymbol{J}(\boldsymbol{\vartheta})]_{NM+1,NM+2}=[\boldsymbol{J}(\boldsymbol{\vartheta})]_{NM+2,NM+1}=-E\left[\frac{\partial^2\ln p(\tilde{\boldsymbol{r}};\boldsymbol{\theta})}{\partial\zeta_R\partial\zeta_I}\right]=0\tag{9.38}$$

式中

$$\gamma=\sum_{l=1}^{N}\sum_{k=1}^{M}\sum_{k'=1}^{M}\alpha_{lk}\alpha_{lk'}^{*}\int_T s_k(t-\tau_{lk})s_{k'}^{*}(t-\tau_{lk'})\mathrm{e}^{\mathrm{j}2\pi[f_{lk}(v)-f_{lk'}(v)]t}\mathrm{d}t\tag{9.39}$$

在矩阵 $\boldsymbol{G}'$ 中,考虑 $\boldsymbol{\vartheta}$ 的第 i 和第 j 个元素,其中 $1\leqslant i\leqslant NM,NM+1\leqslant j\leqslant NM+2$,则

$$[\boldsymbol{J}(\boldsymbol{\vartheta})]_{i,NM+1}=-E\left[\frac{\partial^2\ln p(\tilde{\boldsymbol{r}};\boldsymbol{\theta})}{\partial f_{lk}(\boldsymbol{v})\partial\zeta_R}\right]=\frac{-4\pi\dfrac{E}{M}}{\sigma_w^2}\Im\{\zeta\eta_{lk}\}\tag{9.40}$$

以及

$$[\boldsymbol{J}(\boldsymbol{\vartheta})]_{i,NM+2}=-E\left[\frac{\partial^2\ln p(\tilde{\boldsymbol{r}};\boldsymbol{\theta})}{\partial f_{lk}(\boldsymbol{v})\partial\zeta_I}\right]=\frac{4\pi\dfrac{E}{M}}{\sigma_w^2}\Re\{\zeta\eta_{lk}\}\tag{9.41}$$

式中

$$\eta_{lk}=\sum_{k'=1}^{M}\alpha_{lk}\alpha_{lk'}^{*}\int_{T}ts_{k}(t-\tau_{lk})s_{k'}^{*}(t-\tau_{lk'})\mathrm{e}^{\mathrm{j}2\pi[f_{lk}(v)-f_{lk'}(v)]t}\mathrm{d}t \tag{9.42}$$

将 $\boldsymbol{J}(\boldsymbol{\vartheta})$ 和 $\nabla_{\boldsymbol{\theta}}\boldsymbol{\vartheta}^{\dagger}$ 代入式(9.11)可得费歇尔矩阵

$$\boldsymbol{J}(\boldsymbol{\theta})=(\nabla_{\boldsymbol{\theta}}\boldsymbol{\vartheta}^{\dagger})\boldsymbol{J}(\boldsymbol{\vartheta})(\nabla_{\boldsymbol{\theta}}\boldsymbol{\vartheta}^{\dagger})^{\dagger}$$

$$=\begin{bmatrix}
\frac{8\pi^{2}\frac{E}{M}|\zeta|^{2}}{\lambda^{2}\sigma_{w}^{2}}\sum_{l=1}^{N}\boldsymbol{A}_{l}\Re\{\boldsymbol{\delta}_{l}\}\boldsymbol{A}_{l}^{\dagger} & \frac{8\pi^{2}\frac{E}{M}|\zeta|^{2}}{\lambda^{2}\sigma_{w}^{2}}\sum_{l=1}^{N}\boldsymbol{A}_{l}\Re\{\boldsymbol{\delta}_{l}\}\boldsymbol{B}_{l}^{\dagger} & -\frac{4\pi\frac{E}{M}}{\lambda\sigma_{w}^{2}}\sum_{k=1}^{M}\sum_{l=1}^{N}A_{lk}\Im\{\zeta\eta_{lk}\} & \frac{4\pi\frac{E}{M}}{\lambda\sigma_{w}^{2}}\sum_{k=1}^{M}\sum_{l=1}^{N}A_{lk}\Re\{\zeta\eta_{lk}\} \\
\frac{8\pi^{2}\frac{E}{M}|\zeta|^{2}}{\lambda^{2}\sigma_{w}^{2}}\sum_{l=1}^{N}\boldsymbol{B}_{l}\Re\{\boldsymbol{\delta}_{l}\}\boldsymbol{A}_{l}^{\dagger} & \frac{8\pi^{2}\frac{E}{M}|\zeta|^{2}}{\lambda^{2}\sigma_{w}^{2}}\sum_{l=1}^{N}\boldsymbol{B}_{l}\Re\{\boldsymbol{\delta}_{l}\}\boldsymbol{B}_{l}^{\dagger} & -\frac{4\pi\frac{E}{M}}{\lambda\sigma_{w}^{2}}\sum_{k=1}^{M}\sum_{l=1}^{N}B_{lk}\Im\{\zeta\eta_{lk}\} & \frac{4\pi\frac{E}{M}}{\lambda\sigma_{w}^{2}}\sum_{k=1}^{M}\sum_{l=1}^{N}B_{lk}\Re\{\zeta\eta_{lk}\} \\
-\frac{4\pi\frac{E}{M}}{\lambda\sigma_{w}^{2}}\sum_{k=1}^{M}\sum_{l=1}^{N}A_{lk}\Im\{\zeta\eta_{lk}\} & -\frac{4\pi\frac{E}{M}}{\lambda\sigma_{w}^{2}}\sum_{k=1}^{M}\sum_{l=1}^{N}B_{lk}\Im\{\zeta\eta_{lk}\} & \frac{2\frac{E}{M}}{\sigma_{w}^{2}}\gamma & 0 \\
\frac{4\pi\frac{E}{M}}{\lambda\sigma_{w}^{2}}\sum_{k=1}^{M}\sum_{l=1}^{N}A_{lk}\Re\{\zeta\eta_{lk}\} & \frac{4\pi\frac{E}{M}}{\lambda\sigma_{w}^{2}}\sum_{k=1}^{M}\sum_{l=1}^{N}B_{lk}\Re\{\zeta\eta_{lk}\} & 0 & \frac{2\frac{E}{M}}{\sigma_{w}^{2}}\gamma
\end{bmatrix} \tag{9.43}$$

式中：$\boldsymbol{\delta}_l$ 的定义已在式(9.16)后面给出，$\boldsymbol{A}_l$ 和 $\boldsymbol{B}_l(l=1,2,\cdots,N)$ 分别表示位置矩阵 $\boldsymbol{A}$ 和 $\boldsymbol{B}$ 的第 l 行。这样，$\boldsymbol{J}^{-1}(\boldsymbol{\theta})$ 中与速度估计有关的左上角的 2×2 维的子矩阵为

$$\boldsymbol{C}_{\mathrm{CRB}}^{up2}=\frac{\lambda^{2}\sigma_{w}^{2}}{8\pi^{2}\frac{E}{M}|\zeta|^{2}}\frac{1}{gh-z^{2}}\begin{bmatrix}h & -z\\ -z & g\end{bmatrix}=\begin{bmatrix}\mathrm{CRB}_{v_x} & \cdot\\ \cdot & \mathrm{CRB}_{v_y}\end{bmatrix} \tag{9.44}$$

式中:g、h 和 z 的定义分别为

$$g \equiv \sum_{l=1}^{N} \boldsymbol{A}_l \Re\{\delta_l\} \boldsymbol{A}_l^{\dagger} - \frac{1}{\gamma}\left| \sum_{k=1}^{M} \sum_{l=1}^{N} A_{lk} \boldsymbol{\eta}_{lk} \right|^2 \tag{9.45}$$

$$h \equiv \sum_{l=1}^{N} \boldsymbol{B}_l \Re\{\delta_l\} \boldsymbol{B}_l^{\dagger} - \frac{1}{\gamma}\left| \sum_{k=1}^{M} \sum_{l=1}^{N} B_{lk} \boldsymbol{\eta}_{lk} \right|^2 \tag{9.46}$$

和

$$\begin{aligned} z \equiv & \sum_{l=1}^{N} A_l \Re\{\delta_l\} \boldsymbol{B}_l^{\dagger} - \frac{1}{|\zeta|^2\gamma}\left(\sum_{k=1}^{M} \sum_{l=1}^{N} A_{lk} \Im\{\zeta \boldsymbol{\eta}_{lk}\} \sum_{k=1}^{M} \sum_{l=1}^{N} B_{lk} \Im\{\zeta \boldsymbol{\eta}_{lk}\} \right. \\ & \left. + \sum_{k=1}^{M} \sum_{l=1}^{N} A_{lk} \Re\{\zeta \boldsymbol{\eta}_{lk}\} \sum_{k=1}^{M} \sum_{l=1}^{N} B_{lk} \Re\{\zeta \boldsymbol{\eta}_{lk}\} \right) \end{aligned} \tag{9.47}$$

2. 最大似然估计

根据式(9.31)给出的对数似然函数的表达式,当 $\boldsymbol{\theta} = [v_x \quad v_y \quad \zeta_R \quad \zeta_I]^{\dagger}$ 时的最大似然估计为

$$\begin{aligned} \hat{\boldsymbol{\theta}}_{\mathrm{ML}} &= \arg\{\max_{\boldsymbol{\theta}}\{\ln p(\tilde{\boldsymbol{r}};\boldsymbol{\theta})\}\} \\ &= \arg\left\{\max_{\boldsymbol{\theta}}\left\{-\sum_{l=1}^{N}\int_T \left|\tilde{r}_l(t) - \zeta\sqrt{\frac{E}{M}}\sum_{k=1}^{M}\alpha_{lk}s_k(t-\tau_{lk})\mathrm{e}^{\mathrm{j}2\pi f_{lk}(v)t}\right|^2 \mathrm{d}t\right\}\right\} \end{aligned} \tag{9.48}$$

对任意的 $\boldsymbol{v} = (v_x, v_y)$,对数似然函数的最大值点应使得

$$\left.\frac{\partial}{\partial \zeta_R}\ln p(\tilde{\boldsymbol{r}};\boldsymbol{\theta})\right|_{\zeta_R = \hat{\zeta}_{R_{\mathrm{ML}}}} = 0 \tag{9.49}$$

和

$$\left.\frac{\partial}{\partial \zeta_I}\ln p(\tilde{\boldsymbol{r}};\boldsymbol{\theta})\right|_{\zeta_I = \hat{\zeta}_{I_{\mathrm{ML}}}} = 0 \tag{9.50}$$

两式成立。由此可求得目标复反射系数 $\zeta = \zeta_R + j\zeta_I$ 的最大似然估计

$$\begin{aligned} \hat{\zeta}_{\mathrm{ML}} &= \hat{\zeta}_{R_{\mathrm{ML}}} + j\hat{\zeta}_{I_{\mathrm{ML}}} \\ &= \frac{1}{\sqrt{\frac{E}{M}}\gamma}\sum_{k=1}^{M}\sum_{l=1}^{N}\alpha_{lk}^{*}\int_T \tilde{r}_l(t)s_k^{*}(t-\tau_{lk})\mathrm{e}^{-\mathrm{j}2\pi f_{lk}(v)t}\mathrm{d}t \end{aligned} \tag{9.51}$$

式中 γ 的定义见式(9.39)。将 $\hat{\zeta}_{\mathrm{ML}}$ 代回对数似然函数中,可求得目标速度的最大似然估计

$$\begin{aligned} \hat{\boldsymbol{v}}_{\mathrm{ML}} &= \arg\{\max_{\boldsymbol{v}}\{\ln p(\tilde{\boldsymbol{r}};\boldsymbol{\theta}) \mid \zeta = \hat{\zeta}_{\mathrm{ML}}\}\} \\ &= \arg\left\{\max_{\boldsymbol{v}}\frac{1}{\gamma}\left|\sum_{k=1}^{M}\sum_{l=1}^{N}\alpha_{lk}^{*}\int_T \tilde{r}_l(t)s_k^{*}(t-\tau_{lk})\mathrm{e}^{-\mathrm{j}2\pi f_{lk}(v)t}\mathrm{d}t\right|^2\right\} \end{aligned} \tag{9.52}$$

对式(9.52)给出的最大似然估计进一步化简是很困难的，$\hat{\boldsymbol{v}}_{\mathrm{ML}}$需要采用数值方法来得到。这里采用先二维网格搜索后迭代优化的办法来求取最大似然估计$\hat{\boldsymbol{v}}_{ML}$。

假设接收信号满足正交性准则，正如稍后将看到的那样，γ 中 $k\neq k'$对应的项统统为零，于是 γ 成为一个与速度无关的常数，由此可简化式(9.52)。这时，最优估计器将选择使匹配滤波器（匹配于延时后的发射信号）输出取得最大值的向量 $\boldsymbol{v}$ 作为对目标速度的估计。该最优估计器可由一组匹配滤波器来近似，这些匹配滤波器允许的速度范围应覆盖感兴趣的目标速度的范围。然而，当正交接收信号的假设不成立时，$k\neq k'$对应的项非零，它们会出现在 γ 中。注意到这些 $k\neq k'$对应的项是受目标速度向量的影响的。这种情况下的最优估计器结构更为复杂。这种较复杂的估计器仍可由匹配滤波器来近似，但此时需要被最大化的对象应为匹配滤波器的输出与另一项之比，该项反映了不同发射天线发射的信号之间的干扰，这对于非正交信号来讲是容易理解的。

9.2　基于参数估计的天线优化布置

本节讨论各向同性散射目标的系统优化设计。观察克拉美－罗界子矩阵式(9.44)，对于给定的载波波长和信噪比（故 $E|\zeta|^2/M\sigma_w^2$ 也是给定的），速度估计的克拉美－罗界可表达为 g、h 和 z 的函数分别示于式(9.45)～式(9.47)。将 CRB_{v_x}和 CRB_{v_y}代入式(9.30)，目标函数变为

$$\xi(\boldsymbol{\beta})=\frac{g+h}{gh-z^2},\quad \boldsymbol{\beta}\in\boldsymbol{\Phi}_{\boldsymbol{\beta}} \tag{9.53}$$

而最优化参数应满足

$$\tilde{\boldsymbol{\beta}}=\arg\left\{\min_{\beta\in\Phi_\beta}\frac{g+h}{gh-z^2}\right\} \tag{9.54}$$

9.2.1　天线优化布置

本节的其余部分均考虑了正交信号的情况，如假定 1 所阐述。

假定 1（正交信号）：假设 M 个发射信号正交

$$\int_T s_k(t)s_{k'}^*(t)\,\mathrm{d}t=\begin{cases}1, & k=k'\\0, & k\neq k'\end{cases} \tag{9.55}$$

且在经历允许的时延 τ_k，$\tau_{k'}$和多普勒频移f_{dk}，$f_{dk'}$后仍保持正交性，即

$$\int_T s_k(t-\tau_k)s_{k'}^*(t-\tau_{k'})\mathrm{e}^{\mathrm{j}2\pi(f_{dk}-f_{dk'})t}\mathrm{d}t\approx\begin{cases}1, & k=k'\\0, & k\neq k'\end{cases} \tag{9.56}$$

在假定 1 成立时,式(9. 16)、式(9. 39)和式(9. 42)可被简化为

$$\delta_{lkk'} = \begin{cases} 0, & k' \neq k \\ |\alpha_{lk}|^2 \int_T t^2 |s_k(t-\tau_{lk})|^2 \mathrm{d}t = |\alpha_{lk}|^2 \varepsilon_{lk}^2, & k' = k \end{cases} \tag{9.57}$$

$$\gamma = \sum_{k=1}^{M} \sum_{l=1}^{N} |\alpha_{lk}|^2 \tag{9.58}$$

和

$$\eta_{lk} = |\alpha_{lk}|^2 \int_T t |s_k(t-\tau_{lk})|^2 \mathrm{d}t = |\alpha_{lk}|^2 \Xi_{lk} \tag{9.59}$$

式中

$$\varepsilon_{lk}^2 = \sigma^2 + \Xi_{lk}^2, \quad \Xi_{lk} = \bar{t} + \tau_{lk}, \tag{9.60}$$

$\sigma^2 = \int_T (t-\bar{t})^2 |s_k(t)|^2 \mathrm{d}t$ 为发射信号的有效脉冲宽度;$\bar{t} = \int_T t|s_k(t)|^2 \mathrm{d}t$ 为发射信号的时间中心。将 $\boldsymbol{\delta}_l$、γ 和 η_{lk} 代回式(9. 44) ~ 式(9. 47)则可得克拉美 - 罗子矩阵。

在讨论最优天线布置之前,定义均匀天线布置如下。

定义 1(均匀天线布置):均匀天线布置应满足

$$\begin{cases} (\phi_k^{\mathrm{t}})_{sym} = \left[\dfrac{2\pi(k-1)}{M} + \phi_0^{\mathrm{t}}\right] \mathrm{mod} 2\pi, & k = 1,2,\cdots,M \\ (\phi_l^{\mathrm{r}})_{sym} = \left[\dfrac{2\pi(l-1)}{N} + \phi_0^{\mathrm{r}}\right] \mathrm{mod} 2\pi, & l = 1,2,\cdots,N \end{cases} \tag{9.61}$$

式中:ϕ_k^{t} 和 ϕ_l^{r} 分别为发射天线 k 和接收天线 l 相对于目标的角度为 ϕ_0^{t} 和 ϕ_0^{r} 为任意角度的常数。

接下来引入一个等距离的假定。

假定 2(近似等距):假设雷达天线可以布置在被探测的区域的四周,所有天线与目标间的距离是近似相等的,记为 R。

在这种情况下,待设计的系统参数向量中包含了发射天线和接收天线相对于目标的角度,$\boldsymbol{\beta} = [\phi_1^{\mathrm{t}} \ \cdots \ \phi_M^{\mathrm{t}} \ \phi_1^{\mathrm{r}} \ \cdots \ \phi_N^{\mathrm{r}}]^{\dagger}$。它是 $N+M$ 维的向量,可行域为 $\boldsymbol{\Phi}_\beta = \boldsymbol{\Phi}^{N+M}$,其中 $\boldsymbol{\Phi} = \{\phi \in \Re | 0 \leqslant \phi < 2\pi\}$。

假定 1 和假定 2 使得 $|\alpha_{lk}|^2 = |\alpha|^2 = 1/(2R)^4$,为简便起见在后文中归一化该项为 $|\alpha|^2 = 1$),$\varepsilon_{lk}^2 = \varepsilon^2$,以及 $\Xi_{lk} = \Xi$。这些项对所有的 l 和 k($l = 1,2,\cdots,N$,$k = 1,2,\cdots,M$)取相同值,于是 g、h 和 z 可化简为

$$g = \varepsilon^2 \sum_{k=1}^{M} \sum_{l=1}^{N} A_{lk}^2 - \frac{\Xi^2}{NM}\left(\sum_{k=1}^{M} \sum_{l=1}^{N} A_{lk}\right)^2 \tag{9.62}$$

$$h = \varepsilon^2 \sum_{k=1}^{M} \sum_{l=1}^{N} B_{lk}^2 - \frac{\Xi^2}{NM}\left(\sum_{k=1}^{M} \sum_{l=1}^{N} B_{lk}\right)^2 \tag{9.63}$$

和

$$z = \varepsilon^2 \sum_{k=1}^{M} \sum_{l=1}^{N} A_{lk} B_{lk} - \frac{\Xi^2}{NM} \sum_{k=1}^{M} \sum_{l=1}^{N} A_{lk} \sum_{k=1}^{M} \sum_{l=1}^{N} B_{lk} \tag{9.64}$$

对于一个具有 $M(M \geqslant 3)$ 个以足够大间距分置的发射天线和 $N(N \geqslant 3)$ 个以足够大间距分置的接收天线的 MIMO 雷达系统，可以证明 $g>0, h>0$ 以及 $gh-z^2>0$。

在此情况下，式(9.54)的最优解$\tilde{\boldsymbol{\beta}}$可以从最优解需满足的必要条件得来，即$\tilde{\boldsymbol{\beta}}$应能使目标函数的梯度为零

$$\nabla_{\beta} \xi(\tilde{\boldsymbol{\beta}}) = \left[\frac{\partial \xi(\boldsymbol{\beta})}{\partial \beta_1} \quad \frac{\partial \xi(\boldsymbol{\beta})}{\partial \beta_2} \quad \frac{\partial \xi(\boldsymbol{\beta})}{\partial \beta_3} \quad \cdots \right]^{\dagger} \Bigg|_{\beta=\tilde{\beta}} = [0 \quad 0 \quad 0 \quad \cdots]^{\dagger} = \mathbf{0} \tag{9.65}$$

更确切地说，$\tilde{\boldsymbol{\beta}}$应使得

$$\begin{aligned} \nabla_{\boldsymbol{\beta}} \xi(\tilde{\boldsymbol{\beta}}) &= \left[\frac{\partial \xi(\boldsymbol{\beta})}{\partial \phi_1^{\mathrm{t}}} \quad \cdots \quad \frac{\partial \xi(\boldsymbol{\beta})}{\partial \phi_M^{\mathrm{t}}} \quad \frac{\partial \xi(\boldsymbol{\beta})}{\partial \phi_1^{\mathrm{r}}} \quad \cdots \quad \frac{\partial \xi(\boldsymbol{\beta})}{\partial \phi_N^{\mathrm{r}}} \right]^{\dagger} \Bigg|_{\boldsymbol{\beta}=\tilde{\boldsymbol{\beta}}} \\ &= [0 \quad \cdots \quad 0 \quad 0 \quad \cdots \quad 0]^{\dagger} = 0 \end{aligned} \tag{9.66}$$

以下的定理表明式(9.66)只可能有一种解，所以这种解必然是式(9.54)优化问题的解，能使得速度估计的性能达到最佳。

定理 1：设 MIMO 雷达具有 $M(M \geqslant 3)$ 个以足够大间距分置的发射天线和 $N(N \geqslant 3)$ 个以足够大间距分置的接收天线且满足假定 1 和假定 2，则对具有任意 ε^2 和 Ξ 的波形，仅有均匀天线布置能获得最优解。

定理 1 的证明可由接下来的三条引理得到。

引理 1：设 MIMO 雷达具有 $M(M \geqslant 3)$ 个以足够大间距分置的发射天线和 $N(N \geqslant 3)$ 个以足够大间距分置的接收天线且满足假定 1 和假定 2，则对具有任意 ε^2 和 Ξ 的波形，除均匀天线布置外没有其他解能使零梯度条件式(9.66)成立。

引理 2：设 MIMO 雷达具有 $M(M \geqslant 3)$ 个以足够大间距分置的发射天线和 $N(N \geqslant 3)$ 个以足够大间距分置的接收天线且满足假定 1 和假定 2，则任意均匀天线布置都能使零梯度条件式(9.66)成立。

引理 3：设 MIMO 雷达具有 $M(M \geqslant 3)$ 个以足够大间距分置的发射天线和 $N(N \geqslant 3)$ 个以足够大间距分置的接收天线且满足假定 1 和假定 2，则所有均匀天线布置达到的性能完全相同。

定理 2：设 MIMO 雷达具有 $M(M \geqslant 3)$ 个以足够大间距分置的发射天线和 $N(N \geqslant 3)$ 个以足够大间距分置的接收天线且满足假定 1 和假定 2，则对具有任

意 ε^2 和 Ξ 的波形，若最优天线布置存在，那么任何均匀天线布置都是最优的。发射天线和接收天线间的相对位置对最优性能没有影响。

当代入形如式(9.61)的均匀天线布置时，可以发现最终的目标函数表达式与 ϕ_0^{t} 和 ϕ_0^{r} 的取值无关。因此发射天线和接收天线间的相对位置对性能没有影响。

从式(9.66)还可以看到，对一采用均匀(最优)天线布置的 MIMO 雷达系统，增加 ε^2 或者收发天线数乘积 NM 可以提高速度估计精确性。

9.2.2 奇异费歇尔信息矩阵

当费歇尔信息矩阵奇异时，若无附加条件则不能精确估计所需的参量。为了理解奇异费歇尔信息阵可能导致的问题，考虑一个共置的收发天线对的情况。由于它们最多只能测得单个多普勒频率，所以无法得到二维的速度信息。若目标运动的方向恰与从天线指向目标的向量垂直，则无法测得任何目标速度信息。

不恰当的天线布置可能导致奇异的费歇尔信息矩阵，这种天线布置往往使得式(9.24)中的 $\boldsymbol{J}(\boldsymbol{\theta})$ 的行或列可由其余行或列的线性组合来表示。为简便起见，这里讨论正交信号的情况。其他情况下的讨论则可类推。在假定 1 和假定 2 的条件下，将式(9.57)~式(9.59)代入式(9.43)，若费歇尔信息阵的前两行/列成正比，即

$$\frac{\sum_{k=1}^{M}\sum_{l=1}^{N}A_{lk}^2}{\sum_{k=1}^{M}\sum_{l=1}^{N}A_{lk}B_{lk}}=\frac{\sum_{k=1}^{M}\sum_{l=1}^{N}A_{lk}B_{lk}}{\sum_{k=1}^{M}\sum_{l=1}^{N}B_{lk}^2}=\frac{\sum_{k=1}^{M}\sum_{l=1}^{N}A_{lk}}{\sum_{k=1}^{M}\sum_{l=1}^{N}B_{lk}} \tag{9.67}$$

则费歇尔信息矩阵将是奇异的。

例如，对一个单发射天线和单接收天线的雷达系统($l=k=1$)

$$\frac{A_{11}^2}{A_{11}B_{11}}=\frac{A_{11}B_{11}}{B_{11}^2}=\frac{A_{11}}{B_{11}} \tag{9.68}$$

其满足式(9.67)，故该系统将产生奇异的费歇尔信息矩阵。在另一个导致奇异费歇尔信息矩阵的例子中，考虑有多发射天线和多接收天线的雷达系统，其中所有发射和/或接收天线都是共置的，即对任意的 l 和 k 有 $A_{lk}=A_{11}$ 和 $B_{lk}=B_{11}$，这样

$$\frac{NMA_{11}^2}{NMA_{11}B_{11}}=\frac{NMA_{11}B_{11}}{NMB_{11}^2}=\frac{NMA_{11}}{NMB_{11}} \tag{9.69}$$

也使得式(9.67)成立。直观地讲，上述两种系统都只能够提供一条传输路径，只能测得 f_{11}。由于本质上只有单个有效的观测数据，故不足以用来估计二维的

速度参量 $\boldsymbol{v}=(v_x,v_y)$。

9.2.3 仿真实验

本小节的仿真中考虑了几个天线数目不同、天线布置不同的 MIMO 雷达系统。在图 9.2 ~ 图 9.4 中,分别作出这些 MIMO 雷达系统对应的最大似然估计的经验均方误差(Mean Squared Error, MSE),并将其与克拉美 - 罗界进行比较。

对图中所示的每一个信噪比(SNR)取值点,采用 2000 次蒙特卡罗(Monte Carlo)仿真迭代来求取最大似然估计的均方误差。不同信噪比是通过改变式(9.1)中的 σ_w^2 的取值实现的,图中横轴上点的坐标则是 $1/\sigma_w^2$ 的倍数。特别地,设 $\mathrm{SNR}=E|\zeta|^2/MR_{\max}^4\sigma_w^2$,其中 $R_{\max}$ 为目标与雷达天线间距的最大值。设在感兴趣的分辨单元中有一速度为 $\boldsymbol{v}=(15.5,97.1)$m/s 的目标。假设信号时间长度为 $T=0.1$s,载波频率 $f_c=1$GHz。发射信号采用一组正弦脉冲信号 $s_k(t)=\mathrm{e}^{\mathrm{j}2\pi k\Delta ft}/\sqrt{T},k=1,2,\cdots,M$,其中不同信号间的频率增量为 $\Delta f=100$Hz。采样频率设为 2kHz。

在图 9.2 和图 9.3 中采用的 MIMO 雷达的发射和接收天线数均为 $M\times N=3\times3$,两幅图对应的天线布置有所不同。图 9.2 中的发射天线相对目标的角度分别为 $\{\phi_1^{\mathrm{t}}=50°,\phi_2^{\mathrm{t}}=81°,\phi_3^{\mathrm{t}}=230°\}$,接收天线的观测角度为 $\{\phi_1^{\mathrm{r}}=167°,\phi_2^{\mathrm{r}}=65°,\phi_3^{\mathrm{r}}=80°\}$。图 9.3 中发射天线相对目标的角度分别为 $\{\phi_1^{\mathrm{t}}=9°,\phi_2^{\mathrm{t}}=110°,\phi_3^{\mathrm{t}}=351°\}$,接收天线的角度为 $\{\phi_1^{\mathrm{r}}=20°,\phi_2^{\mathrm{r}}=70°,\phi_3^{\mathrm{r}}=205°\}$。在图 9.2 和图 9.3 中,发射天线和目标之间的距离分别为 $\{R_1^{\mathrm{t}}=4000\mathrm{m},R_2^{\mathrm{t}}=8290\mathrm{m},R_3^{\mathrm{t}}=6000\mathrm{m}\}$,接收天线和目标之间的距离则分别为 $\{R_1^{\mathrm{r}}=8000\mathrm{m},R_2^{\mathrm{r}}=7300\mathrm{m},R_3^{\mathrm{r}}=5000\mathrm{m}\}$。图 9.4 中的例子采用 2×2 的 MIMO 雷达,其中发射天线和接收天线相对目标的角度分别为 $\{\phi_1^{\mathrm{t}}=50°,\phi_2^{\mathrm{t}}=81°\}$ 和 $\{\phi_1^{\mathrm{r}}=65°,\phi_2^{\mathrm{r}}=80°\}$。发射天线和接收天线与目标的间距分别为 $\{R_1^{\mathrm{t}}=4000\mathrm{m},R_2^{\mathrm{t}}=8290\mathrm{m}\}$ 和 $\{R_1^{\mathrm{r}}=7300\mathrm{m},R_2^{\mathrm{r}}=5000\mathrm{m}\}$。

仿真结果表明,最大似然估计的均方误差随信噪比增加逐渐逼近克拉美 - 罗界,这与理论上最大似然估计的渐近有效性是一致的,同时也验证了前文中克拉美 - 罗界推导的正确性。

图 9.2 和图 9.3 中的克拉美 - 罗界比图 9.4 中更低,这从一定程度上反映了 MIMO 雷达采用的天线数越多则性能越好。另外还可以观察到,图 9.2 和图 9.4 中对 v_x 的估计的 CRB 大于对 v_y 的估计的 CRB,然而在图 9.3 中对 v_y 的估计的 CRB 却大于对 v_x 的估计的 CRB,这说明对 v_x 和 v_y 的估计的精确性随天线位置的不同而变化。上述三个例子中的天线位置示意在图 9.5 中,其中三角形代表发射天线,圆圈代表接收天线。将天线位置向 x 和 y 轴上投影,可以发现图

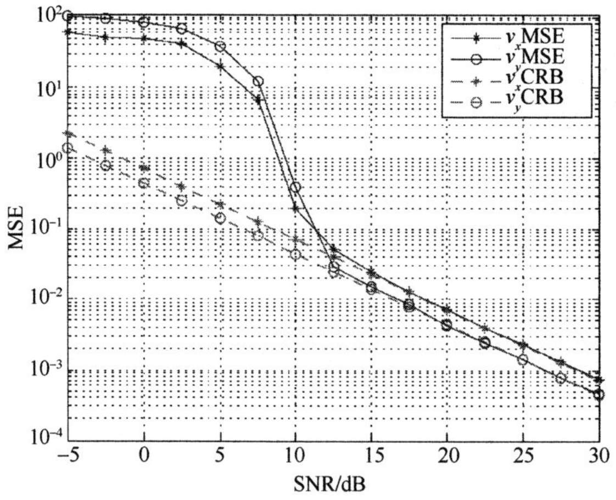

图 9.2　ML 估计的 MSE 以及 CRB 3×3MIMO 雷达，
其中$\{\phi_1^t=50°,\phi_2^t=81°,\phi_3^t=230°\}$，$\{\phi_1^r=167°,\phi_2^r=65°,\phi_3^r=80°\}$，
$\{R_1^t=4000m,R_2^t=8290m,R_3^t=6000m\}$，$\{R_1^r=8000m,R_2^r=7300m,R_3^r=5000m\}$（见彩图）

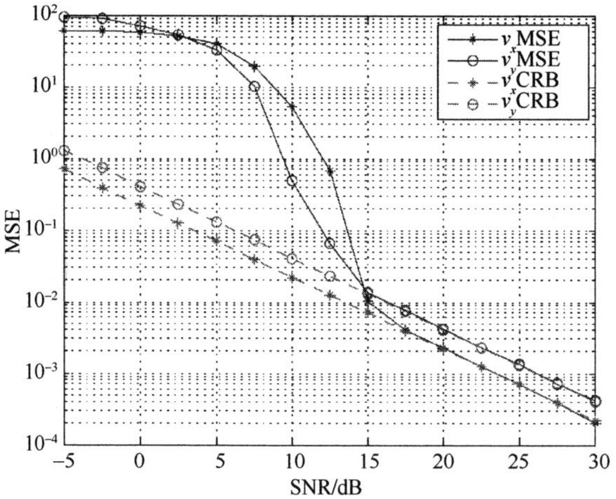

图 9.3　ML 估计的 MSE 以及 CRB 3×3MIMO 雷达，
其中$\{\phi_1^t=9°,\phi_2^t=110°,\phi_3^t=351°\}$，$\{\phi_1^r=20°,\phi_2^r=70°,\phi_3^r=205°\}$，
$\{R_1^t=4000m,R_2^t=8290m,R_3^t=6000m\}$，$\{R_1^r=8000m,R_2^r=7300m,R_3^r=5000m\}$（见彩图）

9.5(a)和图 9.5(c)中天线沿 y 轴方向的延展更大。在这种情况下，天线对目标沿 y 方向的运动更为敏感，所以在图 9.2 和图 9.4 中对 v_y 的估计比对 v_x 的估计的精确性更高。反之，图 9.5(b)所示的天线沿 x 轴方向的延展更大，同理可知为何在图 9.3 中对 v_x 的估计比对 v_y 的估计的精确性更高。因此，图 9.2～图 9.4 的结果表明，一般说来天线布置得越开，所得性能越好。这一现象也可由前

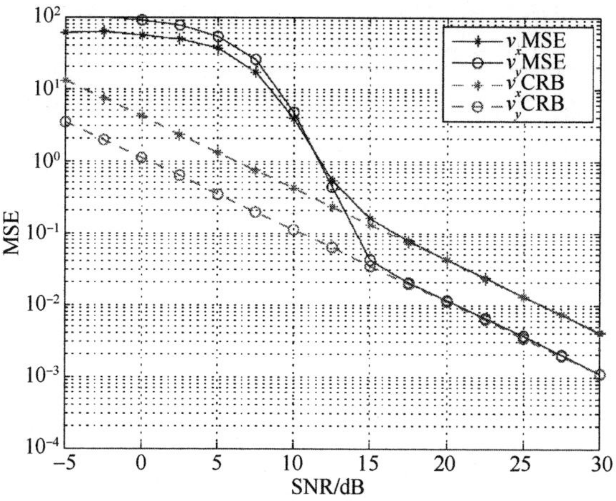

图 9.4 ML 估计的 MSE 以及 CRB 2×2MIMO 雷达，
其中$\{\phi_1^t=50°,\phi_2^t=81°\}$，$\{\phi_1^r=65°,\phi_2^r=80°\}$，
$\{R_1^t=4000\text{m},R_2^t=8290\text{m}\}$，$\{R_1^r=7300\text{m},R_2^r=5000\text{m}\}$（见彩图）

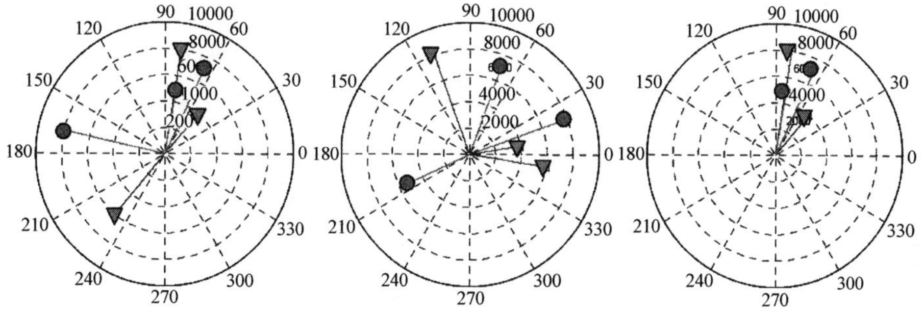

(a) 图 9.2 的天线位置　(b) 图 9.3 的天线位置　(c) 图 9.4 的天线位置

图 9.5 对应图 9.2～图 9.4 的天线位置（见彩图）

面讨论的最优天线布置来解释，最优天线布置的结论表明应尽可能分散的放置天线。

9.3 基于非相干处理的目标位置和速度联合估计

本节分析非相干 MIMO 雷达系统对复高斯扩展目标的位置及速度的联合估计性能。考虑具有 M 个发射天线和 N 个接收天线的 MIMO 雷达系统。首先分析最简单的情况，假设发射信号相互正交、杂波加噪声是时间和空间白的（Temporally and Spatially White），并且各传输路径的反射系数相互独立。本节在这些假设条件下推导最大似然估计，并证明最大似然估计随 MN 的增大具有渐近一致性。用数值方法说明当反射系数具有一定相关性时，增加 MN 对最大似然估计性能的改善。本节计算了联合估计的克拉美－罗界，分析最大似然估计的均方误差。用数值方法举例说明 SCNR 阈值随 MN 的增大而降低。本节采用两种不同的方法导出非相干 MIMO 雷达模糊函数（Ambiguity Function，AF），并以实例进行阐述，说明 MN 的大小控制了例中模糊函数旁瓣电平的高低。最后是对更一般的情况的分析，考虑了非正交发射信号、空间色的杂波加噪声，以及具有相关性的反射系数等情况。

9.3.1 信号模型

假设 MIMO 雷达有 M 个发射天线，N 个接收天线。发射天线 $k(k=1,2,\cdots,M)$ 和接收天线 $l(l=1,2,\cdots,N)$ 在二维笛卡儿坐标系中的位置分别为 $(x_k^{\mathrm{t}},y_k^{\mathrm{t}})$ 和 $(x_l^{\mathrm{r}},y_l^{\mathrm{r}})$。发射天线 k 发射的信号的低通等效模型是 $\sqrt{E/M}s_k(t)$，其中 E 为天线的发射总能量。发射信号是被归一化了的，即有 $\int_{-\infty}^{+\infty}|s_k(t)|^2\mathrm{d}t=1$。依文献[8]中的模型，假设从发射天线 k 到接收天线 l 的路径（简称第 lk 收发路径）所对应的反射系数 ζ_{lk} 是一个零均值复高斯随机变量，满足 $\zeta_{lk}\sim CN(0,\sigma^2)$，且其值在观测过程中保持恒定。该模型即通常所称的 Swerling 1 模型。假设目标的位置和速度未知，分别为 (x,y) 和 (v_x,v_y)。为了简化分析过程，作如下假定。

假定 1：发射信号之间近似正交

$$\int_{-\infty}^{+\infty}s_k(t)s_{k'}^*(t)\mathrm{d}t\approx\begin{cases}1, & k=k'\\0, & k\neq k'\end{cases}\tag{9.70}$$

并且对于时延 τ_k、$\tau_{k'}$ 和多普勒频移 f_{dk}、$f_{dk'}$ 保持近似正交

$$\int_{-\infty}^{+\infty}s_k(t-\tau_k)s_{k'}^*(t-\tau_{k'})\mathrm{e}^{\mathrm{j}2\pi(f_{dk}-f_{dk'})t}\mathrm{d}t\approx\begin{cases}1, & k=k'\\0, & k\neq k'\end{cases}\tag{9.71}$$

这种特性使得来自不同发射天线的信号可以在每一个接收天线上被分离。

假定 2：第 lk 收发路径对应的杂波加噪声 $w_{lk}(t)$ 是一个时间白的零均值复高斯随机过程，满足 $E\{w_{lk}(t)w_{lk}^*(u)\}=\sigma_w^2\delta(t-u)$，其中 σ_w 为常数，$\delta(t)$ 为单位冲激函数。杂波加噪声是空间白的，对 $l\neq l'$ 或 $k\neq k'$ 有 $E\{w_{lk}(t)w_{l'k'}^*(u)\}=0$。不失一般性，假设 $\sigma_w^2=1$。更进一步假设 $E\{|\zeta_{lk}|^2\}=\sigma^2$，同时令 $\sigma^2=1$。这样等效于将 σ_w^2 和 σ^2 的影响并入 E 中，使得 E 作为反映观测质量的唯一基本参数，刻画了一个反射系数服从复高斯分布模型 $CN(0,1)$ 的总的信杂噪比。

假定 2 可以通过预滤波实现。如果零均值复高斯杂波加噪声的协方差矩阵已知或者可被精确估计，那么在进行最大似然处理之前可以对杂波加噪声在时域和空域上进行白化。白化过程并不会影响算法的最优性。这种处理方法在雷

达的空时处理中被广泛应用。值得注意的是如果需要对杂波加噪声进行白化处理,在波形设计的过程中应该考虑对白化滤波器的输出进行预矫正,以保持白化滤波器输出端的信号具有所期望的特性。

假定 3:天线之间的距离足够大以使得每条路径上的观测量相互独立[9],因此不同 k、l 对应的反射系数 ζ_{lk} 之间也相互独立。

在这些假定之下,在接收天线 l 收到的来自发射天线 k 的信号可表示为

$$r_{lk}=\sqrt{\frac{E}{M}}\zeta_{lk}s_k(t-\tau_{lk})\mathrm{e}^{\mathrm{j}2\pi f_{lk}t}+w_{lk}(t) \tag{9.72}$$

式中:τ_{lk} 和 f_{lk} 分别为信号在第 lk 路径上经历的时延和多普勒频移。时延 τ_{lk} 是未知目标位置(x,y)的函数,即

$$\begin{aligned}\tau_{lk}&=\frac{\sqrt{(x_k^{\mathrm{t}}-x)^2+(y_k^{\mathrm{t}}-y)^2}+\sqrt{(x_l^{\mathrm{r}}-x)^2+(y_l^{\mathrm{r}}-y)^2}}{c}\\&=\frac{d_k^{\mathrm{t}}+d_l^{\mathrm{r}}}{c}\end{aligned} \tag{9.73}$$

式中:c 为光速;d_k^{t} 为目标到发射天线 k 的距离;d_l^{r} 为目标到接收天线 l 的距离。多普勒频移 f_{lk} 是未知目标位置(x,y)和速度(v_x,v_y)的函数,即

$$f_{lk}=\frac{v_x(x_k^{\mathrm{t}}-x)+v_y(y_k^{\mathrm{t}}-y)}{\lambda d_k^{\mathrm{t}}}+\frac{v_x(x_l^{\mathrm{r}}-x)+v_y(y_l^{\mathrm{r}}-y)}{\lambda d_l^{\mathrm{r}}} \tag{9.74}$$

式中:λ 为载波波长。定义 $\boldsymbol{\theta}$ 为待估计参数所组成的未知参数矢量

$$\boldsymbol{\theta}=[x\quad y\quad v_x\quad v_y]^{\dagger} \tag{9.75}$$

式中:$\boldsymbol{\theta}\in\boldsymbol{\Theta}$,$\boldsymbol{\Theta}$ 为由(x,y,v_x,v_y)的所有可能组合所构成的四维空间。下面将讨论 θ 的最大似然估计。

9.3.2 最大似然估计

如文献[10]所述,未知参数的最大似然估计可以通过假设检验中的似然比来求解。以 H_1 代表有目标出现的假设,目标模型如式(9.72)所示;以 H_0 代表没有目标出现的假设,即接收信号中只有噪声。于是,似然比可以表示为

$$\Lambda_{lk}(\boldsymbol{\theta};\tilde{r}_{lk}(t))=\frac{p_{lk}(\tilde{r}_{lk}(t);\boldsymbol{\theta},H_1)}{p_{lk}(\tilde{r}_{lk}(t),H_0)}=C_1\cdot p_{lk}(\tilde{r}_{lk}(t);\boldsymbol{\theta},H_1) \tag{9.76}$$

$$=\frac{1}{\frac{E}{M}+1}\exp\left\{\frac{\frac{E}{M}}{\frac{E}{M}+1}\left|\int_{-\infty}^{+\infty}\tilde{r}_{lk}(t)s_k(t-\tau_{lk})\mathrm{e}^{-\mathrm{j}2\pi f_{lk}t}\mathrm{d}t\right|^2\right\} \tag{9.77}$$

式中：$\tilde{r}_{lk}(t)$为在接收天线 l 上的对来自发射天线 k 的信号的观测值；$p_{lk}(\tilde{r}_{lk}(t);\boldsymbol{\theta},H_1)$为由观测量$\tilde{r}_{lk}(t)$得到的与 $\boldsymbol{\theta}$ 有关的似然函数；$C_1=1/p_{lk}(\tilde{r}_{lk}(t);\boldsymbol{\theta},H_1)$与 $\boldsymbol{\theta}$ 无关。由式(9.77)可得对数似然比

$$\begin{aligned}L_{lk}(\boldsymbol{\theta};\tilde{r}_{lk}(t)) &= \ln\Lambda(\boldsymbol{\theta};\tilde{r}_{lk}(t))\\ &= \frac{E}{E+M}\left|\int_{-\infty}^{+\infty}\tilde{r}_{lk}(t)s_k(t-\tau_{lk})\mathrm{e}^{-\mathrm{j}2\pi f_{lk}t}\mathrm{d}t\right|^2+C_2\end{aligned}\tag{9.78}$$

式中：C_2 与 $\boldsymbol{\theta}$ 无关。

1. 简化模型

在假定1~假定3的条件下，进一步假设杂波加噪声与反射系数相互独立，则联合似然比可以表示为单个似然比的乘积

$$\Lambda_J(\boldsymbol{\theta};\tilde{\boldsymbol{r}}(t))=\prod_{k=1}^{M}\prod_{l=1}^{N}\Lambda_{lk}(\boldsymbol{\theta};\tilde{r}_{lk}(t))\tag{9.79}$$

式中

$$\tilde{\boldsymbol{r}}(t)=[\tilde{r}_{11}(t)\quad\tilde{r}_{12}(t)\quad\cdots\quad\tilde{r}_{NM}(t)]^{\dagger}\tag{9.80}$$

表示所有接收天线上的观测信号的集合。联合对数似然比则可表示为

$$\begin{aligned}L_J(\boldsymbol{\theta};\tilde{\boldsymbol{r}}(t)) &= \ln\Lambda_J(\boldsymbol{\theta};\tilde{\boldsymbol{r}}(t))\\ &= \sum_{k=1}^{M}\sum_{l=1}^{N}\ln\Lambda_{lk}(\boldsymbol{\theta};\tilde{r}_{lk}(t)) = \sum_{k=1}^{M}\sum_{l=1}^{N}L_{lk}(\boldsymbol{\theta};\tilde{r}_{lk}(t))\\ &= \frac{E}{E+M}\sum_{k=1}^{M}\sum_{l=1}^{N}\left|\int_{-\infty}^{+\infty}\tilde{r}_{lk}(t)s_k^*(t-\tau_{lk})\mathrm{e}^{-\mathrm{j}2\pi f_{lk}t}\mathrm{d}t\right|^2+C_3\end{aligned}\tag{9.81}$$

式中：C_3 与 $\boldsymbol{\theta}$ 无关。因此，未知参数 $\boldsymbol{\theta}$ 的最大似然估计为

$$\begin{aligned}\hat{\theta}_{\mathrm{ML}} &= \arg\max_{\boldsymbol{\theta}}L_J(\boldsymbol{\theta};\tilde{\boldsymbol{r}}(t))\\ &= \arg\max_{\boldsymbol{\theta}}\sum_{k=1}^{M}\sum_{l=1}^{N}L_{lk}(\boldsymbol{\theta};\tilde{r}_{lk}(t)) \qquad (9.82)\\ &= \arg\max_{\boldsymbol{\theta}}\sum_{k=1}^{M}\sum_{l=1}^{N}\left|\int_{-\infty}^{+\infty}\tilde{r}_{lk}(t)s_k(t-\tau_{lk})\mathrm{e}^{-\mathrm{j}2\pi f_{lk}t}\mathrm{d}t\right|^2 \qquad (9.83)\end{aligned}$$

式(9.83)中的最大似然估计已经很难被继续化简，需要用数值方法对四维空间 $\boldsymbol{\Theta}$ 进行遍历搜索来得到式(9.75)中 $\boldsymbol{\theta}$ 的最大似然估计。值得注意的是系统复杂度和计算复杂度随发射和接收天线个数 M 和 N 的增加而增加。可以考虑用文献[11]中讲到的天线选择方法来解决系统复杂度的问题。因为是在由 $\boldsymbol{\theta}$ 中

元素所组成的四维空间 $\boldsymbol{\Theta}$ 中进行搜索,搜索的维度不会随 M 和 N 而变,所以计算最大似然估计的复杂度不会由于 M 和 N 的增加而迅速增加。另一方面,这里将证明发射和接收天线个数 M 和 N 的增加可以提高估计性能。因此,在性能和复杂度之间做折中是必须的。

2. 渐近特性

本小节证明在假定 1 ~ 假定 3 的条件下,如果 MN(发射天线和接收天线数的乘积)足够大,MIMO 雷达的性能会非常好,因为 $\boldsymbol{\theta}$ 的最大似然估计 $\hat{\boldsymbol{\theta}}_{\mathrm{ML}}$ 渐近地趋近于其真实值 $\boldsymbol{\theta}_a$。

在式(9.82)的右边乘以常数 $1/(MN)$ 不会改变最大值出现的位置,所以 $\hat{\boldsymbol{\theta}}_{\mathrm{ML}}$ 可以表示为

$$\hat{\boldsymbol{\theta}}_{\mathrm{ML}} = \arg\max_{\boldsymbol{\theta}} \frac{1}{MN}\sum_{k=1}^{M}\sum_{l=1}^{N} L_{lk}(\boldsymbol{\theta};\tilde{r}_{lk}(t)) \tag{9.84}$$

根据强大数定理[12],式(9.84)中的样本均值以概率 1 收敛于数学期望为

$$\frac{1}{MN}\sum_{k=1}^{M}\sum_{l=1}^{N} L_{lk}(\boldsymbol{\theta};\tilde{r}_{lk}(t)) \rightarrow E_{r_{lk}(t);\theta_a}\{L_{lk}(\boldsymbol{\theta};\tilde{r}_{lk}(t))\},\quad \text{且 } MN\rightarrow\infty \tag{9.85}$$

式中:$E_{r_{lk}(t);\theta_a}\{\cdot\}$ 为在给定真实值 $\boldsymbol{\theta}_a$ 的条件下按概率密度函数 $p_{lk}(\tilde{r}_{lk}(t);\boldsymbol{\theta}_a,H_1)$ 关于 $\tilde{r}_{lk}(t)$ 求数学期望。另外,根据弱大数定理可以证明关于上述收敛的一个较弱的结论,即依概率收敛。从式(9.85)可以推知,当天线数目足够多时下式以概率 1 收敛

$$\begin{aligned}\hat{\boldsymbol{\theta}}_{\mathrm{ML}} &= \arg\max_{\boldsymbol{\theta}} \frac{1}{MN}\sum_{k=1}^{M}\sum_{l=1}^{N} L_{lk}(\boldsymbol{\theta};\tilde{r}_{lk}(t)) \rightarrow \\ &\arg\max_{\boldsymbol{\theta}} E_{r_{lk}(t);\boldsymbol{\theta}_a}\{L_{lk}(\boldsymbol{\theta};\tilde{r}_{lk}(t))\},\quad MN\rightarrow\infty\end{aligned} \tag{9.86}$$

从式(9.86)可得如下定理。

定理 1:对于有 M 个发射天线和 N 个接收天线的 MIMO 雷达系统,在假定 1 ~ 假定 3 的条件下,当 MN 足够大时,式(9.83)中的最大似然估计以概率 1(或依概率)收敛于其真实值

$$\hat{\boldsymbol{\theta}}_{\mathrm{ML}} \rightarrow \boldsymbol{\theta}_a,\quad \text{且 } MN\rightarrow\infty \tag{9.87}$$

因此,最大似然估计 $\hat{\boldsymbol{\theta}}_{\mathrm{ML}}$ 随 $MN\rightarrow\infty$ 是渐近无偏的,其方差随 $MN\rightarrow\infty$ 趋近于克拉美 - 罗界。

定理 1 的证明:首先证明当 $\boldsymbol{\theta}=\boldsymbol{\theta}_a$ 时,式(9.85)的右边获得最大值。令 $\boldsymbol{\theta}\in\boldsymbol{\Theta}$。

因为$L_{lk}(\boldsymbol{\theta};\tilde{r}_{lk}(t))=\ln\Lambda_{lk}(\boldsymbol{\theta};\tilde{r}_{lk}(t))$，所以

$$E_{r_{lk}(t);\theta_a}\{L_{lk}(\boldsymbol{\theta};\tilde{r}_{lk}(t))\}-E_{r_{lk}(t);\theta_a}\{L_{lk}(\boldsymbol{\theta}_a;\tilde{r}_{lk}(t))\}=E_{r_{lk}(t);\boldsymbol{\theta}_a}\left\{\ln\frac{\Lambda_{lk}(\boldsymbol{\theta};\tilde{r}(t))}{\Lambda_{lk}(\boldsymbol{\theta}_a;\tilde{r}(t))}\right\} \tag{9.88}$$

从式(9.76)可得

$$E_{r_{lk}(t);\theta_a}\left\{\ln\frac{\Lambda_{lk}(\boldsymbol{\theta};\tilde{r}(t))}{\Lambda_{lk}(\boldsymbol{\theta}_a;\tilde{r}(t))}\right\}=E_{r_{lk}(t);\boldsymbol{\theta}_a}\left\{\ln\frac{p_{lk}(\tilde{r}_{lk}(t);\boldsymbol{\theta},H_1)}{p_{lk}(\tilde{r}_{lk}(t);\boldsymbol{\theta}_a,H_1)}\right\} \tag{9.89}$$

把式(9.89)代入式(9.88)可得

$$\begin{aligned}&E_{r_{lk}(t);\boldsymbol{\theta}_a}\{L_{lk}(\boldsymbol{\theta};\tilde{r}_{lk}(t))\}-E_{r_{lk}(t);\boldsymbol{\theta}_a}\{L_{lk}(\boldsymbol{\theta}_a;\tilde{r}_{lk}(t))\}\\&=E_{r_{lk}(t);\boldsymbol{\theta}_a}\left\{\ln\frac{p_{lk}(\tilde{r}_{lk}(t);\boldsymbol{\theta},H_1)}{p_{lk}(\tilde{r}_{lk}(t);\boldsymbol{\theta}_a,H_1)}\right\}\end{aligned} \tag{9.90}$$

根据琴生不等式(Jensen's Inequality)，有

$$E_{r_{lk}(t);\theta_a}\left\{\ln\frac{p_{lk}(\tilde{r}_{lk}(t);\boldsymbol{\theta},H_1)}{p_{lk}(\tilde{r}_{lk}(t);\boldsymbol{\theta}_a,H_1)}\right\}\leqslant\ln E_{r_{lk}(t);\theta_a}\left\{\frac{p_{lk}(\tilde{r}_{lk}(t);\theta,H_1)}{p_{lk}(\tilde{r}_{lk}(t);\theta_a,H_1)}\right\} \tag{9.91}$$

其中当且仅当

$$\frac{p_{lk}(\tilde{r}_{lk}(t);\boldsymbol{\theta},H_1)}{p_{lk}(\tilde{r}_{lk}(t);\boldsymbol{\theta}_a,H_1)}=E_{r_{lk}(t);\boldsymbol{\theta}_a}\left\{\frac{p_{lk}(\tilde{r}_{lk}(t);\boldsymbol{\theta},H_1)}{p_{lk}(\tilde{r}_{lk}(t);\boldsymbol{\theta}_a,H_1)}\right\} \tag{9.92}$$

时，式(9.91)中等号成立。并且注意到

$$\begin{aligned}E_{\boldsymbol{r}_{lk}(t);\boldsymbol{\theta}_a}\left\{\frac{p_{lk}(\tilde{r}_{lk}(t);\boldsymbol{\theta},H_1)}{p_{lk}(\tilde{r}_{lk}(t);\boldsymbol{\theta}_a,H_1)}\right\}&=\int_{-\infty}^{+\infty}\frac{p_{lk}(\tilde{r}_{lk}(t);\theta,H_1)}{p_{lk}(\tilde{r}_{lk}(t);\boldsymbol{\theta}_a,H_1)}p_{lk}(\tilde{r}_{lk}(t);\boldsymbol{\theta}_a,H_1)\,\mathrm{d}\,\tilde{r}_{lk}(t)\\&=\int_{-\infty}^{+\infty}p_{lk}(\tilde{r}_{lk}(t);\boldsymbol{\theta},H_1)\,d\,\tilde{r}_{lk}(t)=1\end{aligned} \tag{9.93}$$

将式(9.93)代入式(9.91)可得

$$E_{r_{lk}(t);\theta_a}\left\{\ln\frac{p_{lk}(\tilde{r}_{lk}(t);\boldsymbol{\theta},H_1)}{p_{lk}(\tilde{r}_{lk}(t);\boldsymbol{\theta}_a,H_1)}\right\}\leqslant\ln 1=0 \tag{9.94}$$

根据式(9.92)和式(9.93)，当且仅当

$$\frac{p_{lk}(\tilde{r}_{lk}(t);\boldsymbol{\theta},H_1)}{p_{lk}(\tilde{r}_{lk}(t);\boldsymbol{\theta}_a,H_1)}=1 \tag{9.95}$$

时,式(9.94)取等号。而对于任意的$\tilde{r}_{lk}(t)$,只有当 $\boldsymbol{\theta}=\boldsymbol{\theta}_a$ 时上式成立。将式(9.94)代入式(9.90)可得

$$E_{r_{lk}(t);\boldsymbol{\theta}_a}\{L_{lk}(\boldsymbol{\theta};\tilde{r}_{lk}(t))\}-E_{r_{lk}(t);\boldsymbol{\theta}_a}\{L_{lk}(\boldsymbol{\theta}_a;\tilde{r}_{lk}(t))\}\leqslant 0 \tag{9.96}$$

即

$$E_{r_{lk}(t);\boldsymbol{\theta}_a}\{L_{lk}(\boldsymbol{\theta}_a;\tilde{r}_{lk}(t))\}\geqslant E_{r_{lk}(t);\boldsymbol{\theta}_a}\{L_{lk}(\boldsymbol{\theta};\tilde{r}_{lk}(t))\} \tag{9.97}$$

式中,如前所述,不等号在 $\boldsymbol{\theta}\neq\boldsymbol{\theta}_a$ 时取得。因此

$$\arg\max_{\boldsymbol{\theta}} E_{r_{lk}(t);\boldsymbol{\theta}_a}\{L_{lk}(\boldsymbol{\theta};\tilde{r}_{lk}(t))\}=\boldsymbol{\theta}_a \tag{9.98}$$

最后把式(9.98)代入式(9.86)中可得

$$\hat{\boldsymbol{\theta}}_{\mathrm{ML}}\rightarrow\boldsymbol{\theta}_a,\quad 且\ MN\rightarrow\infty \tag{9.99}$$

当 MN 足够大时,该估计收敛于一个定值,那么其数学期望也收敛于同一个值。因此该估计是渐近无偏的。另外,由于该估计逼近于真实值,故求克拉美-罗界运算所隐含的估计作为最优估计也必然逼近于真实值。所以当 MN 足够大时,该估计的方差以概率 1 收敛于克拉美-罗界。

本节接下来的部分将给出克拉美-罗界的理论推导,同时以数值方法举例说明最大似然估计的均方误差渐近逼近克拉美-罗界。

9.3.3　位置速度联合估计的克拉美-罗界

本节在假定 1~假定 3 的条件下推导关于目标位置(x,y)和速度(v_x,v_y)的联合估计的克拉美-罗界。计算克拉美-罗界的第一步是求费歇尔信息矩阵。费歇尔信息矩阵是与联合对数似然函数的二阶导数相关的维度为 4×4 的矩阵,即

$$\begin{aligned}\boldsymbol{J}(\boldsymbol{\theta})&=E_{\boldsymbol{r}(t);\boldsymbol{\theta}}\{\nabla_{\boldsymbol{\theta}}\ln\Lambda_J(\tilde{\boldsymbol{r}}(t);\boldsymbol{\theta})[\nabla_{\boldsymbol{\theta}}\ln\Lambda_J(\tilde{\boldsymbol{r}}(t);\boldsymbol{\theta})]^{\dagger}\}\\&=-E_{\boldsymbol{r}(t);\boldsymbol{\theta}}\{\nabla_{\boldsymbol{\theta}}[\nabla_{\boldsymbol{\theta}}\ln\Lambda_{\mathrm{J}}(\tilde{\boldsymbol{r}}(t);\boldsymbol{\theta})]^{\dagger}\}\end{aligned} \tag{9.100}$$

鉴于式(9.77)中的似然比函数是关于 τ_{lk}和 f_{lk}的显函数,是关于 $\boldsymbol{\theta}=(x,y,v_x,v_y)$中元素的隐函数,故定义一个新的参数矢量

$$\boldsymbol{\vartheta}=[\tau_{11}\quad\tau_{12}\quad\cdots\quad\tau_{NM}\quad f_{11}\quad f_{12}\quad\cdots\quad f_{NM}]^{\dagger} \tag{9.101}$$

根据链式法则,费歇尔信息矩阵可由下式求得

$$\boldsymbol{J}(\boldsymbol{\theta})=(\nabla_{\boldsymbol{\theta}}\boldsymbol{\vartheta}^{\dagger})\boldsymbol{J}(\boldsymbol{\vartheta})(\nabla_{\boldsymbol{\theta}}\boldsymbol{\vartheta}^{\dagger})^{\dagger} \tag{9.102}$$

首先计算 $\nabla_{\boldsymbol{\theta}}\boldsymbol{\vartheta}^{\dagger}$。由式(9.75)和式(9.101)可得

$$\nabla_{\boldsymbol{\theta}}\boldsymbol{\vartheta}^{\dagger}=\begin{bmatrix}\frac{\partial\tau_{11}}{\partial x} & \frac{\partial\tau_{12}}{\partial x} & \cdots & \frac{\partial\tau_{NM}}{\partial x} & \frac{\partial f_{11}}{\partial x} & \frac{\partial f_{12}}{\partial x} & \cdots & \frac{\partial f_{NM}}{\partial x}\\ \frac{\partial\tau_{11}}{\partial y} & \frac{\partial\tau_{12}}{\partial y} & \cdots & \frac{\partial\tau_{NM}}{\partial y} & \frac{\partial f_{11}}{\partial y} & \frac{\partial f_{12}}{\partial y} & \cdots & \frac{\partial f_{NM}}{\partial x}\\ 0 & 0 & \cdots & 0 & \frac{\partial f_{11}}{\partial v_x} & \frac{\partial f_{12}}{\partial v_x} & \cdots & \frac{\partial f_{NM}}{\partial v_x}\\ 0 & 0 & \cdots & 0 & \frac{\partial f_{11}}{\partial v_y} & \frac{\partial f_{12}}{\partial v_y} & \cdots & \frac{\partial f_{NM}}{\partial v_y}\end{bmatrix} \tag{9.103}$$

基于式(9.73)和式(9.74),矩阵 $\nabla_{\boldsymbol{\theta}}\boldsymbol{\vartheta}^{\dagger}$ 中的元素定义了如下变量

$$a_{lk}\equiv\frac{\partial\tau_{lk}}{\partial x}=\frac{1}{c}\left(\frac{x-x_k^{\mathrm{t}}}{d_k^{\mathrm{t}}}+\frac{x-x_l^{\mathrm{r}}}{d_l^{\mathrm{r}}}\right) \tag{9.104}$$

$$b_{lk}\equiv\frac{\partial\tau_{lk}}{\partial y}=\frac{1}{c}\left(\frac{y-y_k^{\mathrm{t}}}{d_k^{\mathrm{t}}}+\frac{y-y_l^{\mathrm{r}}}{d_l^{\mathrm{r}}}\right) \tag{9.105}$$

$$e_{lk}\equiv\frac{\partial f_{lk}}{\partial x}=\frac{-v_x}{\lambda}\left(\frac{1}{d_k^{\mathrm{t}}}+\frac{1}{d_l^{\mathrm{r}}}\right)+\frac{(x_k^{\mathrm{t}}-x)}{\lambda(d_k^{\mathrm{t}})^3}\left[v_x(x_k^{\mathrm{t}}-x)+v_y(y_k^{\mathrm{t}}-y)\right]$$
$$+\frac{(x_l^{\mathrm{r}}-x)}{\lambda(d_l^{\mathrm{r}})^3}\left[v_x(x_l^{\mathrm{r}}-x)+v_y(y_l^{\mathrm{r}}-y)\right] \tag{9.106}$$

$$g_{lk}\equiv\frac{\partial f_{lk}}{\partial y}=\frac{-v_y}{\lambda}\left(\frac{1}{d_k^{\mathrm{t}}}+\frac{1}{d_l^{\mathrm{r}}}\right)+\frac{(y_k^{\mathrm{t}}-y)}{\lambda(d_k^{\mathrm{t}})^3}\left[v_x(x_k^{\mathrm{t}}-x)+v_y(y_k^{\mathrm{t}}-y)\right]$$
$$+\frac{(y_l^{\mathrm{r}}-y)}{\lambda(d_l^{\mathrm{r}})^3}\left[v_x(x_l^{\mathrm{r}}-x)+v_y(y_l^{\mathrm{r}}-y)\right] \tag{9.107}$$

$$\beta_{lk}\equiv\frac{\partial f_{lk}}{\partial v_x}=\frac{(x_k^{\mathrm{t}}-x)}{\lambda d_k^{\mathrm{t}}}+\frac{(x_l^{\mathrm{r}}-x)}{\lambda d_l^{\mathrm{r}}} \tag{9.108}$$

$$q_{lk}\equiv\frac{\partial f_{lk}}{\partial v_y}=\frac{(y_k^{\mathrm{t}}-y)}{\lambda d_k^{\mathrm{t}}}+\frac{(y_l^{\mathrm{r}}-y)}{\lambda d_l^{\mathrm{r}}} \tag{9.109}$$

值得注意的是 a_{lk},b_{lk},e_{lk},g_{lk},β_{lk}和 q_{lk}是由目标的位置和速度以及雷达天线的位置共同决定的。对 $\nabla_{\boldsymbol{\theta}}\boldsymbol{\vartheta}^{\dagger}$ 分块为

$$\nabla_{\boldsymbol{\theta}}\boldsymbol{\vartheta}^{\dagger}=\begin{bmatrix}\boldsymbol{A} & \boldsymbol{B}\\ \boldsymbol{O} & \boldsymbol{D}\end{bmatrix} \tag{9.110}$$

式中:$\boldsymbol{A}$、$\boldsymbol{B}$、$\boldsymbol{D}$ 为 $2\times NM$ 维的子矩阵;$\boldsymbol{O}$ 是 $2\times NM$ 维的零矩阵。

由式(9.81),可将式(9.102)中的 $\boldsymbol{J}(\boldsymbol{\vartheta})$ 表示为

$$\boldsymbol{J}(\boldsymbol{\vartheta})=-E_{\boldsymbol{r}(t);\boldsymbol{\theta}}\left\{\nabla_{\boldsymbol{\vartheta}}\left[\nabla_{\boldsymbol{\vartheta}}\ln\Lambda_J(\boldsymbol{\theta};\tilde{\boldsymbol{r}}(t))\right]^{\dagger}\right\} \tag{9.111}$$

这是一个 $2NM\times 2NM$ 维的矩阵。将 $\boldsymbol{J}(\boldsymbol{\vartheta})$ 写成分块矩阵的形式

$$J(\boldsymbol{\vartheta})=\begin{bmatrix}\boldsymbol{J}^{UL} & \boldsymbol{J}^{UR}\\ \boldsymbol{J}^{LL} & \boldsymbol{J}^{LR}\end{bmatrix} \tag{9.112}$$

式中 $\boldsymbol{J}^{UL}$、$\boldsymbol{J}^{UR}$、$\boldsymbol{J}^{LL}$ 和 $\boldsymbol{J}^{LR}$ 为 $NM\times NM$ 维的子矩阵。注意到 $\boldsymbol{J}^{UL}$ 中包含了关于 τ_{lk}（对所有可能的 l 和 k）的二阶导数，$\boldsymbol{J}^{UR}$ 和 $\boldsymbol{J}^{LL}$ 包含关于 τ_{lk} 和 f_{lk}（对所有可能的 l 和 k）的二阶导数，$\boldsymbol{J}^{LR}$ 则包含了关于 f_{lk}（对所有可能的 l 和 k）的二阶导数。经计算后得到

$$\boldsymbol{J}^{UL}=\frac{8\pi^2E^2}{(E+M)M}\boldsymbol{I}_N\otimes\mathrm{diag}\{\varepsilon_1,\varepsilon_2,\cdots,\varepsilon_M\} \tag{9.113}$$

式中：$\boldsymbol{I}_N$ 为 $N\times N$ 维的单位阵，$\otimes$ 代表 Kronecker 积，即

$$\boldsymbol{J}^{UR}=\boldsymbol{J}^{LL}=\frac{8\pi^2E^2}{(E+M)M}\mathrm{diag}\{\gamma_{11},\gamma_{12},\cdots,\gamma_{NM}\} \tag{9.114}$$

以及

$$\boldsymbol{J}^{LR}=\frac{8\pi^2E^2}{(E+M)M}\mathrm{diag}\{\eta_{11},\eta_{12},\cdots,\eta_{NM}\} \tag{9.115}$$

式中：ε_k、γ_{lk} 和 η_{lk} 与接收波形的特性相关

$$\varepsilon_k=\int_{-\infty}^{+\infty}f^2|S_k(f)|^2\mathrm{d}f-\left|\int_{-\infty}^{+\infty}f|S_k(f)|^2\mathrm{d}f\right|^2 \tag{9.116}$$

$$\gamma_{lk}=\frac{1}{2\pi}\Im\left\{\int_{-\infty}^{+\infty}ts_k^*(t-\tau_{lk})\frac{\partial s_k(t-\tau_{lk})}{\partial\tau_{lk}}\mathrm{d}t\right\}-\int_{-\infty}^{+\infty}f|S_k(f)|^2\mathrm{d}f\int_{-\infty}^{+\infty}t|s_k(t-\tau_{lk})|^2\mathrm{d}t \tag{9.117}$$

以及

$$\eta_{lk}=\int_{-\infty}^{+\infty}t^2|s_k(t-\tau_{lk})|^2\mathrm{d}t-\left|\int_{-\infty}^{+\infty}t|s_k(t-\tau_{lk})|^2\mathrm{d}t\right|^2 \tag{9.118}$$

式中：$S_k(f)$ 为 $s_k(t)$ 的傅里叶变换。

经过一系列较为冗长的计算，可推得费歇尔信息矩阵为

$$\begin{aligned}J(\boldsymbol{\theta})&=\begin{bmatrix}\boldsymbol{AJ}^{UL}\boldsymbol{A}^\dagger+\boldsymbol{BJ}^{UR}\boldsymbol{A}^\dagger+\boldsymbol{AJ}^{UR}\boldsymbol{B}^\dagger+\boldsymbol{BJ}^{LR}\boldsymbol{B}^\dagger & \boldsymbol{AJ}^{UR}\boldsymbol{D}^\dagger+\boldsymbol{BJ}^{LR}\boldsymbol{D}^\dagger\\ \boldsymbol{DJ}^{UR}\boldsymbol{A}^\dagger+\boldsymbol{DJ}^{LR}\boldsymbol{B}^\dagger & \boldsymbol{DJ}^{LR}\boldsymbol{D}^\dagger\end{bmatrix}\\&=\frac{8\pi^2E^2}{(E+M)M}\sum_{k=1}^{M}\sum_{l=1}^{N}\\&\begin{bmatrix}\varepsilon_ka_{lk}^2+2\gamma_{lk}a_{lk}e_{lk}+\eta_{lk}e_{lk}^2 & (\varepsilon_ka_{lk}+\gamma_{lk}e_{lk})b_{lk}+(\gamma_{lk}a_{lk}+\eta_{lk}e_{lk})g_{lk}\\ (\varepsilon_ka_{lk}+\gamma_{lk}e_{lk})b_{lk}+(\gamma_{lk}a_{lk}+\eta_{lk}e_{lk})g_{lk} & \varepsilon_kb_{lk}^2+2\gamma_{lk}b_{lk}g_{lk}+\eta_{lk}g_{lk}^2\\ (\gamma_{lk}a_{lk}+\eta_{lk}e_{lk})\beta_{lk} & (\gamma_{lk}b_{lk}+\eta_{lk}g_{lk})\beta_{lk}\\ (\gamma_{lk}a_{lk}+\eta_{lk}e_{lk})q_{lk} & (\gamma_{lk}b_{lk}+\eta_{lk}g_{lk})q_{lk}\end{bmatrix}\end{aligned}$$

$$\begin{matrix} (\gamma_{lk}a_{lk}+\eta_{lk}e_{lk})\beta_{lk} & (\gamma_{lk}a_{lk}+\eta_{lk}e_{lk})q_{lk} \\ (\gamma_{lk}b_{lk}+\eta_{lk}g_{lk})\beta_{lk} & (\gamma_{lk}b_{lk}+\eta_{lk}g_{lk})q_{lk} \\ \eta_{lk}\beta_{lk}^2 & \eta_{lk}\beta_{lk}q_{lk} \\ \eta_{lk}\beta_{lk}q_{lk} & \eta_{lk}q_{lk}^2 \end{matrix}\Bigg] \tag{9.119}$$

待估计参数的克拉美－罗界由费歇尔信息阵的逆的对角元确定

$$\begin{aligned} &\mathrm{var}(\hat{x})\geqslant[\boldsymbol{J}^{-1}(\boldsymbol{\theta}_a)]_{1,1}, \quad \mathrm{var}(\hat{y})\geqslant[\boldsymbol{J}^{-1}(\boldsymbol{\theta}_a)]_{2,2}, \\ &\mathrm{var}(\hat{v}_x)\geqslant[\boldsymbol{J}^{-1}(\boldsymbol{\theta}_a)]_{3,3}, \quad \mathrm{var}(\hat{v}_y)\geqslant[\boldsymbol{J}^{-1}(\boldsymbol{\theta}_a)]_{4,4} \end{aligned} \tag{9.120}$$

对任意非奇异的费歇尔信息阵，利用克拉默法则（Cramer's Rule）不难由式(9.119)得到$\boldsymbol{J}^{-1}(\boldsymbol{\theta})$，从而得出克拉美－罗界的闭合表达式。矩阵 $\nabla_{\boldsymbol{\theta}}\boldsymbol{\vartheta}^{\dagger}$ 和 $\boldsymbol{J}(\boldsymbol{\vartheta})$的维度随 M 和 N 的增大而增加，故计算克拉美－罗界所需的复杂度也随之增加。幸运的是，注意到费歇尔信息矩阵 $\boldsymbol{J}(\boldsymbol{\theta})$ 的维数不随 M 和 N 改变，故 M 和 N 的增大不会加重对费歇尔信息矩阵求逆运算的负担。在下一节中，将采用数值方法举例说明当 MN 足够大时，最大似然估计的均方误差逼近克拉美－罗界。

9.3.4 均方误差分析

克拉美－罗界代表无偏估计的最小可达方差，指示了任何无偏估计可达到的最佳性能。最大似然估计的均方误差需要满足一定条件方能逼近克拉美－罗界。知道这些条件何时能被满足对系统设计来讲是很重要的，这就要求对最大似然估计的均方误差进行分析。如图 9.6 所示，非线性估计的均方误差存在阈值现象。SCNR 阈值定义为均方误差曲线的斜率出现剧烈变化处的 SCNR 取值。高于此阈值的区域称为高 SCNR 区，其对应的估计误差较小且均方误差接

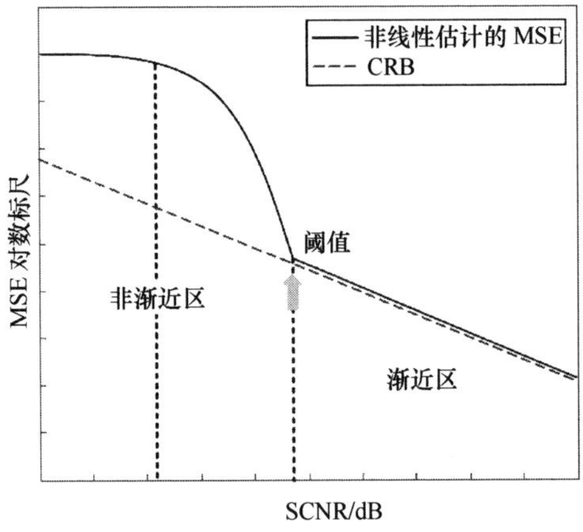

图 9.6　非线性估计的均方误差的阈值现象

近于克拉美－罗界。低于此阀值处，则均方误差随 SCNR 的减小迅速增大，且一般会远离克拉美－罗界。本节给出几个数值实例来说明这个现象。首先考虑发射单脉冲信号的情况，其次是对发射多脉冲信号的情况进行分析。

1. 单脉冲信号

假设发射信号的低通等效是频率扩展的高斯单脉冲信号

$$s_k(t)=\left(\frac{2}{T^2}\right)^{\frac{1}{4}}\exp\left(\frac{-\pi t^2}{T^2}\right)\mathrm{e}^{\mathrm{j}2\pi k\Delta ft}$$

式中：T 与脉冲宽度成正比；$\Delta f=f_{k+1}-f_k\geqslant 0$ 为 $s_k(t)$ 与 $s_{k+1}(t)$ 间的频率增量。这里假设 Δf 足够大，使得假定 1 成立。假设有一个运动速度为(50,30)m/s 的目标在位置(150,127.5)m 处出现。定义总的信杂噪比为 SCNR $=E$。注意到，由于本节所作的均方误差曲线实质上是以信号总能量 E 作为横轴的，因此图中所示的 SCNR 可能比其他文献中的以单个发射天线能量作为横轴时的 SCNR 看起来要大。然而这种做法是有意义的，因为这样能够描述在总能量给定的情况下加大天线数目所带来的增益。

图 9.7～图 9.9 比较了三个具有不同天线数($M\times N$)的 MIMO 雷达的性能。假设 M 个发射天线均匀布置在$[0,2\pi)$的方向上，即发射天线 k 的观测角为$\varphi_k^{\mathrm{t}}=2\pi(k-1)/M, k=1,2,\cdots,M$；$N$ 个接收天线也均匀地布置在$[0,2\pi)$的方向上，即接收天线 l 的角度为 $\varphi_l^{\mathrm{r}}=2\pi(l-1)/N, l=1,2,\cdots,N$，其中的角度是指天线和横轴间的夹角。图 9.7～图 9.9 中的雷达系统的天线数目分别为 2×3，5×4 和 9×9。对所发射的高斯脉冲信号选取 $T=0.1$。设每个天线到坐标原点的距离均为 7000m。在假定 1～假定 3 的条件下计算克拉美－罗界和最大似然估计的均方误差。观察发现，当天线数增加时，克拉美－罗界一致地减小，阈值（均方

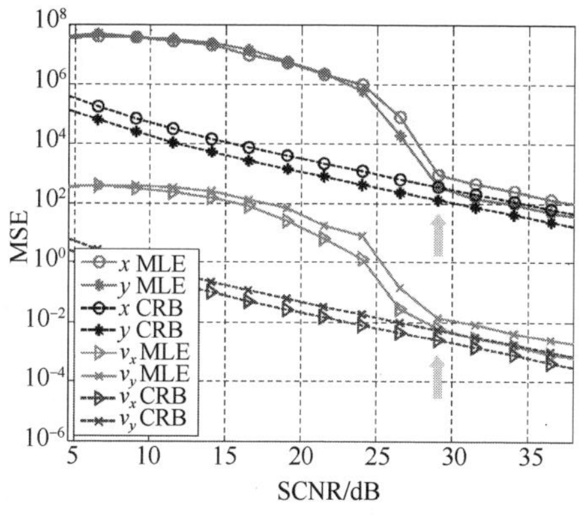

图 9.7　均方误差随 SCNR 的变化
（2×3 的 MIMO 雷达，天线均匀分布在
$[0,2\pi)$方向上，$T=0.1$）

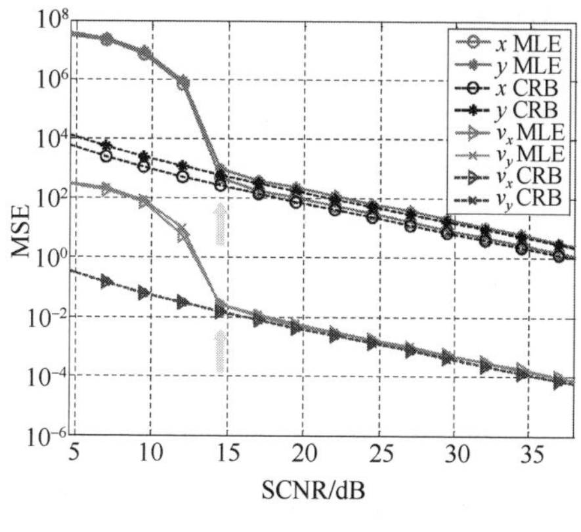

图 9.8　均方误差随 SCNR 的变化
（5×4 的 MIMO 雷达，天线均匀分布在
$[0,2\pi)$方向上，$T=0.1$）

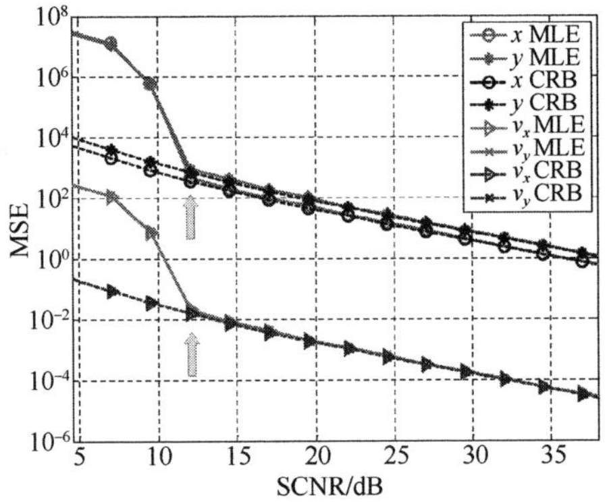

图 9.9 均方误差随 SCNR 的变化
(9×9 的 MIMO 雷达,天线均匀分布在[0,2π)方向上,$T=0.1$)

误差曲线的斜率出现剧烈变化的 SCNR 值,如图中箭头所指处对应的 SCNR)也被减小。同时可以发现,当天线数目增加时,均方误差在渐近区(Asymptotic Region)更加贴近克拉美-罗界。这些结果表明在渐近(MN 足够大)和非渐近(Asymptotic and Non-Asymptotic)的情况下,MIMO 雷达的估计性能都随天线数的增加而提高。注意到最大似然估计的性能在天线数目 MN 很小时可能会很差,当所给 MN 使得 SCNR 低于阈值时尤为突出。这在后续的大多数图中都可以观察到。

在 5×4 的 MIMO 雷达系统中,假设发射天线均匀分布在[π/6,5π/6]的方向上,即 $\varphi_k^{\mathrm{t}}=\pi/6+2\pi(k-1)/3(M-1),k=1,2,\cdots,M$;接收天线也均匀分布在[π/6,5π/6]的方向上,即 $\varphi_l^{\mathrm{r}}=\pi/6+2\pi(l-1)/3(N-1),l=1,2,\cdots,N$,其中的角度是指天线和横轴间的夹角。其他参数与前面的例子相同。在这种情况下的克拉美-罗界和均方误差曲线如图 9.10 所示。其性能较之图 9.8 的系统(以相同数目的天线最大可能地分布在[0,2π)的方向上)有所下降。这表明天线分得越开,角度扩展越大,则系统的性能越好。

至此本节尚未提及系统性能的提升与所耗费的系统资源之间的关系。在不考虑系统资源的情况下,如定理 1 所述,总可以通过增加 MN 来提高系统性能。当 2×3 的 MIMO 雷达,天线均匀分布在[0,2π)方向上,同时 $T=0.1$ 要考虑系统所耗资源时,情况稍复杂一些,但实际上结论却是显而易见的。首先,如果固定系统的总能量 E,从现有的理论易知增加接收天线数目 N 比增加发射天线数目 M 更有效。因为增加发射天线时必须从有限的总能量中分配一部分到新增的天线上,致使单个发射天线上的能量减小。增加接收天线数目则不存在此问题。

另一个值得关心的系统资源是总的天线数 $M+N$。通常不希望总天线数目

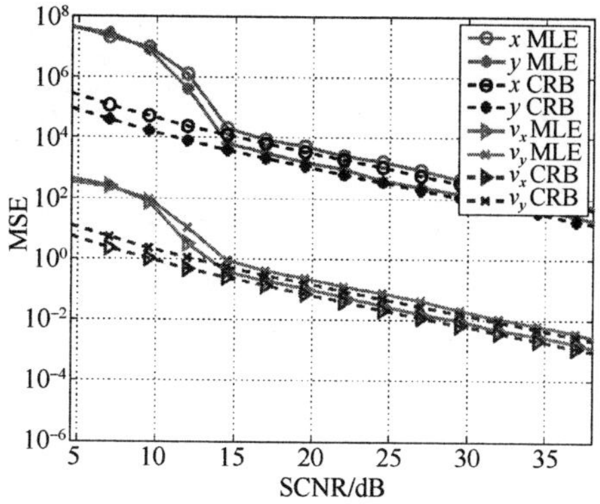

图 9.10　均方误差随 SCNR 的变化
(5×4 的 MIMO 雷达,天线均匀分布于[π/6,5π/6]方向上)

$M+N$ 过大。于是,为了得到大的 MN 以获得好的估计性能,而同时又不使 $M+N$ 过大,往往应选择大于 1 的 M。综上所述,在对系统资源(发射能量和总天线数目)进行约束的情况下,通常 M 和 N 都应当选大于 1 的值,但所选的 N 应比 M 稍大。实际上,这里得到的结论与贝尔实验室(提出 BLAST 系统的研究小组)[13] 在 MIMO 通信中所得出的结论是非常相似的。

2. 多脉冲信号

假设发射信号的低通等效是频率扩展的高斯脉冲串,由脉冲重复频率为 T_r 的窄高斯脉冲串乘以宽的高斯包络形成,可表示为 $s_k(t) = \sum_{n=-\infty}^{\infty} z(t - nT_r)g(t)e^{j2\pi k\Delta f t}$,其中 $z(t)$ 为脉宽为 T 的窄高斯脉冲,$g(t)$ 为脉宽为 T_b 的宽高斯脉冲,而 $\Delta f = f_{k+1} - f_k \geqslant 0$ 为 $s_k(t)$ 与 $s_{k+1}(t)$ 间的频率增量,选择足够大的 Δf 以使假定 1 成立。

图 9.11 画出了 5×4 的 MIMO 雷达系统的最大似然估计的均方误差及相应的克拉美-罗界曲线,其中雷达系统的发射和接收天线均匀分布在[0,2π)的方向上。令 $T=0.1$,$T_r=0.5$,$T_b=2$。与图 9.8 相比,图 9.11 中的克拉美-罗界更低、SCNR 阈值更小。后者性能的提升是采用多脉冲信号的结果。在相同参数条件下,9×9MIMO 雷达的最大似然均方误差和克拉美-罗界曲线如图 9.12 所示,与图 9.11 相比,可以发现系统性能随天线数目的增加而提高。进一步将图 9.12 与图 9.9 相比,可以看出采用多脉冲信号能改善系统的性能。

由图 9.7 和图 9.8 已看到,最大似然的均方误差和克拉美-罗界随雷达系统天线数的增加而下降。现在假设 SCNR 固定,在图 9.13 和图 9.14 中作出最大似然均方误差随天线数 MN 的变化曲线。假设 MIMO 雷达只有一个位于方向 0°的发射天线,其 N 个接收天线均匀分布在[0,2π)的方向上。设 SCNR = 3dB

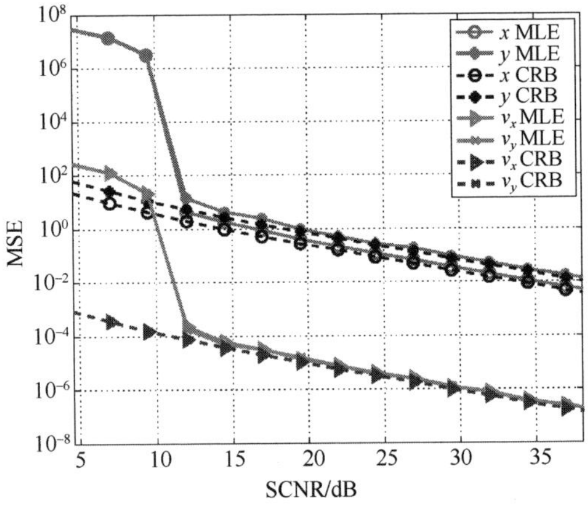

图 9.11　均方误差随 SCNR 的变化(5×4 的 MIMO 雷达,天线均匀分布于[0,2π)方向上,高斯脉冲串参数 $T=0.1$,$T_r=0.5$,$T_b=2$)

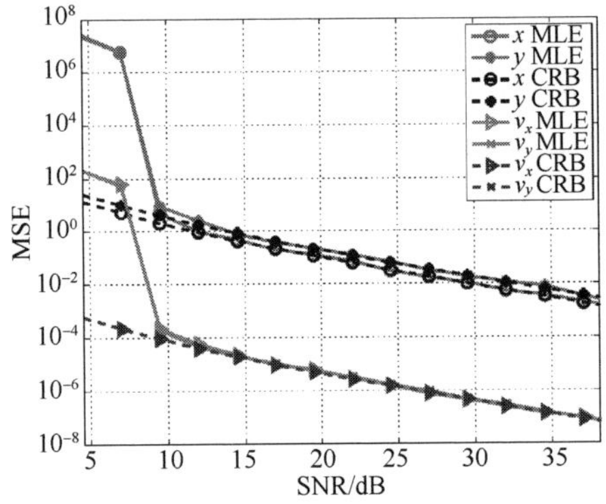

图 9.12　均方误差随 SCNR 的变化(9×9 的 MIMO 雷达,天线均匀分布在[0,2π)方向上, 高斯脉冲串参数 $T=0.1$,$T_r=0.5$,$T_b=2$)

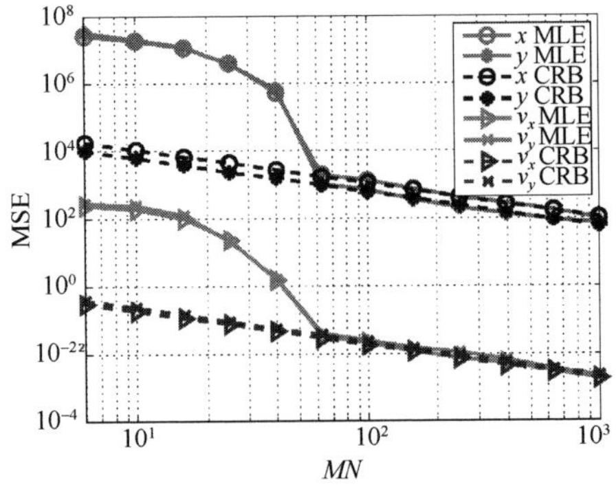

图 9.13　均方误差随系统发射和接收天线数乘积的变化(SCNR = 3dB, $T=0.1$)

和 SCNR = 10dB。其他的参数和图 9.7 所用的相同。可以发现，在图 9.13 和图 9.14 中，均方误差总是随天线数的增加而减少。在图 9.13 中，当 $MN<63$ 时均方误差开始偏离克拉美 - 罗界，而在图 9.14 中，当 $MN<16$ 时均方误差开始偏离克拉美 - 罗界。由此可见渐近区的起点随 SCNR 的增加而降低，恰好说明了前文指出的估计性能随 SCNR 和 MN 变化的关系。

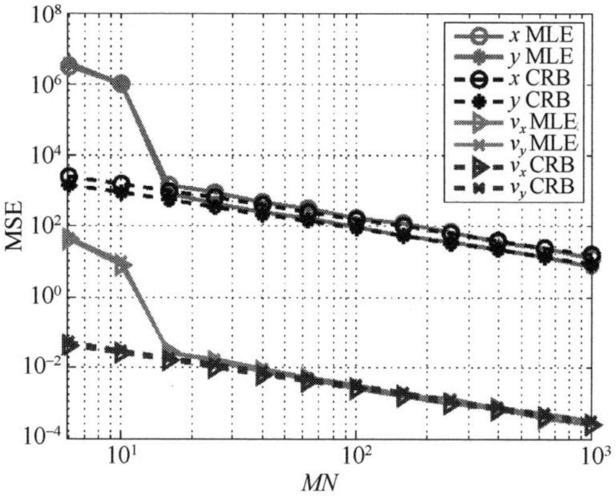

图 9.14　均方误差随系统发射和接收天线数乘积的变化
（SCNR = 10dB，T = 0.1）

9.4　非理想因素对估计性能的影响

本节讨论更一般情况下的 MIMO 雷达的最大似然估计，在这些情况下假定 1 ~ 假定 3 不一定全部成立，这里将考虑发射信号非正交、空间色的杂波加噪声、以及反射系数非相互独立等情形[14-16]。在这些情况下，接收天线 l 收到的来自不同发射天线的信号不容易被分离，因此需要着眼于接收天线 l 上收到的和信号 $r_l(t)$，其模型为

$$r_l(t) = \sum_{k=1}^{M} \sqrt{\frac{E}{M}}\zeta_{lk} s_k(t-\tau_{lk})\mathrm{e}^{\mathrm{j}2\pi f_{lk}t} + w_l(t) \tag{9.121}$$

式中：$w_l(t)$ 为接收机 l 上的杂波加噪声，它是一个零均值时间白的复高斯随机过程。所有接收天线上的观测值组成向量，即

$$\tilde{\boldsymbol{r}}(t) = [\tilde{r}_1(t) \quad \tilde{r}_2(t) \quad \cdots \quad \tilde{r}_N(t)]^\dagger = \sqrt{\frac{E}{M}}\boldsymbol{U}\boldsymbol{\zeta} + \boldsymbol{w}(t) \tag{9.122}$$

式中：$\boldsymbol{U}$ 为一个 $N\times MN$ 维的矩阵，其中包含了所有路径对应的经时延和多普勒频移后的信号

$$\boldsymbol{U}=\begin{bmatrix}\boldsymbol{u}_1^{\dagger} & \mathbf{0} & \cdots & \mathbf{0}\\ \mathbf{0} & \boldsymbol{u}_2^{\dagger} & \cdots & \mathbf{0}\\ \vdots & \vdots & \ddots & \vdots\\ \mathbf{0} & \mathbf{0} & \cdots & \boldsymbol{u}_N^{\dagger}\end{bmatrix} \tag{9.123}$$

式中：$\boldsymbol{u}_l=[u_{l1} \quad u_{l2} \quad \cdots \quad u_{lM}]^{\dagger}$，$u_{lk}=s_k(t-\tau_{lk})\mathrm{e}^{\mathrm{j}2\pi f_{lk}t}$。将所有收发路径对应的如式(9.121)所述的反射系数ζ_{lk}集中起来，构成向量$\boldsymbol{\zeta}=[\zeta_{11} \quad \zeta_{12} \quad \cdots \quad \zeta_{NM}]^{\dagger}$，其协方差矩阵为$\boldsymbol{R}_{NM\times NM}=E\{\boldsymbol{\zeta\zeta}^{\mathrm{H}}\}$，且$\boldsymbol{\zeta}\sim CN(\mathbf{0},\boldsymbol{R})$。另外，$\boldsymbol{w}(t)=[w_1(t) \quad w_2(t) \quad \cdots \quad w_N(t)]^{\dagger}$代表噪声向量，满足$E\{\boldsymbol{w}(t)\boldsymbol{w}^{\mathrm{H}}(t-\tau)\}=\boldsymbol{Q}\delta(\tau)$，其中$\boldsymbol{Q}$具有时间不变性，它与匹配滤波器的输出端的噪声的协方差矩阵有关。

使用式(9.122)中的信号模型，并假设矩阵$\boldsymbol{Q}$和反射系数的协方差矩阵$\boldsymbol{R}$已知。这些信息可能是通过预处理（比如前一步的检测过程等）或者自适应处理得来的。在给定ζ的条件下，似然比函数为

$$\Lambda_J(\boldsymbol{\theta};\tilde{\boldsymbol{r}}(t),\boldsymbol{\zeta})=C_1'\exp\left\{\sqrt{\frac{E}{M}}\boldsymbol{z}^{\mathrm{H}}\boldsymbol{\zeta}+\sqrt{\frac{E}{M}}\boldsymbol{\zeta}^{\mathrm{H}}\boldsymbol{z}-\frac{E}{M}\boldsymbol{\zeta}^{\mathrm{H}}\boldsymbol{V}\boldsymbol{\zeta}\right\} \tag{9.124}$$

式中：C_1'为一个与$\boldsymbol{\theta}$无关的常数；$\boldsymbol{V}=\int_{-\infty}^{\infty}\boldsymbol{U}^{\mathrm{H}}\boldsymbol{Q}^{-1}\boldsymbol{U}\mathrm{d}t$；$\boldsymbol{z}=\int_{-\infty}^{\infty}\boldsymbol{U}^{\mathrm{H}}\boldsymbol{Q}^{-1}\tilde{r}(t)\mathrm{d}t$，其中关于时间的积分是对矩阵中的每个元素分别进行的。向量$\boldsymbol{z}$是可看作匹配滤波器的输出，此滤波过程考虑了向量中的元素之间的相关性。利用反射系数的概率密度函数$p_\zeta(\boldsymbol{\zeta})=\frac{1}{\pi^{NM}\det\boldsymbol{R}}\exp\{-\boldsymbol{\zeta}^{\mathrm{H}}\boldsymbol{R}^{-1}\boldsymbol{\zeta}\}$可以得到似然比函数的表达式$\left(\int_\zeta \text{为对}\,\boldsymbol{\zeta}\,\text{在其定义域上求多维积分}\right)$

$$\Lambda_J(\boldsymbol{\theta};\tilde{\boldsymbol{r}}(t))=\int_\zeta\Lambda_J(\boldsymbol{\theta};\tilde{\boldsymbol{r}}(t),\zeta)p_\zeta(\zeta)\mathrm{d}\zeta=C'_2\det(\boldsymbol{X})\exp\left\{\frac{E}{M}\boldsymbol{z}^{\mathrm{H}}\boldsymbol{X}^{-1}\boldsymbol{z}\right\} \tag{9.125}$$

式中：C_2'为一个与$\boldsymbol{\theta}$无关的常数；$\boldsymbol{X}=\left(\frac{E}{M}\boldsymbol{V}+\boldsymbol{R}^{-1}\right)$。计算中假设$\boldsymbol{Q}$,$\boldsymbol{R}$以及$\boldsymbol{X}$为满秩矩阵，因此是可逆的。注意到对于天线以足够大间距分置的 MIMO 雷达系统，在目标由大量散射体组成时，$\boldsymbol{R}$可逆的假设是合理的。另外考虑到热噪声的存在，假设$\boldsymbol{Q}$满秩也是合理的。对数似然函数可表示为

$$L_J(\boldsymbol{\theta};\tilde{\boldsymbol{r}}(t))=\ln\Lambda_J(\boldsymbol{\theta};\tilde{\boldsymbol{r}}(t))=\frac{E}{M}\boldsymbol{z}^{\mathrm{H}}\boldsymbol{X}^{-1}\boldsymbol{z}+\ln\det(\boldsymbol{X})+\ln C_2' \tag{9.126}$$

由此可得对未知参数 $\boldsymbol{\theta}$ 的最大似然估计

$$\hat{\boldsymbol{\theta}}_{\mathrm{ML}}=\mathrm{argmax}_{\boldsymbol{\theta}}L_J(\boldsymbol{\theta};\tilde{\boldsymbol{r}}(t))=\arg\max_{\boldsymbol{\theta}}\left\{\frac{E}{M}\boldsymbol{z}^{\mathrm{H}}\boldsymbol{X}^{-1}\boldsymbol{z}+\ln\det(\boldsymbol{X})\right\}\tag{9.127}$$

虽然本小节的主要目的是评估在某些合理的情形下,假定 1 ~ 假定 3 不成立所带来的影响,这里仍对计算复杂度的问题稍做讨论。在这种更一般的情况下,增加发射和接收天线的数量 MN 会导致运算中矩阵维数的增加,因而大大增加了最大似然估计的计算复杂度。

在没有假定 1 ~ 假定 3 的情况下,这里提出的信号模型是具有一般性和普遍适用的。接下来将逐一讨论去掉假定 1 ~ 假定 3 所产生的影响。

9.4.1　反射系数部分相关的情况

式(9.127)中的最大似然估计适用于最一般的情况,允许信号不正交、空间色的杂波加噪声、相关的反射系数等。本节中考虑假定 1 ~ 假定 2 成立,重点讨论由反射系数的相关性所产生的影响。

因为信号相互正交(由假定 1),因此 $\int_{-\infty}^{\infty}\boldsymbol{U}^{\mathrm{H}}\boldsymbol{U}\mathrm{d}t=\boldsymbol{I}$。另外由假定 2 可以得到,$\boldsymbol{V}=\int_{-\infty}^{\infty}\boldsymbol{U}^{\mathrm{H}}\boldsymbol{U}\mathrm{d}t=\boldsymbol{I}$,$\boldsymbol{z}=\int_{-\infty}^{\infty}\boldsymbol{U}^{\mathrm{H}}\tilde{\boldsymbol{r}}(t)\mathrm{d}t$。因此式(9.125)中的似然比可化简为

$$\Lambda_J(\boldsymbol{\theta};\tilde{\boldsymbol{r}}(t))=C'_3\exp\left\{\frac{E}{M}\int_{-\infty}^{\infty}\tilde{\boldsymbol{r}}^{H}(t)\boldsymbol{U}\mathrm{d}t\left[\frac{E}{M}\boldsymbol{I}+\boldsymbol{R}^{-1}\right]^{-1}\int_{-\infty}^{\infty}\boldsymbol{U}^{\mathrm{H}}\tilde{\boldsymbol{r}}(t)\mathrm{d}t\right\}\tag{9.128}$$

其中 $C'_3=C'_2\det(\boldsymbol{I}+\boldsymbol{R}^{-1})$ 是一个与 $\boldsymbol{\theta}$ 无关的常量。相应的对数似然比为

$$L_J(\boldsymbol{\theta};\tilde{\boldsymbol{r}}(t))=\frac{E}{M}\int_{-\infty}^{\infty}\tilde{\boldsymbol{r}}^{\mathrm{H}}(t)\boldsymbol{U}\mathrm{d}t\left[\frac{E}{M}\boldsymbol{I}+\boldsymbol{R}^{-1}\right]^{-1}\int_{-\infty}^{\infty}\boldsymbol{U}^{\mathrm{H}}\tilde{\boldsymbol{r}}(t)\mathrm{d}t+\ln C_3\tag{9.129}$$

于是未知参数 $\boldsymbol{\theta}$ 的最大似然估计为

$$\begin{aligned}\hat{\boldsymbol{\theta}}_{\mathrm{ML}}&=\arg\max_{\boldsymbol{\theta}}L_J(\boldsymbol{\theta};\tilde{\boldsymbol{r}}(t))\\&=\arg\max_{\boldsymbol{\theta}}\left\{\int_{-\infty}^{\infty}\tilde{\boldsymbol{r}}^{\mathrm{H}}(t)\boldsymbol{U}\mathrm{d}t\left[\frac{E}{M}\boldsymbol{I}+\boldsymbol{R}^{-1}\right]^{-1}\int_{-\infty}^{\infty}\boldsymbol{U}^{\mathrm{H}}\tilde{\boldsymbol{r}}(t)\mathrm{d}t\right\}\end{aligned}\tag{9.130}$$

1. 反射系数的相关矩阵

考虑到目标的雷达截面积随观测角强烈起伏,本小节基于观测角提出反射系数的相关矩阵的模型。任给两个发射天线,二者的间隔越大、角度分得越开,则从发射天线到目标的两条路径所对应的反射系数的相关性也越小。假设从发

射天线 k 和 k' 到目标的路径所对应的反射系数的相关系数可表示为

$$\rho_{kk'} = \mathrm{e}^{-\alpha\Delta\phi_{kk'}} \tag{9.131}$$

它是两个发射天线相对目标观测角度之差 $\Delta\phi_{kk'}$（$\Delta\phi_{kk'} \in [0,\pi]$）的函数。式(9.131)中的 α 称($\alpha > 0$)为相关度指数，α 越大则相关度越小。收集所有关于发射天线 k 和 k'($k,k'=1,\cdots,M$)的反射系数的相关系数 $\rho_{kk'}^{\mathrm{t}}$，构成矩阵

$$\boldsymbol{R}^{\mathrm{t}} = \begin{bmatrix} \rho_{11}^{\mathrm{t}} & \cdots & \rho_{1M}^{\mathrm{t}} \\ \vdots & \ddots & \vdots \\ \rho_{M1}^{\mathrm{t}} & \cdots & \rho_{MM}^{\mathrm{t}} \end{bmatrix} \tag{9.132}$$

按照与(9.131)类似的方法，定义目标到接收天线 l 和 l' 路径对应的反射系数的相关系数为 $\rho_{ll'}^{\mathrm{r}}$。收集所有关于接收天线 l 和 l'($l,l'=1,2,\cdots,N$)的反射系数的相关系数 $\rho_{ll'}^{\mathrm{r}}$，构成矩阵

$$\boldsymbol{R}^{\mathrm{r}} = \begin{bmatrix} \rho_{11}^{\mathrm{r}} & \cdots & \rho_{1N}^{\mathrm{r}} \\ \vdots & \ddots & \vdots \\ \rho_{N1}^{\mathrm{r}} & \cdots & \rho_{NN}^{\mathrm{r}} \end{bmatrix} \tag{9.133}$$

于是，收发路径 lk 和 $l'k'$ 所对应的反射系数的相关系数为

$$E\{\zeta_{lk}\zeta_{l'k'}\} = \rho_{ll'}^{\mathrm{r}}\rho_{kk'}^{\mathrm{t}} \tag{9.134}$$

所有收发路径之间的相关系数构成最终的反射系数相关矩阵

$$\boldsymbol{R} = \boldsymbol{R}^{\mathrm{r}} \otimes \boldsymbol{R}^{\mathrm{t}} = [\rho_{ll'}^{\mathrm{r}}\rho_{kk'}^{\mathrm{t}}]_{l,l',k,k'=(1,1,1,1)}^{(N,N,M,M)} \tag{9.135}$$

2. 渐近分析

在前面9.3.2.2节中，从理论上证明了在反射系数相互独立的情况下，当 MN 足够大时，最大似然估计渐近收敛于参数的真实值。本小节在相关模型的基础上，以数值实例来说明最大似然估计的这种渐近特性在反射系数相关的情况下仍然成立。

考虑式(9.135)的相关系数模型，令相关度指数 $\alpha=0.1$。假设发射信号是参数为 $T=0.1$ 的扩频高斯单脉冲，目标的位置和速度分别为(150,125.7)m 和(53,30)m/s，SCNR 为25dB。由式(9.130)求得最大似然估计 $\hat{\boldsymbol{\theta}}_{\mathrm{ML}} = [\hat{x} \quad \hat{y} \quad \hat{v}_x \quad \hat{v}_y]^{\dagger}$ 的直方图如图9.15～图9.18所示。在这些图中，分图(a)～分图(c)所对应的天线数分别为 2×3、5×4 和 9×9，假定天线均匀分布在$[0,2\pi)$方向上。观察发现，最大似然估计在天线数目较大时服从高斯分布（如分图(b)和分图(c)所示），并且随天线数的增加更加集中于真实值附近（真实值在各图中以红色竖线标出）。这个例子这表明了当反射系数间存在相关性时，最大似然估计仍具有渐近特性。当 MN 足够大时，最大似然估计逼近于真实值，且估计精确性

随天线数增多而提高。

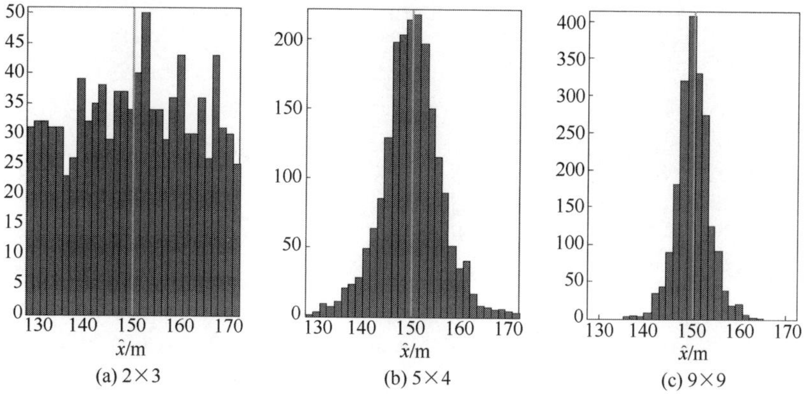

图 9.15　x 的最大似然估计直方图,真实参数 $x = 150\text{m}$

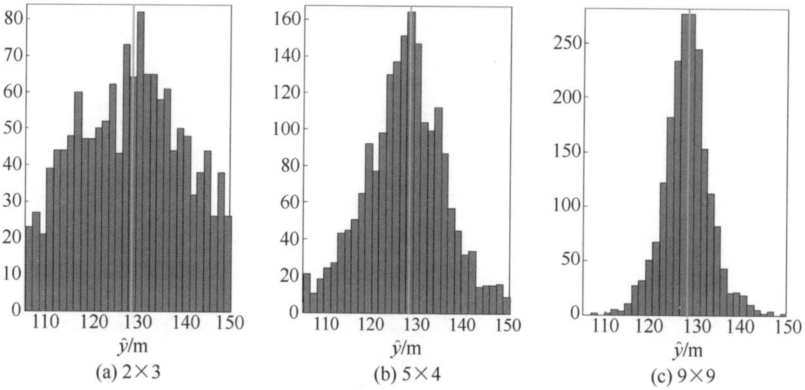

图 9.16　y 的最大似然估计直方图，真实参数 $y = 127.5\text{m}$

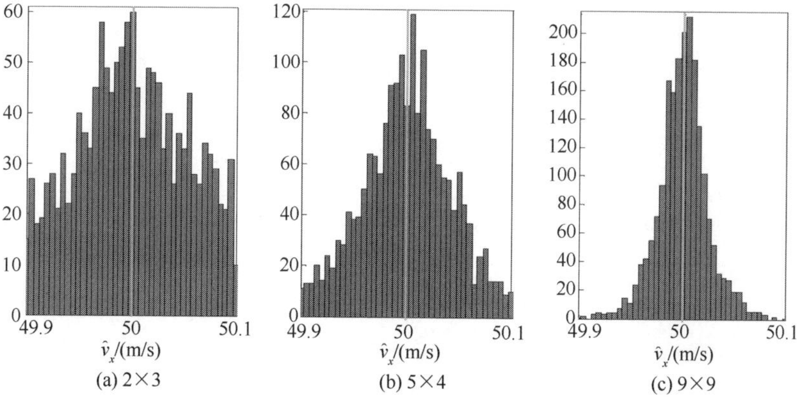

图 9.17　v_x 的最大似然估计直方图，真实参数 $v_x = 50\text{m/s}$

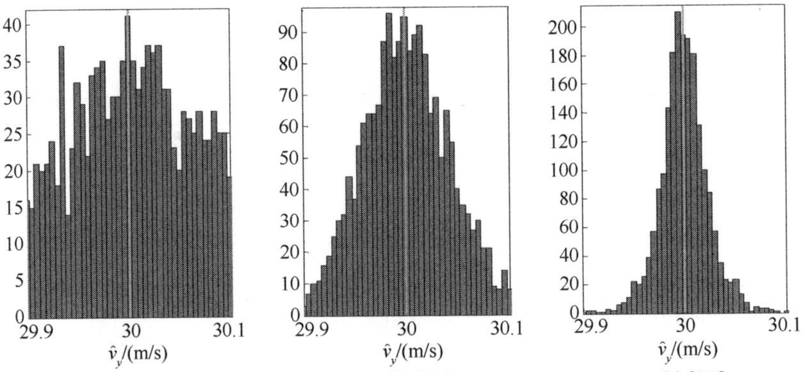

(a) 2×3　　(b) 5×4　　(c) 9×9

图 9.18　v_y 的最大似然估计直方图，真实参数 $v_y = 30\text{m/s}$

3. 数值结果

现在给出几个例子来研究在反射系数相关的情况下最大似然估计的均方误差的性能。考虑 MIMO 雷达的天线数为 5×4，均匀分布于$[0,2\pi)$的方向上。假设发射信号是参数为 $T=0.1$ 的高斯单脉冲。目标的位置和速度分别为(150,125.7)m 和(53,30)m/s。反射系数的相关性如式(9.131)所述，相关度指数为 α。当 α 分别等于 0.75、0.1 和 0.01 时，最大似然估计均方误差随 SCNR 的变化如图 9.19 所示。图中也作出了反射系数相互独立($\alpha=\infty$)情况下的克拉美－罗界曲线以作为比较。当天线位置固定时，相关矩阵 $\boldsymbol{R}$ 中的非对角元随 α 的减小而增加，也就是说不同反射系数之间的相关性增加。在本例中，当 α 等于 0.75、0.1 和 0.01 时，$\boldsymbol{R}$ 的最大非对角元 $\max E\{\zeta_{lk}\zeta_{l'k'}\}$($l\neq l'$和/或 $k\neq k'$)分别为 0.39、0.87 和 0.98。由图可见，$\alpha=0.75$ 时所对应的最大似然估计均方误差曲线几乎与图 9.8 所示的反射系数相互独立情况下的曲线重叠。当 α 减小时(反射系数的相关性增大)，SCNR 的阈值也随之而增加，并且渐近均方误差也随之增大。很明显，当反射系数之间的相关性增大时，系统的性能变差了。

在反射系数相关的情况下，系统性能仍然是随天线数的增加而提高的。如图 9.20 所示，本例中 MIMO 雷达的天线数为 9×9，均匀分布于$[0,2\pi)$方向上，其他参数和图 9.19 中的相同。当 α 分别等于 0.75、0.1 和 0.01 时，最大似然估计的均方误差随 SCNR 变化的曲线见图 9.20 所示。反射系数相互独立时的克拉美－罗界也示于图中以作为比较。当 α 取值不同时，可以发现与图 9.19 类似的现象。比较图 9.19 和图 9.20，在 α 相同时，天线数目为 9×9 的 MIMO 雷达系统所对应的 SCNR 阈值较小、在高 SCNR 区的均方误差也较小，这再次验证了增加天线数目会带来系统性能提升的结论。

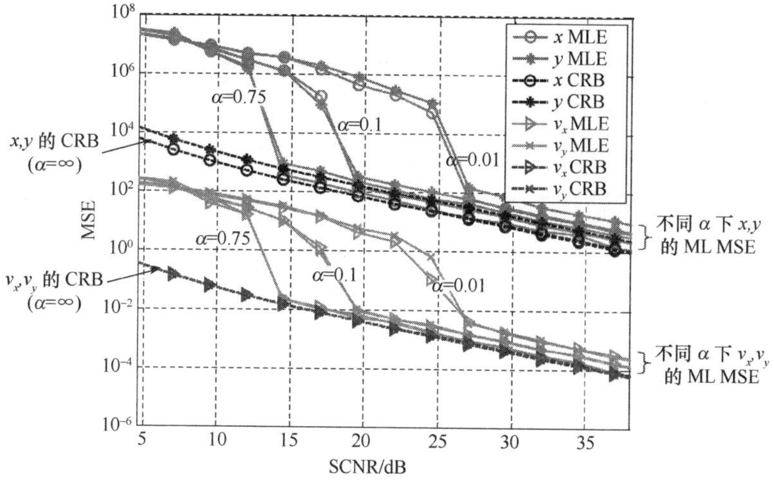

图 9.19　均方误差随 SCNR 的变化
（5 ×4 的 MIMO 雷达，天线均匀分布于[0,2π)方向上，
高斯单脉冲参数 $T=0.1$,α 分别取为 0.75,0.1,0.01）

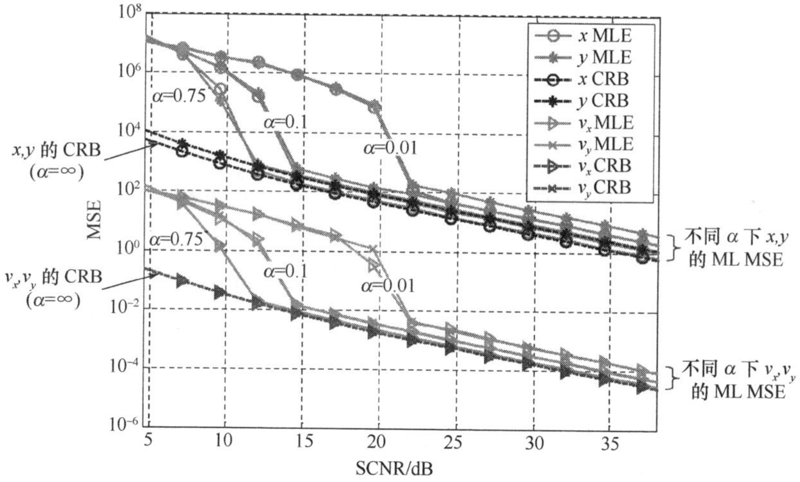

图 9.20　均方误差随 SCNR 的变化
（9 ×9 的 MIMO 雷达，天线均匀分布于[0,2π)方向上，
高斯单脉冲参数 $T=0.1$,α 分别取为 0.75,0.1,0.01）

9.4.2　非正交信号的情况

本小节在假定 2 ~ 假定 3 成立的条件下着重研究信号非正交所产生的影响。设发射信号是扩频高斯脉冲信号 $s_k(t)=\left(\frac{2}{T^2}\right)^{\frac{1}{4}}\exp\left(\frac{-\pi t^2}{T^2}\right)\mathrm{e}^{\mathrm{j}2\pi k\Delta ft}$，$k=1$，

2，⋯，M。如果频率增量 Δf 不够大，则不同发射信号的频谱将发生混叠，从而不再具有正交性。令 $T=0.1$，$\Delta f=0.7/T$，这样产生的发射信号是非正交的。假设 MIMO 雷达系统有 $M=3$ 个发射天线，以及 $N=6$ 到 50 个接收天线，所有天线与坐标原点之间的距离为 7000m。假设雷达的天线均匀布置在$[0,2\pi)$的方向上，其中发射天线 k 和横轴间的夹角为 $\varphi_k^{\mathrm{t}}=\dfrac{2\pi(k-1)}{M}+\dfrac{\pi}{6}$，接收天线 l 和横轴间的夹角为 $\varphi_l^{\mathrm{r}}=\dfrac{2\pi(l-1)}{N}$。

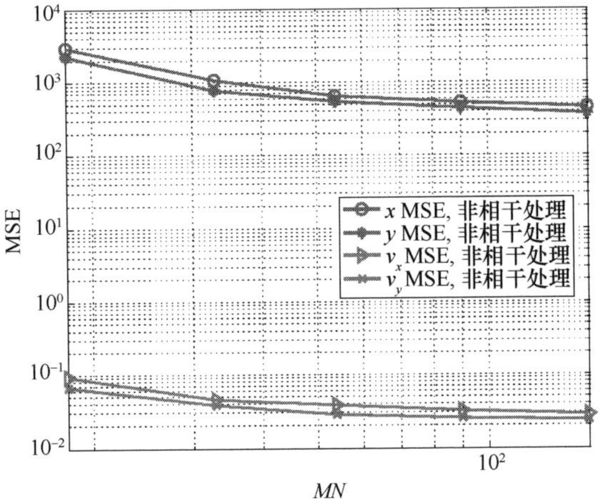

图 9.21　均方误差随 MIMO 雷达发射和接收天线数乘积的变化

（发射信号非正交，SCNR = 25dB，$T=0.1$）

假设目标的位置和速度分别为(255，300)m 和(29，37)m/s，SCNR 为 25dB。最大似然估计均方误差随 MN 的变化如图 9.21 所示。观察发现，这与图 9.13 和图 9.14 中的现象类似，在信号非正交的情况下，MIMO 雷达的性能仍然随天线数目的增加而提高。

9.4.3　空间色噪声的情况

本小节在假定 1 和假定 3 成立的条件下，着重研究空间色噪声（时间上是白的）的情况。在接收机 l 和 l' 中的噪声的相关性由矩阵 $\boldsymbol{Q}$ 中第 ll' 个元素确定，其中 $E\{w_l(t)w_{l'}^*(t-\tau)\}=Q_{ll'}\delta(\tau)$。假设 $Q_{ll'}=\sigma_w^2\left(\dfrac{1}{5}\right)^{|\Delta\phi_{ll'}|}$ 是由目标到接收天线 l 和 l' 所成角度之差 $\Delta\phi_{ll'}$ 决定的。假设采用扩频高斯脉冲信号 $s_k(t)=\left(\dfrac{2}{T^2}\right)^{\frac{1}{4}}\exp\left(\dfrac{-\pi t^2}{T^2}\right)\mathrm{e}^{\mathrm{j}2\pi k\Delta f t}$，$k=1,2,\cdots,M$，其中 $T=0.1$，Δf 足够大以保证发射信号之间近似

正交。假定 SCNR 为 25dB。MIMO 雷达天线的位置以及目标的位置和速度与图 9.21 均方误差随 MIMO 雷达发射和接收天线数乘积的变化中的情况相同。最大似然估计均方误差随 *MN* 变化的曲线如图 9.22 所示,可见在空间色噪声的情况下,系统性能依然随 *MN* 的增大而提高。

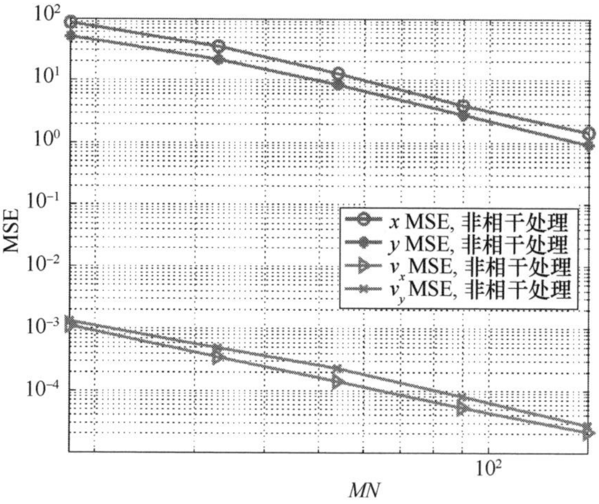

图 9.22　均方误差随系统发射和接收天线数乘积的变化（空间色噪声,SCNR = 25dB,$T = 0.1$）

9.5　相干处理和非相干处理的性能与复杂度分析

本节继续讨论 MIMO 雷达对目标位置和速度的联合估计问题。文献[17,18]已指出,对目标进行定位时,天线布置合理的 MIMO 雷达可以进行相干处理,由此可获得比非相干处理大得多的性能增益。本节分析表明,随 MIMO 雷达的发射天线和接收天线数之积的增加,相干和非相干处理性能的差别逐渐减小。当然,这要求 MIMO 雷达在进行非相干处理时也采用恰当的天线布置,这种天线布置方式往往不同于相干处理时的情况。研究表明,当 MIMO 雷达系统的发射天线和接收天线数之积足够大时,非相干处理系统的性能趋近于相干处理系统的性能。对此本节基于发射信号正交、时间空间白噪声的假设给出了严格的定理。本节还通过数值方法来说明天线布置方法和信号波形选择对相干和非相干处理性能之差的影响。

9.5.1　信号模型

考虑具有 M 个发射天线和 N 个接收天线的 MIMO 雷达系统。在二维笛卡儿坐标系中,发射天线 k 的位置为(x_k^{t}, y_k^{t}),$k = 1,2,\cdots,M$,接收天线 l 的位置为$(x_l^{r}$,

y_l^{r}),$l=1,2,\cdots,N$。发射天线 k 上的发射信号的低通等效模型为 $\sqrt{E/M}s_k(t)$,其中发射信号的总能量为 E,$s_k(t)$ 的能量被归一化为 $\int_{-\infty}^{\infty}|s_k(t)|^2\mathrm{d}t=1$。假设目标的位置为($x,y$),速度为($v_x,v_y$)。发射天线 k 发射的信号经目标反射再传到接收天线 l 经历时延 τ_{lk} 和多普勒频移 f_{lk},其表达式分别为

$$\tau_{lk}=\frac{\sqrt{(x_k^{\mathrm{t}}-x)^2+(y_k^{\mathrm{t}}-y)^2}+\sqrt{(x_l^{\mathrm{r}}-x)^2+(y_l^{\mathrm{r}}-y)^2}}{c}=\frac{d_k^{\mathrm{t}}+d_l^{\mathrm{r}}}{c} \tag{9.136}$$

和

$$f_{lk}=\frac{v_x(x_k^{\mathrm{t}}-x)+v_y(y_k^{\mathrm{t}}-y)}{\lambda d_k^{\mathrm{t}}}+\frac{v_x(x_l^{\mathrm{r}}-x)+v_y(y_l^{\mathrm{r}}-y)}{\lambda d_l^{\mathrm{r}}} \tag{9.137}$$

式中 c 为光速;d_k^{t} 和 d_l^{r} 分别为目标到发射天线 k 和接收天线 l 的距离。定义感兴趣的待估计参数所构成的向量为

$$\boldsymbol{\theta}=[x\quad y\quad v_x\quad v_y]^{\dagger} \tag{9.138}$$

在相干和非相干处理中,均假定所有发射机和接收机是时间同步的。在相干处理时,进一步假定所有的发射机和接收机是相位同步的。值得注意的是相位同步对系统要求较高,往往不易实现。

1. 相干 MIMO 雷达信号模型

当把目标类比于天线时,可以根据目标的大小来定义等效的目标波束宽度。假设雷达系统的天线布置得恰当,使得所有天线都位于同一目标波束之内。那么在此情况下,每一收发路径观测到的复反射系数是相等的,记为 $\zeta=\zeta_{\mathrm{R}}+\mathrm{j}\zeta_I$。于是接收天线 l 上收到的信号的模型为

$$r_l(t)=\sum_{k=1}^{M}\sqrt{\frac{E}{M}}\zeta s_k(t-\tau_{lk})\mathrm{e}^{-\mathrm{j}2\pi f_{\mathrm{c}}\tau_{lk}}\mathrm{e}^{\mathrm{j}2\pi f_{lk}t}+w_l(t) \tag{9.139}$$

式中:f_{c} 为载波频率;$w_l(t)$ 为接收机 l 上的噪声,它是一个零均值、时间空间白的复高斯随机过程,具有恒定功率谱 σ_w^2。假设发射信号近似正交

$$\int_{-\infty}^{\infty}s_k(t)s_{k'}^{*}(t)\mathrm{d}t\approx\begin{cases}1, & k=k'\\0, & k=k'\end{cases} \tag{9.140}$$

并且在经历时延 $\tau_k,\tau_{k'}$ 和多普勒频移 $f_{dk},f_{dk'}$ 之后依然保持正交

$$\int_{-\infty}^{\infty}s_k(t-\tau_k)s_{k'}^{*}(t-\tau_{k'})\mathrm{e}^{\mathrm{j}2\pi(f_{dk}-f_{dk'})t}\mathrm{d}t\approx\begin{cases}1, & k=k'\\0, & k\neq k'\end{cases} \tag{9.141}$$

令观测向量 $\tilde{\boldsymbol{r}}(t)=[\tilde{r}_1(t)\quad \tilde{r}_2(t)\quad\cdots\quad \tilde{r}_N(t)]^{\dagger}$,其中包含了所有接收到的

信号。令未知参数矢量

$$\boldsymbol{\Theta}=[\boldsymbol{\theta}^{\dagger}\quad \zeta_{\mathrm{R}}\quad \zeta_{\mathrm{I}}]^{\dagger}=[x\quad y\quad v_x\quad v_y\quad \zeta_{\mathrm{R}}\quad \zeta_I]^{\dagger} \tag{9.142}$$

式中包含了所有的待估计参数。那么相干处理的似然比可表示为

$$\begin{aligned} L_J^{\mathrm{coh}}(\boldsymbol{\Theta};\tilde{\boldsymbol{r}}(t)) &= \frac{2}{\sigma_w^2}\sqrt{\frac{E}{M}}\Re\left\{\zeta\sum_{l=1}^{N}\sum_{k=1}^{M}\int_{-\infty}^{\infty}\tilde{r}_{lk}^{*}(t)s_k(t-\tau_{lk})\mathrm{e}^{-\mathrm{j}2\pi f_c\tau_{lk}}\mathrm{e}^{\mathrm{j}2\pi f_{lk}t}\mathrm{d}t\right\} \\ &\quad -\frac{1}{\sigma_w^2}\frac{E}{M}|\zeta|^2NM+C_1 \end{aligned} \tag{9.143}$$

式中:C_1(以及后文的 $C_i, i=2,3,\cdots,n$)为与待估参数无关的常数,而对于式(9.143)中的$\tilde{r}_{lk}(t)$,其信号模型可由下式表示,即

$$r_{lk}(t)=\sqrt{\frac{E}{M}}\zeta s_k(t-\tau_{lk})\mathrm{e}^{-\mathrm{j}2\pi f_c\tau_{lk}}\mathrm{e}^{\mathrm{j}2\pi f_{lk}t}+w_l(t) \tag{9.144}$$

它是在接收天线 l 上收到的来自发射天线 k 的信号加噪声。令

$$\left.\frac{\partial L_J^{\mathrm{coh}}(\boldsymbol{\Theta};\tilde{\boldsymbol{r}}(t))}{\partial\zeta_{\mathrm{R}}}\right|_{\zeta=\hat{\zeta}_{R_{\mathrm{ML}}}}=\left.\frac{\partial L_J^{\mathrm{coh}}(\boldsymbol{\Theta};\tilde{\boldsymbol{r}}(t))}{\partial\zeta_{\mathrm{I}}}\right|_{\zeta=\hat{\zeta}_{I_{\mathrm{ML}}}}=0 \tag{9.145}$$

可求得反射系数的最大似然估计为

$$\hat{\zeta}_{\mathrm{ML}}=\hat{\zeta}_{\mathrm{R_{ML}}}+j\hat{\zeta}_{\mathrm{I_{ML}}}=\sqrt{\frac{M}{E}}\frac{1}{NM}\sum_{l=1}^{N}\sum_{k=1}^{M}\mathrm{e}^{\mathrm{j}2\pi f_c\tau_{lk}}\int_{-\infty}^{\infty}\tilde{r}_{lk}(t)s_k^{*}(t-\tau_{lk})\mathrm{e}^{-\mathrm{j}2\pi f_{lk}t}\mathrm{d}t \tag{9.146}$$

把$\hat{\zeta}_{\mathrm{ML}}$代入(9.143),可得关于未知目标位置和速度($\boldsymbol{\theta}=[x\quad y\quad v_x\quad v_y]^{\dagger}$)的对数似然比

$$L_J^{\mathrm{coh}}(\boldsymbol{\theta};\tilde{\boldsymbol{r}}(t),\hat{\zeta}_{\mathrm{ML}})=\frac{1}{\sigma_w^2NM}\left|\sum_{l=1}^{N}\sum_{k=1}^{M}\mathrm{e}^{\mathrm{j}2\pi f_c\tau_{lk}}\int_{-\infty}^{\infty}\tilde{r}_{lk}(t)s_k^{*}(t-\tau_{lk})\mathrm{e}^{-\mathrm{j}2\pi f_{lk}t}\mathrm{d}t\right|^2+C_1 \tag{9.147}$$

相应的 $\boldsymbol{\theta}$ 的最大似然估计为

$$\begin{aligned} \hat{\boldsymbol{\theta}}_{\mathrm{ML}}^{\mathrm{coh}} &= \arg\max_{\boldsymbol{\theta}} L_{\mathrm{J}}(\boldsymbol{\theta};\tilde{\boldsymbol{r}}(t),\hat{\zeta}_{\mathrm{ML}}) \\ &= \arg\max_{\theta}\left|\sum_{l=1}^{N}\sum_{k=1}^{M}\mathrm{e}^{\mathrm{j}2\pi f_c\tau_{lk}}\int_{-\infty}^{\infty}\tilde{r}_{lk}(t)s_k^{*}(t-\tau_{lk})\mathrm{e}^{-\mathrm{j}2\pi f_{lk}t}\mathrm{d}t\right|^2 \end{aligned} \tag{9.148}$$

由式(9.148)可见,不同路径上的相移对估计器的输出有着至关重要的影响。直观地讲,显然希望绝对值符号中的求和项在相位上一致,以使式(9.148)获得

最大值。为了充分利用相位的信息来提高估计的性能，要求所有的发射机和接收机保持相位同步。由此可见这是一种相干处理的方法。

2. 非相干 MIMO 雷达信号模型

当天线间距足够大，以至于它们位于不同的目标波束中时，每条收发路径所对应的反射系数是相互独立的。在这种情况下，可以证明最大似然准则下的最优估计器是采用非相干处理的估计器。设收发路径 lk 所对应的反射系数 ζ_{lk} 是一个方差为 σ^2 的复高斯随机变量，其值在观测时间内保持恒定。接收天线 l 上收到的信号模型为

$$r_l(t) = \sum_{k=1}^{M} \sqrt{\frac{E}{M}}\zeta_{lk}\mathrm{e}^{\mathrm{j}2\pi f_c \tau_{lk}} s_k(t-\tau_{lk})\mathrm{e}^{\mathrm{j}2\pi f_{lk} t} + w_l(t)$$
$$= \sum_{k=1}^{M} \sqrt{\frac{E}{M}}\zeta_{lk} s_k(t-\tau_{lk})\mathrm{e}^{\mathrm{j}2\pi f_{lk} t} + w_l(t) \tag{9.149}$$

式中：为接收机 l 中的噪声 $w_l(t)$ 为一零均值、时间空间白的复高斯过程，功率谱恒为 σ_w^2。注意到在式(9.149)中，第二个等号之所以成立是由于随机变量 ζ_{lk} 和 $\zeta_{lk}\mathrm{e}^{\mathrm{j}2\pi f_c \tau_{lk}}$ 的分布相同，因此能够对该式进行这种化简。进一步假设发射信号间相互正交，且在经历时延和多普勒频移后仍保持近似正交（见关于式(9.140)和式(9.141)的讨论）。对于未知的目标位置和速度($\boldsymbol{\theta} = [x \quad y \quad v_x \quad v_y]^{\dagger}$)的最大似然估计为

$$\hat{\boldsymbol{\theta}}_{\mathrm{ML}}^{\mathrm{non}} = \arg\max_{\boldsymbol{\theta}} \sum_{k=1}^{M}\sum_{l=1}^{N} \left| \int_{-\infty}^{\infty} \tilde{r}_{lk}(t) s_k^*(t-\tau_{lk})\mathrm{e}^{-\mathrm{j}2\pi f_{lk} t}\mathrm{d}t \right|^2 \tag{9.150}$$

式中：$\tilde{r}_{lk}(t)$ 为在接收天线 l 上收到的来自发射天线 k 的信号加噪声，其信号模型为 $r_{lk}(t) = \sqrt{E/M}\zeta_{lk}s_k(t-\tau_{lk})\mathrm{e}^{\mathrm{j}2\pi f_{lk} t} + w_l(t)$。注意到虽然式(9.142)中的 $\boldsymbol{\Theta}$ 含有反射系数的成分，但由于 ζ_{lk} 的统计模型已知，故可对估计器关于 ζ_{lk} 求均值以消除其对 ζ_{lk} 的依赖，从而获得式(9.150)，其中的待估参数矢量 $\boldsymbol{\theta}$ 不再含有反射系数的成分。与式(9.148)不同，式(9.150)中的估计器是在取绝对值平方之后进行求和的，因此这些项总是同相相加而不需要接收机和发射机的相位保持同步。由此可见这是一种非相干的处理方法。

9.5.2 相干处理和非相干处理的均方误差比较

设 $\boldsymbol{\theta}_a$ 是待估参数向量的真实值，$\hat{\boldsymbol{\theta}}$ 为其估计量。定义联合估计的总均方误差为

$$\mathrm{MSE} = E\{ |\boldsymbol{W}^{\dagger}(\hat{\boldsymbol{\theta}} - \boldsymbol{\theta}_a)|^2 \} \tag{9.151}$$

式中：$\boldsymbol{W}$ 为与 $\hat{\boldsymbol{\theta}}$ 维数相同的权向量，其值为常数。加权的均方误差可以突出某些

参量的估计的重要性。对各个参量赋以相同的权重当然也是可行的。

定理 1:设 MIMO 雷达有 M 个发射天线和 N 个接收天线。对相干处理和非相干处理分别采用式(9.139)和式(9.149)中的模型。假设发射信号之间相互正交,且加性高斯噪声是时间和空间白的。对于非相干处理的情况,假设反射系数之间相互独立;而对于相干处理的情况,假设反射系数相等。这种假设保证了在每种处理模式下都能获得最好的性能。如果相干处理的性能比非相干处理要好(均方误差更小),则在 MN 足够大的情况下,非相干处理的最大似然估计的均方误差($\mathrm{MSE}^{\mathrm{non}}$)会逼近相干处理的最大似然估计的均方误差($\mathrm{MSE}^{\mathrm{coh}}$)。进一步地,有

$$\mathrm{MSE}^{\mathrm{coh}} \to 0,\quad 且\quad MN \to \infty \tag{9.152}$$

以及

$$\mathrm{MSE}^{\mathrm{non}} \to 0,\quad 且\quad MN \to \infty \tag{9.153}$$

定理 1 的证明:非相干处理时,对每一参数的估计的均方误差均在 MN 足够大时趋近于零[19,20],即 $\mathrm{MSE}_i^{\mathrm{non}} = E\{(\hat{\theta}_i^{\mathrm{non}} - \theta_{a,i})^2\} \to 0$,且 $MN \to \infty$。式中 $\hat{\theta}_i^{\mathrm{non}}$ 或 $\theta_{a,i}$ 分别为 $\hat{\boldsymbol{\theta}}^{\mathrm{non}}$ 或 $\boldsymbol{\theta}_a$ 的第 i 个分量。于是有

$$\begin{aligned}\mathrm{MSE}^{\mathrm{non}} &= E\{|\boldsymbol{W}^{\dagger}(\hat{\boldsymbol{\theta}}^{\mathrm{non}} - \boldsymbol{\theta}_a)|^2\} \\ &= \sum_i W_i^2 E\{(\hat{\theta}_i^{\mathrm{non}} - \theta_{a,i})^2\} \to 0, 且\ MN \to \infty\end{aligned} \tag{9.154}$$

此即证明了式(9.153)。

考虑到均方误差非负,如果相干处理的均方误差小于非相干处理的均方误差,则

$$0 \leqslant \mathrm{MSE}^{\mathrm{coh}} \leqslant \mathrm{MSE}^{\mathrm{non}} \tag{9.155}$$

由式(9.153)和式(9.155)可知,当 MN 增大时 $\mathrm{MSE}^{\mathrm{coh}}$ 和 $\mathrm{MSE}^{\mathrm{non}}$ 的取值区间越来越小,因此它们会在 MN 足够大时相互逼近。这就完成了式(9.152)的证明。

定理 1 说明了在给定假设下,当 MN 较大时可以用非相干处理来代替复杂度很大的相干处理,而几乎不造成性能上的损失。也就是说,在相干处理的性能比非相干处理要好的情况下,可以通过增加天线数的方法加以弥补。当 MN 增加到某较大值时,非相干处理的性能将足够接近相干处理,此时采用非相干处理是足够好的。另一方面,如果在某些情况下非相干处理的性能本来就比相干处理要好,则无疑应该采用非相干处理,因为其计算复杂度也更低。

9.5.3　相干处理和非相干处理的克拉美 - 罗界

在天线数目很大时,计算最大似然估计的均方误差非常耗时。然而,正如后文将证明的那样,最大似然估计的均方误差在 MN 足够大时逼近克拉美 - 罗界。

因此,在 MN 足够大时,可以用易于计算的克拉美－罗界来作为均方误差的近似。相干处理模式下对目标位置和速度的联合估计的克拉美－罗界尚未被研究过,本节将对其进行推导。非相干处理的克拉美－罗界在9.3节中已有讨论,其中已指出在非相干处理模式下,当 MN 很大时,克拉美－罗界可以作为均方误差的近似。在本节的讨论中将假定发射信号相互正交、噪声是时间和空间白的复高斯过程。

1. 相干处理的克拉美－罗界

假设发射信号相互正交,且噪声是时间和空间白的复高斯过程,那么相干处理中待估参数对应的费歇尔信息矩阵可以通过式(9.147)中的似然函数求得。所得的费歇尔信息矩阵为

$$
\boldsymbol{J}_{\mathrm{coh}}(\boldsymbol{\Theta}) = \frac{8\pi^2 |\zeta|^2 E}{\sigma_w^2 M}\sum_{k=1}^{M}\sum_{l=1}^{N}
\begin{bmatrix}
\varepsilon_k a_{lk}^2 + 2\gamma_{lk}a_{lk}e_{lk} + \eta_{lk}e_{lk}^2 & \begin{pmatrix}(\varepsilon_k a_{lk} + \gamma_{lk}e_{lk})b_{lk} + \\ (\gamma_{lk}a_{lk} + \eta_{lk}e_{lk})g_{lk}\end{pmatrix} & (\gamma_{lk}a_{lk} + \eta_{lk}e_{lk})\beta_{lk} & (\gamma_{lk}a_{lk} + \eta_{lk}e_{lk})q_{lk} & \dfrac{(a_{lk}\alpha_k - e_{lk}\Xi_{lk})\zeta_I}{2\pi|\zeta|^2} & \dfrac{(e_{lk}\Xi_{lk} - a_{lk}\alpha_k)\zeta_{\mathrm{R}}}{2\pi|\zeta|^2} \\
\begin{pmatrix}(\varepsilon_k a_{lk} + \gamma_{lk}e_{lk})b_{lk} + \\ (\gamma_{lk}a_{lk} + \eta_{lk}e_{lk})g_{lk}\end{pmatrix} & \varepsilon_k b_{lk}^2 + 2\gamma_{lk}b_{lk}g_{lk} + \eta_{lk}g_{lk}^2 & (\gamma_{lk}b_{lk} + \eta_{lk}g_{lk})\beta_{lk} & (\gamma_{lk}b_{lk} + \eta_{lk}g_{lk})q_{lk} & \dfrac{(b_{lk}\alpha_k - g_{lk}\Xi_{lk})\zeta_I}{2\pi|\zeta|^2} & \dfrac{(g_{lk}\Xi_{lk} - b_{lk}\alpha_k)\zeta_{\mathrm{R}}}{2\pi|\zeta|^2} \\
(\gamma_{lk}a_{lk} + \eta_{lk}e_{lk})\beta_{lk} & (\gamma_{lk}b_{lk} + \eta_{lk}g_{lk})\beta_{lk} & \eta_{lk}\beta_{lk}^2 & \eta_{lk}\beta_{lk}q_{lk} & \dfrac{-\beta_{lk}\Xi_{lk}\zeta_I}{2\pi|\zeta|^2} & \dfrac{\beta_{lk}\Xi_{lk}\zeta_{\mathrm{R}}}{2\pi|\zeta|^2} \\
(\gamma_{lk}a_{lk} + \eta_{lk}e_{lk})q_{lk} & (\gamma_{lk}b_{lk} + \eta_{lk}g_{lk})q_{lk} & \eta_{lk}\beta_{lk}q_{lk} & \eta_{lk}q_{lk}^2 & \dfrac{-q_{lk}\Xi_{lk}\zeta_I}{2\pi|\zeta|^2} & \dfrac{q_{lk}\Xi_{lk}\zeta_{\mathrm{R}}}{2\pi|\zeta|^2} \\
\dfrac{(a_{lk}\alpha_k - e_{lk}\Xi_{lk})\zeta_I}{2\pi|\zeta|^2} & \dfrac{(b_{lk}\alpha_k - g_{lk}\Xi_{lk})\zeta_I}{2\pi|\zeta|^2} & \dfrac{-\beta_{lk}\Xi_{lk}\zeta_I}{2\pi|\zeta|^2} & \dfrac{-q_{lk}\Xi_{lk}\zeta_I}{2\pi|\zeta|^2} & \dfrac{1}{4\pi^2|\zeta|^2} & 0 \\
\dfrac{(e_{lk}\Xi_{lk} - a_{lk}\alpha_k)\zeta_{\mathrm{R}}}{2\pi|\zeta|^2} & \dfrac{(g_{lk}\Xi_{lk} - b_{lk}\alpha_k)\zeta_{\mathrm{R}}}{2\pi|\zeta|^2} & \dfrac{\beta_{lk}\Xi_{lk}\zeta_{\mathrm{R}}}{2\pi|\zeta|^2} & \dfrac{q_{lk}\Xi_{lk}\zeta_{\mathrm{R}}}{2\pi|\zeta|^2} & 0 & \dfrac{1}{4\pi^2|\zeta|^2}
\end{bmatrix}
\tag{9.156}
$$

其中 $a_{lk} = \partial\tau_{lk}/\partial x$, $b_{lk} = \partial\tau_{lk}/\partial y$, $e_{lk} = \partial f_{lk}/\partial x$, $g_{lk} = \partial f_{lk}/\partial y$, $\beta_{lk} = \partial f_{lk}/\partial v_x$, $q_{lk} = \partial f_{lk}/$

∂v_y等项由目标的位置、速度和天线的位置确定,而ε_k^c,γ_{lk}^c,η_{lk}^c,α_k和Ξ_{lk}则与接收信号的特性有关,即

$$\varepsilon_k^{\mathrm{c}} = \int_{-\infty}^{\infty} f^2 |S_k(f)|^2 \mathrm{d}f - 2f_{\mathrm{c}} \int_{-\infty}^{\infty} f |S_k(f)|^2 \mathrm{d}f + f_{\mathrm{c}}^2 \tag{9.157}$$

$$\gamma_{lk}^{\mathrm{c}} = \frac{1}{2\pi}\Im\left\{ \int_{-\infty}^{\infty} t s_k^*(t-\tau_{lk}) \frac{\partial s_k(t-\tau_{lk})}{\partial \tau_{lk}} \mathrm{d}t \right\} - f_{\mathrm{c}} \int_{-\infty}^{\infty} t\ |s_k(t-\tau_{lk})|^2 \mathrm{d}t \tag{9.158}$$

$$\eta_{lk}^{c} = \int_{-\infty}^{\infty} t^2 |s_k(t-\tau_{lk})|^2 \mathrm{d}t \tag{9.159}$$

$$\alpha_k = f_{\mathrm{c}} - \int_{-\infty}^{\infty} f\ |S_k(f)|^2 \mathrm{d}f \tag{9.160}$$

以及

$$\Xi_{lk} = \int_{-\infty}^{\infty} t\ |s_k(t-\tau_{lk})|^2 \mathrm{d}t \tag{9.161}$$

式中:$S_k(f)$为$s_k(t)$的傅里叶变换。目标位置和速度的估计的克拉美-罗界分别是费歇尔矩阵的逆的主对角元的前四个元素

$$\begin{aligned} &\mathrm{CRB}_x^{\mathrm{coh}} = [\boldsymbol{J}_{\mathrm{coh}}^{-1}(\boldsymbol{\theta})]_{1,1}, \quad \mathrm{CRB}_y^{\mathrm{coh}} = [\boldsymbol{J}_{\mathrm{coh}}^{-1}(\boldsymbol{\theta})]_{2,2} \\ &\mathrm{CRB}_{v_x}^{\mathrm{coh}} = [\boldsymbol{J}_{\mathrm{coh}}^{-1}(\boldsymbol{\theta})]_{3,3}, \quad \mathrm{CRB}_{v_y}^{\mathrm{coh}} = [\boldsymbol{J}_{\mathrm{coh}}^{-1}(\boldsymbol{\theta})]_{4,4} \end{aligned} \tag{9.162}$$

2. 非相干处理的克拉美-罗界

假设发射信号相互正交,且噪声是时间和空间白的复高斯过程,则非相干处理中待估参数对应的费歇尔信息矩阵为

$$\boldsymbol{J}_{\mathrm{non}}(\theta) = \frac{8\pi^2\sigma^4 E^2}{(\sigma^2 E + \sigma_w^2 M)\sigma_w^2 M}\sum_{k=1}^{M}\sum_{l=1}^{N} \begin{bmatrix} \varepsilon_k^{\mathrm{n}} a_{lk}^2 + 2\gamma_{lk}^{\mathrm{n}} a_{lk} e_{lk} + \eta_{lk}^{\mathrm{n}} e_{lk}^2 & (\varepsilon_k^{\mathrm{n}} a_{lk} + \gamma_{lk}^{\mathrm{n}} e_{lk}) b_{lk} + (\gamma_{lk}^{\mathrm{n}} a_{lk} + \eta_{lk}^{\mathrm{n}} e_{lk}) g_{lk} & (\gamma_{lk}^{\mathrm{n}} a_{lk} + \eta_{lk}^{\mathrm{n}} e_{lk})\beta_{lk} & (\gamma_{lk}^{\mathrm{n}} a_{lk} + \eta_{lk}^{\mathrm{n}} e_{lk}) q_{lk} \\ (\varepsilon_k^{\mathrm{n}} a_{lk} + \gamma_{lk}^{\mathrm{n}} e_{lk}) b_{lk} + (\gamma_{lk}^{\mathrm{n}} a_{lk} + \eta_{lk}^{\mathrm{n}} e_{lk}) g_{lk} & \varepsilon_k^{\mathrm{n}} b_{lk}^2 + 2\gamma_{lk}^{\mathrm{n}} b_{lk} g_{lk} + \eta_{lk}^{\mathrm{n}} g_{lk}^2 & (\gamma_{lk}^{\mathrm{n}} b_{lk} + \eta_{lk}^{\mathrm{n}} g_{lk})\beta_{lk} & (\gamma_{lk}^{\mathrm{n}} b_{lk} + \eta_{lk}^{\mathrm{n}} g_{lk}) q_{lk} \\ (\gamma_{lk}^{\mathrm{n}} a_{lk} + \eta_{lk}^{\mathrm{n}} e_{lk})\beta_{lk} & (\gamma_{lk}^{\mathrm{n}} b_{lk} + \eta_{lk}^{\mathrm{n}} g_{lk})\beta_{lk} & \eta_{lk}^{\mathrm{n}} \beta_{lk}^2 & \eta_{lk}^{\mathrm{n}} \beta_{lk} q_{lk} \\ (\gamma_{lk}^{\mathrm{n}} a_{lk} + \eta_{lk}^{\mathrm{n}} e_{lk}) q_{lk} & (\gamma_{lk}^{\mathrm{n}} b_{lk} + \eta_{lk}^{\mathrm{n}} g_{lk}) q_{lk} & \eta_{lk}^{\mathrm{n}} \beta_{lk} q_{lk} & \eta_{lk}^{\mathrm{n}} q_{lk}^2 \end{bmatrix} \tag{9.163}$$

式中：$a_{lk}=\partial\tau_{lk}/\partial x, b_{lk}=\partial\tau_{lk}/\partial y, e_{lk}=\partial f_{lk}/\partial x, g_{lk}=\partial f_{lk}/\partial y, \beta_{lk}=\partial f_{lk}/\partial v_x, q_{lk}=\partial f_{lk}/\partial v_y$等项由目标的位置、速度和天线位置确定，而$\varepsilon_k^n,\gamma_{lk}^n$以及$\eta_{lk}^n$则与接收波形的特性有关，即

$$\varepsilon_k^{\mathrm{n}}=\int_{-\infty}^{\infty} f^2|S_k(f)|^2\mathrm{d}f-\left|\int_{-\infty}^{\infty} f|S_k(f)|^2\mathrm{d}f\right|^2 \tag{9.164}$$

$$\gamma_{lk}^{\mathrm{n}}=\frac{1}{2\pi}\Im\left\{\int_{-\infty}^{\infty} t\, s_k^*(t-\tau_{lk})\frac{\partial s_k(t-\tau_{lk})}{\partial\tau_{lk}}\mathrm{d}t\right\}-\int_{-\infty}^{\infty} f|S_k(f)|^2\mathrm{d}f\int_{-\infty}^{\infty} t|s_k(t-\tau_{lk})|^2\mathrm{d}t \tag{9.165}$$

以及

$$\eta_{lk}^{\mathrm{n}}=\int_{-\infty}^{\infty} t^2|s_k(t-\tau_{lk})|^2\mathrm{d}t-\left|\int_{-\infty}^{\infty} t|s_k(t-\tau_{lk})|^2\mathrm{d}t\right|^2 \tag{9.166}$$

对目标位置和速度估计的克拉美－罗界是费歇尔信息矩阵的逆的主对角元，其表达式与式(9.162)相似，只需把上标由 coh 替换为 non。

9.5.4 性能比较和实验结果

为了比较相干处理和非相干处理的估计性能，这里既对$\boldsymbol{\theta}$中每一参数的估计进行分析，也对参数向量$\boldsymbol{\theta}$整体的估计进行分析。为简便起见，不妨假设$\boldsymbol{W}=[1,\cdots,1]^{\dagger}$，即$\boldsymbol{\theta}$中每个分量具有相同的权重。对于$\boldsymbol{\theta}$中的第$i$个分量$\theta_i$，其均方根误差(Root Mean Squared Error，RMSE)定义为

$$\mathrm{RMSE}_i=\sqrt{E\{(\hat{\theta}_i-\theta_{a,i})^2\}} \tag{9.167}$$

式中：$\theta_{a,i}$为待估量θ_i的真实值。对于矢量$\boldsymbol{\theta}=[x\quad y\quad v_x\quad v_y]^{\dagger}$，当$\boldsymbol{W}=[1\quad\cdots\quad 1]^{\dagger}$时，其总均方根误差为

$$总\ \mathrm{RMSE}=\sqrt{E\{(\hat{\theta}_x-\theta_{a,x})^2\}+E\{(\hat{\theta}_y-\theta_{a,y})^2\}+E\{(\hat{\theta}_{v_x}-\theta_{a,v_x})^2\}+E\{(\hat{\theta}_{v_y}-\theta_{a,v_y})^2\}} \tag{9.168}$$

在总 RMSE 的基础上，设常量$\boldsymbol{\theta}_a$已知，则相干与非相干处理的归一化 RMSE 差为

$$\mathrm{NDRMSE}=\frac{\mathrm{RMSE}^{\mathrm{non}}-\mathrm{RMSE}^{\mathrm{coh}}}{\sqrt{\theta_{a,x}^2+\theta_{a,y}^2+\theta_{a,v_x}^2+\theta_{a,v_y}^2}}\times 100\% \tag{9.169}$$

NDRMSE 越小则两种估计器的性能越接近。当 NDRMSE$\leqslant\varepsilon$% 时，认为相干处理和非相干处理的性能足够接近，此时建议使用非相干处理，因为其计算复杂度更低。关于ε的值的设定可根据实际要求确定。在以下实验中选取$\varepsilon=4$，

即当 NDRMSE⩽4% 时认为非相干处理和相干处理具有几乎相同的性能。

下面将用几个具有代表性的例子来说明定理 1 所述的由增加 MN 所带来的效果。在这些例子中，罗列了 NDRMSE⩽4% 对 MN 的要求，即何时可由非相干处理代替相干处理而几乎不造成估计性能的损失。这里假设发射信号相互正交，且噪声在时域和频域上均为复白高斯噪声。如前所述，当 MN 很大时，为了降低计算量，这里将使用克拉美－罗界来代替均方误差。

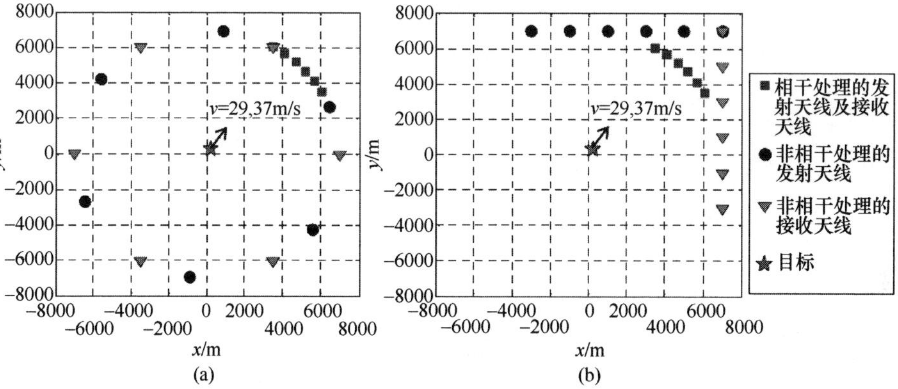

图 9.23　相干处理（coh）和非相干处理（non）时的发射天线（TX）和接收天线（RX）

设 MIMO 雷达有 M 个发射天线和 N 个接收天线。令 $M=3$，N 为 5～100，所有天线距离坐标原点约 7000m。天线的位置以及目标的位置和速度如图 9.22(a) 所示。当进行非相干处理时（non），天线均匀分布在 $[0,2\pi)$ 的方向上，其中发射天线的位置，以及目标位置和速度的示意图如图 9.24 所示。设 $M=N=6$，相干处理时收发天线共置。

发射天线 k 与横轴的夹角为 $\varphi_k^{\mathrm{t}}=\dfrac{2\pi(k-1)}{M}+\dfrac{\pi}{8}$，$k=1,2,\cdots,M$，接收天线 l 与横轴的夹角为 $\varphi_l^{\mathrm{r}}=\dfrac{2\pi(l-1)}{N}$，$l=1,2,\cdots,N$。当进行相干处理时（coh），天线均匀分布于 $[\pi/6,\pi/3]$ 的方向上，其中 $\varphi_k^{\mathrm{t}}=\dfrac{\pi(k-1)}{6(M-1)}+\dfrac{\pi}{6}$，$\varphi_l^{\mathrm{r}}=\dfrac{\pi(l-1)}{6(N-1)}+\dfrac{\pi}{6}$。假设目标的位置为（225，300）m，运动速度为（29，37）m/s。发射信号为扩频高斯单脉冲 $s_k(t)=\left(\dfrac{2}{T^2}\right)^{\frac{1}{4}}\exp\left(\dfrac{-\pi t^2}{T^2}\right)\mathrm{e}^{\mathrm{j}2\pi k\Delta f t}$，$k=1,2,\cdots,M$，其中脉冲宽度为 T，$\Delta f=f_{k+1}-f_k\geqslant 0$ 是 $s_k(t)$ 和 $s_{k+1}(t)$ 之间的频率增量。令 $T=0.1$，$\Delta f=5/T$，则发射信号近似正交。设信噪比为 20dB。图 9.24 描绘了相干和非相干处理时各估计量（$\hat{\theta}_i=\hat{x},\hat{y},\hat{v}_x$ 和 $\hat{v}_y$）所对应的 RMSE_i 随 MN 的变化关系。用点线代表由仿真计算得出的各估计量所对应的均方误差，$\mathrm{MSE}_i=E\{(\hat{\theta}_i-\theta_{a,i})^2\}$，注意为了控制

仿真时间，只在 $MN<100$ 时计算了估计量的均方误差；实线表示用克拉美－罗界来近似的每个估计量的均方误差。由图可见，$RMSE_i$ 随 MN 的增加而减小。在本例中，对于目标位置 (x,y) 的估计，相干处理的均方误差比非相干处理的小，这可由文献[17]中阐述的"定位相干处理增益"来解释：相干处理对位置估计的 $RMSE_i$ 之所以比非相干处理更小，是由于相干处理时的定位的精度与信号的载波频率成反比，而非相干处理时的定位精度与信号的带宽成反比，因此在目标定位方面相干处理比非相干处理更有优势。在图 9.24 中可以看到，相干处理对目标速度的估计比非相干处理要差。其原因可能是，在非相干处理中，天线沿 x 轴和 y 轴方向分布更广，因此对二维的目标速度有更好的估计。

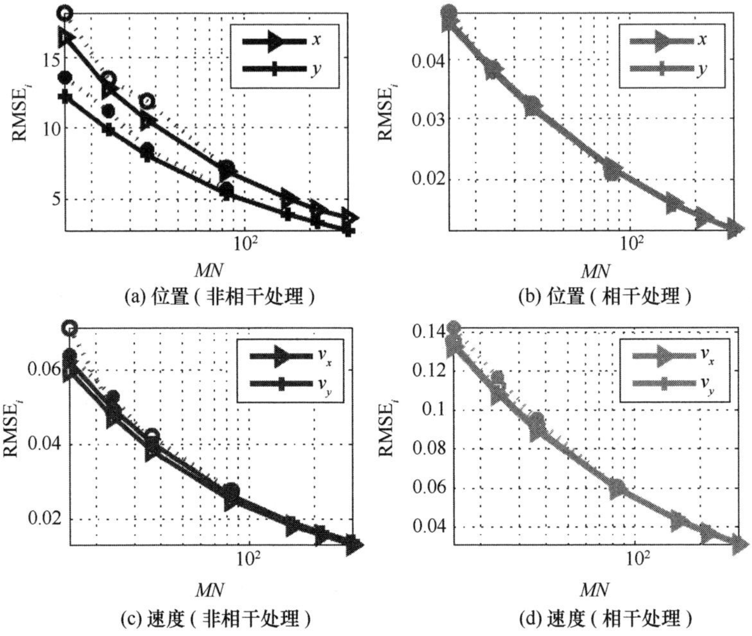

图 9.24　对位置和速度的联合估计中 $RMSE_i$ 随 MN 的变化关系，SNR = 20dB，虚线表示的 MSE 为仿真计算所得（仅对较小的 MN），实线表示的 MSE 由克拉美－罗界近似

图 9.25 中作出了相干与非相干处理的归一化 RMSE 差（NDRMSE）关于 MN 变化关系的曲线。点线表示的结果是当 MN 较小时（$MN<100$）利用仿真计算得出均方误差进而求得的，实线表示的结果是用克拉美－罗界近似均方误差进而求得的。当 MN 足够大时，这两条曲线非常接近，因此用克拉美－罗界来近似均方误差是可行的。本例中，当 $MN>36$ 时达到 NDRMSE$\leqslant$4%。这个要求对于 MN 来说并不算太大。例如当发射天线和接收天线的数目都大于 6 时，有 $MN>36$，便可以采用非相干处理，因为其更易于实现，而且性能与相干处理足够

接近。如果 MN 继续增大,则非相干处理与相干处理的性能会更加接近。

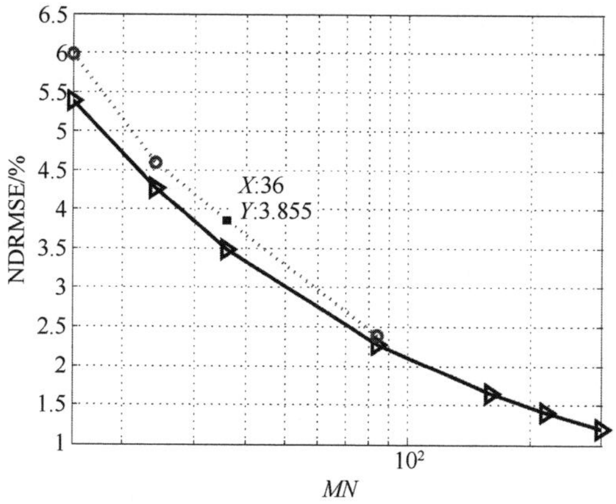

图9.25 对位置和速度的联合估计中 NDRMSE 随 MN 的变化关系,SNR = 20dB,用圈标识的虚线表示的 MSE 为仿真计算所得(仅对较小的 MN),用三角标识的实线表示的 MSE 由克拉美－罗界近似

图9.26 和图9.27 采用了与图9.24 相同的参数,仅改变了信噪比的值,设其为 SNR = 25dB。正如所料想的那样,图9.26 中的 $RMSE_i$ 比图9.24 中的小。

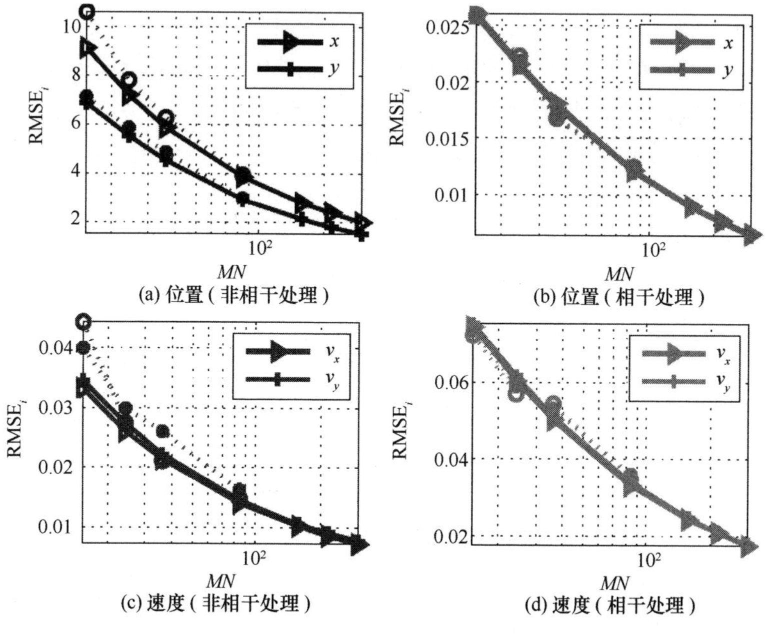

图9.26 对位置和速度的联合估计中 $RMSE_i$ 随 MN 的变化关系,SNR = 25dB,虚线表示的 MSE 为仿真计算所得(仅对较小的 MN),实线表示的 MSE 由克拉美－罗界近似

图 9.27 显示,当 $MN>15$ 时就能达到 NDRMSE≤4% 。由此可知,当其他参数一定时,信噪比越高,RMSE_i 越小,使用非相干处理近似等效代替相干处理所要求的 MN 也越小。

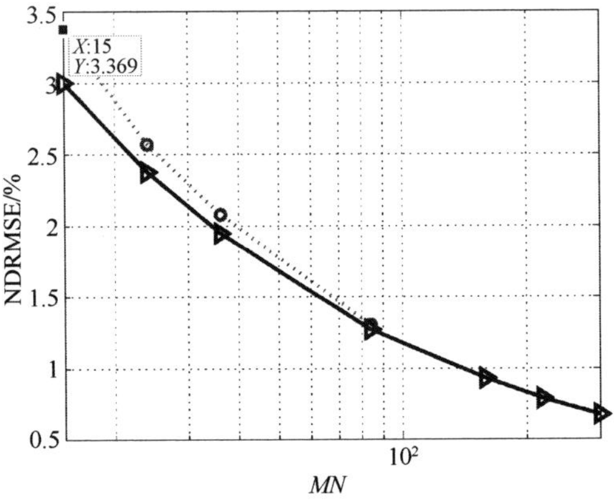

图 9.27 对位置和速度的联合估计中 NDRMSE 随 MN 的变化关系,SNR = 25dB,用圈标识的虚线表示的 MSE 为仿真计算所得(仅对较小的 MN),用三角标识的实线表示的 MSE 由克拉美 - 罗界近似

在图 9.28 和图 9.29 中,参数的设置依然与图 9.24 相同,只是在非相干处理时采用的天线位置不同,本例的天线布置如图 9.23(b)所示。假设对于非相干处理,发射天线 k 的位置为$(x_k^{\mathrm{t}},7000)\mathrm{m}$,$x_k^{\mathrm{t}}=10000(k-1)/(M-1)-3000$,$k=1,2,\cdots,M$,接收天线 l 的位置为$(7000,y_l^{\mathrm{r}})\mathrm{m}$, $y_l^{\mathrm{r}}=10000(l-1)/(N-1)-3000$,$l=1,2,\cdots,N$。对比图 9.28 和图 9.24,可见由于天线位置的改变,图 9.28 中非相干处理的联合估计性能比图 9.24 中有所下降。这种情形下的 NDRMSE 如图 9.29 所示。在本例中,NDRMSE≤4% 所要求的天线数目为 $MN>219$。直观的讲,在相干处理的估计性能保持不变、而非相干处理的估计性能因天线布置方式不当而变差时,就需要更多的天线来弥补非相干处理和相干处理性能之间的差距。

设发射信号为扩频高斯脉冲串,$s_k(t)=\sum_{n=-\infty}^{\infty}z(t-nT_{\mathrm{r}})g(t)\mathrm{e}^{\mathrm{j}2\pi k\Delta ft}$,$k=1,2,\cdots,M$,其中 $z(t)$ 是脉冲宽度为 T 的窄高斯脉冲,$g(t)$ 是脉冲宽度为 $T_{\mathrm{b}}\gg T$ 的宽高斯脉冲,$\Delta f=f_{k+1}-f_k\geqslant 0$ 是 $s_k(t)$ 和 $s_{k+1}(t)$ 之间频率增量。令 $T=0.1$,$T_{\mathrm{r}}=0.5$,$T_{\mathrm{b}}=2$,并设 $\Delta f=5/T$ 以使发射信号之间相互正交。其他参数与图 9.24 中保持一致。相应 RMSE_i 和 NRMSE 的曲线如图 9.30 和图 9.31 所示。很明显,脉冲串信号的使用改善了估计的性能。在图 9.30 中观察到的相干处理和非相干处理的估计性能均比图 9.24 中的有所提高。将图 9.31 与图 9.25 相比,可见为达到 NDRMSE≤4% 本例所需的天线数更少,在 $MN=15$ 时非相干处理的性能就已经与相干处理足够接近。

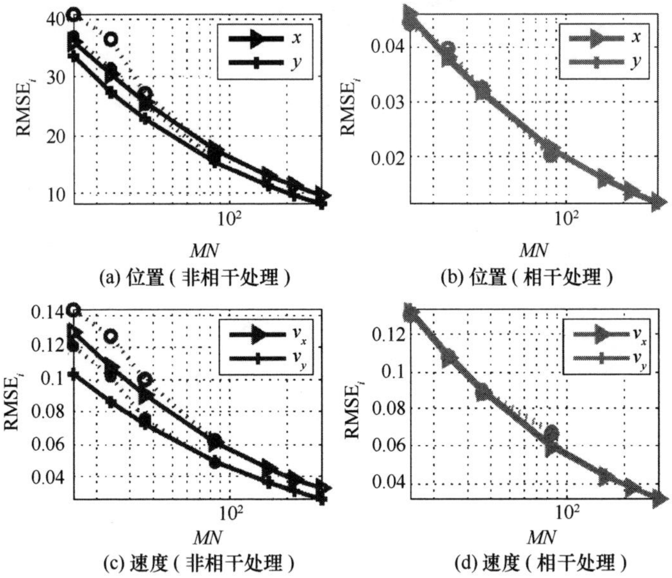

图 9.28　对位置和速度的联合估计中 RMSE$_i$ 随 MN 的变化关系，SNR = 20dB，
虚线表示的 MSE 为仿真计算所得（仅对较小的 MN），
实线表示的 MSE 由克拉美－罗界近似

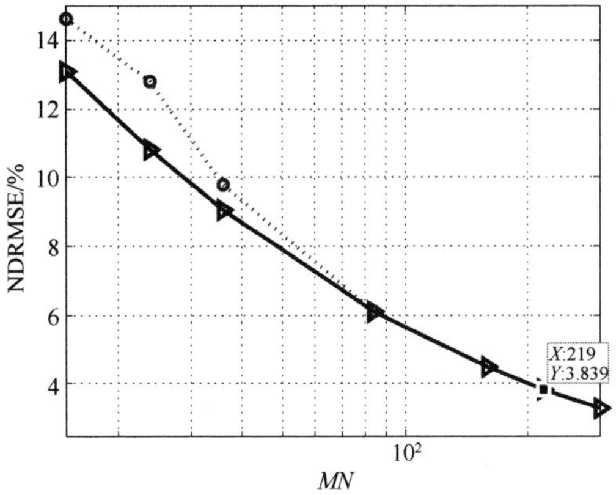

图 9.29　对位置和速度的联合估计中 NDRMSE 随 MN 的变化关系，SNR = 20dB，
用圈标识的点线表示的 MSE 为仿真计算所得（仅对较小的 MN），
用三角标识的实线表示的 MSE 由克拉美－罗界近似

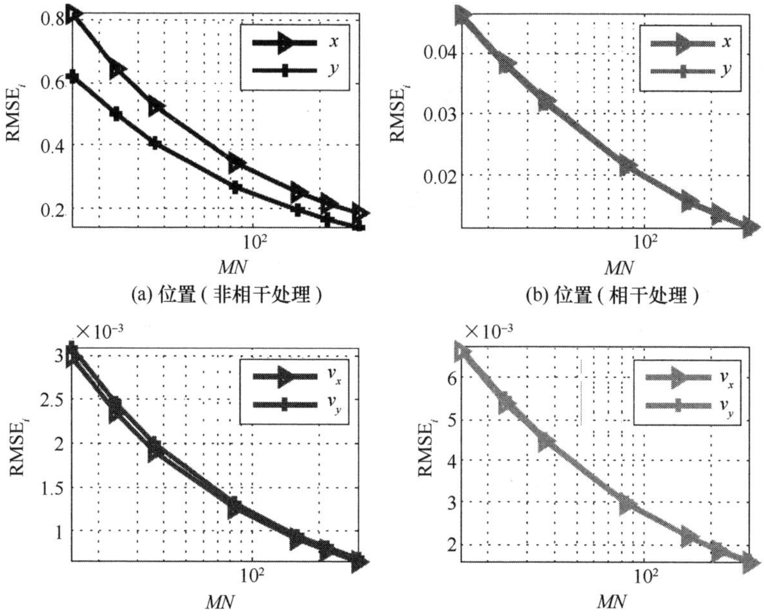

(a) 位置（非相干处理）　(b) 位置（相干处理）

(c) 速度（非相干处理）　(d) 速度（相干处理）

图 9.30　在对位置和速度的联合估计中 RMSE_i 随 MN 的变化关系，SNR = 20dB

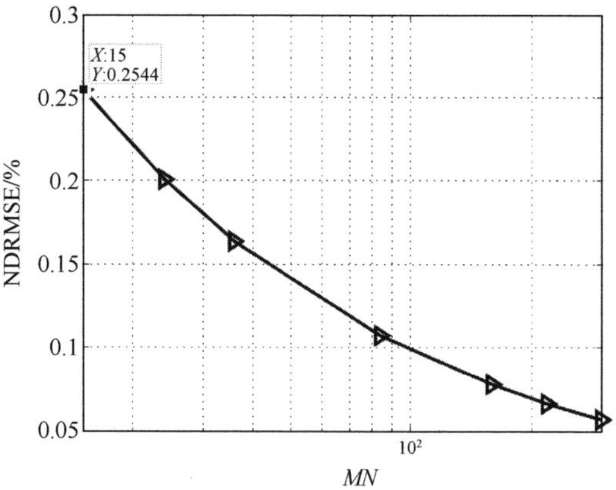

图 9.31　在对位置和速度的联合估计中 NDRMSE 随 MN 的变化关系，SNR = 20dB

参考文献

[1] He Q, Blum R S, Godrich H. Target velocity estimation and antenna placement for MIMO radar with widely separated antennas [J]. IEEE Journal of Selected Topics in Signal Processing, 2010, 4(1): 79 - 100.

[2] He Q, Lehmann N, Blum R S, et al. MIMO radar moving target detection in homogeneous clut-

ter[J]. IEEE Trans. on Aerospace and Electronic Systems,2010,46(3):1290 – 1301.

[3] Poor H V. An introduction to signal detection and estimation[M]. 2nd ed. New York: Dowden & Culver, 1994.

[4] Kay S M. Fundamentals of statistical signal processing:estimation theory[M]. 1st ed. Englewood Cliffs, NJ: Prentice-Hall, 1993.

[5] Van H L. Trees. Optimum array processing[M]. NewYork: Wiley, 2002.

[6] Duncan W J. Some devices for the solution of large sets of simultaneous linear equations[J]. London, Edinburgh, Dublin Philosoph. Mag. J. Sci. ,1944,7(35):660 – 670.

[7] Fessler J A,Hero A O. Space-alternating generalized expectation-maximization algorithm[J]. IEEE Trans. Signal Process. ,1994,42(10):2664 – 2677.

[8] Fishler E, Haimovich A, Blum R,et al. Spatial diversity in radars-models and detection performance[J]. IEEE Transactions on Signal Processing,2006,54(3):823 – 838.

[9] Fishler E, Haimovich A M,Blum R S,et al. MIMO radar:an idea whose time has come[J]. in Proc. IEEE Radar Conf. ,2004:71 – 78.

[10] Van Trees H L. Detection, estimation and modulation theory:part III[M]. New York, NY: Willey, 1971.

[11] Molisch A F,Win M Z. MIMO systems with antenna selection-an overview[J]. Proc. IEEE Radio and Wireless Conf, 2003: 167 – 170.

[12] Sen P K,Singer J M, Large sample methods in statistics:an introduction with applications [M]. Boca Raton, FL: Chapman & HallCRC, 2000.

[13] Foschini G J,Gans M J. On limits of wireless communications in a fading environment when using multiple antennas[J]. Wireless Pers. Commun. ,1998,6(3):311 – 335.

[14] Hu J b,He Q,Blum R S. Comparing the cramer-Rao bounds for distributed radar with and without previous detection information[J]. IEEE China Summit and International Conference on Signal and Information Processing (ChinaSIP),2015.

[15] Hu J b,He Q,Blum R S,et al. Performance analysis of joint parameter estimation for distributed radar networks under a general model[J]. IET International Radar Conference 2015, 2015:1 – 5.

[16] He Q,Hu J b,Blum R S,et al. Generalized cramer-rao bound for joint estimation of target position and velocity for active and passive radar networks[J]. IEEE Transactions on Signal processing,2016,64(8):2078 – 2089.

[17] Godrich H,Haimovich A M,Blum R S. Target localization accuracy gain in MIMO radar based systems[J]. IEEE Transactions on Information Theory,2010,56(6):2783 – 2803.

[18] He Q,Blum R S. Noncoherent versus coherent MIMO radar:performance and simplicity analysis [J]. Signal Processing,2012,92(10):2454 – 2463.

[19] He Q,Blum R S,Haimovich A M. Noncoherent MIMO radar for location and velocity estimation: more antennas means betterperformance[J]. IEEE Transactions on Signal Processing, 2010:58(7):3661 – 3680.

[20] He Q, Blum R S. The significant gains from optimally processed multiple signals of opportunity and multiple receive stations in passive radar [J]. IEEE Signal Processing Letters, 2014, 21(2): 180 – 184.

第⑩章 MIMO 雷达应用

从前面各章对 MIMO 雷达原理和信号处理的介绍可知，共址 MIMO 雷达可看成是普通相控阵雷达工作模式的拓展，二者可共用同一硬件平台，根据不同的战场态势，雷达可工作在 MIMO 模式或普通相控阵模式。分置天线 MIMO 雷达则可看成是传统的多雷达组网或多雷达数据融合的拓展，但分置天线 MIMO 雷达更强调信号级的融合处理。

本章将介绍 MIMO 雷达的一些典型应用，包括双/多基地防控制导 MIMO 雷达、MIMO 天波超视距雷达、分布式 MIMO 雷达组网以及 MIMO 雷达/通信一体化等。

10.1 双/多基地 MIMO 防空制导雷达

双基地雷达是最早出现的雷达体制，无线电波探测物体的现象最早就是在收发分置试验平台下得到验证的。1922 年，美国的 A. H. Tayloy 博士和其助手 L. C. Young 用分置于波托马克河两岸的接收机和发射机进行 60MHz 的无线电传播实验，构成了最初的双基地试验平台，并成功探测到正在河中间航行的木船；1935 年 1 月，英国的 Robet Watson-Watt 进行了著名的“Daventry”试验，借用 BBC 电台的短波发射机，用一部距离发射台 9 ~ 18km 装在运输车上的接收机探测到了附近飞行的轰炸机，以此为基础，英国建立了沿海岸线布置的 Chain Home 雷达警戒网络，工作波长 10 ~ 13m，相邻收发间隔 40km，此后不久爆发的第二次世界大战中，该系统在英国土保卫中发挥了举足轻重的作用。此外，1934—1938 年期间，法国、意大利、日本以及苏联等多个国家也都对双基地雷达进行了试验，特别是苏联生产的 45 部 RUS-1 连续波双基地雷达在防御德军入侵的作战中发挥了重要作用。

这一阶段的雷达绝大多数使用了连续波体制，工作于米波频段，以多普勒拍频发现目标，以到达方向粗定位。双基地体制的使用主要是为了实现收发天线之间的隔离，双基地雷达诸多潜在的优势没有得到发挥。1936—1940 年间高功率脉冲磁控管、双工器先后出现,收发合一的单基地雷达得到迅猛发展,双基地雷达则处于停滞阶段。20 世纪 70 年代后,电磁干扰(EMI)、反辐射导弹、超低空突防以及隐形目标成为单基地雷达面临的四大威胁,人造卫星、洲际导弹和各类战术导弹的发展也对双基地雷达提出了新的需求,促使人们在新的应用背景和技术水平下重新开始双基地雷达的研究,其潜在优势被不断挖掘出来,一些新的双基地雷达体制如无源定位雷达也得到了研究[1-3]。具有代表性的双基地雷达系统包括美国的 sanctuntry 计划、美国海军空间监测系统等,双基地雷达的功能也由一般的目标探测拓展至目标成像等更广泛的领域。如天波超视距雷达(OTHR)、机载双基地综合孔径雷达系统等[4,5]。国内不少科研单位对双基地雷达以及相关的三大同步问题均进行了深入的研究,以数字技术、高稳定时钟为基础,一些新的双基地雷达体制的研究也获得了明显的进展[2-6]。

虽然在反隐身、抗反辐射导弹等诸多方面具有不少天然的优势,但双/多基地雷达体制在防空制导体系中一直没有得到很广泛的应用。其主要原因是使用单一发射信号的常规双/多基地在定位精度分布、精跟目标容量等方面的能力很难满足现代战争条件对防空制导体系的基本要求。MIMO 技术的使用,从根本上突破了常规双基地雷达的诸多限制,使其可以方便灵活地应用于很多关键的领域。从目前的研究情况看,MIMO 雷达与双/多基地雷达体制结合,是充分发挥正交波形 MIMO 雷达优势和潜力,提升现有雷达组网系统战术技术性能的最佳途径。

这里主要以 T-R 模式为主,讨论其潜在优势、基本特点和关键的技术。

10.1.1 双基地 MIMO 雷达基本特点

1. 双基地 MIMO 雷达配置

双基地雷达的配置和应用方式远比常规单基地的雷达复杂,这里以收发分置 T-R 模式的双基地雷达为主进行讨论,其配置如图 10.1 所示[7]。

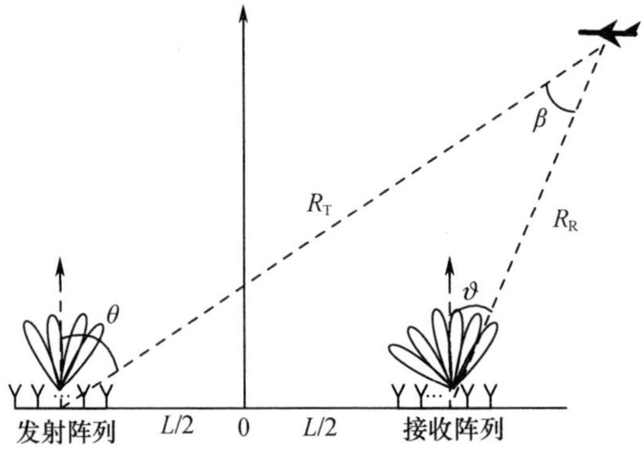

图 10.1 双基地 MIMO 雷达示意图

常规收发分置的 T-R 模式双基地雷达包括几种比较经典的配置模式，如表 10.1 所列[8]。

表 10.1　常规 T-R 模式双基地雷达配置

模 式	发 射	接 收	备 注
Ⅰ	窄波束扫描	宽波束接收	
Ⅱ	窄波束扫描	多波束接收	
Ⅲ	宽波束泛光照射	窄波束扫描	
Ⅳ	宽波束泛光照射	多波束接收	
Ⅴ	窄波束扫描	窄波束扫描	波束追踪

这几种模式各有各的特点。其中模式Ⅰ因为作用距离有限，主波束杂波电平太大，适用的范围非常有限；模式Ⅲ比较容易实现，能提取目标的三维参数，得到了较为实际的应用，美国最著名的 sanctuntry 双基地雷达实验系统，使用的就是这种模式，它将发射设备安装于空基平台上，地面接收机在发射波束照射的范围内搜索目标；其余三种模式虽然侧重点不一样，但均需要快速的二维波束扫描，这种功能往往只能借助多通道二维接收阵列完成。其中模式Ⅴ借助波束追踪完成时空同步，可以看作是模式Ⅱ的工程简化实现形式。

双基地 MIMO 雷达的结构模式显然比表 10.1 更为丰富。注意到步进频信号运用于均匀线阵时存在的距离 - 角度耦合特性可用于降低搜索处理的计算量，以避免过分复杂的雷达结构，MIMO 发射阵列可采用垂直或水平排列的线阵作为基本配置。表 10.2 所列的四种配置结构均为 T-R 双基地模式，但都能提取目标位置的三维位置信息，便于充分发挥 MIMO 雷达定位精度上的潜力，因此比较实用。

表 10.2　双基地 MIMO 雷达的配置方式

模 式	发射阵列	接收阵列	精测参数
A	水平线阵	垂直线阵	R,β_T,ε_R
B	垂直线阵	水平线阵	R,ε_T,β_R
C	水平线阵	二维面阵	$R,\beta_T,\varepsilon_R,\beta_R$
D	垂直线阵	二维面阵	$R,\varepsilon_T,\varepsilon_R,\beta_R$

特别是 C 和 D 两种模式还具备信息盈余的特点，对目标空间位置的定位精度完全可以与 T/R-R 模式相比拟，不同的是所有的信息均是从接收阵列获得，只要具备先验的发射阵列位置、发射信号参数等信息作为支持，因此在完成信息提取和实现对目标的实时跟踪方面会有非常明显的优势。其中模式 C 发射阵列配置简单，而模式 D 能够具备更好的低空目标检测和跟踪效果。

现代雷达技术迅猛发展，由数量较多的独立发射通道构成二维的发射阵列已经没有太多技术上的难度，这种二维发射阵列可以分时工作于在 C 和 D 两种结构模式，综合利用这两种体制的优越性，可以发挥出更大的战术技术优势。

2. T-R 模式 MIMO 雷达威力

双基地雷达工作在 MIMO 模式时，发射阵列被划分成 M 个子阵，分别发射不同的彼此正交的信号，假设各子阵具有相同的天线增益和发射功率，则单个发射信号在目标附近的功率密度为

$$S_{ti}=\frac{p_t g_t}{4\pi R_t^2}\quad ,i=1,2,\cdots,N_t \tag{10.1}$$

式中：p_t 和 g_t 分别为子阵的发射功率和天线增益；R_t 为目标至发射阵列的距离。目标附近雷达信号的功率密度为

$$S_t=\frac{Mp_t g_t}{4\pi R_t^2} \tag{10.2}$$

于是接收阵列附近的目标散射信号的功率密度为

$$S_r=\frac{Mp_t g_t \sigma_B(\beta)}{(4\pi)^2 R_r^2 R_t^2} \tag{10.3}$$

式中：$\sigma_B(\beta)$ 为双基地目标反射面（RCS），对由多个复杂散射体构成的目标而言，它是双基地角 β 的函数；R_r 为目标至接收阵列的距离。

窄带模式下天线等效口面为[9]

$$A_r=\frac{G_r\lambda^2}{4\pi} \tag{10.4}$$

式中：λ 和 G_r 分别为工作波长和接收波束增益。于是通过接收波束形成，MIMO 模式下接收阵列接收得到的总功率为

$$P_r=\frac{Mp_t\sigma_B(\beta)G_r g_t\lambda^2}{(4\pi)^3 R_r^2 R_t^2} \tag{10.5}$$

双基地 MIMO 雷达发射系统的占空比、相参处理间隔时间和常规单双基地雷达有很大不同，需要借助匹配滤波技术维持雷达的距离分辨率。要体现这一特点，双基地 MIMO 雷达方程应该建立在能量而非脉冲功率的基础上。为此假设发射系统占空比为 η_B，雷达为完成一次目标检测过程发射的总时间为 T_B，于是在数字信号处理输入端得到的目标回波信号总能量为

$$E_B=P_r T_B\eta_B=T_B\eta_B\frac{Mp_t\sigma_B(\beta)G_r g_t\lambda^2}{(4\pi)^3 R_r^2 R_t^2} \tag{10.6}$$

注意到

$$N_0=KT_A \tag{10.7}$$

K、T_A 分别为玻耳兹曼常数、天线温度。$N_0 = KT_A$ 为噪声的功率谱密度。注意到匹配滤波器输出端的信噪比为

$$\mathrm{SNR} = \frac{2E_B}{N_0} \tag{10.8}$$

于是:

$$\mathrm{SNR} = \frac{2E_B}{N_0} = 2T_B\eta_B \frac{Mp_{\mathrm{t}}\sigma_B(\beta)G_{\mathrm{r}}g_{\mathrm{t}}\lambda^2}{(4\pi)^3 R_{\mathrm{r}}^2 R_{\mathrm{t}}^2 KT} \tag{10.9}$$

为完成目标检测所需要的匹配滤波过程,MIMO 雷达实际上需要完成信号匹配分离以及等效的发射波束形成。而其雷达方程可表示为

$$R_{\mathrm{r}}^2 R_{\mathrm{t}}^2 = 2T_B\eta_B \frac{Mp_{\mathrm{t}}\sigma_B(\beta)G_{\mathrm{r}}g_{\mathrm{t}}\lambda^2}{(4\pi)^3 KT(\mathrm{SNR})_{\min}} \tag{10.10}$$

这里$(\mathrm{SNR})_{\min}$为最小可检测信噪比(灵敏度)。实际应用中,双基地雷达方程还需要加入方向图传播因子,损耗因子和大气衰减因子,以及带宽校正系数。

$$R_{\mathrm{r}}^2 R_{\mathrm{t}}^2 = 2T_B\eta_B \frac{Mp_{\mathrm{t}}\sigma_B(\beta)G_{\mathrm{r}}g_{\mathrm{t}}\lambda^2 F_{\mathrm{t}}^2 F_{\mathrm{r}}^2}{(4\pi)^3 KTC_0(\mathrm{SNR})_{\min} L_{\mathrm{t}} L_{\mathrm{r}}} \tag{10.11}$$

式中:F_{t} 和 F_{r} 分别为发射、接收两个方向图的传播因子;L_{t}、L_{r} 为各类损失;C_0 为带宽校正系数。

假设相控阵模式下的发射系统占空比为 η_B',雷达为完成一次目标检测过程发射的总时间为 T_B',发射接收方向图传播因子分别为 F_{t}'和 F_{r}',传输损失分别为 L_{t}'和 L_{r}',则使用相控阵模式时,常规 T-R 模式双基地雷达的方程为

$$R_{\mathrm{r}}'^2 R_{\mathrm{t}}'^2 = 2T'\eta_B' \frac{M^2 p_{\mathrm{t}}\sigma_B(\beta)G_{\mathrm{r}}g_{\mathrm{t}}\lambda^2 F_{\mathrm{t}}'^2 F_{\mathrm{r}}'^2}{(4\pi)^3 KTC_0(\mathrm{SNR})_{\min} L_{\mathrm{t}}' L_{\mathrm{r}}'} \tag{10.12}$$

将式(10.11)和式(10.12)进行对比,容易得到

$$\frac{R_{\mathrm{r}}^2 R_{\mathrm{t}}^2}{R_{\mathrm{r}}'^2 R_{\mathrm{t}}'^2} = \frac{T_B}{MT_B'} \frac{\eta_B L_{\mathrm{t}}' L_{\mathrm{r}}' F_{\mathrm{t}}^2 F_{\mathrm{r}}^2}{\eta_B' L_{\mathrm{t}} L_{\mathrm{r}} F_{\mathrm{t}}'^2 F_{\mathrm{r}}'^2} \tag{10.13}$$

式(10.13)可用来对比双基地 MIMO 模式和传统的双基地或者单基地相控阵模式的探测能力。可以看出,不考虑占空比、收发损失、方向图传播因子等方面差异造成的影响时,MIMO 工作模式下需要将 CPI 时间延长至相控阵模式的 M 倍,才能获得与相控阵模式同等水平的探测能力。实际上与常规的相控阵雷达相比,双基地 MIMO 雷达从上述三个因素方面均可以获得一定的补偿,能够很大程度上缓解 CPI 时间方面的矛盾,实际需要的积累时间可以远小于相控阵模式的 M 倍。以此为基础,双基地 MIMO 雷达时间资源的管理将更加灵活。

3. T-R 模式 MIMO 雷达的基本特点

1）占空比

高占空比工作是弥补发射天线增益下降，发挥双基地 MIMO 雷达综合优势的必要条件之一。

单基地雷达和 T/R-R 模式的双基地雷达在占空比使用方面会受到很大限制。收发开关(双工器)简化了单基地雷达的系统结构，但使雷达无法对发射脉冲时间宽度范围内的目标进行检测和跟踪，存在所谓的距离盲区。为避免盲区过大影响雷达基本功能的发挥，单基地雷达或者 T/R-R 模式的双基地雷达最大占空比一般只能达到 5 ~ 10% 的水平。使用波束追踪的双基地雷达占空比同样受限。为完整地接收发射脉冲的能量，这种雷达的占空比最多也只能达到5 ~ 15% 的水平。

除满足对空间目标周期性实时跟踪的需求外，双基地 MIMO 雷达的占空比没有限制，可以做到 80 ~ 90% 的水平甚至更高，双基地 MIMO 雷达各发射通道同步工作，其工作时序如图 10.2 所示。

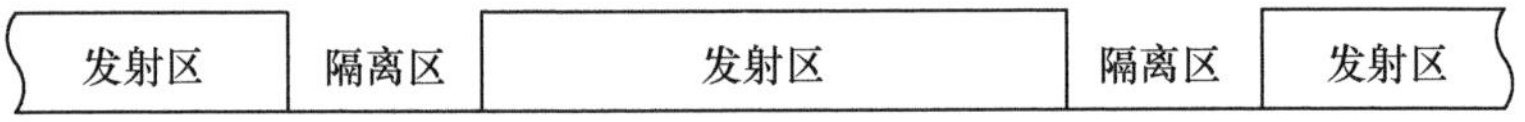

图 10.2　双基地 MIMO 雷达一般工作时序

从时间轴看，发射设备的工作划分为发射区和隔离区，其中隔离区的设置主要是照顾到制导雷达对目标探测的周期性特点以及不同类型发射信号之间切换的需要。隔离区时间大小 T_{IS}应该尽量满足

$$T_{IS} \geqslant R_{max}/C \tag{10.14}$$

以避免前一发射区探测信号的回波信号出现在下一个雷达工作周期里，式中 R_{max}为雷达的距离量程，C 为光速。发射区内信号的占空比可以达到 100%，其时间长度只受最大数据率的限制，可以超过甚至远远超过最大作用距离对应的时间长度。此外为检测远距离微弱目标，也可以对多个发射区的信号进行相参或非相参处理。

常规 T-R 模式双基地雷达也没有占空比的限制，但其定位精度比较差，很难运用于制导场合。

2）空间分辨能力

分辨率是雷达系统区分空间两个相邻目标的能力，双/多基地雷达的分辨率问题远不如传统单基地雷达那样简单，需要用角度、距离和多普勒的分辨参数表达，较为严格地表示应该是参数空间的一个立体几何结构。随目标位置的不同，其分辨能力会有很大的变化。常规 T-R 模式双基地雷达的分辨能力低于单基地雷达，特别是使用宽波束发射的双基地雷达[6]。以正交波形和等效发射波束技术形成为基础,双基地 MIMO 雷达的空间分辨能力明显高于常规 $T-R$ 模式双基地雷达。

3）接收机灵敏度

由于无须收发隔离,收发分置 T-R 模式双基地接收机能具有更高的灵敏度,这对反隐身、改善低空目标检测性能等有很大帮助。这一因素加上占空比使用方面的灵活性,成为 T-R 模式双基地 MIMO 雷达走向工程实用的最有利因素。

4）发射系统工作效率

MIMO 雷达发射阵列划分成多个相对独立的子阵,发射彼此独立的信号,无需合成高增益的天线方向图,因此不需要额外的微波能量合成设备,这将降低射频传输网络的长度,使发射系统的整体效率明显提高,并大幅度降低电源系统的负载需求,对降低系统复杂性也会有很大的好处。

5）孔径效率

双基地 MIMO 雷达的回波信号中包含目标相对于发射阵列的相位信息,借助等效的发射波束形成技术,能提取目标相对于发射阵列的角度信息,意味着发射系统的孔径在参数估计过程中也发挥了有效的贡献。这正是 MIMO 雷达最本质的优势,无论是单基地还是双基地雷达系统,只要是使用单个的探测信号,都无法获取这一优势。

6）发射信号杂散

由于各发射信道使用独立的信号生成设备,因此不同发射信道之间的杂散可以看成是彼此独立的,将降低信号杂散对目标检测的影响[10]。

7）时空同步

时空同步是双基地雷达最基本的问题。双基地 MIMO 雷达发射能量覆盖很大的空域,接收系统采用 DBF 技术,用多个波束同样覆盖几乎所有的责任区域,因此常规双基地雷达中的空间同步问题变得非常简单;只要接收设备处理能力足够,就不需要使用波束追踪技术。

双基地 MIMO 雷达的目标检测过程需要完成时间和空间的匹配处理,因此对时间、频率的稳定性和同步的要求将高于常规 T-R 模式双基地雷达,同时对发射阵列的相位、幅度等方面的要求也很高。不过从第 3 章可知,使用正交波形后,可有效解决发射阵列的幅相补偿问题。

10.1.2　双基地 MIMO 雷达的潜在优势

正交波形结合双基地雷达体制,使得双基地 MIMO 雷达具备很多独特的潜力,包括射定位精度的改善、欺骗干扰对抗能力、频隐身能力、抗饱和攻击能力、对其他体制模式的兼容能力等。这里先说明后三种独特的优势,定位精度改善和抗欺骗干扰的能力将在下一小节结合具体的技术问题进行描述。

1）射频隐射能力

现代雷达系统面临反辐射导弹（ARM）的严重威胁，雷达告警接收机（RWR）、电子对抗设备（ECM）很大程度上降低或者破坏了雷达的工作效率。为避免告警接收机（RWR）、测向系统（DOA）和电子侦察设备（ELINT）等侦察到雷达系统的存在并采取针对性的对抗措施，DARPA 等人提出射频隐身的概念并开展射频隐身武器系统的研究，于 1982 年研制成功了全球第一部隐身雷达，此后隐身雷达成为了学者们竞相研究的热点。

为定量分析雷达抗截获性能，Schleher 提出了截获因子的概念，其定义为[11]

$$\alpha = \frac{R_{E\_max}}{R_{R\_max}} \tag{10.15}$$

式中：R_{R_max}和 R_{E_max}分别为雷达对目标的最大探测跟踪距离和侦察接收机发现并截获雷达辐射信号的最大距离。

一般来说，可通过如下办法提高雷达的射频隐身能力：一是采用大时宽信号匹配滤波和长时间相干积累的办法，在不峰值功率有限的前提下，提高雷达的探测发现能力；二是采用跳频或增大信号带宽、使用复杂信号波形的方式来降低信号被截获的概率；三是采用低旁瓣高增益收发天线，降低旁瓣被截获概率；四是通过增大占空比和降低雷达系统自身的损耗来降低峰值功率。

双基地 MIMO 雷达使用超大时宽发射信号工作，占空比甚至可接近 100%，对降低雷达的峰值功率，提高雷达抗信号截获能力很有帮助。如与占空比为 10% 的普通雷达相比，为实现同等的探测能力，占空比为 90% 的发射信号被截获的距离降低为前者的 1/3。

多个独立的信号均分发射功率，被截获的距离进一步降低。侦察接收机只有接收到足够多规律性的信号后才能完成确认、区分以及最后的辨识。因此，除非对所有单个发射信道的信号均完成检测和识别，否则很难简单地完成 MIMO 雷达信号的识别。从这个意义上说，对侦察接收机检测和截获 MIMO 雷达信号能力的评估也应以单个发射阵元的信号被可靠截获为准。与使用单个发射信号的常规雷达相比，使用 16 个发射子阵的 MIMO 雷达被截获的距离仅为前者的 1/4。

上述因素再加长时间积累、接收站前置、宽范围频率捷变以及大孔径高增益的接收阵列等技术途径和措施，对提高双基地雷达接收机相对于侦察接收机获得的信噪比优势均有很大好处。

雷达的抗截获性能当然还和侦察接收机的有关性能以及雷达的具体工作模式密切相关，文献[11]建立了专门的模型，并对双基地 MIMO 雷达的射频隐射性能进行了针对性的分析。当参数设定为：雷达总功率 $P_t = 500\text{kW}$，雷达主天线

增益 $G_t = 30\text{dB}$，雷达信号带宽 $B_r = 10\text{MHz}$，占空比设为 Duty = 10%；侦察接收机天线增益 $G_E = 5\text{dB}$，雷达和侦察机损耗都设置为 $L_r = L_E = 10\text{dB}$ 时，截获因子的仿真结果如图 10.3 所示。

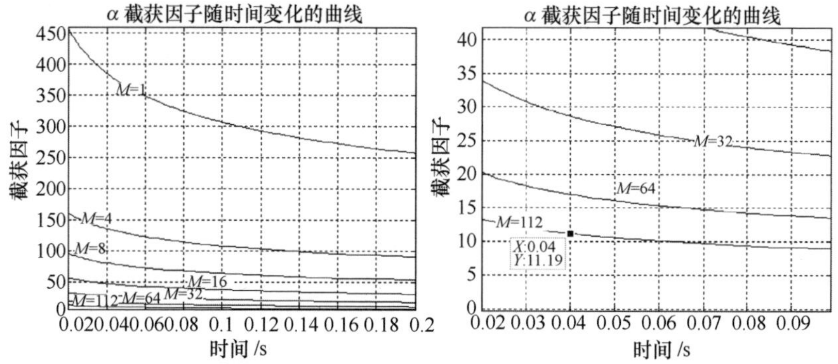

(a) 截获因子　　(b) 局部放大

图 10.3　双基地 MIMO 雷达截获因子随累积时间的变化曲线

从图 10.3 中结果可以看到，随着积累时间的增加截获因子在明显地变小。这是因为截获接收机一般不能得到先验的波形或相位信息，无法像雷达那样进行匹配滤波或脉冲积累处理，因此随着时间的增加，雷达能获得更多的匹配滤波或相参积累优势，截获因子会逐渐下降。

截获概率的变化趋势如图 10.4 所示。随着 MIMO 雷达子阵个数的增加（$M = 1$ 为相控阵模式），虽然发射天线的波束宽度（$\theta_{0.5} = 0.886\lambda/Nd$）增加了，但是由于侦察接收机处的功率密度下降，所以窗口函数的窗口宽度却不会增加或增加幅度较小，而侦察接收机处的输入信噪比快速下降，所以随着子阵数目的增加，侦察接收机的信噪比的下降最终会导致截获概率下降。

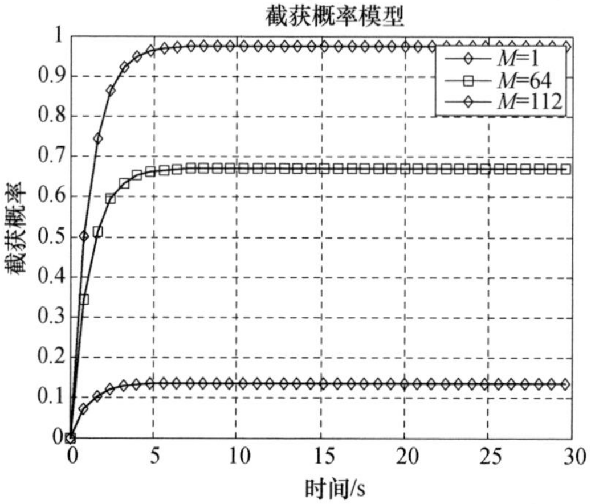

图 10.4　双基地 MIMO 子阵数目变化时的截获概率

2）抗饱和攻击能力

现代战争的演变非常迅速，巡航导弹、战术地地导弹、低成本无人飞机等的出现和大量使用使饱和攻击成为新型防空体系必须面对的挑战。未来背景下的防空作战，防空系统需要对付的目标种类会更多，对制导雷达精跟目标容量的要求会越来越高。

对常规雷达而言，目标容量与数据率是两个相互矛盾的指标，根据雷达功能的不同，设计时会有所侧重。为完成责任空间的搜索，预警或搜索雷达使用扇形的波束完成空域的搜索，使用边跟边扫（TWS）方法完成目标跟踪处理，只要采集和处理能力足够，则搜索雷达的目标容量没有理论上的限制。不过搜索雷达目标的数据率，也就是单位时间内对目标探测的次数 ρ_{search} 是有限的，它是搜索时间 T_{search} 的倒数，即

$$\rho_{\text{search}} = 1/T_{\text{search}} \tag{10.16}$$

根据探测距离的不同，搜索雷达完成一次责任空域搜索的时间至少需要若干秒，对应的数据率很难超过 1Hz。作用距离越大、探测波束越窄，则数据率将越底。

传统的精密跟踪相控阵雷达多以 TAS 的方式完成对目标的跟踪，理论上说可以实现很高的数据率。已有的工程实践表明，精密跟踪雷达使用 $1° \times 1°$ 左右的波束对空气动力目标进行跟踪时，至少需要 10Hz 的数据率才能获得比较稳健、理想的跟踪效果，对导弹或其他机动性比较高的目标，数据率的要求往往更高。

为提高目标位置的测量精度，精密跟踪雷达（这里以二维相控阵雷达或数字阵列雷达为例）大多使用针状波束工作。但为维持高的数据率，目标容量会受到很大的限制。这是因为对使用窄波束的相控阵雷达而言，由于无法确保空间的两个目标始终处于同一个照射波束之内，因此进入精跟踪阶段后，必须不断地以专门的波束对目标进行反复的周期性的探测以完成正常的跟踪过程。这些专门的跟踪波束将占用专门的雷达驻留周期，因此相控阵雷达最多能精确跟踪的目标数量 N_{target} 必须满足

$$N_{\text{target}} \leqslant \left| \frac{T_{\alpha-\beta}}{T_{\text{Track}}} \right| \tag{10.17}$$

式中：T_{Track} 为跟踪驻留周期；$T_{\alpha-\beta}$ 则为滤波器的采样周期。

例如对作用距离达 200km 的防空制导用多功能相控阵雷达系统而言，扣除指令传输或导弹跟踪等必须保留的时间后，雷达能够用于进行精密跟踪的时间将受到很大限制，其实际的精跟目标容量数往往是非常有限的，只能同时应对几个，最多十几个批次的目标。这也是目前世界上已装备的远程防空导弹系统多

目标能力均有限的主要原因。

当然以针状波束工作的相控阵雷达也可以工作在 TWS 状态，但由于覆盖主要空域需要更多的波束数，搜索一次责任空域需要的时间将更长，往往达数秒乃至十几秒的时间[9]。此时虽然目标容量没有理论上的约束，但由于其搜索的能力非常有限，能够提供的数据率极低。

借助于宽发多收以及等效的发射波束形成，双基地 MIMO 雷达可以同时观察较大的甚至是所有的责任空域。因此和搜索雷达一样，只要接收硬件设备没有处理能力上的约束，则双基地 MIMO 雷达没有目标容量的限制。同时和宽发泛光照射的常规双基地一样，只要照射系统的工作波形设计合理，则对目标跟踪的数据率将主要由接收系统决定，等于对目标工作时间 T_{MIMO}的倒数，即

$$\rho_{\mathrm{MIMO}} = 1/T_{\mathrm{MIMO}} \tag{10.18}$$

一般来说，为弥补宽波束照射导致的天线增益损失，T_{MIMO}将远大于常规相控阵雷达所需要的驻留时间 T_{Track}，因此双基地 MIMO 雷达很难实现很高的目标跟踪数据率。不过由于占空比没有限制以及接收站大幅度前置，维持雷达威力所需要的 CPI 时间可以大幅度下降，很容易满足 $T_{\mathrm{MIMO}} < 0.05\mathrm{s}$ 的要求，相应的数据率可以达到 20Hz，满足精密跟踪乃至制导场合的基本需求。并且，根据目标所处位置的不同灵活地选择不同的跟踪数据率，也成为双基地 MIMO 雷达系统的特色之一。例如对具有同样机动能力的目标，在远距离阶段可以使用较长的 CPI 时间和较小的跟踪数据率；目标距离较近时视线角度变化较快，因此必须使用较高的跟踪数据率，而巧的是对距离较近的目标，也只需要较短的 CPI 时间。

当然，雷达对目标跟踪的数据率还受到接收处理设备硬件以及计算机周期调度的限制，但只要硬件平台设计合理，完全可以 20Hz 或更高数据率对数百批目标进行精密跟踪，应付未来防空作战超饱和攻击的情况。

3）体制兼容能力

面对未来战场极端复杂的作战环境时，防空雷达的适应性和应变能力显得越发关键。与常规雷达相比，双基地 MIMO 雷达在适应性和应变能力方面的优势是非常明显的，对其他雷达体制的兼容就是这一优势的重要表现之一。这些独特的优势使得双基地 MIMO 表现出非常优良的综合性能，如应对复杂电磁干扰环境或跟踪低小慢目标等。

第一，使用高占空比、低峰值功率的探测信号是常规 T-R 模式双基地雷达的基本特点，这一特点和正交波形的使用前提是一致的；同时和常规 T-R 模式双基地雷达一样，双基地 MIMO 具有较小的杂波动态范围，独立的无源接收设备也具备更好的接收灵敏度。而且使用正交信号后，T-R 模式双基地 MIMO 雷达获得了从接收阵列获取的目标回波数据中提取目标相对于发射阵列空间视线角

度的能力，具备了信息冗余的特点，使双基地 MIMO 雷达具备了 T/R-R 模式双基地雷达才有的对目标高精度定位的能力。这意味着双基地 MIMO 雷达兼有 T-R和 T/R-R 两种模式双基地体制的优势。

第二，双基地雷达可以采用宽波束泛光照射模式，也可能采用窄波束照射，前者空间同步容易、目标容量大、速度分辨率高但角度分辨能力很差；后者空间分辨能力好、定位精度高，但空间同步难，需要解决波束追踪问题、需要足够大的积累时间，且目标容量和速度分辨能力均比较差。而以正交波形和接收阵列 DBF 技术为基础，双基地 MIMO 雷达能够兼容宽波束泛光照射和窄波束照射两种雷达工作模式的基本优点，回避其弱点。一方面，双基地 MIMO 雷达发射波束很宽，借助长积累时间弥补发射天线增益的下降，因此具备泛光照射双基地雷达的基本优点，如目标容量大，多普勒分辨能力强等；另一方面，正交信号的使用使得双基地 MIMO 雷达的目标回波信号中包含有相对于发射阵列的角度信息，其空间分辨能力和定位精度由收发阵列孔径共同决定。借助等效发射波束形成技术，双基地 MIMO 雷达能同时兼备窄波束照射模式空间分辨能力好以及定位精度高的优点。实际上，由于发射阵列孔径的贡献，双基地 MIMO 雷达的目标定位精度和分辨能力比同等条件的相控阵或窄波束 T-R 模式双基地雷达还要好。

此外，双基地 MIMO 雷达发射包含多个独立的发射通道，可以发射彼此正交的信号，但也可以发射完全相同的信号波形，此时系统暂时工作在窄波束 T-R 双基地模式下，便于集中能量，对重点的微弱目标进行专门的跟踪。

综合前面的对比与分析可以看出，双基地 MIMO 雷达实际上兼容了单基地相控阵雷达、T/R-R 模式双基地雷达、宽波束或窄波束 T-R 模式的双基地雷达等主要的特点。这使得双基地 MIMO 雷达能够以更灵活的方式应对复杂的工作环境，如利用接收阵列的隐蔽特性避免来自主瓣的积极干扰、正交波形带来的自由度拓展能使对消效果更好、低成本发射阵列便于提高抗打击能力等，从而表现出很好的综合性能。

10.1.3　双基地 MIMO 雷达关键技术问题

双基地 MIMO 雷达具备很多独特的优势，这些优势和潜力的有效发挥，依赖于一些针对性的信号处理技术。

1）定位处理

T-R 模式双基地 MIMO 雷达能够完全继承 T-R 模式双基地雷达原有的信息获取能力，并且以正交波形作为基础，工作于全静默纯状态下的接收阵列还具备获取目标相对于发射阵列视线角的能力，因此具备信息盈余的特点。借助信息融合技术，能显著改善侧视区的目标定位精度。

以收发系统均为水平线性阵列这一最简单的情况为例，借助上述信息冗余

特点,可建立具有超定特性的定位方程

$$\begin{cases} x + \bar{x} = y\tan(\theta) \\ x - \bar{x} = y\tan(\vartheta) \\ y\sec(\theta) + y\sec(\vartheta) = R \end{cases} \tag{10.19}$$

式中:$\bar{x} = L/2$ 为收发阵列到原点的距离;R 为距离跟踪回路输出的距离和数据;ϑ、θ 分别为目标相对于收发阵列的视线角。

借助基本的最小二乘法就可以将两个角度信息和一个距离信息进行融合,得到目标位置坐标[7]

$$x = \frac{\bar{x}(\tan^2(\theta) - \tan^2(\vartheta)) + R(\tan(\theta)\sec(\theta) + \tan(\theta)\sec(\vartheta) + \tan(\vartheta)\sec(\theta) + \tan(\vartheta)\sec(\vartheta))}{(\tan(\theta) - \tan(\vartheta))^2 + 2(\sec(\theta) + \sec(\vartheta))^2}$$

$$y = \frac{2\bar{x}\tan(\theta) - 2\bar{x}\tan(\vartheta) + 2R\sec(\theta) + 2R\sec(\vartheta)}{(\tan(\theta) - \tan(\vartheta))^2 + 2(\sec(\theta) + \sec(\vartheta))^2} \tag{10.20}$$

当然,也还可以用测量子集优选方法实现信息的分区融合,也可直接用 EKF 滤波器实现对目标信息融合和闭环跟踪,从而实现对目标运动参数的高精度估计。这些思路很容易直接推广至测量信息更为丰富的场合。

由微分方法容易根据定位方程获得其定位精度的几何分布,即 GDOP 图。图 10.5 即给出了常规 T-R 模式双基地雷达和双基地 MIMO 雷达的定位精度分布。仿真使用的主要参数为:收发双站基线距离 $L = 20\text{km}$,距离测量方差$\sigma_{R_s} = 25\text{m}$,收发角度测量方差 $\sigma_{\theta_T} = \sigma_{\theta_R} = 0.005\text{rad}$。

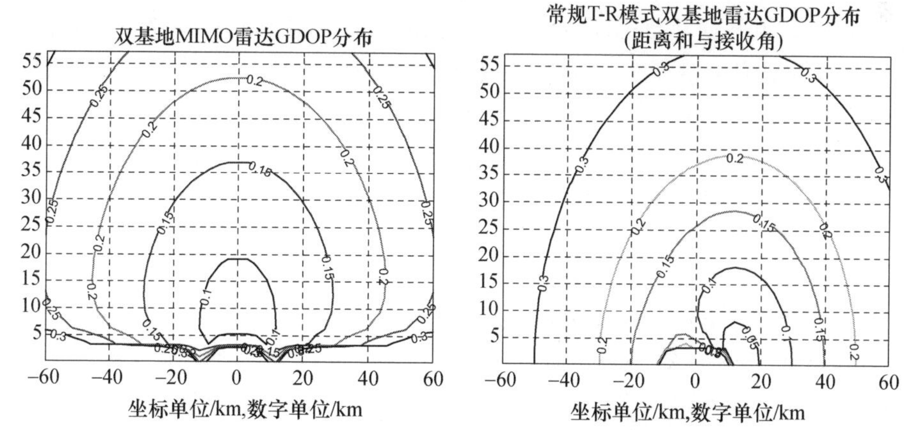

图 10.5 两种不同定位方法的精度对比

2) 抗欺骗干扰识别

距离欺骗是最常见的积极干扰模式之一[12]。理论上说,常规雷达可采用前沿跟踪对距离欺骗干扰进行识别并实施有效的对抗,然而实际的对抗效果往往并不理想。其原因主要是目标反射信号随目标运动存在很大的起伏,难以判别出现在波门前沿的究竟是目标信号还是一般的噪声或者距离压缩信号的旁瓣。

常规双基地雷达只能获取目标相对于接收阵列的角度信息和目标至收发阵列的距离和,因此也不具备单独对抗距离欺骗的能力,受干扰时目标定位输出数据将出现很大偏差;组网雷达具备有效抗击欺骗干扰的潜力,但往往需要多个接收站配合,采用三角定位的原理实现,且首先必须面临目标同一性设别的难题。

与此不同,双基地 MIMO 雷达能同时获取目标相对于收发阵列的角度信息,具备信息盈余的特点。除了象常规双基地雷达一样能获得收发阵列至目标的距离和之外,还可利用获取的两个角度计算收发阵列至目标的距离和

$$R' = L_0\left(\frac{\sin(\theta) + \sin(\vartheta)}{\sin(\vartheta + \theta)}\right) \tag{10.21}$$

这一距离的提取与回波包络的到达时间无关,不因距离跟踪回路受到干扰而出现过大的偏差。相反,由于欺骗信号的信噪比一般高于目标反射信号,这两个角度的测量精度将更高,由上式推算出的距离也将更精确。将该距离信息与直接由距离跟踪回路获得的距离和信息作比较,可判定是否存在距离欺骗干扰。判决准则为

$$\begin{cases} |R' - R| \leqslant D_0, & \text{判决存在欺骗干扰} \\ |R' - R| > D_0, & \text{判决不存在欺骗干扰} \end{cases} \tag{10.22}$$

一旦判决距离欺骗干扰存在,可利用三角定位给出的距离估计并调整距离波门的位置,重新捕获目标回波信号。式(10.22)中的门限 D_0 应由雷达对目标的距离和角度测量精度决定,将 $R' - R$ 对两个角度分别求导,容易得到门限的表达公式

$$D_0 = \eta_d \sqrt{(dR)^2_{\max} + L_0^2\left(\frac{\sin(\theta)(d\vartheta)_{\max}}{\sin^2(\vartheta + \theta)}\right)^2 + L_0^2\left(\frac{\sin(\vartheta)(d\theta)_{\max}}{\sin^2(\vartheta + \theta)}\right)^2} \tag{10.23}$$

式中:η_d 为可调整的系数,其取值直接影响欺骗干扰的识别效果。

由式(10.23)实现三角定位,其精度随目标空间位置的不同而变化,与此相应,不同区域中欺骗干扰的判决门限也不尽相同。给定参数估计精度和系数 η_d,可由公式(10.23)计算出不同位置上的欺骗干扰判决门限。图 10.6 给出的就是 $\eta_d = 1$,距离测量方差 30m,发射角度测量方差 $3'$,接收角度测量方差 $2'$ 条件下的计算结果,可以看出判决门限的变化规律和不同空间位置上双基地MIMO雷达抗距离干扰的潜力。注意实际应用时也可采用预先计算和存储的办

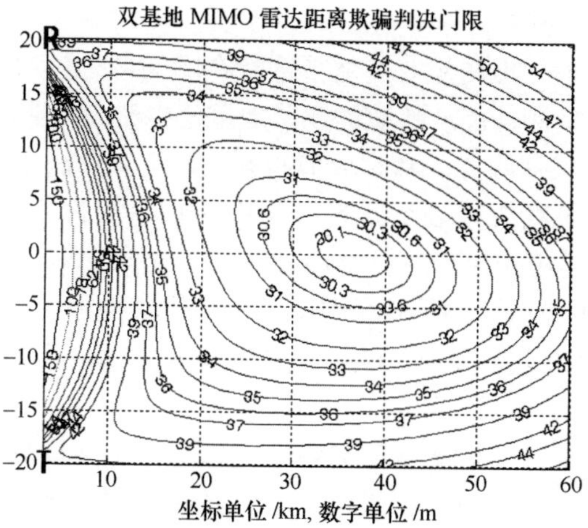

图 10.6　欺骗干扰判决门限随目标位置的变化
（距离测量方差 30m，发射角度测量方差 3′，接收角度测量方差 2′）

法设置与空间位置有关的判决门限数据，但应由回波的信噪比确定 η_d 的值，并用于修正实际使用的判决门限。

图 10.7 给出了不同的回波信噪比条件下，欺骗干扰检测的识别概率。仿真条件设置为：发射和接收均使用 16×16 的面阵，阵元间距均为半波长，每个发射子阵所含阵元数为 16×1，每个接收子阵所含阵元数为 4×4；雷达发射功率 10kW；基线长度 30km；采用正交编码信号，子码宽度 0.4μs，子码长度 1024；雷达周期为 $T=1$ms，周期数 nCPI = 1；采样率 $f_s=10$MHz；载频 $f_c=2$GHz；接收端信噪比为 -10dB。每次仿真目标出现位置和干扰存在情况随机生成，进行欺骗干扰判决，并统计正确检测的概率，共进行了 2000 次蒙特卡罗仿真。

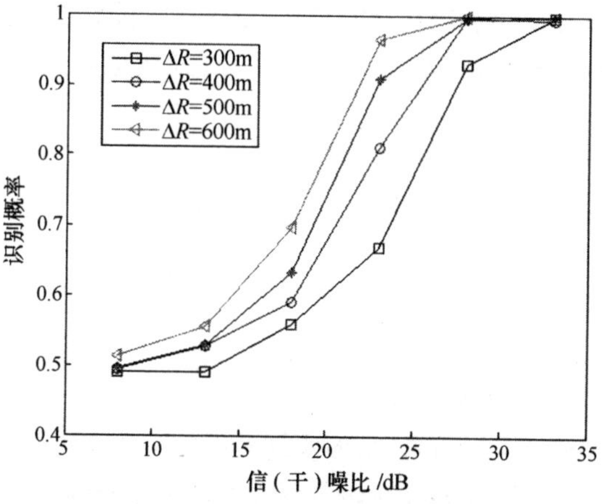

图 10.7　距离欺骗干扰识别概率随信噪比及拖引距离的变化关系

3）直达波抑制问题

直达波及多径干扰抑制是双基地雷达特有的问题，其处理效果直接影响到雷达对慢速目标的检测性能。传统的双基地雷达中较为经典的直达波及多径抑制方法主要包括空域抑制方法和时域抑制方法。空域方法主要有 MVDR 方法、子空间投影方法和线性约束最小方差（LCMV）算法等，其主要思路是在干扰或多径干扰方向形成自适应的零点；常用的时域方法有 LMS 方法及其改进型方法，通过时域对消的方式抑制干扰信号。正交信号的使用，使得双基地 MIMO 雷达中接收信号的形式更为复杂，其直达波和多径干扰的抑制问题出现了新的特点。

先看空域滤波方法。传统基于 MVDR 方法的自适应波束形成思路，是设计空域滤波权值 $\boldsymbol{w}$，使期望方向的入射信号无失真地通过空域滤波器，抑制其余方向的干扰信号。对脉冲方式工作的双基地雷达，由于采样快拍数较少，协方差矩阵估计误差较大，MVDR 方式得到的波束主瓣会发生畸变，旁瓣电平也会增高。

子空间投影方法的基本思路是对干扰信号的协方差矩阵进行特征分解，构造干扰子空间的正交投影矩阵，再对接收信号进行投影处理，从而达到抑制干扰的目的。和 MVDR 方法一样，子空间投影方法也会遇到小子样带来的问题。并且将双基地 MIMO 雷达中的收发联合导向矢量概念与子空间投影方法结合进行直达波或干扰抑制更不可取，因为双基地 MIMO 雷达中的收发联合导向矢量实际隐含了距离单元信息，基于联合导向矢量的子空间方法无法考虑其他距离单元所产生的压缩旁瓣对目标检测带来的影响。

Widrow 提出的 LMS 算法被广泛应用于干扰对消处理，其本质是产生一组权系数，使得参考信号能够被入射信号线性表出。但是双基地 MIMO 雷达中，直达波及多径干扰信号不是单一信号，而是多个正交信号的组合，干扰信号与参考信号不相关，无法表示成入射信号简单的线性组合。因此，在这种情况下 LMS 算法的运用从一开始的建模阶段就会遇到问题，当然也就无法获得理想的对消效果。

对比现有各种直达波和多径杂波抑制技术，较为实用的方法是基于 LCMV 算法与 CLEAN 算法相结合的思路，前者用于空域抑制，后者实现空时域的联合抑制。

（1）LCMV 波束形成器。

LCMV 波束形成器是 MVDR 波束形成器的直接推广。天线阵列同时接收到目标回波和直达波，由 LCMV 波束形成控制权矢量，将各个阵元输出分别加权后再求和就得到了阵列的总输出，从而实现对直达波的抑制。

设接收天线阵元的个数为 N，n 时刻的空域滤波输出 $y(n)$ 是 N 个阵元输出数据的线性组合，即

$$y(n)=\boldsymbol{w}^{\mathrm{H}}\boldsymbol{x}(n) \tag{10.24}$$

通过 LCMV 自适应波束形成算法设计 $\boldsymbol{w}$,使得滤波器在直达波的到达方向 θ_{d},多径干扰的到达方向处 $\theta_k,k=1,2,\cdots,K$ 形成零点,抑制相应方向的干扰,这样除了所需观测方向 θ_{r} 以外,θ_{d} 方向以及 θ_k 方向的直达波及多径干扰将不能通过空域滤波器,输出信号 $y(n)$ 中的目标回波不再受直达波及多径干扰的影响。

空域滤波输出为

$$y(n)=\boldsymbol{w}^{\mathrm{H}}\boldsymbol{x}(n)=\boldsymbol{x}^{\mathrm{T}}(n)\boldsymbol{w}^{*} \tag{10.25}$$

式中:$\boldsymbol{w}$ 为滤波器的权向量,$\boldsymbol{w}=[w_0 \quad w_1 \quad \cdots \quad w_{N-1}]^{\mathrm{T}}$;天线阵列的接收信号 $\boldsymbol{x}(n)$ 为空域滤波的输入信号向量,$\boldsymbol{x}(n)=[x_0(n) \ x_1(n) \ \cdots \ x_{N-1}(n)]^{\mathrm{T}}=\boldsymbol{As}(n)+\boldsymbol{v}(n)$。

输出的平均功率 $P(\theta)$ 为

$$P(\theta)=E\{\boldsymbol{w}^{\mathrm{H}}\boldsymbol{x}(n)\boldsymbol{x}^{\mathrm{H}}(n)\boldsymbol{w}\}=\boldsymbol{w}^{\mathrm{H}}\boldsymbol{R}\boldsymbol{w} \tag{10.26}$$

式中:$\boldsymbol{R}=E\{\boldsymbol{x}(n)\boldsymbol{x}^{\mathrm{H}}(n)\}$ 为空间相关矩阵。

假设目标回波信号 $s_{\mathrm{r}}(n)$ 从 θ_{r} 方向入射,天线阵列对该方向的接收信号为 $\boldsymbol{x}_{\mathrm{r}}(n)=\boldsymbol{a}(\theta_{\mathrm{r}})s_{\mathrm{r}}(n)$,$\boldsymbol{a}$ 为接收波束导向矢量。为了使该方向入射的信号无失真的通过空域滤波器,应有

$$y_0(n)=\boldsymbol{w}^{\mathrm{H}}\boldsymbol{x}_{\mathrm{r}}(n)=\boldsymbol{w}^{\mathrm{H}}\boldsymbol{a}(\theta_{\mathrm{r}})s_{\mathrm{r}}(n)=s_{\mathrm{r}}(n) \tag{10.27}$$

即

$$\boldsymbol{w}^{\mathrm{H}}\boldsymbol{a}(\theta_{\mathrm{r}})=1 \tag{10.28}$$

在保证上式成立的前提下,选择向量 $\boldsymbol{w}$ 使滤波器的平均输出功率 $P(\theta)$ 最小,即对其他方向的信号和噪声尽量抑制。这时的条件极值问题可描述为

$$\begin{aligned}&\min_{\boldsymbol{w}}\boldsymbol{w}^{\mathrm{H}}\boldsymbol{R}\boldsymbol{w}\\ \text{st.}\quad &\boldsymbol{C}^{\mathrm{H}}\boldsymbol{w}=\boldsymbol{f}\end{aligned} \tag{10.29}$$

式中:$\boldsymbol{C}$ 为 $M\times(K+2)$ 维约束矩阵;$\boldsymbol{f}$ 为对应的约束响应向量。例如,设 1 个固定方向 θ_{r} 上信号保持单位增益,而在其他固定方向 $\theta_{\mathrm{d}},\theta_k,k=1,2,\cdots,K$ 形成零点以抑制 $K+1$ 个已知干扰方向的干扰。此时,约束矩阵和约束响应向量可表示为

$$\begin{aligned}\boldsymbol{C}&=[\boldsymbol{a}(\theta_{\mathrm{r}}) \quad \boldsymbol{a}(\theta_{\mathrm{d}}) \quad \boldsymbol{a}(\theta_1) \quad \cdots \quad \boldsymbol{a}(\theta_K)]\\ \boldsymbol{f}&=[1 \quad 0 \quad \cdots \quad 0]^{\mathrm{T}}\end{aligned} \tag{10.30}$$

求解式(10.29),得 LCMV 权向量为

$$\boldsymbol{w}_{\mathrm{LCMV}}=\boldsymbol{R}^{-1}\boldsymbol{C}(\boldsymbol{C}^{\mathrm{H}}\boldsymbol{R}^{-1}\boldsymbol{C})^{-1}\boldsymbol{f} \tag{10.31}$$

在实际工程应用中,阵列的空间相关矩阵是用有限次数的采样快拍得到的数据矢量,用时间平均进行估计得到,即

$$\boldsymbol{R}=\frac{1}{P}\sum_{i=1}^{P}\boldsymbol{x}(n)\boldsymbol{x}^{\mathrm{H}}(n) \tag{10.32}$$

式中:P 为阵列接收信号矢量的采样快拍数。

(2) Clean 算法。

Clean 算法最早出现在射电天文学领域,其本质是一个迭代过程,通过在每次迭代中从处理数据里选取“最亮点”,把这个点当成一个真实目标,然后从数据中剔除目标的点扩展函数来实现 Clean 处理。分析表明,Clean 算法不仅仅是一种解卷积的处理方法,同时也是傅里叶频率域中的滤波过程。

Clean 算法运用于双基地 MIMO 雷达中的直达波或多径杂波抑制时,其基本思想是从匹配滤波、波束形成、相参积累以后的数据矩阵中选取最大点作为单个点目标,估计其速度、距离、角度以及信号幅度,并恢复该目标的回波信号波形(扩展函数),再从数据矩阵中减去目标的点扩展函数。通过有限次迭代,层层剥离强目标,从而凸显弱目标。其流程框图如图 10.8 所示。

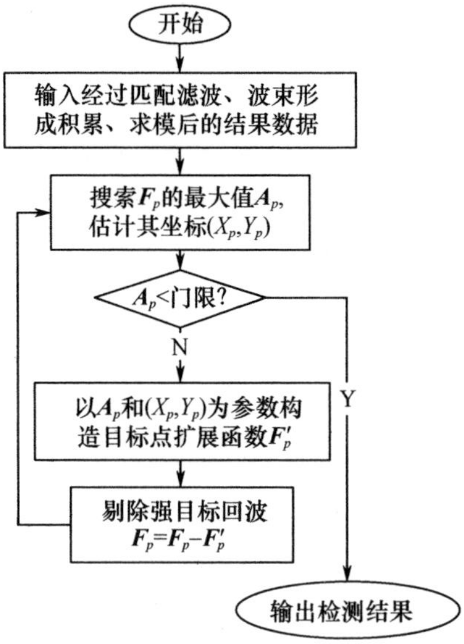

图 10.8 MIMO 雷达 Clean 算法流程图

图中 $\boldsymbol{F}_p$ 为接收阵列回波数据经匹配滤波、波束形成、相参积累以后得到的数据矩阵;$\boldsymbol{F}'_p$为根据估计参数重构的扩展函数;$\boldsymbol{A}_p$ 为点目标幅度数据。直达波及多径干扰信号强度很大,但其信号形式与点目标回波相似,因此 Clean 算法能

有效抑制这两种类型的干扰。

图 10.9 和图 10.10 对比了使用 Clean 算法前后数据矩阵中目标信号观测效果。仿真条件为：雷达周期 1ms，脉冲宽度 400μs，采样率 10MHz，脉冲数 50，信号载频 5.3GHz；发射信号为 1024 编码信号；收发阵列间距为 30km；目标距离收发阵列距离和 36.5km，相对收发阵列速度和 22.93m/s，目标 RCS = $5m^2$；收发阵列参数跟目前平台一致；雷达发射功率 10000W；采用高斯杂波谱，接收端输入信杂比为 SCR = −63.7dB，输入信噪比为 SNR = −17.96dB，接收端目标回波与直达波信干比为 SIR = −87.6dB；为降低多普勒分辨率旁瓣的影响，在慢时间上加切比雪夫窗 50dB。

由图 10.9 可以看出在 Clean 算法前，直达波将目标回波完全掩盖，无法检测目标。

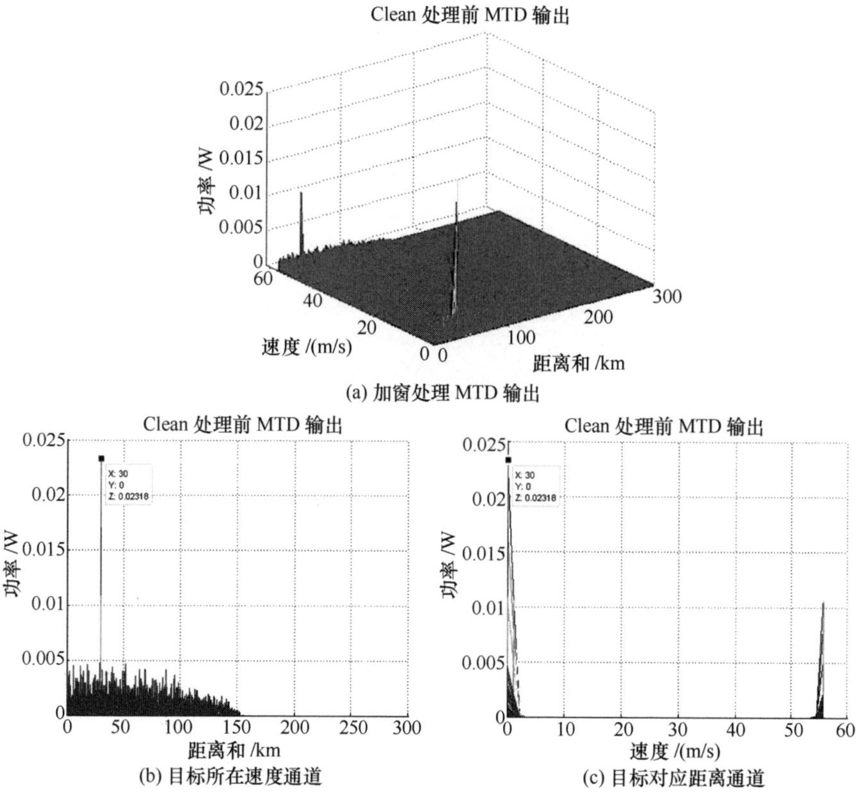

图 10.9　Clean 算法前 MTD 处理结果

由图 10.10 可得对消后直达波信号基本被消除，只剩余杂波分量，该情况下的抑制比大于 87dB；而在存在较强地物杂波的情况下，经过简单的加窗处理后，杂波旁瓣已不能掩盖目标，双基地 MIMO 雷达就能够对低速弱目标进行有效的检测。

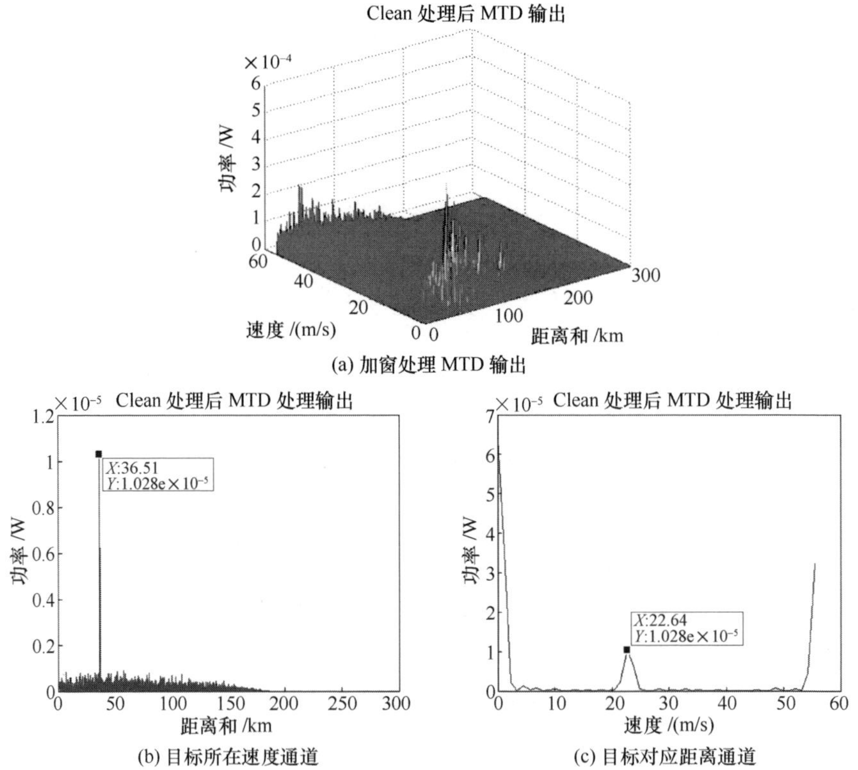

图 10.10　Clean 算法后 MTD 输出

除前面讨论的问题外，T-R 双基地雷达还有很多独特的技术问题，部分正处于研究之中。例如，空域搜索中的收发协同、低空目标跟踪和慢速目标检测等，不再细述。

10.2　基于 MIMO 技术的天波超视距雷达

天波超视距（Over-The-Horizon，OTH）雷达由于其探测距离较远，在800～3000km 内发射功率较大，往往采用收发天线阵列分置的结构[13]。天波 OTH 雷达的发射天线阵列是一个相控阵，只发射一种线性调频连续波信号（或者脉冲信号），其频率范围在 5～30MHz 之间。

将 MIMO 技术[14-23]引入到天波 OTH 雷达中，构成天波 MIMO-OTH 雷达，可以有效的提高天波 OTH 雷达的目标检测性能，同时利用 MIMO 技术，天波 OTH 雷达中难以避免的多径传播也能起到增大雷达系统分集增益的效果，进一步提高天波 OTH 雷达的目标检测性能。

10.2.1　MIMO-OTH 雷达原理

将 MIMO 雷达结构引入到天波 OTH 雷达中，就得到了天波 MIMO-OTH 雷达，其结构如图 10.11 所示。

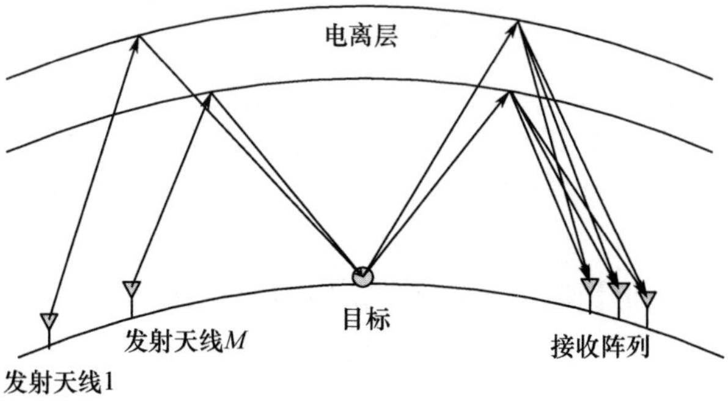

图 10.11　MIMO－OTH 雷达结构图

在发射端，天波 MIMO－OTH 雷达发射阵列由 M 个独立的发射天线构成，其中的每一个发射天线独立发射一个线性调频连续波信号，不同的发射信号之间是相互正交的。因为每个信号具有各自独立的波形及信号频率，使得其在电离层中的传播路径是完全不同的，所以在发射端不能采用常规相控阵雷达中使用的发射波束形成技术。在接收端，为了提高接收信号的能量，接收阵列由 N 个接收天线构成，并且以等间隔排列成均匀线阵。这样在接收端，对于每一个发射信号，都可以采用接收波束形成技术来提高雷达的检测性能，这与相控阵雷达中的接收阵列相同。

电离层是地球大气层中的部分区域。在高度为 60～1000km 的大气层中，由于太阳的直接照射，以及宇宙射线和沉降粒子的作用，使得空气中的部分分子发生了电离，从而产生了大量的带电微粒（自由电子和正负离子）和中性微粒（原子和分子），构成了能量很低的准中性等离子体区域，其中电子和离子的运动同时受到了地球磁场的制约。由于电离层中这些带电粒子的存在，当电磁波射入到电离层后，它的传播方向、速度、相位、能量以及偏振状态都会发生明显的改变。

电离层中最重要的参数为单位体积内的电子浓度，它随高度变化，根据不同高度上的电子浓度的不同，电离层往往被分为 D 层、E 层、F1 层和 F2 层，它们具有各自的物理特性，如表 10.3 所列。

D 层电离层是最接近地球表面的一层，它的高度在 60～90km 之间，这一层的电子浓度不大，其中的中性分子占了绝大比重，所以 D 层对电磁波的主要影响还是考虑其对电磁波信号能量的吸收，而不会产生传播方向上的变化。值得

表 10.3　电离层各层参数

电离层区域	高度范围/km	电子浓度范围(个/cm^3)
D	60 ~ 90	$10^3 \sim 10^4$
E	90 ~ 140	2×10^5
F1	140 ~ 210	3×10^5
F2	210	$10^6 \sim 2 \times 10^6$

注意的是,在夜间没有太阳光照射的情况下,D 层消失。所以在天波 OTH 雷达中,D 层对于雷达信号的影响远没有其他几层重要。E 层高度在 90 ~ 140km 之间,该层处于 D 层之上,电子浓度相对于 D 层也有较大的提高,其电子浓度在 2×10^5 个/cm^{3}左右,但仍然包含了较大比例的中性分子。F1 层和 F2 层处于 E 层上方,也叫做 F 层,是电离层中电子浓度最大的层,其电子浓度的最大值能够达到 5×10^6 个/cm^3。在夏季的白天,F 层被划分成了 F1 层和 F2 层,其中 F1 层处于下方,F2 层处于上方。F1 层的高度大约在 140 ~ 210km 之间,其电离的过程主要由光化学反应控制,夏季的时候电子浓度最强。而 F2 层的高度在 250 ~ 450km 之间,它的电离过程则主要是受到电离扩散和地球磁场的影响。在夜间,F2 层的高度下降,与 F1 层逐渐合并,形成了 F 层。

由于电离层的分层结构,使得进入电离层的雷达信号有可能经过电离层不同层的反射,这样信号的传播路径就各不相同,使得天波 OTH 雷达的目标检测中出现了多径模糊和多模模糊的难题。

天波 OTH 雷达探测目标的工作模式可以由图 10.12 来表示,这里考虑收发天线采用同一个天线的情况。雷达发射的信号被电离层反射后照射到目标上,目标散射的雷达信号通过原路径返回,被雷达接收天线收到。

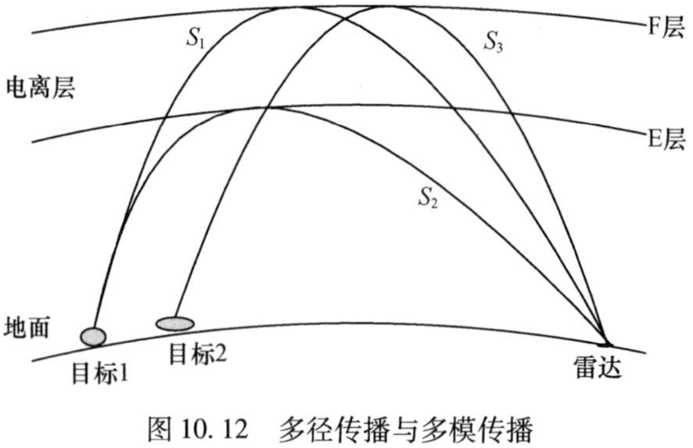

图 10.12　多径传播与多模传播

(1) 多径传播:雷达发射天线发射某个频率的信号来探测远处的目标 1 时,信号被 E 层和 F 层同时反射,并照射到目标,这样就形成了两条不同的路径 S_1 和 S_2,这两条路径具有不同的时延。这时雷达在接收端就会接收到三个不同时延的回波信号,使得雷达对目标的个数判定错误,产生了多径模糊。

(2) 多模传播:天波 OTH 雷达利用某个频率的信号探测目标时,由于其探测的范围很大,所以在探测区域里面可能出现多个目标(目标 1 和目标 2),如果这些目标的回波能够同时被雷达接收天线接收到(路径 S_2 和 S_3 的长度相等),那么天波 OTH 雷达会将多个目标认为是一个目标,这就产生了多模模糊。

上面只是考虑了电离层分为两层的情况,实际中有可能出现更多层的情况,因而出现更多的传播路径,使得雷达信号在电离层中的传播变得更加复杂。但是也不是所有的路径都能够被雷达接收到,一般来说能够被雷达天线接收到的信号条数为 3 ~4 条。多径模糊和多模模糊在天波 OTH 雷达中经常出现,它会使得天波 OTH 雷达对于目标个数的判定出错(增大或者减小),也会导致目标的距离判定出现较大的误差,有时可能达到上百千米,同时还会引起杂波的频谱扩展。在天波 OTH 雷达中,往往采用一些手段来尽量避免多径传播/多模传播的出现。比如,根据当前时刻电离层的状态,选择合理的信号发射频率,使得信号在电离层中只会在一个点反射;多径传播的存在主要是由于现在的天波 OTH 雷达采用的线性天线阵列的俯仰角分辨率太低,不能分辨不同俯仰角上的多径回波信号,所以也有人提出了采用面阵的天线阵列,这样就能在俯仰角上区分出不同的回波信号。

1. MIMO-OTH 雷达信号模型

为了分析天波 MIMO-OTH 雷达[24]的检测性能,需要构建一个合理的雷达目标回波信号模型。为了能够得到一个合理并且简单的雷达目标回波信号模型,需要对雷达结构作一个假设:假设天波 MIMO-OTH 雷达采用收发分置的两个阵列,并且这两个阵列与目标处于同一个垂直平面上,如图 10.13 所示。实际中,天波 OTH 雷达探测的是一片扇形的区域,而且收发天线阵列的距离也在 100km 左右,所以目标不一定能够与收发天线阵列处于同一个平面中。但是,这并不影响雷达系统检测性能的分析。

根据等效路径定理知道,信号在电离层中的曲线传播路径的时延可以等效为它在真空中的直线传播路径的时延。所以在图 10.13 中,将信号的传播路径考虑成直线。图中同时考虑了多径传播的影响,假设发射天线发射的信号通过电离层中不同层的反射,形成了两条路径照射到目标上;而目标散射的回波信号也通过不同电离层的反射,形成了两条不同的路径被接收天线阵列接收到。当然,实际中可能形成多条传播路径,这里为了作图的方便,只画出了两条。

根据上面的假设,可以将天波 MIMO-OTH 雷达和目标所在的整个平面区域用一个二维的坐标系来描述:其中 x 轴表示水平的距离,y 轴表示高度。

假设天波 MIMO-OTH 雷达的发射阵列天线由 M 个独立的发射天线构成,每个发射天线独立发射一个雷达信号。对于其中的第 $m(m=1,2,\cdots,M)$ 个发射

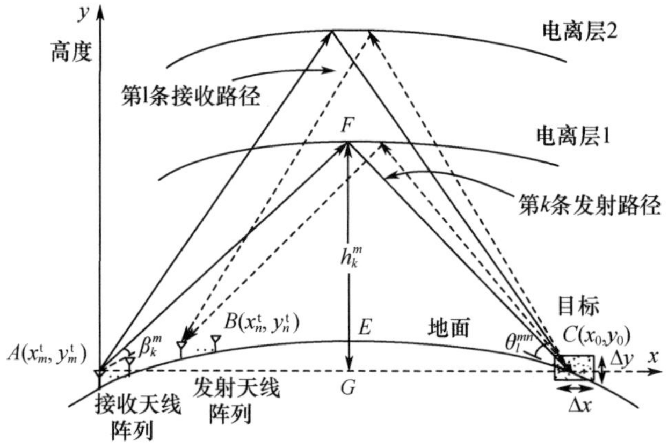

图 10.13　天波 MIMO-OTH 雷达信号传播示意图

天线,其坐标用(x_m^t, y_m^t)表示。天波 MIMO-OTH 雷达的接收阵列由 N 个独立的接收天线构成,其中第 $n(n=1,2,\cdots,N)$个接收天线的位置用(x_n^r, y_n^r)表示。

现今天波 OTH 雷达的发射信号主要是线性调频连续波,其中以美国的天波 OTH 雷达和澳大利亚的天波 OTH 雷达为代表。但是也有采用脉冲波的天波 OTH 雷达,如俄罗斯的天波 OTH 雷达。

这里主要分析雷达的检测性能,所以并不关心雷达信号的具体波形。假设雷达发射线性调频连续波信号,发射天线阵列中的第 m 个发射天线发射的窄带信号用 $s_m(t)$来表示,其对应的信号频率为 f_m,并且信号的能量是归一化的,满足 $\int s_m(t)s_m^*(t)\mathrm{d}t = 1$。为了限定整个雷达系统的发射能量,假设雷达系统能够提供的最大发射能量为 E,这个总能量平均分散到所有的 M 个发射天线上,所以每个发射天线的能量就是 E/M。第 m 个发射天线的发射信号就可以表示为:$\sqrt{E/M}s_m(t)$。

为了能够在接收端区分出不同的发射信号产生的回波信号,不同的发射信号之间是相互独立的。这样在接收端,只需要通过相应的匹配滤波器后,就能得到不同的发射信号对应的回波信号。

在雷达理论中,点目标模型占有重要的地位。对于常规的雷达检测问题,目标往往是被当作点目标模型来处理。而天波 OTH 雷达的目标主要包括飞机、弹道导弹、巡航导弹以及海面的舰船目标等。天波 OTH 雷达的工作频率为 5 ~ 30MHz,对应的信号波长为 10 ~ 60m,考虑到它所探测的目标的尺寸也相对较大,往往在几十米甚至达到上百米,有可能大于雷达信号的波长。对于这样的目标,点目标模型将不再适用。这里将采用在统计 MIMO 雷达领域提出的目标模型来对天波 MIMO-OTH 雷达目标进行建模。

不同于点目标模型，该模型将目标看做是一个 $\Delta x \times \Delta y$ 的矩形，分别对应着目标的长度和高度。在这个矩形中，无数多个独立同分布的散射点均匀分布其上，每一个散射点都是各向同性的，能够单独反射雷达信号。假设目标的中心位于 (x_0, y_0)，用 $U(x,y)$ 来表示位于 $(x+x_0, y+y_0)$ 的散射点的反射系数，其中

$$-\frac{\Delta x}{2} \leqslant x \leqslant \frac{\Delta x}{2},\ -\frac{\Delta y}{2} \leqslant y \leqslant \frac{\Delta y}{2}$$

反射系数 $U(x,y)$ 用一个零均值的复高斯随机变量来模拟，为了能够将目标的回波信号能量归一化，需要加入限制条件

$$E\{|U(x,y)|^2\} = \frac{1}{\Delta x \Delta y} \tag{10.33}$$

同时，假设目标中的散射点在雷达的一个观测周期内是稳定的，也就是说目标是满足 Swerling - Ⅰ模型的。

将所有的散射点反射的信号叠加起来，就得到了目标的回波信号。如果照射到目标的信号用 $s(t)$ 表示，那么目标的反射信号为

$$r(t) = \int_{x_0-\frac{\Delta x}{2}}^{x_0+\frac{\Delta x}{2}} \int_{y_0-\frac{\Delta y}{2}}^{y_0+\frac{\Delta y}{2}} s(t) U(\gamma - x_0, \beta - y_0) \mathrm{d}\beta \mathrm{d}\gamma \tag{10.34}$$

天波 OTH 雷达的杂波主要考虑海杂波。由于海面的波浪的运动，使得其反射的雷达信号具有多普勒频移，在雷达回波的频谱中形成 Bragg 峰，降低天波 OTH 雷达对于海面检测目标的检测概率。本文主要分析雷达检测性能，并没有针对海杂波设计相应的处理方法，所以将杂波和噪声用一个零均值的复高斯分布的随机变量来代替。

对于雷达信号经过电离层时引入的相位污染，由于其变化规律很难用数学表达式来描述，所以利用一个相位在 0 ~ 2π 上均匀分布的复随机变量 $e^{j\varphi}$ 来代替。因为相位污染与信号的传播路径有关（主要反映在信号的反射高度上），所以不同路径上的信号对应的相位污染也各不相同。这里，主要考虑雷达系统对于单个目标的检测性能，不会出现多模传播的情况，所以只考虑多径传播的影响。

因为每个发射信号的频率不同，使得它们在电离层中的传播路径也各不相同。假设对于第 m 个发射天线的发射信号 $s_m(t)$，可以通过 K^m 条路径照射到目标上，每条路径对应的电离层反射高度用 h_k^m 来表示，其中 $k = 1, 2, \cdots, K^m$。如果知道了电离层的状态和发射天线与目标的距离，利用电离层多准抛物线（Multi - Quasi - Parabolique，MQP）是很容易得到信号的传播路径的（信号路径的条数 K^m 及其反射高度 h_k^m）。

对于目标散射的信号也作同样的假设。令 L^{mn} 表示目标散射的信号能够被

雷达接收天线阵列中的第 n 个接收天线接收到的路径的个数，h_l^{mn} 表示其中第 l 条路径的反射高度，θ_l^{mn} 表示该路径的俯仰角（信号传播路径与水平面的夹角）。根据上面的假设，对于第 m 个发射天线，由于多径传播的影响，第 n 个接收天线总共会收到 $L^{mn}K^m$ 个不同的信号。前面给出了天波 MIMO-OTH 雷达的发射信号模型、目标模型、相位污染模型及传播路径的参数，现在分析目标在不同路径上的回波信号。

考虑目标中处于(γ,β)的散射点 q，假设第 m 个发射信号通过电离层反射后，沿着第 k 条前向传播路径（信号从发射天线传播到目标）照射到它的时延为 $\tau_k^m(x_m^{\mathrm{t}},y_m^{\mathrm{t}},\gamma,\beta)$；该散射点反射的信号经过第 l 条后向传播路径（信号从目标传播到接收天线）被第 n 个接收天线接收到所需的时延是 $\tau_l^{mn}(x_n^{\mathrm{r}},y_n^{\mathrm{r}},\gamma,\beta)$。分别用 φ_{lk}^{mn} 和 ω_{lk}^{mn} 表示目标中所有散射点在第 k 条前向传播路径和第 l 条后向传播路径上的相位污染及目标运动导致的多普勒频移。那么，散射点 q 在该路径上的回波可以表示为

$$r_{lk}^{mn}(t)=\sqrt{\frac{E}{M}}s_m\left[t-\tau_k^m(x_m^{\mathrm{t}},y_m^{\mathrm{t}},\gamma,\beta)-\tau_l^{mn}(x_n^{\mathrm{r}},y_n^{\mathrm{r}},\gamma,\beta)\right]\mathrm{e}^{\mathrm{j}\varphi_{lk}^{mn}}\mathrm{e}^{\mathrm{j}\omega_{lk}^{mn}t}U(\gamma-x_0,\beta-y_0)$$

(10.35)

将目标中的所有散射点的回波信号叠加起来，就得到了目标关于发射信号 $s_m(t)$ 在路径 k、l 上的回波 $r_{lk}^{mn}(t)$

$$r_{lk}^{mn}(t)=\sqrt{\frac{E}{M}}\int_{x_0-\frac{\Delta x}{2}}^{x_0+\frac{\Delta x}{2}}\int_{y_0-\frac{\Delta y}{2}}^{y_0+\frac{\Delta y}{2}}s_m\left[t-\tau_k^m(x_m^{\mathrm{t}},y_m^{\mathrm{t}},\gamma,\beta)-\tau_l^{mn}(x_n^{\mathrm{r}},y_n^{\mathrm{r}},\gamma,\beta)\right]\mathrm{e}^{\mathrm{j}\varphi_{lk}^{mn}}\mathrm{e}^{\mathrm{j}\omega_{lk}^{mn}t}U(\gamma-x_0,\beta-y_0)\mathrm{d}\beta\mathrm{d}\gamma \quad (10.36)$$

2. 天波 MIMO-OTH 雷达回波信号相关性

天波 MIMO-OTH 雷达的空间分集增益及其检测性能与回波信号之间的相关性密切相关，本章将分析天波 MIMO-OTH 雷达不同路径的回波信号之间的空间相关性，这些不同的路径信号包括不同接收天线、不同发射天线以及多径传播形成的不同路径。

对于发射信号 $s_m(t)$，在第 k 个前向传播路径和第 l 个后向传播路径上的回波 $r_{lk}^{mn}(t)$ 可以用式(10.67)来表示，下面考虑对其进行化简。

首先采用变量代换，利用 γ' 和 β' 来代替公式(10.36)中的 $\gamma-x_0$ 和 $\beta-y_0$，那么公式变形为

$$r_{lk}^{mn}(t)=\sqrt{\frac{E}{M}}\int_{-\frac{\Delta x}{2}}^{\frac{\Delta x}{2}}\int_{-\frac{\Delta y}{2}}^{\frac{\Delta y}{2}}s_m\left[t-\tau_k^m(x_m^{\mathrm{t}},y_m^{\mathrm{t}},\gamma'+x_0,\beta'+y_0)\right.$$
$$\left.-\tau_l^{mn}(x_n^{\mathrm{r}},y_n^{\mathrm{r}},\gamma'+x_0,\beta'+y_0)\right]$$

$$
\begin{aligned}
&\times \mathrm{e}^{\mathrm{j}\varphi_{lk}^{mn}}\mathrm{e}^{\mathrm{j}\omega_{lk}^{mn}t}U(\gamma',\beta')\mathrm{d}\beta'\mathrm{d}\gamma' \\
&= \sqrt{\frac{E}{M}}\mathrm{e}^{\mathrm{j}\varphi_{lk}^{mn}}\mathrm{e}^{\mathrm{j}\omega_{lk}^{mn}t}\int_{-\frac{\Delta x}{2}}^{\frac{\Delta x}{2}}\int_{-\frac{\Delta y}{2}}^{\frac{\Delta y}{2}} s_m\{t-\tau_k^m(x_m^{\mathrm{t}},y_m^{\mathrm{t}},x_0,y_0) \\
&\quad -[\tau_k^m(x_m^{\mathrm{t}},y_m^{\mathrm{t}},\gamma'+x_0,\beta'+y_0)-\tau_k^m(x_m^{\mathrm{t}},y_m^{\mathrm{t}},x_0,y_0)] \\
&\quad -\tau_l^{mn}(x_n^{\mathrm{r}},y_n^{\mathrm{r}},x_0,y_0)-[\tau_l^{mn}(x_n^{\mathrm{r}},y_n^{\mathrm{r}},\gamma'+x_0,\beta'+y_0) \\
&\quad -\tau_l^{mn}(x_n^{\mathrm{r}},y_n^{\mathrm{r}},x_0,y_0)]\}U(\gamma',\beta')\mathrm{d}\beta'\mathrm{d}\gamma' \\
&= \sqrt{\frac{E}{M}}\mathrm{e}^{\mathrm{j}\varphi_{lk}^{mn}}\mathrm{e}^{\mathrm{j}\omega_{lk}^{mn}t}\int_{-\frac{\Delta x}{2}}^{\frac{\Delta x}{2}}\int_{-\frac{\Delta y}{2}}^{\frac{\Delta y}{2}} s_m\{t-\tau_k^m(x_m^{\mathrm{t}},y_m^{\mathrm{t}},x_0,y_0) \\
&\quad -[\tau_k^m(x_m^{\mathrm{t}},y_m^{\mathrm{t}},\gamma+x_0,\beta+y_0)-\tau_k^m(x_m^{\mathrm{t}},y_m^{\mathrm{t}},x_0,y_0)] \\
&\quad -\tau_l^{mn}(x_n^{\mathrm{r}},y_n^{\mathrm{r}},x_0,y_0)-[\tau_l^{mn}(x_n^{\mathrm{r}},y_n^{\mathrm{r}},\gamma+x_0,\beta+y_0) \\
&\quad -\tau_l^{mn}(x_n^{\mathrm{r}},y_n^{\mathrm{r}},x_0,y_0)]\}U(\gamma,\beta)\mathrm{d}\beta\mathrm{d}\gamma
\end{aligned}
\tag{10.37}
$$

式中的第 3 个等式同样采用了变量代换,将 γ' 和 β' 替换为 γ 和 β。

因为发射信号 $s_m(t)$ 是窄带信号,所以信号的时延可以利用信号的相位变化来代替,式(10.37)就可以变形为

$$
\begin{aligned}
r_{lk}^{mn}(t) &= \sqrt{\frac{E}{M}}\mathrm{e}^{\mathrm{j}\varphi_{lk}^{mn}}\mathrm{e}^{\mathrm{j}\omega_{lk}^{mn}t}s_m[t-\tau_k^m(x_m^{\mathrm{t}},y_m^{\mathrm{t}},x_0,y_0)-\tau_l^{mn}(x_n^{\mathrm{r}},y_n^{\mathrm{r}},x_0,y_0)] \\
&\quad \times\int_{-\frac{\Delta x}{2}}^{\frac{\Delta x}{2}}\int_{-\frac{\Delta y}{2}}^{\frac{\Delta y}{2}}\exp\{-\mathrm{j}2\tau f_m[\tau_k^m(x_m^{\mathrm{t}},y_m^{\mathrm{t}},\gamma+x_0,\beta+y_0)-\tau_k^m(x_m^{\mathrm{t}},y_m^{\mathrm{t}},x_0,y_0) \\
&\quad +\tau_l^{mn}(x_n^{\mathrm{r}},y_n^{\mathrm{r}},\gamma+x_0,\beta+y_0)-\tau_l^{mn}(x_n^{\mathrm{r}},y_n^{\mathrm{r}},x_0,y_0)]\}U(\gamma,\beta)\mathrm{d}\beta\mathrm{d}\gamma \\
&= \sqrt{\frac{E}{M}}\mathrm{e}^{\mathrm{j}\varphi_{lk}^{mn}}\mathrm{e}^{\mathrm{j}\omega_{lk}^{mn}t}\mathrm{e}^{-\mathrm{j}\phi_{lk}^{mn}}s_m[t-\tau_1^m(x_m^{\mathrm{t}},y_m^{\mathrm{t}},x_0,y_0)-\tau_1^{mn}(x_n^{\mathrm{r}},y_n^{\mathrm{r}},x_0,y_0)] \\
&\quad \times\int_{-\frac{\Delta x}{2}}^{\frac{\Delta x}{2}}\int_{-\frac{\Delta y}{2}}^{\frac{\Delta y}{2}}\exp\{-\mathrm{j}2\tau f_m[\tau_k^m(x_m^{\mathrm{t}},y_m^{\mathrm{t}},\gamma+x_0,\beta+y_0)-\tau_k^m(x_m^{\mathrm{t}},y_m^{\mathrm{t}},x_0,y_0) \\
&\quad +\tau_l^{mn}(x_n^{\mathrm{r}},y_n^{\mathrm{r}},\gamma+x_0,\beta+y_0)-\tau_l^{mn}(x_n^{\mathrm{r}},y_n^{\mathrm{r}},x_0,y_0)]\}U(\gamma,\beta)\mathrm{d}\beta\mathrm{d}\gamma
\end{aligned}
\tag{10.69}
$$

式中:f_m 为发射信号 $s_m(t)$ 的载频

$$
\begin{aligned}
\phi_{lk}^{mn} = 2\pi f_m[&\tau_k^m(x_m^{\mathrm{t}},y_m^{\mathrm{t}},x_0,y_0)-\tau_1^m(x_m^{\mathrm{t}},y_m^{\mathrm{t}},x_0,y_0) \\
&+\tau_l^{mn}(x_n^{\mathrm{r}},y_n^{\mathrm{r}},x_0,y_0)-\tau_1^{mn}(x_n^{\mathrm{r}},y_n^{\mathrm{r}},x_0,y_0)]
\end{aligned}
$$

是路径 (m,n,k,l) 上的信号与路径 $(m,n,1,1)$ 上的信号的时延差。

为了计算信号的时延 τ,需要考虑信号的传播路径。将图 10.13 中的信号传播路径简化为图 10.14。

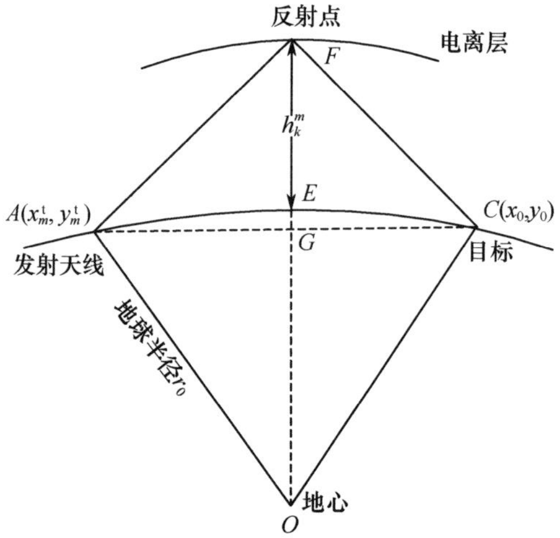

图 10.14　信号传播路径简化图

根据图中的目标、天线及反射点的几何位置关系，可以计算出信号沿着$\overline{AF}$到$\overline{FC}$照射到目标所需的时延满足，即

$$\tau_k^m(x_m^t, y_m^t, x_0, y_0) = \frac{\overline{AF} + \overline{FC}}{c} = \frac{2}{c}\sqrt{\overline{FG}^2 + \overline{AG}^2}$$
$$= \frac{2}{c}\sqrt{\left(h_k^m + z_0 - \sqrt{z_0^2 - R_{\mathrm{D}m}^2/4}\right)^2 + R_{\mathrm{D}m}^2/4}$$
$$= \frac{2\rho_{m,k}}{c\sqrt{4z_0^2 - R_{\mathrm{D}m}^2}} \tag{10.39}$$

式中

$$R_{\mathrm{D}m} = \sqrt{(x_m^t - x_0)^2 + (y_m^t - y_0)^2}$$
$$\rho_{m,k} = \left\{(4z_0^2 - R_{\mathrm{D}m}^2)\left[(h_k^m + z_0)^2 + z_0^2 - (h_k^m + z_0)\sqrt{4z_0^2 - R_{\mathrm{D}m}^2}\right]\right\}^{1/2}$$

式中：c 为电离层在真空中的传播速度。根据上面的式子，可以推出信号从第 m 个发射天线出发后经过第 k 条前向传播路径到达目标中位于(γ,β)的散射点 q 的时延为

$$\tau_k^m(x_m^t, y_m^t, x_0+\gamma, y_0+\beta)$$
$$= \frac{2}{c}\sqrt{(h_k^m + z_0)^2 + z_0^2 - (h_k^m + z_0)\sqrt{4z_0^2 - (x_m^t - x_0 - \gamma)^2 - (y_m^t - y_0 - \beta)^2}}$$
$$\approx \frac{2}{c}\sqrt{(h_k^m + z_0)^2 + z_0^2 - (h_k^m + z_0)\sqrt{4z_0^2 - (x_m^t - x_0)^2 + 2\gamma(x_m^t - x_0) - (y_m^t - y_0)^2 + 2\beta(y_m^t - y_0)}}$$

$$\approx \frac{2}{c}\sqrt{(h_k^m+z_0)^2+z_0^2-(h_k^m+z_0)\left(\sqrt{4z_0^2-R_{\mathrm{D}m}^2}+\frac{2\gamma(x_m^{\mathrm{t}}-x_0)+2\beta(y_m^{\mathrm{t}}-y_0)}{2\sqrt{4z_0^2-R_{\mathrm{D}m}^2}}\right)}$$

$$=\frac{2}{c}\sqrt{(h_k^m+z_0)^2+z_0^2-(h_k^m+z_0)\sqrt{4z_0^2-R_{\mathrm{D}m}^2}-(h_k^m+z_0)\frac{\gamma(x_m^{\mathrm{t}}-x_0)+\beta(y_m^{\mathrm{t}}-y_0)}{\sqrt{4z_0^2-R_{\mathrm{D}m}^2}}}$$

$$\approx\frac{2}{c}\sqrt{(h_k^m+z_0)^2+z_0^2-(h_k^m+z_0)\sqrt{4z_0^2-R_{\mathrm{D}m}^2}}-\frac{2}{c}\frac{(h_k^m+z_0)\dfrac{\gamma(x_m^{\mathrm{t}}-x_0)+\beta(y_m^{\mathrm{t}}-y_0)}{\sqrt{4z_0^2-R_{\mathrm{D}m}^2}}}{2\sqrt{(h_k^m+z_0)^2+z_0^2-(h_k^m+z_0)\sqrt{4z_0^2-R_{\mathrm{D}m}^2}}}$$

$$=\tau_k^m(x_m^{\mathrm{t}},y_m^{\mathrm{t}},x_0,y_0)-\frac{(h_k^m+z_0)[\gamma(x_m^{\mathrm{t}}-x_0)+\beta(y_m^{\mathrm{t}}-y_0)]}{c\rho_{m,k}} \tag{10.40}$$

式(10.40)的化简过程中利用了两个近似理论：

(1) 位置(γ,β)的取值范围是根据目标的尺寸来确定的，而在天波 OTH 雷达中，目标与雷达的探测距离是远远大于目标尺寸的，所以 $\gamma^2+\beta^2 \ll (2h_k^m-y_0-y_m^{\mathrm{t}})^2+(x_0-x_m^{\mathrm{t}})^2$，这样就得到了得到了第一个近似的结果。

(2) 一个很小的值 ε，当 $\varepsilon \ll x$ 时，有如下的近似

$$\sqrt{x+\varepsilon}\approx\sqrt{x}+\frac{\varepsilon}{2\sqrt{x}}$$

这样就得到了第二个和第三个近似的结果。

类似的，如果定义

$$R_{\mathrm{D}n}=\sqrt{(x_n^{\mathrm{r}}-x_0)^2+(y_n^{\mathrm{r}}-y_0)^2}$$

$$o_{mn,l}=\{(4z_0^2-R_{\mathrm{D}n}^2)[(h_l^{mn}+z_0)^2+z_0^2-(h_l^{mn}+z_0)\sqrt{4z_0^2-R_{\mathrm{D}n}^2}]\}^{1/2}$$

同样可以得到目标中位于(γ,β)的散射点 q 经过第 l 条后向传播路径被第 n 个接收天线接收到所花的时延为

$$\tau_l^{mn}(x_n^{\mathrm{r}},y_n^{\mathrm{r}},x_0+\gamma,y_0+\beta)\approx\tau_l^m(x_n^{\mathrm{r}},y_n^{\mathrm{r}},x_0,y_0)-\frac{(h_l^{mn}+z_0)[\gamma(x_n^{\mathrm{r}}-x_0)+\beta(y_n^{\mathrm{r}}-y_0)]}{co_{mn,l}} \tag{10.41}$$

将式(10.40)和式(10.41)代入到式(10.38)中，得到第 m 个发射信号经过前向传播路径 k 和后向传播路径 l 到达第 n 个接收天线的信号为

$$r_{lk}^{mn}(t)=\sqrt{\frac{E}{M}}\mathrm{e}^{\mathrm{j}\varphi_{lk}^{mn}}\mathrm{e}^{\mathrm{j}\omega_{lk}^{mn}t}\mathrm{e}^{-\mathrm{j}\phi_{lk}^{mn}}s_m[t-\tau_1^m(x_m^{\mathrm{t}},y_m^{\mathrm{t}},x_0,y_0)-\tau_1^{mn}(x_n^{\mathrm{r}},y_n^{\mathrm{r}},x_0,y_0)]$$

$$\times \int_{-\frac{\Delta x}{2}}^{\frac{\Delta x}{2}} \int_{-\frac{\Delta y}{2}}^{\frac{\Delta y}{2}} \exp\{-\mathrm{j}2\tau f_m[\tau_k^m(x_m^{\mathrm{t}}, y_m^{\mathrm{t}}, \gamma + x_0, \beta + y_0) - \tau_k^m(x_m^{\mathrm{t}}, y_m^{\mathrm{t}}, x_0, y_0)$$

$$+ \tau_l^{mn}(x_n^{\mathrm{r}}, y_n^{\mathrm{r}}, \gamma + x_0, \beta + y_0) - \tau_l^{mn}(x_n^{\mathrm{r}}, y_n^{\mathrm{r}}, x_0, y_0)]\} U(\gamma, \beta) \mathrm{d}\beta \mathrm{d}\gamma$$

$$= \sqrt{\frac{E}{M}} \mathrm{e}^{\mathrm{j}\varphi_{lk}^{mn}} \mathrm{e}^{\mathrm{j}\omega_{lk}^{mn} t} \mathrm{e}^{-\mathrm{j}\phi_{lk}^{mn}} \varepsilon_{lk}^{mn} s_m[t - \tau_1^m(x_m^{\mathrm{t}}, y_m^{\mathrm{t}}, x_0, y_0) - \tau_1^{mn}(x_n^{\mathrm{r}}, y_n^{\mathrm{r}}, x_0, y_0)] \tag{10.42}$$

式中

$$\varepsilon_{lk}^{mn} = \int_{-\frac{\Delta x}{2}}^{\frac{\Delta x}{2}} \int_{-\frac{\Delta y}{2}}^{\frac{\Delta y}{2}} \exp\left\{-\mathrm{j}2\tau f_m\left[-\frac{(h_k^m + z_0)[\gamma(x_m^{\mathrm{t}} - x_0) + \beta(y_m^{\mathrm{t}} - y_0)]}{c\rho_{m,k}} - \frac{(h_l^{mn} + z_0)[\gamma(x_n^{\mathrm{r}} - x_0) + \beta(y_n^{\mathrm{r}} - y_0)]}{c o_{mn,l}}\right]\right\} U(\gamma, \beta) \mathrm{d}\beta \mathrm{d}\gamma \tag{10.43}$$

就是信号在该路径上照射到目标时产生的目标反射系数，它反映了目标对于照射其上的雷达信号的反射强度，确定了回波信号的能量。由上面的推导知道，目标的反射系数是一个满足复高斯分布的随机变量，它的均值和方差分别为

$$E\{\alpha_{lk}^{mn}\} = E\left\{\int_{-\frac{\Delta x}{2}}^{\frac{\Delta x}{2}} \int_{-\frac{\Delta y}{2}}^{\frac{\Delta y}{2}} \exp\left\{-\mathrm{j}2\tau f_m\left[-\frac{(h_k^m + z_0)[\gamma(x_m^{\mathrm{t}} - x_0) + \beta(y_m^{\mathrm{t}} - y_0)]}{c\rho_{m,k}} - \frac{(h_l^{mn} + z_0)[\gamma(x_n^{\mathrm{r}} - x_0) + \beta(y_n^{\mathrm{r}} - y_0)]}{c o_{mn,l}}\right]\right\} U(\gamma, \beta) \mathrm{d}\beta \mathrm{d}\gamma\right\}$$

$$= \int_{-\frac{\Delta x}{2}}^{\frac{\Delta x}{2}} \int_{-\frac{\Delta y}{2}}^{\frac{\Delta y}{2}} \exp\left\{-\mathrm{j}2\tau f_m\left[-\frac{(h_k^m + z_0)[\gamma(x_m^{\mathrm{t}} - x_0) + \beta(y_m^{\mathrm{t}} - y_0)]}{c\rho_{m,k}} - \frac{(h_l^{mn} + z_0)[\gamma(x_n^{\mathrm{r}} - x_0) + \beta(y_n^{\mathrm{r}} - y_0)]}{c o_{mn,l}}\right]\right\} E\{U(\gamma, \beta)\} \mathrm{d}\beta \mathrm{d}\gamma$$

$$= 0 \tag{10.44}$$

$$E\{|\alpha_{lk}^{mn}|^2\} = \int_{-\frac{\Delta x}{2}}^{\frac{\Delta x}{2}} \int_{-\frac{\Delta y}{2}}^{\frac{\Delta y}{2}} \int_{-\frac{\Delta x}{2}}^{\frac{\Delta x}{2}} \int_{-\frac{\Delta y}{2}}^{\frac{\Delta y}{2}}$$

$$\exp\left\{-\mathrm{j}2\pi f\left[-\frac{(h_k^m + z_0)[\gamma(x_m^{\mathrm{t}} - x_0) + \beta(y_m^{\mathrm{t}} - y_0)]}{c\rho_{m,k}} - \frac{(h_l^{mn} + z_0)[\gamma(x_n^{\mathrm{r}} - x_0) + \beta(y_n^{\mathrm{r}} - y_0)]}{c o_{mn,l}} + \frac{(h_k^m + z_0)[\eta(x_m^{\mathrm{t}} - x_0) + \zeta(y_m^{\mathrm{t}} - y_0)]}{c\rho_{m,k}} + \frac{(h_l^{mn} + z_0)[\eta(x_n^{\mathrm{r}} - x_0) + \zeta(y_n^{\mathrm{r}} - y_0)]}{c o_{mn,l}}\right]\right\}$$

$$E\left\{\sum(\gamma,\beta)\sum(\eta,\zeta)\right\}\mathrm{d}\beta\mathrm{d}\gamma\mathrm{d}\zeta\mathrm{d}\eta$$
$$=\int_{-\frac{\Delta x}{2}}^{\frac{\Delta x}{2}}\int_{-\frac{\Delta y}{2}}^{\frac{\Delta y}{2}}\frac{1}{\Delta x\Delta y}\mathrm{d}\beta\mathrm{d}\gamma$$
$$=1 \tag{10.45}$$

所以,目标的反射系数是满足分布 $\varepsilon_{lk}^{mn}\sim CN(0,1)$。

前面得到了不同的路径上的目标回波信号 $r_{lk}^{mn}(t)$ 的表达式,本节将会根据信号的空间传播路径分析它们之间的相关性。根据前面的分析知道,第 m 个发射天线发射的信号经过第 k 条前向传播路径照射到目标后,目标反射的信号经过第 l 条后向传播路径被第 n 个接收天线接收到的信号 r_{lk}^{mn} 为

$$r_{lk}^{mn}(t)=\sqrt{\frac{E}{M}}\mathrm{e}^{\mathrm{j}\varphi_{lk}^{mn}}\mathrm{e}^{\mathrm{j}\omega_{lk}^{mn}t}\mathrm{e}^{-\mathrm{j}\phi_{lk}^{mn}}\varepsilon_{lk}^{mn}s_m[t-\tau_1^m(x_m^{\mathrm{t}},y_m^{\mathrm{t}},x_0,y_0)-\tau_1^{mn}(x_n^{\mathrm{r}},y_n^{\mathrm{r}},x_0,y_0)] \tag{10.46}$$

式中:$\mathrm{e}^{\mathrm{j}\varphi_{lk}^{mn}}$ 为信号在该路径上传播时引入的相位污染;$\mathrm{e}^{\mathrm{j}\omega_{lk}^{mn}t}$ 为目标运动引起的多普勒频移;$\mathrm{e}^{-\mathrm{j}\phi_{lk}^{mn}}$ 为路径(m,n,k,l)上的信号与路径$(m,n,1,1)$上的信号的相位差,它们都是一个确定未知的量;而 ε_{lk}^{mn} 为传播路径 k、l 上目标的反射系数,是一个随机变量。

由式(10.46)可以推出,第 m' 个发射信号经过第 k' 条前向传播路径照射到目标上,目标散射的信号经过第 l' 条后向传播路径被第 n' 个接收天线接收到的信号 $r_{l'k'}^{m'n'}(t)$ 为

$$r_{l'k'}^{m'n'}(t)=\sqrt{\frac{E}{M}}\mathrm{e}^{\mathrm{j}\varphi_{l'k'}^{m'n'}}\mathrm{e}^{\mathrm{j}\omega_{l'k'}^{m'n'}t}\mathrm{e}^{-\mathrm{j}\phi_{l'k'}^{m'n'}}\varepsilon_{l'k'}^{m'n'}s_{m'}[t-\tau_1^{m'}(x_{m'}^{\mathrm{t}},y_{m'}^{\mathrm{t}},x_0,y_0)$$
$$-\tau_1^{m'n'}(x_{n'}^{\mathrm{r}},y_{n'}^{\mathrm{r}},x_0,y_0)] \tag{10.47}$$

信号 $r_{lk}^{mn}(t)$ 与 $r_{l'k'}^{m'n'}(t)$ 的相关性由它们的反射系数 ε_{lk}^{mn} 与 $\varepsilon_{l'k'}^{m'n'}$ 确定,它们分别为

$$\varepsilon_{lk}^{mn}=\int_{-\frac{\Delta x}{2}}^{\frac{\Delta x}{2}}\int_{-\frac{\Delta y}{2}}^{\frac{\Delta y}{2}}\exp\left\{-\mathrm{j}2\tau f_m\left[-\frac{(h_k^m+z_0)[\gamma(x_m^{\mathrm{t}}-x_0)+\beta(y_m^{\mathrm{t}}-y_0)]}{c\rho_{m,k}}\right.\right.$$
$$\left.\left.-\frac{(h_l^{mn}+z_0)[\gamma(x_n^{\mathrm{r}}-x_0)+\beta(y_n^{\mathrm{r}}-y_0)]}{co_{mn,l}}\right]\right\}U(\gamma,\beta)\mathrm{d}\beta\mathrm{d}\gamma \tag{10.48}$$

$$\varepsilon_{l'k'}^{m'n'}=\int_{-\frac{\Delta x}{2}}^{\frac{\Delta x}{2}}\int_{-\frac{\Delta y}{2}}^{\frac{\Delta y}{2}}\exp\left\{-\mathrm{j}2\tau f_{m'}\left[-\frac{(h_{k'}^{m'}+z_0)[\gamma(x_{m'}^{\mathrm{t}}-x_0)+\beta(y_{m'}^{\mathrm{t}}-y_0)]}{c\rho_{m',k'}}\right.\right.$$
$$\left.\left.-\frac{(h_{l'}^{m'n'}+z_0)[\gamma(x_{n'}^{\mathrm{r}}-x_0)+\beta(y_{n'}^{\mathrm{r}}-y_0)]}{co_{m'n',l'}}\right]\right\}U(\gamma,\beta)\mathrm{d}\beta\mathrm{d}\gamma \tag{10.49}$$

两个信号的相关性可以表示为

$$
\begin{aligned}
C &= E\{\varepsilon_{lk}^{mn}(\varepsilon_{l'k'}^{m'n'})^*\} \\
&= E\Bigg\{\int_{-\frac{\Delta x}{2}}^{\frac{\Delta x}{2}}\int_{-\frac{\Delta y}{2}}^{\frac{\Delta y}{2}}\int_{-\frac{\Delta x}{2}}^{\frac{\Delta x}{2}}\int_{-\frac{\Delta y}{2}}^{\frac{\Delta y}{2}}\exp\Bigg\{-\mathrm{j}2\pi f_m\Bigg[-\frac{(h_k^m+z_0)[\gamma(x_m^{\mathrm{t}}-x_0)+\beta(y_m^{\mathrm{t}}-y_0)]}{c\rho_{m,k}} \\
&\quad -\frac{(h_l^{mn}+z_0)[\gamma(x_n^{\mathrm{r}}-x_0)+\beta(y_n^{\mathrm{r}}-y_0)]}{co_{mn,l}}\Bigg]\Bigg\} \\
&\quad \times\exp\Bigg\{-\mathrm{j}2\pi f_{m'}\Bigg[\frac{(h_{k'}^{m'}+z_0)[\eta(x_{m'}^{\mathrm{t}}-x_0)+\zeta(y_{m'}^{\mathrm{t}}-y_0)]}{c\rho_{m',k'}} \\
&\quad +\frac{(h_{l'}^{m'n'}+z_0)[\eta(x_{n'}^{\mathrm{r}}-x_0)+\zeta(y_{n'}^{\mathrm{r}}-y_0)]}{co_{m'n',l'}}\Bigg]\Bigg\}U(\gamma,\beta)U^*(\eta,\zeta)\,\mathrm{d}\beta\mathrm{d}\gamma\mathrm{d}\zeta\mathrm{d}\eta \\
&= \frac{1}{\Delta x\Delta y}\int_{-\frac{\Delta x}{2}}^{\frac{\Delta x}{2}}\int_{-\frac{\Delta y}{2}}^{\frac{\Delta y}{2}}\exp\Bigg\{-\mathrm{j}2\pi\Bigg[-\frac{(h_k^m+z_0)[\gamma(x_m^{\mathrm{t}}-x_0)+\beta(y_m^{\mathrm{t}}-y_0)]}{\lambda_m\rho_{m,k}} \\
&\quad -\frac{(h_l^{mn}+z_0)[\gamma(x_n^{\mathrm{r}}-x_0)+\beta(y_n^{\mathrm{r}}-y_0)]}{\lambda_m o_{mn,l}} \\
&\quad +\frac{(h_{k'}^{m'}+z_0)[\gamma(x_{m'}^{\mathrm{t}}-x_0)+\beta(y_{m'}^{\mathrm{t}}-y_0)]}{\lambda_{m'}\rho_{m',k'}} \\
&\quad +\frac{(h_{l'}^{m'n'}+z_0)[\gamma(x_{n'}^{\mathrm{r}}-x_0)+\beta(y_{n'}^{\mathrm{r}}-y_0)]}{\lambda_{m'}o_{m'n',l'}}\Bigg]\Bigg\}\mathrm{d}\beta\mathrm{d}\gamma
\end{aligned}
\tag{10.50}
$$

式(10.50)的变换利用了目标中的散射点之间相互独立的假设,并且

$$
E\{U(\gamma,\beta)U^*(\eta,\zeta)\}=\begin{cases}\dfrac{1}{\Delta x\Delta y}, & \gamma=\eta \text{ 且 } \beta=\zeta \\ 0, & \text{其他}\end{cases}
$$

利用重积分的性质,可以将式(10.50)化简为两个单重积分的乘积,即

$$
\begin{aligned}
C &= E\{\varepsilon_{lk}^{mn}(\varepsilon_{l'k'}^{m'n'})^*\} \\
&= \frac{1}{\Delta x\Delta y}\int_{-\frac{\Delta x}{2}}^{\frac{\Delta x}{2}}\int_{-\frac{\Delta y}{2}}^{\frac{\Delta y}{2}}\exp\Bigg\{-\mathrm{j}2\pi\Bigg[-\frac{(h_k^m+z_0)[\gamma(x_m^{\mathrm{t}}-x_0)+\beta(y_m^{\mathrm{t}}-y_0)]}{\lambda_m\rho_{m,k}} \\
&\quad -\frac{(h_l^{mn}+z_0)[\gamma(x_n^{\mathrm{r}}-x_0)+\beta(y_n^{\mathrm{r}}-y_0)]}{\lambda_m o_{mn,l}} \\
&\quad +\frac{(h_{k'}^{m'}+z_0)[\gamma(x_{m'}^{\mathrm{t}}-x_0)+\beta(y_{m'}^{\mathrm{t}}-y_0)]}{\lambda_{m'}\rho_{m',k'}} \\
&\quad +\frac{(h_{l'}^{m'n'}+z_0)[\gamma(x_{n'}^{\mathrm{r}}-x_0)+\beta(y_{n'}^{\mathrm{r}}-y_0)]}{\lambda_{m'}o_{m'n',l'}}\Bigg]\Bigg\}\mathrm{d}\beta\mathrm{d}\gamma
\end{aligned}
$$

$$
\begin{aligned}
&= \frac{1}{\Delta x}\int_{-\frac{\Delta x}{2}}^{\frac{\Delta x}{2}} \exp\left\{-\mathrm{j}2\pi\left[-\frac{(h_k^m + z_0)(x_m^{\mathrm{t}} - x_0)}{\lambda_m \rho_{m,k}} - \frac{(h_l^{mn} + z_0)(x_n^{\mathrm{r}} - x_0)}{\lambda_m o_{mn,l}}\right.\right.\\
&\quad \left.\left. + \frac{(h_{k'}^{m'} + z_0)(x_{m'}^{\mathrm{t}} - x_0)}{\lambda_{m'}\rho_{m',k'}} + \frac{(h_{l'}^{m'n'} + z_0)(x_{n'}^{\mathrm{r}} - x_0)}{\lambda_{m'} o_{m'n',l'}}\right]\gamma\right\}\mathrm{d}\gamma\\
&\quad \times \frac{1}{\Delta y}\int_{-\frac{\Delta y}{2}}^{\frac{\Delta y}{2}} \exp\left\{-\mathrm{j}2\pi\left[-\frac{(h_k^m + z_0)(y_m^{\mathrm{t}} - y_0)}{\lambda_m \rho_{m,k}} - \frac{(h_l^{mn} + z_0)(y_n^{\mathrm{r}} - y_0)}{\lambda_m o_{mn,l}}\right.\right.\\
&\quad \left.\left. + \frac{(h_{k'}^{m'} + z_0)(y_{m'}^{\mathrm{t}} - y_0)}{\lambda_{m'}\rho_{m',k'}} + \frac{(h_{l'}^{m'n'} + z_0)(y_{n'}^{\mathrm{r}} - y_0)}{\lambda_{m'} o_{m'n',l'}}\right]\beta\right\}\mathrm{d}\beta\\
&= P_x P_y
\end{aligned}
\tag{10.51}
$$

注意到式(10.51)中,二重积分被化简为了两个一重积分的乘积,用 P_x 和 P_y 分别表示,它们是对目标长度 x 和高度 y 的积分,并且它们之间是相互独立的。

根据相关性的定义,当两个信号的相关性 C 的值趋于 0 的时候,认为两个信号是不相关的;而当 C 的值趋于 1 的时候,认为这两个信号是存在较强空间相关性的。根据公式(10.82),相关性的取值 C 是由 P_x 和 P_y 确定的,下面单独讨论 P_x 和 P_y 的取值。

利用如下的变量代换,即

$$
\begin{aligned}
u = 2\pi\Bigg[&-\frac{(h_k^m + z_0)(x_m^{\mathrm{t}} - x_0)}{\lambda_m \rho_{m,k}} - \frac{(h_l^{mn} + z_0)(x_n^{\mathrm{r}} - x_0)}{\lambda_m o_{mn,l}}\\
&+ \frac{(h_{k'}^{m'} + z_0)(x_{m'}^{\mathrm{t}} - x_0)}{\lambda_{m'}\rho_{m',k'}} + \frac{(h_{l'}^{m'n'} + z_0)(x_{n'}^{\mathrm{r}} - x_0)}{\lambda_{m'} o_{m'n',l'}}\Bigg]
\end{aligned}
$$

积分 P_x 可以变形为

$$
\begin{aligned}
P_x &= \frac{1}{\Delta x}\int_{-\frac{\Delta x}{2}}^{\frac{\Delta x}{2}} \mathrm{e}^{-\mathrm{j}u\gamma}\mathrm{d}\gamma = \frac{1}{\Delta x}\left(\int_{-\frac{\Delta x}{2}}^{0} \mathrm{e}^{-\mathrm{j}u\gamma}\mathrm{d}\gamma + \int_{0}^{\frac{\Delta x}{2}} \mathrm{e}^{-\mathrm{j}u\gamma}\mathrm{d}\gamma\right)\\
&= \frac{1}{\Delta x}\int_{-\frac{\Delta x}{2}}^{\frac{\Delta x}{2}} 2\cos(u\gamma)\,\mathrm{d}\gamma = \frac{\sin\left(\frac{u\Delta x}{2}\right)}{\frac{u\Delta x}{2}}\\
&= \mathrm{sinc}\left(\frac{u\Delta x}{2}\right)
\end{aligned}
\tag{10.52}
$$

当 $\left|\frac{u\Delta x}{2}\right| > \pi$ 时,$P_x = \mathrm{sinc}\left(\frac{u\Delta x}{2}\right) \approx 0$。这样就得到了积分 P_x 趋于 0 的条件为

$$
\frac{u\Delta x}{2} = \frac{2\pi}{2}\Bigg[-\frac{(h_k^m + z_0)(x_m^{\mathrm{t}} - x_0)}{\lambda_m \rho_{m,k}} - \frac{(h_l^{mn} + z_0)(x_n^{\mathrm{r}} - x_0)}{\lambda_m o_{mn,l}}
$$

$$+\frac{(h_{k'}^{m'}+z_0)(x_{m'}^{\mathrm{t}}-x_0)}{\lambda_{m'}\rho_{m',k'}}+\frac{(h_{l'}^{m'n'}+z_0)(x_{n'}^{\mathrm{r}}-x_0)}{\lambda_{m'}o_{m'n',l'}}]\Delta x$$

$$>\pi \tag{10.53}$$

化简后得到

$$\frac{(h_{k'}^{m'}+z_0)(x_{m'}^{\mathrm{t}}-x_0)}{\lambda_{m'}\rho_{m',k'}}+\frac{(h_{l'}^{m'n'}+z_0)(x_{n'}^{\mathrm{r}}-x_0)}{\lambda_{m'}o_{m'n',l'}}-\frac{(h_k^m+z_0)(x_m^{\mathrm{t}}-x_0)}{\lambda_m\rho_{m,k}}-\frac{(h_l^{mn}+z_0)(x_n^{\mathrm{r}}-x_0)}{\lambda_m o_{mn,l}}>\frac{1}{\Delta x} \tag{10.54}$$

同理,可以算出积分 P_y 趋于 0 的条件为

$$\frac{(h_{k'}^{m'}+z_0)(y_{m'}^{\mathrm{t}}-y_0)}{\lambda_{m'}\rho_{m',k'}}+\frac{(h_{l'}^{m'n'}+z_0)(y_{n'}^{\mathrm{r}}-y_0)}{\lambda_{m'}o_{m'n',l'}}-\frac{(h_k^m+z_0)(y_m^{\mathrm{t}}-y_0)}{\lambda_m\rho_{m,k}}-\frac{(h_l^{mn}+z_0)(y_n^{\mathrm{r}}-y_0)}{\lambda_m o_{mn,l}}>\frac{1}{\Delta y} \tag{10.55}$$

回顾公式可知,不同路径上的信号 $r_{lk}^{mn}(t)$ 与 $r_{l'k'}^{m'n'}(t)$ 不相关的条件只需要满足两个一重积分 P_x 与 P_y 中的一个趋于 0。所以,经过上面的推导得到不同路径上信号不相关的条件是它们的参数满足式(10.54)和式(10.55)中的至少一个。

由上面的公式可以看出,不同路径上的回波信号之间的相关性与它们通过的路径有关,而决定信号传播路径的参数有:雷达发射天线/接收天线与目标的位置$(x_m^{\mathrm{t}},y_m^{\mathrm{t}})/(x_n^{\mathrm{r}},y_n^{\mathrm{r}})$、$(x_0,y_0)$和信号在电离层中的反射高度 h,以及信号的波长 λ。

3. 信号相关性分析

由公式和难以直接看出各个参数的关系,所以讨论下面几种特殊的情况。天波 MIMO-OTH 雷达中的所有回波信号的相关性都可以归为下列特殊情况中的一种。为了方便,下面的分析忽略了高度的变化,认为所有的天线和目标都在同一个高度上,只考虑公式(10.54)。

因为 $z_0 >> R_{\mathrm{D}_m}/2$, $z_0 >> R_{\mathrm{D}_n}/2$,所以 $\sqrt{z_0^2-(R_{\mathrm{D}_m}/2)^2}\approx z_0$, $\sqrt{z_0^2-(R_{\mathrm{D}_n}/2)^2}\approx z_0$, $\rho_{m,k}$ 和 $o_{mn,l}$ 可以化简为

$$\rho_{m,k}\approx\sqrt{4z_0^2[(h_k^m+z_0)^2+z_0^2-2z_0(h_k^m+z_0)]}=2h_k^m z_0 \tag{10.56}$$

$$o_{mn,l}\approx\sqrt{4z_0^2[(h_l^{mn}+z_0)^2+z_0^2-2(h_l^{mn}+z_0)z_0]}=2h_l^{mn}z_0 \tag{10.57}$$

式(10.54)的不等号左边的式子(定义为 L)可以化简为

$$L=\frac{(h_{k'}^{m'}+z_0)(x_{m'}^{\mathrm{t}}-x_0)}{2\lambda_{m'}h_{k'}^{m'}z_0}+\frac{(h_{l'}^{m'n'}+z_0)(x_{n'}^{\mathrm{r}}-x_0)}{2\lambda_{m'}h_{l'}^{m'n'}z_0}$$

$$-\frac{(h_k^m+z_0)(x_m^{\mathrm{t}}-x_0)}{2\lambda_m h_k^m z_0}-\frac{(h_l^{mn}+z_0)(x_n^{\mathrm{r}}-x_0)}{2\lambda_m h_l^{mn} z_0} \tag{10.58}$$

1) 信号 $r_{lk}^{mn}(t)$ 与 $r_{l'k}^{mn'}(t)$

考虑第 m 个发射天线,信号经过第 k 条前向传播路径照射到目标。目标散射的信号经过 l 和 l' 两条不同的后向传播路径分别照射到第 n 和 n' 个接收天线,形成回波信号 $r_{lk}^{mn}(t)$ 与 $r_{l'k}^{mn'}(t)$,假设 $h_{l'}^{mn'}=h_l^{mn}$。将这两个回波信号的参数代入到 L 中,得到

$$\begin{aligned}
L &= \frac{(h_k^m+z_0)(x_m^{\mathrm{t}}-x_0)}{2\lambda_m h_k^m z_0}+\frac{(h_l^{mn}+z_0)(x_{n'}^{\mathrm{r}}-x_0)}{2\lambda_m h_l^{mn} z_0} \\
&\quad -\frac{(h_k^m+z_0)(x_m^{\mathrm{t}}-x_0)}{2\lambda_m h_k^m z_0}-\frac{(h_l^{mn}+z_0)(x_n^{\mathrm{r}}-x_0)}{2\lambda_m h_l^{mn} z_0} \\
&= \frac{(h_l^{mn}+z_0)(x_{n'}^{\mathrm{r}}-x_0)}{2\lambda_m h_l^{mn} z_0}-\frac{(h_l^{mn}+z_0)(x_n^{\mathrm{r}}-x_0)}{2\lambda_m h_l^{mn} z_0} \\
&= \frac{(h_l^{mn}+z_0)}{2\lambda_m h_l^{mn} z_0}(x_{n'}^{\mathrm{r}}-x_n^{\mathrm{r}})
\end{aligned} \tag{10.59}$$

由式(10.59)可以看出,当接收天线 n 与 n' 之间的间隔越大时,L 越大,这时同一个目标散射信号在不同接收天线上的回波信号越有可能不相关。

2) 信号 $r_{lk}^{mn}(t)$ 与 $r_{l'k'}^{mn}(t)$

对于确定的第 m 个发射天线和第 n 个接收天线,考虑由于多径传播产生的多条回波路径之间的相关性。将相应的参数代入 L 得到

$$\begin{aligned}
L &= \frac{(h_{k'}^m+z_0)(x_m^{\mathrm{t}}-x_0)}{2\lambda_m h_{k'}^m z_0}+\frac{(h_{l'}^{mn}+z_0)(x_n^{\mathrm{r}}-x_0)}{2\lambda_m h_{l'}^{mn} z_0} \\
&\quad -\frac{(h_k^m+z_0)(x_m^{\mathrm{t}}-x_0)}{2\lambda_m h_k^m z_0}-\frac{(h_l^{mn}+z_0)(x_n^{\mathrm{r}}-x_0)}{2\lambda_m h_l^{mn} z_0} \\
&= \frac{(x_m^{\mathrm{t}}-x_0)}{2\lambda_m}\left(\frac{1}{h_{k'}^m}-\frac{1}{h_k^m}\right)+\frac{(x_n^{\mathrm{r}}-x_0)}{2\lambda_m}\left(\frac{1}{h_{l'}^{mn}}-\frac{1}{h_l^{mn}}\right)
\end{aligned} \tag{10.60}$$

由式(10.60)可以看出,L 的大小与不同路径的反射高度有关,当反射高度的差距($h_{k'}^{m'}-h_k^m$ 和 $h_l^{mn}-h_{l'}^{mn}$)越大时,L 越大,信号越不相关。

3) 信号 $r_{lk}^{mn}(t)$ 与 $r_{l'k'}^{m'n}(t)$

对于同一个接收天线 n,考虑不同的发射天线 m 与 m' 产生的回波信号之间的相关性。这里如果假设发射信号的频率相同,将会得到与 1) 中相同的结论:增大发射天线之间的间距能使得信号越趋于不相关。这里关注信号频率对于信号相关性的影响。假设不同信号的反射高度相同 $h_k^m=h_{k'}^{m'}$,$h_l^{mn}=h_{l'}^{m'n'}$,发射天线

也是处于同一位置的，$x_m^{\mathrm{t}} = x_{m'}^{\mathrm{t}}$，将相应的参数代入 L 得到

$$
\begin{aligned}
L &= \frac{(h_k^m + z_0)(x_m^{\mathrm{t}} - x_0)}{2\lambda_{m'} h_k^m z_0} + \frac{(h_l^{mn} + z_0)(x_n^{\mathrm{r}} - x_0)}{2\lambda_{m'} h_l^{mn} z_0} \\
&\quad - \frac{(h_k^m + z_0)(x_m^{\mathrm{t}} - x_0)}{2\lambda_m h_k^m z_0} - \frac{(h_l^{mn} + z_0)(x_n^{\mathrm{r}} - x_0)}{2\lambda_m h_l^{mn} z_0} \\
&= \left[\frac{(h_k^m + z_0)(x_m^{\mathrm{t}} - x_0)}{2h_k^m z_0} + \frac{(h_l^{mn} + z_0)(x_n^{\mathrm{r}} - x_0)}{2h_l^{mn} z_0}\right]\left(\frac{1}{\lambda_{m'}} - \frac{1}{\lambda_m}\right)
\end{aligned} \tag{10.61}
$$

由上面的公式可以知道增大两个发射信号之间波长差（也就是频率差）可以使得不同发射天线的回波信号越趋于不相关。

10.2.2 MIMO-OTH 雷达目标检测

前面给出了天线 MIMO-OTH 雷达中不同路径上的目标回波信号的模型。这个模型包含了信号的传播时延、目标在不同路径上的反射系数，以及不同路径上的相位污染。MIMO 雷达的特点是联合处理不同路径上的所有目标的回波信号，利用信号在传播路径上的不同，获得空间分集增益，提高雷达的检测性能。为了设计符合天波 MIMO-OTH 雷达的最佳检测器，需要对这些不同路径的信号进行相应的排列和组合。

根据式(10.46)，第 m 个发射天线发射的信号 $s_m(t)$ 经过第 k 条前向传播路径和第 l 条后向传播路径被第 n 个接收天线接收到的信号为

$$
r_{lk}^{mn}(t) = \sqrt{\frac{E}{M}} \mathrm{e}^{\mathrm{j}\varphi_{lk}^{mn}} \mathrm{e}^{\mathrm{j}\omega_{lk}^{mn} t} \mathrm{e}^{-\mathrm{j}\phi_{lk}^{mn}} \varepsilon_{lk}^{mn} s_m[t - \tau_1^m(x_m^{\mathrm{t}}, y_m^{\mathrm{t}}, x_0, y_0) - \tau_1^{mn}(x_n^{\mathrm{r}}, y_n^{\mathrm{r}}, x_0, y_0)] \tag{10.62}
$$

由于电离层多径传播的影响，第 n 个接收天线接收到的发射信号 $s_m(t)$ 产生的所有回波信号应当满足

$$
r_{mn}(t) = \sum_{l=1}^{L^{mn}} \sum_{k=1}^{K^m} r_{lk}^{mn}(t) = \sum_{l=1}^{L^{mn}} \sum_{k=1}^{K^m} \sqrt{\frac{E}{M}} \mathrm{e}^{\mathrm{j}\varphi_{lk}^{mn}} \mathrm{e}^{\mathrm{j}\omega_{lk}^{mn} t} \mathrm{e}^{-\mathrm{j}\phi_{lk}^{mn}} \varepsilon_{lk}^{mn} s_m(t - \tau_{mn}) \tag{10.63}
$$

为了简化公式，式(10.63)中利用 τ_{mn} 代替了 $\tau_1^m(x_m^{\mathrm{t}}, y_m^{\mathrm{t}}, x_0, y_0) - \tau_1^{mn}(x_n^{\mathrm{r}}, y_n^{\mathrm{r}}, x_0, y_0)$。

为了提高接收信号的能量，天波 OTH 雷达的接收天线往往都是相距很近的线性阵列。本小节假设天波 MIMO-OTH 雷达的接收天线阵列是以 d_{r} 为间距的均匀线性阵列。注意到当接收天线间的距离很小时，同一个信号在不同的接收天线上的信号是相关的。以澳大利亚的金达莱天波 OTH 雷达为例，它的接收天

线是阵元长度为 3km,包含了 480 个天线的线性阵列,其阵元的间距约为 6.25m;美国与俄罗斯的天波 OTH 雷达系统的接收天线间距也相差无几。按照这个间距,利用式(10.54)和(10.55)计算,可以很容易的发现:同一个信号在不同的接收天线阵元上是不满足不等式的,所以不同接收天线上的信号是相关的。这就意味着同一个信号到达不同的接收天线阵元上时,它们的所有参数都是相同的,除了信号的时延。

基于上面的分析,假设不同的接收天线之间的回波信号是相关的。于是有如下的结论

$$\boldsymbol{\varepsilon}_{lk}^{m1} = \boldsymbol{\varepsilon}_{lk}^{m2} = \cdots = \boldsymbol{\varepsilon}_{lk}^{mN} = \boldsymbol{\varepsilon}_{lk}^{m} \tag{10.64}$$

$$w_{lk}^{m1}(t) = w_{lk}^{m2}(t) = \cdots = w_{lk}^{mN}(t) = w_{lk}^{m}(t) \tag{10.65}$$

$$\mathrm{e}^{\mathrm{j}\varphi_{lk}^{m1}} = \mathrm{e}^{\mathrm{j}\varphi_{lk}^{m2}} = \cdots = \mathrm{e}^{\mathrm{j}\varphi_{lk}^{mN}} = \mathrm{e}^{\mathrm{j}\varphi_{lk}^{m}} \tag{10.66}$$

$$L^{m1} = L^{m2} = \cdots = L^{mN} = L^{m} \tag{10.67}$$

为了计算同一个信号到达不同接收天线的时延,需要利用均匀线阵接收信号模型,如图 10.15 所示。

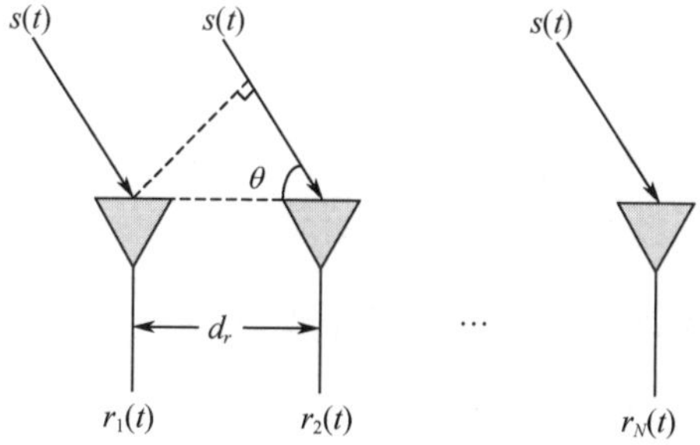

图 10.15　均匀线阵接收信号模型

假设远场有一个频率为 f 窄带信号 $s(t)$ 以角度 θ 入射到阵元间隔为 d_{r} 的均匀线阵上,N 个接收天线上接收到的信号分别为 $r_1(t), r_2(t), \cdots, r_N(t)$。从图中可以看出,信号到达第一个接收天线与信号到达第二个接收天线之间的时延为 $\tau = (d_{\mathrm{r}}\cos\theta)/c$,其中 c 为光速。如果第一个接收天线的接收信号为 $r_1(t)$,那么第二个接收天线的接收信号应当为 $r_2(t) = r_1(t-\tau)$,因为是窄带信号,所以应当满足

$$r_2(t) = r_1(t)\mathrm{e}^{-\mathrm{j}\tau} = r_1(t)\mathrm{e}^{-\mathrm{j}\frac{d_{\mathrm{r}}\cos\theta}{c}} \tag{10.68}$$

依此类推,可以得到第 N 个接收天线上的接收信号为

$$r_N(t) = r_1(t)\mathrm{e}^{-\mathrm{j}(N-1)\frac{d_{\mathrm{r}}\cos\theta}{c}} \tag{10.69}$$

考虑天波 MIMO-OTH 雷达中的情况,对于载频为 f_m 第 m 个发射信号,如果产生了 L^m 条不同的后向传播路径,假设其中的第 $l(l=1,2,\cdots,L^m)$ 条路径到达接收天线的角度为 θ_l^m。根据上面的结论,以 τ_m 表示第一个接收天线的信号时延,那么第 n 个接收天线上的信号的时延 τ_{mn} 应当满足

$$\tau_{mn}=\tau_m+(n-1)\frac{d_r\cos\theta}{c},\quad n=1,2,\cdots,N \tag{10.70}$$

依据上面的分析,第 m 个发射信号产生的 $K^m L^m$ 条信号在第 n 个接收天线上产生的回波 $r_{mn}(t)$ 可以化简为

$$\begin{aligned}r_{mn}(t) &= \sum_{l=1}^{L^m}\sum_{k=1}^{K^m}\sqrt{\frac{E}{M}}e^{j\varphi_{lk}^m}e^{j\omega_{lk}^m t}e^{-j\phi_{lk}^m}\varepsilon_{lk}^m s_m\left[t-\tau_m-(n-1)\frac{d_r\cos\theta_l^m}{c}\right]\\ &= \sum_{l=1}^{L^m}\sum_{k=1}^{K^m}\sqrt{\frac{E}{M}}e^{j\varphi_{lk}^m}e^{j\omega_{lk}^m t}e^{-j\phi_{lk}^m}\varepsilon_{lk}^m s_m(t-\tau_m)e^{-j2\pi f_m(n-1)\frac{d_r\cos\theta_l^m}{c}}\end{aligned} \tag{10.71}$$

那么第 n 个接收天线上能够接收到的所有回波信号 $r_n(t)$ 为

$$\begin{aligned}r_n(t) &= \sum_{m=1}^{M} r_{mn}(t)+w_n(t)\\ &= \sqrt{\frac{E}{M}}\sum_{m=1}^{M}\left[\sum_{l=1}^{L^m}\sum_{k=1}^{K^m}e^{j\varphi_{lk}^m}e^{j\omega_{lk}^m t}e^{-j\phi_{lk}^m}\varepsilon_{lk}^m s_m(t-\tau_m)e^{-j2\pi f_m(n-1)\frac{d_r\cos\theta_l^m}{c}}\right]+w_n(t)\end{aligned} \tag{10.72}$$

式中:$w_n(t)$ 为第 n 个接收天线上的杂波加噪声。

为了区分出同一个接收天线上的不同发射信号 $s_1(t),s_2(t),\cdots,s_M(t)$ 产生的回波,同时提取信号中目标的速度距离信息,需要将每个接收天线上的信号通过匹配滤波器。因为发射信号 $s_1(t),s_2(t),\cdots s_M(t)$ 之间是相互正交的,并且能量归一化,所以它们本身就构成了一组匹配滤波器,当 e^{jw} 很小时,满足

$$\int s_m(t)e^{jw}s_i^*(t)\,dt\approx\begin{cases}1, & i=m\\ 0, & i\neq m\end{cases}\quad i=1,2,\cdots,M \tag{10.73}$$

将第 n 个接收天线上的接收信号 $r_n(t)$ 通过匹配滤波器 $s_m(t-\tau_m)e^{-j\omega_{11}^{mn}t}$ 得到

$$\begin{aligned}r'_{mn} &= \int_{-\infty}^{\infty} r_n(t)s_m^*(t-\tau_m)e^{-j\omega_{11}^{nm}}dt\\ &= \sqrt{\frac{E}{M}}\sum_{m=1}^{M}\left[\sum_{l=1}^{L^m}\sum_{k=1}^{K^m}e^{j\varphi_{lk}^m}e^{-j2\pi f_m(n-1)\frac{d_r\cos\theta_l^m}{c}}\varepsilon_{lk}^m\int_{-\infty}^{\infty}s_m(t-\tau_m)e^{j\omega_{lk}^m t}s_m^*(t-\tau_m)e^{-j\omega_{11}^{mn}t}dt\right]\\ &\quad+\int_{-\infty}^{\infty}w_n(t)s_m^*(t-\tau_m)\,dt\end{aligned}$$

$$
\begin{aligned}
&\approx \sqrt{\frac{E}{M}}\left[\sum_{l=1}^{L^m}\sum_{k=1}^{K^m} \mathrm{e}^{\mathrm{j}\varphi_{lk}^m}\mathrm{e}^{-\mathrm{j}\phi_{lk}^m}\mathrm{e}^{-\mathrm{j}2\pi f_m(n-1)\frac{d_r\cos\theta_l^m}{c}}\varepsilon_{lk}^m\right]+w_{mn} \\
&= \sqrt{\frac{E}{M}}\left[a_{mn11} \quad a_{mn12} \quad \cdots \quad a_{mnL^mK^m}\right]\left[\varepsilon_{11}^m \quad \varepsilon_{12}^m \quad \cdots \quad \varepsilon_{L^mK^m}^m\right]^{\mathrm{T}}+w_{mn} \\
&= \sqrt{\frac{E}{M}}\boldsymbol{a}_{mn}^{\mathrm{T}}\boldsymbol{\varepsilon}_m+w_{mn}
\end{aligned} \tag{10.74}
$$

式中:w_{mn}为杂波和噪声通过匹配滤波器的输出。

$$
\boldsymbol{a}_{mn}=\left[a_{mn11} \quad a_{mn12} \quad \cdots \quad a_{mnL^mK^m}\right]^{\mathrm{T}} \tag{10.75}
$$

$$
a_{mnlk}=\mathrm{e}^{\mathrm{j}\phi_{lk}^m}\mathrm{e}^{-\mathrm{j}\phi_{lk}^m}\mathrm{e}^{-\mathrm{j}2\pi f_m(n-1)\frac{d_r\cos\theta_l^m}{c}},\quad k=1,2,\cdots,K^m,l=1,2,\cdots,L^m \tag{10.76}
$$

$$
\boldsymbol{\varepsilon}_m=\left[\varepsilon_{11}^m \quad \varepsilon_{12}^m \quad \cdots \quad \varepsilon_{L^mK^m}^m\right]^{\mathrm{T}} \tag{10.77}
$$

式(10.74)中取近似,是因为对于同一个雷达发射信号,在电离层中传播导致的多条路径之间的差别不会太大,它们的角度 θ_l^m 相差很小,使得不同路径上的目标多普勒 ω_{lk}^m相差很小。

将所有 N 个接收天线对于第 m 个信号的匹配滤波输出结果排列成一个列向量 $\boldsymbol{r}'_m$,即

$$
\begin{aligned}
\boldsymbol{r}'_m &= \left[r'_{m1} \quad r'_{m2} \quad \cdots \quad r'_{mN}\right]^{\mathrm{T}} \\
&= \left[\boldsymbol{a}_{m1} \quad \boldsymbol{a}_{m2} \quad \cdots \quad \boldsymbol{a}_{mN}\right]^{\mathrm{T}}\boldsymbol{\varepsilon}_m+\left[w_{m1} \quad w_{m2} \quad \cdots \quad w_{mN}\right]^{\mathrm{T}} \\
&= \boldsymbol{A}_m\boldsymbol{\varepsilon}_m+\boldsymbol{w}_m
\end{aligned} \tag{10.78}
$$

式中

$$
\boldsymbol{A}_m=\left[\boldsymbol{a}_{m1} \quad \boldsymbol{a}_{m2} \quad \cdots \quad \boldsymbol{a}_{mN}\right]^{\mathrm{T}} \tag{10.79}
$$

$$
\boldsymbol{w}_m=\left[w_{m1} \quad w_{m2} \quad \cdots \quad w_{mN}\right]^{\mathrm{T}} \tag{10.80}
$$

将所有的 M 个匹配滤波输出 $\boldsymbol{r}'_m$排列成一个列向量 $\boldsymbol{r}'$,就得到了天波 MIMO-OTH 雷达系统接收信号模型

$$
\begin{aligned}
\boldsymbol{r}' &= \left[\boldsymbol{r}'^{\mathrm{T}}_1 \quad \boldsymbol{r}'^{\mathrm{T}}_2 \quad \cdots \quad \boldsymbol{r}'^{\mathrm{T}}_M\right]^{\mathrm{T}} \\
&= \sqrt{\frac{E}{M}}\mathrm{Diag}\{\boldsymbol{A}_1,\boldsymbol{A}_2,\cdots,\boldsymbol{A}_M\}\left[\boldsymbol{\varepsilon}_1^{\mathrm{T}} \quad \boldsymbol{\varepsilon}_2^{\mathrm{T}} \quad \cdots \quad \boldsymbol{\varepsilon}_M^{\mathrm{T}}\right]^{\mathrm{T}}+\left[\boldsymbol{w}_1^{\mathrm{T}} \quad \boldsymbol{w}_2^{\mathrm{T}} \quad \cdots \quad \boldsymbol{w}_M^{\mathrm{T}}\right]^{\mathrm{T}} \\
&= \sqrt{\frac{E}{M}}\boldsymbol{A}\boldsymbol{\varepsilon}+\boldsymbol{w}
\end{aligned} \tag{10.81}
$$

式中

$$
\boldsymbol{A}=\mathrm{Diag}\{\boldsymbol{A}_1,\boldsymbol{A}_2,\cdots,\boldsymbol{A}_M\} \tag{10.82}
$$

$$\boldsymbol{\varepsilon}=[\boldsymbol{\varepsilon}_1^{\mathrm{T}} \quad \boldsymbol{\varepsilon}_2^{\mathrm{T}} \quad \cdots \quad \boldsymbol{\varepsilon}_M^{\mathrm{T}}]^{\mathrm{T}} \tag{10.83}$$

$$\boldsymbol{w}=[\boldsymbol{w}_1^{\mathrm{T}} \quad \boldsymbol{w}_2^{\mathrm{T}} \quad \cdots \quad \boldsymbol{w}_M^{\mathrm{T}}]^{\mathrm{T}} \tag{10.84}$$

式中：Diag{·}为块对角排列。

上面给出了目标存在的情况下天波 MIMO-OTH 雷达的接收信号模型，当目标不存在时，雷达回波信号中只有杂波和噪声，接收信号为

$$\boldsymbol{r}'=\boldsymbol{w} \tag{10.85}$$

所以天波 MIMO-OTH 雷达中的假设检验问题变为

$$\begin{aligned} &H_1: \quad \boldsymbol{r}'=\sqrt{\frac{E}{M}}\boldsymbol{A}\boldsymbol{\varepsilon}+\boldsymbol{w} \\ &H_0: \quad \boldsymbol{r}'=\boldsymbol{w} \end{aligned} \tag{10.86}$$

在雷达系统的检测问题中，我们并不知道各类错误的代价以及不同事件的先验概率，这个时候就不能够再使用最大后验概率准则或者是极大极小化准则。但是，奈曼－皮尔逊准则给出了这种情况下的一个合理检测方法。这个准则可以简单的表述为：在一定的虚警概率 P_{FA} 条件下，使得信号的检测概率 P_{D} 最大化。奈曼－皮尔逊准则下的最佳检测器仍然是似然比检测器，即

$$T=\log\frac{f_{\boldsymbol{r}'\mid H_1}(\boldsymbol{r}'\mid H_1)}{f_{\boldsymbol{r}'\mid H_0}(\boldsymbol{r}'\mid H_0)}\underset{<H_0}{\overset{>H_1}{}}\delta_0 \tag{10.87}$$

假设回波信号中的杂波和噪声项满足零均值复高斯分布。对于假设条件 H_0，回波信号中只含有杂波和噪声，假设杂波和噪声的协方差矩阵为 $\boldsymbol{R}_w=E\{\boldsymbol{w}\boldsymbol{w}^{\mathrm{H}}\}$，那么回波信号的概率密度函数 $f_{\boldsymbol{r}'\mid H_0}(\boldsymbol{r}'\mid H_0)$ 满足高斯分布

$$f_{\boldsymbol{r}\mid H_0}(\boldsymbol{r}'\mid H_0)=\chi_1\exp\left\{-\frac{1}{2}\boldsymbol{r}'^{\mathrm{H}}\boldsymbol{R}_w^{-1}\boldsymbol{r}'\right\} \tag{10.88}$$

式中：χ_1 为一个常数，后文的 χ_2，χ_3，χ 均是常数。

在 H_1 条件下，雷达的接收信号中包含了目标回波信号和噪声及杂波项，同样满足复高斯分布，其概率密度函数 $f_{\boldsymbol{r}'\mid H_1}(\boldsymbol{r}'\mid H_1)$ 的均值和协方差矩阵分别满足

$$E\{\boldsymbol{r}'\mid H_1\}=E\left\{\sqrt{\frac{E}{M}}\boldsymbol{A}\boldsymbol{\varepsilon}+\boldsymbol{w}\right\}=E\left\{\sqrt{\frac{E}{M}}\boldsymbol{A}\boldsymbol{\varepsilon}\right\}+E\{\boldsymbol{w}\}=0 \tag{10.89}$$

$$\begin{aligned} R_{H_1}=E\{\boldsymbol{r}'\boldsymbol{r}'^{\mathrm{H}}\}&=E\left\{\left(\sqrt{\frac{E}{M}}\boldsymbol{A}\boldsymbol{\varepsilon}+\boldsymbol{w}\right)\left(\sqrt{\frac{E}{M}}\boldsymbol{A}\boldsymbol{\varepsilon}+\boldsymbol{w}\right)^{\mathrm{H}}\right\} \\ &=E\left\{\frac{E}{M}\boldsymbol{A}\boldsymbol{\varepsilon}\boldsymbol{\varepsilon}^{\mathrm{H}}\boldsymbol{A}^{\mathrm{H}}+\sqrt{\frac{E}{M}}\boldsymbol{A}\boldsymbol{\varepsilon}\boldsymbol{w}^{\mathrm{H}}+\sqrt{\frac{E}{M}}\boldsymbol{\varepsilon}^{\mathrm{H}}\boldsymbol{A}^{\mathrm{H}}\boldsymbol{w}+\boldsymbol{w}\boldsymbol{w}^{\mathrm{H}}\right\} \end{aligned}$$

$$= \frac{E}{M}\boldsymbol{ARA}^{\mathrm{H}} + \boldsymbol{R}_w \tag{10.90}$$

式中:$\boldsymbol{R}$ 为反射系数向量 $\boldsymbol{\varepsilon}$ 的协方差矩阵,$\boldsymbol{R} = E\{\boldsymbol{\varepsilon}\boldsymbol{\varepsilon}^{\mathrm{H}}\}$。

在 H_1 的条件下,雷达接收信号的概率密度函数为

$$f_{r'|H_1}(\boldsymbol{r}'|H_1) = \chi\exp\left\{-\frac{1}{2}\boldsymbol{r}'^{\mathrm{H}}\left(\frac{E}{M}\boldsymbol{ARA}^{\mathrm{H}} + \boldsymbol{R}_w\right)^{-1}\boldsymbol{r}'\right\} \tag{10.91}$$

因为反射系数矢量的协方差矩阵 $\boldsymbol{R}$ 和回波加噪声的协方差矩阵 $\boldsymbol{R}_w$ 都是非奇异的,根据矩阵求逆定理可以得到

$$\begin{aligned}\left(\frac{E}{M}\boldsymbol{ARA}^{\mathrm{H}} + \boldsymbol{R}_w\right)^{-1} &= \boldsymbol{R}_w^{-1} - \frac{E}{M}\boldsymbol{R}_w^{-1}\boldsymbol{A}\left(\frac{E}{M}\boldsymbol{A}^{\mathrm{H}}\boldsymbol{R}_w^{-1}\boldsymbol{A} + \boldsymbol{R}^{-1}\right)^{-1}\boldsymbol{A}^{\mathrm{H}}\boldsymbol{R}_w^{-1}\\ &= \boldsymbol{R}_w^{-1} - \frac{E}{M}\boldsymbol{R}_w^{-1}\boldsymbol{AP}^{-1}\boldsymbol{A}^{\mathrm{H}}\boldsymbol{R}_w^{-1}\end{aligned} \tag{10.92}$$

式中

$$\boldsymbol{P} = \frac{E}{M}\boldsymbol{A}^{\mathrm{H}}\boldsymbol{R}_w^{-1}\boldsymbol{A} + \boldsymbol{R}^{-1}$$

经过上面的转换,H_1 的条件下雷达接收信号的概率密度函数 $f_{r'|H_1}(\boldsymbol{r}'|H_1)$ 可以进一步化简为

$$\begin{aligned}f_{r'|H_1}(\boldsymbol{r}'|H_1) &= \chi_2\exp\left\{-\frac{1}{2}\boldsymbol{r}'^{\mathrm{H}}\left(\boldsymbol{R}_w^{-1} - \frac{E}{M}\boldsymbol{R}_w^{-1}\boldsymbol{AP}^{-1}\boldsymbol{A}^{\mathrm{H}}\boldsymbol{R}_w^{-1}\right)r'\right\}\\ &= \chi_2\exp\left\{-\frac{1}{2}\boldsymbol{r}'^{\mathrm{H}}\boldsymbol{R}_w^{-1}\boldsymbol{r}'\right\}\exp\left\{-\frac{E}{2M}\boldsymbol{r}'^{\mathrm{H}}\boldsymbol{R}_w^{-1}\boldsymbol{AP}^{-1}\boldsymbol{A}^{\mathrm{H}}\boldsymbol{R}_w^{-1}\boldsymbol{r}'\right\}\end{aligned} \tag{10.93}$$

将 H_0 和 H_1 条件下的接收信号代入到检测器(10.87)中,得到奈曼-皮尔逊准则下的最佳检测器为

$$T_0 = \log\frac{f_{r'|H_1}(\boldsymbol{r}'|H_1)}{f_{r'|H_0}(\boldsymbol{r}'|H_0)} = \chi_3 + \frac{E}{2M}\boldsymbol{r}'^{\mathrm{H}}\boldsymbol{R}_w^{-1}\boldsymbol{AP}^{-1}\boldsymbol{A}^{\mathrm{H}}\boldsymbol{R}_w^{-1}\boldsymbol{r}' \underset{<H_0}{\overset{>H_1}{}} \delta_0 \tag{10.94}$$

上面的检测器可以进一步化简为

$$T = \boldsymbol{r}'^{\mathrm{H}}\boldsymbol{R}_w^{-1}\boldsymbol{AP}^{-1}\boldsymbol{A}^{\mathrm{H}}\boldsymbol{R}_w^{-1}\boldsymbol{r}' \underset{<H_0}{\overset{>H_1}{}} \delta \tag{10.95}$$

式中:δ 为检测门限,由虚警概率 P_{FA} 来确定。

1. 雷达分集增益

分集增益的概念最先出现在 MIMO 通信系统中。在无线通信系统中,无线信道容易受到噪声和干扰等其他因素的影响,并且这些因素还具有随机性。同

时,在无线信道中还存在反射、散射和绕射三种不同的传播机制。信号可能从发射端直接到达接收端,这个路径叫做直接视距(LOS)路径;如果信号照射到障碍物上,当障碍物的尺寸远大于电磁波的波长时,信号就会发生反射;当障碍物的尺寸小于电磁波的波长时,就会发生散射;而当障碍物的表面不够光滑时,信号会发生衍射。由于上面的各种传播机制,产生了多径传播,使得接收端的信号是各种不同路径上的信号的组合。在这些不同的路径上,信号的时延和幅度衰减各不相同。在接收端联合处理这些相互独立的接收信号,能够获得分集增益,提高系统的性能。

Lehigh 大学的 R. S. Blum 等人在 2006 年将 MIMO 通信的理论引入到了雷达系统中来,开启了众多学者对于 MIMO 雷达的研究热潮。在文献[26]中,作者提出了 MIMO 雷达系统的空间分集增益的概念:雷达发射多个信号同时照射到目标,由于天线的位置和信号在空间中的传播特性的不同,使得照射到目标上的信号产生各不相同的回波信号,经过联合处理这些回波信号就能够得到分集增益,提高雷达的检测性能。分集增益的表达式[25]为

$$g = -\lim_{\mathrm{SCNR}\to\infty}\frac{\lg P_M}{\lg \mathrm{SCNR}} \tag{10.96}$$

可以理解为在信杂噪比趋于无穷的情况下,雷达的检测概率 P_M 与信杂噪比 SCNR 取对数后的比值。分集增益越大,雷达的检测性能也就越好。

文献[25]中给出了在奈曼-皮尔逊检测准则下,MIMO 雷达的分集增益满足的公式。

如果雷达中的假设检验问题可以表示为

$$H_1:\quad \boldsymbol{r}=\sqrt{\rho}\boldsymbol{A}\boldsymbol{\varepsilon}+\boldsymbol{w}$$
$$H_0:\quad \boldsymbol{r}=\boldsymbol{w}$$

式中:ρ 为用来反映信杂噪比的参数;向量 $\boldsymbol{\varepsilon}$ 为反射系数;矩阵 $\boldsymbol{A}$ 为不同的反射系数对应的信号在空间的传播参数;$\boldsymbol{w}$ 为加性的噪声。如果反射系数向量 $\boldsymbol{\varepsilon}$ 和噪声 $\boldsymbol{w}$ 都是满足零均值的复高斯分布,并且它们之间相互独立,那么雷达系统在奈曼-皮尔逊准则下的分集增益满足

$$g\leqslant \mathrm{rank}(\boldsymbol{A})$$

在一定的条件下(例如当 ε 中的元素相互独立时),分集增益能够取得最大值。

利用上面的结论,可以得到天波 MIMO-OTH 雷达在奈曼-皮尔逊准则下的分集增益。天波 MIMO-OTH 雷达的接收信号为

$$H_1:\quad \boldsymbol{r}'=\sqrt{\frac{E}{M}}\boldsymbol{A}\boldsymbol{\varepsilon}+\boldsymbol{w}$$
$$H_0:\quad \boldsymbol{r}'=\boldsymbol{w}$$

不难得知,在一般情况,分集增益受限于矩阵 $\boldsymbol{A}$ 的秩。根据公式知道矩阵 $\boldsymbol{A}$ 是由不同的发射信号的传播矩阵 $\boldsymbol{A}_m$ 按块对角排列起来的 $\boldsymbol{A}=\mathrm{Diag}\{\boldsymbol{A}_1,\boldsymbol{A}_2,\cdots,\boldsymbol{A}_M\}$,它的维数为 $NM\times\sum_{m=1}^{M}L^mK^m$。所以矩阵 $\boldsymbol{A}$ 的秩满足

$$\mathrm{rank}(\boldsymbol{A})=\sum_{m=1}^{M}\mathrm{rank}(\boldsymbol{A}_m) \tag{10.97}$$

其中

$$\boldsymbol{A}_m=[\boldsymbol{a}_{m1}\quad \boldsymbol{a}_{m2}\quad \cdots\quad \boldsymbol{a}_{mN}]^{\mathrm{T}}$$

$$=\begin{bmatrix} a_{m111} & a_{m112} & \cdots & a_{m1L^mK^m}\\ a_{m211} & a_{m212} & \cdots & a_{m2L^mK^m}\\ \vdots & \vdots & \vdots & \vdots\\ a_{mN11} & a_{mN12} & \cdots & a_{mNL^mK^m}\end{bmatrix}$$

$$=\begin{bmatrix} a_{m111} & a_{m112} & \cdots & a_{m1L^mK^m}\\ a_{m111}\mathrm{e}^{-\mathrm{j}2\pi f_m d_{\mathrm{r}}\cos\theta_1^m/c} & a_{m212}\mathrm{e}^{-\mathrm{j}2\pi f_m d_{\mathrm{r}}\cos\theta_1^m/c} & \cdots & a_{m2L^mK^m}\mathrm{e}^{-\mathrm{j}2\pi f_m d_{\mathrm{r}}\cos\theta_{Lm}^m/c}\\ \vdots & \vdots & \vdots & \vdots\\ a_{mN11}\mathrm{e}^{-\mathrm{j}(N-1)2\pi f_m d_{\mathrm{r}}\cos\theta_1^m/c} & a_{mN12}\mathrm{e}^{-\mathrm{j}(N-1)2\pi f_m d_{\mathrm{r}}\cos\theta_1^m/c} & \cdots & a_{mNL^mK^m}\mathrm{e}^{-\mathrm{j}(N-1)2\pi f_m d_{\mathrm{r}}\cos\theta_{Lm}^m/c}\end{bmatrix} \tag{10.98}$$

当没有出现多径传播的时候,$L^m=1$,这时矩阵 $\boldsymbol{A}_m$ 的每一行都是成比例的,矩阵的行秩 $\mathrm{rank}_{\mathrm{r}}(\boldsymbol{A}_m)=1$;当出现了多径传播的时候,$L^m>1$,矩阵 $\boldsymbol{A}_m$ 中的每一行不再构成比例关系,所以矩阵的行秩变为 $\mathrm{rank}_{\mathrm{r}}(\boldsymbol{A}_m)=N$。考虑矩阵的列秩,对于其中 L^m 对应的 K^m 列,它们也成比例关系,所以矩阵的列秩满足 $\mathrm{rank}_{\mathrm{c}}(\boldsymbol{A}_m)=L^m$。综合上面的分析得到矩阵 $\boldsymbol{A}_m$ 的秩满足

$$\mathrm{rank}(\boldsymbol{A}_m)=\min\{\mathrm{rank}_{\mathrm{r}}(\boldsymbol{A}_m)+\mathrm{rank}_{\mathrm{c}}(\boldsymbol{A}_m)\}=\min\{N,L^m\} \tag{10.99}$$

将上式带入到得到,天波 MIMO-OTH 雷达系统的分集增益满足

$$g\leqslant\sum_{m=1}^{M}\mathrm{rank}(\boldsymbol{A}_m)=\sum_{m=1}^{M}\min(N,L^m) \tag{10.100}$$

根据文献[27]中引理 2 的结论,当反射系数向量 $\boldsymbol{\varepsilon}$ 中的元素相互独立时,上述的等式成立,天波 MIMO-OTH 雷达系统的分集增益能够取得最大值。下面将分析不同的参数对于雷达系统分集增益的影响。

(1) 发射天线数。天波 MIMO-OTH 雷达系统的分集增益是各个发射信号

所产生的分集增益的总和。而对于其中的任意一个发射信号 m,它的分集增益由接收天线数和后向传播路径条数中的最小值确定,即 $\min(N,L^m)$。很容易看出这个值明显是一个大于等于1的正数。所以增加发射天线数 M(增加发射信号的个数)必定能够增加天波MIMO-OTH雷达系统的分集增益。

增加发射天线的个数,使得雷达能够发射多个不同的信号,这些信号在电离层中通过不同的传播路径照射到目标,在接收端产生了多个相互独立的回波信号。这些信号经过联合处理就使雷达获得了空间分集增益。

(2)接收天线数。接收天线的个数在一定条件下同样能够影响雷达系统的分集增益。对于任意一个发射信号 m,它的分集增益满足 $g_m \leqslant \min(N,L^m)$。当 $N \leqslant L^m$ 时,增加接收天线个数 N 能够增大该信号的分集增益 g_m,这样雷达系统的整个分集增益就获得了提高。但是当 $N > L^m$ 时,增大接收天线的个数并不能增加该信号的分集增益,因为它受限于 N 和 L^m 中的最小值。

(3)多径传播条数。多径传播会产生多个不同路径的回波信号,为增大雷达系统的分集增益提供了可能。

前面已经提到,对于第 m 个发射信号,其产生的分集增益满足 $g_m \leqslant \min(N, L^m)$。当 $N > L^m$ 时,增大后向传播路径的条数 L^m 能增加该信号对应的分集增益;当 $N \leqslant L^m$ 时,增加 L^m 将不会改变其分集增益。

值得注意的是,同样是多径传播导致的多条不同回波信号,前向传播路径条数 K^m 并不会影响雷达系统的分集增益,正如公式中所显示的一样。这是因为前向路径上的多径传播导致的多条信号在照射到目标后,经过了相同的后向传播路径被接收天线接收到,使得信号的传播系数(矩阵 $\boldsymbol{A}$ 中相对应的列向量)是相关的,并没有增大矩阵的秩,所以没有改变分集增益。但是在后向传播路径上的多径传播导致的多条回波信号是经过不同的角度照射到接收天线上的,所以它们是不相关的,相当于增加了发射信号的个数,从而增大了矩阵的维数,提高了系统的分集增益。

2. 分集增益仿真结果

本节给出存在多径传播和不存在多径传播两种条件下,拥有不同的发射天线数 M 和接收天线数的天波MIMO-OTH雷达的漏检概率曲线。

仿真条件设置如下:目标是长宽为200m×50m的矩形目标,其中心位于(1500,1500)km。均匀线性发射天线阵列的中心位于(0,0)km,拥有 M 个独立的阵元,阵元间距为10m,各个阵元的发射信号相互正交,发射信号的频率在5~30MHz之间。均匀线性接收阵列的中心位于(100,0)km,阵元间距为10m,阵元数为 N。雷达的接收信号通过最佳检测器来计算雷达系统的检测概率,其中虚警概率 P_{FA} 设定为 10^{-3}。噪声项 $\boldsymbol{w}$ 中的各个元素是独立同分布的,对应的协方差矩阵为 $\boldsymbol{R}_w = \sigma_w \boldsymbol{I}$,其中 $\boldsymbol{I}$ 是单位矩阵,σ_w 反映了噪声和杂波的能量大小。前两个仿真中反射系数矢量 $\boldsymbol{\varepsilon}$ 中的元素相互独立,使得雷达系统的分集增益能够取得最大值。定义信杂噪比为 $\mathrm{SCNR}=10\lg[(\sqrt{E/M})^2/\sigma_w^2]$。不同路径上信号的相位污染由随机变量 $\mathrm{e}^{\mathrm{j}\varphi}$ 产生,φ 在 $0\sim2\pi$ 上均匀分布。下面的仿真曲线通过 100000 次蒙特卡罗仿真得到。

1) 发射天线/接收天线数

为了能够直观的比较天波 MIMO-OTH 雷达与传统天波 OTH 雷达的检测性能,通过改变不同的发射信号的频率,使得不同的配置下的天波 MIMO-OTH 雷达的每个发射信号都只有一条传播路径,也就意味着不存在多径传播。在虚警概率一定的情况下,我们作出了四种不同配置的天波 MIMO-OTH 雷达的漏检概率曲线:①1 个发射天线,1 个接收天线;②1 个发射天线,2 个接收天线;③2 个发射天线,1 个接收天线;④2 个发射天线,2 个接收天线。仿真结果如图 10.16 所示。

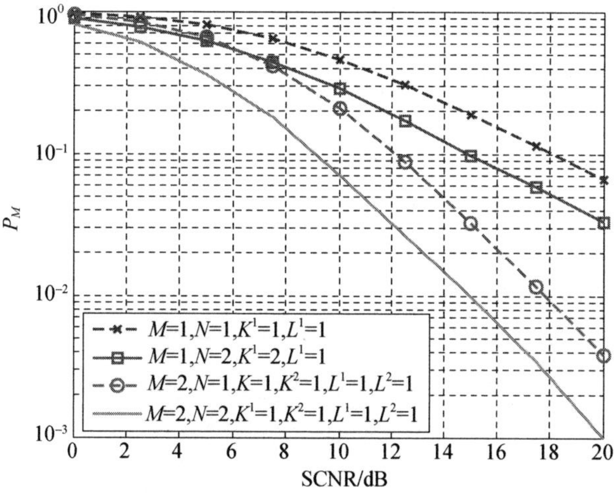

图 10.16　没有多径传播情况下天波 MIMO-OTH 雷达的漏检概率

图 10.16 中的横轴表示信杂噪比(SCNR),纵轴表示雷达系统的漏检概率。根据分集增益的定义可以知道曲线的斜率正好等于雷达系统的分集增益。不同的曲线代表了不同的雷达配置。

从图中可以看出,随着信杂噪比的提高,四种配置下的天波 MIMO-OTH 雷达的漏检概率都会减小。当($M=1,N=1$)时,其漏检概率曲线在较高的 SCNR 处斜率趋近于 1,其分集增益满足 $g\leqslant\sum_{m=1}^{M}\min\{N,L^m\}=\sum_{m=1}^{1}\min\{1,1\}=1$。这时天波 MIMO-OTH 雷达只发射一个信号,退化为了传统的天波 OTH 雷达,可以看出其漏检概率在四种雷达配置中是最高的,对应着最差的检测性能。

对比($M=1,N=1$)和($M=1,N=2$)所代表的两条曲线可以看出,($M=1$,

$N=2$)的曲线略低于($M=1,N=1$)的曲线,这时因为在相同的信杂噪比条件下,多一个接收天线使得接收信号的能量增加,提高了雷达系统的信杂噪比,所以漏检概率降低。但是该曲线的斜率在高 SCNR 条件下仍然与($M=1,N=1$)的情况相同,其分集增益满 $g \leqslant \sum_{m=1}^{M} \min\{N,L^m\} = \sum_{m=1}^{1} \min\{2,1\} = 1$。说明了在没有多径传播的情况下,增加接收天数并不能增加雷达的分集增益。因为雷达分集增益受限与接收天线个数与多径传播中后向传播路径条数中的最小值。

观察($M=2,N=1$)所代表的曲线,可以看出其斜率趋近于 2,同样满足 $g \leqslant \sum_{m=1}^{M} \min\{N,L^m\} = \sum_{m=1}^{2} \min\{1,1\} = 1$。比较($M=2,N=1$)与($M=1,N=1$)代表的曲线,可以知道增大发射信号的个数 M 能够直接增加雷达系统的分集增益。

观察($M=2,N=2$)所代表的曲线,虽然其漏检概率略低于($M=2,N=1$)时的曲线,但是其斜率是相同的,说明雷达的分集增益并没有增加。

2) 多径传播

多径传播使得天波 MIMO-OTH 雷达的接收端出现多个不同路径的回波,改变雷达的分集增益。本节的仿真条件中,将天波 MIMO-OTH 雷达的发射天线数和接收天线数都设置为 2,通过改变发射信号的频率,使得信号在传播过程中出现多径传播,然后分析多径传播对于雷达系统的影响。仿真结果如图 10.17 所示。

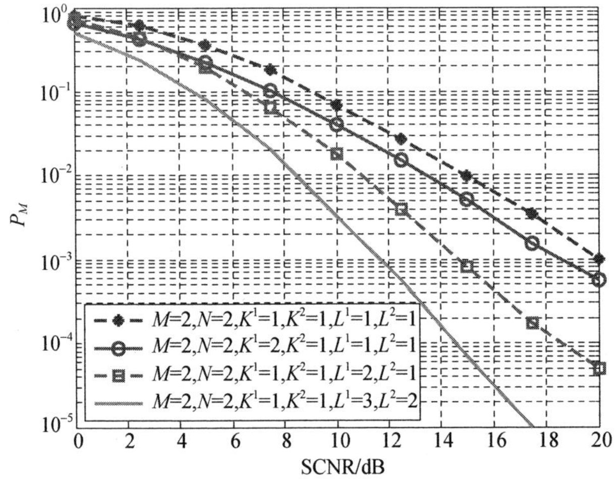

图 10.17 存在多径传播时天波 MIMO-OTH 雷达的漏检概率曲线

图中的 K^m 为第 m 个信号从发射天线到达目标的传播路径条数;L^m 为目标散射的信号到达接收天线的路径条数。图中标注了星号的曲线代表了拥有两个发射天线和两个接收天线的天波 MIMO-OTH 雷达在没有多径传播的情况下的漏检概率,其斜率为2,满足分集增益公式 $g \leqslant \sum_{m=1}^{M}\min\{N,L^m\} = \sum_{m=1}^{2}\min\{2,1\} = 2$。标注了圆圈的曲线的区别在于发射信号在前向传播路径(从发射天线到到目标)上发生了多径传播,使得 $K^1 = 2$,但是曲线的斜率仍然为 2,满足 $g \leqslant \sum_{m=1}^{2}\min\{2,1\} = 2$,说明了前向传播路径的多径传播并不会增大雷达系统的分集增益。但是多径传播增加了接收信号的条数,相应的增加了接收信号的能量,提高了信杂噪比,所以其漏检概率是比没有发生多径传播的情况下低一些。

对于标注了方框的曲线,它代表了雷达在后向传播路径上发生多径传播的情况。曲线的斜率是等于3,满足 $g \leqslant \sum_{m=1}^{2}\min\{2,L^m\} = 3$,说明了后向传播路径上的多径传播在一定条件下能够提高雷达的分集增益。

对比没有标注的曲线与标注了方框的曲线可以看出,没有标注的曲线表示了雷达在后向传播路径上发生了多径传播,并且其多径的条数 L^m 大于等于接收天线数 N。曲线的斜率趋于4,满足 $g \leqslant \sum_{m=1}^{2}\min\{2,L^m\} = 4$。说明了在接收天线数目一定的情况下,增大后向传播路径的条数并不能无限增大雷达系统的分集增益。

3）反射系数相关性

反射系数向量 ε 中元素之间的相关性同样能够影响雷达系统的分集增益。前面的仿真都是基于不同路径上的信号的反射系数之间是相互独立的,所以雷达系统的分集增益能够取得理论上的最大值。图 10.18 给出了在反射系数相关的情况下天波 MIMO-OTH 雷达的漏检概率。其中发射天数数 $M=2$,接收天线数 $N=2$,前向传播路径数 $K^1=K^2=1$,后向传播路径数 $L^1=2,L^2=1$。

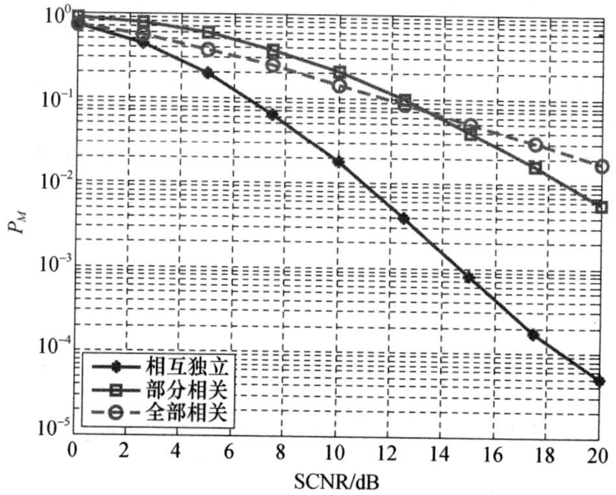

图 10.18　反射系数不相关的情况下天波 MIMO-OTH 雷达的漏检概率

图中＊标注的曲线代表三条回波信号的反射系数都是相互独立时雷达的漏检概率。可以看出，曲线的斜率等于3，满足分集增益的公式 $g \leqslant \sum_{m=1}^{2} \min\{2, L^m\} = 3$，雷达系统取得了最大的分集增益。方框标注的曲线代表三条回波信号之中，有两条信号的反射系数是相关的情况，曲线的斜率明显小于3。而圆圈标注的曲线代表三条回波信号全部都是相关的情况，其斜率更小，说明雷达系统的分集增益也越小。所以只有当不同路径上的信号反射系数相互独立时，雷达系统的分集增益才能达到理论的最大值。

10.3 分布式MIMO雷达组网

军事科技迅猛发展，未来战争将展现出极端剧烈的体系化对抗形态，战场环境将日趋复杂而多变。网络中心战是应对复杂战场环境的唯一有效手段，因此也是未来信息化条件下军事斗争的主要形式。发展以预警网、通信网、指挥网和拦截网为标志的网络化作战体系，是打赢未来高技术战争的必要前提。作为信息栅格的重要组成部分，以地基、天基、海基雷达为基础的雷达网络在空天防御作战中具有非常独特的作用和地位，是防御体系建设和发展的重点方向。

目前，单基地雷达发展已处于很高水平，雷达组网也已经取得了非常明显的发展进步。现有防御体系中，无论是预警探测还是精密跟踪制导，常用的雷达系统多采用收发共置单基地的体制，它们也是现有雷达组网体系中最主流、最多见的传感器单元。由于反隐身、抗干扰以及复杂环境适应方面的局限性，单基地雷达的发展正遇到瓶颈，短期内很难找到大幅度提升其战术技术性能的有效手段，雷达组网体系的整体作战效能也受到同样的拖累和限制。将双/多基地MIMO雷达技术与现有雷达组网技术相结合，正是破解困局，有效提升雷达组网系统战术技术性能和作战效能的有效途径。

以双基地MIMO雷达技术为基础，可以构成分布式的MIMO雷达网络系统，进一步提升现有雷达网络系统对低可观测目标的联合探测能力和资源共享、信息融合的水平。

10.3.1 雷达组网现状和局限性

1. 单基地雷达的局限性

自诞生以来100多年的时间里，雷达已经广泛应用于军事、民用的诸多领域[28-30]。从车船防撞、交通管制、导航到气象监视和天文研究，特别是在防空防天领域，雷达承担着预警搜索、精密跟踪、制导控制、敌我识别等关键任务，其作用很难被其他手段所替代。

最早出现的雷达使用的其实是双基地雷达体制，无线电波探测物体的现象最早就是在收发分置试验平台下得到验证的。第二次世界大战前期，英国沿海岸线建立的 Chain Home 雷达警戒网络，工作波长为 10 ~ 13m，相邻收发间隔 40km，该系统还在二战期间的英国土保卫中发挥了举足轻重的作用。但自从 1936—1940 年间出现双工器和高功率脉冲磁控管后，收发合一的单基地雷达得到迅猛发展，双基地雷达则基本处于停滞阶段。源于工程实现的便利性和战术使用的灵活性，在很长的时间里，单基地雷达的使用占据了绝对优势的地位。直至20 世纪中期，特别是 20 世纪 70 年代以后，源于人造卫星、洲际导弹和一些特殊体制战术导弹系统发展的现实需求，双基地雷达及其他类型的雷达体制才被重新纳入发展轨道。即便目前在这些不同的运用领域里，单基地雷达所占比例依然很高。

经过近百年的发展历程，攻防对抗双方的技术性能和战术手段都发生了巨大的变化。一方面，以单脉冲、相控阵、数字阵列以及其他若干新的信号、信息处理等为代表的大量新的技术不断得到开发和运用，用于防御的单基地雷达系统已经达到很高的发展水平，防御体系整体的作战性能显著增强[31,32]。另一方面，现代战争空袭装备的种类越来越多，性能越来越高，使用的电子战手段也越来越先进，现有的防御体系特别是防空武器系统所面临的作战环境日益复杂，面临诸多方面的威胁和挑战。

这些威胁中，隐身或低空突防技术极大地压缩雷达系统探测、跟踪目标的能力各种各样的电磁干扰更会严重抑制雷达系统战术技术性能的有效发挥低成本无人机、空地导弹或制导炸弹给防空体系抗饱和攻击能力和作战成本带来严峻考验反辐射导弹和某些地地导弹更会直接威胁到雷达的生存。海湾战争、科索沃战争的现实可以清晰地看到现代战争的基本特点。进攻一方必然大量使用电子干扰，并以隐身飞机、低空突防巡航导弹、战术地地导弹作为第一波攻击的主要突防手段。

面对越来越复杂的作战条件，常规单基地雷达已很难发挥原有的战术技术性能，有效探测距离大大缩短，跟踪性能严重恶化，甚至面临自身难保的窘境。独立作战的防空导弹武器系统制导雷达的杀伤区域大大缩小，导致防空武器系统作战效能显著下降，甚至基本丧失作战能力。提高防空武器系统制导雷达的反隐身、抗干扰能力，有效提高防空武器系统的整体作战能力和生存能力，成为十分重要、急待解决的问题。

2. 雷达组网发展现状

受种种条件、因素的限制，单基地雷达其抗干扰、反隐身能力很难在短期内有较大突破。以现代计算机网络和信息融合技术为基础，将广域分布的多种型号、数量众多的雷达传感器联合起来，构成网络化的联合探测跟踪体系，促进防御体系作战效能和生存能力的提升,成为未来防御体系的发展趋势[33,34]。

雷达组网具备很多突出的优点,若运用恰当,其整体战术效能将大于网络内部各雷达战术效能的简单累加。广域分布的雷达系统具备从不同视角观察目标的条件,有助于降低目标闪烁和地形遮蔽的影响,特别是充分利用隐形目标前向、侧向的隐身缺口,大幅度提升低可观测目标的探测能力和连续跟踪能力;覆盖范围彼此重叠、存在冗余信息,通过数据融合可获得更高的定位精度;综合抗干扰能力显著增强,具备对干扰源的多站精确定位能力;多站联合还能够有效提升网络内部各雷达的生存能力。

纵观世界主要军事强国的防御体系,雷达及其他传感器的组网技术及其运用已经非常成熟。俄罗斯在莫斯科周围部署的"橡皮套鞋"反弹道导弹系统,由7部"鸡笼"远程警戒雷达、6部"狗窝"远程目标精确跟踪/识别雷达和13部导弹阵地雷达组成。其中7部"鸡笼"雷达分别与2部或3部"狗窝"雷达联网;6部"狗窝"雷达又各与4部导弹阵地雷达联网。"鸡笼"雷达最大作用距离达5930km,负责对空中目标进行远距离搜索探测,并将目标信息(包括距离、方位和高度信息)送给"狗窝"雷达;而"狗窝"雷达最大作用距离约2800km,平时保持寂静,只有当目标进入导弹射击范围时才开始工作,利用组网系统送来的目标指示信息迅速完成对目标的精确跟踪和识别;导弹阵地雷达只是在发射导弹时才开机工作。

美国是计算机网络的先行者,其雷达组网技术也走在各军事强国的前列。其著名的爱国者地空导弹武器系统的每个作战单位通常包括6个火力单元,每个火力单元各包含一部相控阵雷达,所有雷达构成一个群组网系统,通过作战单位的中心站进行信息的传输与交换,既可独立探测目标,也可在中心站的组织下协调工作。采用测向交汇或时差定位方式对空中干扰源进行加权定位;以多点源诱骗、闪烁辐射、突然开机等手段,对抗反辐射导弹带来的威胁。美军还不断改进和升级现有的情报、制导雷达网,如用低空补盲雷达弥补对抗低空小目标突防能力的不足;将"霍克""小槲树"组进爱国者火力网中,改善补充成为混编网络,以充分发挥各系统在频率资源、工作模式等诸多方面的优势。

不仅是地基雷达,美军空基雷达的组网也始终走在前列。以海湾战争为例,美军动用30余架预警机组成了史无前例的战区部署最庞大、最严密的空基预警雷达网,覆盖了全体参战部队展开区域,在争夺制空权的斗争中,取得了明显的优势。

美国专家普遍认为,组网是最有希望的反隐身、抗干扰途径。美陆军已集中力量优先安排组网工作,以改进其监视和作战能力。并且已考虑组网作战给传统指挥方式带来的变革,正在研究即插即战的指挥模式,以其先进的网络技术为基础,将地、空、天各种传感器联合起来,建立完善以数据链为基础的信息栅格,完成由平台中心战向网络中心战的转变。

3. 单基地雷达网络的局限性

根据组网系统中雷达体制的不同,可将雷达组网分成三种不同的形式。其一是单基地雷达组网,网中各部雷达都是单基地工作体制;第二种是双/多基地雷达组网,网络中的各部雷达协同工作,构成双/多基地雷达体制,对应同一个发射机,由广域部署的雷达接收机配合工作;第三种是混合网,由收发异地雷达和单基地雷达混合组网,网内的主干雷达既可工作在单基地雷达模式,也可工作在双/多基地雷达模式。混合网显然能够兼容前两种组网方式的优点,具有较高的战术效能和综合效费比。

受单基地雷达自身能力和工作模式的限制,全部由单基地雷达构成的组网体系在应对隐身目标、复杂干扰等带来的威胁时,其实际作战效能的发挥依然受到很大的限制。

首先,关联错误概率大,航迹融合水平低。各单基地雷达独立工作,缺乏专门的高精度空、时、频同步系统支持,空间、时间同步处于较底水准,直接限制了组网系统目标航迹融合的质量。特别是目标密集或干扰数量较多的背景下,错关联、误跟踪的概率明显高于协同工作的双/多基地雷达系统。

其次,反隐身目标能力受限。由于组网层次较底,各雷达对目标的发现或跟踪均立足于自身探测信号,未能有效使用其他方向的散射信号,仅能通过资源共享实现目标指示或协同跟踪,给隐身目标综合探测与跟踪能力带来的改善效果非常有限。

再次,系统复杂、冗余度差、可靠性低。单基地雷达组网需要专门的支撑网络提供支持,系统比较复杂;各单基地雷达必须同时开机才能实现协同工作的目标,因此系统冗余特性有限;空中目标未到达防区火力范围时,由于单基地组网制导雷达必须开机,故不利于隐蔽反侦察,也不利于组网雷达的抗干扰性能的改善。

最后,就是同时开机的各个雷达系统容易使防御体系自身的电磁环境趋于复杂化,容易导致彼此互扰的现象,直接影响到网内雷达系统的探测跟踪性能,这显然不利于频谱资源的优化管理和配置使用。

很显然,将大量单基地雷达简单地组网,实现资源共享,远不足以应对防御体系目前所面对的威胁和挑战。源于此,在不断研究雷达组网技术的同时,对适用于探测网络的新型雷达体制的探索一直没有停止。近年来,一些新体制雷达如无源被动雷达、多基地雷达、综合脉冲孔径雷达(SIAR)以及低截获概率(LPI)雷达等得到了广泛的关注和深入的研究[2,3,35-39]。遗憾的是这些新体制雷达系统在克服常规雷达弱点的同时,自身也暴露出诸多不足。如收发分置的多基地雷达采用窄波束工作时,将面临空间同步问题[8];被动雷达的测角精度较高但测距精度低;基于多站联合时差定位技术的无源雷达测角精度低等[6]。上述不足使得这些雷达系统的实际效能受到了很大的制约,同样也会影响到组网雷达系统整体效能的发挥,特别是多目标、多干扰情况下,这些问题将进一步恶化。

面对信息技术的飞速发展,战争形式已经从平台中心战(FCW)向网络中心战(NCW)转变,网络化防空作战的优势和重要性越来越明显。发展兼有预警、通信、指挥和拦截为标志的防空作战网络化体系,是打赢未来高技术战争的必要前提[40-42]。研究更具有潜质的分布式网络化探测系统,提升现有雷达组网体系的联合探测能力能力和信息融合、资源共享水平,是非常重要的课题。

10.3.2 分布式 MIMO 雷达系统构成和潜在优势

双基地 MIMO 雷达的构成方式及其主要特点已经在 10.1 节中进行了详细的讨论。以此为基础构成的分布式系统,显然具备双基地 MIMO 雷达的基本特点,这里重点讨论分布式 MIMO 雷达组网系统特有的构成模式和协同工作方式。

1. 分布式系统构成和运用

1) 正交波形发射与电磁能量覆盖

经由前面的讨论已经可以清楚地看到,无论是单基地 MIMO 雷达还是双/多基地雷达,其潜力和优势的发挥均严重依赖于正交波形的发射。现代雷达技术飞速发展,固态微波器件、大规模集成电路、高性能数字信号处理技术得到了广泛运用,固态相控阵雷达已经较为成熟,数字阵列雷达即将走向实用化。一些新型的数字阵列雷达具备子阵级发射信号独立产生的能力,因此正交波形的产生和发射,已经没有太多的技术困难。

相对分布式的 MIMO 雷达发射系统,集中式的发射阵列不仅能较好地发挥发射阵列孔径在目标定位方面的作用,还能有效地兼容现有集中式固态相控阵或数字阵列雷达系统,因此分布式 MIMO 雷达组网应优先考虑使用集中式的发射阵列。

此外,正交波形的使用打破了波束聚焦的常规模式,时间能量资源的使用变得非常灵活,但无法超越双基地雷达方程的基本约束。只有位于探测波束覆盖区域的目标,且积累足够的电磁反射信号能量,才能被探测或跟踪。一般来说,可由分布式系统的中心设备根据整个系统的情况,决定发射阵列的波束指向、信号波形、照射时间等关键参数,并确保电磁能量周期性地覆盖所有的责任空域内,确保系统以一定数据率要求实现对空域内目标的探测和跟踪。

考虑到系统的冗余性,一个分布式 MIMO 雷达组网系统内部,显然不止一个正交发射阵列。

2) 分布式系统的接收阵列

尽可能多地利用目标不同方向的散射信号能量,是提高电磁频谱的使用效率,充分发挥分布式 MIMO 雷达组网体系综合效能的关键途径。因此,当某一发射阵列处于正交波形发射状态时,组网体系内部将有很多接收系统协同工作,实现对同一空域的联合探测和目标的联合跟踪。

广域分布的接收系统,绝大部分远离发射阵列所在位置。发射阵列和其中每一个接收分系统配合,均可以构成双基地 MIMO 雷达的子系统,整个系统的工作可以看成多个双基地 MIMO 雷达协同工作的状态。考虑到双基地 MIMO 雷达空间同步的需求,以现有的雷达技术水平,分布式 MIMO 雷达组网体系内部的各个接收分系统,均会采用多通道数字接收阵列。借助接收同时多波束技术,可以实现对较大角度范围内接收信号的同时处理。

从战术使用的灵活性上考虑,T-R 模式的单基地雷达依然有着不可替代的作用,特别是独立工作和灵活机动的能力。因此所有的发射阵列应该设计成 T-R模式单基地的系统,加上其特有的正交信号发射和数字多波束接收处理能力,分布式 MIMO 雷达中的发射阵列实际上是典型数字阵列雷达系统的升级版。

3）通信、控制与空、时、频同步协同

分布式系统的协同工作离不开高效率的通信与控制系统,除现有的光纤、卫星、微波等通信网络之外,以正交发射阵列和雷达/通信一体化技术为支撑,发射阵列具备广播式信息传递的能力,是现有通信系统的有效补充,也是应急通信和控制的关键手段。

分布式系统的空、时、频同步系统也是协同工作的基础,既可以通过 GPS 信号驯服多个同步源的方式实现,也可以通过雷达/通信一体化系统的同步系统实现。

4）现有雷达阵列的兼容

对现有雷达网络的兼容和有效利用是充分发挥分布式系统效能的重要途径。总体上讲,分布式系统对现有雷达系统具有良好的兼容特性,只是考虑到现有雷达体制的多样性,需要针对性地考虑这个问题。

多站无源定位系统和分布式系统呈良好的互补关系,可以通过信息互通的方式进行互联;数字阵列雷达往往具备发射正交波形的潜力,只要其信号发射的先验信息能够通过一定的方式转达给其他子系统,就容易构成协同工作的条件;一些固态阵雷达的情况也类似,只是若由于不能工作于正交波形状态,会降低系统的整体性能;经过适当的改装,其他类型的单基地雷达也能与网络内部其他子系统互相配合,构成简单的双/多基地的协同工作模式,但因波束同步等客观限制因素的存在,很难起到主要的作用,只能作为某些情况下的应急工作状态。

2. 分布式系统的协同工作方式

由前文详细的讨论结果知道,除中心站之外,分布式 MIMO 雷达包括若干 T/R 模式的多通道数字收发阵列、纯无源数字接收阵列,两种模式的子系统按一定比例呈分布式配置。其主要的协同工作模式包括如下三种。

1）单发多收模式

某个发射阵列处于辐射状态，按中心站的指令控制波束的指向、子阵划分方式和信号波形的有关参数，并确保电磁信号能量按一定的规律覆盖所有责任空域；其余发射阵列处于静默状态，不发射电磁能量。

所有接收阵列正常工作（包括T-R模式收发阵列的接收部分），从各个方向接收目标反射信号，配合发射阵列完成对目标的检测和跟踪。虽然只有一个发射阵列处于工作状态，但由于有多个接收站配合工作，系统对隐身或低空目标的探测跟踪依旧具备一定的优势。

发射阵列可以使用正交波形工作，也可以工作在单信号窄波束工作模式。如果对探测信号频率、波形以及其他各种参数进行必要的限制，可确保系统在完成对空监视基本职能的基础上，最大限度地避免系统参数和有关信息的泄露，因此该工作模式适合用于平时值班状态的工作。

2）轮发多收模式

在中心站的控制下，多个发射阵列轮流处于辐射状态，根据不同渠道传来的指令改变波束的指向、子阵划分方式和信号波形的有关参数。根据需要，发射阵列可以使用正交波形工作，也可以工作在单信号窄波束工作模式。但应确保电磁信号能量交替覆盖所有的责任空域，且其中一个发射阵列处于电磁信号辐射状态时，其余的发射阵列处于暂时的静默状态。所有接收阵列正常工作，配合发射阵列完成对目标的检测和跟踪，根据接收到的指令信息动态变换信号处理工作方式，以适应发射阵列的切换和探测信号参数的变化。

因为交替工作，各发射阵列可以使用更高占空比的信号，提升到达目标附近的电磁信号能量，收发阵列密切协同，通过工作模式的选择和切换，确保整体探测跟踪效能的改善。通过发射阵列的交替工作，还能较好地提升系统整体的对抗效果，包括对抗饱和攻击或反辐射导弹的攻击。因此这种模式是对抗情况下最经典、最常用的使用模式。

3）多发多收模式

在中心站的控制下，多个发射阵列同时处于辐射状态，并根据指令选择参加工作的发射阵列总数、各阵列的波束指向、发射子阵划分方式以及信号波形的有关参数。每个接收阵列能同时接收所有发射阵列的信号，根据指令完成信号的匹配分离和联合检测、协同跟踪过程。

为避免正交信号数量太多导致时域旁瓣的恶化以及信号处理工作量的暴涨，每个发射阵列只使用很少的正交波形总数，必要的时候每个发射阵列只使用单一的信号模式。

这种状态实际上就是前面讨论过的分置MIMO雷达工作模式，由于每个发射阵列均处于聚焦波束发射状态，到达目标位置附近的电磁信号能量将大幅提升，分布式系统对低可观测目标的探测、跟踪效能将获得显著提升。不过同样由于发射阵列的聚焦发射，具备高密度电磁能量、探测效能得到显著提升的空域只有很小一块区域。因此，这种模式是剧烈对抗条件下针对某关键区域的特殊措施，它同时还需要前述模式的先验信息支持。

3. 分布式 MIMO 雷达组网系统的潜在优势

1）空间同步简单有效、频谱使用效率高

任一发射阵列发射时候，不同方向的目标反射信号被区域内多个接收子系统同时接收，回波信号能量得到了有效的使用，对目标的联合检测和跟踪处理效果将明显优于单个单基地或双基地的雷达系统；另一方面，多数情况下某一瞬间也只需要一个发射阵列处于工作状态，也不会遇到单基地雷达组网系统那样的互扰问题，电磁频谱的使用效率很高。

因为正交波形的使用，和双基地 MIMO 雷达情况一样，分布式系统的空间同步显得非常简单而有效。

2）具备优良的联合探测、跟踪性能

分布式系统广泛使用各个方向的目标反射电磁信号能量，通过联合检测或信息融合处理，具备很好的对抗低空或隐身目标的潜力。各发射阵列还可以工作于波束聚焦的状态，以进一步提升目标位置附近的电磁信号能量密度，从而使分布式系统具备足够的潜力实现对低可观测目标的探测或跟踪。

3）抗干扰性能明显改善

分布式 MIMO 雷达组网系统显然具备双基地 MIMO 雷达所有的抗干扰性能，特别是能够全部继承其特有的抗欺骗干扰能力。同时因为接收站的隐蔽特性以及广域分布特点，分布式系统抗各种掩护式干扰的能力也会显著增强，因为在众多的接收站里，总能遇到某个或某些接收站的位置处于比较合适的位置，能较好地对抗各种掩护式干扰。

4）工作模式更灵活，生存能力强

经由前面的讨论可以看到，分布式系统具备非常灵活的工作模式，可以通过交替工作的方式，最大限度地避免反辐射导弹带来的威胁。

同样由于正交波形的使用和宽的发射波束，不论收发阵列处于什么配置模式，均容易实现空间的同步协调；再加上前面介绍的雷达/通信一体化技术，可以将部分发射或接收子系统配置到海面或天空，必要时甚至可以配置到更高的邻近空间里，从而构成地、空、天协同的分布式探测系统，显著提升防御体系对来袭目标的监测、跟踪能力。

此外，还可以将接收站配置于高速运动的平台，如导弹上。在多个不同配置的发射阵列的支持下，该接收设备将获得独特的信息获取能力，同时具备自定位和半主动探测的功能，将给防御体系综合作战效能提升的带来新的途径。

10.3.3 分布式 MIMO 雷达组网体系中的关键技术

雷达组网的主要目的是充分利用不同传感器量测信息的互补特性，通过信息融合提升组网系统对目标的测量精度和复杂条件下的探测跟踪能力，以克服单部雷达的不确定性和局限性，提高整个雷达组网系统的效能。时空对准和目标关联是信息融合的基础和前提，因此也是雷达组网系统中两个关键的技术。两个技术之间是相辅相成的关系，时空一致是目标关联操作的前提，而时空一致中的雷达系统误差校正多利用不同传感器对同一目标的跟踪数据实现，因此又离不开目标的同一性前提。它们和坐标转换、信息融合处理之间的关系如图 10.19 所示。

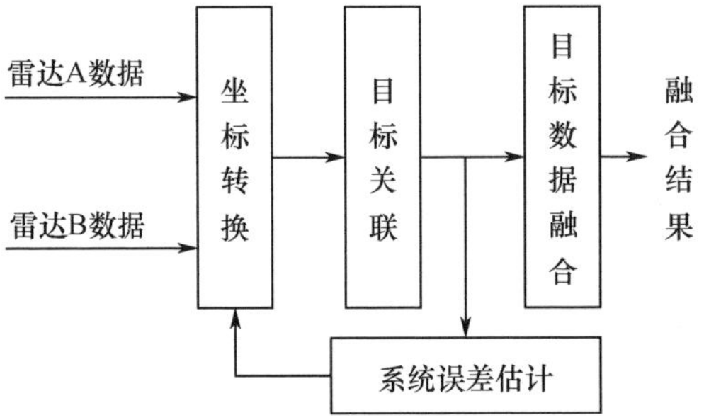

图 10.19　雷达组网系统的经典架构

在时空对准和目标关联方面，分布式 MIMO 雷达组网系统与传统的雷达组网系统有很多相通的地方，同时也有自身的特点，其关键的技术主要集中于系统误差校正和目标关联两个方面。

1. 系统误差配准

时空对准包括时间和空间两个部分。经由前面的分析可以看出，虽然分布式 MIMO 雷达可以等效为多个独立的雷达传感器，但与传统的雷达组网系统不同的是，这些传感器对目标的探测是同时进行的。以双基地 MIMO 技术为基础实现分布式雷达组网体系，其时空对准的主要焦点集中于不同阵列之间的系统误差配准上。

分布式 MIMO 雷达组网体系的系统误差主要由以下因素导致：

(1) 收发阵列位置误差，指阵列的已知位置不够准确引起的误差。

(2) 阵列指向误差，包括天线阵列对准的正北方向与真实正北方向之间的偏差，以及法线方向与水平面夹角的实际值和装订值之间的偏差。

(3) 双基地的测距误差，包括距离零点设置结果的偏差以及距离时钟速率误差所致的系统性偏差等。

(4) 收发角度测量的方法性误差。

系统偏差配准问题解决得好坏,直接影响到组网系统信息融合的质量。若解决得不好,则组网系统的跟踪质量甚至不如单部雷达的跟踪效果。

上述因素中,角度测量的系统性偏差对目标关联和信息融合效果的影响更为显著,因为 1 分的角度偏差扩展至 150km 左右的目标位置时,对应于 44m 的线偏差。阵列法线指向误差和收发角度测量的方法性误差是角度测量系统性偏差的主要来源。现有标校手段的限制、天线阵列机械旋转系统的精密程度限制了阵列指向精度水平;阵元或子阵配置的非理想特性,则会导致各种角度测量算法出现零值漂移或模型失准,进而引起测角的系统性偏差。随着阵列的旋转和波束的扫描上述两个系统性偏差还会出现一定的变化。

组网雷达系统误差配准问题已经得到较为深入的研究。比较经典的方法主要包括实时精度控制算法(RTQC)、最小二乘 LS 算法、精确极大似然估计 EML 算法、广义最小二乘 GLSE 算法等[43-47]。一般都重点考虑测距误差和方位误差,并假定误差在一段时间内是恒定的。这样的假设确实符合多数情况下的工程实际,因为相对于大多数目标的运动节奏而言,雷达系统误差的变化是比较缓慢的。最小二乘方法是较为简单而实用的误差配准方法,其基本思路是利用两个雷达的观测数据和雷达/目标之间的空间位置关系,建立起具有超定特点的方程组,通过最小二乘法解算系统误差参数。

广义最小二乘 GLSE 算法考虑了随机量测误差对误差配准的影响,用量测方差给最小二乘算法的各项赋予了不同的权值,其性能自然优于实时配准算法和最小二乘算法,计算量则明显小于 EML 等算法,是一种比较实用的误差配准技术[47]。

分布式双基地 MIMO 雷达组网中的阵列指向误差校正和传统雷达组网情况基本类似,但也有若干特别的地方。

首先,分布式 MIMO 雷达组网体系需要有专门设备保证收发站之间严格的时间和频率同步,具体方法既可以是基于光纤、无线通信的专用时频同步网络,也可以采用 GPS 同时驯服多个同步源的方法,还可以采用第 9 章一体化中的时间频率同步方法。以此为基础,在实际工作中,多个接收阵列能够同时接收来自同一发射阵列的辐射信号,无须对时钟速率导致的距离测量误差进行校正。

其次,收发阵列的位置误差多采用离线方式进行校准,以现代 GPS 定位技术为基础,已经很容易做到亚米级的定位精度;借助一体化直达波通信信道实现时间同步,也可以满足距离零点校准的要求。

分布式 MIMO 雷达组网体系的角度系统误差是主要的校准内容,可以发射阵列法线方法为基准,对各个接收阵列的指向分别进行校准。仍以图 10.1 所示配置切开为例,理想情况下,接收站获取的目标相对于发射阵列的角度 θ_{TR} 和距

离和 R 数据之间存在如下约束

$$\begin{cases} R = \sqrt{x^2 + y^2} + \sqrt{(x-L)^2 + y^2} \\ \vartheta = \arctan\left(\dfrac{y}{x}\right) \end{cases} \tag{10.101}$$

利用中间变量 R_T，容易求出目标在发射基准坐标系下的坐标

$$\begin{cases} x_2 = \dfrac{(R_S^2 - L^2)\cos\vartheta}{2(R_S - L\cos\vartheta)} \\ y_2 = \dfrac{(R_S^2 - L^2)\sin\vartheta}{2(R_S - L\cos\vartheta)} \end{cases} \tag{10.102}$$

解算就容易以发射阵列为基准的极坐标

$$\begin{cases} R'_T = \sqrt{x_2^2 + y_2^2} \\ \theta' = \arctan\left(\dfrac{y_2}{x_2}\right) \end{cases} \tag{10.103}$$

确认没有欺骗干扰的情况下，可以得到单个数据点对方位相对偏差的估计为 $\Delta\theta = \theta - \theta'$

对同一时刻不同目标或同一目标不同时刻的多个数据点取平均，就可以得到方位相对误差的统计平均值。上述方法可以看成是最小二乘方法的一种。

考虑距离/角度量测方差的大小时，需使用广义最小二乘 GLSE 方法；目标距离足够远时，还需要考虑修正坐标转换的公式。

此外，天线大幅度掉转、目标机动或风力影响较大等情况下，雷达系统的角系统误差变化将出现比较明显的变化，RTQC、GLSE 等算法的有效性将明显降低。此时需要将系统误差看成和目标运动参数类似的变化参量，采用文献[48]等资料中提出的文献中提出的实时卡尔曼滤波(RTKF)误差配准算法，相关的问题正处于不断的研究之中，这里暂不多述。

2. 目标关联

目标关联的实质就是进行目标配对，通过分析、对比多个观测系统的测量结果，将同一目标被不同观测设备观测结果关联起来，其重要性前面已经进行过分析。经典的航迹关联算法有加权关联算法、最近领域关联算法和统计双门限关联算法。

影响目标关联效果的因素比较多，既有各参量测量的随机性误差，也有未补偿或补偿效果不理想导致的各类系统性误差。关联效果不理想，可能将不同的目标关联成同一个，也可能将同一个目标看成两个以上的目标，其后果必然直接影响目标信息融合的质量和水平。甚至造成多个雷达不如单个雷达的融合结果。

由 10.1 已知，分布式 MIMO 雷达组网系统多个接收站同时接收一个正交波

形发射阵列的辐射信号，每个接收阵列能独立完成发射阵列目标视线角测量，且测量参数均以发射阵列为基准的。将这一特点运用于目标关联过程，将有效规避发射阵列指向误差导致的关联失误，明显改善多个接收站之间目标关联的正确概率。

根据信息融合系统的结构特点，目标关联则可分为分布式和集中式两种。集中式指各接收站所测量的参数都送至融合中心，进行关联融合，再进行定位；所谓分布式则指各接收站分别利用所得参数进行定位，将定位结果送至融合中心，进行关联融合。分布式 MIMO 雷达组网中，两种形式均可以使用。但为提高目标关联效率，须使用集中式信息融合结构，并将发射阵列视线角作为关联时的识别参量。

这里以平面配置情况为例讨论最近领域关联算法在分布式 MIMO 雷达组网中的运用特点。MIMO 雷达每次发射期间，各接收站均能同时获得三个目标测量参数，记第 i 个接收站的测量数据为$(\theta_i \quad \vartheta_i \quad R_i)$，其中 θ_i 均以发射阵列为基准坐标系，具有相同的系统误差特性。即使受外在因素影响出现较大或较快的变化，也不会影响目标关联的结果。这是因为各个接收站获取的 θ_i 信息只有起伏分量的差异，而无系统误差的不同。

除发射阵列视线角之外，还需利用其测量参数提取目标相对于发射阵列的距离和发射角一起构成唯一的目标参数对$(\theta_i \quad R_{\mathrm{T}i})$，再按如下逻辑判定两个接收站获取的目标数据是否来自同一目标，即

$$(|R_{\mathrm{T}i}-R_{\mathrm{T}j}|<R_V)\cap(|\theta_i-\theta_j|<\theta_{\mathrm{V}})=\begin{cases}1, & \text{配对成功}\\0, & \text{配对失败}\end{cases} \tag{10.104}$$

式中：θ_{V} 和 R_{V} 为两个观测量的关联门限。其中 θ_{V} 等于 i,j 两个接收站发射阵列观测量起伏误差的均方根，与系统误差无关；R_{V} 的求取则比较麻烦，需根据公式进行微分变换，并考虑系统误差的影响。

多目标情况下，有可能会出现一个接收站观测到的一个目标与另一个接收站观测得到的两个目标同时相匹配的情况，此时需构造如下新的检验统计量

$$D_0=\sqrt{\left|\frac{R_{\mathrm{T}i}-R_{\mathrm{T}j}}{R_{\mathrm{T}i}}\right|^2+|\theta_i-\theta_j|^2} \tag{10.105}$$

假定 j 接收站的两个目标数据组合 B、C 同时与 i 接收站的某个目标数据组合 A 匹配，分别计算数据 A 与 B、C 的检验统计量 D_{AB} 和 D_{AC}，则有

$$D_{AB}<D_{AC}=\begin{cases}1, & A、B\text{ 为同一目标}\\0, & A、C\text{ 为同一目标}\end{cases} \tag{10.106}$$

图 10.1 配置情况下，假设基线长 30km，两目标所在位置分别为(40km,20km)、(40.1km,20.1km)，发射站角度测量的系统误差为 $-0.0254°$，接收站角

度的系统误差为 0.1479°,随机起伏误差均服从零均值高斯分布,探测信号带宽为 3MHz,波束半功率点带宽为 7.4°。仿真结果如图 10.20 和图 10.21 所示。

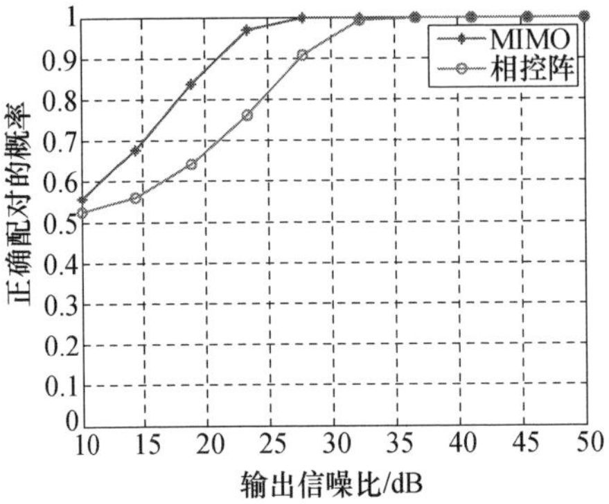

图 10.20 正确配对概率随信噪比的变化

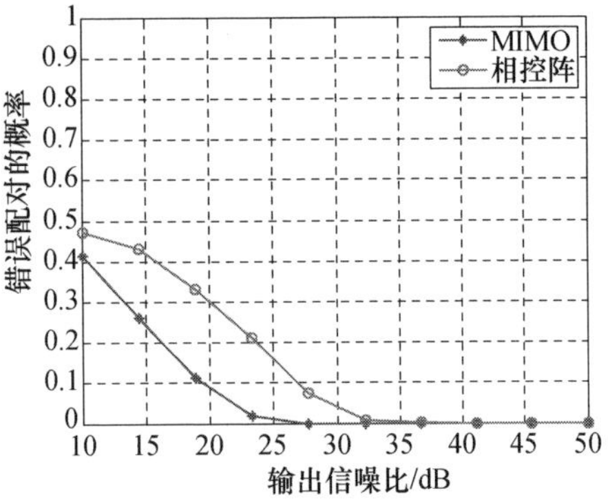

图 10.21 错误配对概率随信噪比的变化

由图 10.20 和图 10.21 可以看到,信噪比变化时,MIMO 的正确配对概率始终比相控阵的高,且错误配对的概率始终比相控阵的低。MIMO 的正确配对概率在信噪比为 28dB 时达到 1,相控阵的在信噪比为 33dB 时达到 1。可见在存在系统误差的情况下,MIMO 的配对性能要比相控阵的好。这正是由于前面所述的,MIMO 雷达各个接收站所得的发射角度之间只存在起伏误差的差别,系统误差相同,相互抵消,而普通相控阵雷达无法在接收端测得发射站的角度,在配对过程中,两个角度信息来源不同,故系统误差也来源不同,理论上无法相互抵消。

图 10.22 和图 10.23 为信噪比固定,即起伏误差的均方根固定所得。仿真中设定,距离误差均方根为 25m,角度误差均方根为 0.003rad,两目标的横纵坐标保持固定的差值 100m,看配对概率随目标位置的变化。

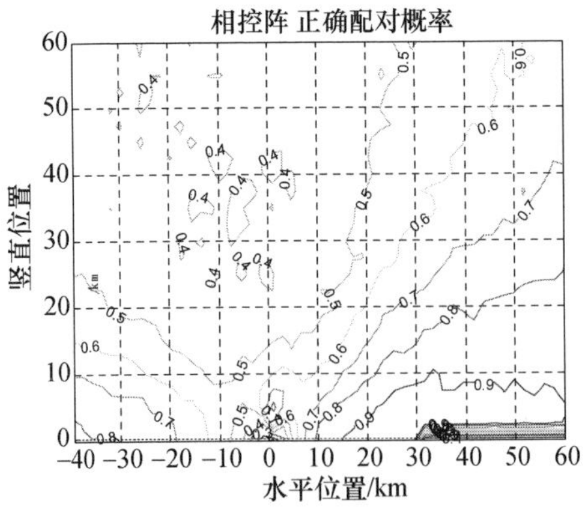

图 10.22 双基平面上相控阵的正确配对概率的分布(见彩图)

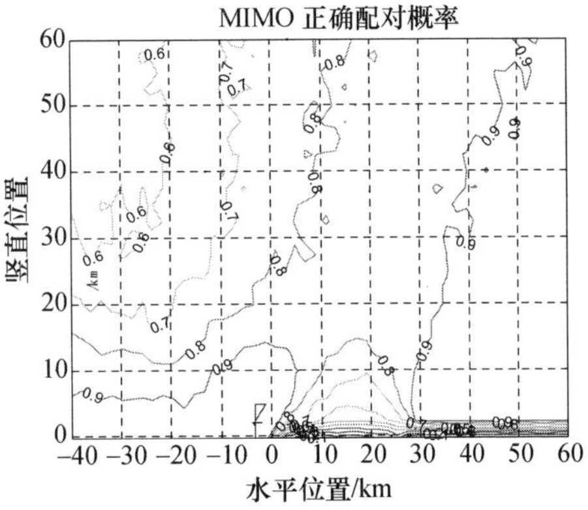

图 10.23 双基平面上 MIMO 的正确配对概率的分布(见彩图)

由图 10.22 和图 10.23 可以看到,信噪比固定时,在整个双基平面上,MIMO 的正确配对概率比相控阵的高,除了前面所述的原因,还因为 MIMO 雷达的定位精度要高于相控阵雷达。

图 10.24 为改变发射站角度系统误差所得,与图 10.20 比较可以看出,发射站角度系统误差变化时,MIMO 雷达的配对概率几乎不受影响,相控阵的配对概率因系统误差变动而有较大变化。

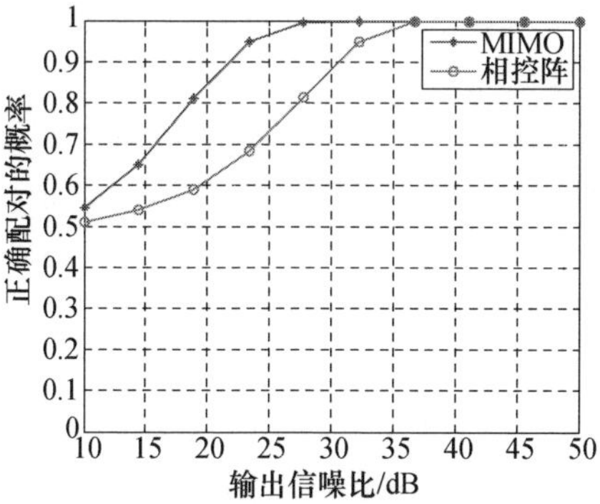

(a) 发射站角度系统误差 0.1°

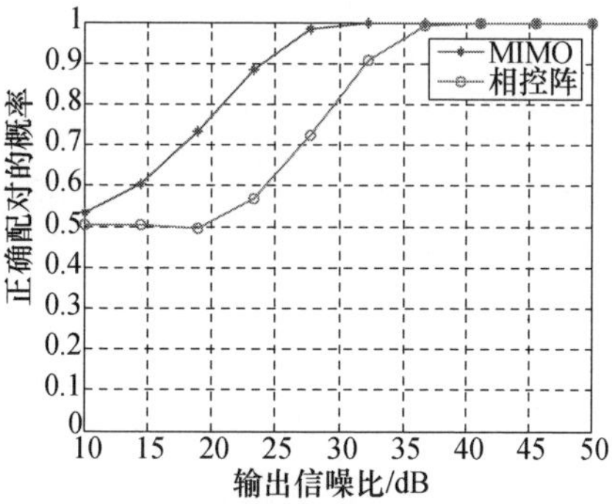

(b) 发射站角度系统误差 0.3°

图 10.24 不同系统误差下正确配对概率

10.4 基于 MIMO 技术的雷达/通信一体化

将雷达、通信等电磁设备有机地结合起来,彼此共享软硬件资源,构成综合的射频一体化系统,从而实现装备的小型化、通用化和多功能化,是现代电子技术的重要发展方向。一体化系统能显著提高电磁频谱的使用效率,降低用频设备之间的互扰;能高效解决作战平台系统资源的合理分配和多个职能之间的协调问题,在降低或至少不至于提升体系结构复杂性的前提下,明显增强系统的冗余性特点和工作可靠性。射频一体化系统资源共享的最高形式是信号波形的共享。

目前通信、雷达系统等单一系统的研究均已取得很大成果,大量新型的雷达、通信设备被研制出来,但多功能综合一体化方面的研究则相对滞后。探索和开展雷达和通信一体化项:的研究,对于提高和改进电子装备一体化水平,保障战场实时信息处理、传输和通信能力,提高复杂、恶劣的战场对抗条件下的整体能力,强化作战指挥系统、武器系统在目标探测、指挥决策、武器控制和信息对抗中的信息优势,都将具有重要的现实意义。

MIMO 雷达技术诞生于 MIMO 通信理念,在射频一体化技术的发展和使用上具有独特的潜力和优势。

10.4.1 一体化发展的现状和局限性

1. 雷达/通信一体化技术的现实意义

现代战争的显著特点,是电磁空间的斗争超越了制空权和制海权的争夺,成为决定战争胜利的首要因素,侦察、干扰、雷达、通信四大类型装备是电磁空间的作战主力。根据具体功能和作战任务的不同,电子装备系统还可细分为雷达系统、雷达对抗系统、通信系统、通信对抗系统、光电对抗系统、遥控/遥测或导航系统、导航对抗系统等。

传统的电子装备中,除侦察、干扰设备关联性较大,可能会统一设计、开发之外,上述各系统之间通常是相对独立的,使用各自独立的硬件和软件,各系统之间的很少共享彼此的资源,往往采用分别研发、各自生产、独立工作的模式,一代代地"纵向"发展。

现代战争已由过去的单一兵器或单一平台的对抗向系统对抗、体系对抗转变[49]。面对现代战争日益复杂的电磁环境,任何单一的电子装备或者多种装备的简单组合均难以应对敌方综合性高科技的电子装备,将无法完成自身的基本职能[50]。多数时候,需要将不同职能的电子作战装备结合在一起,方能构成对抗体系所需要的各个战术支撑点。例如,防空导弹系统既要由雷达系统完成对空探索,也要专门的通信系统负责对空、对地联系,以完成敌我目标识别、导弹制导控制、与友邻火力系统的协同等功能,需要电磁侦察设备对干扰环境进行监视;空中各作战平台需要依赖雷达系统提供独立的目标探测能力,也需要通信系统构成接收地面指挥或友机联络,需要携带自卫式电子干扰设备以提升自我防护效果;未来甚至承担特殊任务的单兵,也需要同时携带不同类型的电子设备才能完成规定的任务,更别说巡游海面的大型舰艇了。

多种电子系统的简单组合增强了信息作战能力,但同时也带来了新的问题:多种电子设备的配备会消耗平台的空间,削弱作战平台的机动性;多种电磁设备邻近或位于同一作战平台时,容易出现彼此间的电磁互扰现象,直接影响到整体作战效能的发挥,也难免造成频谱、能量资源的严重浪费;信息量的增大要求数据链具有更高的数据传输率和实时性[49-51]。

很显然,构成实用的综合性高技术电子装备,仅靠各种类型电子装备的简单叠加是不行的。如果将雷达、通信设备有机的结合起来,构成综合性雷达通信一体化体系,便能够解决作战平台的实时协调工作问题和系统资源的合理分配问题,从而实现装备的小型化、通用化和多功能化;这对于拓展军事装备的应用领域,有效使用作战平台硬件软件和能量、频谱等关键资源,提高现代作战平台和电子装备的整体作战效能、可靠性、可维护性,都将具有十分重要的现实意义和军事参考价值。可以说,发展一体化的电子装备,是决胜电磁空间的关键举措。

各种类型的电磁设备中,雷达和通信系统是武器平台广泛配备的两种电子系统,同时使用的情况更多一些,作为主要的用频设备,这两个系统在硬件组成和软件设计方面存在很多互通之处,尤其是天线以及收发通道的使用上共同点更多。将系统设计成兼有雷达、通信功能的一体化系统,能取得非常显著的效益,包括:

(1)提高硬件和频谱资源使用效率,降低系统复杂性和系统间互扰因素。

(2)雷达大功率发射机有助于提高通信质量。

(3)增加雷达组网系统信息传输手段,强化系统冗余度。

雷达/通信一体化系统能显著增强防御体系的战术技术性能,具有很高的军事价值。

2. 一体化系统资源共享的经典模式

雷达/通信一体化的基础是软硬件资源的共享,文献[50-53]对通信共享雷达资源的方式进行了分类,其着眼点只关注天线、发射机和接收机是否共享,对收发信道共享的具体模式没有做更深入的讨论。在固态阵、数字阵列乃至软件化雷达技术日趋成熟的时候,这样的分类难免因笼统而缺乏现实指导意义。

以固态阵和高速数字采样为基础,不同电子设备同时共享天线、发射机和接收机将愈加简单,几乎成为必然的选择。单独共享天线反不那么方便了,因为天线切换并不容易。上述背景下,收发通道(一体化背景下,可依通信一起统称为信道)共享形式可以有如下几种。

1)独立波形,分时信道

一体化系统中雷达/通信设备各自使用独立的信号波形,并分时使用功率放大和天线等设备。分时间隙可大可小,小的时候与雷达驻留周期对应,为毫秒量级;大到分钟乃至小时,实际上已是系统功能的整体切换。信号波形的产生,可以如文献[54]中那样分别由独立的信源实现,也可以用同一个 DDS 波形产生器完成,很多带有制导功能的新型雷达系统都已实现这一共享功能。

分时信道的好处是信号波形设计简单,无须考虑兼容使用特性,但系统资源的使用等于两个系统的累加,获益甚少。

2)独立波形,同时信道

雷达/通信设备使用独立的波形和波形产生设备,两者信号通过功率合成设备相加(或如文献[55]一样相乘)在一起,再放大并一起发射出去。表面看起来,这种方案似乎比较合理。但共存信号的发射增加了功率放大器的实现难度,限制了发射系统效率的正常发挥;信号分离过程又增加了处理系统实现的难度,还会导致回波能量的损失。因此,工程实践中不建议考虑这一方案。

3)波形共享

雷达探测波形中包含有特定格式的信息内容,在完成目标跟踪或探测的同时，向波束照射范围内（如功率足够，旁瓣也可）的导弹、我机或者是其他设备传送指令、数据或其他信息，完成通信的功能。这种一体化资源共享模式能最大限度节约雷达的时间和能量资源开销，对提升雷达系统的使用价值很有帮助。文献［56］就是这种共享模式在相控阵体制下的运用。

这种共享方式首先必须确保探测目标与通信对象同时被足够强雷达电磁能量覆盖，以窄波束工作的相控阵雷达，这一条件并不容易满足；其次，信号波形必须兼容雷达和通信系统两者的需求。MIMO 雷达使用宽波束照射，电磁能量覆盖的条件容易满足，因此信号波形的共享兼容性成为 MIMO 技术背景下实现雷达/通信一体化技术的核心问题。

另一方面，以宽带接收机和高速采样为基础，接收通道的共享已无太多障碍，倒是接收信号处理值得关注。雷达/通信系统的功能大相径庭，软/硬件完全兼容不大可能，较为现实的是采用部分共享的方法。总体趋势是如“宝石柱”系统已采用的方案，即尽可能基于通用的硬件和专用的软件[50]。

3. 雷达/通信一体化现状

雷达/通信系统一体化的研究由来已久，以美军起步最早，20 世纪 80 年代就开始了针对性的研究[57]。从 2005 年开始，美国将有源相控阵（AESA）雷达作为高带宽安全通信中的发送机，极大地增加了飞机的信息共享能力和信息传输能力；2006 年，美国雷声公司对使用雷达孔径/雷达系统作为数据链的技术进行了可行性验证，通过一种改进的通用数据链波形准实时地传输合成孔径雷达数据（以及其他类型数据）；同年，诺斯洛普·格鲁门（Northrop Grumman）公司也对基于 AESA 的一体化通信问题进行了深入的研究，于 2007 年实现了基于 AESA 雷达平台的高速、高数据率通信能力，并准备投入生产和使用，这一措施使飞机平台之间以及飞机平台和地面指挥员之间的通信产生了革命性的变化；已有的“宝石柱”和“宝石台”系统以及 F-35 等飞机项目的设计中，更提出了射频综合体的概念，在硬件资源的配置和软件的设计上将雷达、通信、导航及电子侦察等系统综合考虑，并从信息化、综合化、模块化和智能化的角度考虑一体化射频系统的设计[50]。

国内射频一体化方面的研究虽然起步较晚，但也已取得了不少的成果。武汉大学、电子科技大学、南京理工大学、江南大学、空军预警学院以及中电二十八所等多家单位先后从不同角度对一体化理论及工程化运用问题开展了深入的研究，并对雷达、通信系统的主要差异和雷达通信一体化的可行性做了深入的分析。文献［52］讨论了雷达-电子战-通信一体化的概念和潜在价值；文献［53］初步分析雷达/通信系统的主要差异和雷达/通信一体化的可行性，考虑天线和收发通道的共享差异，提出了 7 种一体化工作模式；文献［54］中，通信系统分时使用雷达收发系统，借助其高增益的发射天线和大功率的发射机，实现了通信数据的远距离传输;文献[56]分析了雷达饱和功放对通信信号传输的影响,并提出若干针对性的解决措施;文献[58]提出信号共享的思路,并将通信信息调制在 Chirp 信号的起始频率上,实现了信息的高质量传输;文献[51]在有源相控阵背景下,提出了一种信号共享的设计思路,并将通信信息调制在 Chirp 信号的起始频率上,实现了信息的高质量传输。

基于信号共享的一体化系统设计比较有价值和潜力,是目前比较热门的研究方向。其中基于信号共享的雷达通信一体化(Radcom)的概念由欧洲电信与雷达国际研究中心率先提出,指利用一个平台和一种信号实现雷达和通信的功能。雷达通信一体化信号共享技术使用一种雷达通信共享信号进行目标的探测和定位,同时进行信息传输,协同方的接收机通过对接收到的共享信号进行处理与解调,分别获得目标信息和通信传输信息。其研究重点在于一体化共享信号的设计方法,以及信号的调制解调技术,国内外均有围绕这两个问题的研究报道。射频一体化的应用也已经有了较为成功的先例。

10.4.2 MIMO 背景下雷达/通信一体化的特点和价值

正如文献[50,53]所述,基本职能的不同决定了雷达/通信系统先天的差异。尽管这些差异并非一成不变,且随着技术的发展和演变,这些差异正逐渐变得模糊,但从信号波形、天线波束、功率放大到接收处理,同为电磁信号收发设备的雷达和通信设备之间,很多地方依然存在着非常明显的差异。以目前比较常见的相控阵或数字阵列雷达为例,针状波束及其周期性扫描、占空比的限制等诸多方面的限制因素依然比较突出,这些因素严重制约了常规雷达中通信功能的使用。特别是使用窄波束扫描模式工作的雷达系统,很难改造成基于信号共享的雷达/通信射频一体化系统。

新体制 MIMO 雷达系统本身就起源于通信中的 MIMO 思想[59]。MIMO 雷达的出现进一步拉近并模糊了雷达与通信系统两者之间的差异和距离。相对传统的雷达体制而言,MIMO 雷达占空比更高、使用的波束更宽,扫描规律也更均匀,从而更接近于通信系统的基本特征。

表 10.4 简单罗列了几种较为常用的雷达和通信系统之间主要项目的差异,表中将 MIMO 雷达带来的变化也已罗列其中。

考虑到通信信息传递需求更多地出现于制导或控制场合,表中仅罗列常规单脉冲跟踪雷达和脉冲压缩跟踪雷达,为获得较高的跟踪测量精度,它们主要工作于窄脉冲状态。可以看出,随着扩谱通信和脉冲压缩分别在通信和雷达系统中得到运用,这两种电磁系统之间的主要差异正在减小乃至逐步模糊。如脉冲压缩雷达会使用大时宽高占空比信号;扩谱通信也会占据更宽的信号频带,但天线波束以及收发、处理之间的差异依旧明显。

表 10.4 不同类型雷达与通信系统的差异

序号	关键差异		常规通信	常规单脉冲跟踪雷达	扩谱通信	脉压跟踪雷达	MIMO雷达
1	天线波束		宽	窄	宽	窄	宽/窄
2	波形	占空比	高	极低	高	较高	高
3		旁瓣	低	/	较高	高	高
4		带宽	窄	宽	宽	宽	宽
5	发射系统		线性	饱和	线性	饱和	饱和
6	传输/处理		低失真	低损耗	低失真 低损耗	低损耗	低失真 低损耗

此外,对目前最常见的相控阵或数字阵列雷达而言,由于需要同时应对多个目标,雷达波束必须以很高的频率在空间来回跳变,远处某个给定位置上接收到的信号功率会出现明显的无规则起伏现象,给基于信号波形共享的一体化运用带来了很大的挑战。

MIMO 雷达以固态数字阵列为基础,常工作在宽发宽收方式,各发射子阵使用完全不同的探测信号。这意味着 MIMO 雷达必须使用大时宽的信号波形;目标起伏特性限制积累时间时,使用更高占空比也是弥补发射天线增益下降的关键措施。固态数字阵列占空比可达 20%~30%;双基地 MIMO 雷达摆脱了盲区的限制,更可使用 70% 甚或更高的占空比。同时,虽然发射功率仍是关键指标,但为确保发射信号之间严格正交性,MIMO 雷达对功放线性和失真度要求也有提高;与此相对,虽仍以线性放大和低失真为基本要求,但使用编码信号的扩频通信对功放的要求已有所放宽。

此外,虽然依旧需要通过发射波束的扫描,但由于 MIMO 雷达积累时间增加,波束也明显展宽,到达通信接收设备位置的信号幅度起伏程度将明显减缓。同样由于展宽的发射波束,更容易达成通信对象与被探测、跟踪目标同时处于同一波束的条件。

上述分析表明,在若干关键性的差异方面,MIMO 雷达更加接近通信特别是扩谱通信的系统参数。以 MIMO 为基础的雷达/通信一体化方案更具现实可行性。

从另一方面说,MIMO 雷达和双基地雷达能很好地结合在一起,给雷达定位、抗干扰、隐身防摧毁等方面性能的改善带来新的途径[7],是发挥系统整体效能的良好途径。而无论是协同探测或是联合跟踪,双/多基地雷达本身对信息传递的需求就比较高。若能如在 MIMO 雷达中引入雷达/通信一体化思想,则不仅可有效节约时间和能量资源，提升信号伪装和射频隐身性能，还能在简化系统复杂性的同时，改善其协同工作的效率和稳健性，最终明显促进组网雷达体系作战效能和使用可靠性的提高，更加突显了这一新体制雷达的实用价值。因此，在 MIMO 雷达中研究一体化技术具有十分重要的军事意义。

10.4.3　MIMO 雷达/通信一体化关键技术

雷达通信一体化关键的技术问题不外于两个部分：其一是共享信号设计；其二是一体化背景下的信号处理，特别是空时频同步和通信信息提取。

从已有研究结果看，雷达/通信一体化共享信号波形，既可以使用线性调频信号，也可以使用编码类型的信号。其中编码信号携带信息的能量更强，和现有编码扩频通信体制吻合度比较高，更容易满足双/多基地 MIMO 雷达协同工作的现实需求，已经成为研究的焦点。这里重点就介绍基于软扩频正交编码的一体化系统共享信号设计思路。

1. 一体化背景下的共享信号设计

基于信号共享的雷达/通信一体化信号设计必须同时考虑雷达和通信系统各自的特点和需求差异。首先，为了实现通信系统的基本职能，需要在发射信号中加载给定格式的通信信息，并兼顾收发站之间的时间、频率同步，以便可靠地实施通信信息的变换或提取；对雷达系统，由前文第 4 章的分析知道，要求各发射通道信号具有低的自相关峰值旁瓣和低的互相关值；特别对 MIMO 而言，为满足电波离去角（DOD）测量要求，需保证各发射信号之间满足严格的正交性[60,61]。

1）一体化系统共享编码信号设计

常用的扩展频谱技术主要有直接序列扩频技术、跳频技术和软扩频技术，这里只要讨论软扩频技术。

软扩频技术以映射编码的方式来完成扩频功能，实际上是一种(N,K)编码，它用长为 N 的伪随机码代表 K 位二进制信息[62,63]。因为 K 位信息对应于 2^K 个状态，因此每个编码位置上共需 2^K 条长为 N 的伪随机码。很显然，当且仅当 $N>K$时候，这种编码方式才具备扩频功能，实际的扩频系统一般会取 $N>>K$，以保证足够的扩频比率。

通常的 H（这里 $M=2^K$）元软扩频信号一般采用非相干解扩解调方式，需要 H 条解扩解调支路，每条支路上有一个伪随机匹配滤波器，分别进行相关运算，对比各个通道的相关峰来判决发送端发送的 K 位信息[64]。

通过信息空间到伪随机码空间的映射，不仅能够实现信息编码增益，同时也能实现扩频增益[62,65,66]。软扩频所用的伪随机（扩频码）必须具有低的自相关峰值旁瓣和低的互相关值，以及严格的正交性，这与 MIMO 雷达对各通道信号要求是一样的，因此信号设计思路也更接近于 MIMO 雷达的编码信号设计。所不同的是,对通信系统而言,不同编码位置上的信号之间没有约束。可以相同,也可以不相同。但对 MIMO 雷达背景下的一体化系统而言,不同的编码位置上的扩频序列则不能相同,否则生成的发射信号自相关函数上将会出现周期性的尖峰,严重影响目标检测功能。考虑到码同步的需要,最简单的办法是令不同编码位置上的扩频码之间同样满足严格的正交性。此外,不同发射通道上的信号也应该满足上述要求,这样才能够保证任意两个发射通道的信号之间满足正交性。

如果每路发射信号中各有 L 个编码位置,则对 M 路发射信号,必须有

$$N >> LM \tag{10.107}$$

很显然,在基于 MIMO 雷达背景的一体化系统中使用软扩频技术,对基本随机编码序列的长度提出了较高的要求,在收发通道总带宽和发射信号脉冲总宽度同时受限的情况下,发射信号携带信息的能力将受到很大的限制。为进一步提升发射信号的信息携带能力,可使用软扩频双正交编码的方法。

软扩频双正交编码是在软扩频基础上改进的一种新的编码方法,能够在扩频码个数不变的情况下成倍提高信号信息量。其基本思路是利用信息编码位的载波相位信息。不妨设 C_i 和 C_q 为软扩频的两个长为 N 且码片宽度为 T_c 的扩频码,对应的视频信号表示为 $C_i(t)$ 和 $C_q(t)$,根据前面的讨论有

$$R(0) = \int_0^{NTc} C_i(t) C_q(t) \mathrm{d}t \begin{cases} 0, & i = q \\ N, & i \neq q \end{cases} \tag{10.108}$$

分别给子码串 $C_i(t)$、$C_q(t)$ 调制任意初始相位 φ_i、φ_q,依然有

$$R'(0) = \int_0^{NTc} C_i(t) \mathrm{e}^{\mathrm{j}\varphi_i} C_q(t)^{-\mathrm{j}\phi_q} \mathrm{d}t \begin{cases} 0, & i = q \\ N, & i \neq q \end{cases} \tag{10.109}$$

式(10.109)表明在子码串上调制不同的发射初相,不改变扩频码之间的正交性。以此为基础,可将串并变换后码元序列的某一个比特调制在子码串的载波相位中。载波相位的选择可以有多种方式,根据系统对相位的敏感程度确定。最简单的方式是只选择 0 和 π 两种载波相位,对应于正常和序列符号取反两种状态。

软扩频双正交编码信号的发射端调制方案如图 10.25 所示,其中 a_n 和 b_n 分别表示经预处理变换后得到的给定进制信息流。$a_n \in [1, K]$ 且为整数,用于从 K 个子码串中选择对应的码串,b_n 则用于控制发射信号的载波相位。使用二相调制模式时,仅取 0 或 1。经过图 10.25 所示的调制后,接收端接收的单个编码码元信号可以表示成

$$u(t) = C_i(t)\sin(\omega t + \phi), \quad i = a_n, \phi = a_n \pi \tag{10.110}$$

式中:ω 为发射载频。经过调制系统后,通信信息 a_n 被包含在扩频码序列中,通

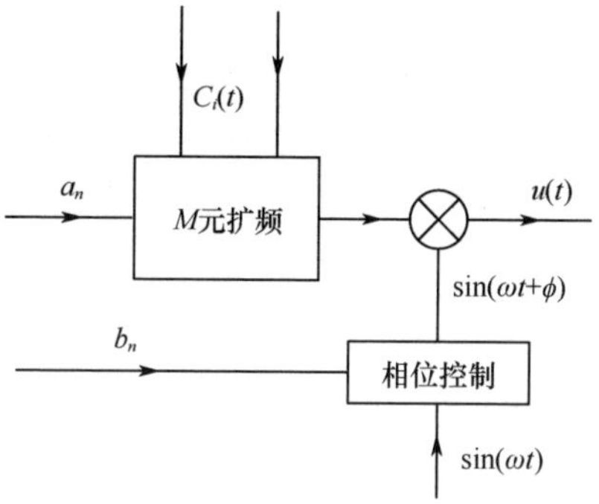

图 10.25　软扩频双正交编码发射框图

信信息 b_n 则被调制在载波的相位 ϕ 中。信息 a_n 的提取仍然可以采用非相干解扩解调方式来解码,通信信息 b_n 的提取则需要采取相应的相偏纠正措施。

整体来讲,软扩频双正交编码相当于使用了正交扩频编码和它的反向编码,在携带相同信息量的情况下,软扩频双正交编码需要的扩频码可以是软扩频编码需要扩频码的一半。因此,软扩频双正交编码方式比传统的软扩频编码具有更好的应用前景。

由前面的讨论可知,软扩频用到的扩频子码串序列的设计与 MIMO 雷达中各个发射通道信号的设计一样,都需要满足良好的自相关特性和互相关特性,以及严格的正交性,因此一体化系统中共享信号扩频码的设计与 MIMO 雷达信号设计类似,只是将其中一路发射信号拆分成若干路信号而已。前面第 5 章介绍利用遗传算法加正交矩阵约束的正交信号设计方法,类似方法同样可以用于一体化系统共享信号软扩频正交二相扩频码组的设计。

2）信息容量分析

软扩频需要用长为 N 的扩频码去代表 K 位信息,不同的状态对应于不同的扩频码,从而实现扩频的目的,扩频率为 N/K。借助软扩频的思想,假设 MIMO 雷达各发射通道编码信号的总长度为 L_0,将各通道的编码信号看成通信信号的一个信息帧,将每个信息帧分成 L 个长度为 N 的子码串。为了确保雷达各通道及通道之间的相关特性,同一个子码串不能同时出现在雷达各通道信息帧的不同编码码元上,且无论是不是同一个发射通道均必须满足这一要求。因此有

$$L \times N = L_0 \tag{10.111}$$

每个子码串占据信息帧的一个编码码元位置。设 MIMO 雷达共有 M 个发射通道,则 M 个通道的信息帧共包含 $L \times M$ 个编码码元。

可以看到,如果需要的子码串总数太多,必然意味着每个子码串长度 N 需要增加,从而每个通道编码信号的总长度 $L \times N$ 也会增加,这将会导致雷达和通信系统处理复杂性的上升。因此,一体化设计时,以尽量少的子码串总数 H 来

实现尽量多的信息量表征，是必须认真考虑的问题。

一体化共享信号的设计可以有子码串不复用和子码串复用两种信号设计方式。子码串不复用是指子码串只能在雷达各通道指定的编码码元上出现。假设子码串长度 N 是确定的，假设每个编码码元具有相同的状态个数 p，则单个发射通道需要的子码串总数 S 为

$$S = p \times L \tag{10.112}$$

一体化系统需要的子码串总数为 $H = p \times L \times M$，并满足

$$H = p \times L \times M \ll N \tag{10.113}$$

此时雷达每一个发射通道的单帧信息量 A_i 为

$$A\_i = \log_2(p^L) \tag{10.114}$$

p 是可变的，可在给定 S 的情况下选择合适的 p 使信息量 A_i 为最大，表示为

$$\begin{aligned} &\max \quad A\_i = \lg_2(p^L) \\ &\text{st.} \quad\ \ S = p \times L \end{aligned} \tag{10.115}$$

也可在给定单帧信息量的前提下，选择 p 使需要的子码串总数最小，表示为

$$\begin{aligned} &\min \quad S = p \times L \\ &\text{st.} \quad\ \ A\_i = \lg_2(p^L) \end{aligned} \tag{10.116}$$

这两个问题均可以转化为一元函数的优化问题。

假设子码串总数为100，数值计算结果如图10.26的实红色曲线所示；假定信息量给定为50，数值计算结果如图10.26的虚线所示。

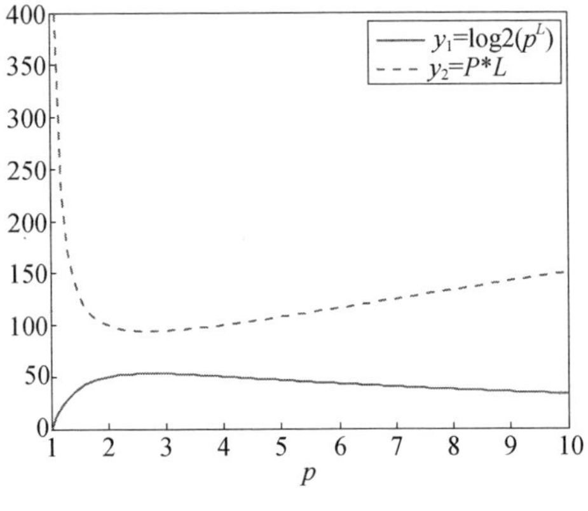

图10.26　单帧信息量、子码串总数随 p 的变化

通过仿真可以看到，两种优化方法的结论是完全一致的：当单个编码码元的状态个数 p 近似等于3时，限定编码串总数时编码方式能够获得最大的单帧信

息量;给定信息传递需求时,也可以用最少的编码串总数。

进一步扩展发射信号的信息携带能力,可使用子码串复用技术,此时同一子码串可以在任意编码码元上出现。假设某个通道上使用的子码串总数为 $S>L$,则单个发射通道的最大单帧信息量可以表示为

$$A\_i=\log_2(A_S^L) \tag{10.117}$$

如何进一步扩展发射信号的信息携带能力,值得深入研究,这里不再细述。

2. 通信同步与信息提取方法

经由前面的分析,可以了解一体化背景下发射信号的生成方式。首先将优化得到的子码串进行编号,其中用于第 m 个发射通道的 L 个发射信号分别标记为

$$C_{(m,i)}(t)\quad i=1,2,\cdots,L \tag{10.118}$$

此时,MIMO 雷达中第 m 个通道的发射信号可以表示为

$$s_m(t)=\sum_{i=1}^{L}C_{(m,a_l)}(t-(i-1)T_c)\mathrm{rect}\left(\frac{t-(i-1)T_c}{T_c}\right)\mathrm{e}^{-\mathrm{j}\phi_i} \tag{10.119}$$

参考式(5.19)可以知道一体化系统通信副站的接收信号可以近似表达为

$$x(t)=\eta\boldsymbol{a}^{\mathrm{T}}(\theta)\boldsymbol{S}(t-t_0)\mathrm{e}^{\mathrm{j}2\pi f_d t}+n(t) \tag{10.120}$$

同步与信息提取是一体化系统中更为关键的技术,下面简单说明。

1)时间、频率同步与扩频解码

通信信息处理中,同步是信息解码的必要前提,包括时间(码元)同步和频率同步。与传统通信系统方法类似,可专门设定最后一个通道的发射信号为同步通道,该通道的信号不加载任何编码或相位信息,而是固定为确定信号的形式,表示为

$$s_M(t)=\sum_{i=1}^{L}C_{(M,i)}(t-(i-1)T_c)\mathrm{rect}(t-(i-1)T_c) \tag{10.121}$$

第 5 章详细讨论了编码信号的模糊函数。对编码信号而言,其模糊函数是典型的图钉形状。当且仅当时间和频率偏移量为零时,模糊函数取得最大值。据此,可在考虑频率失配的前提下,用(10.121)所示标准信号与接收信号进行相关处理,即

$$\xi(\tau)=\int s_M(t-\tau)x(t)\mathrm{e}^{-\mathrm{j}2\pi f_d' t}\mathrm{d}t \tag{10.122}$$

搜索 $|\xi(\tau)|^2$ 的峰值,可获得辐射信号的起始位置 τ_0。

式(10.122)中的 f_d' 既可能是收发站之间相对运动产生的多谱勒频率,也包含两个系统之间基准信号源的频率差异。为避免失配导致的时间同步错误,需

要充分利用各种先验信息,或采用多个相关通道并行处理的方法,覆盖 f'_d 可能的散布范围,并选取最大幅度值所在通道对应的频率作为频偏估计 f_{d0}。当然,也可暂时利用文献[64]所示方法实现快速同步。

利用同步通道给出的时延和频偏估计,可以顺利截取各个编码位置上的回波数据,再分别与各个通道的发射信号子码串进行匹配、比较就可以获得各个位置上的编码信息。图 10.27 给出的就是某个通道任意一个编码位置上的信息提取过程。

时间和频率的同步以及码片的同步远比上面描述的复杂,实际的通信系统中往往还包括搜索、捕获或记忆跟踪过程,这里不再详细描述,可参考有关文献。

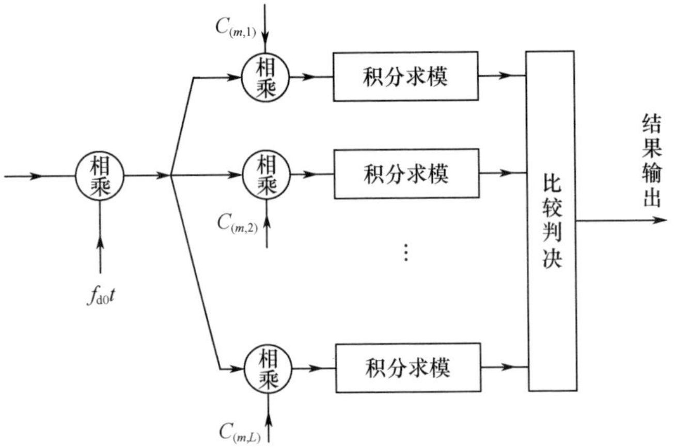

图 10.27　相关法信息提取原理框图

2)相偏信息提取

软扩频双正交编码在子码串的初始相位中调制了通信信息,使得一体化系统中发射信号所携带的有效信息成倍增长,接收端通信解码时,信号相位偏差的估计尤为重要。仔细观察公式(10.120)可以知道,距离和相对角度的不同,会使不同发射通道上的初始相位发射变化。

为确保可靠地解调出一体化信号子码串相位中携带的通信信息,可采用相对相位调制方式。此时,加载的相位信息表现为相对相位而不是绝对的相位[67]。相对相位的调制可以是相对于第一个编码位置的,也可以是相对于前一个编码位置的。相对而言,后一种方式对频偏估计误差的容忍性要略高一些。为使用相对相位编码方式,必须将每个发射通道的第一个编码位置作为基准,该编码位置不加载相位信息内容,后面各个编码位置的初始相位按要传递的信息内容进行调制。

相偏信息提取的过程和图 10.27 类似,也需要首先完成时间和频率同步,再分别截取各个编码位置的信号并进行相关处理。不同的是,在求模之前,应保留各个编码位置的相位信息。将其与基准位置的相位相比,就得到当前位置的相对相位信息,并用于重新组装、恢复原有的通信信息。

雷达/通信一体化系统对拓展雷达系统的运用范围,挖掘其在通信、电子侦察和对抗方面的潜力,有着非常现实的意义。未来以此技术为基础,将可以进一步提升单一雷达系统的用途,降低多基地或组网雷达的系统复杂性,强化组网系统间协作水平。因此,基于 MIMO 技术的雷达/通信技术一体化技术值得继续深入研究和挖掘。

参考文献

[1] Phillip E P. Detecting and classifying low probability of intercept radar [M]. Artech House, 2004.

[2] 唐小明,何友,夏明革. 基于机会发射的无源雷达系统发展评述[J]. 现代雷达. 2002, 24(2):1 - 6.

[3] 宋杰,何友,蔡复青,等. 基于非合作雷达辐射源的无源雷达技术综述[J]. 系统工程与电子技术. 2009, 31(9):2151 - 2156.

[4] Joseph T F. Development of over-the-horizon radar in the United States[J]. Proceedings of the International Radar Conference, September, 2003:599 - 601.

[5] 周文瑜, 焦培南. 超视距雷达技术[M]. 北京: 电子工业出版社, 2008.

[6] 孙仲康,周一宇,何黎星. 单多基地有源无源无源定位技术[M]. 北京:国防工业出版社, 1996.

[7] 刘红明. 双基地 MIMO 雷达原理与理论研究[D]. 成都:电子科技大学,2011.

[8] 杨振起,张永顺,骆永军. 双(多)基地雷达系统[M]. 北京:国防工业出版社, 1999.

[9] 张光义. 相控阵雷达系统[M]. 北京:国防工业出版社, 2001.

[10] Rabideau D J, Parker P. Ubiquitous MIMO multifunction digital array radar[J]. 2003 Conference Record of the 37th Asilomar Conference on Signals, Systems and Computers, 1: 1057 - 1064.

[11] 蔡茂鑫. 大型面阵 MIMO 雷达射频隐身性能研究[M]. 成都:电子科技大学,2013.

[12] 赵国庆. 雷达对抗原理[M]. 西安:西安电子科技大学出版社,2005.

[13] 周文瑜, 焦培南. 超视距雷达技术[M]. 北京: 电子工业出版社, 2008.

[14] Valenzuela. Spatial diversity in radars-models and detection performance[J]. IEEE Transactions on Signal Processing, Mar 2006, 54(3):823 - 838.

[15] Aittomaki T, Koivunen V. Low-complexity method for transmit beamforming in MIMO radars [J]. IEEE International Conference on Acoustics, Speech and Signal Processing, 2007, 2: 15 - 20.

[16] Blum R S. Limiting case of a lack of rich scattering environment for MIMO radar diversity [J]. IEEE Signal Processing Letters, 2009, 16(10):901 - 90.

[17] Xu L Z, Li J, Stoica P, et al. Waveform optimization for MIMO radar: A cramer-rao bound based study [J]. Proceedings of the 2007 IEEE International Conference on Acoustics, Speech, and Signal Processing, 2007, 917 – 920.

[18] Yang Y, Blum R S. MIMO radar waveform design based on mutual information and minimum mean-square error estimation[J]. IEEE Trans. on Aerospace and Electronic Systems, 2007, 43(1):330 – 343.

[19] Barkat M, Varshney P K. Decentralized CFAR signal detection[J]. IEEE Transactions on Aerospace and Electronic Systems, 1989, 25(2):141 – 149.

[20] Srinivasan R. Designing distributed detection systems[J]. IEE Proceedings-F, Radar and Signal Processing, 1993, 140(3):191 – 197.

[21] Viswanathan R, Varshney P K. Distributed detection with multiple sensors: part I-fundamentals[J]. Proceedings of the IEEE, 1997, 85(1):54 – 63.

[22] Blum R S, Kassam S A, Poor H. Distributed detection with multiple sensors: part II-advanced topics[J]. Proceedings of the IEEE, 1997, 85(1):64 – 79.

[23] Bolcskei H, Paulraj A J. The communications handbook[M]. 2nd ed. CRC Press, 2002.

[24] He Q, Li X d, He Zsh, et al. MIMO-OTH radar: signal model for arbitrary placement and signals with non-point targets [J]. IEEE Transactions on Signal Processing, 2015, 63 (7): 1846 – 1857.

[25] He Q, Blum R S. Diversity gain for MIMO radar employing nonorthogonal waveforms[C]. 2010 4th International Symposium on Communications, Control and Signal Processing (ISCCSP), Limassol, 2010:1 – 6.

[26] Frazer G J, Meehan D H, Abramovich Y I, et al. Mode-selective OTHR: a new cost-effective sensor for maritime domain awareness[C]. 2010 IEEE Radar Conference, Washington, DC, 2010: 935 – 940.

[27] Bilitza D, Reinisch B W, Radicella S M, et al. Improvements of the international reference ionosphere model for the topside electron density profile[J]. Radio Science, 2006, 41(5).

[28] 张连仲,王炳如,陈玲,等. 军用雷达技术在现代战争中的应用[J]. 现代雷达. 2008,30(4): 2008,6 – 9.

[29] Skolnik M. Radar Handbook[M]. 2nd ed. New York: McGraw-Hill, 2003.

[30] 丁鹭飞,耿富录. 雷达原理[M]. 西安:西安电子科技大学出版社,2002.

[31] 吴曼青. 数字阵列雷达的发展与构想[J]. 雷达科学与技术, 2008, 6(6):401 – 405.

[32] 文树梁. 宽带相控阵雷达的设计准则与发展方向[J]. 系统工程与电子技术,2005,27(6): 1008 – 1011.

[33] 郭冠斌,方青. 雷达组网技术的现状与发展[J]. 雷达科学与技术,2005,3(4): 193 – 202.

[34] 陈永光,李修和,沈阳. 组网雷达作战能力分析与评估[M]. 北京:国防工业出版社,2006.

[35] Spezio A E. Electronic warfare systems [J]. IEEE Trans. on Microwave and Techniques,

2002, 50(3):633 - 644.

[36] Dorey J, Garnier G, Auvray G R. Synthetic impulse and antenna Radar[J]. Proceedings of International Conference on Radar. Paris, 1989: 556 - 562.

[37] Luce A. Experimental results on SIAR digital beamforming radar[J]. Proceedings of the IEEE International Radar Conference. Brighton, UK, 1992: 505 - 510.

[38] 保铮,张庆文. 一种新型的米波雷达——综合脉冲与孔径雷达[J]. 现代雷达,1995, 17(1):1 - 13.

[39] Schleher D C. Low probability of intercept radar[J]. International Conference on radar, 1985:346 - 349.

[40] LI N J. Radar ECCMs New Area: Anti-stealth and anti-ARM[J]. IEEE Transactions on Aerospace and Electronic Systems. 1995, 31(3):1120 - 1127.

[41] 赵兴录,谢建华. 防空制导雷达组网及其发展[J]. 雷达科学与技术,2003,1(3).

[42] 兰俊杰,陈蓓,徐廷新. 组网雷达发展现状及其干扰技术[J]. 飞航导弹,2009,12.

[43] Dana M P. Registration: a prerequisite for multiple sensor tracking[A]. In multitarget-multisensor tracking:advanced applications[C]. Y Bar-Shalom Ed. Artech House, Norwood, MA, 1990.

[44] Burke J J. The SAGE real time quality control function and its interface with BUIC Ⅱ/BUIC Ⅲ [R]. MITRE Corporation Technical Report,No. 308,November 1996.

[45] Leung H, Blanchett M. A Least Square fusion of multiple radar data[A]//proceedings of RADAR 1994[C]. Paris, 1994.

[46] Burke J J. Stereographic projection of radar data in a netted radar system [R]. MITRE Technical Report 2580, November 1973.

[47] 董云龙,何友,王国宏,等. 一种改进的雷达组网误差配准算法[J]. 系统仿真学报. 2005,17(7).

[48] 董云龙,何友,王国宏. 一种新的雷达组网实时误差配准算法[J]. 南京航空航天大学学报,2005,37(3).

[49] 李朝伟,周希元,刘福来. 雷达/通信信号侦察一体化技术[J]. 舰航电子对抗,2008,31(2):5 - 11.

[50] 张明友. 雷达 - 电子战 - 通信一体化概论[M]. 北京:国防工业出版社,2010.

[51] 邓兵,陶然,平殿发. 基于分数阶 Fourier 变换的 Chirp-rate 调制解调方法研究[J]. 电子学报,2008,36(6):1078 - 1082.

[52] 林志远,刘刚. 雷达 - 电子战 - 通信的一体化[J]. 上海航天. 2004,6.

[53] 李廷军,任建存,赵元立,等. 雷达 - 通信一体化研究[J]. 现代雷达,2001,23(2).

[54] 王胜杰. 基于脉冲雷达的远程通信技术研究[D]. 南京:南京信息工程大学. 2011,5.

[55] 邹广超,刘以安,吴少鹏,等. 雷达 - 通信一体化系统设计[J]. 计算机仿真,2011,28(8).

[56] 张琪. 一体化雷达系统的高速通信技术研究[D]. 南京:南京理工大学. 2012(3).

[57] Buchmann H J. Data transmission by radar[J]. IEEE International Radar Conf,1985.

[58] 李晓柏,杨瑞娟,陈新永,等. 基于分数阶傅里叶变换的雷达通信一体化信号共享研究[J]. 信号处理. 2012,28(4).
[59] Fishler E, Haimovich A. Blum R, et al. MIMO radar: An idea whose time has come [A]// In proc IEEE radar Conference [C]. 2004,1:71 -78.
[60] Ying S,He Zsh,Liu Hm,et al. Binary orthogonal code design for MIMO radar systems[J]. 2010 International Symposium on Intelligent Signal Processing and Communication system(ISPACS 2010), December 6 -8, 2010.
[61] 何子述,韩春林,刘波. MIMO 雷达概念及其技术特点分析[J]. 电子学报, 2005,33(12A): 2441 -2445.
[62] 曾兴雯,刘乃安,孙献璞. 扩展频谱通信及其多址技术[M]. 西安:西安电子科技大学出版社,2004.
[63] 宋雪松. 软扩频通信系统的研究[J]. 电信快报,2008(7):28 -30.
[64] 熊海良,李文刚,孙德春,等. M 元正交扩频快速同步方法[J]. 华南理工大学学报, 2010,38(2):116 -120.
[65] 刘雪颖,梁先明. GMSK 软扩频调制原理及实现[J]. 中国电子科学研究院学报,2010(4):415 -420.
[66] 曾孝平,王宇峰,刘劲. 软扩频技术及其编码与性能分析[J]. 重庆邮电学院学报, 2001,20 -28.
[67] 樊昌信,张甫翊,徐炳祥,等. 通信原理[M]. 北京:国防工业出版社,2003.

主要符号表

$\boldsymbol{A}$	阵列流型矩阵
$\boldsymbol{a}$	发射导向矢量
B_{s}	信号调频带宽
B	信号总带宽
$\boldsymbol{b}$	接收导向矢量
d_{r}	接收单元之间的间隔
d_{t}	发射单元之间的间隔
f_{c}	载波频率
f_{d}	多普勒频率
f_{r}	脉冲重复频率
f_{sr}	接收阵列归一化空间频率
f_{st}	发射阵列归一化空间频率
f_{Δ}	通道频率间隔
K	数据快拍数
L	发射信号周期数
M	发射子阵总个数
N	接收子阵总个数
$\boldsymbol{n}(t)$	噪声矢量
$n_i(t)$	第 i 个天线或子阵的接收噪声
$\boldsymbol{R}$	发射信号协方差矩阵
$s_i(t)$	第 i 个天线或子阵的发射信号
snr	信噪比
T	脉冲重复周期
T_{p}	发射脉冲宽度
t,k	连续和离散时间变量
$x_i(t)$	第 i 个天线或子阵的接收信号
Δf_{d}	多谱勒频率偏差
Δf_{s}	空间频率偏差

ϕ_m	发射通道初相
η_{ij}	第 i 个发射、第 j 接收,信号的传输衰减和目标散射,是一个复数
λ_i	第 i 个特征值
λ	发射信号波长
μ	调频斜率
σ_n^2	噪声功率
τ_i	第 i 个信号传输的延迟时间

缩略语

AD	Analog to Digital	模数转换
ACP	Autocorrelation Peak Sidelobe	自相关峰值旁瓣
ACR	Auxiliary Channel Receiver	辅助通道
ARM	Anti-Radiation Missile	反辐射导弹
AESA	Active Electronically Scanned Array	有源相控阵
BFGS	Broyden, Fletcher, Goldfarb, Shanno	BFGS 算法
CPI	Coherent Processing Interval	相参处理间隔
CP	Cross-correlation Peak Value	互相关峰值量
CSM	Cross Spectral Metric	互谱法
CUT	Cell-Under-Test	检测单元
CMIMO	Collected MIMO Radar	集中式 MIMO 雷达
CDF	Cumulative Distribution Function	累积分布函数
CRB	Cramer-Rao Bound	克拉美-罗界
DDS	Direct Digital Synthesizer	直接数字式频率合成器
DAR	Digital Array Radar	数字阵列雷达
DTR	Digital Transmitter Receiver	数字收发组件
DBF	Digital Beam Forming	数字波束形成
DOA	Direction Of Arrival	到达角
DMIMO	Distributed MIMO Radar	分布式 MIMO 雷达
ESD	Energy Spectral Desnsity	能量谱密度
ESPRIT	Estimating Signal Parameter via Rotational Invariance Techniques	基于旋转不变技术的信号参数估计
EC	Eigencanceler	特征相消
EMI	Electromagnetic Interference	电磁干扰
ECM	Electronic Countermeasure equipment	电子对抗设备
ELINT	Electronic Intelligence	电子情报
EKF	Extended Kalman Filter	修正卡尔曼滤波
EML	Exact Maximum Likelihood	精确极大似然估计

FFT	Fast Fourier Transform	快速傅里叶变换
FDLFM	Frequency Division Linear Frequency Modulation	频分线性调频
FIM	FisherInformation Matrix	费歇尔信息矩阵
FRFT	Fractional Fourier Transform	分数阶傅里叶变换
FCW	Platform Centric Warfare	平台中心战
GA	Genetic Algorithm	遗传算法
GA	Greedy Algorithm	贪婪算法
GSC	Generalized Side-Lobe Canceller	广义旁瓣对消
GDOP	Geometric Distribution of Positioning Accuracy	定位精度的几何分布
GLSE	Generalized Least Squares	广义最小二乘
GPS	Global Position System	全球定位系统
IFFT	Inverse Fast Fourier Transform	快速傅里叶逆变换
JDL	Joint Domain Localized	局域化联合
JPDF	Joint Probability Density Function	联合概率密度函数
LNA	Low-Noise Amplifier	低噪声放大器
LFM	Linear Frequency Modulation	线性调频
LPI	Low Probability of Interception	低截获概率
LCMV	Linear Constrained Minimum Variance	线性约束最小方差
LMS	Least Mean Square	最小均方算法
LS	Least Square	最小二乘
MIMO	Multiple-Input-Multiple-Output	多输入多输出
MUSIC	Multiple Signal Classification	多重信号分类
MSWF	Multistage Wiener Filter	多级维纳滤波
MI	Mutual Information	互信息量
MSWF	Multi-Stage Wiener Filter	多级维纳滤波
MFT	Matching Fourier Transform	匹配傅里叶变换
MLE	Maximum Likelihood Estimation	最大似然估计
MSE	Mean Squared Error	均方误差
MVDR	Minimum Variance Distortionless Response	最小方差无失真响应
NLFM	Non-linear Frequency Modulation	非线性调频信号
NDRMSE	Normalized Difference RMSE	归一化均方根误差之差
NCW	Network Centric Warfare	网络中心战
OTHR	Over-The-Horizon Radar	天波超视距雷达

PSD	Power Spectral Density	功率谱密度
PC	Principal Components	主成分
PRI	Pulse Repetition Interval	脉冲重复间隔
RCS	Radar Cross Section	雷达散射截面积
RFT	Radon Fourier Transform	Radon 傅里叶变换
ROC	Receiver Operating Characteristics	接收机工作特性
RMSE	Root Mean Squared Error	均方根误差
RWR	Radar Warning Receiver	雷达告警接收机
Radcom	Radar Communication Integration	雷达通信一体化
RTQC	Real Time Quality Control	实时精度控制算法
RTKF	Real Time Calman Filter	实时卡尔曼滤波
STAP	Space-Time Adaptive Processing	空时自适应处理
SNR	Signal-to-Noise Ratio	信噪比
SDP	Semidefinite Programming	半正定规划
SQP	Sequence Quadratic Program	序列二次规划
SCNR	Signal-to-Clutter-Plus-Noise Ratio	信杂噪比
SA	Simulated Annealing	模拟退火
SINR	Signal to Interference Plus Noise Ratio	信干噪比
SFDLFM	Stepped Frequency Division Linear Frequency Modulation	步进频分线性调频
STMB	Space-Time Multiple-Beam	空时多波束
SAGE	Space Alternating Generalized Expectation	空间交替广义期望最大
SIAR	Synthetic impulse and aperture radar	综合脉冲孔径雷达
TBD	Track Before Detect	检测前跟踪
TWS	Track While Scan	边搜索边跟踪
TAS	Track And Search	搜索加跟踪
ULA	Uniform Linear Array	均匀线阵
WHT	Wigner-Hough transform	维纳-霍夫变换

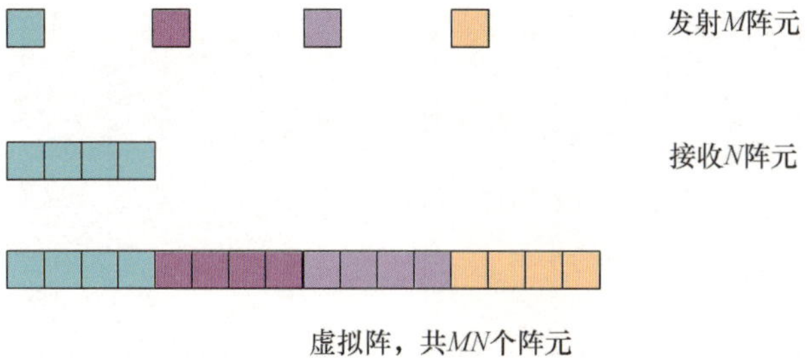

图 2.13　发射稀疏、接收紧凑阵列结构

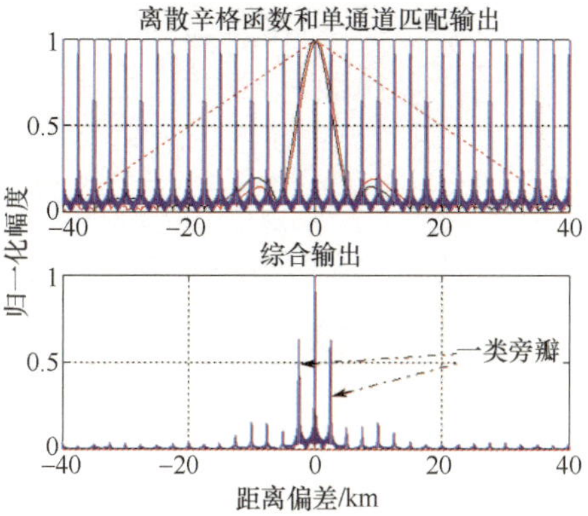

图 5.6　综合信号与单个发射信号匹配输出、离散辛格函数之对比($B<f_\Delta$)

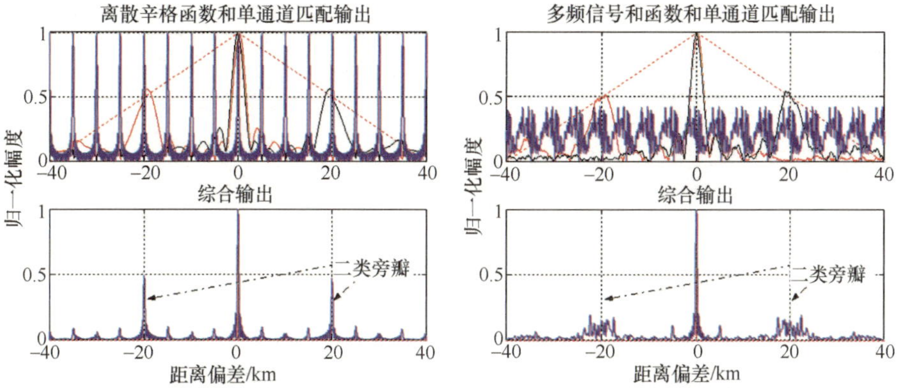

(a) 线性初相　　(b) 随机初相

图 5.7　综合信号与单个发射信号匹配输出、离散辛格函数之对比($B>f_\Delta$)

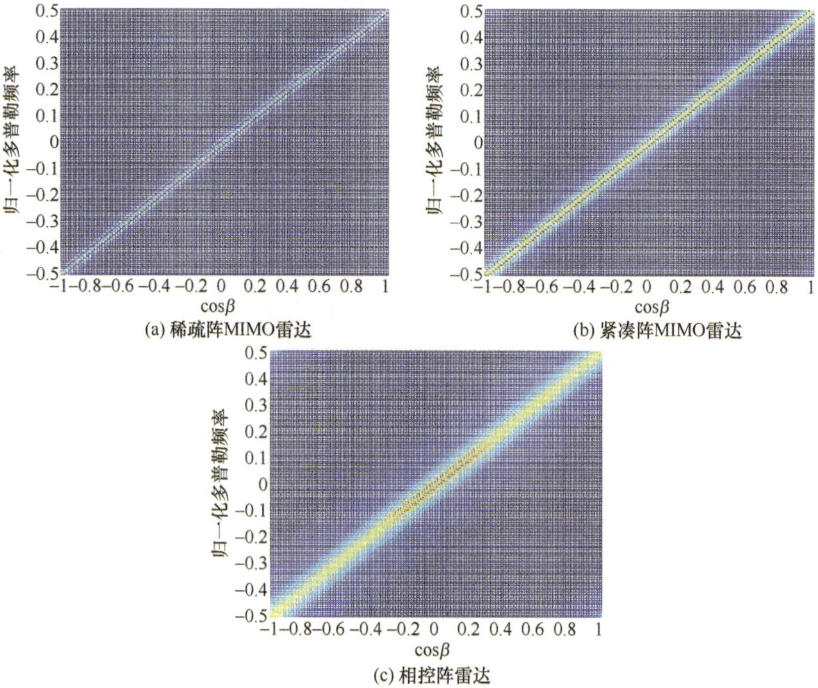

图 6.3　MIMO 雷达与相控阵雷达正侧视阵杂波谱俯视图对比($\alpha=0^{\circ}$)

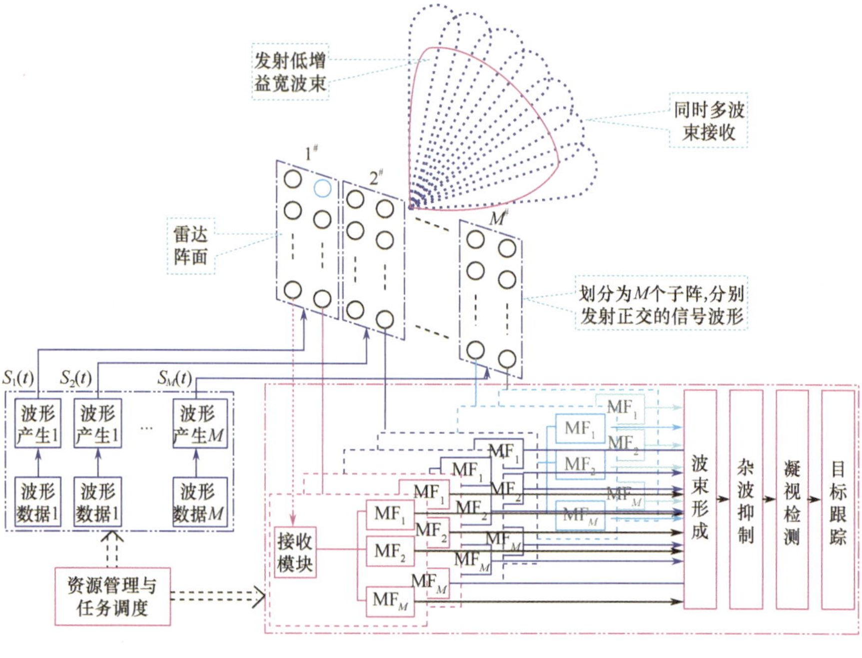

图 6.31　机载 MIMO 雷达应用方案

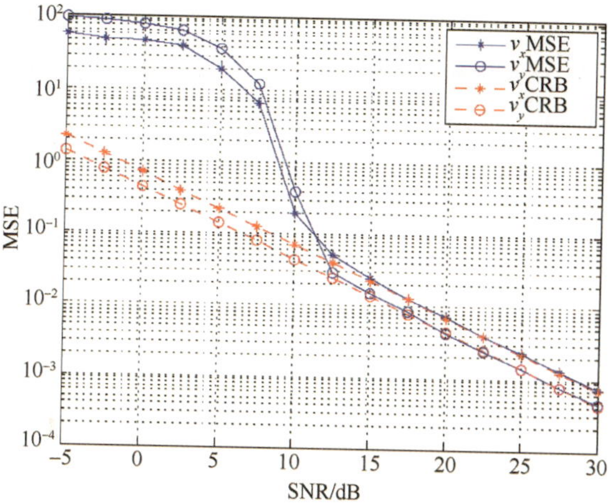

图 9.2　ML 估计的 MSE 以及 CRB 3×3MIMO 雷达，
其中$\{\phi_1^t=50°,\phi_2^t=81°,\phi_3^t=230°\}$，$\{\phi_1^r=167°,\phi_2^r=65°,\phi_3^r=80°\}$，
$\{R_1^t=4000\text{m},R_2^t=8290\text{m},R_3^t=6000\text{m}\}$，$\{R_1^r=8000\text{m},R_2^r=7300\text{m},R_3^r=5000\text{m}\}$

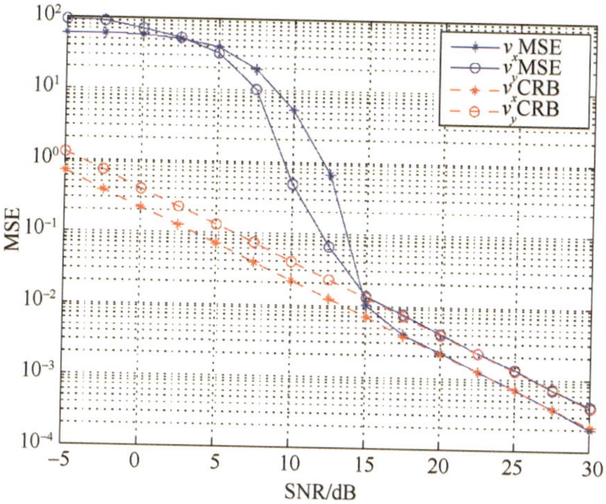

图 9.3　ML 估计的 MSE 以及 CRB 3×3MIMO 雷达，
其中$\{\phi_1^t=9°,\phi_2^t=110°,\phi_3^t=351°\}$，$\{\phi_1^r=20°,\phi_2^r=70°,\phi_3^r=205°\}$，
$\{R_1^t=4000\text{m},R_2^t=8290\text{m},R_3^t=6000\text{m}\}$，$\{R_1^r=8000\text{m},R_2^r=7300\text{m},R_3^r=5000\text{m}\}$

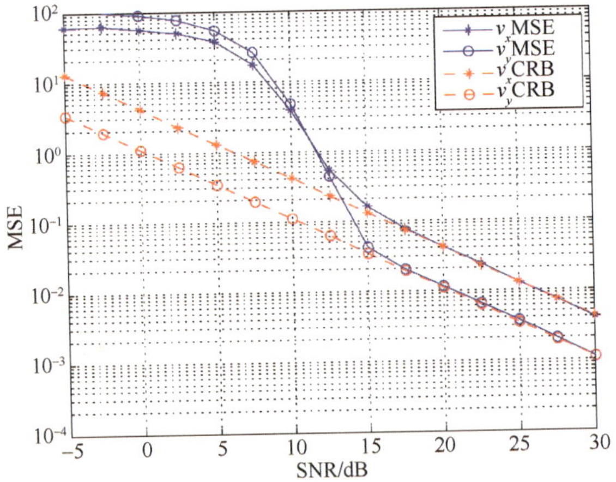

图 9.4　ML 估计的 MSE 以及 CRB 2×2MIMO 雷达，其中$\{\phi_1^t=50°,\phi_2^t=81°\}$，$\{\phi_1^r=65°,\phi_2^r=80°\}$，$\{R_1^t=4000\text{m},R_2^t=8290\text{m}\}$，$\{R_1^r=7300\text{m},R_2^r=5000\text{m}\}$

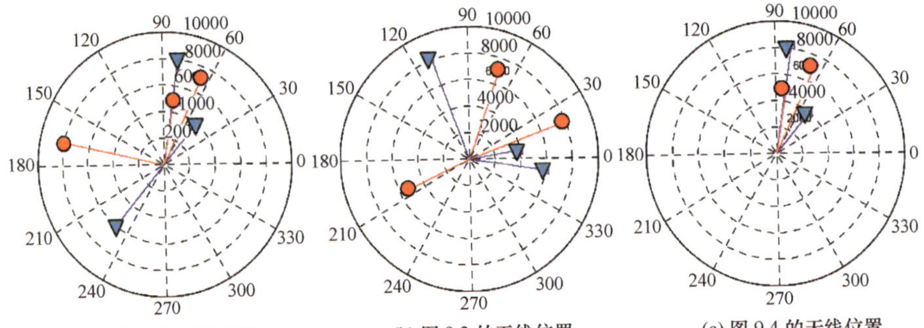

(a) 图 9.2 的天线位置　(b) 图 9.3 的天线位置　(c) 图 9.4 的天线位置

图 9.5　对应图 9.2～图 9.4 的天线位置

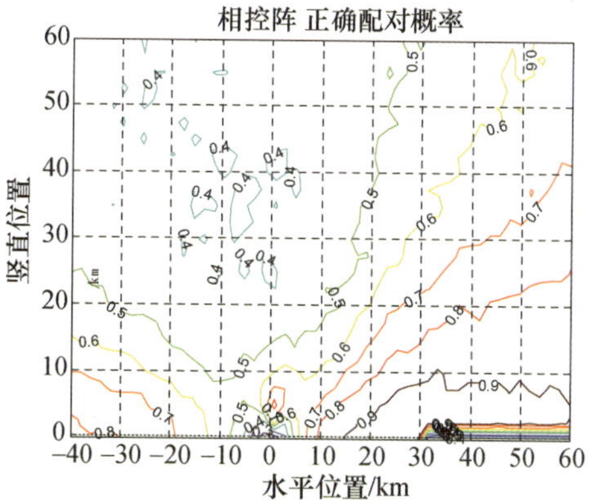

图 10.22 双基平面上相控阵的正确配对概率的分布

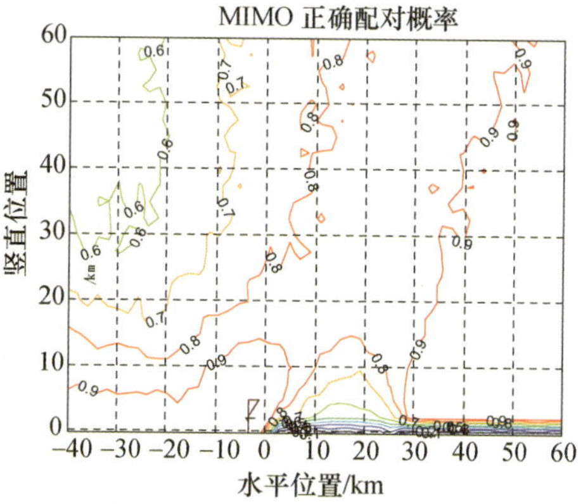

图 10.23 双基平面上 MIMO 的正确配对概率的分布